Ludwig Prandtl

Gesammelte Abhandlungen

Zweiter Teil

Ludwig Prandtl
Gesammelte Abhandlungen

zur angewandten Mechanik, Hydro- und Aerodynamik

Herausgegeben im Auftrage

der Max-Planck-Gesellschaft zur Förderung der Wissenschaften
der Wissenschaftlichen Gesellschaft für Luftfahrt und
der Gesellschaft für Angewandte Mathematik und Mechanik

von

Walter Tollmien
Göttingen

Hermann Schlichting
Göttingen

Henry Görtler
Freiburg i. Br.

Schriftleitung

F. W. Riegels
Göttingen

In 3 Teilen

mit einem Porträt und 1003 Abbildungen

Zweiter Teil (S. 575-1070)

Springer-Verlag Berlin Heidelberg GmbH

1961

Ursprünglich erschienen bei Springer-Verlag OHG., Berlin/Göttingen/Heidelberg 1961
ISBN 978-3-662-11837-5 ISBN 978-3-662-11836-8 (eBook)
DOI 10.1007/978-3-662-11836-8

Inhaltsverzeichnis

Erster Teil

Zweiter Teil

Dritter Teil

IV. GRENZSCHICHTEN UND WIDERSTAND

Verhandlungen des III. Internationalen Mathematiker-Kongresses, Heidelberg 1904, S. 484—491. Leipzig: Teubner 1905

Über Flüssigkeitsbewegung bei sehr kleiner Reibung

In der klassischen Hydrodynamik wird vorwiegend die Bewegung der *reibungslosen* Flüssigkeit behandelt. Von der *reibenden Flüssigkeit* besitzt man die Differentialgleichung der Bewegung, deren Ansatz durch physikalische Beobachtungen wohl bestätigt ist. An Lösungen dieser Differentialgleichung hat man außer eindimensionalen Problemen, wie sie u. a. von LORD RAYLEIGH[1] gegeben wurden, nur solche, bei denen die Trägheit der Flüssigkeit vernachlässigt ist oder wenigstens keine Rolle spielt. Das zwei- und dreidimensionale Problem mit Berücksichtigung von Reibung *und* Trägheit harrt noch der Lösung. Der Grund hierfür liegt wohl in den unangenehmen Eigenschaften der Differentialgleichung. Diese lautet in GIBBSscher Vektorsymbolik[2]

$$\varrho\left(\frac{\partial \boldsymbol{v}}{\partial t} + \boldsymbol{v} \circ \nabla \boldsymbol{v}\right) + \nabla (V + p) = k \nabla^2 \boldsymbol{v} \qquad (1)$$

($\boldsymbol{v}$ Geschwindigkeit, ϱ Dichte, V Kräftefunktion, p Druck, k Reibungskonstante); dazu kommt noch die Kontinuitätsgleichung: für inkompressible Flüssigkeiten, die hier allein behandelt werden sollen, wird einfach

$$\operatorname{div} \boldsymbol{v} = 0.$$

Der Differentialgleichung ist leicht zu entnehmen, daß bei genügend langsamen und auch langsam veränderten Bewegungen der Faktor von ϱ gegenüber den anderen Gliedern beliebig klein wird, so daß hier mit genügender Annäherung der Einfluß der Trägheit vernachlässigt werden darf. Umgekehrt wird bei genügend rascher Bewegung das in $\boldsymbol{v}$ quadratische Glied $\boldsymbol{v} \circ \nabla \boldsymbol{v}$ (Änderung der Geschwindigkeit infolge Ortswechsels) groß genug, um die Reibungswirkung $k \nabla^2 \boldsymbol{v}$ als ganz nebensächlich erscheinen zu lassen. In den in der Technik in Frage kommenden Fällen von Flüssigkeitsbewegungen trifft letzteres fast immer zu. Es

---

[1] Proc. Lond. Math. Soc. 11, S. 57 = Papers I, S. 474f.

[2] $\boldsymbol{a} \circ \boldsymbol{b}$ skalares Produkt, $\boldsymbol{a} \times \boldsymbol{b}$ Vektorprodukt, ∇ HAMILTONscher Differentiator $\left(\nabla = \mathfrak{i}\frac{\partial}{\partial x} + \mathfrak{j}\frac{\partial}{\partial y} + \mathfrak{k}\frac{\partial}{\partial z}\right)$.

liegt also hier nahe, einfach die Gleichung der reibungslosen Flüssigkeit zu benutzen. Man weiß indessen, daß die bekannten Lösungen dieser Gleichung meist sehr schlecht mit der Erfahrung übereinstimmen; ich erinnere nur an die DIRICHLETsche Kugel, die sich nach der Theorie widerstandslos bewegen soll.

Ich habe mir nun die Aufgabe gestellt, systematisch die Bewegungsgesetze einer Flüssigkeit zu durchforschen, *deren Reibung als sehr klein angenommen wird*. Die Reibung soll so klein sein, daß sie überall vernachlässigt werden darf, wo nicht etwa große Geschwindigkeitsunterschiede auftreten oder eine akkumulierende Wirkung der Reibung stattfindet. Dieser Plan hat sich als sehr fruchtbar erwiesen, indem man einerseits auf mathematische Formulierungen kommt, die eine Bewältigung der Probleme ermöglichen, andererseits die Übereinstimmung mit der Beobachtung sehr befriedigend zu werden verspricht. Um eines gleich hier zu erwähnen: wenn man, z. B. bei der stationären Bewegung um eine Kugel herum, von der Bewegung mit Reibung zur Grenze der Reibungslosigkeit übergeht, so erhält man etwas ganz anderes als die DIRICHLET-Bewegung. Die DIRICHLET-Bewegung ist nur mehr ein Anfangszustand, der alsbald durch die Wirkung einer auch noch so kleinen Reibung gestört wird.

Ich gehe nun zu den Einzelfragen über. Die Kraft auf den Einheitswürfel, welche von der Reibung herrührt, ist

$$\boldsymbol{K} = k\,\nabla^2 \boldsymbol{v}; \tag{2}$$

bezeichnet man mit $\boldsymbol{w} = \frac{1}{2}\,\mathrm{rot}\,\boldsymbol{v}$ den Wirbel, so ist nach einer bekannten vektor-analytischen Umformung unter Berücksichtigung, daß $\mathrm{div}\,\boldsymbol{v} = 0$ ist: $\boldsymbol{K} = -2k\,\mathrm{rot}\,\boldsymbol{w}$. Hieraus ergibt sich ohne weiteres, daß für $\boldsymbol{w} = 0$ auch $\boldsymbol{K} = 0$ wird, d. h. daß auch bei beliebig starker Reibung die wirbelfreie Bewegung eine mögliche Bewegung darstellt; wenn sie trotzdem sich in gewissen Fällen nicht erhält, so liegt das daran, daß sich vom Rand her wirbelnde Flüssigkeit in die wirbelfreie hineinschiebt.

Bei einer beliebigen periodischen oder zyklischen Bewegung kann sich bei längerer Dauer die Wirkung der Reibung, auch wenn sie sehr klein ist, anhäufen.

Man muß daher für den Beharrungszustand verlangen, daß die Arbeit von $\boldsymbol{K}$, also das Linienintegral $\int \boldsymbol{K} \circ d\boldsymbol{s}$ längs jeder Stromlinie bei zyklischen Bewegungen für einen vollen Zyklus gleich Null wird; bei nach dem Ort periodischen Strömungen hat man für die Periode:

$$\int^{P} \boldsymbol{K} \circ d\boldsymbol{s} = (V_2 + p_2) - (V_1 + p_1).$$

Bei zweidimensionalen Bewegungen, bei denen eine Stromfunktion ψ[1] existiert, läßt sich hieraus mit Hilfe der HELMHOLTZschen

[1] Vgl. Enzyklop. math. Wiss. IV, 14, 7.

Wirbelgesetze eine allgemeine Aussage über die Verteilung des Wirbels herleiten. Bei der ebenen Bewegung erhält man[1]

$$-\frac{dw}{d\psi} = \frac{(V_2 + p_2) - (V_1 + p_1)}{2k \int^{P} \boldsymbol{v} \circ d\boldsymbol{s}};$$

bei geschlossenen Stromlinien wird dies gleich Null; also ergibt sich hier das einfache Resultat, daß innerhalb eines Gebietes von geschlossenen Stromlinien der Wirbel einen konstanten Wert annimmt.

Bei axialsymmetrischen Bewegungen mit Strömung in Meridianebenen wird für geschlossene Stromlinien der Wirbel proportional dem Radius: $w = c\,r$; dies ergibt eine Kraft $K = 4kc$ in Richtung der Achse.

Die bei weitem wichtigste Frage des Problems ist das Verhalten der Flüssigkeit an den Wänden der festen Körper. Den physikalischen Vorgängen in der Grenzschicht zwischen Flüssigkeit und festem Körper wird man in genügender Weise gerecht, wenn man annimmt, daß die Flüssigkeit an den Wänden hafte, daß also dort die Geschwindigkeit überall gleich Null bzw. gleich der Körpergeschwindigkeit sei. Ist nun die Reibung sehr klein und der Weg der Flüssigkeit längs der Wand nicht allzulang, so wird schon in nächster Nähe der Wand die Geschwindigkeit ihren normalen Wert haben. In der schmalen Übergangsschicht ergeben dann die schroffen Geschwindigkeitsunterschiede trotz der kleinen Reibungskonstanten merkliche Wirkungen.

Man behandelt dieses Problem am besten, indem man in der allgemeinen Differentialgleichung planmäßige Vernachlässigungen vornimmt. Nimmt man k als klein von der zweiten Ordnung, so wird die Dicke der Übergangsschicht klein von der ersten Ordnung, ebenso die Normalkomponente der Geschwindigkeit. Die Querunterschiede des Druckes können vernachlässigt werden, ebenso eine etwaige Krümmung der Stromlinien. Die Druckverteilung wird unserer Übergangsschicht von der freien Flüssigkeit aufgeprägt.

Für das ebene Problem, das ich bisher allein behandelt habe, erhält man beim stationären Zustand (X-Richtung tangential, Y-Richtung normal, u und v die entsprechenden Geschwindigkeitskomponenten) die Differentialgleichung

$$\varrho\left(u\frac{\partial u}{\partial x} + v\frac{\partial u}{\partial y}\right) + \frac{dp}{dx} = k\frac{\partial^2 u}{\partial y^2};$$

[1] Nach Helmholtz ist der Wirbel eines Teilchens dauernd dessen Länge in der Richtung der Wirbelachse proportional; also ist bei der stationären ebenen Bewegung auf jeder Stromlinie (ψ = konst.) w konstant, also $w = f(\psi)$; hiermit wird

$$\int \boldsymbol{K} \circ d\boldsymbol{s} = 2k\int \operatorname{rot} \boldsymbol{w} \circ d\boldsymbol{s} = 2k\,f'(\psi)\int \operatorname{rot} \psi \circ d\boldsymbol{s} = 2k\,f'(\psi)\int \boldsymbol{v} \circ d\boldsymbol{s}.$$

dazu kommt noch

$$\frac{\partial u}{\partial x} + \frac{\partial v}{\partial y} = 0.$$

Ist, wie gewöhnlich, dp/dx durchaus gegeben, ferner für den Anfangsquerschnitt der Verlauf von u, so läßt sich jede derartige Aufgabe numerisch bewältigen, indem man durch Quadraturen aus jedem u das zugehörige $\partial u/\partial x$ gewinnen kann; damit kann man mit Hilfe eines der bekannten Näherungsverfahren[1] immer wieder um einen Schritt in der X-Richtung weiterkommen. Eine Schwierigkeit besteht dabei allerdings in verschiedenen am festen Rand auftretenden Singularitäten. Der einfachste Fall der hier behandelten Bewegungszustände ist der, daß das Wasser an einer ebenen dünnen Platte entlangströmt. Hier ist eine Reduktion der Variablen möglich; man kann $u = f\left(\frac{y}{\sqrt{x}}\right)$ setzen. Durch numerische Auflösung der entstehenden Differentialgleichung kommt man auf eine Formel für den Widerstand

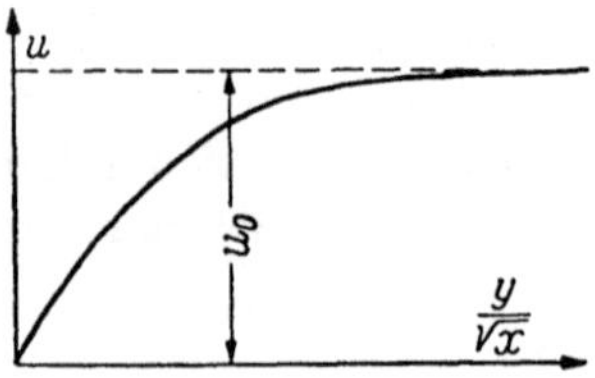

Abb. 1

$$R = 1{,}1 \cdots b\sqrt{k \varrho l u_0^3}$$

(b Breite, l Länge der Platte, u_0 Geschwindigkeit des ungestörten Wassers gegenüber der Platte). Den Verlauf von u gibt Abb. 1.

Das für die Anwendung wichtigste Ergebnis dieser Untersuchungen ist aber das, daß sich in bestimmten Fällen an einer durch die äußeren Bedingungen vollständig gegebenen Stelle *der Flüssigkeitsstrom von der Wand ablöst* (vgl. Abb. 2). Es schiebt sich also eine Flüssigkeitsschicht, die durch die Reibung an der Wand in Rotation versetzt ist, in die freie Flüssigkeit hinaus und spielt dort, eine völlige Umgestaltung der Bewegung bewirkend, dieselbe Rolle wie die HELMHOLTZschen Trennungsschichten. Bei einer Veränderung der Reibungskonstanten k ändert sich lediglich die Dicke der Wirbelschicht (sie ist der Größe $\sqrt{\frac{kl}{\varrho u}}$ proportional), alles übrige bleibt unverändert; man kann also, wenn man will, zur Grenze $k = 0$ übergehen und behält immer noch dieselbe Strömungsfigur.

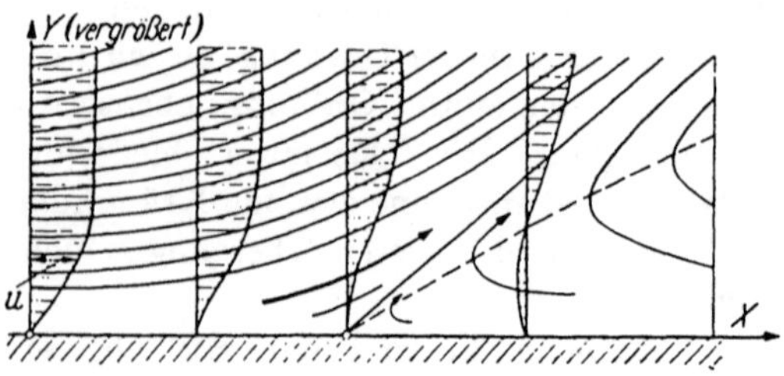

Abb. 2

[1] Vgl. z. B. Z. Math. Phys. Bd. 46, S. 435 (KUTTA).

Wie eine nähere Diskussion ergibt, ist die notwendige Bedingung für das Ablösen des Strahles die, daß längs der Wand in der Richtung der Strömung eine Drucksteigerung vorhanden ist. Welche Größe diese Drucksteigerung in bestimmten Fällen haben muß, kann erst aus der noch vorzunehmenden numerischen Auswertung des Problems entnommen werden. Als einen plausiblen Grund für das Ablösen der Strömung kann man angeben, daß bei einer Drucksteigerung die freie Flüssigkeit ihre kinetische Energie zum Teil in potentielle umsetzt. Die Übergangsschichten haben aber einen großen Teil ihrer kinetischen Energie eingebüßt; sie besitzen nicht mehr genug, um in das Gebiet höheren Druckes einzudringen, und werden daher diesem seitlich ausweichen.

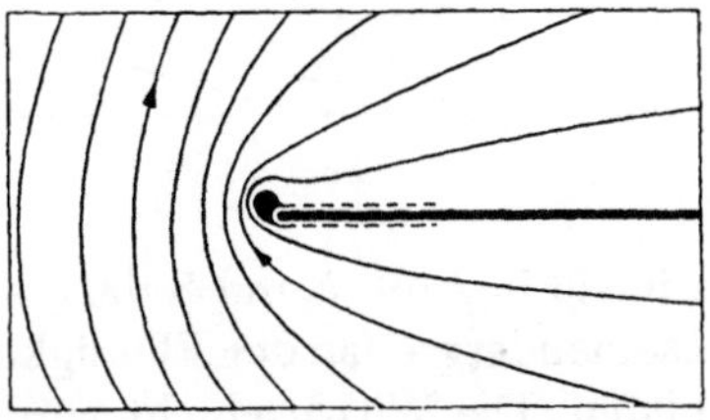

Abb. 3

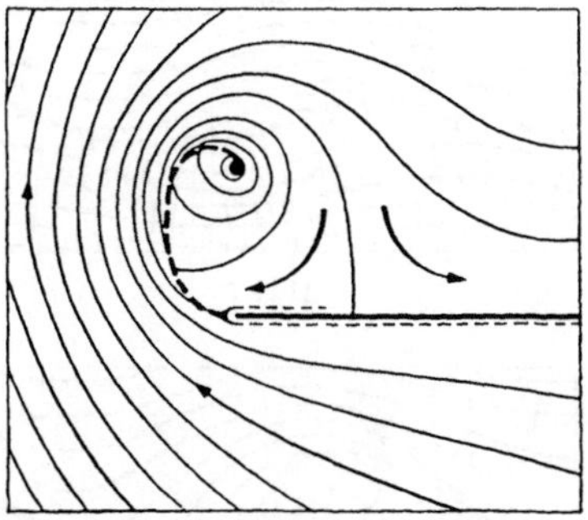

Abb. 4

Nach dem Vorhergehenden zerfällt also die Behandlung eines bestimmten Strömungsvorganges in zwei miteinander in Wechselwirkung stehende Teile: einerseits hat man die *freie Flüssigkeit*, die als reibungslos nach den HELMHOLTZschen Wirbelgesetzen behandelt werden kann, andererseits die Übergangsschichten an den festen Grenzen, deren Bewegung durch die freie Flüssigkeit geregelt wird, die aber ihrerseits durch die Aussendung von Wirbelschichten der freien Bewegung das charakteristische Gepräge geben.

Ich habe versucht, in ein paar Fällen den Vorgang durch Zeichnen der Stromlinien näher zu verfolgen; die Ergebnisse machen indes auf quantitative Richtigkeit keinen Anspruch. Soweit die Bewegung wirbelfrei ist, benutzt man mit Vorteil beim Zeichnen den Umstand, daß die Stromlinien mit den Linien konstanten Geschwindigkeitspotentials ein quadratisches Kurvennetz bilden.

Abb. 3 und 4 zeigen den Beginn der Bewegung um eine in die Strömung hineinragende Wand in zwei Stadien. Die wirbelfreie Anfangsbewegung wird durch eine von der Kante des Hindernisses ausgehende und sich spiralig aufwickelnde Trennungsschicht (gestrichelt) rasch umgestaltet; der Wirbel rückt immer weiter ab und läßt hinter der zum Schluß stationären Trennungsschicht ruhendes Wasser zurück.

Wie sich der analoge Vorgang bei einem Kreiszylinder abspielt, ist aus Abb. 5 und 6 zu ersehen; die von der Reibung in Rotation versetzten

Flüssigkeitsschichten sind wieder durch Strichelung kenntlich gemacht. Die Trennungsflächen erstrecken sich auch hier im Beharrungszustand ins Unendliche. All diese Trennungsflächen sind bekanntlich labil; ist eine kleine sinusförmige Störung vorhanden, so entstehen Bewegungen,

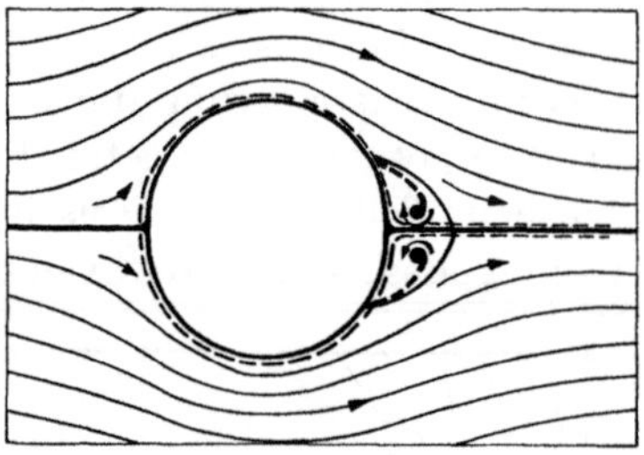

Abb. 5

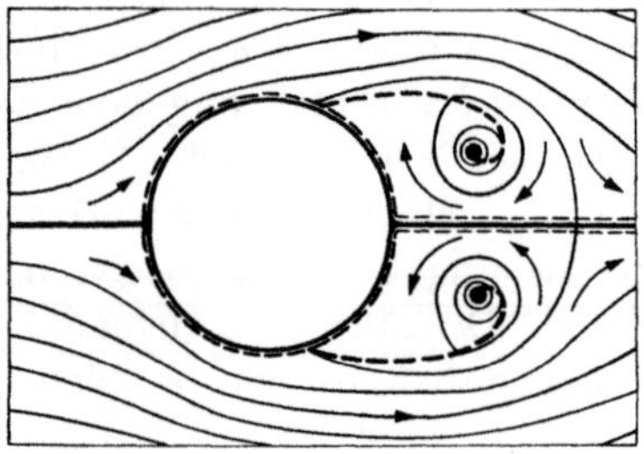

Abb. 6

wie sie in Abb. 7 und 8 dargestellt sind. Man sieht, wie sich durch das Ineinandergreifen der Flüssigkeitsströme deutlich gesonderte Wirbel ausbilden. Die Wirbelschicht wird im Inneren dieser Wirbel aufgerollt, wie in Abb. 9 angedeutet ist. Die Linien dieser Abbildung sind keine Stromlinien, sondern solche, wie sie etwa durch Beigabe von gefärbter Flüssigkeit erhalten würden.

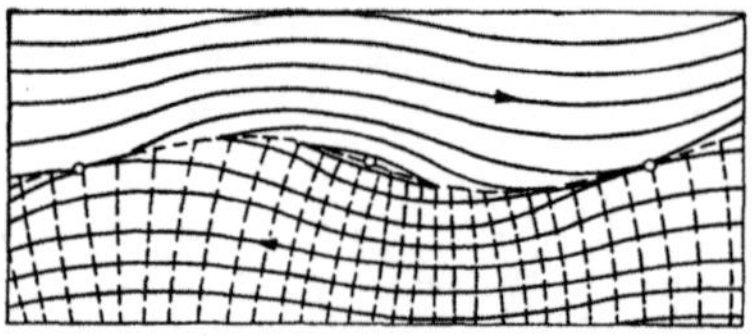

Abb. 7

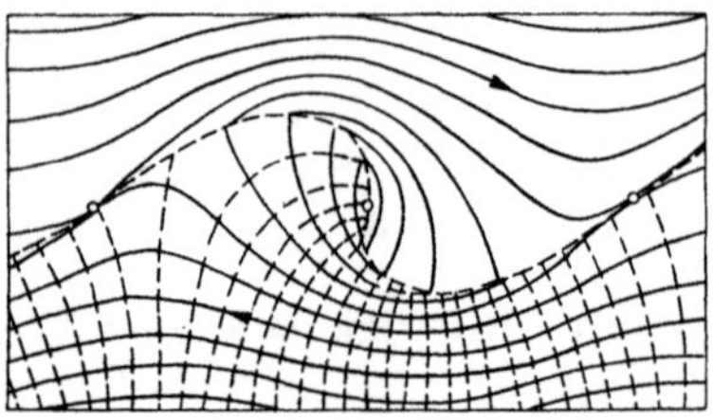

Abb. 8

Ich will nun noch kurz von Versuchen berichten, die ich zum Vergleich mit der Theorie unternommen habe. Der Versuchsapparat (in Abbildung 10 in Aufriß und Grundriß dargestellt) besteht aus einer $1^1/_2$ m langen Wanne mit einem Zwischenboden. Das Wasser wird durch ein Schaufelrad in Umlauf versetzt und tritt, durch einen Leitapparat *a* und vier Siebe *b* geordnet und beruhigt, ziemlich wirbelfrei in den Oberlauf ein; bei *c* wird das zu untersuchende Objekt eingesetzt. Im Wasser ist ein aus feinen glänzenden Blättchen bestehendes Mineral (Eisenglimmer) suspendiert; dadurch treten alle einigermaßen deformierten Stellen des Wassers, also besonders alle Wirbel durch einen eigentümlichen Glanz hervor, der durch die Orientierung der dort befindlichen Blättchen hervorgerufen wird.

Die auf S. 582/83 zusammengestellten Photogramme sind auf diese Weise erhalten. Bei allen geht die Strömung von links nach rechts.

Nr. 1 bis 4 behandelt die Bewegung an einer in die Strömung hineinragenden Wand. Man erkennt die Trennungsfläche, die von der Kante ausgeht; sie ist in 1 noch sehr klein, in 2 bereits mit starken Störungen überdeckt, in 3 reicht der Wirbel über das ganze Bild, 4 zeigt den „Beharrungszustand"; man bemerkt auch oberhalb der Wand eine Störung; da in der Ecke infolge der Stauung des Wasserstromes ein höherer Druck herrscht, löst sich (vgl. S. 580) mit der Zeit auch hier der Flüssigkeitsstrom von der Wand ab. Die verschiedenen, im „wirbelfreien" Teil der Strömung sichtbaren Streifen (besonders in Nr. 1 und 2) rühren davon her, daß beim Beginn der Bewegung die Flüssigkeit nicht völlig ruhig war. Nr. 5 und 6 gibt die Strömung um ein kreisförmig gebogenes Hindernis, oder, wenn man will, durch einen stetig verengten und wieder erweiterten Kanal. Nr. 5

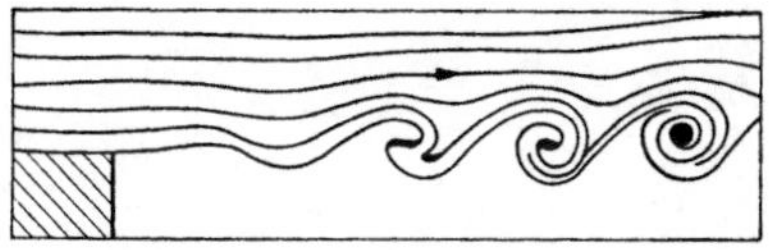

Abb. 9

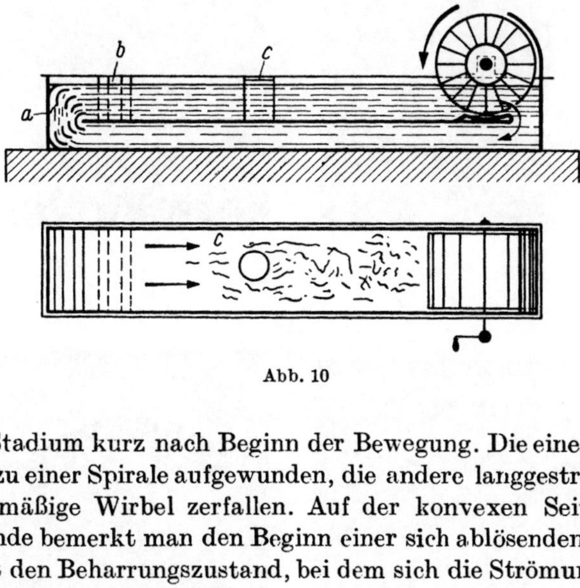

Abb. 10

zeigt ein Stadium kurz nach Beginn der Bewegung. Die eine Trennungsfläche ist zu einer Spirale aufgewunden, die andere langgestreckt und in sehr regelmäßige Wirbel zerfallen. Auf der konvexen Seite nahe am rechten Ende bemerkt man den Beginn einer sich ablösenden Strömung; Nr. 6 zeigt den Beharrungszustand, bei dem sich die Strömung ungefähr in engstem Querschnitt ablöst.

Nr. 7 bis 10 zeigt die Strömung um ein kreiszylindrisches Hindernis (einen Pfahl). Nr. 7 zeigt den Beginn der Ablösung, 8 und 9 weitere Stadien; zwischen den beiden Wirbeln ist ein Strich sichtbar, dieser besteht aus Wasser, das vor Beginn der Ablösung der Übergangsschicht angehört hatte. Nr. 10 zeigt den Beharrungszustand. Der Schweif von wirbelndem Wasser hinter dem Zylinder pendelt hin und her, daher die unsymmetrische Augenblicksgestalt. Der Zylinder enthält einen längs

Tafel

1

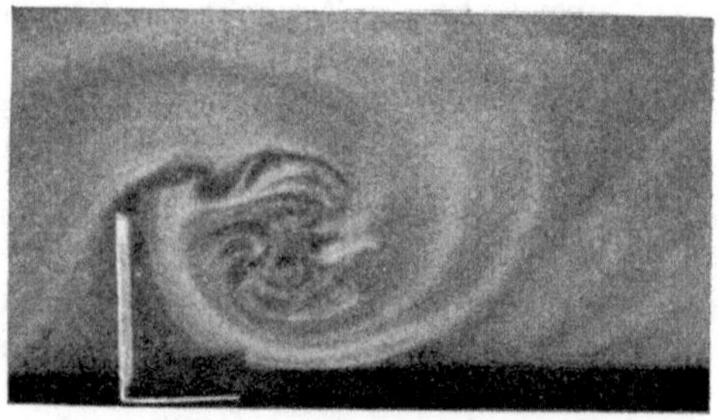

2

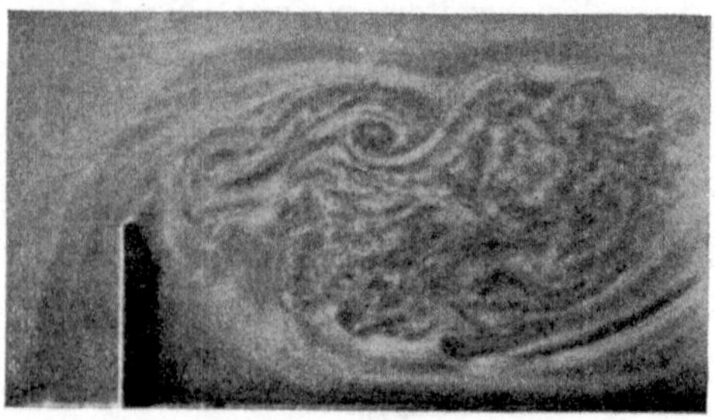

3

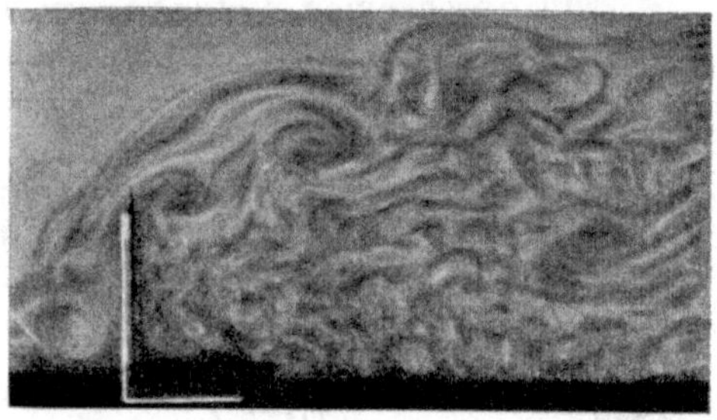

4

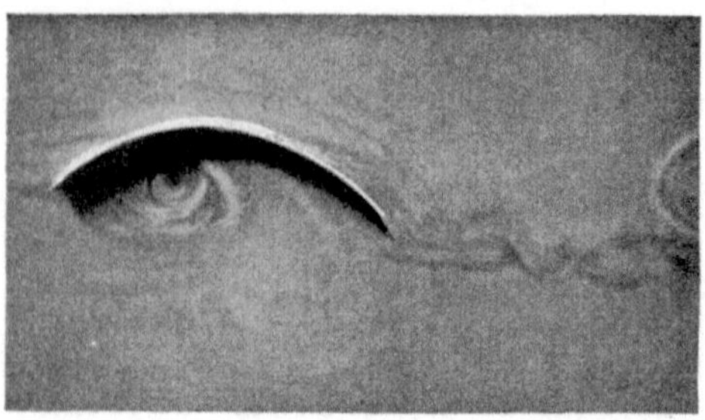

5

6

Tafel (Fortsetzung)

7

8

9

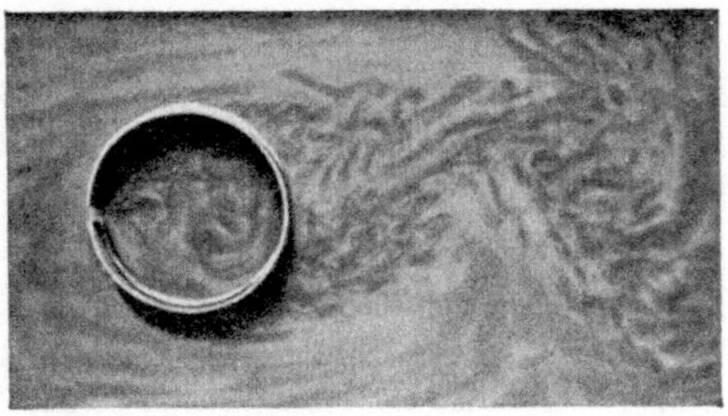
10

11

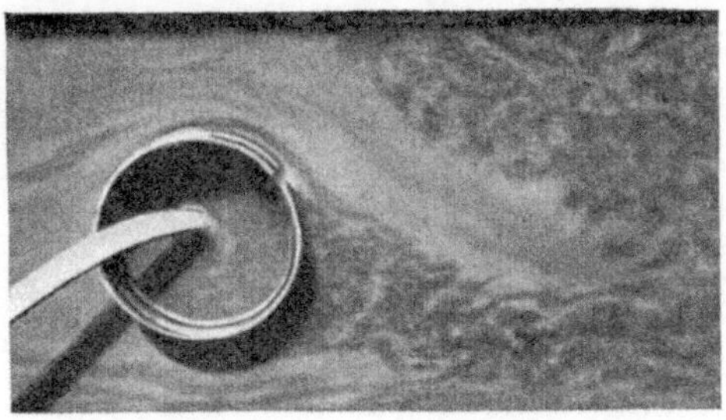
12

einer Erzeugenden verlaufenden Spalt; stellt man diesen so wie in Nr. 11 und 12 und saugt mit einem Schlauch Wasser aus dem Zylinderinneren ab, so kann man die Übergangsschicht einer Seite abfangen. Wenn sie fehlt, muß auch ihre Wirkung, die Ablösung, ausbleiben. In Nr. 11, das zeitlich Nr. 9 entspricht, sieht man nur einen Wirbel und den Strich. In Nr. 12 (Beharrungszustand) schließt sich, obwohl, wie man sieht, nur ein verschwindender Teil des Wassers ins Innere des Zylinders tritt, die Strömung bis zum Schlitz eng an die Wand des Zylinders an; dafür hat sich aber jetzt an der ebenen Außenwand der Wanne eine Trennungsfläche gebildet (eine erste Andeutung dieser Erscheinung ist bereits in 11 zu sehen). Da in der sich erweiternden Durchflußöffnung die Geschwindigkeit abnehmen muß und daher der Druck steigt[1], sind die Bedingungen für ein Ablösen der Strömung von der Wand gegeben, so daß auch diese auffallende Erscheinung in der vorgetragenen Theorie ihre Begründung erhält.

[1] Es ist $\frac{1}{2}\varrho \mathfrak{v}^2 + V + p =$ konst. auf jeder Stromlinie.

Physikalische Zeitschrift 11. Jg. (1910) S. 1072—1078

Eine Beziehung zwischen Wärmeaustausch und Strömungswiderstand der Flüssigkeiten

Die Anregung zu der hier mitgeteilten Untersuchung empfing ich durch die Habilitationsschrift von Dr.-Ing. W. NUSSELT in Dresden[1]. NUSSELT findet aus seinen Versuchen über den Wärmeaustausch zwischen einem langen Messingrohr von 22 mm Durchmesser und verschiedenen hindurchströmenden Gasen[2], daß der Wärmeübergang für die Längeneinheit des Rohres (Q) bei gleichbleibender Dichte und Temperaturdifferenz sehr genau der 0,786ten Potenz der mittleren Geschwindigkeit ($\bar{w}$) proportional ist; das am gleichen Rohr gemessene Druckgefälle ($\partial p/\partial x$) ergab sich proportional der 1,776ten Potenz der mittleren Geschwindigkeit. Beides gilt für die Zustände über der kritischen Geschwindigkeit; unter der kritischen Geschwindigkeit war der Wärmeübergang nahezu unabhängig von der Geschwindigkeit; das Druckgefälle ist in bekannter Weise der ersten Potenz der Geschwindigkeit proportional.

NUSSELT vermutet, daß die Exponenten der Geschwindigkeit in den beiden Größen

$$Q \quad \text{und} \quad \frac{1}{\bar{w}} \frac{\partial p}{\partial x}$$

in vergleichbaren Fällen genau übereinstimmen würden.

Für diesen auf den ersten Blick seltsamen Zusammenhang scheint nun eine Erklärung möglich zu sein durch die Verwandtschaft der Vorgänge der Wärme*leitung* und *-konvektion* mit den der Impulsleitung (Reibung) und -konvektion, wie sie in den hydrodynamischen Differentialgleichungen zur Darstellung gebracht werden.

Wird der Einfachheit halber die Flüssigkeit als volumbeständig und schwerelos betrachtet, so gilt für die zeitliche Änderung des auf die Volumeneinheit bezogenen Impulsvektors $\varrho \boldsymbol{w}$ die Gleichung

$$\varrho \frac{D \boldsymbol{w}}{dt} = - \operatorname{grad} p + k \Delta \boldsymbol{w}. \tag{1}$$

($\boldsymbol{w}$ Geschwindigkeitsvektor, ϱ Dichte, p Druck, k Zähigkeit,

$$\frac{D}{dt} = \frac{\partial}{\partial t} + w_x \frac{\partial}{\partial x} + w_y \frac{\partial}{\partial y} + w_z \frac{\partial}{\partial z}$$

substantieller Differentialquotient.)

[1] Der Wärmeübergang in Rohrleitungen, Berlin 1909; ein Auszug der Arbeit ist in der Z. VDI Bd. 53 (1909) S. 1750 abgedruckt.

[2] Druckluft von 1 bis 16 Atmosphären, Leuchtgas, Kohlensäure.

In ähnlicher Weise gilt für die zeitliche Änderung des auf die Volumeneinheit bezogenen Wärmeinhaltes $c\varrho\Theta$ die Beziehung

$$c\varrho\frac{D\Theta}{dt} = q + \lambda\Delta\Theta\,. \tag{2}$$

(c spezifische Wärme bei konstantem Druck, Θ Temperatur, λ Wärmeleitfähigkeit, q auf Volumeneinheit und Sekunde bezogene Wärmeproduktion im Flüssigkeitsinneren.)

Aus der offenkundigen Ähnlichkeit zwischen beiden Gleichungen lassen sich nun die folgenden Schlüsse ziehen:

1. Für eine Flüssigkeit, deren Wärmeleitfähigkeit $\lambda = c\,k$ ist, läßt sich offenbar aus einer Lösung der Gl. (1) eine Lösung der Gl. (2) in der Weise gewinnen, daß man Θ proportional einer Komponente von $\boldsymbol{w}$ setzt und gleichzeitig Wärmequellen und -senken q proportional der in der gleichen Richtung genommenen Komponente von $-\operatorname{grad} p$ annimmt. Dieser Ansatz erscheint zunächst sehr willkürlich, es wird sich aber zeigen, daß er zur Lösung unserer Aufgabe zweckdienlich ist.

Die Beziehung $\lambda = c\,k$ ist bei Gasen leidlich genau erfüllt, bei Flüssigkeiten ist dagegen λ meist wesentlich kleiner als das Produkt $c\,k$[1].

Von unserem Ansatz läßt sich eine Anwendung machen auf den *Wärmeaustausch zwischen der Flüssigkeit und einer Platte*, die in ihrer Ebene in der Flüssigkeit verschoben wird. Ist die Platte, wie angenommen werden möge, unendlich dünn, so ist hier, falls nicht Turbulenz auftritt, mit sehr großer Annäherung $p =$ konst., also $\operatorname{grad} p = 0$. Ist Turbulenz vorhanden, so ist immer noch der Mittelwert von $\operatorname{grad} p$ über größere Bereiche genau genug gleich Null; und in den einzelnen Wirbeln der turbulenten Strömung sind dagegen rasch wechselnde Druckunterschiede nach beiden Richtungen vorhanden; diesen würden im „Wärmebild“ dicht nebeneinanderliegende Wärmequellen und -senken entsprechen, deren Gesamtergiebigkeit in einem größeren Bereich immer verschwindet. Setzt man an Stelle dieses genau den theoretischen Forderungen entsprechenden Wärmebildes den wirklich eintretenden Fall, in dem weder Wärmequellen noch -senken vorhanden sind, so begeht man eine Ungenauigkeit, deren Wirkung nicht ohne weiteres zu überblicken ist. Da jedoch nach den Beobachtungen die Energie des Bewegungsanteiles, der die Turbulenz einer Flüssigkeitsbewegung ausmacht, in der Regel nur einen kleinen Bruchteil der Energie der Hauptbewegung ausmacht, so werden auch diese Druckdifferenzen nicht sehr groß; es ist deshalb

[1] Die Werte des Verhältnisses $\nu = \frac{\lambda}{c\,k}$ sind, besonders wegen der Unsicherheit der Werte von λ wenig genau bestimmt. Es ist etwa für 1-, 2-, 3- und 4atomige Gase $\nu = 1{,}5,\ 1{,}25,\ 1{,}1,\ 0{,}93$; für Wasser von 0°, 10°, 20° wird $\nu = 0{,}067,\ 0{,}10,\ 0{,}14$.

anzunehmen, daß diese angenäherte Anwendung des Wärmebildes immerhin noch eine brauchbare Abschätzung liefern wird.

Für die in ihrer Ebene fortbewegte Platte kann nun das Wärmebild folgendermaßen entwickelt werden. Die Geschwindigkeit der Platte sei w_1, die Bewegungsrichtung sei als X-Richtung gewählt; weit ab von der Platte soll die Flüssigkeit ruhen und die Temperatur Θ_0 haben, dann soll gesetzt werden:

$$\Theta = \Theta_0 + \beta w_x$$

(die Temperaturerhöhung $\Theta - \Theta_0$ proportional der X-Komponente der Geschwindigkeit). Die Geschwindigkeit der Flüssigkeit unmittelbar an der Platte stimmt mit der der Platte überein, ebenso die Temperatur mit der der Platte, die entsprechend Θ_1 heißen möge. Der Proportionalitätsfaktor β bestimmt sich hieraus zu

$$\beta = \frac{\Theta_1 - \Theta_0}{w_1}.$$

An beiden Seiten längs der Platte wird die Flüssigkeit mitgerissen, hinter der Platte befindet sich ein „Nachlauf". Beide Flüssigkeitsteile sind nach Maßgabe des Verhältnisses w_x/w_1 wärmer (oder kälter, wenn die Platte kälter) als die übrige Flüssigkeit.

Der Wärmestrom (sekundliche Wärmeabgabe) wird durch Integration über die beiden Seiten der Platte zu

$$Q = -2\lambda \int \frac{\partial \Theta}{\partial z}\, dx\, dy$$

erhalten. In gleicher Weise ergibt sich der Bewegungswiderstand P zu

$$P = -2k \int \frac{\partial w_x}{\partial z}\, dx\, dy.$$

Nun ist aber

$$\frac{\partial \Theta}{\partial z} = \beta \frac{\partial w_x}{\partial z},$$

also

$$Q = \beta \frac{\lambda}{k} P = \frac{\lambda}{k} \frac{P(\Theta_1 - \Theta_0)}{w_1}. \tag{3}$$

Der Widerstand einer Platte in reibender Flüssigkeit folgt nach den Versuchen ziemlich verwickelten Gesetzen, die noch nicht genügend aufgeklärt sind. Aus Dimensionsbetrachtungen leitet man ab, daß (mit b = Breite, l = Länge)

$$P = k b w_1 f\left(\frac{\varrho w_1 l}{k}\right)$$

sein muß.

Für die nicht turbulente Strömung der Flüssigkeit mit kleiner Reibung ist

$$f\left(\frac{\varrho w_1 l}{k}\right) = 1{,}36 \sqrt{\frac{\varrho w_1 l}{k}},$$ [1]

[1] Vgl. etwa BLASIUS, Grenzschichten in Flüssigkeiten mit kleiner Reibung. Z. Math. Phys. 1908, S. 1.

für größere Geschwindigkeiten findet man je nach den näheren Umständen statt der Wurzel die 0,8te bis erste Potenz von $\frac{\varrho w_1 l}{k}$.

Nach dem Vorstehenden wird also für Q der Wert

$$Q = \lambda b (\Theta_1 - \Theta_0) f\left(\frac{\varrho w_1 l}{k}\right)$$

erwartet werden müssen.

Man kann diese Betrachtungen nun auch auf Röhren übertragen, in denen eine Flüssigkeit strömt, deren Temperatur von der der Rohrwand verschieden ist. Hier ergibt sich allerdings zunächst eine neue Schwierigkeit. Man hat nämlich einerseits ein Druckgefälle in der Bewegungsrichtung, dem nach dem anfangs Gesagten eine Wärmeerzeugung in der Flüssigkeit entspricht, andererseits wird die Temperatur der Flüssigkeit sich beim Weiterströmen allmählich der (konstant angenommenen) Temperatur der Rohrwand annähern, während andererseits im Falle der stationären Strömung, der hauptsächlich von Interesse ist, jederzeit durch alle Querschnitte gleich viel Flüssigkeit fließt, also — unter Annahme der Volumbeständigkeit — die Geschwindigkeit überall dieselbe ist.

Diesen beiden Schwierigkeiten geht man aus dem Wege, wenn man die Aufgabe etwas abändert. Es soll im Inneren der Flüssigkeit jederzeit so viel Wärme neu entstehen (etwa durch elektrische Ströme), als durch die Rohrwandungen abgegeben wird. Auf diese Weise wird ein Beharrungszustand ermöglicht, der eine Abbildung in unserem Sinne zuläßt. Freilich werden durch diese Änderung der Aufgabe auch die Beträge des Wärmeaustausches etwas verschoben; bei gleichmäßiger Wärmezufuhr an alle Flüssigkeitsteilchen ergibt sich, gleiche Mitteltemperatur der Flüssigkeit und gleiche Wandtemperatur vorausgesetzt, offenbar ein etwas größerer Wärmeaustausch als bei Wärmeabgabe aus dem Vorrat der Flüssigkeit, denn dieser Vorrat, der dem Temperaturüberschuß proportional ist, ist mehr in der Mitte des Rohres angereichert, die Partien in der Nähe der Wand sind dagegen relativ wärmearm[1].

Der Unterschied, der bei der Laminarbewegung ziemlich beträchtlich ist (vgl. die Fußnote, S. 593), dürfte sich bei turbulenter Bewegung in mäßigen Grenzen halten, da die Mischbewegungen hier für eine Vergleichmäßigung der Temperatur sorgen.

---

[1] Die wirklichen Verhältnisse würden demnach durch eine Wärmezufuhr an die Flüssigkeitsteilchen, die proportional dem Temperaturüberschuß wäre, besser angenähert. Man sieht, daß hier die durchschnittlichen Wege, die die Wärme bis zur Wand zu durchfließen hat, größer sind als im Falle gleichförmiger Wärmezufuhr. Eine Abbildung in unserem Sinne ist aber mit dieser Annahme nicht vereinbar.

Zu dem Wert des Wärmeaustausches, der hier zweckmäßig für die Längeneinheit des Rohres berechnet wird (Q_1), gelangt man nun entweder dadurch, daß man ihn durch Gl. (3) mit dem Widerstand pro Längeneinheit

$$P_1 = -\pi r^2 \frac{\partial p}{\partial x}$$

in Verbindung bringt, oder dadurch, daß man aus den Differentialgleichungen (1) und (2) den Wert der Wärmeproduktion q entnimmt, der der Proportionalität $\Theta - \Theta_1 = \beta w_x$ entspricht (Θ_1 = Wandtemperatur). Man sieht leicht aus den rechten Seiten der Gleichungen, daß

$$q = -\frac{\beta \lambda}{k} \frac{\partial p}{\partial x}$$

gesetzt werden muß. Auf beide Arten erhält man

$$Q_1 = \pi r^2 q = -\frac{\beta \lambda \pi r^2}{k} \frac{\partial p}{\partial x}.$$

Zur Bestimmung von β mag hier die Festsetzung dienen, daß die mittlere Geschwindigkeit im Rohr, die meist allein beobachtet werden kann, gleich $\overline{w}$ und die mittlere Temperatur gleich $\overline{\Theta}$ sein soll, dann wird

$$\beta = \frac{\overline{\Theta} - \Theta_1}{\overline{w}}$$

und somit

$$Q_1 = -\frac{\lambda \pi r^2 (\overline{\Theta} - \Theta_1)}{k \overline{w}} \frac{\partial p}{\partial x}; \tag{4}$$

die von NUSSELT gebrauchte Wärmeübergangszahl

$$\alpha = \frac{Q_1}{2 \pi r (\overline{\Theta} - \Theta_1)}$$

(Wärmeaustausch pro Einheit der Wandfläche und pro 1° C) wird hiermit

$$\alpha = -\frac{\lambda r}{2 k \overline{w}} \frac{\partial p}{\partial x} = -\frac{c r}{2 \overline{w}} \frac{\partial p}{\partial x}. \tag{4a}$$

Da nach Dimensionsbetrachtungen

$$-\frac{\partial p}{\partial x} = \frac{k \overline{w}}{r^2} \varphi\left(\frac{\varrho w r}{k}\right) \tag{5}$$

geschrieben werden kann, wird

$$Q_1 = \pi \lambda (\overline{\Theta} - \Theta_1) \varphi\left(\frac{\varrho \overline{w} r}{k}\right) \tag{6}$$

und

$$\alpha = \frac{\lambda}{2r} \varphi\left(\frac{\varrho \overline{w} r}{k}\right). \tag{6a}$$

Wie man sieht, ergeben sich aus diesen Betrachtungen Beziehungen zwischen Wärmeaustausch und Flüssigkeitswiderstand, in denen nichts mehr willkürlich bleibt. Freilich bleiben die Vorbehalte, die bei der

Ableitung wegen der Turbulenz usw. gemacht wurden, bestehen, man darf deshalb eine sehr scharfe Bestätigung der Beziehungen durch den Versuch nicht erwarten.

2. Die vorstehenden Schlüsse lassen sich nicht mehr anwenden, wenn, wie es bei den wirklichen Flüssigkeiten meist der Fall ist, die Gleichung $\lambda = k\,c$ nicht zutrifft. Es gelingt immerhin auch hier noch, einige Aussagen über den Wärmeaustausch zu gewinnen, wenigstens im Falle des Rohres, der ja auch praktisch der wichtigere ist. Zunächst kann man Dimensionsbetrachtungen heranziehen: Aus den Größen r, $\overline{w}$, ϱ, k, c und λ lassen sich zwei unabhängige dimensionslose Größen bilden, nämlich die in der Hydrodynamik bekannte REYNOLDSsche Zahl

$$\xi = \frac{\varrho\, r\, \overline{w}}{k}$$

und das Verhältnis

$$\nu = \frac{\lambda}{c\,k},$$

das im vorigen Abschnitt $= 1$ gesetzt war. Für den Wärmeaustausch pro Längeneinheit Q_1 und die NUSSELTsche Wärmeübergangszahl α wird man also schreiben können (vgl. Gl. (6) und (6a))

$$Q_1 = \pi\,\lambda(\overline{\Theta} - \Theta_1)\,\Phi(\xi, \nu) \tag{7}$$

und

$$\alpha = \frac{\lambda}{2r}\,\Phi(\xi, \nu); \tag{7a}$$

von $\Phi(\xi, \nu)$ weiß man nach dem Vorangehenden so viel, daß für $\nu = 1$

$$\Phi(\xi, \nu) = \varphi(\xi)$$

sein muß. NUSSELT setzte versuchsweise $\Phi(\xi, \nu) = C\,\xi^m\,\nu^n$ und fand $C = 0{,}0438$[1], $m = 0{,}786$, $n = -0{,}85$. Da die Bestimmung des letzteren Exponenten sehr unsicher war, setzte NUSSELT $n = -m$ und erhielt so

$$\Phi(\xi, \nu) = C\left(\frac{\xi}{\nu}\right)^m = 0{,}0438\left(\frac{\varrho\, c\, r\, w}{\lambda}\right)^{0{,}786}. \tag{8}$$

Wird dieser Ansatz als richtig angenommen, dann wird wegen der obigen Beziehungen die Widerstandsfunktion $\varphi(\xi) = C\,\xi^m$ erhalten; der Zahlenfaktor in den Potenzformeln für α und $-\dfrac{\partial p}{\partial x}$ müßte dann identisch sein.

Genauere Aufschlüsse über die Gestalt der Funktion $\Phi(\xi, \nu)$ lassen sich durch eine Abschätzung gewinnen, die auf den Gedanken des ersten Abschnittes fußt. Diese Abschätzung gründet sich darauf, daß bei der turbulenten Flüssigkeitsströmung durch eine Röhre in der nächsten Nähe der Wand die Konvektion gegen die Zähigkeitswirkungen zurücktritt,

[1] Die NUSSELTsche Zahl 15,90 ist zur Umwandlung in das CGS-System und wegen des Überganges vom Durchmesser zum Radius mit $1800^{0{,}786}$ zu dividieren.

im Inneren des Rohres dagegen die Konvektion die Hauptrolle spielt. Zwischen beiden Gebieten wird eine Zone sein, in der Zähigkeit und Konvektion in gleichem Maße an dem Zustandekommen der Vorgänge beteiligt sind; man begeht sicher einen merklichen Fehler, wenn man die Breite dieser Zone Null setzt, also das Gebiet mit überwiegender Zähigkeitswirkung scharf an das mit überwiegender Konvektion grenzen läßt; jedoch gelingt nur unter dieser Annahme eine Durchführung der Rechnung.

Man hat somit eine „*Grenzschicht*" von geringer Dicke (ε, vgl. Abb. 1), in der die Geschwindigkeit von Null bis zu einem Wert w' und die Temperatur von der Wandtemperatur Θ_1 bis zu einem Wert Θ' ansteigt (beides mit genügender Annäherung linear), und eine turbulente *Innenmasse* mit der mittleren Geschwindigkeit $\overline{w}$ und der mittleren Temperatur $\overline{\Theta}$, der Randgeschwindigkeit w' und Randtemperatur Θ'. Masse und Wärmeinhalt der Grenzschicht soll dabei als so klein gegenüber der Masse und dem Wärmeinhalt der übrigen Flüssigkeit angesehen werden, daß sie neben diesen vernachlässigt werden können. Man erhält so die folgenden Rechnungen:

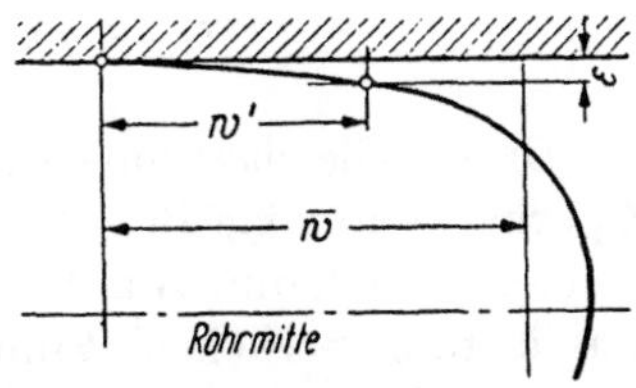

Abb. 1

a) für die *Grenzschicht*:

Das Kräftegleichgewicht liefert

$$-\frac{\partial p}{\partial x}\pi r^2 = k\left(\frac{\partial w_x}{\partial r}\right)_1 2\pi r$$

oder

$$\left(\frac{\partial w_x}{\partial r}\right)_1 = \frac{w'}{\varepsilon} = -\frac{\partial p}{\partial x}\,\frac{r}{2k},$$

woraus sich die Dicke der Grenzschicht zu

$$\varepsilon = -\frac{2w'k}{r\dfrac{\partial p}{\partial x}}$$

ergibt. Der Wärmestrom durch die Grenzschicht ergibt sich nun zu

$$Q_1 = \frac{\lambda(\Theta'-\Theta_1)\,2\pi r}{\varepsilon} = -\frac{\lambda(\Theta'-\Theta_1)\,\pi r^2}{k\,w'}\,\frac{\partial p}{\partial x}. \tag{9}$$

b) Für die *Innenmasse*:

Hier treten Zähigkeit und Wärmeleitung zurück gegen die Konvektion, die Differentialgleichungen (1) und (2) können also näherungsweise geschrieben werden:

$$\varrho\frac{D\mathfrak{w}}{dt} = -\operatorname{grad} p; \qquad c\,\varrho\frac{D\Theta}{dt} = q;$$

setzt man nun die Proportionalität

$$\Theta - \Theta' = \beta(w_x - w')$$

an, wobei

$$\beta = \frac{\overline{\Theta} - \Theta'}{\overline{w} - w'}$$

zu setzen ist, so ergibt sich aus den Differentialgleichungen

$$q = -c\beta\frac{\partial p}{\partial x};$$

somit wird die Wärmeabgabe pro Längeneinheit

$$Q_1 = q\pi r^2 = -\frac{c(\overline{\Theta} - \Theta')\pi r^2}{\overline{w} - w'}\frac{\partial p}{\partial x}. \tag{10}$$

Durch Gleichsetzung der in Gl. (9) und (10) gegebenen Werte von Q_1 erhält man eine Beziehung, mit Hilfe deren man entweder Θ' oder w' wegschaffen kann. Aus weiter unten zu ersehenden Gründen soll hier das erstere geschehen. Führt man wieder die dimensionslose Größe

$$\nu = \frac{\lambda}{c\,k}$$

ein, so wird

$$\Theta' - \Theta_1 = \frac{w'(\overline{\Theta} - \Theta_1)}{\nu\overline{w} - (\nu - 1)w'};$$

hiermit wird

$$Q_1 = -\frac{\nu c(\overline{\Theta} - \Theta_1)\pi r^2}{\nu\overline{w} - (\nu - 1)w'}\frac{\partial p}{\partial x} \tag{11}$$

und

$$\alpha = -\frac{\nu c r}{2(\nu\overline{w} - (\nu - 1)w')}\frac{\partial p}{\partial x}. \tag{11a}$$

Setzt man wieder

$$-\frac{\partial p}{\partial x} = \frac{k\overline{w}}{r^2}\varphi(\xi),$$

so ergibt sich durch Vergleich mit Gl. (7) an Stelle von Gl. (8)

$$\Phi(\xi, \nu) = \frac{\varphi(\xi)}{\nu - (\nu - 1)\frac{w'}{\overline{w}}}. \tag{12}$$

Das Verhältnis $w'/\overline{w}$ ist nur vom Strömungszustand, nicht aber von den Wärmevorgängen abhängig; man kann deshalb

$$\frac{w'}{\overline{w}} = \psi(\xi)$$

setzen. Seiner Bedeutung nach kann $\psi(\xi)$ nur Werte zwischen Null und Eins annehmen; diesen Grenzen entsprechen in Gl. (12) die Werte

$$\Phi(\xi, \nu) = \frac{1}{\nu}\varphi(\xi) \quad \text{für} \quad \psi(\xi) = 0,$$

$$\Phi(\xi, \nu) = \varphi(\xi) \quad \text{für} \quad \psi(\xi) = 1..$$

Der erstere Fall dürfte näherungsweise zutreffen bei sehr starker Turbulenz, bei der nach den Druckgefällebeobachtungen m nahezu $= 1$ ist; der zweite Fall paßt bemerkenswerterweise auf den Fall der Laminarbewegung (POISEUILLEsche Bewegung), für den die *Ableitung* der Formel nicht mehr anwendbar ist.

Nach bekannten Rechnungen ist nämlich hier:

$$-\frac{\partial p}{\partial x} = \frac{8 k \overline{w}}{r^2}$$

und

$$Q_1 = 8\pi\lambda(\overline{\Theta} - \Theta_1),$$

also[1]

$$\Phi(\xi, \nu) = \varphi(\xi) = 8.$$

Der Exponent m der NUSSELTschen Formel ist hier gleich Null. Merkwürdigerweise stimmt für die beiden Grenzfälle $m = 1$ und $m = 0$ das Ergebnis der Formel (8) mit dem oben angeführten Ergebnis der Formel (12) überein.

3. Für die Prüfung der vorstehenden Gesetze scheinen Parallelversuche über den Wärmeaustausch und das Druckgefälle an der gleichen Rohrleitung durchaus erforderlich, da die Besonderheiten der einzelnen Rohrleitungen (verschiedene Rauhigkeit, Einfluß der Einströmung usw.) den Vergleich sonst sehr unsicher machen.

Solche Parallelversuche sind bisher nur von NUSSELT (l. c.) veröffentlicht worden. Da diese sich auf Gase beziehen, wo die Werte von ν in der Nähe der Einheit liegen, liefern sie zwar einen Anhalt über die Zulässigkeit der im ersten Abschnitt gegebenen Theorie, lassen sich aber zu einer Prüfung der im zweiten Abschnitt erhaltenen Erweiterung dieser Theorie nicht verwenden, denn wenn ν nicht stark von 1 verschieden ist, dann unterscheiden sich die durch Formel (8) und (12) gegebenen Werte nicht in genügendem Maße, um bei den nicht unbeträchtlichen Fehlerquellen der Versuche bestimmte Gesetzmäßigkeiten für diese kleinen Unterschiede erkennen zu lassen.

Klaren Aufschluß über diese Dinge wird man erst erhalten können, wenn Parallelversuche über den Wärmeaustausch und das Druckgefälle bei mäßig zähen Flüssigkeiten vorliegen, bei denen $\nu = \frac{\lambda}{k c}$ nahe an Null

[1] Dies gilt für den hier angenommenen Fall der gleichförmigen Wärmezufuhr an alle Flüssigkeitsteilchen. Bei einem stationären Zustand, der durch eine Wärmezufuhr an die Flüssigkeitsteilchen proportional dem Temperaturüberschuß erhalten wird (vgl. die Fußnote S. 588), ergibt sich $Q_1 = 5{,}784\,\pi\lambda(\overline{\Theta} - \Theta_1)$; für eine nach dem POISEUILLEschen Gesetz strömende Flüssigkeit findet NUSSELT [Z. VDI Bd. 54 (1910) S. 1154] die Wärmeübergangszahl mit der Rohrlänge veränderlich, jedoch einer konstanten Grenze zustrebend; der zu dieser Grenze gehörige Zahlwert ist 5,152.

ist. Mit $\nu = 0$ erhält man an Stelle von Gl. (12)

$$\Phi(\xi, 0) = \frac{\varphi(\xi)}{\psi(\xi)}.$$

Die Werte für kleine ν sind wenig von diesen verschieden, es ergibt sich also für $\Phi(\xi, \nu)$ ein Grenzwert, der eine reine Funktion von ξ ist. Die NUSSELTsche Annahme (8) gibt im Gegensatz hierzu mit unbegrenzt abnehmendem ν unbegrenzt wachsende Werte von $\Phi(\xi, \nu)$, ein Resultat, das wenig glaubhaft erscheint.

Um einen Vergleich der theoretischen Resultate mit den Ergebnissen der NUSSELTschen Versuche zu erhalten, möge im folgenden das Verhältnis $\frac{\varphi(\xi)}{\Phi(\xi, \nu)}$ für verschiedene Versuchswerte zahlenmäßig ausgerechnet werden; nach unserer Theorie [Formel (12)] soll dieses gleich $\nu - (\nu - 1)\,\psi(\xi)$ sein, nach dem Ansatz (8) gleich ν^m.

Als Grundlage für die Rechnungen dienten die Zahlentafeln 3 und 7 bei NUSSELT (Wärmeübergangsversuche mit Druckluft und Messungen des Druckgefälles bei Druckluft); für k und λ seien ebenfalls die bei NUSSELT (ohne Quellenangabe) aufgeführten Werte benutzt[1]. Diese sind im C.G.S.-System:

$$\text{für } 0^\circ{:}\quad k = 0{,}0001726 \qquad \lambda = 0{,}0000526,$$
$$\text{für } 100^\circ{:}\quad k = 0{,}0002250 \qquad \lambda = 0{,}0000646.$$

Zunächst wurde $\varphi(\xi) = C\,\xi^m$ ermittelt, das nach Gl. (5) gleich $-\frac{\partial p}{\partial x}\frac{r^2}{k w}$ ist.

Der Exponent m wurde bereits von NUSSELT zu 0,776 ermittelt; die Konstante

$$C = -\frac{\partial p}{\partial x}\,\frac{r^{2-m}}{k^{1-m}\,w^{1+m}\,\varrho^m}$$

wurde aus Versuch (4) und (8) (Zahlentafel 7), die nach Fig. 12 bei NUSSELT beide gut auf der Interpolationskurve liegen, zu 0,0514 und 0,0522 gerechnet; der Mittelwert war 0,0518. Für die zu den einzelnen Wärmeübergangsversuchen gehörigen Druckgefälle wurde nun das entsprechende

$$\varphi(\xi) = 0{,}0518\left(\frac{\varrho\, r\, \overline{w}}{k}\right)^{0{,}776}$$

berechnet, ferner aus den bei NUSSELT angegebenen Werten von α, die durch Division mit 36000 auf C.G.S.-Einheiten gebracht waren,

$$\Phi(\xi, \nu) = \frac{2\alpha r}{\lambda}$$

[1] Da die Arbeit im Landaufenthalt niedergeschrieben wurde, waren mir keine anderen Quellen zugänglich. Die Zahlenrechnungen sind mit dem Rechenschieber durchgeführt und machen daher keinen Anspruch auf große Genauigkeit.

bestimmt. ϱ und k wurden dabei der bei NUSSELT angegebenen Mitteltemperatur entsprechend gewählt, λ dagegen für eine Temperatur

$$\Theta = \frac{2\Theta_1 + \bar{\Theta}}{3};$$

da die Wärmeleitung hauptsächlich in der Wandnähe zur Wirkung kommt, wo die Temperatur der Flüssigkeit sich schon der Wandtemperatur annähert, schien diese Wahl angemessen zu sein.

Der Radius des Rohres war 1,10 cm, die Wandtemperatur war durch äußere Beheizung mit Dampf auf 100° gebracht.

Von den 69 Versuchen in der Zahlentafel 3 wurden 10 so ausgewählt, daß dabei die Werte von ξ von etwa 2500 bis 50000 laufen (bei $\xi = 1000$ liegt die kritische Geschwindigkeit), und dabei niedrige und hohe Drucke durcheinander vorkommen.

Die folgende Zahlentafel läßt die Werte der unabhängigen Veränderlichen und der Resultate der Rechnung erkennen. Die Werte von $\frac{\varphi(\xi)}{\Phi(\xi, \nu)}$, die sich nicht sehr regelmäßig um den Mittelwert **1,236** gruppieren, zeigen keinen erkennbaren Gang, weder mit ξ, noch mit dem Druck.

Versuch Nr.	Mittleres $\bar{\Theta}$ °C	Mittlerer Druck Atm.	Mittlere Geschwindigkeit $\bar{w}$ Sek.	$\xi = \frac{\varrho \bar{w} d}{k}$	$\varphi(\xi)$	$\frac{\varphi(\xi)}{\Phi(\xi, \nu)}$
36	50,7	7,02	0,648	2660	23,6	1,095
5	50,4	1,155	4,32	2860	24,95	1,37
6	45,7	1,155	6,21	4320	33,6	1,265
47	41,0	10,02	1,053	6530	47,4	1,24
8	39,5	1,153	11,89	8560	58,1	1,26
18	39,2	2,050	8,35	10720	68,7	1,17
10	35,3	1,152	18,33	13500	80,3	1,24
13	31,6	1,171	27,2	21650	119	1,31
24	30,4	1,883	29,94	36000	177	1,22
42	28,9	6,97	9,63	44700	210	1,19
					Mittel:	1,236

Das Verhältnis $w'/\bar{w}$ würde sich aus

$$\nu - (\nu - 1)\frac{w'}{\bar{w}} = 1{,}236$$

mit $\nu = 1{,}25$ zu 0,056 berechnen. Dieser Wert ist unwahrscheinlich klein; doch ist zu bemerken, daß einerseits die beiden Zahlen 1,25 und 1,236 nicht allzu sicher bestimmt sind, andererseits auch von der hier entwickelten Theorie, die in manchen Punkten nur auf Abschätzungen beruht, keine zu große Genauigkeit erwartet werden darf. Die Abweichung, die sich hier zeigt, geht übrigens nach der früher vermuteten Richtung; die Unstimmigkeit wegen Einführung der gleichmäßigen Wärmezufuhr ließ erwarten, daß die Theorie für den Wärmeaustausch etwas zu große Werte liefern würde; führt man statt der theoretischen die kleineren wirklichen Werte in die Rechnung ein, so muß der Quotient $\frac{\varphi(\xi)}{\Phi(\xi, \nu)}$ zu groß ausfallen. Man wird dem dadurch Rechnung tragen, daß man in die Formel noch einen Berichtigungsfaktor aufnimmt, der vorläufig allerdings unbestimmt bleiben muß, solange nicht Versuche mit einer anderen Flüssigkeit (Wasser, Öl?) vorliegen. Im ganzen kann man die Übereinstimmung zwischen Theorie und Versuch als recht befriedigend ansehen.

Zusammenfassung. Auf Grund der Analogie zwischen den Differentialgleichungen der Wärmekonvektion und der Flüssigkeitsbewegung wird eine Abbildung von Strömungsvorgängen auf Wärmeaustauschvorgänge erreicht; es gelingen Anwendungen dieses Wärmebildes auf Platten, die parallel zu ihrer Ebene in einer Flüssigkeit von anderer Temperatur bewegt werden, und auf Röhren, durch die eine Flüssigkeit strömt, deren Temperatur von der der Rohrwand verschieden ist. Die Ergebnisse der Theorie werden mit den NUSSELTschen Versuchen verglichen, die Übereinstimmung ist zufriedenstellend.

Nachrichten der Gesellschaft der Wissenschaften zu Göttingen, Mathematisch-physikalische Klasse (1914) S. 177—190

Der Luftwiderstand von Kugeln

(Vorgelegt von C. RUNGE in der Sitzung vom 28. März 1914)

1. Ein Vergleich der Luftwiderstandsziffern des EIFFELschen Laboratoriums in Paris[1] mit denen, die in der Göttinger Modellversuchsanstalt gewonnen waren[2], zeigte — bei befriedigender Übereinstimmung in allen übrigen Fällen[3] — eine ganz auffällige Abweichung der für die Kugel erhaltenen Werte. Die Widerstandsziffer ψ, definiert durch die Formel

$$W = \psi F \varrho v^2$$

(wo $F = \pi r^2$ die Flächenausdehnung senkrecht zur Bewegungsrichtung, ϱ die Luftdichte, v die Geschwindigkeit und W der Widerstand ist), war in Göttingen zu 0,22 ermittelt worden, während EIFFEL 0,088 angibt[4]. Um diesen Widerspruch aufzuklären, unternahm Herr EIFFEL[5] Versuche an drei Kugeln von 16,2, 24,4 und 33 cm Durchmesser, die übereinstimmend das Ergebnis lieferten, daß der Widerstandskoeffizient von einem höheren Wert bei kleineren Geschwindigkeiten auf einen wesentlich niedrigeren bei größeren Geschwindigkeiten herabgeht. Das Übergangsgebiet ist dabei so schmal, daß auch der Widerstand W selbst innerhalb eines kurzen Geschwindigkeitsbereiches bei zunehmender Geschwindigkeit abnimmt. Das kritische Geschwindigkeitsgebiet lag um so niedriger, je größer der Kugeldurchmesser war.

Da die Göttinger Messungen bei Geschwindigkeiten von 4 bis 8 m/sec gemacht waren, die EIFFELschen aber bei Geschwindigkeiten bis zu 30 m/sec, war der Widerspruch der ursprünglichen Werte durch die EIFFELsche Entdeckung vollständig aufgeklärt; der EIFFELsche Widerstandswert für kleinere Geschwindigkeiten stimmt mit den Göttinger

---

[1] Vgl. etwa: La résistance de l'air et l'aviation von G. EIFFEL, Paris 1910; oder die deutsche Übersetzung: Der Luftwiderstand und der Flug, von FR. HUTH, Berlin 1912.

[2] Veröffentlicht in den „Mitteilungen der Göttinger Modellversuchsanstalt" in der Z. Flugtechn. Motorl. 1910—13, sowie im Jb. der Motorluftschiff-Studienanstalt 1910/11 und 1911/12.

[3] Siehe O. FÖPPL, Ergebnisse der aerodynamischen Versuchsanstalt von EIFFEL, verglichen mit den Göttinger Resultaten. Z. Flugtechn. Motorl. 1912, S. 118.

[4] a. a. O. S. 76 (79). EIFFEL gibt den Wert $\psi \varrho_{15} = 0{,}011 \frac{\text{kg sec}^2}{\text{m}^4}$, wobei $\varrho_{15} = 0{,}125 \frac{\text{kg sec}^2}{\text{m}^4}$ die „Normaldichte" für 760 mm Barometer und 15° C ist.

[5] G. EIFFEL, Sur la résistance des sphères dans l'air en mouvement. C. R. 155 (1912) S. 1597 = L'Aérophile 1913, S. 31.

Messungen gut überein. Das ganze Ergebnis war jedoch zunächst höchst befremdlich, denn es versetzte der bis dahin als völlig gesichert geltenden Anschauung von der angenäherten Gültigkeit des quadratischen Luftwiderstandsgesetzes einen argen Stoß. Der ganze Gedanke der Modellversuche, der auf dieses Gesetz gegründet war, schien ins Wanken kommen zu müssen. An der Richtigkeit der Tatsachen war dabei kein Zweifel möglich, um so mehr, als kurz vorher die italienische Militär-Versuchsanstalt in Rom[1] ganz entsprechende Resultate über den Widerstand von Kugeln im Wasser erhalten hatte, und ferner fast gleichzeitig mit EIFFEL im aerotechnischen Institut von St. Cyr[2] bei Luftwiderstandsversuchen an acht Kugeln verschiedenen Durchmessers dieselben Gesetzmäßigkeiten gefunden wurden. Den beiden Werten der Widerstandsziffer entsprechen natürlich verschiedene Strömungsformen. EIFFEL hat das Vorhandensein dieses Unterschiedes auch nachgewiesen.

2. Von Seiten der Theorie ließ sich zunächst dieses sagen: Wenn der Umschlag von dem einen Strömungszustand in den anderen einer durch die Wechselwirkung von Trägheits- und Reibungskräften in der Flüssigkeit bedingten allgemeinen Gesetzmäßigkeit entsprechen soll, und nicht etwa durch mehr zufällige Umstände, wie Rauhigkeit der Kugeloberfläche, Wirbeligkeit des Luftstromes usw. hervorgebracht wird, so muß das Ähnlichkeitsgesetz für reibende Flüssigkeiten erfüllt sein, d. h. es muß die Widerstandsziffer eine reine Funktion der REYNOLDSschen Zahl sein:

$$\psi = f\left(\frac{v\,d}{\nu}\right),$$

wo $\nu = \mu/\varrho$ das kinematische Zähigkeitsmaß, ferner d eine charakteristische Länge im Körper, hier der Kugeldurchmesser, ist. Darauf, daß dies für die EIFFELschen Ergebnisse einigermaßen zutrifft, hat LORD RAYLEIGH[3] bereits hingewiesen. Die REYNOLDSsche Zahl, die dem stärksten Abfall der Widerstandsziffer entspricht, ist etwa $v\,d/\nu = 130000$. Die Versuche von St. Cyr stehen im großen und ganzen im Einklang mit den EIFFELschen. Da die REYNOLDSsche Zahl die Größenordnung des Verhältnisses der Trägheitskräfte zu den Reibungskräften in der den Körper umgebenden Flüssigkeit mißt, erscheint es zunächst verwunderlich, daß ein von der Wechselwirkung von Reibungs- und Trägheitskräften hervorgebrachter Umschlag in den Strömungsformen erst bei einem so hohen Zahlwert dieses Verhältnisses eintritt, bei dem die

[1] Cap. G. COSTANZI, Alcune esperienze di idrodinamica; Rendiconti delle esperienze e studi nello stab. di esp. e costr. aeronautiche del genio, II. Jg., Nr. 4, S. 169, Rom 1912.

[2] CH. MAURAIN, Action d'un courant d'air sur des sphères. Bull. de l'institut aérotechnique de l'Univ. Paris, III. Bd., 1913, S. 76.

[3] Lord RAYLEIGH, Sur la résistance des sphères dans l'air en mouvement. C. R. 156 (1913) S. 109.

Reibungskräfte eine gänzlich untergeordnete Rolle zu spielen scheinen. Dieses Zahlenverhältnis gilt indes nur für die „freie Flüssigkeit“, nicht jedoch für jene meist dünne Schicht in der nächsten Nähe der Körperoberfläche, in der sich der Übergang von der Geschwindigkeit der freien Strömung auf die Geschwindigkeit Null an der Oberfläche des Körpers vollzieht[1]. In dieser „Grenzschicht“ (sowie in den von ihr ausgesandten „Wirbelschichten“) sind die Reibungskräfte von gleicher Größenordnung, wie die Trägheitskräfte, und man kann deshalb mit gewissem Recht vermuten, daß hier die Ausgangsstelle der plötzlichen Widerstandsänderung zu suchen ist. Die Dicke der Grenzschicht läßt sich leicht danach abschätzen, daß ihr Verhältnis zu den Körperabmessungen der Wurzel aus der REYNOLDSschen Zahl umgekehrt proportional ist. Bei der Kugel kann man (für die Stelle des Geschwindigkeitsmaximums) ziemlich genau

$$\frac{\delta}{d} = \sqrt{\frac{\nu}{v\,d}}$$

setzen[2]. Mit

$$\frac{v\,\nu}{d} = 130000 \quad \text{ergibt dies} \quad \frac{\delta}{d} = \frac{1}{360}.$$

3. Für sprungweise Änderungen des Widerstandsgesetzes bei hohen REYNOLDSschen Zahlen gibt es bereits Analoga in der kritischen Geschwindigkeit bei Röhren und bei Platten, die parallel ihrer Ebene bewegt werden. Die kritischen Geschwindigkeiten ergeben sich in den beiden Fällen aus den REYNOLDSschen Zahlen

$$\frac{v\,d}{\nu} = 2000 \quad \text{bzw.} \quad \frac{v\,l}{\nu} = 450000.$$[3]

In beiden Fällen erfolgt der Umschlag dadurch, daß die bei niederen Geschwindigkeiten laminar (d. h. glatt) verlaufende Strömung bei Überschreitung der Grenze turbulent (wirbelig) wird.

Es liegt nahe, bei der Kugel ähnliches anzunehmen. Bei laminarer Strömung bildet sich an einer bestimmten durch den Druckverlauf

[1] L. PRANDTL, Über Flüssigkeitsbewegung bei sehr kleiner Reibung. Verhandl. d. international. Mathematiker-Kongr. zu Heidelberg 1904, S. 484, Leipzig 1905. Vgl. ferner H. BLASIUS, Grenzschichten in Flüssigkeiten mit kleiner Reibung. Z. Math. Phys. 1908, S. 1; K. HIEMENZ, Die Grenzschicht an einem in den gleichförmigen Flüssigkeitsstrom eingetauchten Kreiszylinder. Dinglers polytechn. J. Bd. 326 (1911) S. 321.

[2] Zur Definition der Grenzschichtdicke ist hierbei das Geschwindigkeitsprofil durch einen inhaltsgleichen geknickten Linienzug ersetzt worden, bestehend aus einer schrägen Geraden durch den Ursprung und der Asymptote. Die Abszisse des Schnittpunktes beider Linien ergibt die Grenzschichtendicke.

[3] H. BLASIUS, Das Ähnlichkeitsgesetz bei Reibungsvorgängen in Flüssigkeiten. Mitteilungen über Forschungsarbeiten herausgeg. vom Verein Deutscher Ingenieure, H. 131, S. 27. Auszug in der Z. VDI Bd. 56 (1912) S. 639.

gegebenen Stelle eine Ablösung der Grenzschicht aus; wenn nun die Grenzschicht vor der Ablösungsstelle wirbelig wird, so wird der schmale Keil ruhender Luft hinter der Ablösungsstelle (vgl. Abb. 3) weggespült, und der Luftstrom legt sich wieder an die Kugel an, so daß die Ablösestelle immer weiter nach hinten rückt, bis sie unter den neuen Bedingungen eine neue Gleichgewichtslage gefunden hat; dies hat ein wesentlich kleineres Wirbelsystem und damit auch einen kleineren Widerstand zur Folge.

4. Um diese Fragen näher zu prüfen, ließ ich in der jetzt von der Universität übernommenen Modellversuchsanstalt eine Reihe von Versuchen ausführen, für deren sehr sorgfältige und geschickte Durchführung ich Herrn Dr. C. WIESELSBERGER zu großem Dank verpflichtet bin.

Um größere Geschwindigkeiten zu haben, als sie bisher zur Verfügung standen, wurde in den Kanal von 1,95 × 1,95 m Querschnitt eine Düse von 1,03 m Durchmesser eingebaut. Durch diese Querschnittsverengung wurde die bisherige Geschwindigkeit von knapp 10 m/sec auf 23 m/sec gesteigert. Der Luftstrom, der vor dem Durchtritt durch die Düse schon durch die Beruhigungsvorrichtungen des Versuchskanals gegangen war[1], zeigte beim Verlassen der Düse eine sehr hohe Gleichförmigkeit und Wirbelfreiheit.

Die Versuchskörper wurden genau wie bei EIFFEL in den freien Strahl hinter der Düse gebracht. Sie waren an dünnen Drähten aufgehängt, von denen einer, der in horizontaler Richtung zur Widerstandswaage[1] führte, mittels eines feinen Häkchens an dem der Strömung zugekehrten „Pol" der Kugel befestigt war, während die anderen in zwei vertikalen Ebenen vom „Äquator" und von dem Ende eines im rückwärtigen Pol der Kugel befestigten Eisenstabes ausgingen und zur Aufnahme des Eigengewichtes sowie zur Verhinderung von Schwingungen dienten. Die Widerstandswaage wurde bei jedem Körper besonders geeicht (um die Wirkung kleiner Winkelabweichungen und Längenänderungen in den Aufhängedrähten zu eliminieren). Der Luftwiderstand der Aufhängedrähte wurde besonders ermittelt und in Abzug gebracht.

Zuerst wurden fünf Kugeln untersucht, die galvanoplastisch aus Kupfer angefertigt waren. Ihre Durchmesser waren so gewählt, daß die Querschnittsfläche jeder folgenden Kugel doppelt so groß war, wie die der vorhergehenden; in rundem Maß waren die Durchmesser 7, 10, 14, 20 und 28 cm. Die Widerstandsziffern, die mit diesen Kugeln bei Geschwindigkeiten zwischen 5 und 23 m/sec erhalten wurden, sind,

---

[1] Vgl. etwa L. PRANDTL, Die Bedeutung von Modellversuchen für die Luftschiffahrt und Flugtechnik und die Einrichtungen für solche Versuche in Göttingen. Z. VDI Bd. 53 (1909) S. 1711.

gleich nach den REYNOLDSschen Zahlen $v\,d/\nu$ aufgetragen, durch die stark ausgezogenen Linien der Abb. 1 wiedergegeben. Man erkennt, daß

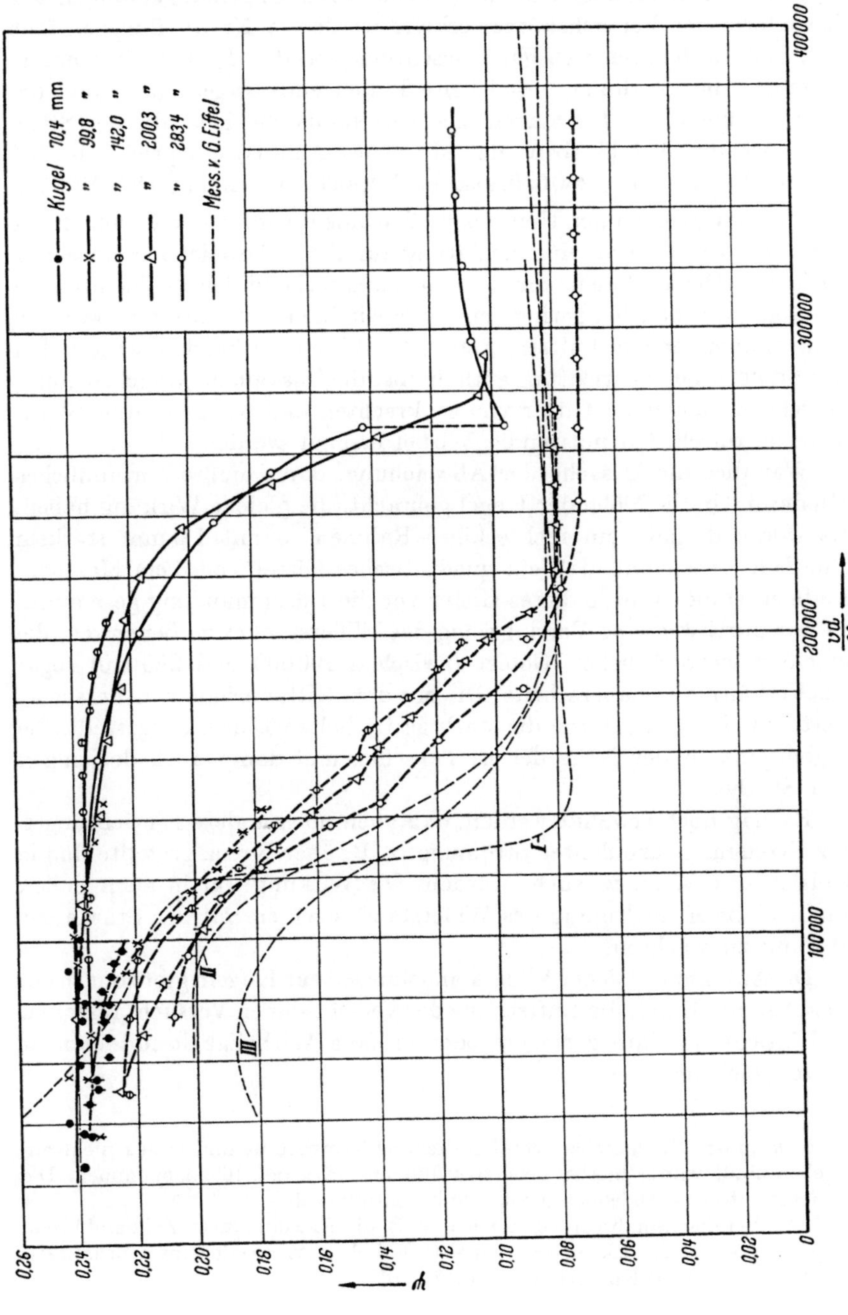

Abb. 1

die Beziehung $\psi = f\left(\frac{v\,d}{\nu}\right)$ in befriedigender Weise erfüllt ist (die vorhandenen Abweichungen können leicht durch Ungenauigkeiten in der Kugelform der Versuchskörper erklärt werden, s. Nr. 5). Dagegen fällt auf, daß die Kurven sich ganz wesentlich von den EIFFELschen unterscheiden, die als dünne gestrichelte Linien eingetragen sind[1], und die Bezeichnung *I*, *II*, *III* tragen. Die REYNOLDSsche Zahl, die der Stelle des stärksten Abfalls (bzw. der Mitte des Abfalls) entspricht, ist bei unseren Versuchen = 260000, also das Doppelte des EIFFELschen Wertes.

Da als Ursachen des Umschlages Turbulentwerden der Grenzschicht vermutet wurde, war eine Erklärung für diese Abweichung unschwer zu finden. Die Turbulenz mußte, ganz entsprechend den Beobachtungen an Röhren, schon bei geringeren Geschwindigkeiten eintreten, wenn in dem ankommenden Luftstrom bereits Wirbel vorhanden waren. Bei der EIFFELschen Einrichtung enthält aber die Düse einen „Gleichrichter", bestehend aus einem Gitter von senkrechten und waagerechten Blechstreifen, durch den notwendig Wirbel erzeugt werden.

War dies die Ursache der Abweichung, dann mußte ein ähnliches Hindernis, in die Nähe der Kugel gebracht, die gleiche Wirkung haben. Es wurde deshalb ein rechteckiger Rahmen so mit 1,0 mm starkem Bindfaden bespannt, daß ein quadratisches Gitter von 5 cm Maschenweite entstand. Wurde dieses Gitter vor die Düsenmündung geschoben, so war durchweg eine Verringerung des Widerstandes zu bemerken, die in einem beträchtlichen Gebiet (zwischen 190000 und 260000) sogar das Verhältnis 1:2 überschritt! Die mit dem Gitter erhaltenen Versuchswerte sind in Abb. 1 durch die stark gestrichelten Linien dargestellt. Sie liegen ganz in der Nähe der EIFFELschen und damit auch derjenigen von St. Cyr.

Es mag noch erwähnt werden, daß auch noch andere Einrichtungen zur Erzeugung turbulenter Strömung, z. B. über Kreuz gestellte dünne Holzlatten u. a. m. versucht wurden. Die Wirkung war in allen Fällen ähnlich; die Erniedrigung des Widerstandes schien mit der Stärke der Störung zu wachsen.

Die Aufnahme solcher Widerstandskurven für Kugeln gibt sonach ein Mittel an die Hand, die Luftströme der verschiedenen Versuchsanstalten in Hinsicht auf ihre geringere oder größere Wirbeligkeit miteinander zu vergleichen[2].

---

[1] Da in der EIFFELschen Veröffentlichung Temperatur und Druck nicht angegeben sind, wurde hierbei nach Gutdünken ein $\nu = 0{,}16$ angenommen. Die Unsicherheit des ν ist jedoch nicht sehr bedeutungsvoll.

[2] Als Vergleichsmaßstab könnte man z. B. die REYNOLDSsche Zahl einführen, bei der der Widerstandskoeffizient einer technisch glatten (mit feinem Schmirgelleinen abgeriebenen) Kupferkugel = 0,18 wird.

5. War mit dem Vorstehenden der Nachweis, daß es sich bei dem eigentümlichen Verhalten des Widerstandes von Kugeln um einen Turbulenzeffekt handelt, schon so gut wie geliefert, so schien doch ein richtiges *experimentum crucis* noch erwünscht zu sein. Zu diesem Zweck wurde auf der vorderen (dem Wind zugekehrten) Seite der 28 cm-Kugel, 15 Bogengrade vom Äquator entfernt, ein Drahtreif von 1 mm Stärke befestigt (Abb. 4, *a*). Nach der in Nr. 2 angedeuteten Rechnung war die Grenzschichtdicke bei allen in den Versuchen zur Verwendung kommenden Geschwindigkeiten geringer als 1 mm, der Drahtreif, der etwas vor der Ablösestelle lag, mußte daher durch die an ihm entspringenden Wirbel die Grenzschicht turbulent machen und so die Ablösestelle nach hinten verschieben.

In der Tat wurde, wie die Versuche zeigten, durch den Drahtreif die Widerstandsziffer in dem ganzen Geschwindigkeitsbereich auf 0,085 bis 0,09 erniedrigt, während man aus elementaren Betrachtungen eher eine geringe Erhöhung des Widerstandes (um etwa 0,008 bis 0,01) hätte erwarten mögen. Es hat sich also durch die Hinzunahme des dünnen Drahtreifs das Widerstandsgesetz in ein nahezu quadratisches verwandelt. Man darf jedoch vermuten, daß bei *sehr* kleinen Geschwindigkeiten, wo die Grenzschicht erheblich dicker ist als der Drahtreif, wieder die hohe Widerstandsziffer von 0,24 Platz greift.

Es wurde noch ein zweiter Versuch angestellt, wo im Gegensatz zum ersten der Drahtreif etwas hinter der Ablösestelle der laminaren Grenzschicht, nämlich am Äquator der Kugel befestigt war (Abb. 4, *b*). Bei den kleineren Geschwindigkeiten lag der Draht jetzt im toten Winkel, mußte also wirkungslos bleiben, bei den großen dagegen kam er in die Strömung und mußte ähnlich wirken wie in der ersteren Lage. Ein Blick auf Abb. 2, in der die Kurve *I* die Widerstandsziffern der 28 cm-Kugel ohne Drahtreif, die Kurve *II* die mit Drahtreif unter 15°, *III* die mit Drahtreif am Äquator darstellt, zeigt die Richtigkeit dieses Schlusses. Als eine interessante Besonderheit ist noch zu erwähnen, daß beim Drahtreif am Äquator zwischen 160000 und 200000 zwei Werte des Widerstandes beobachtet wurden, von denen der höhere bei allmählicher Steigerung der Geschwindigkeit von den kleinen Geschwindigkeiten her, der niedere bei allmählicher Erniedrigung von den größeren Geschwindigkeiten her erhalten wurde. Auch dafür ist unschwer die Erklärung zu geben: Wenn die Strömung erst einmal an dem Draht anliegt, so wird sie durch die vom Draht erzeugte Wirbelung auch weiterhin gut anliegen, und es kann jetzt auch die Geschwindigkeit etwas gemäßigt werden, ohne daß die Strömung sich loslöst. Erfolgt dann bei weiterer Erniedrigung der Geschwindigkeit die Ablösung doch, so wird der Draht sofort gänzlich wirkungslos (vgl. Abszisse 160000

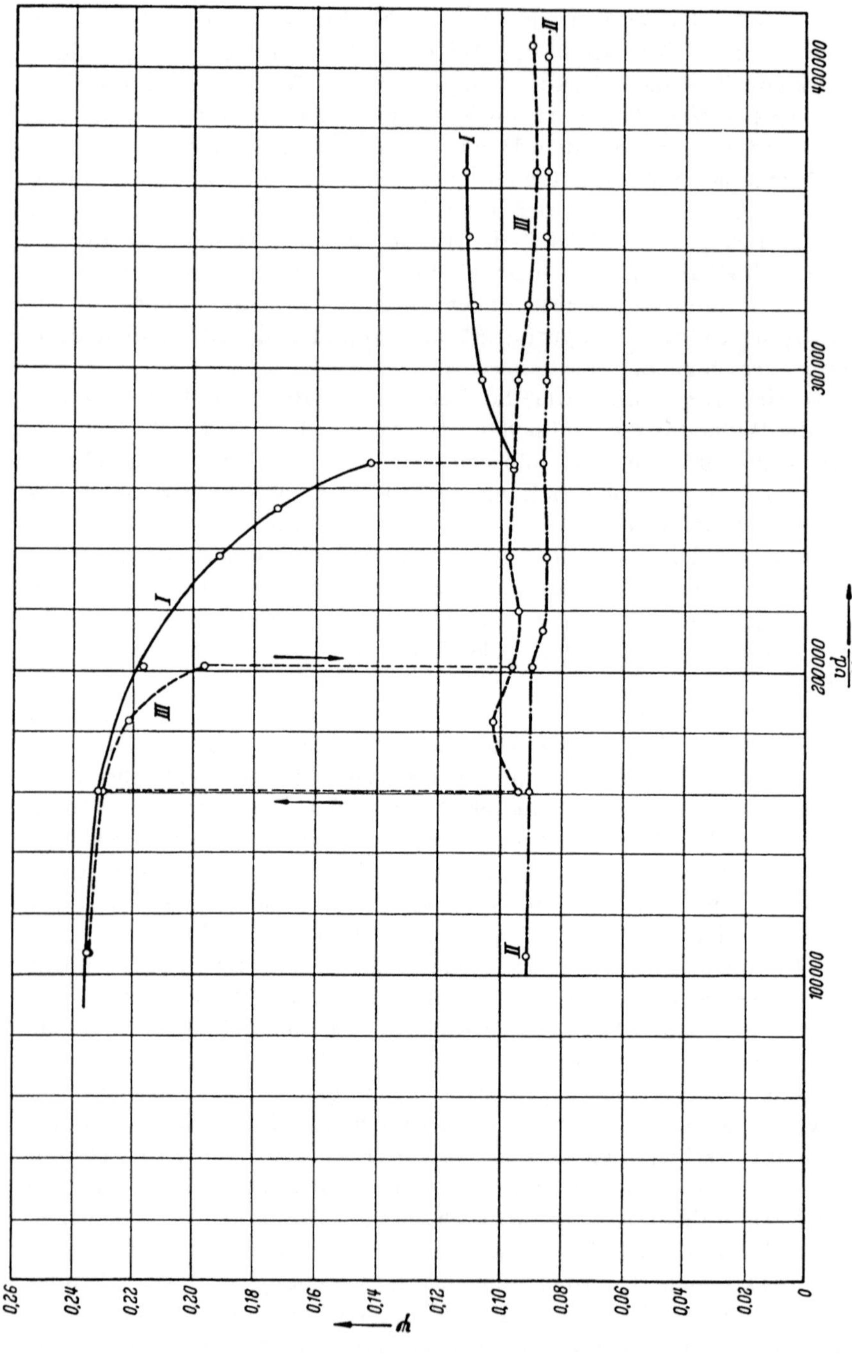
0,26
0,24
0,22
0,20
0,18
0,16
0,14
0,12
0,10
0,08
0,06
0,04
0,02
0
ψ
100000
200000
300000
400000
vd/ν
I
II
III

Abb. 2

in Abb. 2), und es bedarf wieder einer endlichen Geschwindigkeitssteigerung, um den Draht wieder in Wirkung zu bringen.

Eine ähnliche Wirkung wie die aufgelegten Drähte haben natürlich auch Rauhigkeiten der Oberfläche. Ein vorläufiger Versuch mit einer mit Stoff überzogenen Kugel zeigte, daß der Umschlag auch hier nach den kleineren Geschwindigkeiten hin verschoben wird.

6. Die *Strömungsformen* wurden durch Zuleiten von Rauch ebenfalls untersucht. Es zeigte sich, daß den hohen Widerstandswerten eine Strömung nach Abb. 3 entsprach, bei der die Strömung sich 5 bis 8° vor dem Äquator von der Kugel loslöste. Wenn man den Rauch von hinten her in den toten Raum hineinleitete, war die Ablöselinie, die langsame wellige Bewegungen zeigte, scharf zu erkennen (die punktierte Linie in Abb. 3). Dem niederen Widerstandswert entsprach eine Strömung nach Abb. 4, mit einer um 10 bis 25° hinter dem Äquator liegenden Ablöselinie, die im übrigen sehr unruhig hin- und herschwankte (punktierte Linie in Abb. 4). Das Übergangsstadium scheint dadurch zustande zu kommen, daß die Ablösestelle in unregelmäßigem Wechsel zungenartig über den Äquator herüberschlägt. Dem entspricht ein sehr starkes Schwanken des Widerstandes sowie ein Auftreten von sehr starken seitlichen Kräften, die die Kugel in seitliche Schwingungen versetzen, wenn sie nicht sehr gut dagegen gesichert ist. Die Bewegungen in dem Wirbelgebiet hinter der Kugel sind äußerst unregelmäßig, der dort zugeleitete Rauch wurde so stark nach allen Seiten auseinandergerissen, daß kaum eine Strömungsrichtung zu erkennen war. Die in beide Figuren eingetragenen Pfeile sollen nur die allgemeine Strömungstendenz andeuten.

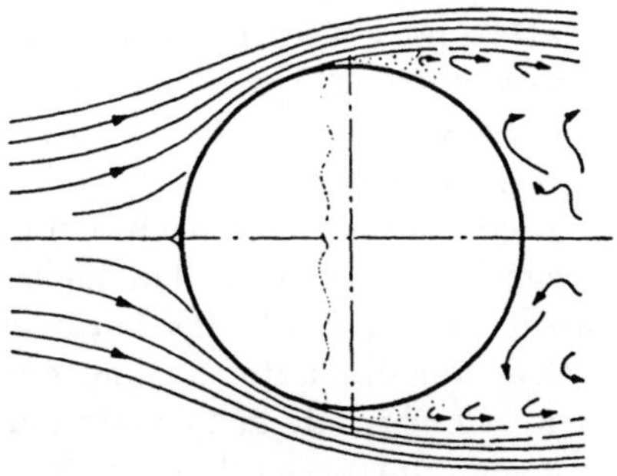

Abb. 3

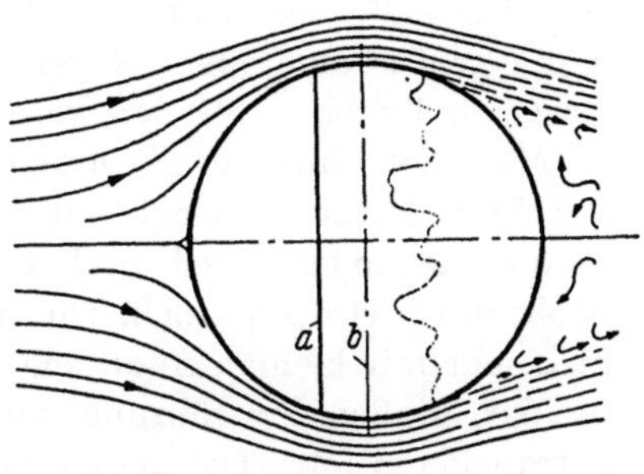

Abb. 4

7. Ist mit dem Vorstehenden das sonderbare Verhalten des Luftwiderstandes von Kugeln in befriedigender Weise aufgeklärt, so bleibt noch die andere Frage bestehen, inwieweit etwa bei anderen Körpern ähnliche sprungartige Änderungen des Widerstandsgesetzes vorkommen mögen, vielleicht in Geschwindigkeitsgebieten, die dem Laboratoriums-

experiment unzugänglich sind. Solche Umstände wären dazu angetan, die Versuche an Modellen, wie sie jetzt überall ausgeführt werden, wertlos zu machen, falls sich die Stelle des Umschlages zwischen den Reynoldsschen Zahlen der wirklichen Ausführung und denen der Laboratoriumsversuche befände.

Ich habe deshalb noch eine Reihe von Rotationsellipsoiden von 20 cm Äquatorialdurchmesser (galvanoplastisch aus Kupfer hergestellt) untersuchen lassen, deren Achsenverhältnis 0,75, 1,33, 1,80 und 3,0 waren. Die Reihe wurde noch vervollständigt durch eine kreisförmige Platte und ein vorhandenes nahezu ellipsoidförmiges Luftschiffmodell (etwa einem Ellipsoid mit dem Achsenverhältnis 6 entsprechend).

Die Versuchsergebnisse, die in Abb. 5 zusammengetragen sind, bestätigten die Erwartung, daß bei dem abgeplatteten Ellipsoid die Umschlagstelle stark nach den großen Geschwindigkeiten, bei den verlängerten stark nach den kleinen Geschwindigkeiten verschoben sein würde. Denn da für das Turbulentwerden der Grenzschicht im wesentlichen nur das unter ansteigendem Druck verlaufende Stück zwischen dem Geschwindigkeitsmaximum und der Ablösestelle in Betracht kommen dürfte, wird es für das Eintreten der Turbulenz hauptsächlich auf die Länge dieses Stückes ankommen; diese ist aber bei den abgeplatteten Formen sehr klein, bei den verlängerten dagegen verhältnismäßig groß; den großen Längen entsprechen natürlich kleinere kritische Geschwindigkeiten als den kleinen.

Man sieht aus der Zusammenstellung in Abb. 5, daß bei den gestreckten Formen, also bei den Luftschiffmodellen, in dem zur Verfügung stehenden Geschwindigkeitsbereich nur der turbulente Zustand beobachtet wird, der sich, wie man annehmen muß, kontinuierlich — vielleicht mit kleinen Änderungen der Widerstandsziffer — bis zu den in der großen Ausführung vorkommenden Reynoldsschen Zahlen extrapolieren läßt. Der andere Grenzfall ist der der Platte. Hier ist die Länge des unter ansteigendem Druck verlaufenden Abschnittes der Grenzschicht zu Null geworden, und man wird deshalb darauf rechnen müssen, daß hier für alle Geschwindigkeitsbereiche der laminare Zustand, also die großen Widerstandswerte gültig bleiben werden.

Um auch den Einfluß der Turbulenz des Versuchsluftstromes kennenzulernen, ist noch eine Versuchsreihe mit denselben Körpern mit vorgeschaltetem Bindfadengitter durchgeführt worden. Die Ergebnisse sind durch die gestrichelten Linien in Abb. 5 zur Darstellung gebracht. Der allgemeine Charakter der Einwirkung ist wie bei der Kugel eine Verschiebung der Kurven nach kleineren Reynoldsschen Zahlen; die Einwirkung ist am stärksten bei der Kugel und den ihr benachbarten Formen. Bei den schlanken Körpern sowohl, bei denen ohnehin schon Turbulenz vorhanden ist, wie auch bei der Platte, bei der die Ablösestelle durch die scharfe Kante unverrückbar festgelegt ist, ist der Einfluß der Turbulenz des Versuchsstromes unmerklich. Bei den länglichen Körpern ist für die größeren Geschwindigkeiten das quadratische Widerstands-

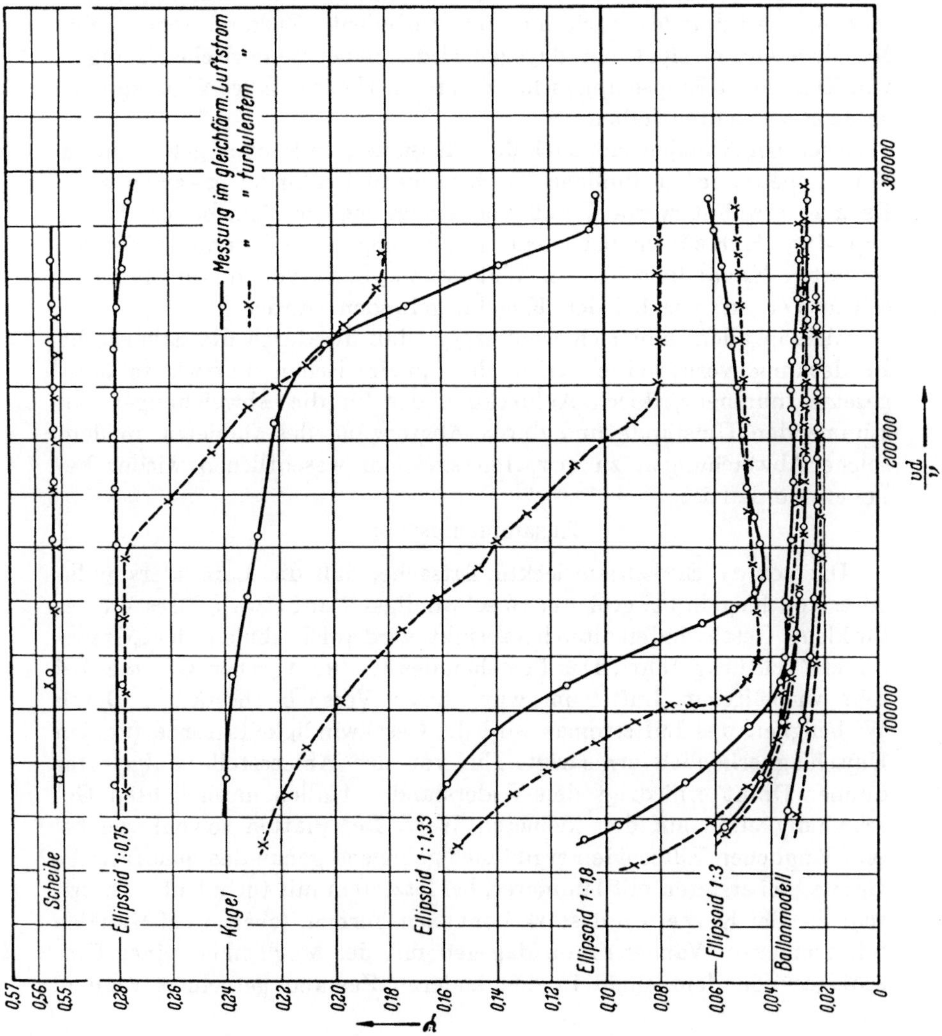

Abb. 5

gesetz hinlänglich genau, bei der Platte dagegen in dem ganzen beobachteten Bereich mit aller in den Versuchen erreichbaren Schärfe erfüllt[1].

[1] Nach dem Gesagten eignen sich also ebene, scharfrandige Platten sehr gut zur Geschwindigkeitsmessung von Luftströmen; Kugeln dagegen, die auch vielfach hierfür verwendet worden sind, sind in weitem Geschwindigkeitsbereich für diesen Zweck sehr ungeeignet.

Was von der Platte gilt, darf wohl ohne weiteres auf alle Fälle übertragen werden, wo die Ablösungsstellen durch scharfe Kanten festgelegt sind. Bei anderen Körpern, wie z. B. bei Tragflügeln mit überall sanft gerundetem Profil, wird man vorsichtiger sein müssen; wahrscheinlich wird indes auch hier der turbulente Zustand schon beim Modellversuch erreicht sein; dagegen wird man bei zylindrischen Stangen von Kreis- oder Ellipsenquerschnitt auf den Umschlag des Widerstandsgesetzes zu achten haben.

Auch bei Kanälen mit nach der Flüssigkeit zu konvex gekrümmten Wandungen werden ähnliche Erscheinungen häufig zu erwarten sein. Es mag erwähnt werden, daß von einem meiner Mitarbeiter, Herrn Dipl.-Ing. R. Kröner bei einem erst verengten und dann wieder erweiterten Kanal kürzlich ein Widerstandsgesetz von qualitativ demselben Verlauf, wie bei den Kugeln, gefunden wurde.

Alles in allem läßt sich wohl sagen, daß die durch die Eiffelsche Entdeckung verursachte Krisis des quadratischen Luftwiderstandsgesetzes nunmehr, durch Aufdeckung der für die Abweichungen bestimmenden Umstände und durch Abgrenzung des Gebietes, in dem solche Abweichungen zu erwarten sind, im wesentlichen wieder behoben worden ist.

Zusammenfassung

Die von G. Eiffel entdeckte Tatsache, daß die Luftwiderstandsziffer von Kugeln bei größerer Geschwindigkeit auf etwa $\frac{2}{5}$ ihres Wertes für kleine Geschwindigkeiten herabsinkt, wird auf Turbulenz der ,,Grenzschicht" zurückgeführt. Das Bestehen des Reynoldsschen Gesetzes bei sehr wirbelfreiem Luftstrom wird durch Versuche bestätigt. Durch Wirbeligkeit des Luftstromes wird die Geschwindigkeitsgrenze für den Umschlag erheblich erniedrigt. Ein vor der Ablösestelle aufgelegter dünner Draht erniedrigt den Widerstand bei allen untersuchten Geschwindigkeiten auf den kleineren Wert. Bei Platten sowohl wie bei sehr länglichen Ellipsoiden ergibt sich genügend genau das quadratische Gesetz, bei ersteren mit laminarer, bei letzterem mit turbulenter Grenzschicht. Bei Körpern mit stark konvexen Formen (ebenso bei Kanälen mit konvexen Wänden) muß dagegen mit der Möglichkeit eines Umschlages von dem einen in den anderen Zustand gerechnet werden.

Festschrift der Kaiser-Wilhelm-Gesellschaft zur Förderung der Wissenschaften zum 10jährigen Jubiläum, S. 178—184. Berlin: Springer 1921.

Neuere Einsichten in die Gesetze des Luftwiderstandes

Die Erforschung der Luftwiderstandsgesetze war lange Zeit ein von der Physik sehr stiefmütterlich behandeltes Gebiet, und die Forschungsergebnisse, unter denen viele von experimentierenden Laien gefunden wurden, zeigten noch kurz vor Ende des 19. Jahrhunderts Abweichungen in den Zahlenwerten von 50 und mehr Prozenten. Erst als durch die Entwicklung der Luftfahrttechnik größere Mittel für die Luftwiderstandsforschung verfügbar wurden, entstanden in den Hauptstaaten Laboratorien für Luftwiderstandsmessungen, die zum Teil mit recht beträchtlichen Mitteln ausgestattet wurden. Der Erfolg der Forschungen zeigte, daß es für einen richtigen Einblick in die Gesetze des Luftwiderstandes *notwendig* war, diese großen Mittel aufzuwenden, da bei zu kleinen Abmessungen die Ergebnisse nicht genügen, um daraus richtige Schlüsse auf die bei den Luftfahrzeugen obwaltenden Verhältnisse zu ziehen. Diese Versuchsanstalten arbeiten durchgängig mit künstlichem Wind, der meist durch Luftschrauben erzeugt wird. Die der Kaiser-Wilhelm-Gesellschaft angegliederte Göttinger Anlage weist einen Luftstrom von 4 m^2 Querschnitt auf, dessen Geschwindigkeit von Null bis zu etwa 55 m/sec auf jede beliebige Windstärke eingestellt werden kann.

Nach einer von NEWTON entwickelten Anschauung, die auch jetzt noch, besonders bei den Ingenieuren, stark verbreitet ist, sollte der Luftwiderstand dadurch zustande kommen, daß der bewegte Körper mit den einzelnen Luftteilchen nach den Gesetzen des elastischen oder unelastischen Stoßes zusammenprallt. Das Ergebnis solcher Betrachtungen ist in gewissen Grundzügen angenähert richtig; es ergibt sich aus ihnen ein Widerstand, der der dargebotenen Fläche, dem Quadrat der Geschwindigkeit und der Dichte des widerstehenden Mediums proportional ist; für die Abhängigkeit des Widerstandes von der Form der Körper liefern diese Betrachtungen aber Beziehungen, die von der Erfahrung nicht bestätigt werden. Der grundsätzliche Fehler der NEWTONschen Betrachtungsweise ist, daß man sich über das weitere Schicksal der angestoßenen Luftteilchen keinerlei Rechenschaft gegeben hat. Eine genauere Untersuchung zeigt, daß man, solange die Abmessungen der bewegten Körper groß sind gegenüber der freien Weglänge der Luftteilchen, gut tut, die Luft als eine gewöhnliche Flüssigkeit anzusehen, und zwar für die meist in Betracht kommenden Geschwindigkeiten sogar als eine unzusammendrückbare Flüssigkeit! Um ein Volumteil Luft merklich zusammenzudrücken, sind gewisse, nicht geringe Kräfte erforderlich; wenn diese wegen des Ausweichens der Luft vor dem Körper nicht auftreten, erfolgt auch keine merkliche Volumenänderung. Die Volumenänderungen werden erst merklich, wenn die Relativgeschwindigkeit des Körpers gegen die Luft mit der Schallgeschwindigkeit vergleichbar wird. Versuche an Geschossen haben in Übereinstimmung mit theoretischen Betrachtungen gezeigt, daß die Strömungsgesetze und damit auch die Gesetze für den Luftwiderstand sich in sehr starkem Maß ändern, wenn die Geschoßgeschwindigkeit die Schallgeschwindigkeit überschreitet. Dieser Fall soll von den folgenden Betrachtungen ausgeschlossen bleiben; diese werden also nur das Luftwiderstandsgesetz bei mäßigen Geschwindigkeiten, wo die Luft sich nahezu volumenbeständig verhält, zum Gegenstand haben.

Die volumenbeständigen Flüssigkeiten weisen zwei kennzeichnende Eigenschaften auf, die „*Dichte*" als Maß für die Massenträgheit und die „*Zähigkeit*" als Maß für die bei einer Formänderung der Flüssigkeit auftretenden Spannungen. Als Maß für die Dichte dient die Masse der Volumeneinheit, als Maß für die Zähigkeit die Kraft, die auf der Flächeneinheit eines gedachten Schnittes auftritt, wenn sich eine Formänderung der Art vollzieht, daß zwei im Abstand 1 voneinander befindliche parallele Ebenen sich mit der Geschwindigkeit 1 relativ zueinander verschieben. Für die Bewegungsformen, die sich bei irgendeiner Flüssigkeitsströmung einstellen, kommt es dabei lediglich auf das *Verhältnis* der Zähigkeit zur Dichte an. Man hat deshalb dieses Verhältnis mit dem Namen „kinematische Zähigkeit" belegt. Diese Größe, die im folgenden mit ν bezeichnet werden soll, hat, wie sich unschwer nachweisen läßt, die Dimension $(\text{Länge})^2 : \text{Zeit}$. Diese Dimension stimmt überein mit der des Produktes Länge $\times$ Geschwindigkeit. Man erhält also eine dimensionslose Größe, d. h. eine reine Zahl, wenn man das Produkt einer Länge und einer Geschwindigkeit durch die kinematische Zähigkeit dividiert. Nach dem bekannten Zusammenhang, der zwischen den Dimensionen und der mechanischen Ähnlichkeit von vergleichbaren Vorgängen besteht, ergibt sich für den Fall, daß andere als die genannten physikalischen Konstanten nicht ins Spiel kommen, aus dem Vorstehenden, daß bei zwei geometrisch ähnlichen Körpern, die in geometrisch ähnlicher Form in Flüssigkeiten bewegt werden, sich auch die Strömungsformen geometrisch ähnlich ausbilden werden, wenn die eben erwähnte Zahl in beiden Fällen denselben Wert ergibt. Nach dem Entdecker dieses Ähnlichkeitsgesetzes wird die Zahl „*Reynoldssche Zahl*" genannt. Es sei bemerkt, daß das REYNOLDSsche Gesetz nur für Bewegungen in allseitig umgebender Flüssigkeit gilt. Handelt es sich z. B. wie bei der Bewegung eines Schiffes um die Bewegung an der Oberfläche einer Flüssigkeit, so kommt als dritte bestimmende physikalische Größe die Schwerkraft hinzu, durch die die geometrische Ähnlichkeit gestört wird. Hier gelten andere, von FROUDE erforschte Gesetze, auf die hier nicht näher eingegangen werden kann. Bei einer Bewegung in Luft oder aber auch bei einer Bewegung ,die sich in Wasser ganz unter der Oberfläche abspielt, ist die Schwerkraft durch den Auftrieb, den jedes Flüssigkeitsteilchen von seinen Nachbarn erfährt, völlig ausgeglichen und daher ohne Bedeutung für die Bewegung.

Wenn wir uns nun zur Frage des Luftwiderstandes wenden, so zeigt sich, daß wir für solche Bewegungen, die alle untereinander geometrisch ähnlich sind, genau das NEWTONsche Gesetz wieder erhalten, obschon der Mechanismus ein ganz anderer ist. Dies ist auch dadurch unschwer einzusehen, daß bei ähnlichen Bewegungen das Zahlenverhältnis der aus der Massenträgheit und der aus der Zähigkeit entstammenden Kräfte an jedem Punkt der Flüssigkeit dasselbe ist, so daß man eine Formel bekommen muß, die sich nur durch einen Zahlenfaktor von der unterscheidet, die für Massenträgheit allein erhalten wird.

Gehen wir nun aber zu Fällen über, in denen bei im übrigen gleichbleibenden geometrischen Bedingungen die REYNOLDSsche Zahl verschiedene Werte annimmt, so werden wir uns nicht wundern dürfen, daß der Zahlenfaktor des Widerstandsgesetzes, der bei NEWTON eine Konstante ist, immer wieder einen anderen Wert annimmt. Wenn wir das Luftwiderstandsgesetz schreiben:

$$W = c F \varrho \frac{v^2}{2}$$

(F = Fläche, ϱ = Dichte, v = Geschwindigkeit), so ist also die „Widerstandszahl" c keine Konstante wie bei NEWTON, sondern eine Funktion der REYNOLDSschen Zahl, wobei übrigens der Fall, daß c in einem größeren Bereich konstant ist, auch sehr wohl vorkommt, besonders z. B. bei kantigen Körpern.

Um die wirklich bestehenden Verhältnisse zu erläutern, sei eine kürzlich in Göttingen abgeschlossene Versuchsreihe mitgeteilt, die sich auf den Widerstand von senkrecht zu ihrer Achse angeblasenen Kreiszylindern bezieht. Die Versuchsreihe erstreckt sich, angefangen von Drähten von der Dicke eines Frauenhaares bis zu Zylindern von der Dicke eines Baumstammes, die Geschwindigkeiten von einem Hauch von 1,2 m/sec bis zu einem Sturm von 37 m/sec. Da die kinematische Zähigkeit der Luft etwa 0,14 cm²/sec beträgt, ergeben sich REYNOLDSsche Zahlen $v\,d/\nu$ von 4,2 bis 800000 (d = Durchmesser). Die sich hierfür ergebenden Widerstandszahlen sind in der Kurvendarstellung von Abb. 1 wiedergegeben. Die REYNOLDSsche Zahl $v\,d/\nu$ ist ebenso wie die Widerstandszahl c in logarithmischem Maßstab aufgetragen, da es nur so gelingt, Größen von so verschiedener Größenordnung gleichzeitig auf das Papier zu bringen. Das Ähnlichkeitsgesetz kommt dadurch zum Ausdruck, daß bei der gewählten Auftragung nach REYNOLDSschen

Zahlen sich die Ergebnisse sämtlicher Versuchsreihen zwanglos zu einer einzigen Kurve zusammenschließen. Die Güte des Zusammenschlusses ist auch ein Maß für die Güte der Messungen, die übrigens durch englische Messungen von RELF[1] u. a. wohl bestätigt sind (Abb. 1).

Der Verlauf der Kurve ist überraschend verwickelt, er erleidet mehrfach auffallende Änderungen. Die REYNOLDSsche Zahl gibt im wesent-

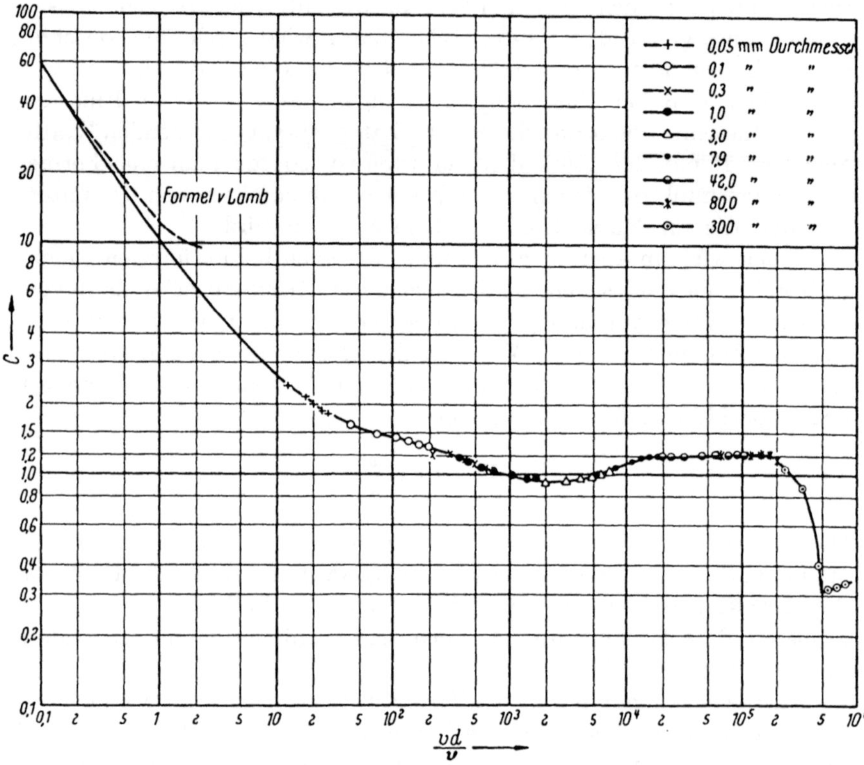

Abb. 1

lichen das Verhältnis der aus der Zähigkeit stammenden Kräfte zu denen, die aus der Trägheit stammen, an; man könnte deshalb in Analogie mit den Erfahrungen bei anderen physikalischen Erscheinungen zunächst annehmen, daß bei hinreichend großen REYNOLDSschen Zahlen, sagen wir 100 oder 1000, der Einfluß der Zähigkeit sich gänzlich verliert. Wäre dies der Fall, so müßte die Kurve von da ab waagerecht verlaufen. In Wirklichkeit ist man offenbar auch bei $v\,d/\nu = 1000000$, wo die Mittel auch der Göttinger Anstalt ungefähr erschöpft sind, noch

[1] RELF, Report 1913/14 des englischen Adv. Comm. for Aeron., London 1915, S. 47.

nicht ganz am Ende des Zähigkeitseinflusses. Die Gesamtheit der Beobachtungen, auch an anderen Körpern, läßt übrigens den Schluß zu, daß bei vollkommen glatter Oberfläche der Körper außer den beobachteten Wechseln im Gesetz weitere nicht mehr zu erwarten sind. Bei Körpern mit rauher Oberfläche, die deshalb als durchaus geometrisch unähnlich denen mit glatter Oberfläche angesehen werden müssen, kommt noch ein weiteres Stadium, ein nochmaliger erheblicher Anstieg des Widerstandes hinzu, wie dies der Versuch an einer schwach rauhen hölzernen Flugzeugstrebe ergibt, die hinterher glatt geschliffen und nochmals gemessen wurde (vgl. Abb. 2).

Der starke Einfluß der Zähigkeit rührt davon her, daß selbst, wenn diese sehr gering ist, sie in einer dünnen, die Körperoberfläche umgebenden Schicht immer noch voll zur Wirkung kommt und daß von dieser Schicht aus Wirbel in die Flüssigkeit herausgehen, die den Widerstand ganz wesentlich bestimmen[1]. Das Studium der Vorgänge in dieser Schicht bildet den Schlüssel zur Erklärung der Erscheinungen.

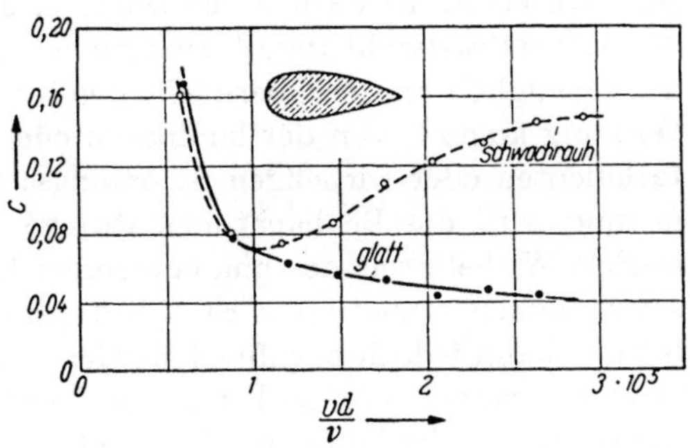

Abb. 2

Wenn wir von den kleinsten Werten der REYNOLDSschen Zahlen beginnen, so gibt es zunächst einen Bereich, in dem die mathematische Theorie in der Lage ist, Annäherungsformeln für den Widerstand, der hier ganz überwiegend aus Zähigkeitswirkungen besteht, herzuleiten. Dieser Bereich liegt bei REYNOLDSschen Zahlen, die klein sind gegen 1. Das Ansteigen der Versuchspunkte nach links gibt eine ungezwungene Verbindung zu diesem Bereiche hin. Nach rechts nimmt die Kurve allmählich einen fast waagerechten Verlauf an, um allerdings bald (etwa bei $v\,d/\nu = 130$) wieder nach unten auszubiegen. Dies hängt damit zusammen, daß hier die Bewegungsform der Strömung wechselt; während unterhalb dieses Wertes das Strömungsbild zeitlich unverändert bleibt, die Bewegung also „stationär" ist, tritt oberhalb der Grenze ein Pendeln der Strömung ein, das zur Ausbildung von mehr oder weniger regelmäßigen Wirbeln führt. Der Zusammenhang solcher Wirbelreihen mit dem Widerstand hat durch eine Arbeit von TH. V. KÁRMÁN[2] eine sehr

[1] L. PRANDTL, Verhandl. d. III. internat. Math.-Kongr. zu Heidelberg 1904. Leipzig 1905, S. 484 oder Artikel „Flüssigkeitsbewegung" im Handwörterbuch der Naturwissenschaften (1913).
[2] Phys. Z. 1912, S. 49.

schöne Aufklärung gefunden. v. KÁRMÁN zeigt hierbei, daß nur *eine* stabile Konfiguration für eine Wirbelstraße, die aus abwechselnd rechts und links drehenden Wirbeln besteht, möglich ist, und daß man diese auch gerade so beobachtet. — Der weitere Verlauf der Kurve bis $v\,d/\nu = 180\,000$ muß durch die allmähliche Veränderung der Wirbelgebilde erklärt werden. Die Einzelheiten sind noch nicht genügend untersucht.

An der eben erwähnten Stelle bereitet sich nun ein Übergang vor, der in seinem weiteren Verlauf an Schroffheit zunimmt und schließlich zu einer Widerstandszahl führt, die *nur noch ein Drittel* der vorigen ist. Diese Erscheinung ist zunächst an Kugeln festgestellt worden, und zwar fast gleichzeitig von G. EIFFEL[1] in Luft und von G. COSTANZI[2] in Wasser. Die theoretische Aufklärung konnte dann durch Göttinger Arbeiten erbracht werden[3]. Es zeigte sich, daß dieser plötzliche Abfall der Widerstandszahl damit zusammenhängt, daß die „Grenzschicht" der Flüssigkeit an der Oberfläche des Körpers, in der die Zähigkeit zur Wirkung kommt, von der laminaren oder schlichten Strömungsart zur turbulenten oder wirbeligen Strömungsart übergeht. Durch diese Auffassung wird die Beobachtungstatsache verständlich, daß durch verstärkte Wirbeligkeit des ankommenden Luftstromes die kritische Geschwindigkeit erniedrigt wird. Als experimentum crucis für diese Auffassung kann jedoch angeführt werden, daß durch Auflegen eines 1 mm starken Drahtes auf eine Kugel von 28 cm Durchmesser, etwas vor der Stelle, wo sich im laminaren Zustand die Strömung von der Oberfläche ablöst (wodurch also lokale Wirbelchen erzeugt werden), auch bei wesentlich geringeren Geschwindigkeiten schon der kleine Widerstand erhalten werden konnte.

Die Verkleinerung des Widerstandes hängt mit einer Umgestaltung des Strömungsbildes zusammen in der Art, daß die Ablösungsstelle, die vorher etwa bei 85° vom vordersten Punkt lag, um 30° oder mehr nach hinten gerückt wird, wodurch das ganze Wirbelgebilde wesentlich verkleinert wird. Die Strömung (und daher auch die Druckverteilung) nähert sich dadurch bereits beträchtlich derjenigen, die in der Theorie der reibungslosen Flüssigkeit berechnet wird, und deren Charakteristikum es ist, daß sie sich hinter dem Körper ebenso schließt, wie sie sich vor ihm geöffnet hat, und daß daher ein Widerstand überhaupt nicht auftritt. Die Druckverteilung um einen Zylinder im überkritischen (turbulenten) Zustand ist von G. J. TAYLOR[4] gemessen worden; er er-

---

[1] C. R. Bd. 155 (1912) S. 1597.

[2] Rendiconti delle esper. aeronaut. del genio II. Jg., Nr. 4, S. 169, Rom 1912.

[3] Vgl. L. PRANDTL, Nachr. Ges. Wiss. Göttingen, Math.-phys. Klasse 1914, S. 177; ferner C. WIESELSBERGER, Z. Flugtechn. Motorl. 1914, S. 140.

[4] Report 1915/16 des englischen Adv. Comm. for Aeron., London 1920, S. 30.

hält einen maximalen Unterdruck im Betrag von 245% des Überdruckes am vordersten Punkt bei $\pm 82°$, während die Theorie der idealen Flüssigkeit 300% Unterdruck bei $\pm 90°$ ergibt.

Das überkritische Stadium ist durch seine kleinen Widerstände technisch von höchster Bedeutung. Da es bei den Luftschiffen und Flugzeugen möglichst an Widerstand zu sparen gilt, muß man danach trachten, alle Körperformen so zu wählen, daß überall beim Flug der überkritische Zustand vorhanden ist. Dies wird dadurch erleichtert, daß

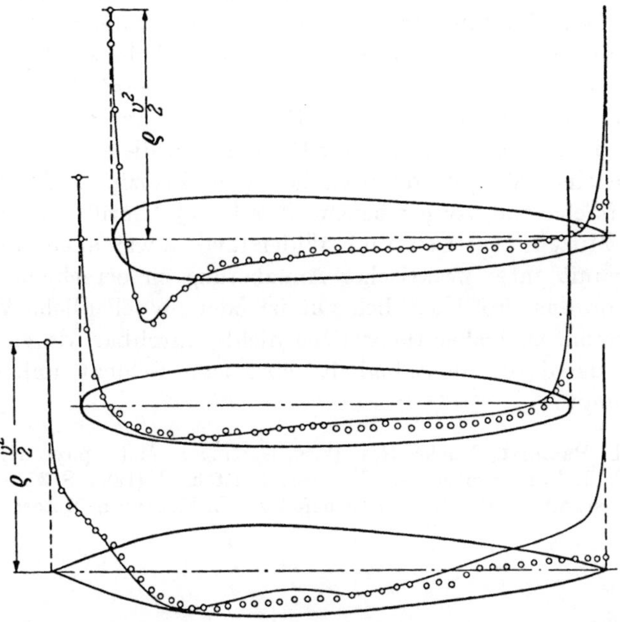

Abb. 3

bei langgestreckten Profilen die kritische REYNOLDSsche Zahl beträchtlich tiefer liegt als beim Kreiszylinder. Durch geeignete Formgebung gelingt es, den Widerstand solcher Körper so klein zu machen, daß er nicht mehr größer ist als der Reibungswiderstand einer dünnen ebenen Platte gleicher Oberfläche. Damit hängt aber auch zusammen, daß für diese Art von Körpern die Übereinstimmung des Strömungsbildes und der Druckverteilung mit der theoretischen fast vollkommen wird. Auf diesem Gedanken fußend hat die bis dahin bei den Praktikern in sehr geringem Ansehen stehende Theorie der idealen Flüssigkeit im letzten Jahrzehnt ganz große Erfolge erzielen können. Die Abb. 3 gibt ein Beispiel hiervon[1]. Die ausgezogenen Linien geben die theoretisch be-

[1] G. FUHRMANN †, Jb. Motorluftschiff-Studienges. 1911/12. Berlin 1912, S. 63ff.

rechnete Druckverteilung für drei Luftschiffmodelle. die daneben eingetragenen Ringelchen sind das Ergebnis von Druckmessungen im Windstrom. Die Übereinstimmung ist überraschend gut — bis auf das Hinterende, wo infolge der durch die Reibung gebremsten Strömung eine systematische Abweichung vorhanden ist.

Der knappe Raum verbietet leider auf die Erfolge hier näher einzugehen, welche die Theorie der idealen Flüssigkeit auf dem Gebiet der Flugzeugtragflächen erringen konnte[1]. Der Auftrieb der Tragflächen erwies sich als in unmittelbarem Zusammenhang mit dem sich ausbildenden Wirbelsystem stehend; der Teil des Widerstandes, der mit der Tragwirkung unmittelbar verknüpft ist und dessen Äquivalent in der in der Luft zurückgelassenen kinetischen Energie besteht, konnte rein theoretisch ermittelt werden. Der Restwiderstand besteht unter günstigen Bedingungen nur aus der Reibung, für die empirische Gesetze vorhanden sind. Man ist dadurch heute im Prinzip in der Lage, für eine Tragfläche von vorgegebenem Profil und Umriß ganz aus theoretischen Mitteln Auftrieb und Widerstand sowie auch die Druckverteilung mit guter praktischer Annäherung zu berechnen. Nur das Problem, ob das Profil wirklich gut ist oder ob schädliche Wirbel an ihm auftreten, ist bisher theoretisch nicht angreifbar, da es mit dem Verhalten der durch die Zähigkeit gebremsten Schicht umittelbar zusammenhängt.

---

[1] Vgl. L. Prandtl, Nachr. Ges. Wiss. Göttingen, Math.-phys. Klasse 1918, S. 451 u. 1919, S. 107; ferner J. Wiss. Ges. Luftfahrt V (1920) S. 37. — A. Betz, Naturwissenschaften 1918, S. 557: Beiheft 2 zur Z. Flugtechn. Motorl. 1920, S. 1.

Zeitschrift für Flugtechnik und Motorluftschiffahrt 16. Jg. (1925) S. 208—209

Bemerkung zu dem Aufsatz von D. Thoma

Zu den wertvollen Ausführungen von Herrn Prof. D. THOMA sei mir eine Bemerkung gestattet, die sich aber wesentlich nur auf den Punkt beschränkt, daß er die im Anfang seines Aufsatzes dargestellte unkorrekte Ableitung der Formeln zur Strahltheorie der Propeller als die „übliche Ableitung" bezeichnet. Man findet sie allerdings vielfach, es ist aber vielleicht doch nicht unwesentlich, hervorzuheben, daß ich selbst jedenfalls seit langem schon in meinen Vorlesungen die Sache richtig gemacht habe und die richtige Ableitungsart auch in einem Aufsatz im II. Band der Techn. Ber. Flugzeugmeisterei, S. 79, wiedergegeben habe. Der dort zur Ableitung ohne Beweis herangezogene „hydrodynamische Satz" hat ein allgemeineres Interesse und mag hier zunächst besprochen werden. Wir wollen unter einem „Halbkörper" ein körperliches Gebilde verstehen, wie es etwa dadurch entsteht, daß man an ein Luftschiffvorderteil einen glatt anschließenden, unendlich langen Zylinder anfügt; es handelt sich also um einen „Körper ohne Hinterteil". Der Satz lautet nun so, daß in einer reibungslosen Flüssigkeit bei wirbelfreier stationärer Bewegung der Halbkörper den Widerstand Null hat, falls die Bewegung parallel der Zylinderachse erfolgt. Der Satz gilt übrigens unter den gleichen Einschränkungen für einen Halbkörper ohne Vorderteil ebenso! Entdeckt wurde er durch wirkliches Ausrechnen des Widerstandes aus der Druckverteilung gelegentlich der Dissertation von G. FUHRMANN[1]. Der Beweis ist auf verschiedene Arten möglich.

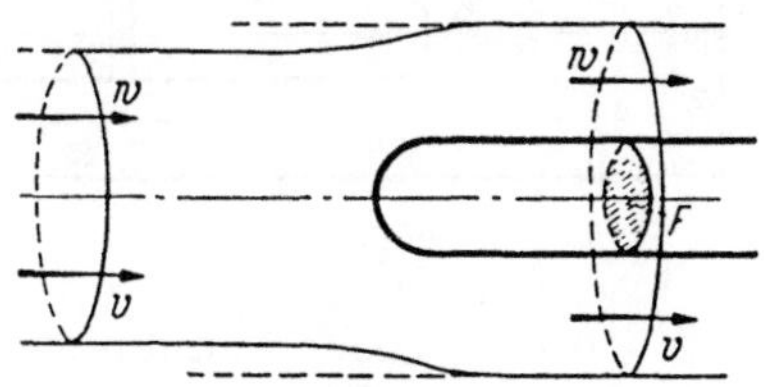

Abb. 1

Betrachtet man eine aus Stromlinien gebildete Fläche, die einen Halbkörper vom Querschnitt F irgendwie umschließt (vgl. Abb. 1), so folgt aus dem Umstand, daß die Geschwindigkeit hinreichend weit vor und hinreichend weit hinter dem Kopf des Halbkörpers sich beliebig wenig von der Geschwindigkeit w_0 im Unendlichen unterscheidet, daß die Projektionsfläche der „Stufe" der Stromlinienfläche auf eine Ebene senkrecht zur Zylinderachse, oder anders gesagt, der Unterschied der Querschnitte der Stromlinienfläche, ebenfalls den Wert F hat (folgt aus der Kontinuität). Das Geschwindigkeitsfeld des Kopfes ist in größerer

[1] Theoretische und experimentelle Untersuchungen an Ballonmodellen, Jb. Motorluftschiff-Studienges. V (1911/12), S. 63ff.; vgl. bes. S. 73—75.

Entfernung das einer „Quelle" und nimmt daher mit wachsender Entfernung umgekehrt proportional dem Quadrat der Entfernung ab. Gleiches gilt daher (gemäß dem BERNOULLIschen Satz) auch für die Druckstörungen, die der Kopf des Halbkörpers hervorruft. Wäre ein von Null verschiedener Widerstand des Halbkörpers vorhanden, so müßte nach dem Impulssatz dieser Widerstand auch in der Druckverteilung auf der Stromlinienfläche wieder erscheinen, da bei hinreichend entferntem Zufluß- und Abflußquerschnitt ebensoviel Impuls zufließt wie abfließt. Die in der Achsrichtung aus den Drücken auf die Stromlinienfläche resultierende Kraft wäre aber gleich einem mittleren Druckunterschied gegen den ungestörten Zustand mal der Projektion der Fläche in der Achsrichtung (F). Da die Druckstörung mit zunehmender Entfernung der Stromlinienfläche vom Körper aber unbegrenzt abnimmt, andererseits aber die Resultierende für alle Stromlinienflächen, also auch für die Körperoberfläche, die auch eine Stromlinienfläche ist, nach dem Impulssatz denselben Wert haben muß, so kann dieser Wert nur Null sein.

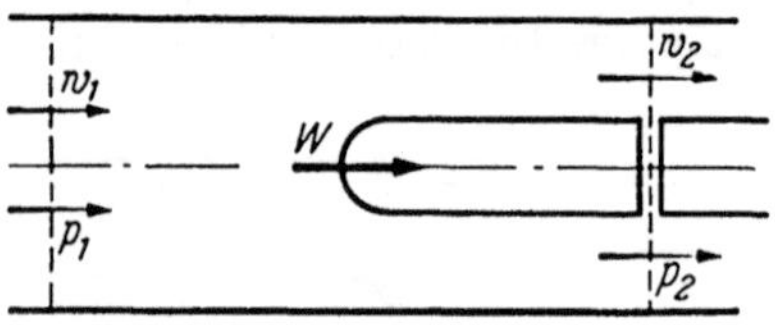

Abb. 2

Dieser Beweis benötigt gewisse hydrodynamische Vorstellungen, die an den Begriff der Potentialströmung und den der Quelle anknüpfen. Durch einen Kunstgriff, den ich seit einer Reihe von Jahren anwende (dessen sich übrigens auch Prof. THOMA bedient), ergibt sich ein anderer, auch sonst instruktiver Beweis, den ich hier kurz anführen will. Wir denken uns den Halbkörper von einem Rohr vom Querschnitt F_0 umschlossen. Die Strömung sei wieder reibungslos. Setzt man der Abkürzung halber $F/F_0 = \alpha$, so folgt aus der Kontinuität (vgl. Abb. 2)

$$w_1 F_0 = w_2 (F_0 - F)$$

oder

$$w_1 = w_2 (1 - \alpha). \quad (1)$$

Der BERNOULLIsche Satz liefert

$$\frac{\varrho w_1^2}{2} + p_1 = \frac{\varrho w_2^2}{2} + p_2,$$

also

$$p_1 - p_2 = \frac{\varrho w_2^2}{2} (1 - (1 - \alpha)^2) = \frac{\varrho w_2^2}{2} (2\alpha - \alpha^2). \quad (2)$$

Der Widerstand des Halbkörpers läßt sich jetzt mittels des Impulssatzes berechnen. Wir müssen dazu allerdings erst definieren, was wir unter diesem Widerstand verstehen wollen, denn bei einem ungeschlossenen Körper ist das hier nicht eindeutig. Wir setzen deshalb fest, daß wir den Widerstand eines nach Abb. 2 abgetrennten Teiles des Halbkörpers meinen, wenn in dem Spalt der Druck p_2 herrscht („Widerstand des Halbkörpers, bezogen auf das Druckniveau p_2". In der unendlich ausgedehnten Flüssigkeit war diese Unterscheidung unnötig, da hier nur ein Druckniveau in Frage kam.) Der Impulssatz gibt jetzt

$$F_0(p_1 + \varrho w_1^2) = F_0 p_2 + (F_0 - F) \varrho w_2^2 + W$$

oder

$$W = F_0(p_1 - p_2) + F_0 \varrho w_2^2 [(1-\alpha)^2 - (1-\alpha)] = \frac{F_0 \varrho w_2^2}{2} \alpha^2 = \frac{F \varrho w_2^2}{2} \alpha .$$

Die auf die Geschwindigkeit w_2 bezogene Widerstandsziffer des Halbkörpers ist also $= \alpha$!

Läßt man also den Rohrquerschnitt F_0 gegen Unendlich gehen, so wird $\alpha = F/F_0 = 0$ und also der Widerstand des Halbkörpers wieder $= 0$. Man sieht aber, daß er im Rohr nicht $= 0$ ist, was bei Modellversuchen in einem Rohr zu beachten ist (Versuche in einem freien Luftstrahl wie in Göttingen sind von diesen Abweichungen frei).

Die Stromlinienfläche von Abb. 1 der Thomaschen Abhandlung ist in den hier behandelten Beziehungen einem Halbkörper gleichzuachten, die Druckresultierende der äußeren Strömung auf dieser Fläche (X bei Thoma) ist also im unbegrenzten Luftstrom gleich Null. Hiervon muß bei der Aufstellung des Impulssatzes, der zu der Thomaschen Gleichung 1 führt, ausgegangen werden. Für die einzelnen Ringelelemente läßt sich ein gleicher Beweis nicht führen, hier verschwindet dX in der Thomaschen Gleichung 5 nicht (doch dürften im allgemeinen die Abweichungen nicht allzu groß werden).

Ich erwähne zum Schluß noch, daß die Beziehungen für die in einem Rohr arbeitende Schraube (und Windmühle) in Göttingen numerisch durchgerechnet worden sind, hauptsächlich mit Rücksicht auf versuchstechnische Gesichtspunkte. Darüber soll demnächst gesondert berichtet werden.

Ergebnisse der Aerodynamischen Versuchsanstalt zu Göttingen, III. Lief., S. 1—5.
München-Berlin: Oldenbourg 1927

Über den Reibungswiderstand strömender Luft

Der Reibungswiderstand der Luft, der sich immer bemerklich macht, wenn Luft über eine feste Fläche hinströmt, ist wegen der inneren Beweglichkeit der Luft von anderer Art als die „trockene Reibung" zweier aufeinandergleitender fester Körper. Die unmittelbar an den Körper grenzende Luftschicht haftet an diesem fest, und der eigentliche Reibungsvorgang spielt sich deshalb ganz innerhalb der strömenden Luft ab. Sowohl die Molekularbewegung, wie auch die turbulente Mischungsbewegung, die unter gewissen häufig eintretenden Umständen zu jener hinzutritt, bewirken einen Geschwindigkeitsaustausch zwischen den benachbarten Schichten und dadurch eine zunehmende Abbremsung auch der äußeren Schichten von der Haftschicht aus. Dieser Austausch, bei dem die von außen kommenden rascheren Teile durch die Vermischung mit den inneren gehemmt und die von innen kommenden langsameren von den von außen kommenden angetrieben werden, bedeutet, wenn man die Kraftwirkungen dieser Bewegungen durch Mittelwerte zusammenfaßt, ein System von Reibungsspannungen in der strömenden Luftmasse, das sich auch dem überströmten Körper mitteilt und in seiner Gesamtwirkung als Reibungswiderstand geltend macht.

Die Gesetzmäßigkeiten des Reibungswiderstandes der über eine Fläche hinströmenden Luft lassen sich mit denjenigen in Beziehung bringen, die für die Strömung in einem langen geraden Rohr ermittelt worden sind. Hier hängt die Reibungsspannung an der Wand (= Schubspannung τ in der Flüssigkeit in unmittelbarer Nähe der Wand) mit dem Druckgefälle in einfacher Weise zusammen. Es ist (Gleichgewicht eines Zylinders vom Halbmesser r und der Länge l)

$$2\pi r l \tau = \pi r^2 (p_1 - p_2)$$

oder

$$\tau = \frac{r}{2} \frac{p_1 - p_2}{l}.$$

Durch diese Beziehung ist die Schubspannung τ experimentell zugänglich. Für turbulente Strömung erhält man, mit u_1 = Geschwindigkeit in der Mitte, für REYNOLDSsche Zahlen $u_1 r/\nu$ von 1200 bis etwa 50000, nach der Untersuchung von H. BLASIUS[1] die Näherungsformel

$$\tau = \zeta \frac{\varrho u_1^2}{2} \left(\frac{\nu}{r u_1}\right)^{1/4}, \tag{1}$$

[1] Das Ähnlichkeitsgesetz bei Reibungsvorgängen in Flüssigkeiten. Forschungsarbeiten des VDI, H. 131 (1913).

in der ζ eine Zahl, ungefähr von der Größe 0,045[1] bedeutet. Für größere REYNOLDSsche Zahlen erhält man statt $\frac{1}{4}$ einen kleineren Exponenten[2].

Die Reibungsspannung erscheint hier abhängig vom Rohrradius und von der Geschwindigkeit in der Mitte (die durch passende Umformung aus der bei den Rohrversuchen gewöhnlich ermittelten mittleren Geschwindigkeit hergeleitet werden kann). Es liegt nahe, zu vermuten, daß weder der Rohrradius noch die Geschwindigkeit in der Mitte ein innerliches Verhältnis zur Wandreibung haben, sondern hier nur formal auftreten, während in Wirklichkeit lediglich die Strömungsverhältnisse in der Nähe der Wand für die Wandreibung bestimmend sind. Umgekehrt läßt sich dann auch erwarten, daß die Geschwindigkeitsverteilung in der Nähe der Wand durch das Reibungsgesetz allein bestimmt ist.

Dieser Leitgedanke hat sich als sehr fruchtbar erwiesen. Um ihn in Formeln auszudrücken, wird man nach Größen suchen, die noch übrigbleiben, wenn weder u_1 noch r in den Formeln auftreten sollen. Zunächst läßt sich eine Geschwindigkeit C rechnerisch aus der Schubspannung τ definieren indem man setzt

$$\tau = \frac{\varrho C^2}{2}. \tag{2}$$

Dann läßt sich eine Art REYNOLDSsche Zahl aus der kinematischen Zähigkeit ν, dem Wandabstand y und der Geschwindigkeit u dortselbst bilden

$$\mathfrak{Y} = \frac{u\,y}{\nu} \tag{3}$$

[man könte auch $C\,y/\nu$ bilden, jedoch erweist sich der Ausdruck (3) als zweckmäßiger]. Man kann nun die oben ausgesprochenen Gedanken in Formeln kleiden, indem man zu Gl. (2) und (3) die Formel

$$u = C\,\varphi(\mathfrak{Y}) \tag{4}$$

hinzunimmt. Die nach Gl. (4) möglichen verschiedenen Geschwindigkeitsverteilungen unterscheiden sich nur durch den Geschwindigkeitsfaktor

$$C = \sqrt{\frac{2\tau}{\varrho}}$$

und durch das gemäß Gl. (3) geänderte Maß y, das zu jedem u gehört. Die Gestalt der Funktion φ ergibt sich nun, wenn man annimmt, daß die Gl. (4) bis zur Rohrmitte verwendbar ist, durch Eintragen der Werte von τ und u_1, die sich für $\mathfrak{Y}_1 = \frac{u_1 r}{\nu}$ aus Gl. (2) und (4) ergeben, in

[1] Aus der BLASIUSschen Zahl 0,133 erhalten durch Übergang vom Druckgefälle auf die Schubspannung, vom Durchmesser d auf den Halbmesser r und von der mittleren Geschwindigkeit auf die Geschwindigkeit der Mitte.

[2] Vgl. z. B. JACOB und ERK, Forschungsarbeiten des VDI, H. 261 (1924).

Gl. (1). Setzt man zunächst für Gl. (1) die allgemeinere Form

$$\tau = \frac{\varrho\, u_1^2}{2} f\left(\frac{r\, u_1}{\nu}\right), \tag{4a}$$

so wird wegen Gl. (2) und (4)

$$\frac{\varrho\, C^2}{2} = \frac{\varrho\, C^2}{2} [\varphi(\mathfrak{Y}_1)]^2 f(\mathfrak{Y}_1),$$

also

$$\varphi(\mathfrak{Y}_1) = \frac{1}{\sqrt{f(\mathfrak{Y}_1)}}$$

und daher allgemein

$$\varphi(\mathfrak{Y}) = \frac{1}{\sqrt{f(\mathfrak{Y})}} \tag{5}$$

Mit dieser Beziehung ergibt sich aus Gl. (4) u, daneben aus Gl. (3) $y = \frac{\nu}{u}\mathfrak{Y}$. Der Zusammenhang von u und y erscheint also zunächst in Parameterform. Für die spezielle Form von Gl. (1) ist

$$f(\mathfrak{Y}) = \zeta\, \mathfrak{Y}^{-1/4}, \quad \text{also} \quad \varphi(\mathfrak{Y}) = \frac{1}{\sqrt{\zeta}} \mathfrak{Y}^{1/8}.$$

Damit wird

$$u = \sqrt{\frac{2\tau}{\zeta\, \varrho}} \left(\frac{u\, y}{\nu}\right)^{1/8}$$

oder, nach Auflösen nach u:

$$u = \left(\frac{2\tau}{\zeta\, \varrho}\right)^{4/7} \left(\frac{y}{\nu}\right)^{1/7}. \tag{6}$$

Es ergibt sich also u proportional mit der 7. Wurzel aus y (vgl. Abb. 1, die diese Beziehung veranschaulicht). In der Rohrmitte selbst gilt dieses Gesetz zwar nicht mehr genau, doch ändert sich durch diese Abweichung gegenüber unserer Abbildung nur der Zahlenfaktor von Gl. (6) ein wenig. Bei REYNOLDSschen Zahlen $u_1\, r/\nu$ unter 50000 wird die Proportionalität mit der 7. Wurzel des Wandabstandes durch die Versuche sehr gut bestätigt. Bei den höheren REYNOLDSschen Zahlen, bei denen das BLASIUSsche Gesetz nicht mehr genau richtig ist, ändert sich die Geschwindigkeitsverteilung auch etwas, und zwar in dem Sinn, daß dort statt der 7. Wurzel aus y die 8. oder 9. Wurzel auftritt.

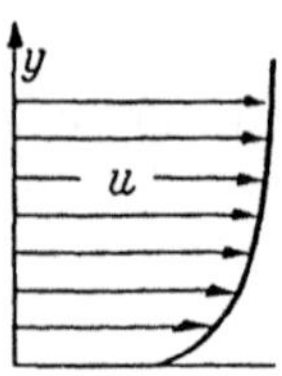

Abb. 1

Die vorstehenden Beziehungen für die Rohrströmung lassen sich nun auch für die Strömung längs einer Platte verwerten; man muß dabei nur an Stelle des Rohrradius die Dicke δ der durch Reibung beeinflußten Schicht setzen. Diese Schicht ist in der Regel verhältnismäßig dünn; sie wächst entlang der Strömung langsam an. Für den Reibungswiderstand hat man nun zwei Ausdrucksmöglichkeiten: einerseits ist er die Summenwirkung aller Reibungsspannungen an der Körperoberfläche, andererseits bewirkt er eine Abbremsung der von der Reibung erfaßten Flüssigkeitsmasse und läßt sich aus deren

Impulsverlust berechnen. Für die Einheit in der Breitenrichtung ergibt sich dieser Impulsverlust, wenn u_1 die Geschwindigkeit der ungestörten Strömung und u die Geschwindigkeit im Abstand y von der Wand bedeutet

$$J = \varrho \int_0^\delta u(u_1 - u)\, dy$$

($\varrho\, u\, dy$ = in der Zeiteinheit zwischen y und $y + dy$ hindurchfließende Masse, $u_1 - u$ = Geschwindigkeitsänderung). Setzt man, was nach früherem eine gute Annäherung bedeutet,

$$u = u_1 \left(\frac{y}{\delta}\right)^{1/7},$$

so ergibt eine kurze Rechnung

$$J = \frac{7}{72}\, \varrho\, u_1^2\, \delta. \tag{7}$$

Die Berechnung des Widerstandes aus der Schubspannung macht sich am bequemsten, wenn man zunächst den Widerstandszuwachs dW bei der Verlängerung der reibenden Fläche um dl ermittelt. Es ist, wieder für die Einheit in der Breitenrichtung,

$$dW = \tau\, dl$$

oder, wenn das Blasiussche Gesetz Gl. (1) verwendet wird,

$$dW = \zeta\, \varrho\, \frac{u_1^2}{2} \left(\frac{\nu}{u_1 \delta}\right)^{1/4} dl. \tag{8}$$

Andererseits ist nach Gl. (7) wegen $J = W$

$$dW = \frac{7}{72}\, \varrho\, u_1^2\, \frac{d\delta}{dl}\, dl, \tag{9}$$

also

$$\delta^{1/4} \frac{d\delta}{dl} = \frac{36}{7}\, \zeta \left(\frac{\nu}{u_1}\right)^{1/4}$$

oder

$$\frac{4}{5}\, \delta^{5/4} = \frac{36}{7}\, \zeta \left(\frac{\nu}{u_1}\right)^{1/4} l$$

$$\delta = \left(\frac{45}{7}\, \zeta\right)^{4/5} \left(\frac{\nu}{u_1}\right)^{1/5} l^{4/5}; \tag{10}$$

hiermit liefert Gl. (7)

$$W = \frac{7}{72} \left(\frac{45}{7}\, \zeta\right)^{4/5} \varrho\, u_1^2\, l \left(\frac{\nu}{u_1 l}\right)^{1/5} = 0{,}072\, \frac{\varrho\, u_1^2}{2}\, l \left(\frac{\nu}{u_1 l}\right)^{1/5}. \tag{11}$$

Damit ergibt sich die Reibungswiderstandszahl c_f, wenn noch die Reynoldssche Zahl der Fläche von der Länge l,

$$\mathfrak{R} = \frac{u_1 l}{\nu}$$

eingeführt wird, zu

$$c_f = 0{,}072\, \mathfrak{R}^{-1/5}. \tag{12}$$

Dieses Gesetz ist durch die Versuchsergebnisse überraschend gut bestätigt. Es kann natürlich nur dann zutreffen, wenn bereits nahe an der Vorderkante der turbulente Strömungszustand eintritt. Bei den Versuchen von WIESELSBERGER, über die in der I. Lieferung, S. 121 bis 126, berichtet wurde, ist dieses der Fall. Die Versuchspunkte für die sechsmal zellonierten, mit Stoff bespannten Flächen (Zahlentafeln 151 bis 154 der I. Lieferung) werden bei den niedrigen und mittleren REYNOLDSschen Zahlen durch Gl. (12) gut wiedergegeben; bei den höchsten REYNOLDSschen Zahlen dagegen ergeben sich Abweichungen von derselben Art, wie sie beim Rohrwiderstand gegenüber dem BLASIUSschen Gesetz auftreten. Der Zahlwert 0,072 in Gl. (12), der aus einer nicht völlig genauen Abschätzung erhalten ist, wird dabei auch geringe Änderungen erfahren dürfen. Die obigen WIESELSBERGERschen Versuche werden am besten durch die Formel

$$c_f = 0{,}074\,\mathfrak{R}^{-1/5} \tag{12a}$$

dargestellt.

Bei den Versuchen von GEBERS[1] und ähnlichen Versuchen, bei denen gut zugeschärfte Platten durch Wasser geschleppt wurden, hat man in dem der Vorderkante zunächst befindlichen Teil noch keine Turbulenz, sondern die Strömung ist hier laminar und der Widerstand wesentlich kleiner als nach Formel (12). Die Theorie[2] liefert für den Fall, daß die Strömung längs der ganzen Platte laminar ist, die Formel

$$c_f = 1{,}327\,\mathfrak{R}^{-1/2}. \tag{13}$$

Diese ist bis zu einem kritischen Wert $\mathfrak{R}'$ von $\mathfrak{R} = v\,l/\nu$ gültig[3], der bei den GEBERSschen Versuchen etwa bei 500000 liegt. Für größere $\mathfrak{R}$ ist von der Vorderkante bis $l' = \frac{500000\,\nu}{v}$ laminare Strömung, von dort ab turbulente Strömung. Nimmt man an, daß die Reibung im turbulenten Teil nach demselben Gesetz verteilt ist, das wir für den Fall der von vorn an turbulenten Strömung abgeleitet haben, so kommt die Änderung durch den laminaren Anfangsteil darauf hinaus, daß *in diesem Teil*, also auf die Länge l', eine Widerstandsverminderung entsteht, die einer Verminderung von c_f von dem Wert von Formel (12a) auf den von Formel (13) entspricht, beide Werte für $\mathfrak{R} = \mathfrak{R}'$ genommen. In dem Wert c_f *für die ganze Platte* hat diese Widerstandsverminderung einen Anteil im Verhältnis l'/l, wofür auch $\mathfrak{R}'/\mathfrak{R}$ geschrieben werden kann. Für $\mathfrak{R} > \mathfrak{R}'$ ist also von dem c_f-Wert nach Gl. (12a) $(c_{f1} - c_{f2})\frac{\mathfrak{R}'}{\mathfrak{R}}$ abzuziehen, was mit $c_{f1} - c_{f2} = 0{,}0035$ und $\mathfrak{R}' = 485000$ den Betrag $1700/\mathfrak{R}$

---

[1] Schiffbau IX (1908).

[2] BLASIUS, Z. Math. Phys. (1908) S. 1ff.

[3] Für die Geschwindigkeit u_1 werde von jetzt ab wieder das bei Widerstandsaufgaben gewohntere v geschrieben!

ergibt. Damit erhält man für die turbulente Reibungsströmung mit laminarem Anlauf die Formel

$$c_f = 0{,}074\,\mathfrak{R}^{-1/5} - 1700/\mathfrak{R}.^{1} \tag{14}$$

Statt des Wertes 1700 kann in einem anderen Falle mit geringerer oder größerer kritischer REYNOLDSscher Zahl (z. B. verursacht durch größere oder kleinere Anfangsturbulenz) auch ein anderer Zahlenwert auftreten.

Die Formel (14) stimmt sehr befriedigend mit den GEBERSschen Werten, so daß auch diese eine Bestätigung der hier vorgebrachten Grundanschauung liefern. In Abb. 2 sind die drei Gesetze Gl. (12a), (13)

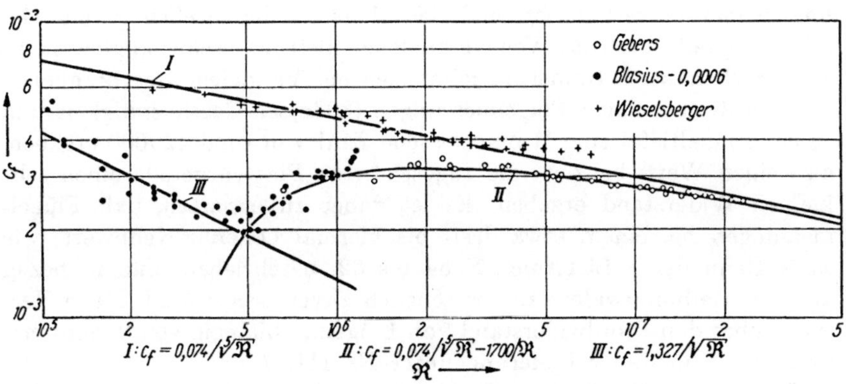

Abb. 2

und (14) durch die Linien *I*, *II* und *III* wiedergegeben; dabei sind die oben erwähnten WIESELSBERGERschen Messungen an sechsmal zellonierten Stoffflächen in Luft, die von GEBERS abgeschleppten Glasplatten in Wasser und außerdem eine Versuchsreihe von BLASIUS[2] mit in Wasser geschleppten Messingstreifen aufgetragen, die die kleineren REYNOLDSschen Zahlen deckt; bei ihr ist für den Formwiderstand ein Abzug von 0,0006 an jedem einzelnen c_f-Wert gemacht, was die Übereinstimmung verbessert und auch sachlich berechtigt ist.

Die vorstehenden Betrachtungen stammen aus dem Herbst 1920. Es war bei der I. Lieferung nur noch möglich, hierüber eine kurze Berichtigung (S. 136) hinzuzufügen, da der übrige Text schon gedruckt war. In dieser Berichtigung ist unsere Formel (14) mit ein wenig anderen Zahlenwerten enthalten. Die ganzen Fragestellungen, die mit dem Gesetz von der 7. Wurzel zusammenhängen, sind damals auch von Prof.

[1] Die Nachrechnung des Schnittpunktes der c_f-Kurven nach Gl. (13) und (14) ergibt die genaueren Werte $\mathfrak{R}' = 487\,000$, $c_{f1} = 0{,}00539$, $c_{f2} = 0{,}00190$, $c_{f1} - c_{f2} = 0{,}00349$.

[2] Siehe Fußnote 1, S. 620.

v. Kármán, Aachen, aufgegriffen worden. Er hat in der Z. angew. Math. Mech., Bd. 1 (1921) S. 233ff., darüber berichtet. Ein wertvoller experimenteller Beitrag zur Frage des Reibungswiderstandes strömender Luft ist inzwischen in der in dem Burgersschen Laboratorium in Delft entstandenen Dissertation von Van der Hegge Zijnen erschienen (Thesis, Delft 1924), vgl. auch J. M. Burgers, Proc. of the I. Intern. Congress for applied mechanics, Delft 1924, S. 113f. Dort S. 128 weitere Literatur!

Die hier geschilderten Verhältnisse, die sich zunächst auf ebene Platten beziehen, lassen auch Rückschlüsse auf den Reibungswiderstand an Tragflügeln zu. Dieser wird im allgemeinen immer etwas größer sein als der der ebenen Platten, da die Geschwindigkeit bei den Tragflügeln ungleichmäßig verteilt ist, und das Mehr an den Stellen großer Geschwindigkeit durch das Weniger an denen kleiner Geschwindigkeit nicht ausgeglichen wird. Immerhin lohnt sich ein Vergleich. Hervorzuheben ist, daß die normalen Flügelmessungen (30 m/sec Geschwindigkeit und 20 cm Flügeltiefe) eine Reynoldssche Zahl von rund 420000 ergeben, also einen Wert, bei dem die zugeschärften Platten gerade einen sehr kleinen Widerstand ergeben. Es ist daher zu erwarten, daß Flügelmessungen bei einem etwa drei- bis viermal höheren Kennwert, wie sie z. B. in der I. Lieferung, S. 54 bis 62, beschrieben sind, in bezug auf den Reibungswiderstand wesentlich zuverlässiger sind. Neue Versuche über den Profilwiderstand von Flügeln, abhängig vom Kennwert, finden sich in dieser Lieferung unter Nr. III, 7.

Über rauhe Oberflächen mögen folgende Bemerkungen genügen: Die Bremsung der Strömung ist hier stärker, infolgedessen ist der Reibungswiderstand durchweg höher als bei glatten Flächen (schwach rauhe Oberflächen können sich allerdings, besonders bei den geringeren Reynoldsschen Zahlen, als „strömungstechnisch glatt" erweisen, wenn die Rauhigkeiten ganz in den laminar fließenden Streifen eingebettet bleiben; bei höheren Reynoldsschen Zahlen, wo dieser Streifen dünner wird, können sich solche Rauhigkeiten durch vermehrten Widerstand bemerklich machen). Die Widerstandszahl von stark rauhen Oberflächen ist im allgemeinen fast unabhängig von der Reynoldsschen Zahl, vgl. I. Lieferung, Abb. 75, S. 123 (Stofffläche mit abgesengten Fasern); es handelt sich hier eben um eine Art von Formwiderstand; dagegen ist die Widerstandszahl von dem Verhältnis Buckelgröße : Objektgröße abhängig, wie sich auch aus den Versuchen über Kanäle mit rauhen Wänden[1] ergibt. Es wäre auch hier möglich, aus den Kanalversuchen auf den Reibungswiderstand von Platten zu schließen, doch mag an dieser Stelle eine Bemerkung darüber unterbleiben, bis die Gesetze für den Widerstand rauher Platten besser erforscht sind, als dies zur Zeit der Fall ist.

[1] Vgl. Hopf und Fromm, Z. angew. Math. Mech. Bd. 3 (1923) S. 329 u. 339.

Zeitschrift für angewandte Mathematik und Mechanik Bd. 8 (1928) S. 249—251

Bemerkungen zur Hydrodynamik

Zu dem Kissinger Vortrag von Herrn v. MISES, der unter diesem Titel in Z. angew. Math. Mech., Bd. 7 (1927) S. 425, abgedruckt ist, seien mir die folgenden kurzen Bemerkungen gestattet.

Zunächst möchte ich meiner Freude Ausdruck geben, daß nun die Theorie der laminaren Reibungsschichten oder „Grenzschichten" auch außerhalb des Göttinger Kreises, zu dem ich auch das Aachener Aerodynamische Institut hinzurechnen darf, in Angriff genommen wird[1]. Der am Schluß des Textes angekündigten genauen Lösung für den umströmten Zylinder sehe ich mit lebhaftem Interesse entgegen. Wenn ich im folgenden einiges zu beanstanden habe, so ist vielleicht in einigen Punkten die erzwungene Kürze des Textes eines Kongreßvortrages daran schuld. Da ist es denn ganz gut, wenn wir vom Verfasser hinterher weitere Erläuterungen zu den zweifelhaften Stellen erhalten! Ich gliedere meine Ausführungen nach den Nummern des Vortrages.

1. Grenzübergang zu $R \to \infty$. Hier habe ich den Eindruck, daß Herr v. MISES kaum etwas anderes macht als ich, nur daß alles in einem mehr formalen Gewand erfolgt. Ich zeige erst durch eine anschauliche Betrachtung, daß in Fällen wie dem der Umströmung eines Zylinders bei kleiner Zähigkeit in unmittelbarer Nähe des Körpers eine Schicht vorhanden ist, in der die Reibungskräfte pro Volumeneinheit von der Größenordnung der Trägheitskräfte bleiben, während sie außerhalb dieser Schicht sehr klein werden; die Dicke der Schicht geht dabei mit $R^{-1/2}$ zu Null, wenn R gegen unendlich geht (R = REYNOLDSsche Zahl). Daraus folgt, daß die Differentialquotienten der Geschwindigkeit für die Richtung senkrecht zur Schicht bei großen R groß gegen die Differentialquotienten längs der Schicht werden, und das führt, wenn die Ordnung $R^{-1/2}$ und um so mehr die Ordnung R^{-1} gegen die Ordnung 1 gestrichen wird, zu den Gl. (3)[2]. Statt einer solchen Betrachtung findet sich bei v. MISES die Transformation (2) S. 427, durch die die Zähigkeit Z bzw. die REYNOLDSsche Zahl R fortgeschafft wird. Der Schritt von Gl. (2) zu den Gl. (3), der den Grenzübergang $R \to \infty$ bedeutet, erfordert aber doch mehr als ein bloßes Ansetzen der Transformation (2). Nur wenn die *Annahme* dazu kommt, daß die *Lösung* von der Art ist, daß die Differentialquotienten in der Gl. (1) sich gerade *so* verhalten,

[1] Es sind jetzt gerade zwanzig Jahre, daß die erste Göttinger Dissertation über diesen Gegenstand, die von BLASIUS, erschien!

[2] Im v. MISESschen Text befindet sich hier ein Schreibfehler: Nicht das letzte Glied der ersten Gl. (1), sondern das vorletzte fällt fort; statt $\partial^2 v_x/\partial x^2$ bleibt also $\partial^2 v_x/\partial y^2$ stehen.

daß sie nach der Transformation (2) beschränkt bleiben, soweit sie in Gl. (3) auftreten, und verschwinden, soweit sie in Gl. (3) nicht mehr vorhanden sind, ergibt sich wirklich das System (3). Um ein konkretes Beispiel anzugeben: In dem Ausdruck

$$R^{-1}\left(\frac{\partial^2 v_s}{\partial s^2} + \frac{\partial^2 v_s}{\partial n^2}\right)$$

wird der zweite Ausdruck in der Klammer höchstens von der Größenordnung R, da kein Glied einer Gleichung größer sein kann als die Summe der Beträge der übrigen. Was nun den ersten Ausdruck in der Klammer, $\partial^2 v_s/\partial s^2$, betrifft, so ist dieser nach den gemachten Annahmen auf der gegebenen Stromlinie beschränkt; ob er aber auch außerhalb dieser Linie überall beim Grenzübergang $R \to \infty$ beschränkt bleibt, läßt sich nicht sagen, das muß erst die Diskussion der Lösung ergeben. Ich habe daher den Eindruck, daß die Ableitung von Herrn v. MISES in diesem Punkt nicht besser ist als meine, die von vornherein eine bestimmte Form der *Lösung* voraussetzt, und hinterher zeigt, daß die Lösung in der Tat von dieser Form ist. Mir scheint, daß eine solche Schlußweise bei einer strengeren, d. h. ausführlicheren Darstellung in der Art der v. MISESschen nicht entbehrt werden kann.

2. *Ableitung der Hauptgleichung.* Zu diesem Gegenstand habe ich meines Wissens in meiner Diskussionsbemerkung in Kissingen gesagt, daß ich in früherer Zeit verschiedene Versuche gemacht hätte, die das Gleichungssystem (3) durch Übergang zu anderen unabhängigen Veränderlichen für die Auffindung von Lösungen geeigneter machen sollten, und daß ich dabei auch einen Versuch mit den Veränderlichen x und ψ gemacht hätte, daß ich mich aber nicht mehr erinnere, was ich als abhängige Veränderliche genommen hatte, und daß ich glaubte, daß die von Herrn v. MISES angegebene Formel neu sei. Inzwischen habe ich aber aus meinen alten Papieren festgestellt, daß ich genau die v. MISESsche abhängige Veränderliche genommen habe, und daß ich infolgedessen auch die Gl. (6) von Herrn v. MISES besessen habe.

Ich habe damals diese Rechnung aber nicht weiterverfolgt, weil sie mich in meinen damaligen Arbeiten nicht weitergebracht hat. Die rechte Seite von Gl. (6) hat, wie ich bemerken möchte, die für numerische Berechnung unangenehme Eigenschaft, daß sie überall, wo $v_x = 0$ ist, und nicht gerade die linke Seite verschwindet, die Form $0 \cdot \infty$ annimmt; die z-Fläche $(z = z(x, \psi))$ hat an solchen Stellen, also z. B. bei $\psi = 0$ (Wand), eine Rückkehrkante. Die Profile $z(\psi)$ für konstantes x zeigen daher dort eine Spitze. Die Abb. 4, S. 430, ist dahin zu berichtigen, daß die Kurven sowohl an der Z-Achse wie am linken Umkehrpunkt Spitzen zeigen, die beide in der Höhe $z = F(x)$ liegen. Durch die Einführung von $\sqrt{\psi}$ als unabhängiger Veränderlicher, wie dies in der Reihe (12) geschehen ist, kann die Rückkehrkante bei $\psi = 0$ fortgeschafft werden. Die andere Rückkehrkante für die inneren Stellen $v_x = 0$ bleibt jedoch, woraus geschlossen werden muß, daß die Entwicklung (12), die sich übrigens in meinen Papieren ebenfalls findet, nur in dem Gebiet vor dem Ablösungspunkt brauchbar ist. Hier kann sie allerdings von großem Nutzen sein.

3. Einige Folgerungen. Die vorstehende Bemerkung hat bereits in diesen Abschnitt übergegriffen. Hier liegt mir nun noch daran, zu der Bemerkung von Herrn v. MISES über die KÁRMÁNsche Integralbedingung und die POHLHAUSENsche Rechnung Stellung zu nehmen. Die KÁRMÁNsche Rechnung kommt meines Erachtens bei v. MISES unverdient schlecht weg. Ich glaube doch, daß sie vernünftig gehandhabt, recht wertvolle Dienste leisten kann, wobei vor allem in Betracht kommt, daß sie im Vergleich zu den bis dahin vorhandenen Methoden erheblich geringere Anforderungen an die mathematische Schulung des Ausführenden stellt. Sie gründet sich, kurz gesagt, darauf, daß durch die Näherungslösung die Differentialgleichung nur in zwei Randstreifen der „Grenzschicht" erfüllt wird (nämlich an der Wand, wo die linke Seite der ersten Gl. (3) verschwindet, und soweit innen in der Flüssigkeit, daß dort das Reibungsglied $\partial^2 v_x/\partial y^2$ vernachlässigbar ist), in dem Zwischengebiet aber an Stelle der Differentialgleichung nur der aus ihr abgeleitete Impulssatz erfüllt wird. Die Funktionen, die zur Herstellung der Näherungslösung dienen, werden dabei so ausgewählt, daß nach Befriedigung der gewöhnlichen Randbedingungen und der auf die erwähnte Weise aus der Differentialgleichung hinzugekommenen „Randstreifen-Bedingungen" nur noch *ein* willkürlicher Parameter verbleibt, für den dann die Integralbedingung eine Differentialgleichung erster Ordnung liefert. Für die zweckmäßige Auswahl der Funktionen dient ein Vergleich mit bereits exakt durchgeführten Beispielen. Das Verfahren ist ohne Zweifel etwas roh, aber es ist sinnvoll genug angelegt, um die groben Züge der Vorgänge richtig herauszubringen, und es lassen sich zahlreiche Beispiele damit behandeln, die einstweilen mit den strengen Methoden gar nicht oder nur mit großem Zeitverlust behandelt werden könnten. Da eine rohe Näherungslösung immer wesentlich besser ist als gar keine Lösung, halte ich an meiner Meinung, daß der KÁRMÁNschen Näherung ein entschiedenes Verdienst zukommt, fest.

Was nun die nach dieser Methode durchgeführte POHLHAUSENsche Rechnung für die ebene Platte betrifft, so zeigt der Text der POHLHAUSENschen Arbeit, wenn es auch nicht ausdrücklich gesagt wird, ganz deutlich, daß diese Rechnung dazu unternommen wird, um die Brauchbarkeit verschiedener Näherungsansätze an dieser von BLASIUS schon exakt gelösten Aufgabe zu studieren. POHLHAUSEN entscheidet sich dann für einen bestimmten Funktionstypus vierten Grades und führt damit ein Beispiel durch, das in bezug auf den Ablösungspunkt an Hand einer vorliegenden experimentellen Bestimmung nachgeprüft werden konnte. Ich meine doch, daß dies alles sehr vernünftig ist.

Von den Bemängelungen auf S. 431 kann man höchstens gelten lassen, daß Herr POHLHAUSEN eine mögliche Vereinfachung seiner Rechnung nicht gefunden hat. Was aber damit gemeint ist, daß Herr v. MISES im Anschluß an seine Gl. (14) sagt: „POHLHAUSEN ... erhält ... eine Differentialgleichung erster Ordnung für $\varphi(x)$ und benutzt deren Lösung, um ... den Widerstand W zu berechnen. Allein eine einfache Umformung ... läßt erkennen, daß W gar nicht von φ abhängt, so daß die ganze Rechnung leerlaufend ist", das verstehe ich nicht. Die Lösung der erwähnten Differentialgleichung heißt doch: $\varphi(x) = \text{konst.} \sqrt{x}$, und in der Formel für den Widerstand ergibt sich hieraus, auch bei v. MISES, der Faktor $\sqrt{l}$; also ist die „Differentialgleichung" doch benutzt! Was die Bemerkung betrifft, daß man $\varkappa$ jeden Wert zwischen 0 und ∞ erteilen könne, so hatte ich ursprünglich gedacht, daß Herr v. MISES dabei daran denkt, daß in

$$\int_0^\infty f(1-f)\,d\eta$$

durch gleichförmige Streckung der Abszisse η eine affine Transformation vorgenommen werden kann, was den Wert des Integrals natürlich beliebig ändert. Im übrigen heißt der richtige Ausdruck für diesen Fall

$$f'(0)\int_0^\infty f(1-f)\,d\eta\,,$$

und dieser ist gegen solche affine Transformationen invariant. Herr v. MISES hat mich jedoch brieflich dahin aufgeklärt, daß er die Funktion $f(\eta)$ auf $f'(0) = 1$ normiert habe, und daß er mit seiner Bemerkung meint, daß man durch eine *ungleichförmige* Streckung der Abszissen eine andere als affine Transformation vornehmen kann, wobei die Anfangstangente $f'(0) = 1$ erhalten bleibt, während das Integral jeden endlichen Wert annehmen kann[1]. Darauf ist zu erwidern, daß doch gerade die bekannten exakten Lösungen, die in ihrem asymptotischen Verhalten der Wahrscheinlichkeitsfunktion ähnlich sind, sich also der Asymptote rasch nähern, die Richtschnur für die zu wählenden Funktionen liefern müssen, und daß deshalb gut daran getan wird, die algebraische Näherungskurve $f(\eta)$ schon bei einem verhältnismäßig kleinen endlichen η die Linie $f(\eta) = 1$ berühren zu lassen. Natürlich kann man

---

[1] Der kleinste Inhalt unter Berücksichtigung obiger Normierung (für eine Gerade zwischen 0 und 1 und Wert 1 für $\eta > 1$) ist übrigens $^1/_6$, nicht 0.

dann sagen, man hätte nicht die Kurven, sondern den Beiwert des Widerstandes gewählt. Das erwähnte Integral ist ja im wesentlichen ein dem Widerstand entsprechender Impulsinhalt der Strömung. Ich habe gemäß dem Vorstehenden gegen eine solche Formulierung nichts einzuwenden.

Ergebnisse der Aerodynamischen Versuchsanstalt zu Göttingen, IV. Lief., S. 18 bis 29. München-Berlin: Oldenbourg 1932.

Zur turbulenten Strömung in Rohren und längs Platten

Die Weiterbildung der in der III. Lieferung, S. 1ff[1] dargelegten Gedankengänge über die Strömung entlang einer glatten Rohrwand hat in der Zwischenzeit zu folgenden weiteren Ergebnissen geführt.

1. Durch Gl. (2) der erwähnten Abhandlung war aus der Wandreibung τ eine diese kennzeichnende Geschwindigkeit

$$C = \sqrt{\frac{2\tau}{\varrho}}$$

abgeleitet worden. In neueren Arbeiten haben wir vorgezogen, die 2 in dieser Formel zu unterdrücken, und wir haben die neue im Verhältnis $1:\sqrt{2}$ kleinere Geschwindigkeit mit v_* bezeichnet. Es ist also

$$v_* = \sqrt{\frac{\tau}{\varrho}}. \tag{1}$$

Diese Geschwindigkeit, die sich sehr bequem zur Bildung von dimensionslosen Größen, die den Reibungszustand kennzeichnen, heranziehen läßt, hat, wie nebenher bemerkt werden möge, auch eine physikalische Bedeutung. Sie stellt nämlich einen in bestimmter Weise gebildeten Mittelwert aus den Geschwindigkeitsschwankungen dar, die sich der mittleren Strömung überlagern und die das Wesen der turbulenten Strömung ausmachen. Es soll jetzt für einen *gegebenen Betrag der Wandreibung* ein dimensionsloses Maß für die Geschwindigkeit der Strömung in irgendeinem Abstand von der Wand und ein weiteres für den Wandabstand eingeführt werden. Entsprechend Gl. (4) der früheren Abhandlung bilden wir aus der mittleren Strömungsgeschwindigkeit u im Abstand y von der Wand und aus der Geschwindigkeit v_* die „dimensionslose Geschwindigkeit"

$$\varphi = \frac{u}{v_*}. \tag{2}$$

Der Wandabstand kann dimensionslos gemacht werden, indem man aus ihm und der Geschwindigkeit v_* eine „REYNOLDSsche Zahl"

$$\eta = \frac{v_* y}{\nu} \tag{3}$$

bildet. In der früheren Abhandlung ist diese Bildung zwar erwähnt, es wurde aber dort als unabhängige Größe $\mathfrak{Y} = u\, y/\nu$ bevorzugt, das, wie leicht zu sehen ist, $= \varphi\, \eta$ ist. Hier dagegen wollen wir den dimensionslosen Wandabstand η als Unabhängige betrachten. Die Gedankengänge, die vor etwa 10 Jahren dazu führten, aus dem BLASIUSschen Gesetz für den Rohrwiderstand ein Gesetz für die Geschwindigkeitsverteilung

[1] Anm. d. Schriftl.: Hier S. 620.

in der Nähe der Rohrwand abzuleiten, und denen einfach der Gedanke zugrundeliegt, daß die Vorgänge in der Nähe der glatten Rohrwand nur von der Reibungsspannung dort, von dem Wandabstand des betrachteten Teilchens und von der Zähigkeit und Dichte der Flüssigkeit abhängen, aber von der Gestaltung der Verhältnisse in größerem Abstand von dem betrachteten Gebiet nicht weiter beeinflußt werden, lassen nun einfach erwarten, daß die dimensionslos gemachte Geschwindigkeit eine universelle Funktion des dimensionslos gemachten Wandabstandes ist, also

$$\varphi = \varphi(\eta). \tag{4}$$

Dies gilt sicher dann, wenn man sich auf die wandnahen Teile der Strömung beschränkt. Daß wir unter Einführung des aus dem BLASIUSschen Widerstandsgesetz folgenden Gesetzes für die Wandreibung

$$\tau = 0{,}0225\,\varrho\, u^{7/4}\left(\frac{\nu}{y}\right)^{1/4} \tag{5}$$

sofort wieder auf das Gesetz der 7. Wurzel für die Geschwindigkeitsverteilung geführt werden, ist nach dem in der III. Lieferung Dargelegten ohne weiteres zu erwarten. Die Rechnung ist aber hier besonders einfach. Schreiben wir gemäß Gl. (1) $\varrho\, v_*^2$ für τ, so lassen sich die einzelnen Faktoren sofort zu

$$0{,}0225\left(\frac{u}{v_*}\right)^{7/4} = \left(\frac{v_*\, y}{\nu}\right)^{1/4}$$

zusammenfassen, was gemäß Gl. (2) und (3) auch

$$0{,}0225\,\varphi^{7/4} = \eta^{1/4}$$

geschrieben werden kann. Auflösung nach φ gibt

$$\varphi = 8{,}73\,\eta^{1/7}. \tag{6}$$

Sehr wesentlich ist nun die an das Experiment zu stellende Frage, wieweit unsere Annahme, die nur für die unmittelbare Nachbarschaft der Wand aus theoretischen Gründen zwingend ist, sich für einen endlichen Bereich als brauchbar erweist und wie die universelle Funktion $\varphi(\eta)$ aussieht. Im Kaiser-Wilhelm-Institut für Strömungsforschung sind große Versuchsreihen über die Geschwindigkeitsverteilung und den Druckabfall in glatten Rohren in einem möglichst großen Bereich von REYNOLDSschen Zahlen durchgeführt worden[1]. In Abb. 1 sind die

[1] J. NIKURADSE, Über tubulente Wasserströmungen in geraden Rohren bei sehr großen REYNOLDSschen Zahlen. Vorträge aus dem Gebiete der Aerodynamik und verwandter Gebiete (Aachen 1929), herausgegeben von A. GILLES, L. HOPF und TH. v. KÁRMÁN, S. 63, Berlin 1930. — J. NIKURADSE, Widerstandsgesetz und Geschwindigkeitsverteilung von turbulenten Wasserströmungen in glatten und rauhen Rohren. Verhandl. des III. Intern. Kongr. für techn. Mechanik Teil I, S. 239, Stockholm 1930 (erschienen 1931).

Eine weitere Abhandlung wird unter dem Titel: „Gesetzmäßigkeit der turbulenten Strömungen in glatten Rohren" in den Forschungsheften des VDI erscheinen.

aus den Versuchen erhaltenen Punkte graphisch dargestellt. Wegen des großen Bereiches der Abszissenwerte η sind dabei drei verschiedene

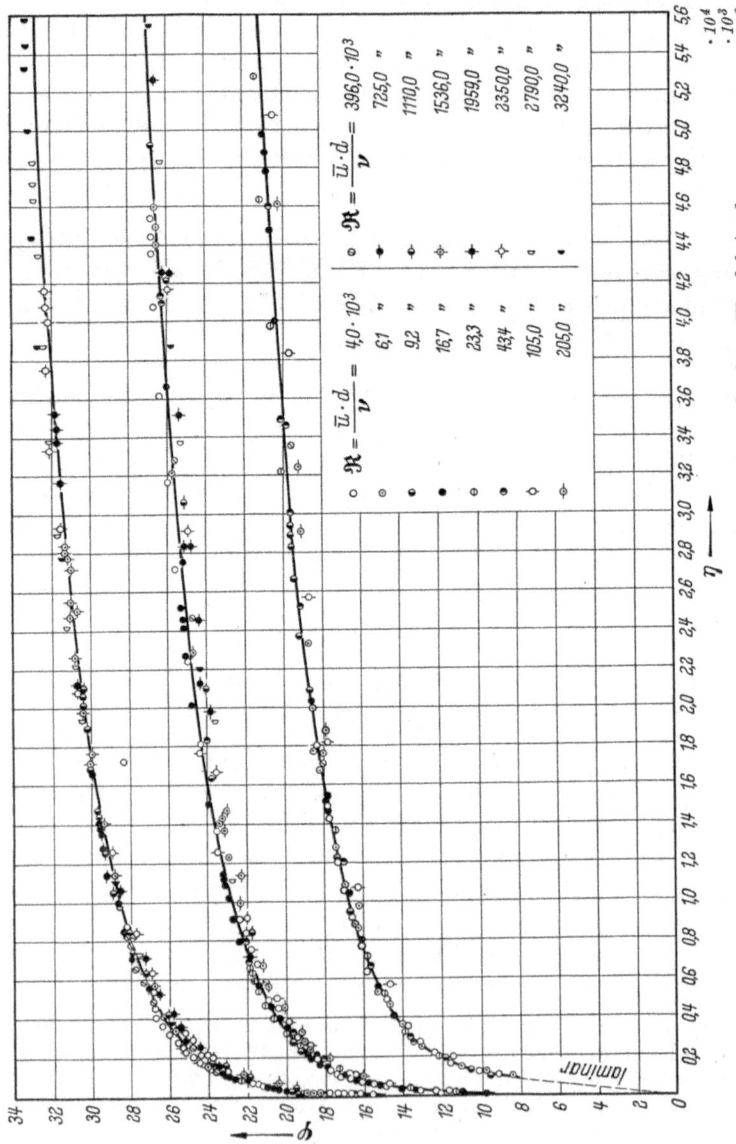

Abb. 1. Dimensionslose Geschwindigkeit, abhängig vom dimensionslosen Wandabstand. Die Kurve entspricht der Geraden 4 in Abb. 2

Maßstäbe der Abszisse zur Anwendung gelangt. Eine bessere Gesamtübersicht ergibt sich, wenn man statt der Größe η ihren Logarithmus aufträgt (vgl. Abb. 2). Es zeigt sich besonders in dieser letzteren Darstellung, daß die Versuchspunkte zwar nicht mit der vollen Genauigkeit, die der Versuchsgenauigkeit entsprechen würde, auf *einer* Kurve liegen, sich aber doch in einer recht engen Straße anordnen. Die Er-

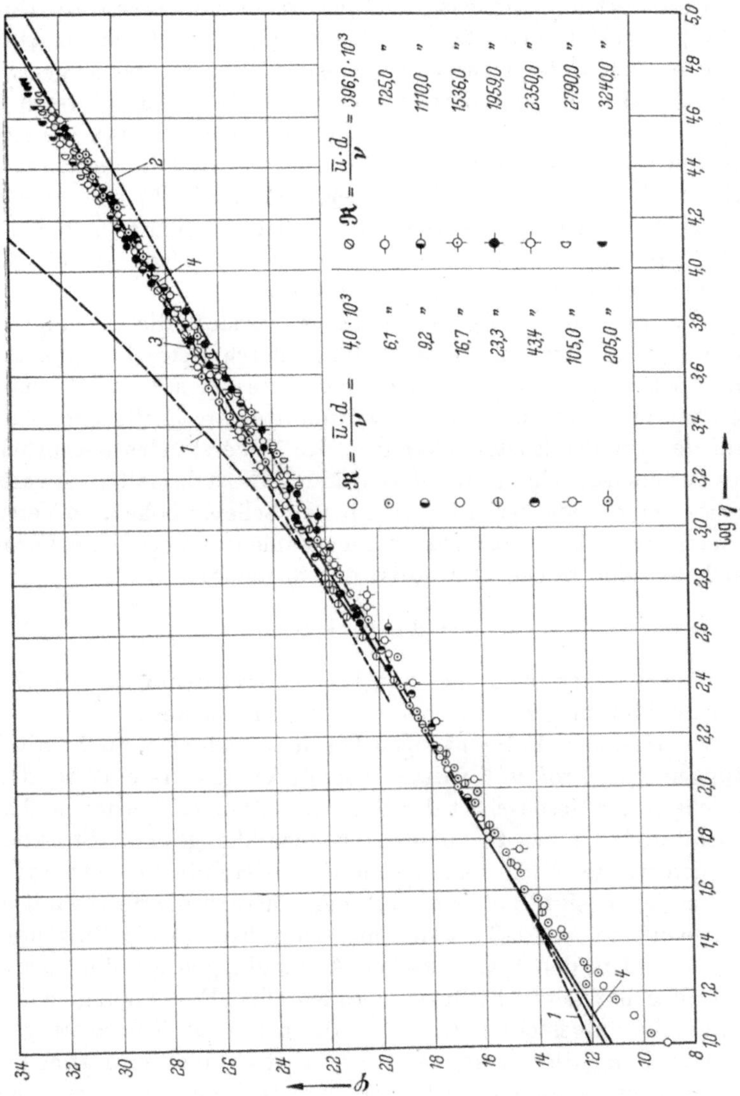

Abb. 2. Dimensionslose Geschwindigkeit, abhängig vom Logarithmus des dimensionslosen Wandabstandes

füllung der Gl. (4) ist wesentlich genauer, wenn man sich auf die wandnahen Partien beschränkt. Die aufgetragenen Punkte der einzelnen Versuche reichen bis nahe an die Rohrmitte heran. Man erkennt deutlich innerhalb der Straße einen kleinen systematischen Gang von unten nach oben, wenn man die Punkte einer REYNOLDSschen Zahl von der Wand nach der Rohrmitte zu verfolgt. Für überschlägliche Rechnungen kann man aber von diesem Gang absehen.

Es interessiert nun zunächst, wie sich das bisher verwendete, durch Formel (6) dargestellte Gesetz in die Figur eingliedert. Es ist in Abb. 2 durch die mit der Ziffer 1 bezeichnete gestrichelte Linie wiedergegeben. Man sieht, daß es in dem Bereich von $\eta = 40$ bis etwa 500 recht gut befriedigt, darüber hinaus aber recht beträchtlich von den Versuchswerten abweicht. Diesem Verhalten entspricht, daß in dem unteren Bereich sowohl das BLASIUSsche Widerstandsgesetz (5) wie auch das Gesetz der 7. Wurzel für die Geschwindigkeitsverteilung (6) recht befriedigt (daß die kleinsten Werte ganz an der Wand dabei etwas herausfallen, macht im Endergebnis wenig aus).

Von den kleinsten η-Werten abgesehen, verläuft die Abhängigkeit der Größe φ von $\log\eta$ auffällig geradlinig. Durch Betrachtungen theoretischer Art kann gezeigt werden, daß dieses geradlinige Verhalten gerade dann zu erwarten ist, wenn der unmittelbare Einfluß der Zähigkeit auf den für das Zustandekommen des Widerstandes wesentlichen Teil des Turbulenzmechanismus verschwindet. Es ist deshalb zu erwarten, daß dieses geradlinige Verhalten sich bis zu beliebig hohen, im Versuch nicht mehr erreichbaren REYNOLDSschen Zahlen fortsetzt. Ein Formelausdruck für eine solche Gerade ist der folgende:

$$\varphi = A \log\eta + B. \tag{7}$$

Wie wir diese Gerade für unsere Aufgabe am zweckmäßigsten durch die „Straße" hindurchlegen, soll später noch erörtert werden.

Die vorstehenden Betrachtungen berühren sich sehr stark mit Betrachtungen von Prof. v. KÁRMÁN, von denen die erste 1930 in den „Nachrichten der Gesellschaft der Wissenschaften zu Göttingen"[1] veröffentlicht und die zweite auf dem Mechanikkongreß in Stockholm[2] vorgetragen wurde. Auch dort erscheint ein Geradliniengesetz und der nähere Vergleich zeigt, daß es bis auf den Umstand überhaupt mit dem unseren identisch ist, daß es sich hier zunächst um die Zustände in Wandnähe und in den KÁRMÁNschen Abhandlungen um die Zustände in Rohrmitte handelt. Aus der experimentellen Feststellung, daß die für Wandnähe aufgestellten Gesetze nahezu bis zur Rohrmitte gelten — eine Beziehung, die wir uns selbst im dritten Teil dieser Darlegungen zunutze machen werden —, ist aber zu entnehmen, daß der zahlen-

---

[1] TH. v. KÁRMÁN, Mechanische Ähnlichkeit und Turbulenz. Göttinger Nachr., Math.-phys. Klasse 1930, S. 58.

[2] Derselbe Titel. Verhandl. des III. Intern. Kongr. für techn. Mechanik S. 85, Stockholm 1930 (erschienen 1931).

mäßige Unterschied unerheblich ist. Was die Einzelheiten betrifft, so mag hier kurz das Folgende erwähnt werden.

v. KÁRMÁN verwendet für die Wandreibung den folgenden Formelansatz:

$$\tau = \frac{\varrho}{2} u_1^2 \psi$$

(u_1 ist dabei die maximale Geschwindigkeit in der Rohrmitte). Wenden wir unsere Formeln (2) und (3) für die Rohrmitte an, setzen also $u = u_1$ und $y = r$ und schreiben wieder $\varrho\, v_*^2$ an Stelle von τ, so ergibt sich mit $u_1/v_* = \varphi_1$ die Beziehung

$$\psi = \frac{2}{\varphi_1^2}. \tag{8}$$

v. KÁRMÁN trägt nun in seiner Geradlinienbeziehung als Abszisse auf

$$\log\left(\frac{u_1 r}{\nu} \sqrt{\psi}\right),$$

was wir leicht zu

$$\log \frac{v_* r \sqrt{2}}{\nu} = \log \eta_1 \sqrt{2}$$

umformen. Als Ordinate wird $1/\sqrt{\psi}$ aufgetragen, was gemäß Gl. (8) nichts anderes als $\varphi_1/\sqrt{2}$ ist. Mit Ausnahme des Umstandes, daß bei v. KÁRMÁN die wirklichen Größen für die Rohrmitte genommen sind, während wir eine für Wandnähe gültige Formel bis zur Rohrmitte extrapoliert haben, sind also beide Darstellungen miteinander identisch. Es mag dabei erwähnt werden, daß unsere Darstellung aus einer Zeit stammt, in der die KÁRMÁNschen Arbeiten noch nicht bekannt waren, so daß hier also wieder einmal, wie schon vor zehn Jahren bei demselben Problem, die Gedankengänge in Aachen und Göttingen ziemlich parallel gelaufen sind.

Es gilt jetzt noch, die Zahlenwerte A und B in Gl. (7) aus den Versuchswerten zu bestimmen. In Abb. 2 ist zunächst eine Gerade eingezeichnet, die den wandnahen Punkten folgt und die das theoretische Gesetz für Wandnähe darstellt. Für diese, in der Abbildung mit 2 bezeichnete Gerade ergeben sich die Werte $A = 5{,}52$, $B = 5{,}84$. Die der Rohrmitte nahen Punkte lassen sich bei den größeren REYNOLDSschen Zahlen (nicht bei den kleineren) durch eine parallele Gerade 3 zusammenfassen, für die sich die Werte $A = 5{,}52$, $B = 6{,}68$ ergeben[1]. Für die im weiteren folgenden Näherungsrechnungen ist es jedoch zweckmäßig, die wandnahen Punkte für die kleineren η-Werte zusammenzufassen mit den achsnahen Punkten der großen η-Werte. Eine vermittelnde Gerade dieser Art ist die Gerade 4 mit den Werten $A = 5{,}74$, $B = 5{,}46$.

[1] Die vier höchsten REYNOLDSschen Zahlen stehen in der Genauigkeit etwas zurück und sind daher mit geringerem Gewicht bewertet als die niedrigeren.

2. Unsere allgemeine Formulierung von Gl. (1) bis (4) läßt sich nun auch auf das Problem des Plattenwiderstandes erfolgreich anwenden. Es ist möglich, eine allgemeine Lösung anzuschreiben, die nur die Annahme benützt, daß das Geschwindigkeitsprofil bei der Strömung entlang einer Platte genügend wenig von dem der Rohrströmung abweicht, um die Gl. (4) ohne weiteres dafür benützen zu können. Die so angenommene Geschwindigkeitsverteilung (Abb. 3) weist an der Stelle, wo die Geschwindigkeit u in die ungestörte Geschwindigkeit der äußeren Strömung u_1 übergeht, allerdings einen schwachen Knick auf, der in Wirklichkeit natürlich nicht vorhanden ist. Es handelt sich aber bei der Durchführung der Rechnung nur darum, den Impulsinhalt dieser Geschwindigkeitsverteilung richtig abzuschätzen; hierfür kann aus unserer vereinfachenden Annahme kein allzu großer Fehler entstehen (wie sich u. a. auch durch die guten Resultate der mit der gleichen Grundlage für das Blasiussche Widerstandsgesetz durchgeführten Rechnung in der III. Lieferung ergibt). Der Wandabstand der Übergangsstelle sei mit δ bezeichnet. Die Werte von η und φ für $y = \delta$ mögen wieder mit η_1 und φ_1 bezeichnet werden. Aus $\varphi_1 = u_1/v_*$ finden wir

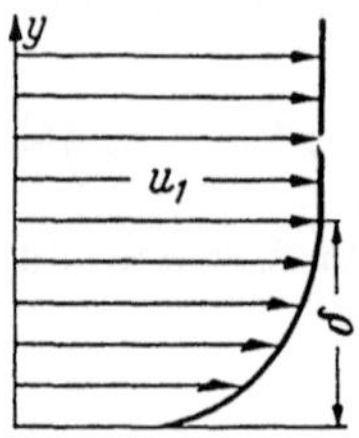

Abb. 3

$$v_* = \frac{u_1}{\varphi_1}. \tag{9}$$

Die veränderliche Geschwindigkeit u wird dann

$$u = v_* \varphi = u_1 \frac{\varphi}{\varphi_1}. \tag{10}$$

Ferner ergibt sich aus $\eta = v_* y/\nu$ unter Berücksichtigung von Gl. (9):

$$y = \frac{\nu \varphi_1}{u_1} \eta, \tag{11}$$

wobei wir wegen des Nachfolgenden gleich anmerken wollen:

$$dy = \frac{\nu \varphi_1}{u_1} d\eta. \tag{11a}$$

Der Zusammenhang der verschiedenen Stellen längs der Platte wird nun durch den Impulssatz hergestellt, der besagt, daß der gesamte Impulsverlust der Reibungsströmung gegenüber der ankommenden Strömung, der in irgendeinem Querschnitt festgestellt wird, gleich ist dem Reibungswiderstand des stromaufwärts befindlichen Teiles der Platte. Der Impulsverlust für die Einheit der Breite quer zur Strömung ergibt sich gemäß einer bereits in der III. Lieferung verwendeten Gleichung zu

$$J = \varrho \int_0^\delta u(u_1 - u)\, dy, \tag{12}$$

der entsprechende Widerstand ist (ebenso auf die Breiteneinheit gerechnet)

$$W = \int \tau \, dl = \varrho \int v_*^2 \, dl. \tag{13}$$

Aus $J = W$ ergibt sich durch Differentiation nach l sofort

$$v_*^2 = \frac{d}{dl} \int_0^\delta u (u_1 - u) \, dy,$$

was wir mit Benützung der vorausgehenden Beziehungen nach einigen Kürzungen sofort schreiben können

$$\frac{u_1}{\varphi_1^2} = \nu \frac{d\eta_1}{dl} \frac{d}{d\eta_1} \int_0^{\eta_1} \left(\varphi - \frac{\varphi^2}{\varphi_1} \right) d\eta.$$

Bei der Differentiation des Integrals ist einmal nach der oberen Grenze zu differenzieren, das gibt aber wegen $\varphi = \varphi_1$ für $\eta = \eta_1$ ersichtlich Null. Weiter ist unter dem Integral zu differenzieren, wobei zu beachten ist, daß φ_1 eine Funktion von η_1 ist. Der Differentialquotient des Integranden heißt danach

$$\frac{\varphi^2}{\varphi_1^2} \frac{d\varphi_1}{d\eta_1}.$$

Zur Abkürzung mag

$$\frac{d\varphi_1}{d\eta_1} \int_0^{\eta_1} \varphi^2 \, d\eta = F(\eta_1)$$

gesetzt werden. Hiermit ergibt sich die Beziehung

$$dl = \frac{\nu}{u_1} F(\eta_1) \, d\eta_1, \tag{14}$$

woraus sich durch Integration sofort

$$l = \frac{\nu}{u_1} \int_0^{\eta_2} F(\eta_1) \, d\eta_1 = \frac{\nu}{u_1} \Phi(\eta_2) \tag{15}$$

schreiben läßt. Die Beziehung gilt allerdings in dieser Form nur, wenn die Strömung von der Vorderkante der Platte an turbulent ist, was wir einstweilen als gegeben voraussetzen wollen. Der Fall einer laminaren Anlaufstrecke wird nachher noch behandelt werden. Man kann Gl. (15), wie sofort zu sehen, auch noch so schreiben, daß die REYNOLDSsche Zahl

$$\mathfrak{R}_l = \frac{l u_1}{\nu}$$

erscheint; es ist

$$\mathfrak{R}_l = \Phi(\eta_2).$$

Der Widerstand ergibt sich nun mit

$$\tau = \varrho v_*^2 = \frac{\varrho u_1^2}{\varphi_1^2}$$

unter Berücksichtigung von Gl. (14) zu:

$$W = \int_0^l \tau\, dl = \varrho\, \nu\, u_1 \int_0^{\eta_2} \frac{F(\eta_1)}{\varphi_1^2}\, d\eta_1 = \varrho\, \nu\, u_1\, \Psi(\eta_2). \tag{16}$$

Es erscheint also in dieser Darstellung der Widerstand und die Reynoldssche Zahl abhängig von einem Parameter η_2, der die dimensionslos gemachte Dicke der Reibungsschicht am Ende der Platte darstellt. Man kann ohne weiteres auch die Reibungsziffer berechnen. Diese ist

$$c_f = \frac{W}{\frac{\varrho}{2} u_1^2\, l} = \frac{2\nu}{u_1 l}\, \Psi(\eta_2) = \frac{2\Psi(\eta_2)}{\Phi(\eta_2)}. \tag{17}$$

Einfacher drückt sich die örtliche Reibungsziffer c_f' aus. Diese ist nichts anderes als die Größe ψ von Gl. (8).

Wenn die Strömung an der gut zugeschärften Vorderkante der Platte laminar beginnt und erst weiter hinten turbulent wird, so ergibt sich eine durch eine Reynoldssche Zahl $\mathfrak{R}_0 = u_1 l_0/\nu$ gekennzeichnete laminare Anlauflänge l_0, hinter der erst die Turbulenz einsetzt. In diesem Fall muß statt Gl. (15) geschrieben werden

$$l = l_0 + \frac{\nu}{u_1} \int_{\eta_0}^{\eta_2} F(\eta_1)\, d\eta_1 = \frac{\nu}{u_1} \left(\mathfrak{R}_0 + \Phi(\eta_2) - \Phi(\eta_0)\right); \tag{18}$$

η_0 bedeutet dabei den noch zu bestimmenden Anfangswert von η_1 an der Übergangsstelle von der laminaren zur turbulenten Strömung. Ganz entsprechend ergibt sich für den Widerstand

$$W = W_0 + \varrho\, \nu\, u_1 \left(\Psi(\eta_2) - \Psi(\eta_0)\right). \tag{19}$$

Der Widerstand des laminaren Teiles mag hierbei ohne Eingehen auf das spezielle Widerstandsgesetz der laminaren Strömung (vgl. hierüber Gl. (13), S. 4, der III. Lieferung, hier S. 624) geschrieben werden

$$W_0 = c_{f_0} \frac{\varrho}{2} u_1^2 l_0 = c_{f_0} \frac{\varrho}{2} \nu\, u_1\, \mathfrak{R}_0.$$

Genaugenommen würde auf den laminaren Teil erst eine Übergangsstrecke folgen, in der sich das Geschwindigkeitsprofil von dem laminaren zu dem turbulenten Profil umbildet. Wir wollen für unsere Rechnung von dieser Feinheit absehen und annehmen, daß das laminare Profil plötzlich in das turbulente Profil gleichen Impulsinhaltes übergeht. Dies bedingt natürlich, daß man, um den Widerstand voll ausgebildeter Turbulenz am Plattenende richtig zu erhalten, für die Rechnung die laminare Strecke l_0 etwas länger annehmen muß als sie in Wirklichkeit ist. Wenn allerdings die Strömung an der Platte nur aus Laminarstrecke und Übergangsstrecke besteht, ohne Erreichung des voll turbulenten

Profils, dann wird unsere Formel nicht verwendbar sein. Dies betrifft aber nur ein verhältnismäßig kurzes Gebiet.

Wenn das voll turbulente Profil erreicht ist, dann muß der Gesamtwiderstand der Platte, der ja nach dem Impulssatz mit diesem Profil unmittelbar zusammenhängt, als Funktion von η_2 wieder den Wert von Gl. (16) annehmen. Durch Vergleichung der Ausdrücke in Gl. (16) und (19) finden wir nun die Beziehung

$$\varrho\, \nu\, u_1\, \Psi(\eta_0) = c_{f_0} \frac{\varrho}{2}\, \nu\, u_1\, \Re_0 \tag{20}$$

oder

$$\Psi(\eta_0) = \frac{c_{f_0}}{2}\, \Re_0 \tag{20a}$$

und erkennen in der letzten Formel die bisher noch fehlende Bestimmungsgleichung für den Parameter η_0.

Die Reibungsziffer ergibt sich jetzt in Analogie zu Gl. (17), wenn noch $\Re_0 - \Phi(\eta_0)$ zu einer Konstanten K zusammengezogen werden (die natürlich wie die REYNOLDSsche Zahl $\Re_0$ selbst noch von der größeren oder kleineren Wirbelfreiheit des Zustromes abhängt), zu

$$c_f = \frac{2\,\Psi(\eta_2)}{\Phi(\eta_2) + K}\,. \tag{21}$$

Trägt man in einem bestimmten Falle die gemessenen Werte von $\frac{W}{\varrho\,\nu\, u_1}$ und ferner die Funktion $\Psi(\eta_2)$ abhängig von

$$\Re_l = \frac{l\, u_1}{\nu} = \Phi(\eta_2)$$

auf, so ergibt sich die Konstante K durch den Abstand der beiden Kurven in der Abszissenrichtung. K als REYNOLDSsche Zahl führt zu derjenigen Länge l', um die die laminar angeströmte Platte verkürzt werden muß, um den gleichen Widerstand bei von der Vorderkante an turbulenter Strömung zu ergeben.

3. Die in Nr. 2 dargelegte Theorie soll nun auf Grund der Feststellungen über die Rohrströmung zahlenmäßig ausgewertet werden[1]. Für die Herstellung der Integrale geht man bei der Funktion

$$\varphi = A \log \eta + B$$

besser vom Zehnerlogarithmus zum natürlichen Logarithmus über. Wir fügen unter dem Logarithmus noch eine 1 hinzu, die numerisch in dem in Betracht kommenden Bereich praktisch nichts ändert, aber für die Integrationen Vorteile bietet (durch das Hinzufügen dieser 1 wird erreicht, daß für $\eta = 0$ auch $\varphi = 0$ ist; ohne Zufügung wäre hier $\varphi = -\infty$). Wir schreiben also jetzt

$$\varphi = a \ln(1 + b\,\eta)\,. \tag{22}$$

[1] Bei den analytischen und numerischen Rechnungen des 3. Abschnitts haben mich die Herren SCHLICHTING und NIKURADSE durch ihre Mitarbeit sehr wesentlich unterstützt.

Zwischen A, B und a, b bestehen dabei die Beziehungen

$$A = 2{,}3025\,a$$

und

$$B = a \ln b\,.$$

Die Ausführung der Integrationen von Gl. (14), (15) und (16) mit dem Wert von φ gemäß Gl. (22) ergibt nun, wenn zur Abkürzung $1 + b\,\eta = z$ gesetzt wird, das Folgende

$$F(\eta) = \frac{d\varphi}{d\eta}\int_0^\eta \varphi^2\,d\eta = a^3\left(\ln^2 z - 2\ln z + 2 - \frac{2}{z}\right), \tag{23}$$

$$\Phi(\eta) = \int F(\eta)\,d\eta = \frac{a^3}{b}\,(z\ln^2 z - 4z\ln z - 2\ln z + 6z - 6)\,, \tag{24}$$

$$\Psi(\eta) = \int \frac{F(\eta)}{[\varphi(\eta)]^2}\,d\eta = \frac{a}{b}\left(z + 1 - \frac{2(z-1)}{\ln z}\right).[1] \tag{25}$$

Die Zahlenrechnung ist mit den der Geraden 4 in Abb. 2 entsprechenden Werten $a = 2{,}495$ und $b = 8{,}93$ durchgeführt. Daraus hat sich die folgende Zahlentafel für die obigen Funktionen ergeben:

Zahlentafel 1

$\eta/10^3$	$\mathfrak{R}_l/10^6$	$\Psi/10^3$	$c_f \cdot 10^3$
0,200	0,101	0,735	7,29
0,353	0,213	1,33	6,22
0,500	0,337	1,91	5,65
0,707	0,520	2,72	5,23
1,00	0,820	3,90	4,75
1,30	1,14	5,11	4,47
2,00	1,96	7,96	4,05
3,00	3,25	12,00	3,71
5,00	6,10	20,4	3,34
7,07	9,20	28,8	3,13
12,0	17,70	49,6	2,81
20,0	32,5	83,5	2,57
28,3	49,1	119	2,41
50,0	96,5	212	2,20
100	217,5	427	1,96
170	403,5	732	1,81
283	728,0	1230	1,69
500	1401	2170	1,55

Der Verlauf von c_f abhängig von $\mathfrak{R}_l$ ist durch die oberste ausgezogene, mit 1 bezeichnete Kurve in Abb. 4 wiedergegeben. In diese

[1] Diese Formeln sind denen, die v. Kármán in den Verhandlungen des Stockholmer Kongresses, Fußnote 2, S. 636, mitteilt, sehr ähnlich. Sie lagen aber schon vor, als die Kármánschen bekannt wurden.

Abbildung sind die bereits in der III. Lieferung zum Vergleich herangezogenen Versuchswerte von WIESELSBERGER und GEBERS mit eingetragen und ferner noch neue Messungen von G. KEMPF[1]. Bei KEMPF sind allerdings nur örtliche Reibungsziffern angegeben. Wir haben diese Angaben jedoch unter Anschluß an die GEBERSschen Werte bei $\mathfrak{R}_l = 10^7$

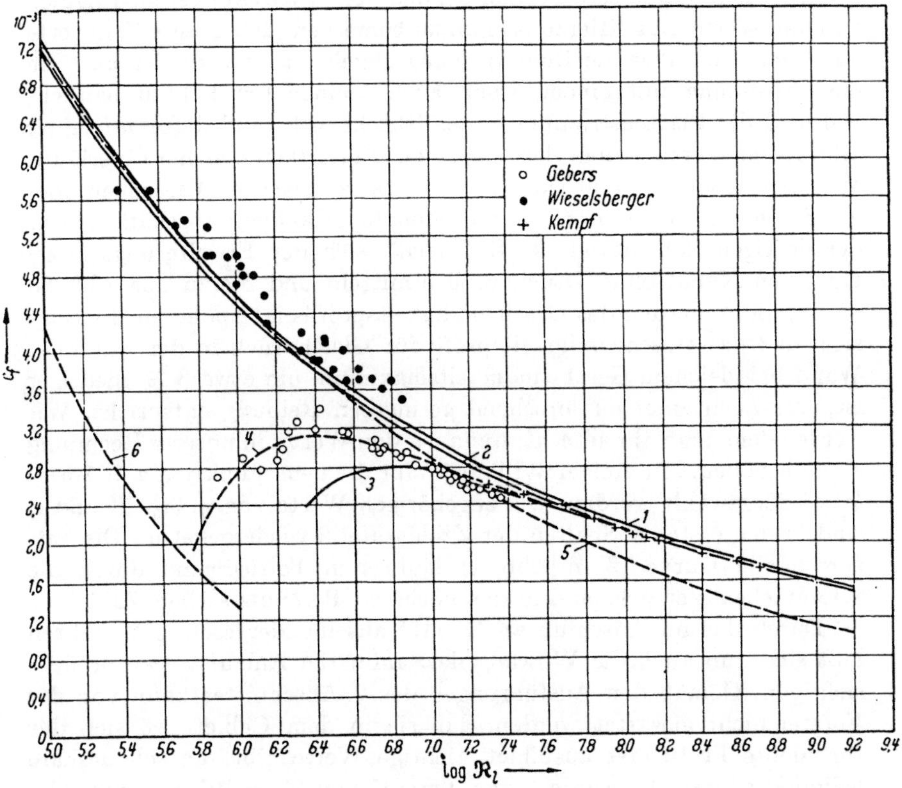

Abb. 4. Reibungswiderstandszahl einer ebenen Platte, abhängig von der REYNOLDSschen Zahl $\mathfrak{R}_l = \frac{l\,u_1}{\nu}$

dazu benützt, um für die Werte von $\mathfrak{R}_l > 10^7$ aus den örtlichen Widerständen die Gesamtwiderstände durch Integration zu ermitteln. Die WIESELSBERGERschen Versuchspunkte liegen etwas über Kurve 1, was auf eine geringe Rauhigkeit (bzw. „Welligkeit") der von WIESELSBERGER verwendeten stoffbespannten und sechsmal zellonierten Platten hindeutet. Daß die GEBERSschen Werte niedriger liegen als die Kurve 1, kommt hauptsächlich davon, daß es sich hier um laminaren Anlauf

[1] Vgl. G. KEMPF, Neue Ergebnisse der Widerstandsforschung. Werft Reed. Hafen (1929) S. 234 u. 247.

handelt. Bei den großen REYNOLDSschen Zahlen der KEMPFschen Versuche ist aber der Einfluß des Anlaufs so gering, daß er sich praktisch kaum noch bemerklich macht. Daraus, daß auch diese Versuchswerte merklich unter Kurve 1 bleiben, während sie bei angenommener geringer Welligkeit der KEMPFschen Platten darüberliegen müßten, ist also festzustellen, daß unsere Formel bei den hohen REYNOLDSschen Zahlen zu hohe Werte gibt. Hierzu ist nun zu bemerken, daß unsere Zahlwerte aus Versuchen über die Rohrströmung abgeleitet sind, es sich also um eine Strömung mit einem, wenn auch kleinen Druckabfall handelt, während die Plattenströmung unter Gleichdruck (und dafür mit einer schwachen Verzögerung der einzelnen Flüssigkeitsteilchen) verläuft. Was dies ausmacht, läßt sich aus den NIKURADSEschen Versuchen über die Strömung in erweiterten und verengten Kanälen[1] abschätzen. Aus der dortigen Zahlentafel 14 (S. 46) läßt sich der Erweiterungswinkel für einen Kanal ohne Druckabfall ermitteln und hierzu aus Abb. 28 (S. 48) die Änderung des Geschwindigkeitsprofils interpolieren. Es zeigt sich, daß das Geschwindigkeitsprofil für Gleichdruck in der Nähe der Wand bei gleichem Geschwindigkeitsmaximum um etwa 3 % niedriger ist, was auch einer entsprechend geringeren Reibung entspricht. Wir werden dem ungefähr gerecht, wenn wir den Wert a in unserer Rechnung etwas erhöhen. Mit einiger Willkür ist für die neue Funktion $a = 2{,}545$, $b = 8{,}93$ gewählt worden. Die zugehörigen Werte von η, $\mathfrak{R}_0$, Ψ und c_f sind in den ersten 4 Spalten der Zahlentafel 2 wiedergegeben. Die entsprechende Kurve (2 in Abb. 4) läuft nun befriedigend durch die KEMPFschen Versuchspunkte der höchsten REYNOLDSschen Zahlen.

Durch das im Anschluß an Gl. (12) auseinandergesetzte Verfahren läßt sich nun auch die Wirkung der laminaren Anlaufstrecke berücksichtigen. Gemäß den Ausführungen des 2. Abschnittes kann von der Formel nicht erwartet werden, daß sie in dem Gebiet, wo sich das turbulente Profil erst ausbildet, richtige Werte gibt. Es soll deshalb lediglich angestrebt werden, den Verlauf von $\mathfrak{R}_l = 10^7$ an durch die Formel gut wiederzugeben. Dies wird erreicht, wenn man $K = \mathfrak{R}' = u_1 \frac{l'}{\nu}$ zu 1000000 annimmt. Mit diesem Wert ist die 4. und 5. Spalte von Zahlentafel 2 berechnet. Die entsprechende Kurve (3 in Abb. 4) befriedigt im Bereich der gestellten Aufgabe recht gut, nicht aber in dem Übergangsgebiet, wie es zu erwarten war.

Für das Übergangsgebiet unterhalb $\mathfrak{R}_l = 10^7$ kann man die alten, in der III. Lieferung angegebenen Formeln weiterbenutzen. Es ist natürlich erwünscht, auch für die höheren REYNOLDSschen Zahlen eine Näherungsformel zu besitzen, da das Formelsystem (24) und (25) reich-

[1] Vgl. J. NIKURADSE, Untersuchungen über die Strömungen des Wassers in konvergenten und divergenten Kanälen. Forschungsheft Nr. 289 des VDI (1929).

Zahlentafel 2

$\eta/10^3$	$\mathfrak{R}_l/10^6$	$\Psi/10^3$	$c_f \cdot 10^3$	$\mathfrak{R}_{l_1}/10^6$	$c_{f_1} \cdot 10^3$
0,200	0,107	0,748	7,03	—	—
0,353	0,225	1,35	6,04	—	—
0,500	0,355	1,95	5,48	—	—
0,707	0,548	2,77	5,05	—	—
1,00	0,864	3,97	4,59	—	—
1,30	1,20	5,20	4,33	2,20	2,36
2,00	2,07	8,10	3,92	3,07	2,64
3,00	3,43	12,2	3,57	4,43	2,76
5,00	6,43	20,8	3,23	7,43	2,80
7,07	9,70	29,3	3,02	10,7	2,74
12,0	18,7	50,5	2,71	19,7	2,57
20,0	34,3	85,0	2,48	35,3	2,41
28,3	51,8	121	2,34	52,8	2,30
50,0	102	216	2,12	103	2,10
100	229	435	1,90	230	1,89
170	425	745	1,75	426	1,75
283	768	1253	1,63	769	1,63
500	1476	2210	1,50	1477	1,50

lich unbequem ist. Bei dem Verlauf der oberen Kurven von Abb. 17 liegt es nahe, diese durch Potenzfunktionen von der Form

$$c_f = \frac{m}{(\log \mathfrak{R} + p)^n}$$

darzustellen (man kann damit drei Punkte zur genauen Übereinstimmung bringen). In der Tat zeigt sich, daß man für die Funktion von Zahlentafel 2 von $\mathfrak{R} = 10^6$ bis $\mathfrak{R} = 10^7$ gute Werte bekommt, wenn man

$$c_f = \frac{0{,}455}{(\log \mathfrak{R})^{2{,}58}} \tag{26}$$

setzt (p ergab sich zufällig fast $= 0$, so daß es unterdrückt werden konnte). Diese Formel deckt, wie erwähnt sein mag, das Gebiet des Plattenwiderstandes bis über die REYNOLDSschen Zahlen der Schiffe „Bremen“ und „Europa“ hinaus mit großer Genauigkeit und dürfte deshalb für alle technischen Zwecke ausreichen. Will man den laminaren Anlauf berücksichtigen, was natürlich nur bei kleineren REYNOLDSschen Zahlen nötig ist, so kann man genügend genau gemäß der in der III. Lieferung gegebenen Darstellung von c_f nach Gl. (26) den Betrag $1700/\mathfrak{R}$ abziehen (Kurve 4 in Abb. 4). Zur Vervollständigung des Bildes sind in Abb. 4 noch als gestrichelte Linien (5 und 6) die in der III. Lieferung angegebenen Gesetze für die vollturbulente Strömung gemäß der dortigen Gl. (12) und für die laminare Strömung gemäß Gl. (13) angegeben. Man sieht, daß die auf Grund des BLASIUSschen

Rohrwiderstandsgesetzes abgeleitete Kurve 5 bei kleineren REYNOLDSschen Zahlen mit der Kurve 1 gut übereinstimmt, von etwa $\mathfrak{R}_l = 10^7$ an aber erheblich darunter bleibt.

4. (Zusatz bei der Korrektur, März 1932.) Die vorstehenden Darlegungen sind vor rund einem Jahr niedergeschrieben. In der Zwischenzeit sind auf dem Gebiet der Rohrströmung weitere Fortschritte gemacht worden, über die hier in Kürze das Wichtigste gesagt werden mag.

Nach v. KÁRMÁN[1] ist im Rohrinneren bei hinreichend großer REYNOLDSscher Zahl die Differenz der maximalen Geschwindigkeit u_1 und der Geschwindigkeit u an irgendeiner Stelle nur abhängig von der Wandschubspannung τ und von dem Verhältnis des Mittenabstandes (oder Wandabstandes) der bezüglichen Stelle zum Rohrradius. Wird wieder $\tau = \varrho\, v_*^2$ gesetzt, so lautet die durch die Versuche wohl bestätigte KÁRMÁNsche Beziehung

$$\frac{u_1 - u}{v_*} = f\left(\frac{y}{r}\right). \tag{27}$$

In den Bezeichnungen unseres 1. Abschnittes läßt sich die linke Seite von Gl. (27) $= \varphi_1 - \varphi$ schreiben, was bei Verwendung der Näherungsformel (7)

$$A \log \frac{\eta_1}{\eta} = A \log \frac{r}{y}$$

ergibt.

Schreibt man die Formel (27) in der Form

$$u = u_1 - v_* f\left(\frac{y}{r}\right),$$

so ist leicht zu erkennen, daß hieraus für die mittlere Geschwindigkeit eine Beziehung von der Form

$$\bar{u} = u_1 - \beta\, v_* \tag{28}$$

folgt, wo β ein noch zu bestimmender fester Zahlwert ist. Zur Ermittlung von β kann man unmittelbar unsere Messungen heranziehen, da neben dem Geschwindigkeitsmaximum immer auch die mittlere Geschwindigkeit (teils durch unmittelbare Mengenmessung, teils durch Ausplanimetrieren der über $(r - y)^2$ als Abszisse aufgetragenen Geschwindigkeitsverteilungen) bestimmt worden ist. Als bester Wert von β ist von Herrn NIKURADSE der Wert 4,07 gefunden worden. Man hat also die einfache Beziehung

$$\bar{u} = u_1 - 4{,}07\, v_*, \tag{28a}$$

die den Versuchen zufolge auch bei den kleineren REYNOLDSschen Zahlen recht gut stimmt, wo sich im Turbulenzmechanismus Zähigkeitseinflüsse bemerklich machen und daher die KÁRMÁNsche Beziehung nicht mehr ganz so gut zutrifft, wie bei den großen REYNOLDSschen Zahlen.

---

[1] Göttinger Nachr. 1930, S. 61.

Mit Hilfe von Gl. (28) läßt sich nun auch eine neue Aussage über die Widerstandszahl λ des Rohres gewinnen. λ ist definiert durch die Beziehung

$$\frac{p_1 - p_2}{l} = \frac{\lambda}{2r}\,\frac{\varrho\,\bar{u}^2}{2}.$$

Für die Wandschubspannung τ gilt

$$\tau = \frac{r}{2}\,\frac{p_1 - p_2}{l}.$$

Durch Einführung von v_* ergibt sich demnach

$$v_*^2 = \frac{1}{8}\,\lambda\,\bar{u}^2. \tag{29}$$

Läßt man nun zur Gewinnung einer Näherungsformel unsere Gl. (4) bis zur Rohrmitte gelten, so kann gemäß dem Früheren $u_1/v_* = \varphi_1$ geschrieben werden, und es ist dann unter Berücksichtigung von Gl. (28)

$$\frac{\bar{u}}{v_*} = \varphi_1 - \beta,$$

also gemäß Gl. (29):

$$\lambda = \frac{8}{(\varphi_1 - \beta)^2}. \tag{30}$$

Um nun zur Berechnung von φ_1 gemäß Gl. (7) zu gelangen, kann man η_1 wie folgt ausdrücken: Es ist

$$\eta_1 = \frac{v_*\,r}{\nu} = \frac{\bar{u}\,r}{\nu}\,\frac{v_*}{\bar{u}} = \frac{\Re}{2}\sqrt{\frac{\lambda}{8}},$$

wenn

$$\frac{\bar{u}\,d}{\nu} = 2\,\frac{\bar{u}\,r}{\nu} = \Re$$

gesetzt wird.

Die Zustände in Rohrmitte werden am besten durch die Gerade 3 in Abb. 2 ($A = 5{,}52$, $B = 6{,}68$) dargestellt. Hiermit ergibt sich

$$\varphi_1 - \beta = A\log(\Re\sqrt{\lambda}) - A\log(4\sqrt{2}) + B - \beta = 5{,}52\log(\Re\sqrt{\lambda}) - 1{,}544.$$

Daraus erhält man

$$\frac{1}{\sqrt{\lambda}} = \frac{\varphi_1 - \beta}{2\sqrt{2}} = 1{,}952\log(\Re\sqrt{\lambda}) - 0{,}545. \tag{31}$$

Diese Formel ist ganz analog gebaut wie die Formel für $1/\sqrt{\psi}$ bei v. KÁRMÁN; sie hängt mit dieser auch über die Gl. (28) zusammen. NIKURADSE fand beim Vergleich mit den unmittelbaren Versuchsergebnissen für die REYNOLDSschen Zahlen zwischen 10^5 und $3 \cdot 10^6$ die praktisch mit Gl. (31) übereinstimmende Formel

$$\frac{1}{\sqrt{\lambda}} \doteq 1{,}95\log(\Re\sqrt{\lambda}) - 0{,}55. \tag{31a}$$

Damit wird

$$\lambda = \frac{1}{(1{,}95\log(\Re\sqrt{\lambda}) - 0{,}55)^2}. \tag{32}$$

Der Logarithmus ist dabei der gewöhnliche BRIGGSsche Zehnerlogarithmus. Daß unter dem Logarithmus λ noch einmal vorkommt, ist praktisch für die Ausrechnung kein großes Hindernis; man muß nur erst einen passend geschätzten Wert von λ unter dem Logarithmus einführen und damit eine erste Näherung berechnen. Setzt man das zweite Mal diese unter dem Logarithmus ein, so wird das Ergebnis meist schon völlig genau genug.

Die Formel hat vor den bisherigen Formeln, die alle nur Interpolationsformeln waren und daher nur innerhalb des experimentell untersuchten Gebietes zuverlässig waren, den Vorzug, daß sie auf einer rationellen Grundlage aufbaut und daher unbedenklich auch Extrapolation auf 10- oder 100mal größere REYNOLDSsche Zahlen zuläßt, als von den Versuchen gedeckt sind. Wie die Formel zu den Versuchen stimmt, ist aus Abb. 5 zu erkennen. Es zeigt sich, daß sie oberhalb $\Re = 10^5$ sehr genau zutrifft. Unterhalb $\Re = 10^5$ ist sie weniger genau; hier ist die BLASIUSsche Formel vorzuziehen.

Durch leichte Änderung der Zahlwerte von Gl. (32) kann man übrigens eine Formel gewinnen, die den ganzen Bereich von Turbulenzbeginn bis zu den höchsten gemessenen REYNOLDSschen Zahlen mit geringen Abweichungen überdeckt. Nach NIKURADSE kann hierfür

$$\lambda = \frac{1}{(2\log(\Re\sqrt{\lambda}) - 0{,}8)^2} \tag{33}$$

gesetzt werden. Diese Formel empfiehlt sich durch die einfachen Zahlwerte und dürfte für die praktische Anwendung meist genügen.

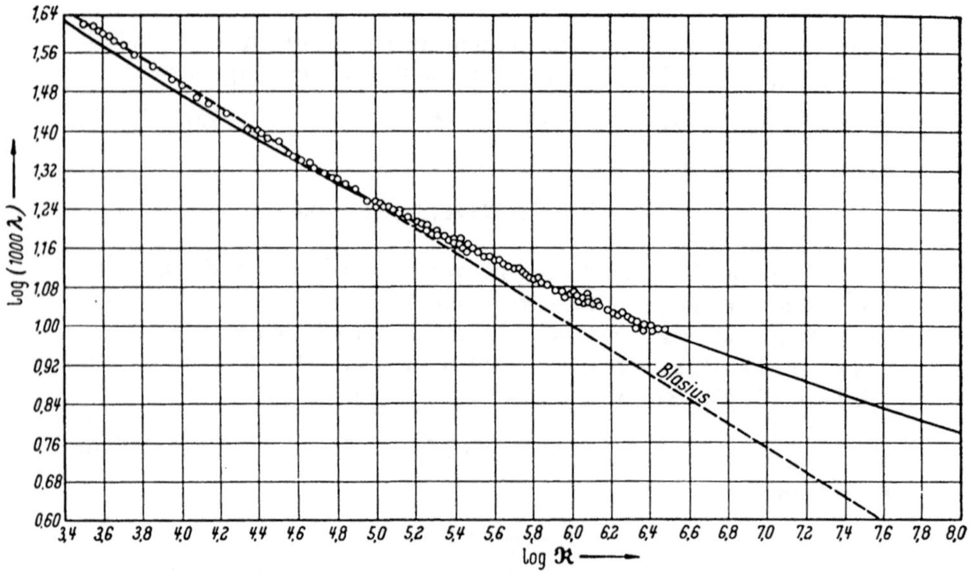

Abb. 5. Rohrwiderstandszahl, abhängig von der REYNOLDSschen Zahl $\Re = \frac{\bar{u}\,d}{\nu}$

Werft, Reederei, Hafen 15. Jg. (1934) S. 1—4

Das Widerstandsgesetz rauher Platten[1]

Einleitung

Nachdem durch die Arbeiten von Prof. v. KÁRMÁN[2] und des ersten Verfassers[3] der Reibungswiderstand glatter, ebener, längsangeströmter Platten bis zu beliebig hohen REYNOLDSschen Zahlen bekannt ist, bleibt jetzt noch die Aufgabe, eine ähnliche Theorie für den Reibungswiderstand rauher Platten aufzustellen. Ebenso wie bei der glatten Platte bilden auch für die rauhe Platte die Ergebnisse der Rohrströmungsversuche die experimentelle Grundlage der Theorie, und zwar Strömungsversuche von NIKURADSE mit künstlich rauh gemachten Rohren, über die in einem Forschungsheft des VDI ausführlich berichtet ist[4].

Über die Ergebnisse der Theorie des Reibungswiderstandes rauher Platten hat der erste Verfasser schon auf der Hamburger Konferenz über hydromechanische Probleme des Schiffsantriebs 1932 berichtet[5]. Während dort nur ganz kurz die Ergebnisse angegeben wurden, sollen hier etwas ausführlicher die betreffenden Rechnungen mitgeteilt werden.

§ 1. In Abb. 1 ist nach den Messungen von NIKURADSE für verschieden rauhe Rohre der Verlauf der Widerstandszahl λ als Funktion der REYNOLDSschen Zahl $\bar{u}\,d/\nu$ aufgetragen ($\bar{u}$ = mittlere Durchflußgeschwindigkeit, d = Rohrdurchmesser, dp/dx = Druckgefälle, ϱ = Dichte, $\lambda = \frac{dp}{dx}\,\frac{d}{\frac{\varrho}{2}\bar{u}^2}$). Solange die Strömung laminar ist, ist fast kein Rauhigkeitseinfluß vorhanden. Bei der kritischen REYNOLDSschen Zahl steigen alle Kurven gemeinsam an, um sich dann nacheinander, beginnend mit der größten Rauhigkeit, von der Kurve des glatten Rohres zu entfernen. Bei kleiner relativer Rauhigkeit ist die Wider-

[1] In Gemeinschaft mit H. SCHLICHTING, Kaiser-Wilhelm-Institut für Strömungsforschung, Göttingen.

[2] TH. V. KÁRMÁN, Mechanische Ähnlichkeit und Turbulenz. Verhandl. des III. Intern. Kongr. für techn. Mechanik in Stockholm Bd. I (1930) S. 85. — Theorie des Reibungswiderstandes. Hydromechanische Probleme des Schiffsantriebs, S. 50. Hamburg 1932.

[3] L. PRANDTL, Zur turbulenten Strömung in Rohren und längs Platten. Ergebnisse der Aerodynamischen Versuchsanstalt zu Göttingen, IV. Lief., S. 18, 1932.

[4] J. NIKURADSE, Strömungsgesetze in rauhen Rohren. VDI-Forschungsheft 361, 1933.

[5] L. PRANDTL, Erörterungsbeitrag zum „Reibungswiderstand". Hydromechanische Probleme des Schiffsantriebs, S. 87. Hamburg 1932. — Vgl. auch Werft Reed. Hafen (1932) S. 211.

standszahl des rauhen Rohres für einen beträchtlichen Bereich von REYNOLDSschen Zahlen die gleiche, wie die des glatten. Dann folgt ein Übergangsgebiet, wo die Widerstandszahl mit der REYNOLDSschen Zahl ansteigt. Schließlich wird sie konstant (quadratisches Widerstandsgesetz). Dies ist das Gebiet der voll ausgebildeten Rauhigkeitsströmung. Physikalisch lassen sich diese Verhältnisse etwa folgendermaßen charakterisieren:

Für den Einfluß der Wandrauhigkeit auf den Widerstand ist ausschlaggebend das Verhältnis der mittleren Rauhigkeitserhebung k zur Dicke der Laminarschicht δ_l, die mit wachsender REYNOLDSscher Zahl abnimmt. Ist $k < \delta_l$, liegen also alle Rauhigkeitserhebungen innerhalb

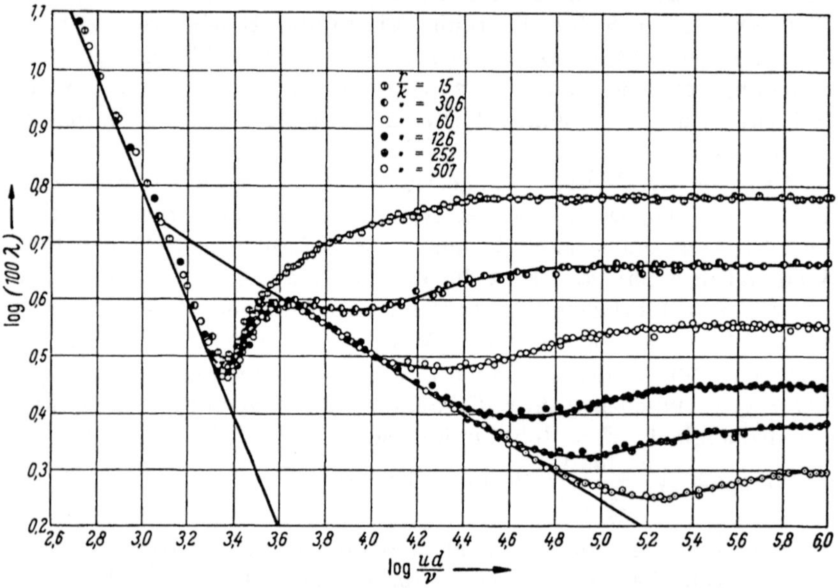

Abb. 1. Die Widerstandszahl λ des rauhen Rohres als Funktion der REYNOLDSschen Zahl $\bar{u}\, d/\nu$ für verschiedene relative Rauhigkeiten k/r

der dünnen laminaren Wandschicht, so ist die Rauhigkeit hydraulisch nicht merklich; der Widerstand ist der gleiche wie bei glatter Wand. Ist k von derselben Größenordnung wie δ_l, so ragen aus der Laminarschicht einzelne Erhebungen hervor, an denen eine Wirbelbildung stattfindet, die mit einem zusätzlichen Energieverlust verbunden ist. Infolge der Abnahme der Laminarschichtdicke mit wachsender REYNOLDSscher Zahl ragen jetzt immer mehr Rauhigkeitserhebungen aus der Laminarschicht hervor. Der damit wachsende Energieverlust erklärt das Ansteigen der Widerstandskurven in diesem Übergangsbereich. Ist schließlich die Laminarschichtdicke so klein geworden, daß alle Rauhigkeitserhebungen aus ihr hervorragen, so hat der durch die Wirbelbildung verursachte Energieverlust einen konstanten Wert erreicht. Die Widerstandszahl ist dann unabhängig von der REYNOLDSschen Zahl (voll ausgebildete Rauhigkeitsströmung).

Da bei der Plattenströmung die Reibungsschichtdicke und damit auch die Dicke der Laminarschicht längs der Platte anwächst, nimmt bei einer Platte konstanter Rauhigkeit die Größe k/δ_l von großen Werten am Anfang der Platte nach hinten ab. Man hat also vorn an der Platte ein Gebiet mit ausgebildeter Rauhigkeitsströmung, an das sich weiter hinten der Übergangsbereich anschließt, und an diesen wiederum, falls die Platte lang genug ist, der Bereich der hydraulisch glatten Strömung.

Bei der Darstellung der turbulenten Geschwindigkeitsverteilungen im glatten Rohr erwies sich die Einführung einer dimensionslosen Geschwindigkeit $\varphi = u/v_*$ und eines dimensionslosen Wandabstandes $\eta = y\,v_*/\nu$ als sehr zweckmäßig. Dabei bedeutet u die jeweilige Geschwindigkeit und y den jeweiligen Wandabstand, während $v_* = \sqrt{\tau/\varrho}$ eine aus der Wandschubspannung τ gebildete rechnerische Geschwindigkeit ist (Schubspannungsgeschwindigkeit). Mit diesen Dimensionslosen φ und η ergibt sich für glatte Rohre das universelle Geschwindigkeitsverteilungsgesetz:

$$\varphi = A_1 + B \log \eta, \tag{1}$$

also eine Gerade, wenn $\log \eta$ und φ als Koordinaten gewählt werden. Die Konstanten A_1 und B haben dabei die Werte $A_1 = 5{,}5$ und $B = 5{,}75$. Trägt man die Beziehung $\varphi = f(\log \eta)$ jetzt auch für rauhe Rohre auf, so ergibt sich für jede relative Rauhigkeit und REYNOLDSsche Zahl ebenfalls eine Gerade für die dimensionslose Geschwindigkeitsverteilung, und zwar sind alle Geraden zueinander parallel. Für rauhe Rohre kann man deshalb wegen

$$\eta = \frac{v_* k}{\nu} \frac{y}{k}$$

die universelle Geschwindigkeitsverteilung auch in der Form schreiben:

$$\varphi = A + 5{,}75 \log \frac{y}{k}, \tag{2}$$

wonach

$$A = \frac{u}{v_*} - 5{,}75 \log \frac{y}{k}. \tag{3a}$$

Die hierdurch definierte Größe A, die nach Gl. (3a) aus der Geschwindigkeitsverteilung erhalten wird, erweist sich als eine Funktion der mit der Rauhigkeitserhebung k und der Wandschubspannungsgeschwindigkeit v_* gebildeten REYNOLDSschen Zahl $v_*\,k/\nu$.[1] Wegen des Zusammen-

[1] Aus Dimensionsbetrachtungen über die Zustände an der glatten Wand kann geschlossen werden, daß die Dicke der Laminarschicht $\delta_l = \text{Zahl} \cdot \nu/v_*$ ist. $v_*\,k/\nu$ ist also bis auf einen Zahlenfaktor dasselbe wie k/δ_l.

hanges zwischen Widerstandsgesetz und Geschwindigkeitsverteilung läßt sich andererseits A auch aus dem Widerstandsgesetz berechnen. Wie in der Arbeit von NIKURADSE näher ausgeführt ist, findet man hierfür

$$A = \frac{2,83}{\sqrt{\lambda}} - 5,75 \log \frac{r}{k} + 3,75. \tag{3b}$$

In Abb. 2 ist A als Funktion von $\log \frac{v_* k}{\nu}$ aufgetragen. Die Werte von A für das hydraulisch glatte Rohr, für den Übergangsbereich und für

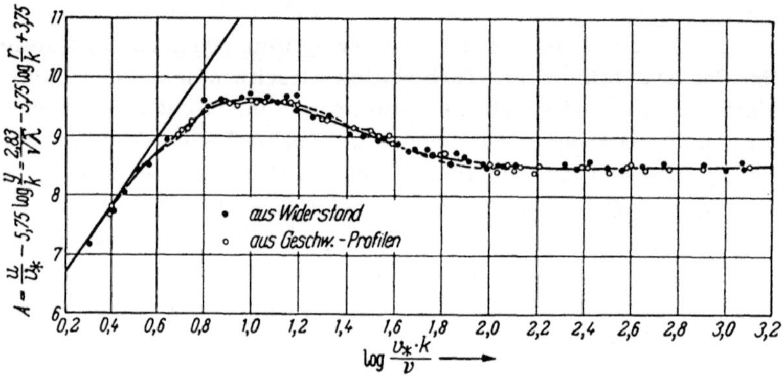

Abb. 2. $A = \frac{u}{v_*} - 5,75 \log \frac{y}{k} = \frac{2,83}{\sqrt{\lambda}} - 5,75 \log \frac{r}{k} + 3,75$ in Abhängigkeit von $\log \frac{v_* k}{\nu}$

die voll ausgebildete Rauhigkeit fallen in einen glatten Linienzug zusammen, den wir für die Zwecke unserer Rechnung durch einen Polygonzug annähern. Die vollausgezogene Gerade entspricht dem hydraulisch glatten Rohr, für das nach Gl. (1) und (2)

$$A = 5,5 + 5,75 \log \frac{v_* k}{\nu}. \tag{4a}$$

Den Übergangsbereich zerlegen wir in zwei Teile und finden

$$0,85 \leq \log \frac{v_* k}{\nu} \leq 1,15: \; A = 9,58 \text{ (Übergangsgebiet I)} \tag{4b}$$

$$1,15 \leq \log \frac{v^* k}{\nu} \leq 1,85: \; A = 11,50 - 1,62 \log \frac{v_* k}{\nu} \text{ (Übergangsgebiet II)} \tag{4c}$$

und für die voll ausgebildete Rauhigkeitsströmung

$$\log \frac{v_* k}{\nu} \geq 1,85: \; A = 8,48. \tag{4d}$$

Damit ist das turbulente Geschwindigkeitsverteilungsgesetz für rauhe Rohre zur Genüge bekannt, und die Widerstandsberechnung der rauhen

Platte verläuft jetzt in ganz ähnlicher Weise wie die frühere Rechnung für die glatte Platte.

Wir führen jetzt zunächst die Rechnung für die voll ausgebildete Rauhigkeitsströmung durch.

§ 2a. I. Ausgebildet rauh. Der Widerstand W einer Platte der Länge x und der Breite Eins ist gleich dem Integral der Wandschubspannung τ längs der Platte, also

$$W = \int_0^x \tau \, dx. \tag{5}$$

Nach dem Impulssatz ist andererseits das Integral der Wandschubspannung gleich dem Impulsverlust des Geschwindigkeitsprofils an der Stelle x:

$$W = \int_0^x \tau \, dx = \varrho \int_0^\delta u (U - u) \, dy = \varrho \, U^2 \int_0^\delta \frac{u}{U} \left(1 - \frac{u}{U}\right) dy, \tag{6}$$

wo U die ungestörte Geschwindigkeit außerhalb der Reibungsschicht ist. Nach Gl. (2) und (4d) lautet für die ausgebildete Rauhigkeitsströmung das universale Geschwindigkeitsverteilungsgesetz

$$\frac{u}{v_*} = \varphi = 8{,}48 + 5{,}75 \log \frac{y}{k} = 2{,}50 \ln 29{,}9 \frac{y}{k} = a \ln (1 + b \vartheta), \tag{2a}$$

wenn wir

$$\vartheta = \frac{y}{k}, \qquad a = 2{,}50, \qquad b = 29{,}9$$

setzen und zur Erleichterung der späteren Integrationen noch eine Eins hinzufügen, die praktisch belanglos ist. Führen wir für die Werte am Rand der Grenzschicht den Index 1 ein, also

$$\vartheta_1 = \frac{\delta}{k}, \qquad \varphi_1 = \frac{U}{v_*},$$

so geht Gl. (6) über in

$$W = \varrho \, U^2 k \int_0^{\vartheta_1} \left[\frac{\varphi}{\varphi_1} - \left(\frac{\varphi}{\varphi_1}\right)^2 \right] d\vartheta .$$

Mit der Abkürzung

$$F(\vartheta_1) = \int_0^{\vartheta_1} \left[\frac{\varphi}{\varphi_1} - \left(\frac{\varphi}{\varphi_1}\right)^2 \right] d\vartheta \tag{7}$$

ist also der Widerstand gegeben durch die Formel

$$W = \varrho \, k \, U^2 F(\vartheta_1) . \tag{8}$$

Durch Differentiation erhält man aus Gl. (5)

$$\frac{dW}{dx} = \tau = \varrho\, v_*^2 = \varrho\, \frac{U^2}{\varphi_1^2}\,.$$

Setzen wir für dW/dx den Wert nach Gl. (8) ein, so kommt:

$$\varrho\, \frac{U^2}{\varphi_1^2} = \varrho\, k\, U^2 \frac{dF}{d\vartheta_1}\, \frac{d\vartheta_1}{dx}\,,$$

und hieraus finden wir, wenn wir die weitere Abkürzung

$$G(\vartheta_2) = \int\limits_0^{\vartheta_2} \varphi_1^2\, \frac{dF}{d\vartheta_1}\, d\vartheta_1 \tag{9}$$

einführen, für die Plattenlänge x:

$$x = k\, G(\vartheta_2)\,. \tag{10}$$

Mit Gl. (8) und (10) haben wir das Widerstandsgesetz in Parameterdarstellung gefunden; der Widerstand W und die Plattenlänge x sind als Funktion des Parameters $\vartheta_{1,2} = \delta/k$ dargestellt.

Um weiterhin zu numerischen Resultaten zu gelangen, sind noch die Integrale (7) und (9) auszuwerten. Man findet mit Hilfe von Gl. (2a), wenn man die Abkürzung

$$1 + b\,\vartheta_{1,2} = z$$

einführt:

$$\left.\begin{aligned} F(z) &= \frac{1}{b}\left[\frac{z+1}{\ln z} - 2\,\frac{z-1}{(\ln z)^2}\right],\\ G(z) &= \frac{a^2}{b}\,[z \ln z - 4z + 4 - \ln z + 4\,Ei(\ln z) - 4 \ln \ln z]\,.^1 \end{aligned}\right\} \tag{11}$$

Mit Hilfe dieser beiden Gleichungen kann man die numerische Berechnung des örtlichen und des Gesamtwiderstandskoeffizienten als Funktion von x/k und Ux/ν durchführen (vgl. § 3).

§ 2b. Übergangsgebiet I. Für dieses Übergangsgebiet sind die Formeln genauso gebaut wie für die ausgebildete Rauhigkeitsströmung. Das universelle Geschwindigkeitsverteilungsgesetz in diesem Bereich ist nach Gl. (2) und (4b):

$$\varphi = 9{,}58 + 5{,}75 \log \frac{y}{k} = 2{,}50 \ln(1 + 46{,}3\,\vartheta) = a \ln(1 + b_1\,\vartheta) \tag{2b}$$

mit

$$b_1 = 46{,}3\,.$$

---

[1] Dabei bedeutet Ei den Integrallogarithmus, der definiert ist durch

$$Ei(x) = \int\limits_{\infty}^{-x} \frac{e^{-u}}{u}\, du$$

Setzt man für diesen Bereich

$$W = \varrho\, k\, U^2 F_1(\vartheta_1) \quad \text{und} \quad x = k\, G_1(\vartheta_1), \tag{12}$$

so ist der Anschluß an die obigen Formeln (11) sofort gegeben durch

$$F_1 = \frac{b}{b_1} F(z) = 0{,}646\, F(z); \qquad G_1 = \frac{b}{b_1} G(z) = 0{,}646\, G(z). \tag{13}$$

womit die ganzen Rechnungen für diesen Übergangsbereich auf die ausgebildete Rauhigkeitsströmung zurückgeführt sind.

§ 2c. Übergangsgebiet II. Für diesen Übergangsbereich gestaltet sich die Rechnung etwas verschieden von der vorigen wegen des anderen Geschwindigkeitsverteilungsgesetzes. Nach Gl. (2) und (4c) ist für diesen Bereich:

$$\varphi = 11{,}50 - 1{,}62 \log \frac{v_* k}{\nu} + 5{,}75 \log \frac{y}{k} = 2{,}50 (\ln \chi + 4{,}60) \tag{2c}$$

mit

$$\chi = \frac{y}{k} \left(\frac{v_* k}{\nu}\right)^{-0{,}282}. \tag{14}$$

Fügen wir wieder eine belanglose Eins hinzu, so ist

$$\varphi = a \ln(1 + b_2 \chi) \tag{15}$$

mit

$$b_2 = 98{,}8.$$

Wegen

$$\chi = \frac{y}{k} \varphi_1^{0{,}282} \left(\frac{U k}{\nu}\right)^{-0{,}282}$$

ist nach Gl. (6):

$$W = \varrho\, U^2 k \left(\frac{U k}{\nu}\right)^{0{,}282} F_2(\chi_1), \tag{16}$$

wobei gesetzt ist:

$$F_2(\chi_1) = \varphi_1^{-0{,}282} \left(\frac{1}{\varphi_1} \int_0^{\chi_1} \varphi\, d\chi - \frac{1}{\varphi_1^2} \int_0^{\chi_1} \varphi^2\, d\chi\right). \tag{17}$$

Ganz analog wie bei der ausgebildeten Rauhigkeitsströmung erhält man hier für die Plattenlänge x die Formel

$$x = k \left(\frac{U k}{\nu}\right)^{0{,}282} G_2(\chi_2), \tag{18}$$

wobei

$$G_2(\chi_2) = \int_0^{\chi_2} \varphi_1^2 \frac{d F_2}{d \chi_1} d\chi_1. \tag{19}$$

Die Ausrechnung der Integrale (17) und (19) ergibt, wenn man

$$1 + b_2 \chi_{1,2} = u$$

setzt,

$$\left.\begin{aligned} F_2(u) &= \frac{a^{-0,282}}{b_2} (\ln u)^{-0,282} \left(\frac{u+1}{\ln u} - 2\,\frac{u-1}{(\ln u)^2} \right), \\ G_2(u) &= \frac{a^{1,718}}{b_2} \int\limits_1^u \left(\ln u - 3{,}282 - \frac{1{,}282}{u} + \frac{4{,}564}{\ln u} - \frac{4{,}564}{u(\ln u)} \right) \times \\ &\qquad \times (\ln u)^{-0,282}\, du \end{aligned}\right\} \quad (20)$$

Die weitere Ausrechnung dieses letzten Integrals muß auf numerisch-graphischem Weg erfolgen.

§ 3. Damit haben wir jetzt alle nötigen Formeln gewonnen, um die Kurven für den örtlichen Widerstandskoeffizienten c_f' und den Gesamtwiderstandskoeffizienten c_f als Funktion der Reynoldsschen Zahl $U\,x/\nu$ und der dimensionslosen Rauhigkeit x/k zu zeichnen. Wenn die Platte so lang ist, daß sie sich über mehrere der in § 1 angegebenen Bereiche erstreckt, so hat man die für die einzelnen Bereiche gefundenen Formeln geeignet aneinander anzuschließen. An der Vorderkante der rauhen Platte ist wegen der großen Schubspannung τ die Dimensionslose $v_* \, k/\nu$ sehr groß, und sie nimmt dann längs der Platte beständig ab. Der vordere Teil der Platte befindet sich immer im Bereich der voll ausgebildeten Rauhigkeitsströmung, daran schließen sich der Übergangsbereich II und der Übergangsbereich I an, und die sehr weit von der Vorderkante entfernten Teile der Platte wirken schließlich hydraulisch glatt. Im einzelnen hat man nach den Angaben in § 1:

$$\left.\begin{array}{lll} \infty > \dfrac{v_* k}{\nu} \geqq 70{,}8: & \text{ausgebildet rauh} \\ 70{,}8 \geqq \dfrac{v_* k}{\nu} \geqq 14{,}1: & \text{Übergangsgebiet II,} \\ 14{,}1 \geqq \dfrac{v_* k}{\nu} \geqq 7{,}08: & \text{Übergangsgebiet I,} \\ 7{,}08 \geqq \dfrac{v_* k}{\nu} \geqq 0: & \text{hydraulisch glatt.} \end{array}\right\} \quad (21)$$

Wir nehmen jetzt eine Platte mit gleichmäßiger Rauhigkeit an, die so lang ist, daß das Plattenende im Übergangsgebiet I liegt. Wir haben dann bei konstantem

$$\frac{U\,k}{\nu} = C$$

über sämtliche Bereiche zu integrieren.

Zunächst berechnen wir denjenigen Parameterwert $z_I = 1 + b\,\vartheta_I$, wo das Ende des Bereiches der ausgebildeten Rauhigkeit erreicht ist. Mit

$$\frac{v_* k}{\nu} = 70{,}8$$

folgt

$$\frac{U k}{\nu} = \frac{v_* k}{\nu}\,\frac{U}{v_*} = 70{,}8\,\varphi_1 = C,$$

$$\varphi_1 = 2{,}5 \ln z_I = \frac{C}{70{,}8},$$

$$z_I = e^{C/177}.$$

Der Teilwiderstand, der auf das Gebiet der ausgebildeten Rauhigkeitsströmung entfällt, beträgt also

$$W_{\text{voll rauh}} = \varrho\, U^2 k\, F(z_I)$$

und die zugehörige Plattenlänge:

$$x_{\text{voll rauh}} = k\, G(z_I),$$

wo F und G die in Gl. (11) und der nachstehenden Zahlentafel angegebenen Funktionen sind.

Der im Übergangsbereich II benutzte Parameter χ_1 hängt mit ϑ_1 zusammen durch die Gleichung:

$$\chi_1 = \vartheta_1 \left(\frac{v_* k}{\nu}\right)^{-0{,}282}$$

Am Anfang des Übergangsbereiches II, wo $v^* k/\nu = 70{,}8$, ist also

$$\chi_I = 0{,}302\,\vartheta_I$$

und

$$1 + b_2\,\chi_I = u_I = 1 + 0{,}302\,\frac{b_2}{b}\,(e^{C/177} - 1),$$

und wenn man die beiden belanglosen Einsen fortläßt.

$$u_I = 0{,}302\,\frac{b_2}{b}\,e^{C/177} = e^{C/177} = z_I\,,$$

da $b/b_2 = 29{,}9/98{,}8 = 0{,}302$ nach § 2a und 2c.

Der Wert des Parameters $u_{II} = 1 + b_2\,\chi_{II}$ am Ende des Übergangsbereiches II ergibt sich aus $v_* k/\nu = 14{,}1$ durch die gleiche Rechnung wie oben zu

$$u_{II} = e^{C/35{,}3}.$$

Zahlentafel

z u	$c_f' \times 10^3$	$F(z)$	$G(z)$	$F_2(u)$	$G_2(u)$	$2\frac{F(z)}{G(z)} \times 10^3$	$2\frac{F_2(u)}{G_2(u)} \times 10^3$
10^2	15,1	0,4213	$3{,}643 \cdot 10^1$	0,0631	5,195	23,1	24,3
$2 \cdot 10^2$	11,4	0,7946	$9{,}445 \cdot 10^1$	0,1144	$1{,}318 \cdot 10^1$	16,8	17,4
$3 \cdot 10^2$	9,84	1,150	$1{,}615 \cdot 10^2$	0,1621	$2{,}227 \cdot 10^1$	14,3	14,6
$5 \cdot 10^2$	8,28	1,832	$3{,}140 \cdot 10^2$	0,2520	$4{,}228 \cdot 10^1$	11,7	11,9
$7 \cdot 10^2$	7,46	2,490	$4{,}832 \cdot 10^2$	0,3379	$6{,}417 \cdot 10^1$	10,3	10,5
10^3	6,71	3,453	$7{,}519 \cdot 10^2$	0,4609	$9{,}909 \cdot 10^1$	9,18	9,30
$2 \cdot 10^3$	5,54	6,490	$1{,}766 \cdot 10^3$	0,8432	$2{,}261 \cdot 10^2$	7,35	7,46
$3 \cdot 10^3$	4,99	9,407	$2{,}878 \cdot 10^3$	1,205	$3{,}637 \cdot 10^2$	6,54	6,63
$5 \cdot 10^3$	4,41	$1{,}503 \cdot 10^1$	$5{,}270 \cdot 10^3$	1,891	$6{,}571 \cdot 10^2$	5,70	5,76
$7 \cdot 10^3$	4,08	$2{,}048 \cdot 10^1$	$7{,}841 \cdot 10^3$	2,548	$9{,}678 \cdot 10^2$	5,22	5,27
10^4	3,77	$2{,}843 \cdot 10^1$	$1{,}195 \cdot 10^4$	3,500	$1{,}454 \cdot 10^3$	4,76	4,82
$2 \cdot 10^4$	3,26	$5{,}390 \cdot 10^1$	$2{,}660 \cdot 10^4$	6,501	$3{,}177 \cdot 10^3$	4,05	4,09
$3 \cdot 10^4$	3,01	$7{,}845 \cdot 10^1$	$4{,}232 \cdot 10^4$	9,354	$5{,}002 \cdot 10^3$	3,71	3,74
$5 \cdot 10^4$	2,73	$1{,}260 \cdot 10^2$	$7{,}564 \cdot 10^4$	$1{,}482 \cdot 10^1$	$8{,}826 \cdot 10^3$	3,33	3,36
$7 \cdot 10^4$	2,57	$1{,}722 \cdot 10^2$	$1{,}106 \cdot 10^5$	$2{,}008 \cdot 10^1$	$1{,}281 \cdot 10^4$	3,11	3,14
10^5	2,41	$2{,}400 \cdot 10^2$	$1{,}654 \cdot 10^5$	$2{,}774 \cdot 10^1$	$1{,}896 \cdot 10^4$	2,90	2,93
$2 \cdot 10^5$	2,15	$4{,}581 \cdot 10^2$	$3{,}581 \cdot 10^5$	$5{,}208 \cdot 10^1$	$4{,}048 \cdot 10^4$	2,56	2,57
$3 \cdot 10^5$	2,01	$6{,}693 \cdot 10^2$	$5{,}611 \cdot 10^5$	$7{,}538 \cdot 10^1$	$6{,}295 \cdot 10^4$	2,39	2,40
$5 \cdot 10^5$	1,86	$1{,}080 \cdot 10^3$	$9{,}888 \cdot 10^5$	$1{,}202 \cdot 10^2$	$1{,}095 \cdot 10^5$	2,18	2,20
$7 \cdot 10^5$	1,77	$1{,}481 \cdot 10^3$	$1{,}433 \cdot 10^6$	$1{,}637 \cdot 10^2$	$1{,}575 \cdot 10^5$	2,07	2,08
10^6	1,68	$2{,}070 \cdot 10^3$	$2{,}124 \cdot 10^6$	$2{,}273 \cdot 10^2$	$2{,}313 \cdot 10^5$	1,95	1,97
$2 \cdot 10^6$	1,52	$3{,}975 \cdot 10^3$	$4{,}514 \cdot 10^6$	$4{,}304 \cdot 10^2$	$4{,}870 \cdot 10^5$	1,76	1,77
$3 \cdot 10^6$	1,44	$5{,}824 \cdot 10^3$	$7{,}022 \cdot 10^6$	$6{,}257 \cdot 10^2$	$7{,}518 \cdot 10^5$	1,66	1,67
$5 \cdot 10^6$	1,34	$9{,}434 \cdot 10^3$	$1{,}224 \cdot 10^7$	$1{,}004 \cdot 10^3$	$1{,}297 \cdot 10^6$	1,54	1,55
$7 \cdot 10^6$	1,29	$1{,}297 \cdot 10^4$	$1{,}760 \cdot 10^7$	$1{,}372 \cdot 10^3$	$1{,}856 \cdot 10^5$	1,47	1,48
10^7	1,23	$1{,}817 \cdot 10^4$	$2{,}588 \cdot 10^7$	$1{,}909 \cdot 10^3$	$2{,}713 \cdot 10^6$	1,40	1,41
$2 \cdot 10^7$	1,13	$3{,}505 \cdot 10^4$	$5{,}463 \cdot 10^7$	$3{,}642 \cdot 10^3$	$5{,}654 \cdot 10^6$	1,28	1,29
$3 \cdot 10^7$	1,08	$5{,}150 \cdot 10^4$	$8{,}444 \cdot 10^7$	$5{,}312 \cdot 10^3$	$8{,}685 \cdot 10^6$	1,22	1,22
$5 \cdot 10^7$	1,02	$8{,}367 \cdot 10^4$	$1{,}460 \cdot 10^8$	$8{,}561 \cdot 10^3$	$1{,}489 \cdot 10^7$	1,15	1,15
$7 \cdot 10^7$	0,98	$1{,}152 \cdot 10^5$	$2{,}093 \cdot 10^8$	$1{,}173 \cdot 10^4$	$2{,}124 \cdot 10^7$	1,10	1,10
10^8	0,94	$1{,}618 \cdot 10^5$	$3{,}062 \cdot 10^8$	$1{,}638 \cdot 10^4$	$3{,}093 \cdot 10^7$	1,06	1,06

Damit ist der Teilwiderstand für den Übergangsbereich II:

$$W_{\ddot{U}\,\mathrm{II}} = \varrho\, U^2\, k\, C^{0{,}282} [F_2(u_{\mathrm{II}}) - F_2(u_{\mathrm{I}})]$$

und die zugehörige Plattenlänge:

$$x_{\ddot{U}\,\mathrm{II}} - x_{\mathrm{voll\;rauh}} = k\, C^{0{,}282} [G_2(u_{\mathrm{II}}) - G_2(u_{\mathrm{I}})],$$

wobei F_2 und G_2 durch Gl. (20) und die Zahlentafel gegeben sind.

Ebenso ergeben sich schließlich die Grenzen des Übergangsbereiches I. Für den Parameterwert z_{II} am Anfang dieses Bereiches folgt aus

$$\frac{v_* k}{\nu} = 14{,}1: \qquad z_{\mathrm{II}} = e^{C/35{,}3} = u_{\mathrm{II}},$$

und am Ende, wo $\frac{v_* k}{\nu} = 7{,}08$: $z_{III} = e^{C/17{,}7}$.

Der Teilwiderstand für den Übergangsbereich I beträgt:

$$W_{\ddot{U}\,I} = \varrho\, U^2 k\, [F_1(z_{III}) - F_1(z_{II})]$$

und die zugehörige Plattenlänge:

$$x_{\ddot{U}\,I} - x_{\ddot{U}\,II} = k\,[G_1(z_{III}) - G_1(z_{II})],$$

wobei die Funktionen F_1 und G_1 durch Gl. (13), (11) und die Zahlentafel gegeben sind. Damit hat man jetzt durch Summation der Teilwiderstände für den gesamten Widerstand einer rauhen Platte, deren Hinterkante im Übergangsbereich I liegt:

$$W = \varrho\, k\, U^2 \{F(z_I) + C^{0{,}282}[F_2(u_{II}) - F_2(u_I)] + F_1(z) - F_1(z_{II})\}$$

und für die zugehörige Plattenlänge:

$$x = k\{G(z_I) + C^{0{,}282}[G_2(u_{II}) - G_2(u_I)] + G_1(z) - G_1(z_{II})\}.$$

Diese Gleichungen vereinfachen sich noch erheblich. Durch eine Rechnung, die hier nicht wiedergegeben werden soll, kann man nämlich zeigen, daß sich alle Glieder fortheben, die durch das Zusammenfügen der einzelnen Bereiche hereinkommen. Diese Rechnung ergibt:

$$F(z_I) = C^{0{,}282} F_2(u_I),$$
$$C^{0{,}282} F_2(u_{II}) = F_1(z_{II}),$$
$$G(z_I) = C^{0{,}282} G_2(u_I),$$
$$C^{0{,}282} G_2(u_{II}) = G_1(z_{II}).$$

Unter Berücksichtigung dieser Gleichungen ergibt sich jetzt für den Widerstand und die Plattenlänge, wenn die Hinterkante der Platte im Übergangsbereich I liegt:

$$\left.\begin{aligned} W &= \varrho\, k\, U^2 F_1(z), \\ \frac{U x}{\nu} &= \frac{U k}{\nu} G_1(z). \end{aligned}\right\} \qquad (22\,\mathrm{a})$$

Liegt das Plattenende im Übergangsbereich II oder im Bereich der voll ausgebildeten Rauhigkeitsströmung, so lauten die entsprechenden Formeln:

$$\left.\begin{aligned} & W = \varrho\, k\, U^2 F_2(u); \quad \frac{U x}{\nu} = \frac{U k}{\nu} G_2(u) \\ \text{bzw.}\quad & W = \varrho\, k\, U^2 F(z); \quad \frac{U x}{\nu} = \frac{U k}{\nu} G(z). \end{aligned}\right\} \qquad (22\,\mathrm{b,\,c})$$

Hiermit sind jetzt die endgültigen Formeln gefunden, aus denen hervorgeht, daß der Widerstand nur von der dimensionslosen Plattenlänge $U x/\nu$ und der dimensionslosen Rauhigkeit $U k/\nu$ abhängt.

Für den örtlichen Widerstandskoeffizienten

$$c_f' = \frac{\tau}{\frac{\varrho}{2} U^2}$$

ergibt sich wegen $\tau/\varrho = v_*^2$ und $U/v_* = \varphi_1$ die für alle Bereiche gültige Formel

$$c_f' = \frac{2}{\varphi_1^2}, \tag{23}$$

während die Formel für die Gesamtwiderstandszahl

$$c_f = \frac{W}{\frac{\varrho}{2} U^2 x}$$

nach Gl. (22a, b, c) lautet:

$$c_f = 2\frac{F_1(z)}{G_1(z)} \quad \text{bzw.} \quad = 2\frac{F_2(u)}{G_2(u)} \quad \text{bzw.} \quad = 2\frac{F(z)}{G(z)}, \tag{24}$$

je nachdem ob das Plattenende im Übergangsbereich I, im Übergangsbereich II oder im voll ausgebildeten Rauhigkeitsbereich liegt. Die Funktionen c_f', $F(z)$, $G(z)$, $F_2(u)$, $G_2(u)$, $2\frac{F(z)}{G(z)}$ und $2\frac{F_2(u)}{G_2(u)}$ sind in der vorstehenden Zahlentafel angegeben. Die Angabe von $G_1(z)$ und $\frac{F_1(z)}{G_1(z)}$ erübrigt sich, da $G_1(z) = 0{,}646\,G(z)$ und $\frac{F_1(z)}{G_1(z)} = \frac{F(z)}{G(z)}$ nach Gl. (13).

An Hand dieser Zahlentafel kann man dann ohne weiteres bei vorgegebenen Werten von $U k/\nu$ die Kurven c_f' und c_f als Funktion der Reynoldsschen Zahl $U x/\nu$ zeichnen. Diese Diagramme sind in Abb. 3 und 4 wiedergegeben. Dabei sind auch noch die Kurvenscharen $x/k =$ konst. eingezeichnet. Eine Kurve $x/k =$ konst. gibt das Verhalten der Reibungsziffern ein und derselben Stelle der Platte bei verschiedenen Geschwindigkeiten, während eine Kurve $U k/\nu =$ konst. das Verhalten der verschiedenen Stellen einer Platte bei ein und derselben Geschwindigkeit darstellt.

Bei unseren Rechnungen ist immer angenommen, daß die Reibungsschicht vom Anfang der Platte an turbulent strömt. Durch die Berücksichtigung einer laminaren Anlaufstrecke würden sich die Verhältnisse noch weiter komplizieren.

Das hiermit gewonnene Widerstandsgesetz rauher Platten hat zunächst nur Gültigkeit für eine ganz bestimmte Art von Rauhigkeit, nämlich für eine ebene Fläche, die sehr dicht mit Sandkörnern beklebt ist, wie es bei den zugrunde gelegten Nikuradseschen Rohrversuchen der Fall war. Hierbei war die Rauhigkeitsdichte folgende: Bei der Korngröße $k = 0{,}01$ cm befanden sich rund 4600 Körner pro cm², bei $k = 0{,}02$ cm 1130 Körner, bei $k = 0{,}04$ cm 400 Körner und bei $k = 0{,}08$ cm 150 Körner pro cm². Für andere Arten von Rauhigkeiten,

z. B. für andere Formen der Rauhigkeitserhebungen und für andere Rauhigkeitsdichten wird natürlich das Widerstandsgesetz rauher Platten ein anderes sein.

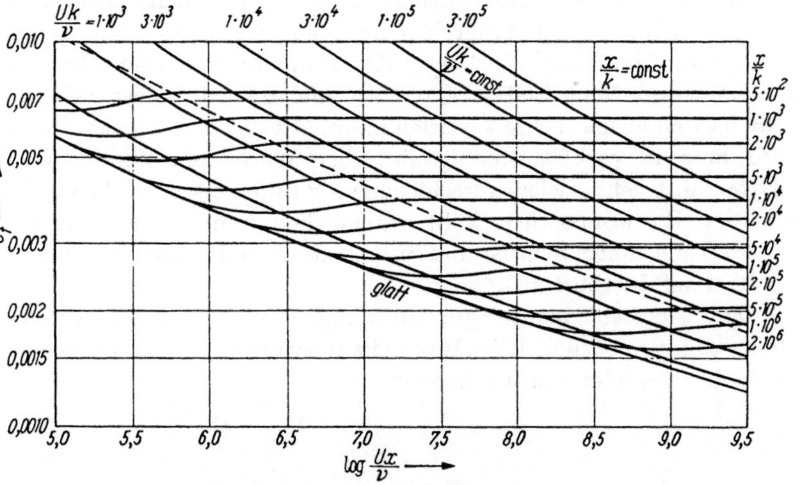

Abb. 3. Die örtliche Widerstandszahl c_f' der rauhen Platte als Funktion der REYNOLDSschen Zahl Ux/ν für verschiedene Rauhigkeiten Uk/ν

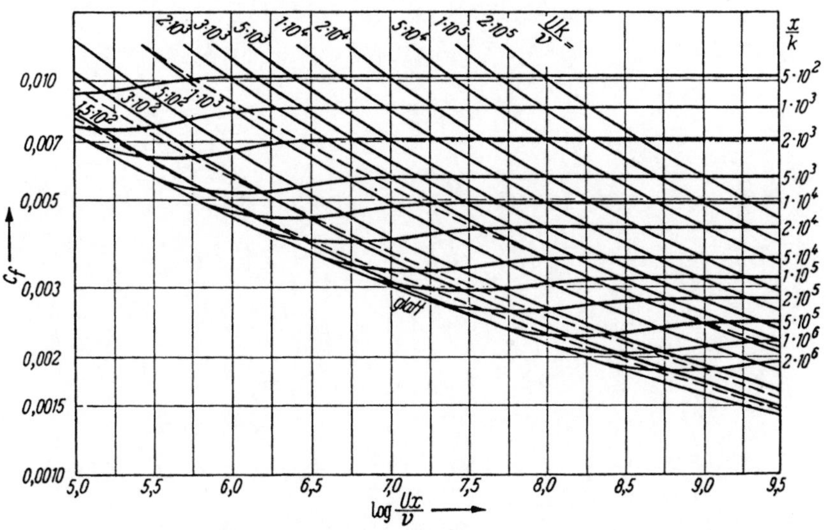

Abb. 4. Die Gesamtwiderstandszahl c_f der rauhen Platte als Funktion der REYNOLDSschen Zahl Ux/ν für verschiedene Rauhigkeiten Uk/ν

Bei der weiteren Verfolgung des Rauhigkeitsproblems wird man voraussichtlich nicht mehr mit einem einzigen Rauhigkeitsparameter (relative Rauhigkeit) wie bisher auskommen. Um alle in der Praxis vorkommenden Rauhigkeiten für die Theorie zu erfassen, wird man noch einen zweiten Rauhigkeitsparameter, etwa die Rauhigkeitsdichte, hinzunehmen müssen. Im Göttinger Kaiser-Wilhelm-Institut für Strömungsforschung sind umfangreiche weitere Rauhigkeitsversuche geplant. Zu diesem Zweck wird ein langer Kanal mit rechteckigem Querschnitt gebaut, dessen eine Seitenwand glatt und dessen andere Seitenwand rauh ist und ausgewechselt werden kann. Mit dieser Versuchsanordnung wird man in verhältnismäßig einfacher Weise den Widerstand von Platten mit sehr vielen verschiedenen Rauhigkeiten in Abhängigkeit von der REYNOLDSschen Zahl untersuchen können, u. a. wird man direkt Teile einer Schiffswand in diesen Kanal einbauen und deren Widerstand bestimmen können.

Damit besteht berechtigte Hoffnung, daß die von der Praxis gestellten Fragen bezüglich des Rauhigkeitsproblems bald in weitgehendem Maße beantwortet werden können.

Zeitschrift für angewandte Mathematik und Mechanik Bd. 18 (1938) S. 77—82

Zur Berechnung der Grenzschichten

1. Die Aufgabe. In Flüssigkeitsströmungen mit kleiner Zähigkeit (großer REYNOLDSscher Zahl) ist das Feld der Zähigkeitskräfte häufig auf eine schmale Zone in der Nähe der Körperoberfläche beschränkt. In diesem Fall kann man zur Erleichterung der Rechnung folgende Annahmen machen:

1. In dem Reibungsbereich, den man Grenzschicht nennt, werden jeweils nur die stärksten Glieder der Zähigkeitskraft $\mu \Delta \mathfrak{w}$ berücksichtigt (es wird also z. B. bei der x-Komponente dieser Kraft, $\mu \Delta u$, wenn die Hauptströmungsrichtung parallel zur Wand als x-Richtung und die Richtung senkrecht zur Wand als y-Richtung gewählt wird, $\mu \frac{\partial^2 u}{\partial x^2}$ und $\mu \frac{\partial^2 u}{\partial z^2}$ gegen $\mu \frac{\partial^2 u}{\partial y^2}$ vernachlässigt).

2. Außerhalb der Grenzschicht wird die Strömung als reibungslos behandelt und es wird wegen der geringen Ausdehnung der Grenzschicht senkrecht zur Wand der Druck in dieser Schicht gleich demjenigen gesetzt, den die zugehörige reibungsfreie Strömung an der Wand liefern würde[1]. Der geringe Gang des Druckes mit dem Wandabstand innerhalb der Grenzschicht wird dabei vernachlässigt, der Druck also als gegebene Funktion der Grundrißkoordinaten (x und z) betrachtet.

Für eine durchschnittliche Geschwindigkeit u_0 der äußeren Strömung und eine beströmte Länge l ergibt die Rechnung für die „Grenzschichtdicke" δ die Größenordnung

$$l\sqrt{\frac{\nu}{u_0 l}} = \frac{l}{\sqrt{Re}} \qquad \left(\nu = \frac{\mu}{\varrho} = \text{kinematische Zähigkeit}\right).$$

Für den zweidimensionalen Fall erhält man mit x = Bogenlänge in der Strömungsrichtung längs der Wand gemessen und y = senkrechtem Abstand an der Wand die Gleichungen:

$$\frac{\partial u}{\partial t} + u\frac{\partial u}{\partial x} + v\frac{\partial u}{\partial y} + \frac{1}{\varrho}\frac{dp}{dx} = \nu\frac{\partial^2 u}{\partial y^2}, \tag{1}$$

$$\frac{\partial u}{\partial x} + \frac{\partial v}{\partial y} = 0. \tag{2}$$

Am meisten interessiert der stationäre Fall ($\partial u/\partial t = 0$). Die Literatur

[1] Genauer müßte man die reibungsfreie Strömung an einem um die „Verdrängungsdicke"

$$\delta^* = \frac{1}{u_1}\int_0^\delta (u_1 - u)\, dy$$

verdickten Körper nehmen.

über diesen ist schon recht reichhaltig[1], und doch ist eine wichtige Aufgabe bisher noch nicht befriedigend gelöst, nämlich die *Weiterentwicklung eines vorgegebenen Geschwindigkeitsprofils bei vorgegebenem Druckverlauf*. Von dieser Aufgabe soll im folgenden allein die Rede sein. In mathematischer Sprache lautet sie wie folgt: „Gegeben sei das Geschwindigkeitsprofil $u(x_0, y)$ für den ‚Anfangsquerschnitt' $x = x_0$, und außerdem $\frac{1}{\varrho}\frac{dp}{dx} = \nu f(x)$ für $x \geqq x_0$; gesucht $u(x, y)$ für $x > x_0$."

2. Eigenschaften der stationären Grenzschichtströmung. Die bekannten Lösungen tragen zu dieser Aufgabe nichts bei, denn sie enthalten nur Potenzentwicklungen nach x von einem Anfangsquerschnitt aus, in dem $u = 0$ oder $u =$ konst. ist (Staupunktströmung und Anströmung einer Schneide mit Schneidenwinkel Null). Andererseits kann man sich darauf berufen, daß — von dem Fall der Strömungsablösung abgesehen — die Existenz der Lösung „physikalisch evident" ist: ein durch irgendeine Vorgeschichte entstandenes Grenzschichtprofil muß sich, solange keine Ablösung auftritt, irgendwie weiterentwickeln! Die Mathematik gibt zu dieser Frage die folgende Antwort, die ich bei der ersten Veröffentlichung auf dem Mathematikerkongreß zu Heidelberg 1904 schon besessen habe[2]: Unter Benützung von Gl. (2) läßt sich in Gl. (1) für $u\frac{\partial u}{\partial x} + v\frac{\partial u}{\partial y}$ schreiben:

$$v\frac{\partial u}{\partial y} - u\frac{\partial v}{\partial y} = -u^2\frac{\partial}{\partial y}\left(\frac{v}{u}\right);$$

es wird also

$$\frac{v}{u} = \nu\int_{y_0}^{y}\frac{1}{u^2}\left(f(x) - \frac{\partial^2 u}{\partial y^2}\right)dy + \varphi(x). \tag{3}$$

v/u ist die Neigung der Stromlinie gegen die x-Achse. Ist die x-Achse selbst die Wand, so muß für $y = y_0 = 0$ $v/u = 0$ sein, d. h. $\varphi(x) = 0$.

---

[1] Zusammenfassende Darstellungen findet man in dem TOLLMIENschen Bericht im Handbuch der Experimentalphysik, Bd. IV, 1, S. 241; ferner bei L. HOWARTH, Techn. Report of the Aeron. Research-Comm. for 1934, Bd. I, (1936) S. 320; eine lehrhafte Einführung in dem Beitrag des Verfassers in DURAND, Aerodynamic Theory, Bd. III, S. 80—119.

[2] In dem Vortragstext (Verhandl. des III. Intern. Math. Kongr., Leipzig 1905), vgl. auch den Neudruck in PRANDTL-BETZ: Vier Abhandlungen zur Hydrodynamik und Aerodynamik, Göttingen 1927, heißt es auf S. 487 bzw. S. 4 nach Anführung der obigen Gl. (1) und (2): „Ist, wie gewöhnlich dp/dx durchaus gegeben, ferner für den Anfangsquerschnitt der Verlauf von u, so läßt sich jede derartige Aufgabe numerisch bewältigen, indem man durch Quadraturen aus jedem u das zugehörige du/dx gewinnen kann; damit kann man mit Hilfe eines der bekannten Näherungsverfahren immer wieder einen Schritt in der X-Richtung weiterkommen. Eine Schwierigkeit besteht dabei allerdings in verschiedenen am festen Rande auftretenden Singularitäten."

Man erkennt im übrigen als Nebenprodukt dieser Betrachtung, daß in Gl. (3) auch der Fall einer (leicht) welligen Wand mit enthalten ist, die von der x-Achse verschieden ist. Es ist dann

$$\frac{d y_0}{d x} = \left(\frac{v}{u}\right)_{y = y_0} = \varphi(x),$$

was zu

$$y_0(x) = \int_{x_0}^{x} \varphi(x)\, d x$$

als Gleichung für die Wand führt. Das hier erhaltene Nebenresultat läßt sich auch so aussprechen, daß, wenn $u(x, y)$ eine Lösung des Systems (1), (2) ist, dann auch $u(x, y - y_0(x))$ eine Lösung ist. Dies läßt sich natürlich auch unmittelbar aus dem System (1), (2) beweisen.

Die Bedeutung der Beziehung (3) für unser Problem liegt jedoch darin, daß man aus ihr $\partial v/\partial y$ und damit mittels (2) $\partial u/\partial x$ gewinnen kann. Für $\varphi(x) = 0$ ergibt sich

$$\frac{\partial u}{\partial x} = \nu \frac{\partial}{\partial y}\left[u \int \frac{1}{u^2}\left(-f(x) + \frac{\partial^2 u}{\partial y^2}\right) d y\right]. \tag{4}$$

Die rechte Seite dieser Gleichung enthält nur Differentiation und Integration nach y, kann also für ein Anfangsprofil $u = u(x_0, y)$ fertig ausgerechnet werden. Sie liefert für dieses Anfangsprofil $\partial u/\partial x$ und daher die Möglichkeit, nach x fortzuschreiten, falls $\partial u/\partial x$ beschränkt ist. Man erhält ein neues u für $x_0 + \Delta x$:

$$u(x_0 + \Delta x, y) = u(x_0, y) + \frac{\partial u}{\partial x}(x_0, y)\Delta x.$$

Das Verfahren läßt sich für dieses neue Profil wieder anwenden und liefert ein $u(x_0 + 2\Delta x, y)$ usw. Damit ist die Existenz der Lösung für alle Bereiche nachgewiesen, in denen u positiv bleibt. Man erkennt aber leicht, daß die Methode versagt, wenn irgendwo u durch Null geht, der Integrand dort quadratisch unendlich wird. Nun ist aber längs der Wand, also für $\varphi(x) = 0$ längs der x-Achse, $u = 0$ wegen des Haftens der Flüssigkeit an der Wand. Die Lage wird hier dadurch erleichtert, daß gleichzeitig v quadratisch Null wird[1]. Ein Blick auf Gl. (3) zeigt nun, daß die Funktion v/u nur dann regulär ist, wenn der Integrand überall endlich ist. Das verlangt aber, daß an der Wand der Ausdruck

[1] Mit u ist auch $\frac{\partial u}{\partial x} = 0$ für $y = 0$; aber $v = -\int_0^y \frac{\partial u}{\partial x} d y$ wegen Gl. (2).

$f(x) - \frac{\partial^2 u}{\partial y^2}$ quadratisch verschwindet, d. h. daß

$$\left(\frac{\partial^2 u}{\partial y^2}\right)_{x = x_0} = f(x) \quad \text{und} \quad \left(\frac{\partial^3 u}{\partial y^3}\right)_{x = x_0} = 0$$

wird. Die Auswertung des Limes gibt dann

$$-\frac{1}{2}\left(\frac{\partial^4 u/\partial y^4}{(\partial u/\partial y)^2}\right)_{x = x_0}.$$

Damit wird aus Gl. (4) der Grenzwert von $\frac{1}{y}\left(\frac{\partial u}{\partial x}\right)$ für $x = x_0$, $y = 0$ zu $+\,\nu\left(\frac{\partial^4 u/\partial y^4}{\partial u/\partial y}\right)_{x = x_0}$ erhalten. Das heißt aber, daß

1. der zweite und dritte Differentialquotient des Ausgangsprofils bei $y = 0$ gar nicht beliebig sein dürfen, sondern $= f(x_0)$ und Null sein müssen,

2. für die Weiterentwicklung des Profils der vierte Differentialquotient bei $y = 0$ entscheidend ist.

Wenn man nun an einen zweiten Schritt denkt, so enthält dessen Ausgangsprofil $u(x_0, y) + \left(\frac{\partial u}{\partial x}\right)_{x = x_0} \cdot \Delta x$ bereits $\frac{\partial^4 u}{\partial y^4}$. Die neue Limesbetrachtung führt darauf, daß der fünfte und sechste Differentialquotient wieder gebunden sind und der Erfolg des zweiten Schrittes in Wandnähe von dem siebenten Differentialquotienten des Ausgangsprofils bei $y = 0$ abhängt! Nun denke man daran, wie man z. B. bei einer tabellarisch gegebenen Funktion den siebenten Differentialquotienten ermitteln soll, noch dazu an dem einen Ende der Funktionstabelle. Und dann sind erst zwei kurze Schritte geschafft!

Zu allem noch die Bindungen! Man sieht aus Gl. (3) oder (4), daß eine Verletzung der Bindungen zu singulärem Verhalten der Lösung an den Punkt $x = x_0$, $y = 0$ führt.

Es erheben sich zwei Fragen:

1. Wie ist das bösartige Verhalten des Gleichungssystems (1), (2) in der Nachbarschaft von Orten mit $u = 0$ zu verstehen?

2. Welcher Art sind die Singularitäten, die bei einem regulären, aber die „Bindungen" verletzenden Ausgangsprofil eintreten?

3. Verhalten der Lösung an Orten mit $u \gtreqless 0$. Zu dieser Angelegenheit ist zunächst zu sagen, daß die NAVIER-STOKESschen Gleichungen den biharmonischen Gleichungen ($\Delta\Delta F = 0$) nahestehen, und deshalb die Lösungen im Inneren des Gebietes immer analytisch sind. Die Einführung der Grenzschicht-Vernachlässigungen stellt jedoch einen den Charakter ändernden Eingriff dar. Der Bau von Gl. (3) zeigt schon, daß nun Charakteristiken vorhanden sind (nämlich die Geraden parallel zur y-Achse), längs deren Unstetigkeiten auftreten, wenn $f(x)$ oder $\varphi(x)$ Unstetigkeiten haben. Dies weist also auf parabolischen Charakter hin. Durch eine Berührungstransformation, mittels deren die Stromfunktion Ψ als unabhängige Veränderliche eingeführt wird[1], wird die Sachlage noch klarer. Setzt man $u = \frac{\partial \Psi}{\partial y}$ und $v = -\frac{\partial \Psi}{\partial x}$, so wird damit Gl. (2) identisch erfüllt. Führt man in Gl. (1) statt x, y neue Koordinaten ξ, η ein und setzt $\xi = x$, $\eta = \Psi$, so wird

$$\frac{\partial u}{\partial x} = \frac{\partial u}{\partial \xi}\frac{\partial \xi}{\partial x} + \frac{\partial u}{\partial \eta}\frac{\partial \eta}{\partial x} = \frac{\partial u}{\partial \xi} - v\frac{\partial u}{\partial \Psi},$$

$$\frac{\partial u}{\partial y} = \frac{\partial u}{\partial \xi}\frac{\partial \xi}{\partial y} + \frac{\partial u}{\partial \eta}\frac{\partial \eta}{\partial y} = 0 + u\frac{\partial u}{\partial \Psi}.$$

Damit wird aus Gl. (1)

$$u\frac{\partial u}{\partial \xi} + \frac{1}{\varrho}\frac{dp}{d\xi} = \nu u \frac{\partial}{\partial \Psi}\left(u\frac{\partial u}{\partial \Psi}\right).$$

Führt man hierin den „Gesamtdruck“ $g = p + \frac{\varrho u^2}{2}$ ein (unter Vernachlässigung des dagegen verschwindenden Betrages $\varrho v^2/2$), so wird, wenn jetzt für ξ wieder x geschrieben wird, und außerdem $\nu \varrho = \mu$ gesetzt wird:

$$\frac{\partial g}{\partial x} = \mu u \frac{\partial^2 g}{\partial \Psi^2}, \tag{5}$$

worin noch $u = \sqrt{2(g - p(x))/\varrho}$ gesetzt werden kann. Gl. (5) ist nun eine Differentialgleichung, die derjenigen der Wärmeleitung eng verwandt ist (Ψ an Stelle der Stablänge und x an Stelle der Zeit), und also vom parabolischen Typ, von dem bekannt ist, daß bei ihm eine gutartige Richtung mit analytischem Abklingen der Temperaturunterschiede usw. (wachsende Zeiten) existiert, daneben aber auch eine bösartige Richtung mit Auftreten von Singularitäten (Extrapolation auf Zustände, die zeitlich vor der gegebenen Anfangsverteilung liegen[2]).

---

[1] Im Frühjahr 1914 habe ich mich mit der Strömung durch enge schlanke Kanäle beschäftigt und fand bei der Anwendung der gewöhnlichen Grenzschichtgleichungen eine Schwierigkeit in der Formulierung der Grenzbedingungen $u = v = 0$ am zweiten Rand. Ich versuchte deshalb die Einführung der Stromfunktion als unabhängiger Veränderlicher, da die beiden Ränder jetzt einfach $\Psi = 0$ und $\Psi = Q =$ const lauten. Die Gl. (5) wurde später aufs neue von Herrn v. Mises gefunden und auf der Kissinger Versammlung der Ges. für angew. Math. Mech., Herbst 1927 vorgetragen, s. Z. angew. Math. Mech. Bd. 7 (1927) S. 428. Da ich meine Rechnung bis dahin nicht veröffentlicht hatte, gebührt Herrn v. Mises die „Priorität“ im üblichen Sinn. Vgl. übrigens meine Bemerkung zu der v. Misesschen Veröffentlichung in Z. angew. Math. Mech. Bd. 8 (1928) S. 249ff., spez. Abschn. 2, S. 250 (Anm. d. Schriftl.: Hier S. 628).

[2] „Wie müßte die Verteilung vor einer Minute (oder Stunde) ausgesehen haben, damit die augenblickliche ungleichförmige Temperaturverteilung daraus entsteht“ (offenbar häufig eine unlösbare Aufgabe!).

Bei der Gl. (5) ist analog zum Wärmeleitungsproblem die Entwicklung nach wachsenden Werten von x gutartig, solange u positiv ist. Wo u aber, wie hinter der Ablösungsstelle, gebietweise negativ ist, beginnt der „bösartige“ Zustand. Das heißt physikalisch nichts anderes, als daß die wandnahen Flüssigkeitsteile hinter der Ablösungsstelle in der Richtung von größeren zu kleineren x strömen, und somit ihre Geschwindigkeitsverteilung von den Vorgängen abhängt, die sich bei diesen größeren x-Werten abspielen. Sie aus den Zuständen bei kleineren x bestimmen zu wollen, kommt also im günstigsten Fall auf eine Art Rätselraten hinaus. Mit anderen Worten: Die richtige, den Beobachtungen entsprechende Weiterentwicklung der Strömung hinter dem „Ablösungspunkt“ kommt nur dann aus der Rechnung heraus, wenn in diesem Bereich der Druckverlauf, d. h. unsere Funktion $f(x)$ nicht irgendwie willkürlich gewählt, sondern sorgfältig dem gewollten Vorgang angepaßt wird.

Was nun das Verhalten der Grenzschicht an der Wand selbst im „normalen Bereich“ ($u > 0$ für $y > 0$) betrifft, so ist darauf hinzuweisen, daß die analytische Fortsetzung von u in das Gebiet der negativen y auf negative Werte von u führt, wenn, wie vorausgesetzt, $\partial u/\partial y$ bei $y = 0$ positiv ist. Die Neigung der Lösung zu Absonderlichkeiten längs der Wand erklärt sich also dadurch, daß die analytische Fortsetzung durch die Wand hindurch in ein „bösartiges Gebiet“ führt! Soweit Potenzreihen nach y für einzelne Lösungen vorliegen, läßt sich die Extrapolation durchführen. Sie zeigt im Gebiet der negativen y immer ein starkes Anwachsen der Funktionswerte, etwa wie $y\,e^{\alpha y^2}$ oder ähnliche Funktionen.

4. Lösung bei Verletzung der „Bindungen“. Die Untersuchung der zweiten am Ende von Abschn. 2 gestellten Aufgabe habe ich lange Zeit vergeblich als Doktorarbeit ausgeboten. Es hat sich dann Dr. S. Goldstein aus Cambridge (England) ,als er 1929 als wissenschaftlicher Gast an meinem Institut weilte, dieser Frage angenommen und sie sehr weitgehend untersucht. Die Singularitäten, die durch ein die „Bindungen“ verletzendes Anfangsprofil entstehen, sind algebraischer Natur. Es zeigt sich, daß jedes in eine Potenzreihe nach y entwickelbare Anfangsprofil für ein als ganze Funktion von $x - x_0$ gegebenes dp/dx eine Lösung liefert, die als Potenzreihe nach $\sqrt[3]{x - x_0}$ erscheint. Die Beiwerte der Potenzen sind dabei Funktionen von $y/\sqrt[3]{x - x_0}$, die durch Differentialgleichungen dritter Ordnung definiert sind[1]. Für unsere Aufgabe scheint jedoch dieses Lösungssystem noch nicht unmittelbar verwendbar zu

[1] Einzelheiten mögen in der Goldsteinschen Arbeit „Concerning some solutions of the boundary layer equations in hydrodynamics“, Proc. Cambr. Philos. Soc. Bd. 26 I (1930) S. 1 nachgelesen werden.

sein. Aber auch, wenn es hierfür noch weiter ausgearbeitet werden würde, wäre damit nicht allzuviel gewonnen, denn man hätte hierbei, um zu der n-ten Potenz von $x - x_0$ vorzudringen, $3n$-Funktionen herzustellen, und das bedeutet eine mit jeder Potenz von $\sqrt[3]{x - x_0}$ weiter anschwellende Rechenarbeit. GOLDSTEIN rechnet mit drei Gliedern und hat dabei schon sehr umständliche Entwicklungen nötig, um den Anschluß an die vorgegebenen Funktionswerte herzustellen; er kommt damit also nur bis zum linearen Glied; der Schritt Δx müßte also sehr klein bleiben, damit nicht unzulässige Fehler entstehen. Das neue Profil wäre dann wieder als Potenzreihe von y darzustellen, um den nächsten Schritt vorzubereiten. Die ganze Sache wäre also höchst mühsam und kaum lohnend.

Es besteht daher das größte Interesse, doch mit ganzzahligen Potenzen von x vorwärtszukommen. Die folgende Überlegung läßt die Aussicht auf einen brauchbaren Weg zu diesem Ziel hoffnungsvoll erscheinen. Wenn es sich um die Fortsetzung einer bereits durch ein vorhergehendes Verfahren gewonnenen Lösung für einen durchaus regulären Verlauf des Druckgefälles handelt, so müßten, bei völlig streng durchgeführter Rechnung für den vorangehenden Abschnitt, in dem Endprofil, das als Ausgangsprofil des neuen Abschnittes dienen soll, die sämtlichen Bindungen bereits erfüllt sein. Sie sind es in Wirklichkeit nicht genau, da entweder die Reihenentwicklung nach x nach einem relativ niedrigen Glied abgebrochen worden ist, oder sonst numerische Ungenauigkeiten aufgetreten sind. Es wird sich daher gewöhnlich nur darum handeln, durch ganz leichte Änderungen des vorgelegten Ausgangsprofils die Einhaltung der Bindungsbedingungen wiederherzustellen, worauf in ganzen Potenzen von x vorwärtsgeschritten werden kann.

Die Frage, wie sich irgendwelche bei diesem „Zurechtrücken" des Profils gemachten Fehler für die nachfolgenden Schritte auswirken, muß hier noch untersucht werden. Es wird sich dabei meist um solche Abweichungen von der unbekannten genauen Form handeln, die bald positiv, bald negativ sich um die genaue Kurve herumschlängeln. Aus der Theorie der Wärmeleitung ist bekannt, daß solche kurzwelligen Schwankungen in der Temperaturverteilung verhältnismäßig rasch abklingen. Eine besondere Untersuchung ist daher nur für die Nähe des Wertes $u = 0$ nötig. Ich habe deshalb den Fall untersuchen lassen, daß über ein Geschwindigkeitsprofil von der einfachen Form $u = a\,y$ eine kleine Störung ε von oszillierendem Verlauf gelagert ist. Setzt man zur Vereinfachung fest, daß ε von der Form $\varepsilon = f(x)\,\varphi(y)$ sein soll, dann ergibt sich aus dem System (1), (2) nach Linearisierung, daß $f(x) = e^{-\alpha x}$ gesetzt werden muß. Für $\varphi(y)$ ergibt sich dann die Differentialgleichung

$$a\,\alpha\,y\,\varphi'(y) - \nu\,\varphi'''(y) = 0,$$

die durch

$$\varphi(y) = A\int_0^y \sqrt{y}\, J_{-1/3}\left(\frac{2}{3}\sqrt{\frac{a\,\alpha}{\nu}}\, y^{3/2}\right) d\,y + {} + B\int_0^y \sqrt{y}\, J_{+1/3}\left(\frac{2}{3}\sqrt{\frac{a\,\alpha}{\nu}}\, y^{3/2}\right) d\,y + C$$

gelöst wird[1]. Von diesen Ausdrücken erfüllt aber nur derjenige mit A die Grenzbedingungen $\varphi(y) = 0$ und $\varphi''(y) = 0$, so daß sich die physikalisch in Betracht kommende Lösung auf dieses Glied beschränkt. Die Entwicklung nach Potenzen von y ergibt ein Glied mit y, ein weiteres mit y^4, eines mit y^7 usw., wie es für den Fall $f(x) = 0$ den Bindungen entspricht. Im übrigen oszilliert die Funktion mit einer mit wachsendem y abnehmenden Amplitude und abnehmender Wellenlänge[2]. Dieses Verhalten der Lösung in dem untersuchten Spezialfall darf als Beweis dafür angesehen werden, daß bei irgendwelchen kleinen Fehlern von $\left(\frac{\partial u}{\partial y}\right)_{y=0}$ in dem zur Fortsetzung der Lösung herangezogenen Geschwindigkeitsprofil keine den Betrag dieser Fehler übersteigenden Nachwirkungen zu erwarten sein werden, solange $\left(\frac{\partial u}{\partial y}\right)_{y=0}$ positiv ist.

5. Das neue Verfahren. Um nun für das endgültige Verfahren einen klaren Plan zu gewinnen, sei zunächst an Hand einer Entwicklung von u in Potenzen von y durch Eintragen in das System (1), (2) und Koeffizientenvergleich das System der Bindungen noch genauer studiert. Es sei

$$u = a_1 y + \frac{a_2 y^2}{2!} + \cdots + \frac{a_k y^k}{k!} + \cdots,$$

wo $a_1 \ldots a_k$ Funktionen von x darstellen. Differentiationen nach x seien durch Striche angedeutet (a_1' usw.); $\frac{1}{\varrho}\frac{dp}{dx}$ sei wieder $= \nu f(x)$ gesetzt. Man findet der Reihe nach die folgenden Beziehungen, wenn man jedes a_n mit $n > 1$, wo es auf der rechten Seite auftritt, durch seinen einige Zeilen darüber angegebenen Wert ersetzt:

a_1 (frei), $a_2 = f$ (gegeben), $a_3 = 0$ (gegeben),

$a_4 = \frac{1}{\nu} a_1 a_1'$ (frei), $a_5 = \frac{2}{\nu} a_1 f'$ (gegeben $\times\, a_1$), $a_6 = \frac{2}{\nu} f f'$ (gegeben),

$$a_7 = \frac{1}{\nu^2}\left(4 a_1^2 a_1'' - a_1 a_1'^2\right) \text{ (frei)}.$$

[1] Diese Lösung verdanke ich meinem Mitarbeiter Dr. H. Görtler. Er hat auch den Nachweis geführt, daß eine die Grenzbedingungen befriedigende Lösung für $f = e^{+\alpha x}$ nicht existiert.

[2] Aus der asymptotischen Formel für $J_{\pm 1/3}$ ergibt sich eine zu $1/\sqrt{y}$ proportionale Wellenlänge λ und eine Abklingungskonstante $\alpha = \frac{\nu}{a\,y \cdot (\lambda/2\pi)^2}$.

Bricht man die Reihe hier ab, so lassen sich die drei freien Werte a_1, a_4, a_7 aus drei linearen Gleichungen ermitteln, wenn man von den zu drei festen Werten von y gehörigen u-Werten ausgeht. Die ersten bis siebenten Potenzen der drei y-Werte werden im voraus berechnet und bei jedem Schritt wieder benützt. Durch Einsetzen von a_1 in a_4 ergibt sich a_1', durch Einsetzen von a_1 und a_1' in a_7 weiter a_1''. Mit diesen Werten läßt sich noch $a_4' = \frac{1}{\nu}(a_1 a_1'' + a_1'^2)$ berechnen.

Das ganze Verfahren läßt sich noch verfeinern, wenn man nachträglich mit

$$a_8 = \frac{1}{\nu^2}[10 a_1^2 f'' - 13 a_1 a_1' f' + 9(a_1 a_1'' + a_1'^2) f]$$

und

$$a_9 = \frac{1}{\nu^2}[40 a_1 f f'' - 16 a_1 f'^2],$$

für die drei y-Werte die Glieder achter und neunter Potenz berechnet, und damit aus den gegebenen drei u-Werten a_1, a_4 und a_7 erneut rechnet (gegebenenfalls durch Iteration zu wiederholen). Über die zweckmäßigste Wahl der drei y-Werte wird noch eine besondere Untersuchung anzustellen sein. Vielleicht wird es sich als zweckmäßig erweisen, die Rechnung so anzulegen, daß man zunächst aus einer Ordinate y_1 eine erste Näherung von a_1 ermittelt, dann mittels y_1 und y_2 a_4 und eine Verbesserung von a_1, schließlich mit drei y-Werten a_7, eine Verbesserung von a_4 und eine zweite Verbesserung von a_1. Bei diesem Verfahren kann im zweiten Schritt gleich bis a_6, im dritten Schritt bis a_9 gegangen werden, wobei jedesmal die vorherige Näherung von a_4 bzw. a_2 in die höheren Glieder eingesetzt wird.

Bei den numerischen Rechnungen wird man übrigens meist in bekannter Weise dimensionslose Koordinaten wählen, durch die an Stelle von ν die Einheit tritt

$$\left(X = \frac{x}{l}, \qquad Y = y\sqrt{\frac{u_0}{\nu l}}, \qquad U = \frac{u}{u_0}\right).$$

Von diesem Verfahren wird a_7' nicht geliefert, es läßt sich daher ohne Kontakt mit einem anderen Verfahren, das die Entwicklung des Geschwindigkeitsprofils im Inneren der Flüssigkeit liefert, nicht fortsetzen. Hierfür steht aber die in Gl. (4) gegebene Rechenvorschrift zur Verfügung, oder aber diejenige von Gl. (5), die wahrscheinlich hier noch zweckmäßiger ist. Diese ist nur noch durch einen Übergang zwischen y und Ψ zu ergänzen.

Wegen

$$u = \sqrt{\frac{2}{\varrho}(g - p)} = \frac{\partial \Psi}{\partial y}$$

ist

$$y = \Phi(x) + \int_{\Psi_1}^{\Psi} \frac{d\Psi}{u}.$$

Setzt man hierin

$$g = g(x_0) + \Delta x \left(\frac{\partial g}{\partial x}\right)_{x = x_0} = g(x_0) + \Delta x\, \nu \left(u \frac{\partial^2 g}{\partial \psi^2}\right)_{x = x_0}$$

(gegebenenfalls analog zum RUNGE-KUTTAschen Verfahren zu verbessern), so ist das zu jedem ψ oder u gehörige y bis auf den unbekannten Wert $\Phi(x_0 + \Delta x)$ bekannt. Dieser bedeutet eine Parallelverschiebung des gefundenen Geschwindigkeitsprofils und kann so ermittelt werden, daß das Profil sich stetig an das nach der anderen Methode ermittelte wandnahe Profil anschließt. Man muß für eine breite Überlappung beider Profile sorgen und gewinnt hierdurch das Hilfsmittel für die Bestimmung des Koeffizienten a_7 für den nächsten Schritt. Umgekehrt ist der Anschluß auch für das Fortschreiten im Inneren wichtig, da man bei der numerischen Ermittlung von $\partial^2 g/\partial \psi^2$ am Rand des Gebietes jedesmal etwas an Breite verlieren würde, wenn man den Verlauf von g im Randstreifen nicht hinzunehmen würde.

Man kann natürlich hinterher auch in dem wandnahen Streifen den Schritt von $x_0 + \Delta x$ rückwärts zu x_0 hin nach der früheren Methode vornehmen und aus den Abweichungen eine Korrektur zweiter Ordnung herleiten (gegebenenfalls auch vier Schritte hin und her, um wie beim RUNGE-KUTTA-Verfahren den Fehler des Schrittes auf die fünfte Ordnung herunterzubringen, was natürlich dann die Wahl von größeren Schritten Δx ermöglicht).

Das Verfahren ist auch so wie geschildert nicht gerade einfach, aber es dürfte sehr zuverlässige Ergebnisse liefern. Die praktische Erprobung steht noch aus. Sie soll demnächst im Kaiser-Wilhelm-Institut für Strömungsforschung vorgenommen werden. Es ist zu erwarten, daß man bis zur Ablösungsstelle und wohl noch ein wenig darüber hinauskommen wird. Eine Untersuchung der Verhältnisse an der Ablösungsstelle ($a_1 = 0$) zeigt, daß dort a_1' die Form 0/0 annimmt, da a_4 zugleich mit a_1 Null wird. Man wird aber vorwärtskommen, wenn man a_1' und auch a_4', das hier $= a_1'^2/\nu$ wird, bis dorthin extrapoliert. Von der Ablösungsstelle $x = x_A$ wird man wohl mit einer dort beginnenden Entwicklung nach Potenzen von $x - x_A$ und y, deren Beiwerte durch den stetigen Anschluß an das Gebiet $x < x_A$ gegeben sind, noch etwas weiter vordringen können, wobei nunmehr der Verlauf von $f(x)$ nach der Forderung, daß ein Totwassergebiet auftreten soll, zu wählen sein wird.

Zusammenfassung. Die Eigenschaften der Lösungen der hydrodynamischen Gleichungen zäher Flüssigkeit unter „Grenzschicht-Vernachlässigung" werden erörtert. Es wird eine Methode für die numerische Ermittlung der Lösung angegeben, wenn das Anfangsprofil $u(x_0, y)$ und der Druckverlauf $p(x)$ im Inneren des Gebietes gegeben ist.

Mitteilungen der Deutschen Akademie der Luftfahrtforschung H. 2 (1941) S. 141 bis 147
Jahrbuch der Deutschen Akademie der Luftfahrtforschung II 1941/42, S. 486 bis 492

Bericht über neuere Untersuchungen über das Verhalten der laminaren Reibungsschicht, insbesondere den laminar-turbulenten Umschlag[1]

(Der Deutschen Akademie der Luftfahrtforschung vorgetragen am 31. Oktober 1941)

Einige theoretische Bemerkungen seien vorausgeschickt. Die laminaren Reibungsschichten, d. h. die dünnen Schichten, in denen durch Zähigkeitswirkung des strömenden Mediums der Übergang von der durch Anströmungsgeschwindigkeit und Druckfeld eindeutig bestimmten Geschwindigkeit der freien Strömung auf die haftende Schicht längs der Oberfläche des beströmten Körpers erfolgt, haben bei großer Geschwindigkeit und großen Abmessungen des Körpers die Neigung, turbulent, d. h. wirbelig, zu werden. Die turbulente Strömung liefert, da hier ein lebhafter Impulsaustausch zwischen der wandnahen und der freien Strömung stattfindet, einen wesentlich größeren Widerstand. Sie hat aber andererseits das Gute, daß sie dort, wo infolge Druckanstiegs die laminare Reibungsschicht sich ablösen würde, die Wandströmung eben wegen dieses vermehrten Impulsaustausches vorwärtstreibt und dadurch die Ablösung verhütet. Größere Druckanstiege in der Strömung, wie sie z. B. auf der Saugseite eines Tragflügels zwischen dem Druckminimum und der Hinterkante auftreten, können nur mit Hilfe dieser Wirkung der turbulenten Strömung beherrscht werden. Ohne das Turbulentwerden würden die hohen Auftriebsbeiwerte, wie sie die Flugzeugflügel ergeben, nicht erreichbar sein. Man hat deshalb in älterer Zeit gerade beim Flugzeugflügel ebenso wie bei den hydraulischen Maschinen mit Druckanstieg die Turbulenz als eine durchaus erwünschte Erscheinung betrachtet. Erst in neuester Zeit ist unter der Wirkung der so ungeheuer erhöhten Fluggeschwindigkeiten das Problem entstanden, beim Schnellflug, wo es sich ja um ganz kleine Auftriebsbeiwerte handelt, den Reibungswiderstand des Flügels möglichst zu erniedrigen, um aufs äußerste Widerstand zu sparen. Es entstand so die Aufgabe, auf ein möglichst langes Stück des Flügels die laminare Strömung beizubehalten, den turbulenten Umschlag also möglichst weit nach hinten zu verschieben.

[1] Preisbewerbungsschriften zur Aufgabe 1 des Preisausschreibens 1940 der Lilienthal-Gesellschaft und Vorträge auf der Fachtagung am 28. und 29. Oktober 1941 zu Göttingen.

An diese Fragestellung knüpft die Preisaufgabe 1 von 1940 der Lilienthal-Gesellschaft an. Es wurde deshalb das Thema gestellt:

„Es sollen durch theoretische oder experimentelle Untersuchungen die heutigen Erkenntnisse von den Vorgängen in der laminaren Reibungsschicht und ihrem Übergang in die turbulente erweitert werden. Besonders erwünscht sind Ergebnisse, die gestatten, die Abhängigkeit der erwähnten Strömungsvorgänge von der Gestalt des umströmten Körpers oder Flügelschnittes auf möglichst einfache und zuverlässige Weise vorauszubestimmen."

Zu diesem Preisthema sind im ganzen neun Arbeiten eingereicht worden, von denen allerdings zwei wertlos waren, aber sieben ernste Leistungen darstellten. Das Präsidium der Lilienthal-Gesellschaft kam angesichts dieser Sachlage einem Antrag des Preisgerichtes entgegen, die Preissumme zu verdoppeln, da sonst nur drei Preise hätten verteilt werden können. Das nähere Studium der Arbeiten zeigte, daß sechs von den sieben Arbeiten preiswürdig waren. Es wurden zwei erste, drei zweite und ein dritter Preis verteilt, wobei auch die mit dem dritten Preis ausgezeichnete Arbeit noch auf sehr beachtlicher wissenschaftlicher Höhe stand.

Nach Abschluß der Arbeiten des Preisgerichtes wurde eine Fachtagung über „Grenzschichtfragen" veranstaltet, die am 28. und 29. Oktober in Göttingen stattfand und auf der weiteres wertvolles Material zu demselben Fragengebiet beigebracht wurde. Es empfiehlt sich deshalb, die beiden Veranstaltungen gemeinsam zu besprechen.

Der mündliche Bericht hat schon zwei Tage nach Abschluß der Fachtagung der Lilienthal-Gesellschaft vor den Mitgliedern der Akademie stattgefunden. Mit Rücksicht auf die Zuhörerschaft wurde dort das Hauptgewicht auf die Darlegung der ganzen Problemstellung gelegt und mehr eine „Plauderei" als ein „Bericht" gegeben. Es bleibt vorbehalten, den Inhalt dieser Plauderei später noch im Druck zu veröffentlichen. Hier soll der Bericht die Hauptsache sein.

Die Arbeiten lassen sich in drei Gruppen teilen:

1. Arbeiten zu dem Teilgebiet Verbesserung der Rechenmethoden für die laminaren Reibungsschichten,
2. Rechnungen über die Stabilität der Reibungsschichten,
3. Versuchsarbeiten am Windkanal.

Hierzu mag die Bemerkung eingeschoben werden, daß die Luftströme der Windkanäle mehr oder minder turbulent sind, falls nicht besondere Maßnahmen zur Vermeidung von Turbulenz getroffen werden. Die freie Luft dagegen ist, wenn man von der unmittelbaren Erdbodennähe absieht, praktisch nicht turbulent. Dadurch gewinnt die theoretische Untersuchung der Stabilität eine grundsätzliche Stellung. Die Stabilitätsrechnung setzt aber die Berechnung der genauen Form der

Laminarschicht voraus, so daß auch Verbesserungen in den Berechnungsmethoden von erheblichem Wert sind.

Über die theoretischen Stabilitätsuntersuchungen mag hier zur Erläuterung erwähnt werden, daß es sich dabei um das Studium der kleinen zufälligen Störungen einer solche Strömung handelt. Die Aufgabe besteht dabei darin, rechnerisch nachzuweisen, ob irgendeine bestimmte gegebene Störung im Verlauf des Weiterströmens an Stärke zunimmt oder abnimmt. Wenn sämtliche möglichen Arten von Störungen abnehmen, dann ist die Stabilität gesichert, wenn es aber Störungstypen gibt, die im Lauf des Weiterströmens sich selbst aufschaukeln, so kann, wenn die Störungen dadurch eine erhebliche Stärke erhalten, der Umschlag in die turbulente Strömung stattfinden. In den Rechnungen begnügt man sich meist damit, die Stabilitätsgrenze zu ermitteln, bei der es gerade *eine* Art von Störungen gibt, die nicht mehr abnimmt. Man bezeichnet diesen Zustand als Stabilitätsgrenze und weiß, daß es oberhalb dieser Grenze wachsende Störungen gibt. Wie bald dann der Umschlag erreicht wird, hängt natürlich noch von der Größe der anfänglichen Störungen ab, so daß es nicht verwunderlich ist, daß bei einem Versuch der sogenannte Umschlags-„Punkt" kein wohldefinierter Punkt ist, sondern man eigentlich von einem Umschlags-„Bereich" sprechen sollte. Wenn allerdings bei einem Windkanalversuch Anfangsstörungen von recht gleichmäßiger Größe geliefert werden, dann wird man auch einen ziemlich definierten Umschlags-„Punkt" beobachten können.

a) Von den preisgekrönten Arbeiten beschäftigen sich zwei mit dem Stabilitätsproblem, eine von Prof. Dr. H. SCHLICHTING und Studienassessor A. ULRICH, Braunschweig, und eine andere von Dr. J. PRETSCH, Göttingen. Beide Arbeiten sind sich in den Grundlinien sehr ähnlich und bringen beide numerische Beispiele von Stabilitätsrechnungen. Die erstgenannte bringt außerdem ein neues verbessertes Verfahren zur genäherten Berechnung der Grenzschichten, das als sechsgliedriges POHLHAUSEN-Verfahren zu kennzeichnen wäre (gegenüber dem ursprünglichen viergliedrigen Verfahren von K. POHLHAUSEN). Es zeichnet sich weiter dadurch aus, daß zahlreiche Beispiele numerisch durchgeführt werden, so daß man über das Verhalten der Stabilitätsgrenze allerhand interessante Aufschlüsse erhält. Unter diesen Beispielen befindet sich eine Reihe elliptischer Zylinder bei symmetrischer Anströmung, ferner ein Flügelprofil mit verschiedenen Anstellwinkeln und eine Reihe von symmetrischen Profilen mit verschiedener Dickenrücklage bei Nullauftrieb. Bei dieser letzteren Serie zeigt sich deutlich, daß die Stabilitätsgrenze bei Profilen, deren größte Dicke hinter der Profilmitte liegt, bis zu recht hohen REYNOLDSschen Zahlen ziemlich weit hinten liegt, dann aber bei weiterer Steigerung der REYNOLDSschen Zahlen ziemlich schnell nach vorn geht. Die andere Arbeit zeigt weniger zahlreiche Beispiele, darunter aber eines, das eine ebene Platte mit schwach gewellter Oberfläche behandelt, und das zeigt, daß diese Wellen die Gefahr des Turbulentwerdens erheblich erhöhen können. Die Arbeit zeichnet sich aber weiterhin aus durch eine tiefgehende kritische Untersuchung über die Zulässigkeit der den Stabilitätsrechnungen nach TOLLMIEN zugrunde liegenden Näherungsannahmen. Herr PRETSCH kommt dabei zu dem Schluß, daß diese Näherungsannahmen auch noch bei beschleunigter bzw. verzögerter Strömung sowie bei Krümmung der Oberfläche zulässig bleiben.

Für diese beiden Arbeiten hat das Preisgericht die Zuerkennung je eines ersten Preises beschlossen.

Im Zusammenhang mit den beiden Arbeiten sei auch noch ein Vortrag von Herrn PRETSCH auf der Tagung erwähnt, in dem er eine Methode zur Erweiterung des Verfahrens auf Rotationskörper mitteilte, sowie ein Vortrag von Dr. BUSSMANN, der im Anschluß an die SCHLICHTINGsche Arbeit von systematischen Untersuchungen über den Einfluß der Profilform auf die Stabilitätsgrenze berichtete.

b) An Arbeiten, die sich mit der Verbesserung der Berechnung von Laminarströmungen befassen, sind im Rahmen des Preisbewerbes drei Arbeiten zu nennen, eine von Dr. H. HOLSTEIN und Fräulein Studienassessor T. BOHLEN, eine von Dr. W. MANGLER, und eine von Dipl.-Ing. A. WALZ, alle drei Bewerber aus der AVA Göttingen. Die erstgenannte Arbeit ist die kürzeste von den dreien, bringt aber einen entscheidenden Fortschritt der Näherungsrechnung für Laminarschichten zutage, der im wesentlichen darin besteht, daß nicht die Grenzschichtdicke δ, sondern die Impulsdicke ϑ der Rechnung zugrunde gelegt wird, wobei sich dann, wenn man sich auf eine einparametrige Schar von Grenzschichtprofilen beschränkt, die Größe

$$\varkappa = \frac{\partial U}{\partial s} \frac{\vartheta^2}{\nu}$$

als dimensionsloser Parameter darbietet. Es zeigt sich, daß man für $z = \vartheta^2/\nu$ als neue Veränderliche eine Differentialgleichung erster Ordnung von der einfachen Gestalt $z' = F(\varkappa)/U(s)$ erhält, wobei $F(\varkappa)$ eine ein für allemal berechenbare und z. B. in einer Tabelle oder Interpolationsformel angebbare Funktion des Profilparameters ist. Diese Funktion hat zudem einen sehr glatten Verlauf. Gegenüber dem POHLHAUSEN-Verfahren wird, abgesehen von der wesentlich größeren Einfachheit der Differentialgleichung, vor allem auch die Ermittlung von $\partial^2 U/\partial s^2$ gespart, die bei numerisch vorgegebenem Verlauf von $U(s)$ häufig Schwierigkeiten bereitet.

Als Kuriosum mag erwähnt werden, daß es sich auf der Tagung ergab, daß während der Zeit, in der die Preisbewerber über ihre Arbeiten zu schweigen hatten, auch die Herren MANGLER und WALZ dieselbe Verbesserung jeder für sich gefunden hatten. Es äußert sich hier eine Schattenseite der Idee des Preisbewerbes zusammen mit einer Lichtseite, nämlich dem Ansporn, den eine Preisausschreibung für die intensive Beschäftigung mit einem Problem geben kann.

Die Preisarbeit von Herrn MANGLER geht einen anderen Weg. Sie will von den Fesseln, die die Annahme der Einparametrigkeit den Lösungen von vornherein auferlegt und von einigen weiteren Unvollkommenheiten der bisherigen Rechnungen freikommen und sucht nach wesentlich vollkommeneren Lösungen, die allerdings dann mehr Rechenarbeit beim einzelnen Beispiel verlangen. Der volle Erfolg ist bei der Preisarbeit selbst noch nicht erreicht worden, wohl aber bei dem Vortrag auf der Tagung, wo Herr MANGLER ein Verfahren bekanntgab, mittels dessen man sich durch schrittweises Annähern der exakten Lösung beliebig nähern kann.

Die Preisarbeit von Herrn WALZ versucht auf einem anderen Wege die Durchführung der Rechnung bei dem alten POHLHAUSEN-Verfahren zu beschleunigen. Er zerlegt die Rechnung in einzelne Schritte, wobei für jeden Schritt eine Lösung von der Art, wie sie von GOLUBEW angegeben ist, verwendet wird. Die Schritte können einigermaßen lang genommen werden, und es wird der GOLUBEWsche Parameter aus drei Punkten des Geschwindigkeitsprofils bestimmt. Der Arbeit ist eine ziemlich umfangreiche Sammlung von Kurvenblättern beigegeben, mit deren Hilfe die numerische Arbeit geleistet werden kann.

Von diesen drei Arbeiten wurde den ersten beiden je ein zweiter Preis und der letztgenannten ein dritter Preis zuerkannt.

Auf der Tagung konnte auch Herr WALZ einen in der Zwischenzeit erreichten Fortschritt melden. Es handelt sich um ein neues Berechnungsverfahren, bei dem er einerseits die von Herrn HOLSTEIN und Fräulein BOHLEN entdeckte Verbesserung durch Einführung der Impulsdicke ϑ von neuem entdeckte, bei dem er im übrigen die POHLHAUSENschen Laminarprofile durch Profile ersetzte, die sich dem wirklichen Verhalten der Grenzschicht erheblich besser anpassen als das ältere. Es mag hierzu erwähnt werden, daß das POHLHAUSEN-Verfahren gelegentlich bei stark beschleunigten Strömungen, wo in Wirklichkeit keinerlei Besonderheiten auftreten, versagt. Sowohl das Verfahren der MANGLERschen Preisarbeit wie natürlich auch das seines Tagungsvortrages sind von diesem Mangel frei, und ebenso ist es das neue einparametrige Verfahren von WALZ. Es ist zu vermuten, daß sich für geringere Genauigkeitsansprüche dieses letztere Verfahren allgemein einbürgern wird.

Die letzte der hier zu erwähnenden Preisarbeiten betraf Windkanalversuche von Herrn Holstein über die Wirkung des Absaugens der Grenzschicht auf deren Laminarhalten. Es zeigte sich, daß, wenn der erste Absaugeschlitz vor dem Umschlagspunkt ohne Absaugung liegt, in der Tat der Umschlagspunkt weiter nach hinten verlegt werden kann. Wenn hinter dem ersten Schlitz noch weitere Schlitze folgen, bei deren jedem die erwähnte Regel sinngemäß befolgt wird, so kann die Reibungsschicht bis beträchtlich weit nach hinten laminar gehalten werden. Es zeigt sich, daß der Profilwiderstand auf diese Weise erheblich gesenkt werden kann; auch wenn man die Förderleistung der Absaugevorrichtung zu der Propellerleistung hinzurechnet, was man ja muß, so bleibt auch hier noch ein merklicher Gewinn übrig. (Bei dieser Rechnung ist allerdings das Mehrgewicht durch die Absaugeeinrichtung noch nicht in Rechnung gestellt, das natürlich auch wieder eine kleine Widerstandsvermehrung mit sich bringt.) Dieser recht instruktiven Arbeit wurde ein zweiter Preis zuerkannt.

Von Beiträgen auf der Tagung, die bisher noch nicht erwähnt wurden, mag noch das folgende berichtet werden:

Auf die Theorie der Laminarhaltung durch Absaugen ging ein Kurzvortrag auf der Tagung von Herrn Schlichting ein. Ein anderer Kurzvortrag von Herrn Quick berichtete über Windkanalmessungen an Flügelprofilen von solcher Formgebung, daß bei den kleinen Anstellwinkeln der Umschlagspunkt auch auf der Saugseite sehr weit hinten lag, sogenannten „Laminarprofilen". Es zeigte sich bei diesen Anstellwinkeln eine sehr erhebliche Verringerung des Profilwiderstandes gegenüber dem, was ältere Flügelprofile liefern. Herr Quick berichtete auch über die Beeinflussung der Umschlagstelle durch einzelne Oberflächenstörungen, z. B. durch ein einzelnes Niet oder eine Nietreihe oder eine Überlappungsstelle u. dgl. m. Auch die Ergebnisse dieser Versuche waren sehr lehrreich.

Neben diesen Vorträgen und einigen weiteren Vorträgen, die sich mehr dem bisherigen Stand des Wissens widmeten und deshalb hier übergangen werden können, fanden ausführliche Aussprachen statt, die zur Klärung der behandelten Fragen wesentlich beitrugen. Sowohl das Preisausschreiben wie auch die Tagung konnten demnach sehr schöne Erfolge für sich buchen.

Festschrift zum 60. Geburtstage von A. BETZ, Göttingen (1945) S. 134—141

Über Reibungsschichten bei dreidimensionalen Strömungen

1. Seit langer Zeit schon ist es ein Leitgedanke der Göttinger Strömungsforschung, durch geeignete, durch Versuche gestützte Theorien künftige Versuche entbehrlich zu machen. Unser Jubilar hat führenden Anteil an den Erfolgen der auf dieses Ziel gerichteten Arbeit. Möchten die folgenden Ausführungen einen neuen Beitrag zu diesen Bestrebungen einleiten!

Bei der rechnerischen Verfolgung der laminaren und turbulenten Reibungsschichten hat man sich bisher, von wenigen Einzelbeispielen abgesehen, fast ausschließlich auf die zweidimensionalen Aufgaben beschränkt. Es wird daher, nachdem für diese in reichlichem Umfang Aufschlüsse vorliegen, nun auch Zeit, energisch an die Durchforschung der dreidimensionalen Aufgaben heranzugehen. Es gibt hier zwei Wirkungen, die im zweidimensionalen Problem noch nicht auftreten, die seitliche Ausbreitung bzw. Zusammendrängung, herrührend von einer Konvergenz bzw. Divergenz der zur Wand parallelen Geschwindigkeitskomponenten der Potentialströmung, und die „Sekundärströmung" bei seitlicher Krümmung der Potentialströmung. Die erstere Wirkung beeinflußt im wesentlichen nur den Verlauf der Grenzschichtdicke und die Profilform, die letztere Wirkung bringt jedoch eine grundsätzlich neue Strömungsform hervor, bei der sich die Grenzschicht infolge des seitlichen Druckgefälles unter der äußeren Strömung nach der konkaven Seite der Potentialstromlinie hin entlangschiebt.

2. Die Untersuchungen, über die ich hier berichten will, stehen noch sehr im Anfang, so daß ich, von ein paar Einzelheiten abgesehen, kaum über mehr als ein *Programm* berichten kann. Dieses Programm mag sich fürs erste auf räumliche Strömungen entlang einer ebenen Wand und auf solche entlang gekrümmter Flächen beschränken, die sich in die Ebene abwickeln lassen und für die die Grenzschichtgleichungen daher mit denen für die Ebene übereinstimmen[1]; es sieht folgendermaßen aus: Für die laminaren Grenzschichten soll eine Anzahl leichter zugänglicher Beispiele streng durchgerechnet werden. Auf Grund der hierdurch gewonnenen Erfahrungen soll nach dem Muster des POHLHAUSEN-Verfahrens eine Rechen*vorschrift* entwickelt werden,

---

[1] Die Abwicklung in die Ebene ist im Laminarfall herkömmlich und auch unbedenklich. Im turbulenten Fall ist jedoch die Schwächung der Turbulenz an konvexen Oberflächen (und die Verstärkung an konkaven) zu beachten.

nach der simultane Integrationen für zwei Profilmaßzahlen in Richtung von zwei für die jeweilige Aufgabe passend gewählten Koordinaten durchgeführt werden können. Bei den turbulenten Reibungsschichten wird Versuchsmaterial die Grundlage der Rechenvorschrift bilden müssen, wie es die GRUSCHWITZsche Arbeit von 1935 [*1*][1] geliefert hat; auch die KEHLsche Arbeit von 1942 [*2*] kommt in Betracht.

Unter der oben erwähnten Beschränkung auf Strömungen über der Ebene hat man die folgenden zwei Impulssätze für eine Schicht zwischen $z = 0$ (Wand) und $z = h$, wo $h = \text{konst.} \geqslant \delta$ sein soll (δ = Grenzschichtdicke):

$$\left.\begin{aligned} &x\text{-Impuls:}\\ &\varrho\left(\frac{\partial}{\partial x}\int_0^h u^2\,dz + \frac{\partial}{\partial y}\int_0^h u\,v\,dz + U\,w(h)\right) + h\frac{\partial p}{\partial x} = -\tau_{xz}(0),\\ &y\text{-Impuls:}\\ &\varrho\left(\frac{\partial}{\partial x}\int_0^h u\,v\,dz + \frac{\partial}{\partial y}\int_0^h v^2\,dz + V\,w(h)\right) + h\frac{\partial p}{\partial y} = -\tau_{yz}(0) \end{aligned}\right\} \qquad (1)$$

(x, y, z Koordinaten, U, V Geschwindigkeitskomponenten der Potentialströmung parallel zur Wand; u, v, w Komponenten der Grenzschichtströmung.) Setzt man

$$p = p_0 - \frac{\varrho}{2}(U^2 + V^2)$$

und drückt w mittels der Kontinuität durch u und v aus, so ergibt sich nach geeigneter Umordnung der Glieder

$$\left.\begin{aligned} \frac{1}{\varrho}\tau_{xz}(0) &= \int_0^h (U - u)\left(\frac{\partial u}{\partial x} + \frac{\partial v}{\partial y}\right) dz +\\ &\quad + \int_0^h \left(U\frac{\partial U}{\partial x} - u\frac{\partial u}{\partial x}\right) dz + \int_0^h \left(V\frac{\partial U}{\partial y} - v\frac{\partial u}{\partial y}\right) dz,\\ \frac{1}{\varrho}\tau_{yz}(0) &= \int_0^h (V - v)\left(\frac{\partial u}{\partial x} + \frac{\partial v}{\partial y}\right) dz +\\ &\quad + \int_0^h \left(U\frac{\partial V}{\partial x} - u\frac{\partial v}{\partial x}\right) dz + \int_0^h \left(V\frac{\partial V}{\partial y} - v\frac{\partial v}{\partial y}\right) dz. \end{aligned}\right\} \qquad (2)$$

Die Gl. (1) und (2) bilden die gemeinsame Grundlage für die laminaren und turbulenten Reibungsschichten. Aus der Form (2) ist deutlich, daß die Stellen $z > \delta$ zu den Integralen nichts mehr beitragen, so daß h in gewissen Grenzen beliebig ist.

---

[1] Siehe Schrifttum S. 686.

Zur Gewinnung von Aussagen über $u(z)$ und $v(z)$ seien die Geschwindigkeitskomponenten in Richtung der resultierenden Geschwindigkeit der Potentialströmung,

$$U_* = \sqrt{U^2 + V^2}$$

und senkrecht dazu betrachtet. Diese mögen mit u_* und v_* bezeichnet werden, ihre Richtung schließt mit der x-Achse die Winkel $\alpha = \operatorname{arc\,tg}(V/U)$ und $\alpha + \pi/2$ ein. Die schon erwähnten Profilmaßzahlen sollen sein 1) die Grenzschichtdicke für die Strömung u_*, δ (oder wahlweise die Verdrängungsdicke δ^* oder die Impulsdicke ϑ), 2) der Winkel β, den die resultierende Schubspannung an der Wand mit der Richtung der Potentialströmung bildet bzw. seine trigonometrische Tangente ε. Dieser Winkel ist von Null verschieden, wenn die Potentialströmung seitlich gekrümmt verläuft und also Sekundärströmung auftritt. Offenbar ist der Winkel der resultierenden Schubspannung mit der x-Achse durch $\operatorname{tg}(\alpha + \beta) = \tau_{yz}(0)/\tau_{xz}(0)$ gegeben.

Die beiden Geschwindigkeiten u_* und v_* sind Funktionen von $\zeta = z/\delta$, die im Rahmen der hier angestrebten Näherung von zwei „Formparametern" abhängen sollen. Zu einem Parameter λ, der wie bei POHLHAUSEN von der Längsbeschleunigung der Strömung abhängt, kommt noch ein zweiter Parameter $\varkappa$ hinzu, der mit der Konvergenz oder Divergenz der Potentialströmung zusammenhängt. $\varkappa$ und λ sind also durch die vorgelegte Strömung bestimmt. Für die beiden Geschwindigkeitsprofile werde angesetzt:

$$u_* = U_* \varphi(\zeta; \varkappa, \lambda); \qquad v_* = \varepsilon U_* \psi(\zeta; \varkappa, \lambda). \tag{3}$$

Nach der Definition von ε muß offenbar

$$\frac{\partial v_*}{\partial z}(0) \bigg/ \frac{\partial u_*}{\partial z}(0) = \varepsilon, \quad \text{also} \quad \frac{\partial \psi}{\partial \zeta}(0) = \frac{\partial \varphi}{\partial \zeta}(0)$$

sein. Der Ansatz von v_* nimmt also Linearität des Profils der Sekundärströmung mit ε an, was für Wandnähe trivial ist und für den übrigen Verlauf als brauchbar erhofft wird. (Genauer müsste ε auch unter den Funktionszeichen neben λ und $\varkappa$ auftreten, dann würde die Rechnung aber wohl hoffnungslos verwickelt.) Der obige Ansatz stellt jedenfalls *bei kleinem* ε eine zulässige Näherung dar; bei mäßig großem ε wird er wenigstens qualitativ richtige Ergebnisse liefern.

Nach Zurückdrehung des Bezugssystems auf das ursprüngliche ergibt sich jetzt mit $U = U_* \cos\alpha$ und $V = U_* \sin\alpha$

$$u = U\varphi - \varepsilon V \psi; \qquad v = V\varphi + \varepsilon U \psi. \tag{4}$$

Hiermit wird noch

$$\begin{aligned}\tau_{xz}(0)/\varrho &= \nu\left(U\varphi'(0) - \varepsilon V\psi'(0)\right),\\ \tau_{yz}(0)/\varrho &= \nu\left(V\varphi'(0) + \varepsilon U\psi'(0)\right).\end{aligned}\tag{5}$$

Der Parameter λ kann fürs erste nach K. POHLHAUSEN $=\frac{\partial U_*}{\partial x_*}\frac{\delta^2}{\nu}$ oder besser nach neueren Göttinger Arbeiten $=\frac{\partial U_*}{\partial x_*}\frac{\vartheta^2}{\nu}$ mit $\vartheta =$ Impulsdicke in Richtung U_* gesetzt werden; $\varkappa$, das wie λ dimensionslos sein soll, wird man $=\frac{\delta^{*2}}{\nu}\left(\frac{\partial U}{\partial x}+\frac{\partial V}{\partial y}\right)$ setzen können ($\delta^* =$ Verdrängungsdicke). Damit ergeben sich aus dem System (2) zwei simultane partielle Differentialgleichungen erster Ordnung für δ und ε (bzw. ϑ und ε), die numerisch gelöst werden können, wenn die beiden Größen auf einer Linie gegeben sind, die die Potentialstromlinien unter einem Winkel $> \beta$ schneidet.

3. *Es gilt nun Beispiele strenger Lösungen zu gewinnen.* Die Lösungen von COCHRAN [*3*] für die ruhende Flüssigkeit an rotierender Platte und von BÖDEWADT [*4*] für die gleichförmig rotierende Flüssigkeit an ruhender Platte liegen für uns etwas abseits. Die einfachste räumliche Potentialströmung auf ruhender Platte wird von dem Problem der Strömung an einem schräg angeblasenen zylindrischen Stab geliefert. Wird eine Zylindererzeugende zur x-Achse gewählt, so ergibt sich in die Ebene abgewickelt $U =$ konst., $V = F(y)$. Damit werden u und v unabhängig von x und somit die Differentialgleichung für v unabhängig von u, kann also nach gewöhnlichen Grenzschichtmethoden vorab gelöst werden. Hinterher kann u aus seiner Gleichung ermittelt werden. Für den einfachsten Fall, $V = c\,y$, wird wegen $\delta = \text{Zahl}\cdot\sqrt{\nu/c} =$ konst., mit $\partial U/\partial y = 0$ auch $\partial u/\partial y = 0$ und somit u eine reine Funktion von z, die aus $w\frac{\partial u}{\partial z} = \nu\frac{\partial^2 u}{\partial z^2}$ durch zwei aufeinanderfolgende Quadraturen erhalten werden kann.

Für v erhält man in diesem Fall $v = c\,y\,f(\zeta)$, wo $\zeta = z/\sqrt{\nu/c}$ und $f(\zeta)$ die BLASIUS-HIEMENZsche Funktion ist; u wird $= U\,F(\zeta)$ mit

$$F(\zeta) = \int\limits_0^\zeta e^{-\int\limits_0^\zeta\int\limits_0^\xi f(\zeta)\,d\zeta\,d\xi}\,d\zeta \Bigg/ \int\limits_0^\infty e^{-\int\limits_0^\zeta\int\limits_0^\xi f(\zeta)\,d\zeta\,d\xi}\,d\zeta .$$

Abb. 1 zeigt den Verlauf von f und F abhängig von ζ.

Ich hatte beabsichtigt, als zweites Beispiel den *Potentialwirbelfaden* zu nehmen und als weitere die *Linienquelle* und *-senke* für eine zur Wand senkrechte Linie, und die Überlagerungen dieser Strömungen mit der *Wirbelströmung*, so daß eine größere Anzahl typischer *Strömungsfälle* gewonnen würde, die es ermöglichen, den Einfluß der Parameter λ und $\varkappa$ auf die Profilform zu studieren und so zu praktischen Vorschlägen für $\varphi(\zeta)$ und $\psi(\zeta)$ zu gelangen. Beide Strömungsarten weisen Potentialgeschwindigkeiten proportional zu $1/r$ auf und liefern für die Annahme δ proportional zu r eine Produktzerlegung der Lösung. Leider haben wir, d. h. Herr WIEGHARDT, der mir hilfreich zur Hand ging, und ich, hiermit verschiedene Wochen verloren, ohne zu einem Resultat zu gelangen. Durch die Eigenart der zwei simultanen Differentialgleichungen für $r\,u(\zeta)$ und $r\,v(\zeta)$, wo $\zeta = \frac{z}{r}\Big/\sqrt{\frac{\nu}{C}}$ ist, ergab sich beim Potentialwirbel überhaupt keine Lösung, und bei dem Quellfaden und der *Wirbelquelle*

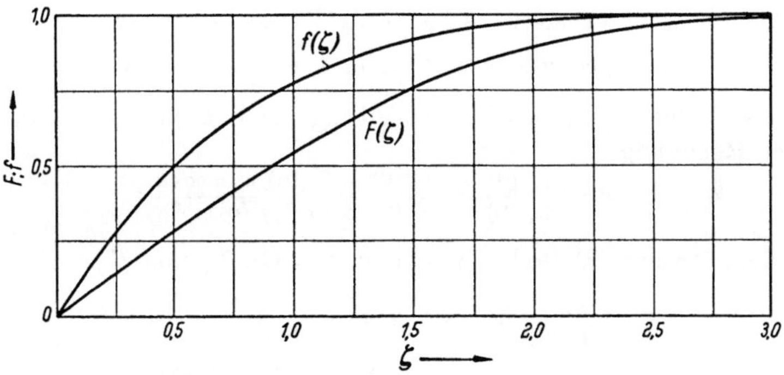

Abb. 1. Verlauf von $u/U = F(\zeta)$ und $v/cy = f(\zeta)$ bei der laminaren Staulinienströmung

war die Wandschubspannung willkürlich geblieben. Herrn MANGLER verdanken wir den Hinweis auf eine Rechnung von R. H. MILLS [5], der für die *Quellinienströmung* diese Unbestimmtheit bereits früher festgestellt hat. Die Unbestimmtheit hängt offenbar damit zusammen, daß die *Quellströmung* bei $r = 0$ mit unendlicher Geschwindigkeit und wegen $\delta = 0$ mit einer Singularität beginnt, und daß man in diese Singularität alle möglichen Impulswerte unterbringen kann. Bei der Wirbelsenke ist ein Grund für die Vieldeutigkeit nicht einzusehen. Jedenfalls zeigte die Differentialgleichung auch hier unangenehme Eigenschaften, die der Gewinnung einer annehmbaren Lösung entgegenstanden. Die Bemühungen sollen aber fortgesetzt werden. Eine eindeutige Lösung ist zuverlässig zu erwarten, wenn man bei der *Quellströmung* um die *Quellinie* herum ein endliches kreisförmiges Loch mit scharfem Rand bzw. bei der *Senkenströmung* eine endliche kreisförmige Platte mit scharfem Rand annimmt, an der die bis dahin völlig reguläre Strömung sich wie bei der BLASIUSschen Platte teilt. Die Durchführung dieser Aufgabe, bei der man nicht mit einem Produktansatz $u = \frac{c_1}{r} f\left(\frac{z}{r}\right)$;

$v = \frac{c_2}{r}\, g\left(\frac{z}{r}\right)$ auskommt, wird jedoch sehr mühsam sein[1]. Jedenfalls sind bei dieser schärferen Fassung des Problems wohl sämtliche bei MILLS aufgezeigten Geschwindigkeitsprofile aus Energiegründen abzulehnen, da in ihnen Geschwindigkeiten vorkommen, die größer als die Potentialgeschwindigkeit sind.

4. Über den Verlauf der Funktionen φ und ψ, sowie über die hierin auftretenden Parameter $\varkappa$ und λ können bei der oben geschilderten Lage der Dinge vorerst nur aus dem einen fertig vorliegenden Beispiel der „*Staulinienströmung*" Aussagen gewonnen werden. Zunächst einige allgemeine Formeln: Es sei $u = U\,F(x, y, \zeta)$; $v = V\,f(x, y, \zeta)$, weiter $U = U_* \cos\alpha$, $V = U_* \sin\alpha$, dann ist

$$\begin{aligned} u_* &= u\cos\alpha + v\sin\alpha = U_*(F\cos^2\alpha + f\sin^2\alpha), \\ v_* &= v\cos\alpha - u\sin\alpha = U_*(f - F)\sin\alpha\cos\alpha. \end{aligned} \tag{6}$$

Hieraus findet man, mit $'$ = Ableitung nach z oder $\zeta = z/\delta$, nach kurzer Rechnung

$$\varepsilon = \frac{v'_*(0)}{u'_*(0)} = \frac{(f'(0) - F'(0))\sin\alpha\cos\alpha}{F'(0)\cos^2\alpha + f'(0)\sin^2\alpha}. \tag{7}$$

Aus dem Ansatz (3) findet man nun mit Gl. (6) und (7)

$$\begin{aligned} \varphi &= \frac{u_*}{U_*} = F\cos^2\alpha + f\sin^2\alpha, \\ \psi &= \frac{v_*}{\varepsilon\, U_*} = (f - F)\,\frac{F'(0)\cos^2\alpha + f'(0)\sin^2\alpha}{f'(0) - F'(0)}. \end{aligned} \tag{8}$$

Mit $\operatorname{tg}\alpha = V/U$ wird $\cos^2\alpha = U^2/(U^2 + V^2)$, $\sin^2\alpha = V^2/(U^2 + V^2)$ und $\sin\alpha\cos\alpha = U\,V/(U^2 + V^2)$.

In unserem Beispiel ist U = konst., $V = c\,y$; weiter ist $F'(0) = 0{,}571$; $f'(0) = 1{,}233$. Aus Gl. (7) ist zu sehen, daß ε und v_* für $y = 0$ und $y = \infty$ ($\alpha = 0$ und $\alpha = 90°$) Null werden. Der Faktor von $f - F$ in der zweiten Gl. (8) bleibt aber endlich. Er ist für $\alpha = 0°$ gleich 0,863, für $\alpha = 45°$ gleich 1,363 für $\alpha = 90°$ gleich 1,863. Dieser Gang geht parallel mit dem Gang von λ. In dem gegenwärtigen vorbereitenden Stadium mag es genügen, die Parameter auf die Rechengröße $\delta' = \sqrt{\nu/c}$ zu beziehen und mit λ' und $\varkappa'$ zu bezeichnen; es wird $\delta'^2/\nu = 1/c$. Mit

$$d\,U_* = \frac{\partial U_*}{\partial y}\,dy = c\,dy\sin\alpha$$

und dx_* auf der Stromlinie $= dy/\sin\alpha$ wird $d\,U_*/d\,x_* = c\sin^2\alpha$, also

$$\lambda' = \sin^2\alpha\left(\frac{\partial U_*}{\partial x}\text{ ist } = 0!\right).$$

---

[1] Ein Anfang solcher Rechnungen scheint in zwei Arbeiten von A. VON WIJNGAARDEN [6] enthalten zu sein, die uns jedoch z. Z. nicht zugänglich sind.

Weiter ist
$$\varkappa' = \frac{\delta'^2}{\nu}\left(\frac{\partial U}{\partial x} + \frac{\partial V}{\partial y}\right) = \frac{1}{c}\, c = 1 = \text{konst.}$$

(Bei den Wirbel- und Quellströmungen wäre $\varkappa' = 0$ gewesen und λ' würde sich zwischen $+1$ und -1 bewegt haben.) Abb. 2 zeigt den Verlauf von φ und ψ abhängig von z/δ' für $\alpha = 0°$, $45°$ und $90°$.

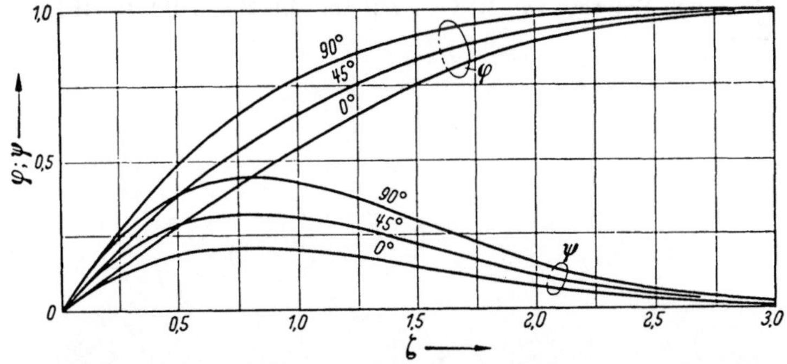

Abb. 2. Verlauf von $\varphi(\zeta)$ und $\psi(\zeta)$ bei der laminaren Staulinienströmung abhängig von α

Der Vollständigkeit halber seien für späteres Studium noch die folgenden Werte für die *Staulinienströmung* angegeben. Für

für
$$y = 0\,(\varphi = \text{Funktion}\, F(\zeta)) : \delta^* = 1{,}153\,\delta'; \qquad \vartheta = 0{,}535\,\delta'$$
$$y \to \infty\,(\varphi = \text{Funktion}\, f(\zeta)) : \delta^* = 0{,}648\,\delta'; \qquad \vartheta = 0{,}292\,\delta'.$$

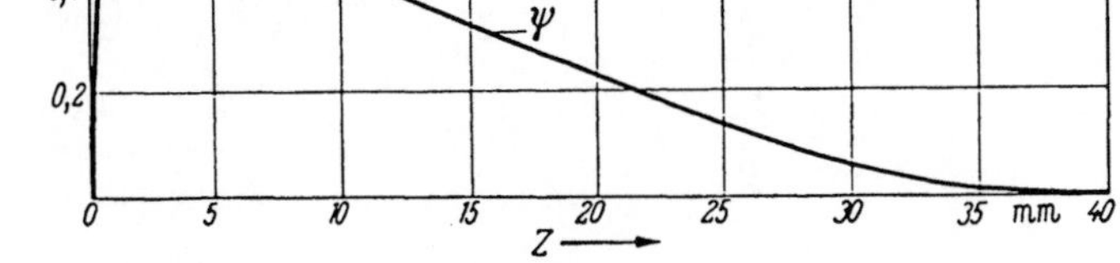

Abb. 3. Verlauf von φ und ψ in einem gekrümmten Kanal bei turbulender Strömung nach Gruschwitz

Um ein Bild von dem Verlauf von φ und ψ im turbulenten Fall zu geben, sind in Abb. 3 diese Funktionen für das Profil 18 der Gruschwitzschen Arbeit wiedergegeben.

Schrifttum

[1] E. Gruschwitz, Ing.-Arch. Bd. 6 (1935) S. 355.
[2] A. Kehl, Ing.-Arch. Bd. 13 (1942) S. 293.
[3] W. G. Cochran, Proc. Cambridge Philos. Soc. Bd. 30 (1934) Teil 3.
[4] U. T. Bödewadt, Z. angew. Math. Mech. Bd. 20 (1940) S. 241.
[5] R. H. Mills, J. Aeron. Sci. Bd. 5 (1938) S. 325.
[6] A. v. Wijngaarden, Zwei Berichte an die Niederl. Akademie der Wiss. 1942/43, vgl. Referate von H. Görtler im Zbl. Mech. Bd. 12 (1942/43) S. 78 u. 226.

V. TURBULENZ UND WIRBELBILDUNG

Zeitschrift für angewandte Mathematik und Mechanik Bd. 1 (1921) S. 431—436
Physikalische Zeitschrift Bd. 23 (1922) S. 19—25

Bemerkungen über die Entstehung der Turbulenz

Die bisherigen mathematischen Untersuchungen über die Entstehung der Turbulenz haben zu der Ansicht geführt, daß die *kleinen* Schwingungen einer durch Zähigkeitswirkungen zwischen zwei Wänden entstandenen Laminarströmung immer gedämpft verlaufen[1]. Die beobachtete Turbulenz sollte deshalb das Ergebnis von Störungen mit *endlicher* Amplitude sein. Die bei den Versuchen gefundene Abhängigkeit des kritischen Zustandes von der Größe der Eintrittsstörung, vgl. den vorangehenden Vortrag von L. Schiller, schienen für diese Ansicht zu sprechen.

Um zu erfahren, wie denn die Turbulenz in Wirklichkeit entsteht, ließ ich in Göttingen einen 6,5 m langen offenen Kanal von rechteckigem Querschnitt (15 cm weit, 25 cm tief) herstellen und beobachtete die Strömung darin nach der Ahlbornschen Methode (aufgestreutes Lykopodium). Die Erwartung, daß es nunmehr sofort offenbar werden würde, wie die Turbulenz entsteht, wurde aber fürs erste enttäuscht. Es war zunächst nur festzustellen, daß sie entsteht. Plötzlich, ohne erkennbare Vorbereitung, tauchten in der Nähe einer Wand kleine Wirbelchen auf, die sich nun schnell vermehrten. Außerdem sah man manchmal wellige Formen mit langsam zunehmender Amplitude, die aber nicht immer zu einer eigentlichen Turbulenzerscheinung führten. Diese Wellen mit zunehmender Amplitude widersprachen aber ganz dem Dogma von der Stabilität der kleinen Schwingungen, so daß ich zuerst dazu neigte, zu glauben, daß ich diese nicht sehr häufige Erscheinung nicht ganz richtig gesehen hätte.

Wir warfen uns nun auf die theoretische Behandlung und, um es gleich vorwegzunehmen, wir fanden entgegen dem Dogma eine Labilität der kleinen Schwingungen.

---

[1] Der von Herrn F. Noether in den Göttinger Nachr. 1917, Math.-phys. Klasse, S. 199, untersuchte Fall, der bei Reibungslosigkeit wie bei kleiner Reibung Instabilität ergibt, scheidet hier aus, weil die dortige Geschwindigkeitsverteilung in den hier in Betracht zu ziehenden Fällen niemals entstehen kann.

Der Plan der Rechnung war zunächst ein anderer gewesen. Wir, d. h. wesentlich Herr O. TIETJENS, der unter meiner Leitung die Rechnungen machte, untersuchten die Stabilität und Labilität von Laminarströmungen, wie sie längs einer Wand durch länger dauernde Einwirkung einer geringen Zähigkeit entstehen[1], und zwar nach der von LORD RAYLEIGH angegebenen Methode unter Vernachlässigung der Reibung[2]. RAYLEIGH ersetzt das Geschwindigkeitsprofil durch einen geknickten Linienzug, was darauf hinauskommt, daß Differenzengleichungen an Stelle der Differentialgleichungen treten[3]. Die von uns untersuchten Geschwindigkeitsprofile entsprechen der Abb. 1.

Es zeigte sich nun, daß jede noch so kleine Einbuchtung von der Art des Profils c Labilität ergibt. Solche Einbuchtungen kommen vor allem bei der Umströmung von gerundeten Körpern zwischen dem Geschwin-

---

[1] Setzt man z. B. zur Zeit $t = 0$ für

$$y > 0 \qquad U = U_0 = \text{konst.}$$

und fordert $U = 0$ für $y = 0$, $t > 0$ entsprechend dem Haften an der Wand, so ergibt eine bekannte Rechnung

$$U = \frac{2\,U_0}{\sqrt{\pi}} \int_0^{\eta} e^{-\eta^2}\, d\eta,$$

wobei $\eta = \dfrac{y}{2\sqrt{\nu t}}$ ist. Für Zeiten von der Größenordnung $T = \dfrac{y_1^2}{4\nu}$ erlangt die Übergangsschicht eine Dicke von der Größenordnung y_1.

[2] On the stability or instability of certain fluid motions II. Proc. Lond. math. Soc. XIX (1887) S. 67. — Papers III, S. 17.

[3] Die RAYLEIGHsche Untersuchung nimmt eine wellenförmige Störung u, v an, die sich der Hauptströmung $U(y)$ überlagert. u und v mögen den Faktor $e^{i(kx+nt)}$ haben. Ihre Abhängigkeit von y ist noch unbekannt. Die Kontinuität liefert in komplexer Schreibweise $u = \dfrac{i}{k}\dfrac{\partial v}{\partial y}$; die HELMHOLTZsche Wirbelgleichung liefert sodann, wenn die zweite Ordnung in u, v vernachlässigt wird,

$$\left(\frac{n}{k} + U\right)\left(\frac{\partial^2 v}{\partial y^2} - k^2 v\right) - v\,\frac{d^2 U}{d y^2} = 0.$$

Setzt man mit RAYLEIGH streifenweise $\dfrac{\partial U}{\partial y} = \text{konst.}$, so wird im Innern der Streifen, da im allgemeinen $\dfrac{n}{k} + U \neq 0$ ist, $\dfrac{\partial^2 v}{\partial y^2} = k^2 v$, also $v = A\,\mathfrak{Sin}\,ky + B\,\mathfrak{Cof}\,ky$. Für die Grenze zwischen zwei Streifen wird durch Integration und Grenzübergang auf Breite Null der Übergangszone

$$\left(\frac{n}{k} + U\right)\left(\frac{\partial v}{\partial y}_{\mathrm{II}} - \frac{\partial v}{\partial y}_{\mathrm{I}}\right) = v\left(\frac{dU}{dy}_{\mathrm{II}} - \frac{dU}{dy}_{\mathrm{I}}\right).$$

Zusammen mit den Grenzbedingungen an den Wänden (oder — bei uns — an der Wand und im Unendlichen) ergibt sich eine Determinante, aus der n bestimmt wird. Die Gleichung für n ist von ebenso hohem Grade, als das Geschwindigkeitsprofil Knicke hat.

digkeitsmaximum und der Ablösungsstelle vor. Durch die erwähnte Rechnung ist also der Grund für die Labilität der Grenzschicht, die bei der Strömung um Kugeln und andere gerundete Körper zur Turbulenz und zu dem bekannten Sprung in der Widerstandszahl führt[1], aufgedeckt. Bei einer Strömung im Rohr oder an einer ebenen Wand können solche Einbuchtungen des Geschwindigkeitsprofils durch hinreichend starke in der Strömung vorhandene Wirbel — aber auch durch mangelhafte Ebenheit der Wand erzeugt werden, und so die Bedingungen für das Entstehen einer Anzahl kleinerer Wirbel sein.

Wenn, wie anzunehmen war, die Zähigkeit eine Dämpfung, also eine Verringerung der Labilität brachte, so mußte sich für jede Größe der Anfangsstörung eine REYNOLDSsche Zahl ergeben, unterhalb der die Labilität verschwand; die stärkeren Störungen brachten stärkere Einbuchtung des Geschwindigkeitsprofils und damit stärkere Labilität; dieser entsprach eine niedrigere kritische Zahl in schönster Übereinstimmung mit dem Versuch.

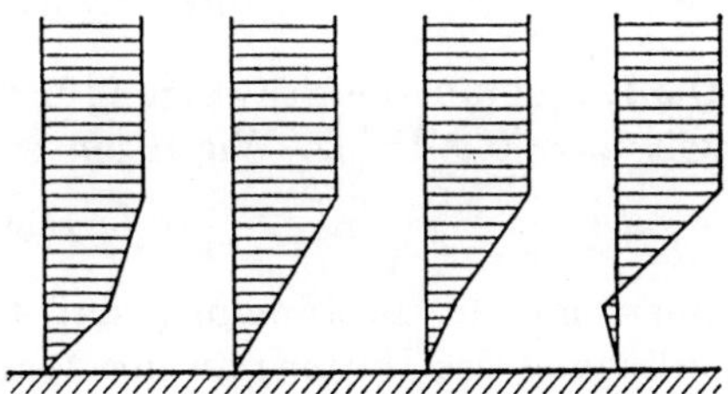

Abb. 1

Wir gingen also daran, unsere Rechnung durch Berücksichtigung der niedrigsten Ordnung der Zähigkeit zu verbessern. Bei der Untersuchung der verschiedenen Reibungseinflüsse zeigte sich, daß bei kleiner Zähigkeit ein Einfluß von der Größenordnung $\sqrt{\nu}$ vorherrscht, der von Vorgängen in der unmittelbaren Wandnähe herstammt (ν = kinematische Zähigkeit = μ/ϱ). Da die reibungslose RAYLEIGH-Schwingung ein Gleiten an der Wand ergibt, entsteht nämlich hier bei Berücksichtigung der Reibung eine dünne Grenzschicht, in der sich der Übergang von der Geschwindigkeit Null an der Wand auf die Geschwindigkeiten vollzieht, die die RAYLEIGHsche Rechnung liefert. Daß die in der RAYLEIGHschen Rechnung zur Vereinfachung der mathematischen Aufgabe eingeführten Knicke sich durch die Wirkung der Zähigkeit abrunden würden, braucht uns nicht zu stören, denn diese Knicke sind nur der Rechnung wegen eingeführt; man hat sich in Wirklichkeit an ihrer Stelle runde Formen zu denken, die sich durch die Zähigkeit höchstens um Größen von der Ordnung ν verändern, die wir bereits vernachlässigen. Das ganze Verfahren kommt darauf hinaus, daß wir nur den Streifen von der kleinen Breite der Grenzschicht (Größenordnung $\sqrt{\nu/n}$, Bezeichnung siehe Fußnote 3, S. 688) als reibende Flüssigkeit ansehen, das übrige als reibungslose. Wir kommen so auch über die Schwierigkeit hinweg, daß unser

[1] Vgl. etwa C. WIESELSBERGER, Z. angew. Math. Mech. Bd. 22 (1921) S. 321.

Geschwindigkeitsprofil strenggenommen nicht stationär ist (die vernachlässigte Veränderung in der Zeit τ ist von der Größenordnung $\frac{2\nu\tau U}{y_1^2}$).

Wenn man die Rechnung für unsere Grenzschicht unter der Annahme kleiner Schwingungen durchführt, dann ergibt sich eine nicht ganz einfache, jedoch von SOMMERFELD und HOPF[1] bereits sehr sorgfältig untersuchte Differentialgleichung. Wir wollen indes zum Unterschied von den genannten Autoren hier davon Gebrauch machen, daß die Zähigkeit sehr klein ist und ferner auch annehmen, daß die Geschwindigkeit U', mit der die Wellen der Störung in der X-Richtung fortschreiten, nicht zu klein ist, so daß die Schicht, die mit der Geschwindigkeit U' strömt, bereits außerhalb der Grenzschicht liegt[2]. Dann vereinfacht sich die Gleichung zu

$$\frac{\partial u}{\partial t} = \nu \frac{\partial^2 u}{\partial y^2} - \frac{1}{\varrho}\frac{\partial p}{\partial x}. \tag{1}$$

Die RAYLEIGHsche Schwingung liefere an der Wand eine Geschwindigkeit $u_1 = C\,e^{i(kx+n)}$. Wir fügen eine Zusatzgeschwindigkeit

$$u' = f(y)\,e^{i(kx+nt)}$$

hinzu, mit der Bestimmung, daß $f(0) = -C$ sein soll, um die Grenzbedingung des Haftens an der Wand zu befriedigen. In der Nähe der Wand außerhalb der Grenzschicht gilt genähert

$$-\frac{1}{\varrho}\frac{\partial p}{\partial x} = \frac{\partial u_1}{\partial t};$$

also ergibt sich mit $u = u_1 + u'$ aus Formel (1)

$$i\,n\,f(y) = \nu \frac{\partial^2 f}{\partial y^2};$$

hiermit wird

$$f(y) = -C\,e^{\pm(1+i)\,y\sqrt{n/2\nu}}, \tag{2}$$

wobei das Vorzeichen so zu wählen ist, daß der reelle Teil des Exponenten negativ wird, damit die e-Funktion mit wachsendem y abklingt.

Die Zusatzbewegung u' bringt vermöge der Kontinuität auch eine Zusatzgeschwindigkeit v' hervor. Es ist

$$\frac{\partial v'}{\partial y} = -i\,k\,u',$$

[1] A. SOMMERFELD, Atti del IV. congr. intern. dei Mathematici, Rom 1908; L. HOPF, Ann. Phys. (4) Bd. 43 (1914) S. 1.

[2] Es kommt darauf an, daß der Ausdruck

$$\frac{dU}{dy}\sqrt{\frac{\nu}{k\,U'^3}}$$

klein bleibt.

was wegen $v' = 0$ am Rande

$$v' = \mp \frac{i k C}{1 + i} \sqrt{\frac{2\nu}{n}} \left(1 - e^{\mp (1+i) y \sqrt{n/2\nu}}\right) e^{i(kx+nt)} \tag{3}$$

gibt.

Während u' außerhalb der Grenzschicht verschwindet, hat v' gemäß Formel (3) für größere y den asymptotischen Wert[1]

$$v' = \mp (1 + i) k C \sqrt{\frac{\nu}{2n}} e^{i(kx+nt)}. \tag{4}$$

Man kann sich die weitere Untersuchung dadurch sehr vereinfachen, daß man so tut, als ob dieser Wert von v' bereits an der Wand vorhanden wäre und daß man im übrigen, abgesehen von dieser Abänderung der Grenzbedingung, die Reibung nicht weiter berücksichtigt. Die Rückwirkung der Grenzschicht auf das Innere wird damit richtig dargestellt. Die Geschwindigkeit v' kommt in Wirklichkeit davon her, daß in der Grenzschicht die Geschwindigkeit u durch Reibung abgeändert ist. Unser vereinfachter Ansatz setzt dafür einen Durchtritt der Flüssigkeit durch die porös zu denkende Wand oder aber eine Schwingungsbewegung der Wand gemäß Gl. (4), wobei dann die Arbeitsleistung des Druckes genau die Stelle der in Wärme verwandelten Reibungsarbeit in der Grenzschicht einnimmt. Durch diesen Kunstgriff ist es also gelungen, die Zähigkeitswirkungen durch eine einfache Randbedingung für die reibungslose RAYLEIGH-Schwingung zu ersetzen.

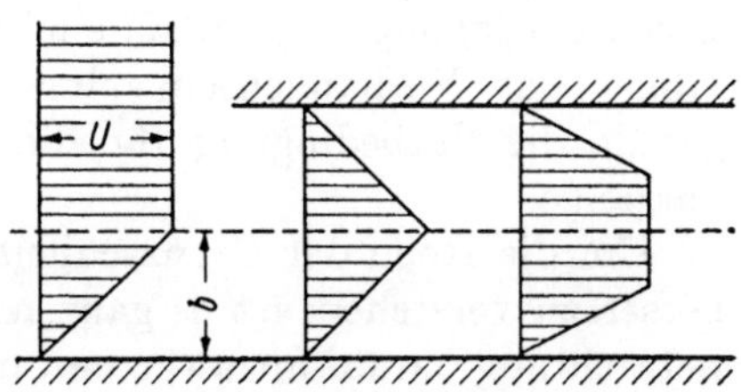

Abb. 2

Alle bisher von uns auf diese Weise durchgerechneten Strömungsprofile (vgl. Abb. 2) ergeben nun für den Fall, daß die Bewegung ohne Reibung stabil ist, mit Reibung eine *Anfachung* (negative Dämpfung), und zwar von einem Betrag, der durch Formeln von folgendem Bau wiedergegeben wird:

$$n = r + is, \quad \text{wobei} \quad s = -\text{Zahl} \cdot \frac{U}{b} \sqrt{\frac{\nu}{Ub}}.$$

(Der Ausdruck unter der Wurzel ist das Reziproke der REYNOLDSschen Zahl; die „Zahl" in der Formel ist eine von den Daten des Profils abhängige Funktion der Wellenlänge der Störung.)

[1] Die Formel (3) gilt der Ableitung gemäß nur für eine Schicht, in der das reibungslose u, das in Wirklichkeit einen $\mathfrak{Cof}\, ky$ enthält, als konstant nach y angesehen werden kann.

Wir haben dieses Ergebnis erst nicht glauben wollen und haben es daraufhin jeder dreimal unabhängig auf verschiedene Weise gerechnet. Es kam aber immer wieder dasselbe Vorzeichen, das Labilität bedeutet. Die begangenen Vernachlässigungen sind unter der Annahme einer sehr kleinen Zähigkeit einwandfrei. Das Ergebnis muß also hingenommen werden. Den bisherigen theoretischen Ergebnissen gegenüber, die immer Stabilität geliefert hatten, ist darauf hinzuweisen, daß diese ausschließlich den sogenannten COUETTEschen Fall behandeln[1], der sich auf die lineare Geschwindigkeitsverteilung zwischen zwei aneinander vorbeibewegten parallelen Wänden bezieht. Diese Strömung ist im RAYLEIGHschen Sinn nicht schwingungsfähig[2]. Die von uns untersuchten Strömungen besitzen aber sämtlich, reibungslos betrachtet, stabile Eigenschwingungen, d. h. sie sind einer ungedämpften Wellenbewegung fähig. Das Vorhandensein einer solchen Wellenbewegung ist aber gerade die Vorbedingung für die von uns untersuchten Grenzschicht vorgänge.

Um die Rolle der Grenzschicht für das Labilwerden der Strömung besser zu verstehen, ist es ganz lehrreich, die REYNOLDSsche Energiebetrachtung darauf anzuwenden, mit der auch H. A. LORENTZ in seiner bekannten Abhandlung[3] arbeitet. Dort wird die Zunahme der Energie der Störungsbewegung als die Differenz zwischen zwei Ausdrücken dargestellt, von denen der erste (M) die von der Hauptbewegung auf die Störungsbewegung übergehende Energie, der zweite (N) die der Störungsbewegung durch Reibungsarbeit entzogene (dissipierte) Energie darstellt. Der letztere Term liefert notwendig immer eine Dämpfung. In unserem Fall zeigt die nähere Untersuchung, daß die Dissipation in der Grenzschicht einen Betrag mit dem Faktor $\sqrt{\nu}$ ergibt, die ganze übrige Laminarströmung dagegen einen Betrag mit dem Faktor ν. Bei kleinem ν tritt der letztere Anteil also in der Tat gegen den ersteren zurück.

Der M-Term nimmt bei unserer Aufgabe den Ausdruck

$$\iint \frac{dU}{dy}\, u\, v\, dx\, dy$$

an, wo U die gegebene Laminarströmung ist. Der Wert dieses Ausdruckes hängt vor allem von dem Phasenunterschied der u-Welle und

---

[1] Mit Ausnahme des von NOETHER untersuchten Falles ($U = a y^3$), für den BLUMENTHAL ebenfalls Stabilität nachwies, vgl. Sitzungsber. bayr. Akad. Wiss. 1913, S. 309 u. 563.

[2] Die Zahl der Freiheitsgrade bei RAYLEIGH ist für gegebene Wellenlänge um eins kleiner als die Zahl der Streifen.

[3] Abhandlungen über theoretische Physik, S. 47ff., Leipzig 1907.

der v-Welle ab. Bei einem Phasenunterschied von 90°, wie er sich bei Reibungslosigkeit im Fall der stabilen Schwingung ergibt, ist der Ausdruck $= 0$. Die Bewegung v', die von der Grenzschicht geliefert wird, hat nun eine Phasenverschiebung von 135° sowohl gegen u wie gegen das reibungslose v und gibt daher mit u zusammen einen Energieübergang von der Hauptbewegung auf die Störungsbewegung, und zwar gemäß der Rechnung von einem Betrag, der in der Größenordnung mit der dissipierten Energie übereinstimmt, sie aber zahlenmäßig übertrifft. Es bleibt also von der übertragenen Energie immer etwas für das Anwachsen der Störung übrig.

Die durch diese Rechnung geschaffene Lage war nun, obwohl sie die Entstehung der Turbulenz zu erklären schien, gar nicht angenehm, denn es entstand jetzt die umgekehrte Schwierigkeit, wie die Laminarströmung gerettet werden sollte, die doch nach den Versuchen unterhalb der REYNOLDSschen Zahl 1000 stabil sein muß. Nach unserer vereinfachten Rechnung war dies gar nicht zu verstehen. Es muß aber betont werden, daß durch das geknickte Geschwindigkeitsprofil etwas Künstliches in die Rechnung hereingebracht wird, das besser vermieden würde. Man wird sich dazu entschließen müssen, wirklich einmal gekrümmte Laminarprofile auf ihre kleinen Schwingungen durchzurechnen. Dabei treten, wie schon von LORD RAYLEIGH festgestellt wurde, an der Stelle im Profil Besonderheiten auf, wo die Phasengeschwindigkeit der Störungswelle mit der Geschwindigkeit der Hauptströmung übereinstimmt. Dort verweilt nämlich ein und dasselbe Flüssigkeitsteilchen dauernd in demselben Druckgefälle, wodurch die Störung bei Reibungslosigkeit nicht klein bleiben kann. Bei Berücksichtigung der Reibung erhält man zwar ein vernünftigeres Resultat, doch werden auch hier die Geschwindigkeiten ziemlich groß. Eine Abschätzung ergab, daß der Betrag der Dissipation hier der Krümmung des Geschwindigkeitsprofils und der $^2/_3$-ten Potenz der Zähigkeit proportional ist[1]. Anfachung mit $\nu^{1/2}$ und Dämpfung mit $\nu^{2/3}$ würden nun bei passenden gar nicht großen Zahlenfaktoren die großen REYNOLDSschen Zahlen ergeben können, die man beobachtet (da die Zahlenfaktoren zur sechsten Potenz zu erheben wären). Jedoch steht im Hintergrund noch der M-Term, dessen Vor-

---

[1] Die Rechnung ergab für die Dissipation je Längeneinheit die Größenordnung

$$v_1^2\, K^2 \sqrt[3]{\frac{\nu^2}{\left(k \dfrac{dU}{dy}\right)^5}},$$

wobei K der Mittelwert von $-\dfrac{d^2 U}{d y^2}$ (der „Krümmung des Profils") in dem in Betracht kommenden Streifen und v_1 die Amplitude von v an der Stelle $U = U'$ ist.

zeichen noch nicht von vornherein festliegt und der deshalb die Sache noch umwerfen kann[1]. Hier kann also nur die genaue Durchrechnung weiterhelfen.

Diskussion

SOMMERFELD: Es ist sehr merkwürdig und auf den ersten Blick unwahrscheinlich, daß der COUETTEsche Fall, wie HOPF und v. MISES gezeigt haben, bei unendlich kleinen Störungen stabil, alle übrigen Strömungsfälle nach Herrn PRANDTL aber instabil sein sollen. Die Beobachtung läßt keinen solchen Unterschied erkennen, sondern ergibt in allen Fällen Instabilität oberhalb gewisser Grenzen, die allerdings sehr von den näheren Umständen abhängen. Worin liegt nach Ansicht des Herrn Vortragenden der Grund für die Ausnahmestellung des COUETTEschen Falles?

PRANDTL: Der COUETTEsche Fall ist, wie sicher vermutet werden muß, gegen endliche Störungen instabil, und solche werden bei den Versuchen schon vorgelegen haben. Die Ausnahmestellung des COUETTEschen Falles den kleinen Schwingungen gegenüber sehe ich, wie im Vortrag erwähnt, darin, daß eine reibungslose Bewegung dieser Art keiner Schwingung fähig ist, während andere Geschwindigkeitsvorstellungen solche Schwingungen besitzen[2].

v. KÁRMÁN: Die Unterscheidung zwischen schwingungsfähigen und nicht schwingungsfähigen Systemen — wie sie Herr PRANDTL darstellt — scheint mir nicht ohne Willkür zu sein, zudem man sich auf Geschwindigkeitsverteilungen beschränkt, welche aus geraden Linien bestehen, und an bestimmten, zunächst willkürlichen Stellen, einen Knick bilden.

---

[1] (Zufügung Oktober 1921). Hier ergeben sich zwei Terme von der Größenordnung

$$\frac{v^2 K^2 a^2}{k\left(\frac{dU}{dy}\right)^2}$$

von entgegengesetztem Vorzeichen, deren Differenz voraussichtlich eine mit v klein werdende Größe ist. Von dem Ausfall dieser Differenz hängt also alles ab. Möglicherweise ergibt sich für das Parabelprofil (POISEUILLE) wieder Stabilität für alle v, während bei dem Profil von Fußnote 1, S. 688, sicher bei kleinen v Instabilität bleiben wird, da hier in der Nähe der Wand $K = -\frac{d^2 U}{dy^2}$ sehr klein wird und für kleine k die ausgezeichnete Schicht ($U = U'$) nahe der Wand liegt.

[2] *Zusatz beim Druck:*

Die Schwingungen kommen in der Weise zustande, daß durch Querverschiebungen in der Flüssigkeit die Verteilung der Wirbelstärke geändert wird, woraus wieder Querbewegungen resultieren. Dies ist aber beim COUETTEschen Fall nicht möglich, da hier die Wirbelstärke über die ganze Strömung konstant ist. Hier könnte eine Querbewegung nur durch zusätzlich der Strömung aufgeprägte Wirbel erzeugt werden; solche Wirbel sind aber auszuschließen, da für ihre Entstehung kein Grund vorliegt, sofern man sie nicht etwa als Einlaufstörung ansehen will. Die HOPFschen Rechnungen zeigen aber, daß sie, sofern sie schwach genug sind, abklingen.

Es erscheint mir ferner zweifelhaft, ob man durch direkte Beobachtung der entstehenden Wirbel über das Wesen der Turbulenz etwas erfahren wird. Was man beobachtet, sind zumeist die ungemein komplizierten, durch allerlei Zufall beeinflußten Vorgänge im Übergangsgebiet zwischen laminarer und turbulenter Strömungsform. Die im statistischen Gleichgewicht befindliche stabile turbulente Strömungsform entzieht sich zunächst der direkten Beobachtung, weil die Vorgänge viel zu rasch vor sich gehen.

HOPF: Der Begriff der „schwingungsfähigen Strömung" macht mir Schwierigkeiten. Betrachtet man die Bewegung reibender Flüssigkeiten, so besteht sicher kein Unterschied zwischen schwingungsfähigen und nicht schwingungsfähigen Strömungen; dieser Unterschied tritt erst hervor, wenn man zur Grenze $R = \infty$, d. h. Reibung Null übergeht. Ich habe zwei verschiedene Strömungen untersucht, nämlich die COUETTEsche mit der gewöhnlichen und mit einer veränderten Randbedingung; dabei ergibt der Grenzübergang bei der ersten nie eine reine Potentialschwingung ohne Singularität, wohl aber bei der zweiten. In der Tat erweist sich die Strömung nur gegen solche Störungen als instabil, die bei Reibung Null in reine Potentialschwingungen übergehen. Man muß wohl nur diese Potentialschwingungen und nicht die anderen Formen unendlich kleiner Schwingungen, die sich im wesentlichen auf Singularitäten in schmalen Strömungsschichten konzentrieren, als „Schwingungen" in dem von Herrn PRANDTL gebrauchten Sinne ansehen.

PRANDTL: Der Bemerkung von Herrn HOPF glaube ich zustimmen zu können. Herrn v. KÁRMÁN erwidere ich, daß ich nach erlangter theoretischer Klärung doch aus dem Versuch allerhand Nützliches ersehen konnte, wenn nicht durch den bloßen Augenschein, so doch durch das Betrachten von photographischen Aufnahmen. Ich zeige hier noch eine photographische Aufnahme[1], die das Vorgetragene sehr gut zu erläutern vermag. Die Aufnahme, die in Abb. 3 wiedergegeben ist, bezieht sich auf eine Strömung in dem oben genannten Kanal bei abgerundetem Einlauf und bei einer REYNOLDSschen Zahl von rund 15000. Die photographische Kammer befand sich auf einem Wagen,

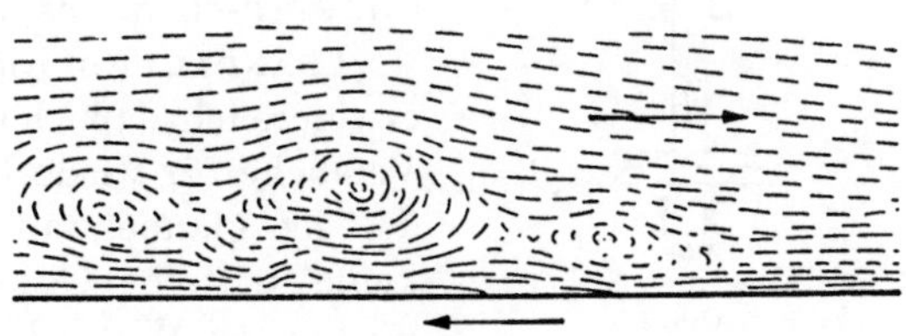

Abb. 3

[1] Statt des Lichtbildes ist eine Zeichnung wiedergegeben, da die Einzelheiten der Aufnahme bei der Wiedergabe im Druck zu sehr an Deutlichkeit verlieren würden.

der parallel zur Kanalachse gefahren werden konnte, und bewegte sich bei der Aufnahme mit einer Geschwindigkeit, die etwa $\frac{4}{5}$ der Geschwindigkeit des Wasserstromes in der Mitte des Kanals betrug. Dadurch erscheinen in der Aufnahme solche Punkte der mit Lykopodium bestreuten Oberfläche als Punkte, die die gleiche Geschwindigkeit wie die Kammer hatten. Man sieht deutlich von links her zwei große Wirbel vorrücken. Rechts von ihnen sieht man einen schwächer ausgebildeten. Die „Gruppengeschwindigkeit" der hier in Betracht kommenden Wellenbewegung ist nach der Rechnung größer als die Phasengeschwindigkeit, es bauen sich also — ebenso wie bei den Kapillarwellen — an eine Wellengruppe immer neue Wellen vorn an. Der erwähnte flache Wirbel ist als ein neuer im Entstehen begriffener Wellenberg der Störung anzusehen, der sich vor dem bereits vorhandenen aufbaut. Da sich die Wellenberge hier in Wirbel verwandeln, kommt ein Erlöschen entsprechender Wellen auf der Rückseite der Gruppe, wie es bei reinen Wellenbewegungen beobachtet wird, hier nicht in Frage.

Die im ersten Teil des Vortrages besprochene Erscheinung, daß durch vorhandene Störungen labile Zustände geschaffen werden, die zur Bildung neuer kleinerer Wirbel Anlaß geben, kann auf der linken Seite der Abbildung beobachtet werden, wo unter den großen Wirbeln bereits kleinere entstanden sind, die sich durch einen welligen Verlauf der Stromlinien kenntlich machen.

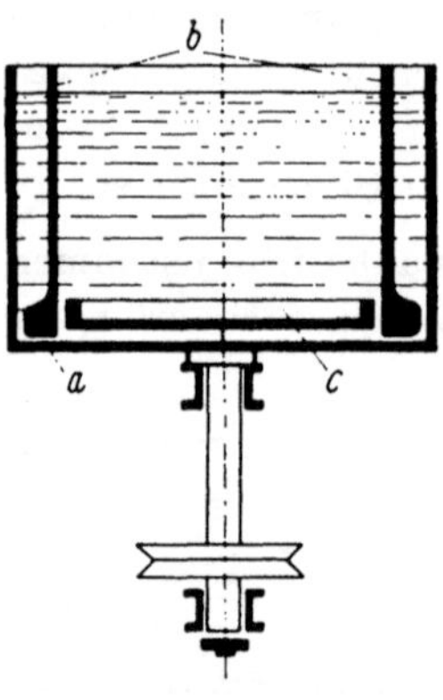

Abb. 4
a umlaufende Trommel, *b* ruhender Meßzylinder, an einer Torsionswaage befestigt, *c* ruhende Scheibe

Cl. Schäfer fragt den Vortragenden nach seiner Ansicht über die Versuchsanordnung von Couette. Er selbst habe die Absicht, den Couetteschen Versuch zu wiederholen.

Prandtl: Auf die Frage von Herrn Schäfer erwidere ich, daß ich in der Tat die Couetteschen Versuche für wiederholungsbedürftig halte, und daß ich glaube, daß man im idealen Fall dabei keine kritische Geschwindigkeit würde finden dürfen. In Wirklichkeit wird durch irgendeine Störung von endlicher Größe immer Turbulenz entstehen können und der turbulente Zustand wird sich dann auch erhalten. Solche Störungen können bei der Couetteschen Anordnung vom Boden heraufkommen; auch ungenügende Zentrierung der beiden Zylinder kann die Ursache sein. Man müßte demnach die Versuche einmal mit besonderer Sorgfalt wiederholen und dabei z. B. durch eine enge Stelle am unteren Rand des Versuchsspaltes dafür sorgen, daß keine Wirbel von unten heraufkommen können. Eine Versuchsanordnung nach der Skizze (Abb. 4) würde mir hierfür geeignet erscheinen.

Vorträge auf dem Gebiete der Hydro- und Aerodynamik, Innsbruck 1922. Herausgegeben von TH. v. KÁRMÁN und T. LEVI-CIVITA, S. 18—33. Berlin: Springer 1924.

Über die Entstehung von Wirbeln in der idealen Flüssigkeit, mit Anwendung auf die Tragflügeltheorie und andere Aufgaben

I.

Die Zähigkeit der wirklichen Flüssigkeiten ist in vielen Fällen so klein, daß ihre Wirkung im Inneren der Flüssigkeit vernachlässigt werden kann. Dies führt bekanntlich dazu, in den Rechnungen die Zähigkeit ganz außer acht zu lassen und statt der wirklichen Flüssigkeit eine ideale Flüssigkeit zu betrachten, die dann meist auch als homogen und unzusammendrückbar angenommen wird. Man beweist, daß im Inneren einer solchen idealen Flüssigkeit Rotation nicht entstehen oder, wenn sie besteht, nicht vergehen kann. Die Bewegungen von Wirbeln sind durch die Arbeiten von HELMHOLTZ, LORD KELVIN u. a. weitgehend aufgeklärt. Die Entstehungsweise solcher Gebilde bleibt dabei aber völlig dunkel; die Beobachtung, daß wir sie durch einfache Vorrichtungen erzeugen können, scheint vielmehr in offenem Widerspruch zu obigem Satz zu stehen.

In meiner auf dem Heidelberger Mathematikerkongreß vorgetragenen Arbeit habe ich darauf hingewiesen, daß in einer Flüssigkeit mit beliebig kleiner, aber doch von Null verschiedener Reibung eine dünne Schicht an den festen Begrenzungsflächen der Flüssigkeit vorhanden ist, in der die Geschwindigkeit um endliche Beträge von derjenigen in der „freien Flüssigkeit" verschieden ist. An der Begrenzungsfläche selbst „haftet" die Flüssigkeit, d. h. die Geschwindigkeit stimmt dort mit der des begrenzenden festen Körpers überein. In der dünnen Schicht, die wir „*Grenzschicht*" nennen, ist also jedenfalls Rotation vorhanden. Freie Wirbel, d. h. Stellen mit Rotation im Inneren der Flüssigkeit, werden nun offenbar dann vorkommen, wenn Flüssigkeit aus der Grenzschicht ins Innere gelangt.

Von den verschiedenen Möglichkeiten, wie Material aus der Grenzschicht ins Innere gelangen kann, sei hier hauptsächlich eine näher betrachtet, der „*Zusammenfluß von zwei getrennt gewesenen Flüssigkeitsströmen an einer scharfen Kante*"[1]. Die beiden Ströme können longitudinale und transversale Geschwindigkeitsunterschiede haben. Es

[1] Eine andere Art von „Zusammenfluß" ist von F. KLEIN in seiner Abhandlung „Über die Bildung von Wirbeln in reibungslosen Flüssigkeiten" besprochen worden. Z. Math. Phys. Bd. 58 (1910) S. 259.

wird also, wenn wir wieder zur reibungslosen Flüssigkeit übergehen, wobei die Grenzschicht die Dicke Null erhält, eine *Trennungsfläche mit einem Geschwindigkeitssprung* resultieren.

Wir erkennen also, daß wir in der idealen Flüssigkeit, die ja nicht um ihrer selbst willen, sondern nur als vereinfachtes Gedankenbild der wirklichen Flüssigkeiten erdacht worden ist, derartige durch Zusammenfluß entstandene Trennungsflächen zulassen müssen. Wir können auch noch die Feststellung verwerten, daß an scharfen, in die Flüssigkeit hineinspringenden Kanten in Wirklichkeit nicht die von der Potentialtheorie geforderten unendlich großen Geschwindigkeiten auftreten, sondern daß sich statt dessen immer Trennungsschichten ausbilden, und zwar von einem solchen Betrag des Geschwindigkeitssprunges, daß dadurch die Geschwindigkeit an der Kante endlich bleibt. Die Trennungsschichten treten also hinter scharfen Kanten regelmäßig auf, wenn ohne sie dort die Geschwindigkeit unendlich groß würde[1]. Auch dies kann, wie ich hier ohne Beweis erwähne, zunächst für die zähe Flüssigkeit eingesehen werden und bleibt beim Übergang zur idealen Flüssigkeit erhalten.

Die Grenzschichtentheorie lehrt, daß auch an gerundeten Flächen Trennungsschichten auftreten, und zwar an solchen Stellen, wo ohne sie der Flüssigkeitsstrom längs der Wand eine starke Verzögerung erfahren würde. Da hierbei aber Zähigkeitswirkungen innerhalb der Grenzschicht für den Ort der Ablösung der Strömung bestimmend sind, und ich hier von der Zähigkeit nicht reden will, mag dieser Fall hier außer Betracht bleiben.

II.

Bei den an Kanten ansetzenden Trennungsflächen lassen sich verschiedene Einzelfälle unterscheiden. Handelt es sich z. B. um die *stationäre Strömung um einen endlichen Tragflügel*, so führt die Forderung der Stetigkeit des Druckes an der Trennungsfläche zu dem Ergebnis, daß über und unter ihr der *Betrag* der Geschwindigkeit derselbe sein muß. Es folgt dies einfach aus dem Satz von Bernoulli. Der Geschwindigkeitssprung ist hier also rein transversal. Wenn die Tragfläche Auftrieb liefert, so muß ein Druckgefälle von der Unterseite über die Seitenränder weg nach der Oberseite bestehen, vgl. Abb. 1. Man erkennt leicht, daß durch die Wirkung dieses Druckgefälles die Stromlinien hinter der Tragfläche unten divergieren, oben konvergieren. An die Hinterkante wird sich also eine Trennungsfläche mit entgegengesetztem Drehsinn auf beiden Seiten anschließen. Der Geschwindigkeitssprung entspricht dabei völlig den Pfeilen von Abb. 1.

---

[1] Vgl. auch die Formulierung, die ich diesen Sätzen in meiner Tragflügeltheorie gegeben habe (Ziffer 4 der I. Mitteilung, hier S. 326/7).

Der Drehsinn und der Betrag der Zirkulation in der Wirbelschicht ist in vollständigem Einklang damit, daß das Zustandekommen des Auftriebes an eine Zirkulation der Strömung um den Flügel geknüpft ist, die nach der Joukowskischen Formel gleich Auftrieb pro Längeneinheit/Dichte $\times$ Geschwindigkeit ist:

$$\Gamma = \frac{a}{\varrho V}.$$

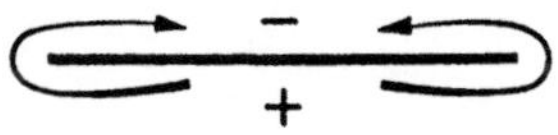

Abb. 1

Die „Zirkulation“ ist dabei das Linienintegral der Geschwindigkeit längs einer geschlossenen Linie, oder anders ausgedrückt, der Potentialsprung in der Trennungsfläche. Da die Trennungsfläche den Raum einfach zusammenhängend läßt, besteht bei der Bewegung im ganzen Raum außerhalb des Flügels ein eindeutiges Potential mit unstetigem Verlauf auf der Trennungsfläche.

Die Gestalt der Trennungsfläche ist, da sie sich von der seitlichen Kante her spiralig aufwickelt, sehr verwickelt (vgl. Abb. 2). Man gelangt jedoch in der Tragflügeltheorie dadurch zu Näherungsausdrücken

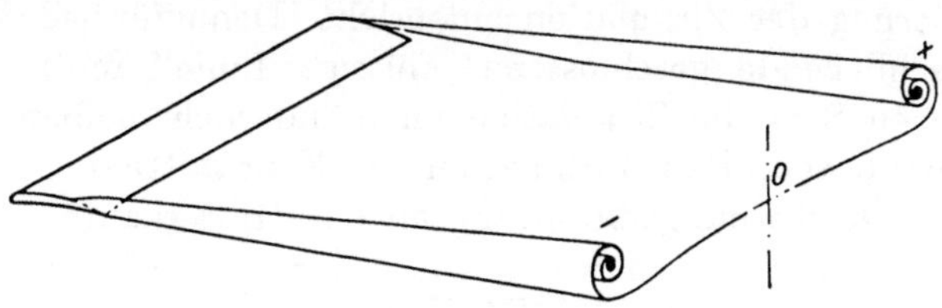

Abb. 2

für das Geschwindigkeitsfeld, daß man die Deformation der Trennungsfläche fürs erste vernachlässigt. Das bedeutet so viel, daß man nach dem Geschwindigkeitsfeld für den Fall eines sehr kleinen Auftriebs fragt, wobei dann der Geschwindigkeitssprung in der Trennungsfläche ebenfalls sehr klein (gegen die Flügelgeschwindigkeit) wird. Die Änderung des Geschwindigkeitsfeldes infolge der durch das Geschwindigkeitsfeld hervorgerufenen Deformation der Trennungsfläche ist dann — wenigstens in der Nähe des Tragflügels — eine kleine Größe zweiter Ordnung, also im Bereich einer Theorie erster Ordnung vernachlässigbar. Meist wird in dieser Theorie noch angenommen, daß der Tragflügel in der Flugrichtung so schmal ist, daß er ohne Fehler wie eine *„tragende Linie“* behandelt werden kann. Über die mathematische Gestalt dieser Theorie der ersten Ordnung wird Herr Trefftz das Nähere berichten.

III.

Auf andere Probleme wird man geführt, wenn man *nichtstationäre Strömungen* studiert. Wir wollen uns hier der Vereinfachung wegen auf zweidimensionale Strömungen beschränken.

Die *stationäre* zweidimensionale *Flügelströmung* liefert, wie bekannt, eine Potentialbewegung mit im allgemeinen mehrdeutigem Potential, aber ohne Unstetigkeiten in der Geschwindigkeitsverteilung. Nicht so die beschleunigte Strömung. Die Druckgleichheit zu beiden Seiten der Trennungsfläche verlangt, daß

$$\frac{\partial \Phi}{\partial t} + \frac{1}{2} v^2$$

auf beiden Seiten der Trennungsfläche in entsprechenden Punkten denselben Wert annimmt. Dem Potentialsprung an der Trennungsfläche entspricht im allgemeinen auch ein Sprung von $\partial \Phi / \partial t$, somit auch einer im Betrag von v. Es ergeben sich also hier Trennungsflächen mit longitudinalem Geschwindigkeitssprung.

Ein Beispiel, das verhältnismäßig einfach zu übersehen ist, mag zur Erläuterung dienen. Ein Tragflügel führe neben der gleichförmigen Vorwärtsbewegung eine periodische Auf- und Abbewegung aus, wobei gleichzeitig der Anstellwinkel verändert werden mag. Wenn der Auftrieb schwankt, so müssen Wirbel von solchem Betrag abgehen, als es der Änderung der Zirkulation entspricht. Denn für jede die Tragfläche umschließende geschlossene „flüssige Linie" muß nach dem THOMSONschen Satz die Zirkulation unveränderlich bleiben. In erster Näherung wird, wenn Γ die Zirkulation und V die mittlere Geschwindigkeit ist, der Geschwindigkeitssprung an der Hinterkante

$$v_I - v_{II} = \sigma = \frac{1}{V} \frac{d\Gamma}{dt}.$$

Es ergibt sich eine wellenförmige Trennungsschicht von abwechselnd positivem und negativem Drehsinn. Je nach der Phase, in der die Auf- und Abbewegung mit dem durch den Anstellwinkel beherrschten Auftrieb steht, kann Vortrieb oder Rücktrieb entstehen. Dem Vortrieb am Flügel entspricht eine Arbeitsleistung beim Schlagen des Flügels und ein nach rückwärts gerichteter Impuls der Strömung. Es

Abb. 3

ist leicht zu erkennen, daß die nebenstehende Wirbelkonfiguration (die natürlich allmählich in eine Wirbelstraße von der von Herrn v. KARMÁN studierten Art übergehen wird), diesen Rückwärtsimpuls aufweist (Abb. 3).

Die strenge mathematische Lösung solcher Aufgaben erscheint hoffnungslos schwierig. Dagegen läßt sich auch hier im Bereich einer

Theorie der ersten Ordnung wohl viel erreichen. Man muß dazu wieder die Auftriebe als klein annehmen. Die Eigenbewegung der Trennungsfläche wird vernachlässigt, es ergibt sich also eine vorgegebene Trennungsfläche mit vorgegebener Verteilung des Geschwindigkeitssprunges, aus der das Geschwindigkeitsfeld durch Quadraturen hergeleitet werden kann. Die Vereinfachung der Tragfläche zur tragenden Linie liefert hier keine vernünftigen Ergebnisse, da logarithmisch unendliche Terme auftreten. Man muß also endlich ausgedehnte Flügelprofile in Betracht ziehen.

Nach einem Vorschlag von Betz kann man so verfahren, daß man (im ebenen Problem) durch konforme Abbildung zu der Ebene übergeht, in der das Flügelprofil durch einen Kreis abgebildet wird, während das Unendliche unverändert bleibt. Man braucht nun nur das mit abgebildete Wirbelsystem der Trennungsfläche in bekannter Weise im Inneren des Kreises zu spiegeln, um dafür zu sorgen, daß der Kreis Stromlinie bleibt. Die Trennungsfläche muß dabei immer in dem Punkt des Kreises ansetzen, der der Hinterkante des Flügels entspricht, in dem gleichen Punkt muß die Stromlinie $\Psi = 0$ sich verzweigen. Die (veränderliche) Geschwindigkeit, die in Wirklichkeit der Flügel hat, wird mit entgegengesetztem Vorzeichen der Flüssigkeit im Unendlichen vorgeschrieben; die jeweilige Änderung der Zirkulation muß mit der austretenden Wirbelstärke übereinstimmen.

Eine andere Methode ist die folgende: Der Flügel wird als unendlich dünn angenommen und dadurch selbst als eine Trennungsfläche angesehen, aber natürlich eine, die den Helmholtzschen Sätzen nicht folgt, da sie ja Drücke auf die Flüssigkeit ausübt. Um zu einer mathematischen Formulierung zu gelangen, kann man eine dichte Folge von tragenden Linien von der Zirkulation $d\Gamma = \gamma\, dx$ annehmen, der ein Auftrieb pro Längeneinheit $da = \varrho\, V \gamma\, dx$ entspricht. Der Einfachheit halber seien die tragenden Linien alle in einer zur Flugrichtung parallelen Ebene angenommen. Die Größe γ bedeutet offenbar einen Geschwindigkeitssprung. Durch die zeitliche Änderung von γ entsteht ein weiterer Geschwindigkeitssprung σ, der nun aber den Helmholtzschen Gesetzen gehorcht, d. h. von der Strömung fortgeführt wird. Es gilt deshalb im Bereich der Theorie der ersten Ordnung innerhalb des Flügelprofils die Beziehung

$$\frac{d\gamma}{dt} + \frac{\partial \sigma}{\partial t} + V \frac{\partial \sigma}{\partial x} = 0,$$ [1]

außerhalb

$$\frac{\partial \sigma}{\partial t} + V \frac{\partial \sigma}{\partial x} = 0;$$

---

[1] Vgl. Anhang 1.

durch Integration ergibt sich hieraus:

$$\sigma(x,t) = \int_{x_0}^{x_1} \frac{d\gamma}{dt}\left(x', t - \frac{x - x'}{V}\right) \frac{dx'}{V},$$

wobei innerhalb des Profils $x_1 = x$, hinter dem Flügel von der Tiefe l aber $x_1 = x_0 + l$ zu setzen ist.

Es ist nun das von dem gesamten Geschwindigkeitssprung $\gamma + \sigma$ herrührende Geschwindigkeitsfeld zu berechnen und hinterher die Verteilung $\gamma(x, t)$ so zu bestimmen, daß die durch die vorgeschriebene Profilgestalt und Bewegung gegebenen Geschwindigkeiten in den vom Flügel eingenommenen Raumpunkten durch das Geschwindigkeitsfeld wirklich geliefert werden. Diese Rechnung ist in einer zur Zeit in der Fertigstellung befindlichen Dissertation durchgeführt[1]. Sie ist dadurch möglich geworden, daß die Funktion γ nach passenden Normalfunktionen entwickelt ist[2], und daß man sich begnügt hat, die Bedingung für die Geschwindigkeit nur an einer Anzahl diskreter Punkte zu befriedigen. Die Entwicklungen konvergieren leider nur für langsame Schlagbewegungen gut. Was die BETZsche Methode leistet, ist noch nicht erprobt. Sie wird in den Händen eines geschickten Rechners wohl auch zu numerischen Resultaten führen.

IV.

Eine andere nicht unwichtige Aufgabe ist die Klärung des *Bewegungsbeginnes* einer Tragfläche. Der Übergang von der Ruhe zur Potentialbewegung mit Zirkulation vollzieht sich natürlich durch Abspaltung eines Wirbels von entgegengesetzt gleicher Zirkulation. Daß der Wirbel im Idealfall aus einer Trennungsfläche besteht, ist klar. Wie sieht diese aber aus? Der Versuch gibt die Antwort, daß ihr Querschnitt eine sich immer mehr zusammenrollende Spirale ist.

Es gibt ein Beschleunigungsgesetz, bei dem Strömungen mit Trennungsflächen möglich sind, die sich *dauernd kongruent bleiben*, wo also nur die *Intensität* der Geschwindigkeit zeitlich anwächst. Setzt man nämlich die Geschwindigkeit des Körpers

$$V = \frac{c}{t_1 - t}$$

(und $t < t_1$), so wird das Potential der Relativströmung

$$\Phi = \frac{c\,\varphi}{t_1 - t}$$

---

[1] W. BIRNBAUM, Das ebene Problem des schlagenden Flügels (wird voraussichtlich in der Z. angew. Math. Mech. erscheinen).

[2] Vgl. Anhang 1.

(wo φ eine Länge ist). Der Ausdruck

$$\frac{\partial \Phi}{\partial t} + \frac{1}{2} v^2,$$

der für den Druck bestimmend ist, wird dann $= \frac{c}{(t_1 - t)^2}\left(\varphi + \frac{c}{2}(\operatorname{grad}\varphi)^2\right)$. Es genügt also, ein Potential φ so aufzustellen, daß die Grenzbedingungen in gewöhnlicher Weise erfüllt werden, und daß zu beiden Seiten der Trennungsfläche der Ausdruck $\varphi + \frac{c}{2}(\operatorname{grad}\varphi)^2$ den gleichen Wert annimmt. Die exakte Lösung irgendeiner praktischen Aufgabe ist bisher nicht gelungen, doch konnte ich bereits 1912 zeigen, daß eine Trennungsfläche von der Gestalt einer logarithmischen Spinale mit 30° Steigung eine Lösung darstellt[1]. Die Trennungsfläche ist hier zugleich Stromlinie. Das komplexe Potential lautet

$$\varphi + i\psi = C\left(\frac{z}{a}\right)^{\frac{1}{3}(1+i\sqrt{3})}.$$

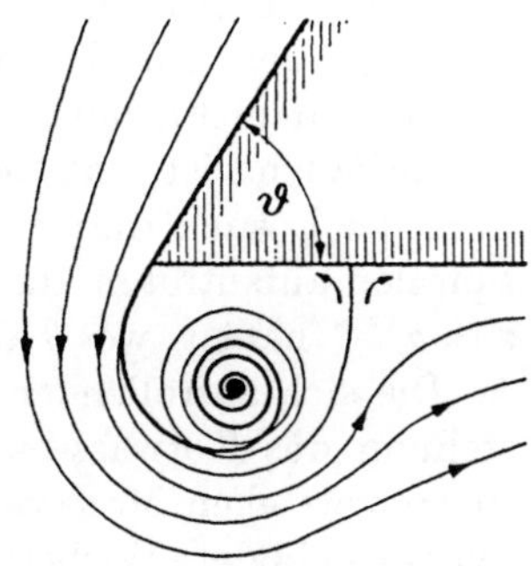

Abb. 4

Außer dieser „kongruent veränderlichen Strömung" habe ich damals auch die „ähnlich veränderte" Strömung behandelt, d. h. eine Strömung mit einer Trennungsfläche von wachsender Ausdehnung, die während des Wachsens sich dauernd geometrisch ähnlich bleibt[2]. Natürlich müssen auch die Grenzbedingungen dieselbe Ähnlichkeitstransformation befriedigen. Als Beispiel erwähne ich die Strömung um eine Ecke, vgl. Abb. 4.

Der allgemeine Ansatz ist offenbar

$$\Phi = c\, t^n \varphi(\xi, \eta),$$

wo

$$\xi = \frac{x}{t^m} \quad \text{und} \quad \eta = \frac{y}{t^m}$$

ist. Es ist

$$\frac{\partial \Phi}{\partial t} + \frac{1}{2} v^2 = c\, t^{n-1}\left\{n\varphi - m\left(\xi\frac{\partial\varphi}{\partial\xi} + \eta\frac{\partial\varphi}{\partial\eta}\right)\right\}$$
$$- \frac{1}{2} c^2 t^{2(n-m)}\left\{\left(\frac{\partial\varphi}{\partial\xi}\right)^2 + \left(\frac{\partial\varphi}{\partial\eta}\right)^2\right\}.$$

Damit $\varphi(\xi, \eta)$ von der Zeit unabhängig wird, muß $n - 1 = 2(n - m)$ sein, also $n = 2m - 1$.

Setzt man bei der Strömung um die Ecke mit dem Winkel ϑ fest, daß im Unendlichen $\Phi + i\Psi = a\, t^\lambda z^\mu$ sein soll, wobei $\frac{1}{\mu} = 2 - \frac{\vartheta}{\pi}$

[1] Vgl. Anhang 3. [2] Vgl. Jber. dtsch. Math.-Ver. 22 (1913) Abt. 2, S. 69.

zu setzen ist, dann ergibt sich durch Vergleichung der Exponenten $m = \frac{1+\lambda}{2-\mu}$, also z. B. für gleichförmige Beschleunigung ($\lambda = 1$) und eine dünne Platte ($\mu = \frac{1}{2}$): $m = \frac{4}{3}$, $n = \frac{5}{3}$.

Auch hier ist wieder die logarithmische Spirale eine mögliche Gestalt der Trennungsfläche. Für diese gilt offenbar neben der dynamischen Bedingung der Druckgleichheit noch die kinematische Beziehung: $\psi_1 = \psi_2$ auf beiden Seiten der Trennungslinie. Mit Rücksicht auf die HELMHOLTZschen Sätze ist weiter noch zu verlangen, daß die Geschwindigkeit, mit der sich der geometrische Ort $\psi_1 = \psi_2$ normal zur Trennungsfläche verschiebt, mit der Normalgeschwindigkeit der Flüssigkeit übereinstimmt. Hierdurch wird jedem Wert von m eindeutig eine bestimmte Steigung der Spirale zugeordnet[1]. Dem obigen Fall entspricht eine solche von nicht ganz 2°.

Auffallend ist, daß den Werten von m zwischen 0 und 1 keine vernünftige Lösung dieser Art entspricht. Hier scheinen anders geartete Spiralen aufzutreten, die in der Nähe des Zentrums den Charakter von $r = a/\vartheta^m$ haben, wo ϑ der Zentriwinkel ist.

Die sich aufrollenden Trennungsschichten lassen uns auch die Entstehung des Totwassers bei der KIRCHHOFFschen Strömung um die Platte verstehen. Man erkennt unschwer, daß sich das aus der Trennungsschicht gebildete Wirbelpaar im Lauf der Zeit ins Unendliche entfernt, wodurch dann das zwischen den Trennungsschichten befindliche Wasser zur Ruhe kommt.

Allerdings sind, wie schon HELMHOLTZ nachgewiesen hat, alle Trennungsschichten hochgradig labil, so daß in Wirklichkeit bei der geringsten Störung turbulente Vorgänge auftreten, die der Strömung dann einen ganz anderen Charakter verleihen können.

Ich habe im vorstehenden viele noch unfertige Dinge berührt. Meine Absicht war auch weniger, über gesicherte Endergebnisse zu berichten, als vielmehr Anregungen zu weiteren Forschungen zu geben. In solchem Sinne bitte ich meinen Vortrag bewerten zu wollen.

Anhang

(Nicht vorgetragen)

1. Die Gleichung für den Geschwindigkeitssprung beim nicht stationären ebenen Tragflügelproblem

$$\frac{\partial \gamma}{\partial t} + \frac{\partial \sigma}{\partial t} + V \frac{\partial \sigma}{\partial x} = 0, \tag{1}$$

für die im Vortrag eine aus den Anschauungen der Tragflügeltheorie entwickelte Herleitung gegeben ist, läßt sich auch unmittelbar aus der EULERschen Gleichung ableiten.

[1] Vgl. Anhang 4.

Es sei ein flaches Flügelprofil angenommen, das außer der geradlinigen Grundbewegung V noch irgendwelche willkürlich gegebenen Bewegungen ausführen möge, deren Geschwindigkeiten u und w (in Richtung von V und senkrecht dazu) überall klein gegen V sein mögen. Die X-Komponente der EULERschen Gleichung lautet dann für ein mit der Grundgeschwindigkeit V fortschreitendes Bezugssystem:

$$\frac{\partial u}{\partial t} + (V + u)\frac{\partial u}{\partial x} + w\frac{\partial u}{\partial z} + \frac{1}{\varrho}\frac{\partial p}{\partial x} = 0$$

oder, wenn man sich im Sinne der Ansätze der Tragflügeltheorie auf Glieder erster Ordnung beschränkt,

$$\frac{\partial u}{\partial t} + V\frac{\partial u}{\partial x} + \frac{1}{\varrho}\frac{\partial p}{\partial x} = 0. \tag{2}$$

Der Auftrieb für den Streifen von der Breite dx und der Länge 1 senkrecht zur XZ-Ebene ist offenbar $da = (p_u - p_o)\,dx$, wobei der Zeiger u den Zustand unter der Fläche, der Zeiger o den über der Fläche bedeuten soll. Nun ist aber in Anwendung des JOUKOWSKIschen Satzes auf erste Ordnung genau

$$da = \varrho V \gamma\, dx,$$

woraus für den tragenden Geschwindigkeitssprung γ die Gleichung folgt

$$\gamma = \frac{1}{\varrho V}(p_u - p_o). \tag{3}$$

Andererseits ist der gesamte Geschwindigkeitssprung im Flügel

$$\gamma + \sigma = u_o - u_u. \tag{4}$$

Schreibt man Gl. (2) einmal für die Oberseite des Flügels an und einmal für die Unterseite und bildet die Differenz, so erhält man unter Berücksichtigung von Gl. (3) und (4)

$$\frac{\partial}{\partial t}(\gamma + \sigma) + V\frac{\partial(\gamma + \sigma)}{\partial x} - V\frac{\partial \gamma}{\partial x} = 0,$$

was sich sofort zu Gl. (1) vereinfachen läßt.

2. Die in der zweidimensionalen Tragflächentheorie verwendeten Normalfunktionen für den tragenden Geschwindigkeitssprung γ lauten für einen von $x = -1$ bis $x = +1$ reichenden Flügel:

$$\text{a)}\ \sqrt{\frac{1-x}{1+x}}, \quad \text{b)}\ \sqrt{1-x^2}, \quad \text{c)}\ x\sqrt{1-x^2}$$

usw. mit steigenden Potenzen von x. Für den stationären Fall, wo keine freien Geschwindigkeitssprünge σ hinzutreten, liefert die Funktion a) mit einem passenden kleinen Dimensionsfaktor multipliziert die Umströmung einer unter einem kleinen Winkel geneigten ebenen Platte ($x = -1$ ist dabei der angeblasene Rand, an dem $\gamma = \infty$ wird); die

Funktion b) liefert einen Parabelbogen mit waagerechter Sehne (was bei den Grundannahmen der Aufgabe natürlich dasselbe ist wie ein Kreisbogen); der Fall c) liefert eine S-Kurve, d. h. eine Funktion dritten Grades als Profil. Wegen der Linearität der Aufgabe sind irgendwelche linearen Kombinationen der Normalfunktionen ohne weiteres verwendbar und liefern als Profil die entsprechenden linearen Kombinationen der Einzelprofile. $\varrho V \int \gamma\, d x$ liefert dabei den Auftrieb, $\varrho V \int \gamma\, x\, d x$ das Moment.

Das Feld der Normalverteilungen in der Umgebung des Flügels läßt sich in eine Reihe nach fallenden Potenzen von r entwickeln, in denen als Koeffizienten $\int \gamma\, d x$, $\int x \gamma\, d x$ und die höheren Momente auftreten. Die Reihen konvergieren außerhalb eines Kreises, dessen Durchmesser die Flügelsehne ist. Mittels dieser Reihe hat sich eine zweidimensionale Mehrdeckertheorie entwickeln lassen, die an Hand des mit komplexen Funktionen aufgeklärten Falles zweier paralleler ebener Platten nachgeprüft und als brauchbar erwiesen werden konnte. Dabei haben wir uns damit begnügt, die Geschwindigkeit der Strömung an drei Punkten des Profils in Übereinstimmung mit der durch das Profil gegebenen Richtung zu bringen, wodurch sich die Beiwerte der drei ersten Normalfunktionen der beiden Tragflügel ermitteln lassen. Diese von Herrn Ackermann durchgeführte Arbeit hat bei Kriegsende abgebrochen werden müssen und ist seither unvollendet geblieben.

In der Schlagflügelrechnung von Birnbaum zeigte sich, daß bei Beschränkung auf die ersten drei Normalfunktionen und auf die niedrigsten Potenzen der Schlagflügelfrequenz die Geschwindigkeiten, wenn sie an drei Punkten des oben angenommenen Profils zur Übereinstimmung gebracht werden, dann auch identisch über den ganzen Flügelquerschnitt stimmen. Birnbaum rechnet für den schlagenden und dabei mit der gleichen Periode, aber beliebiger Phase seinen Anstellwinkel verändernden Flügel einmal die Auftriebsverteilung $\varrho V \gamma$ und hieraus Auftrieb und Moment, dann den Widerstand bzw. Vortrieb $\int \varrho\, w\, \gamma\, d x$ (w = Vertikalgeschwindigkeit), die Schlagarbeit, die Vortriebsarbeit und die in den Wirbeln verbleibende Energie; daraus ergeben sich auch Beziehungen für den Wirkungsgrad, mit dem Schlagarbeit in Vortriebsarbeit verwandelt werden kann. Durch die abgehenden Wirbel erleidet der Auftrieb eine Verminderung und eine Phasennacheilung gegen die in elementarer Weise errechneten Werte.

Der Fall von Eigenschwingungen des elastisch gelagerten Flügels, wobei Widerstandsarbeit in Schwingungsenergie übergehen kann und so der Flügel in immer heftigere Schwingungen gerät, ist auch behandelt.

Die dreidimensionale Schlagflügeltheorie dürfte der strengen Behandlung nach den Ansätzen der Tragflügeltheorie ziemliche Schwierigkeiten entgegenstellen. Eine angenäherte Behandlung scheint aber durchaus möglich, und auch notwendig, da die zweidimensionale Theorie bei dem Fehlen der Randwirbel viel zu günstige Ergebnisse liefert. Hier wird zu dem induzierten Widerstand des stationären Flügels noch ein Widerstand durch die abgehenden Querwirbel entsprechend der zweidimensionalen Theorie und ein weiterer durch die der Auftriebsschwankung entsprechenden veränderlichen Randwirbel kommen. Die beiden letzten Wirbelarten werden dabei in der Weise zusammenwirken, daß die Abschwächung und Phasennacheilung der Auftriebskräfte gegenüber dem zweidimensionalen Fall noch vermehrt wird.

3. *Die Rechnung für die Spiralwirbel* sei hier kurz angegeben. Zunächst in dem Fall der *kongruent-veränderlichen Strömung*: Wir setzen den stationären Faktor des komplexen Potentials

$$f = \varphi + i\,\psi = C\left(\frac{z}{a}\right)^{\alpha + i\beta}. \tag{1}$$

Mit $z = r\,e^{i\vartheta}$ wird

$$f = C\left(\frac{r}{a}\right)^{\alpha} e^{-\beta\vartheta}\, e^{i\left(\alpha\vartheta + \beta \ln \frac{r}{a}\right)},$$

also mit reellem C und mit der Abkürzung

$$\alpha\,\vartheta + \beta \ln \frac{r}{a} = \lambda, \tag{2}$$

$$\varphi = C\left(\frac{r}{a}\right)^{\alpha} e^{-\beta\vartheta} \cos\lambda, \tag{3}$$

$$\psi = C\left(\frac{r}{a}\right)^{\alpha} e^{-\beta\vartheta} \sin\lambda. \tag{4}$$

An der Trennungsfläche, die räumlich festliegt, muß die Strömung beiderseits tangential verlaufen, also $\psi =$ konst. sein. Es handelt sich also darum, eine Linie $\psi =$ konst. zu finden, die mit einer anderen für $\vartheta_2 = \vartheta_1 + 2\pi$ identisch ist. Das ist offenbar nur der Fall bei der Stromlinie $\psi = 0$, für die $\sin\lambda = 0$ ist. Wenn in der Spirale, wie wir annehmen, nur eine einzige Trennungsschicht vorhanden ist, dann darf eine weitere Stromlinie $\psi = 0$ nicht mehr vorhanden sein, es muß also $\lambda_2 = \lambda_1 \pm \pi$ mit $\vartheta_2 = \vartheta_1 + 2\pi$ zusammenfallen, woraus sich aus Gl. (2) $\alpha = \pm\frac{1}{2}$ ergibt.

Setzt man $\lambda_1 = 0$, so erhält man für die Trennungsschicht aus Gl. (2) die Gleichung

$$r = a\,e^{-\frac{\alpha}{\beta}\vartheta}. \tag{5}$$

Die Steigung dieser logarithmischen Spirale ist $\operatorname{tg}\gamma = \alpha/\beta$. Die Spirale öffnet sich bei positivem $\operatorname{tg}\gamma$ im Uhrzeigersinn, wenn ϑ im Gegenzeigersinn wächst.

Es gilt jetzt noch die im Vortrag erwähnte dynamische Bedingung

$$\varphi_1 + \frac{c}{2} (\text{grad}\, \varphi_1)^2 = \varphi_2 + \frac{c}{2} (\text{grad}\, \varphi_2)^2 \tag{6}$$

für die beiden Seiten der Trennungsschicht zu erfüllen. Es ist dabei

$$\vartheta_2 = \vartheta_1 + 2\pi,$$

$$r_2 = r_1 = a\, e^{-\frac{\alpha}{\beta}\vartheta}.$$

Nun ist

$$(\text{grad}\, \varphi)^2 = \left|\frac{\partial f}{\partial z}\right|^2.$$

Aus Gl. (1) ergibt sich

$$\left|\frac{\partial f}{\partial z}\right| = \left|(\alpha + i\beta)\frac{f}{z}\right| = \sqrt{\alpha^2+\beta^2}\,\frac{C}{a}\left(\frac{r}{a}\right)^{\alpha-1} e^{-2\beta\vartheta}.$$

Dies in Gl. (6) eingeführt und r aus Gl. (5) in ϑ ausgedrückt, gibt nur dann einen von ϑ unabhängigen Wert von C, wenn ϑ in allen Exponenten mit demselben Faktor vorkommt. Dies gibt die Beziehung

$$\alpha^2 + \beta^2 = 2\alpha. \tag{7}$$

Aus dieser folgt, da α und β reell sein müssen, einerseits, daß α positiv sein muß; mit $\alpha = \frac{1}{2}$ (siehe oben) wird dann $\beta = \frac{1}{2}\sqrt{3}$, der Winkel γ also 30°.

Für die Länge C liefert Gl. (6) die Beziehung

$$C = \frac{2a^2}{c}\,\frac{1 + e^{-\pi\sqrt{3}}}{e^{2\pi\sqrt{3}} - 1}. \tag{8}$$

4. Bei „*ähnlich veränderter*“ *Spiralbewegung* wird folgendermaßen verfahren. Es sei mit

$$\zeta = \xi + i\eta = \frac{z}{a}\left(\frac{t}{T}\right)^{-m},$$

$$F = \Phi + i\Psi = C\left(\frac{t}{T}\right)^{2m-1}\zeta^{\alpha+i\beta}. \tag{9}$$

Wird wie mit Gl. (1) verfahren und

$$\alpha\vartheta + \beta\ln r - m\beta\ln\frac{t}{T} = \lambda \tag{10}$$

gesetzt, so ergibt sich für reelles C:

$$\Phi = C\left(\frac{t}{T}\right)^{2m-\alpha m-1}\left(\frac{r}{a}\right)^{\alpha} e^{-\beta\vartheta}\cos\lambda. \tag{11}$$

$$\Psi = C\left(\frac{t}{T}\right)^{2m-\alpha m-1}\left(\frac{r}{a}\right)^{\alpha} e^{-\beta\vartheta}\sin\lambda. \tag{12}$$

Die Trennungsfläche ist hier nicht stationär. Auf ihr müssen, wie erwähnt, folgende zwei kinematischen Bedingungen erfüllt werden, vgl. Abb. 5:

1. Die Geschwindigkeitskomponenten normal zur Trennungsfläche müssen beiderseits gleich sein.

2. Die Geschwindigkeit, mit der sich die Trennungsschicht in der normalen Richtung verschiebt, muß den gleichen Betrag wie die normale Geschwindigkeitskomponente der Flüssigkeit haben.

Die erstere Bedingung kommt beim Spiralwirbel einfach darauf hinaus, daß die Stromlinien geschlossen sein müssen, daß also beiderseits der Trennungsschicht der Wert der Stromfunktion übereinstimmt.

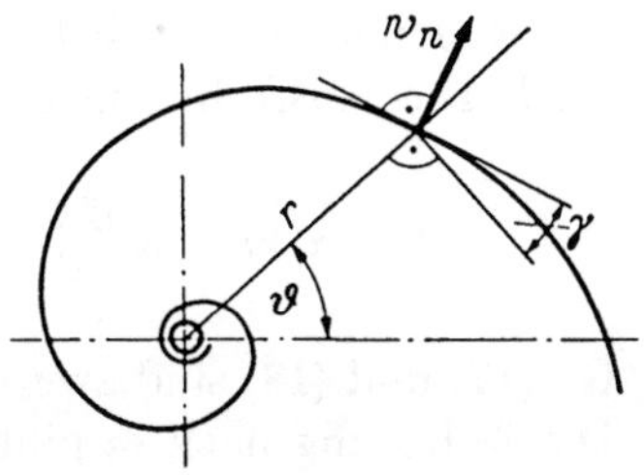

Abb. 5

Für $r_2 = r_1$, $\vartheta_2 = \vartheta_1 + 2\pi$ ist also $\Psi_2 = \Psi_1$ zu befriedigen. Dem wird offenbar genügt durch $\sin\lambda_1 = e^{-2\pi\beta}\sin\lambda_2$, wobei nach Gl. (10): $\lambda_2 = \lambda_1 + 2\pi\alpha$ ist. Hiermit ergibt sich

$$\sin\lambda_1 = \pm\frac{\sin 2\pi\alpha}{\sqrt{(e^{2\pi\beta} - \cos 2\pi\alpha)^2 + \sin^2 2\pi\alpha}}. \tag{13}$$

Hieraus wird mit Gl. (10) für die Trennungsschicht die Gleichung gefunden:

$$r = a\, e^{\frac{\lambda_1}{\beta}}\, e^{-\frac{\alpha}{\beta}\vartheta}\left(\frac{t}{T}\right)^m. \tag{14}$$

Die zweite Bedingung ist der Ausdruck des HELMHOLTZschen Satzes, daß die Wirbel beständig von denselben Flüssigkeitsteilchen gebildet werden. Ist wieder $\gamma = \operatorname{arc\,tg}\alpha/\beta$ der Neigungswinkel der logarithmischen Spirale, so ist die Normalgeschwindigkeit v_n' der Trennungsfläche

$$v_n' = \left(\frac{\partial r}{\partial t}\right)_\vartheta \cos\gamma,$$

also mit Gl. (14):

$$v_n' = \frac{m\beta a}{T\sqrt{\alpha^2+\beta^2}}\, e^{(\lambda_1 - \alpha\vartheta)/\beta}\left(\frac{t}{T}\right)^{m-1}. \tag{15}$$

Die Strömungsgeschwindigkeit v_n wird

$$\begin{aligned} v_n &= \frac{\partial\Phi}{\partial r}\cos\gamma + \frac{1}{r}\frac{\partial\Phi}{\partial\vartheta}\sin\gamma \\ &= -\frac{C}{a}\left(\frac{t}{T}\right)^{2m-\alpha m-1}\left(\frac{r}{a}\right)^{\alpha-1} e^{-\beta\vartheta}\sin\lambda\sqrt{\alpha^2+\beta^2}. \end{aligned} \tag{16}$$

Führt man hierin r/a gemäß Gl. (14) ein, ferner $\vartheta = \vartheta_1$, $\lambda = \lambda_1$, so ergibt zunächst die erforderliche Übereinstimmung der Exponenten von Gl. (15) und (16) wieder die Beziehung (7), also wird

$$\beta = \pm\sqrt{\alpha(2-\alpha)}.$$

Die Gleichsetzung von Gl. (15) und (16) gibt jetzt die Gleichung

$$m\beta + 2\alpha e^{-\frac{\beta}{\alpha}\lambda_1} \frac{C\,T}{a^2} \sin\lambda_1 = 0\,. \tag{17}$$

Nun ist noch die dynamische Bedingung, daß

$$\frac{\partial \Phi}{\partial t} + \frac{1}{2}\left|\frac{\partial F}{\partial z}\right|^2$$

auf beiden Seiten der Trennungsschicht dieselben Beträge liefert, zu befriedigen. Die Rechnung zeigt, daß mit Berücksichtigung von Gl. (7) die Exponenten sämtlich stimmen, wenn r/α nach Gl. (14) eingeführt wird. Die Ausrechnung ergibt:

$$(2-\alpha)\,m + \alpha \frac{C\,T}{a^2} e^{-\frac{\beta}{\alpha}\lambda_1} \frac{1 - e^{-2\pi\beta}}{\cos\lambda_1 - e^{-2\pi\beta}\cos(\lambda_1 + 2\pi\alpha)} = 1\,. \tag{18}$$

Gl. (17) und (18) sind zwei Gleichungen mit den Unbekannten C und m. Die Auflösung nach m gibt nach einer Rechnung von E. POHLHAUSEN (1914):

$$\frac{1}{m} = 2 - \alpha - \frac{\beta}{2\sin 2\pi\alpha}\left(e^{2\pi\beta} - 1\right). \tag{19}$$

Im allgemeinen wird (vgl. die Ausführungen im Vortrag) die Größe m gegeben sein. Man wird also zweckmäßig die Funktion m (oder $1/m$) tabulieren, abhängig von α oder β, die miteinander durch Gl. (7) verknüpft sind. Die Tabelle auf S. 712 gibt einen Überblick über den funktionellen Zusammenhang. Es zeigt sich, daß die Werte von m zwischen 0 und 1 fehlen, obwohl hierfür gerade Lösungen gesucht werden. (Die plötzlich beginnende gleichförmige Bewegung z. B. gibt $\lambda = 0$ und daher $m = \frac{1}{2-\mu}$, wobei μ immer kleiner als 1 ist). Diese Fälle werden also von der bisherigen Theorie nicht gefaßt.

Einen interessanten Aufschluß gibt noch die Berechnung der Zirkulation $\Gamma = \Phi_2 - \Phi_1$, vgl. Gl. (11). Drückt man nach Gl. (14) einmal r durch ϑ, das andere Mal ϑ durch r aus, so ergibt sich die Zirkulation der spiraligen Trennungsschicht bis zu einer festgehaltenen Richtung ϑ zu:

$$\Gamma_\vartheta = -C\left(\frac{t}{T}\right)^{2m-1} e^{\frac{\alpha}{\beta}\lambda_1} e^{-\frac{2\alpha}{\beta}\vartheta} \left(\cos\lambda_1 - e^{-2\pi\beta}\cos\lambda_2\right), \tag{20}$$

andererseits wird die Zirkulation innerhalb eines Kreises vom Radius r:

$$\Gamma_r = -C\left(\frac{r}{a}\right)^2 \left(\frac{T}{t}\right) e^{-\frac{\beta}{\alpha}\lambda_1} \left(\cos\lambda_1 - e^{-2\pi\beta}\cos\lambda_2\right). \tag{21}$$

Demnach ist:

$$\frac{1}{\Gamma_\vartheta}\left(\frac{\partial \Gamma}{\partial t}\right)_\vartheta = \frac{2m-1}{t} \tag{22}$$

und

$$\frac{1}{\Gamma_r}\left(\frac{\partial \Gamma}{\partial t}\right)_r = -\frac{1}{t}\,. \tag{23}$$

Diese letzteren Beziehungen sind besonders übersichtlich, sind dabei auch zur Feststellung der wesentlichen Vorzeichen sehr geeignet. Doppelte Vorzeichen ergeben sich für β und $\sin\lambda_1$; ferner ist für negatives t/T das Vorzeichen der gebrochenen Potenzen unbestimmt. Die Nachprüfung zeigt, daß der Vorzeichenwechsel von β die Strömungsbilder in ihre Spiegelbilder verwandelt. Das Vorzeichen von $\sin\lambda_1$ bleibt unbestimmt und hat nur Einfluß auf dasjenige von C; auch das Vorzeichen der Potenzen von t/T wirkt nur auf das von C. (Für die Rechnung waren alle Vorzeichen positiv genommen, sonst hätte in Gl. (17) und (18) vor C doppeltes Vorzeichen stehen müssen). Die Bestimmung von m dagegen ist eindeutig.

Nun beschränkt sich offenbar das hydrodynamische Interesse auf solche Wirbel, deren Strömungsumlauf mit dem Umlaufsinn eines auf der Spirale nach innen wandernden Punktes übereinstimmt. Damit hängt zusammen, daß die Zirkulation für festes ϑ nur zunehmen, nicht abnehmen darf. (Die Abnahme würde ein Verschwinden der Wirbelschicht in der scharfen Kante der Abb. 4 bedeuten, während wir nur eine Neuerzeugung von Wirbelschichten dort zulassen dürfen.)

Die Gl. (22) ist von allen Vorzeichenunbestimmtheiten frei; aus ihr entnehmen wir, da $\frac{2m-1}{t}$ immer positiv sein muß, daß für $m > 1$ die positiven t, für $m < 0$ die negativen t eine physikalisch zulässige Strömung liefern.

In all diesen Fällen weist aber die wirbelerzeugende Grundströmung zeitlich anwachsende Geschwindigkeiten auf. Damit die logarithmischen Spiralen auftreten (die Bedingung dafür kann auch $1/m < 1$ geschrieben werden), muß der Zeitexponent λ von S. 703 der Bedingung

$$\lambda > 1 - \mu$$

genügen.

Aus Gl. (23) entnehmen wir, daß für positive m (positive t, flache Spiralen) die Zirkulation in einem gegebenen Kreis abnimmt. Für negative m (negative t, steilere Spiralen) dagegen nimmt die Zirkulation zu. In Übereinstimmung damit hat die Geschwindigkeit der Wirbelfäden (nach HELMHOLTZ das Mittel der Geschwindigkeit zu beiden Seiten) im ersteren Fall eine nach außen gerichtete Radialkomponente, im zweiten Fall eine nach innen gerichtete.

Die folgende Tabelle enthält die Neigung der Spiralen $\operatorname{tg}\gamma$, sowie die Exponenten α und β, ferner noch die Hilfswinkel λ_1 und λ_2 in Abhängigkeit von m. Des besseren Interpolierens wegen schreitet der erste

Teil der Tabelle nach gleichförmigen Stufen von $1/m$ fort. Die Tabelle ist so erhalten, daß zunächst für eine Reihe von Werten von β die vorkommenden Größen und das daraus sich ergebende m berechnet wurde, und dann durch zeichnerische Interpolation zu runden Werten von $1/m$ bzw. m übergegangen wurde. Die Zahlenangaben haben daher nur graphische Genauigkeit.

Tabelle

	$\operatorname{tg}\gamma$	α	β	λ_1	λ_2
$1/m =$ 1,0	0	0	0	0	0
0,8	0,0280	0,00157	0,0560	0,0232	0,0330
0,6	0,0507	0,00512	0,1010	0,0362	0,0480
0,4	0,0697	0,00965	0,1385	0,0433	0,1030
0,2	0,0863	0,01476	0,1710	0,0475	0,1393
0,0	0,1005	0,02007	0,1995	0,0500	0,176
−0,2	0,1137	0,02545	0,2240	0,0513	0,213
−0,4	0,1255	0,03093	0,2465	0,0521	0,245
−0,6	0,1355	0,03605	0,2660	0,0522	0,275
−0,8	0,1448	0,04115	0,2840	0,0520	0,310
$m =$ −1,0	0,1535	0,04615	0,3005	0,0515	0,337
−0,8	0,1647	0,0528	0,3205	0,0503	0,378
−0,6	0,1803	0,0628	0,3485	0,0487	0,440
−0,4	0,204	0,0804	0,3945	0,0443	0,553
−0,3	0,225	0,0962	0,4275	0,0408	0,642
−0,2	0,256	0,1230	0,480	0,0352	0,800
−0,15	0,282	0,1477	0,523	0,0304	0,967
−0,10	0,320	0,1860	0,581	0,0240	1,200
−0,05	0,379	0,2510	0,662	0,0157	1,590
−0,02	0,453	0,332	0,750	0,0075	2,13
−0	0,577	0,500	0,866	0	3,14

In dem von dieser Theorie nicht gedeckten Fall $1/m \geqq 1$ dürfte die Zirkulation innerhalb eines gegebenen Kreises sich wahrscheinlich einem endlichen Grenzwert nähern. In diesem Fall sind dann auch die Spiralen nicht logarithmischer Art. Eine Theorie steht hier noch aus. Die im Vortrag angegebene Formel beruht auf der vereinfachenden Voraussetzung, daß bereits eine genähert zentrisch-symmetrische Strömung herrscht, die Spirale also schon weitgehend aufgewickelt ist und die Zirkulation bereits ihren stationären Wert hat. Ist δ der Winkel der Spirale mit dem Radius (also das Komplement von γ), so wird

$$\frac{\partial}{\partial t}(\operatorname{tg}\delta) = \frac{du}{dr} - \frac{u}{r},$$

wenn $u(r)$ die Tangentialgeschwindigkeit ist. Setzt man $u = b\,r^s$, so wird

$$\frac{\partial}{\partial t}(\operatorname{tg}\delta) = (s-1)\,b\,r^{s-1},$$

was integriert

$$\operatorname{tg}\delta = (s-1)\, b\, r^{s-1}\, t + \varphi(r) \tag{24}$$

gibt. Die angenommene Ähnlichkeit verlangt aber:

$$\operatorname{tg}\delta = f\left(\frac{r}{t^m}\right);$$

der Vergleich liefert:

$$s - 1 = -\frac{1}{m}; \quad \varphi(r) = \text{konst.},$$

also mit etwas geänderter Bezeichnung

$$\operatorname{tg}\delta = c\, t\, r^{-1/m} + c'.$$

Mit

$$\operatorname{tg}\delta = \frac{r\, d\vartheta}{d r}$$

ergibt sich hieraus die Spiralengleichung

$$\vartheta = -m\, c\, t\, r^{-1/m} + c' \ln\frac{r}{a}.$$

Zeitschrift für angewandte Mathematik und Mechanik Bd. 5 (1925) S. 136—139

Bericht über Untersuchungen zur ausgebildeten Turbulenz

I. Die neuen Versuche von Jakob und Erk[1] über den Widerstand von strömendem Wasser in glatten Rohren, die mit älteren Messungen von Stanton und Pannell[2] in guter Übereinstimmung sind, haben mich veranlaßt, meine bisherige Meinung, daß das empirische Blasiussche Gesetz (Widerstand proportional der $^7/_4$-ten Potenz der mittleren Geschwindigkeit) bis zu beliebig hohen Reynoldsschen Zahlen gelten würde, zu ändern. Nach den neuen Versuchen nähert sich der Exponent mit wachsender Reynoldsscher Zahl immer mehr der Zwei, wobei es noch offen ist, ob ein bestimmter endlicher Grenzwert der Widerstandsziffer λ für $R = \infty$ resultiert oder nicht.

Mit der Aufgabe des Blasiusschen Gesetzes mußten auch die Überlegungen fallen, die zu der Beziehung führten, daß die Geschwindigkeit in Wandnähe proportional der siebenten Wurzel aus dem Wandabstand variiert[3]. Es zeigt sich aber, daß man die Grundannahmen, die zu dieser Beziehung führten, auch so verallgemeinern kann, daß sie für jedes empirische Widerstandsgesetz eine Geschwindigkeitsverteilung liefern. Diese Grundannahmen lassen sich so ausdrücken, daß sowohl für das Gesetz der Geschwindigkeitsverteilung in der Nähe der Wand wie auch für das der Reibung an der Wand eine solche Form gefunden werden kann, daß der Rohrdurchmesser darin nicht mehr vorkommt; dies bedeutet so viel, daß die Vorgänge in der Nähe einer Wand nicht von der Entfernung der gegenüberliegenden Wand abhängen.

Für die Geschwindigkeit u (zeitlicher Mittelwert) in der Entfernung y von der Wand läßt sich dann nur eine einzige Dimensionslose bilden, nämlich $\frac{u\,y}{\nu}$ (ν = kinematische Zähigkeit). Man hat dann für u eine Formel von der Form

$$u = C\,\varphi\left(\frac{u\,y}{\nu}\right) \tag{1}$$

zu erwarten, wo C eine Geschwindigkeit und φ irgendeine Funktion ist. Die Schubspannung an der Wand muß dann

$$\tau = \zeta\,\varrho\,C^2 \tag{2}$$

sein, wo ζ ein Festwert ist.

---

[1] Der Druckabfall in glatten Rohren und die Durchflußziffer von Normaldüsen. Forschungsarbeiten VDI, H. 267 (1924).

[2] Phil. Trans. Roy. Soc. London (A) Bd. 214 (1914) S. 199.

[3] Vgl. v. Kármán, Über laminare und turbulente Reibung. Z. angew. Math. Mech. Bd. 1 (1921) S. 233.

Zur Gewinnung der Funktion φ gehen wir von dem Wert $\frac{d \ln y}{d \ln u}$ aus, der nach der bisherigen Theorie konstant $= 7$ wäre und setzen

$$\frac{d \ln y}{d \ln u} = f(\sigma)\,, \tag{3}$$

wo $\sigma = \ln \frac{u\,y}{\nu}$ ist. Mit $\ln u = \eta$ und $\ln y = \sigma - \eta + \ln \nu$ wird aus Gl. (3)

$$\frac{d\sigma}{d\eta} = f(\sigma) + 1\,,$$

was nach Integration und Delogarithmierung

$$u = C\,e^{\int^{\sigma} \frac{d\sigma}{f(\sigma)+1}} \tag{4}$$

gibt. Nimmt man noch

$$y = \frac{\nu\,e^{\sigma}}{u} \tag{5}$$

hinzu, so ergibt sich eine Parameterdarstellung für das Geschwindigkeitsprofil.

Das empirische Gesetz für die Wandreibung lautet $\tau = \lambda\,\varrho\,\bar{u}^2$, wo λ eine Funktion von $\bar{u}\,a/\nu$ ist ($\bar{u}$ = mittlere Geschwindigkeit, a = Rohrhalbmesser). Wir unterdrücken der Einfachheit halber den Unterschied zwischen der mittleren Geschwindigkeit und der Geschwindigkeit in der Mitte u_1 und nehmen für diese den Wert aus Formel (4), obwohl diese in der Rohrmitte nicht mehr genau zutrifft und setzen mit $\sigma_1 = \ln \frac{u_1 a}{\nu}$

$$-\ln \lambda = g(\sigma_1)\,. \tag{6}$$

Nun ist nach Gl. (2) und (4)

$$\zeta = \frac{\tau}{\varrho\,C^2} = \frac{\tau}{\varrho\,u_1^2}\,\frac{u_1^2}{C^2} = \lambda\,e^{2\int^{\sigma_1} \frac{d\sigma}{f(\sigma)+1}}\,,$$

oder logarithmiert

$$\ln \zeta = -g(\sigma_1) + 2\int^{\sigma_1} \frac{d\sigma}{f(\sigma)+1} = \text{konst.} \tag{7}$$

Also nach σ_1 differenziert

$$g'(\sigma_1) = \frac{2}{1 + f(\sigma_1)} \quad \text{oder} \quad f(\sigma) = \frac{2 - g'(\sigma)}{g'(\sigma)}\,. \tag{8}$$

Damit ist die Aufgabe gelöst, und man erkennt zugleich, daß $f(\sigma)$, das für $g'(\sigma) = \frac{1}{4}$ wie früher den Wert 7 annimmt, mit abnehmendem $g'(\sigma)$ wächst. Eine genauere experimentelle Nachprüfung steht noch aus, doch hat sich bereits deutlich gezeigt, daß bei REYNOLDSschen

Zahlen von rund 200000 die achte Wurzel des Wandabstandes entschieden besser ist als die siebente Wurzel. Für $g'(\sigma) = 1$ wird übrigens $f(\sigma) = 1$, was der laminaren Randzone entspricht.

II. Weiter möchte ich von einem Ansatz berichten, der dazu dienen sollte, die Verteilung der Grundströmung einer turbulenten Bewegung unter den verschiedensten Bedingungen hydrodynamisch zu berechnen. Nach verschiedenen vergeblichen Versuchen konnte hier ein erfreulicher Erfolg erzielt werden, und es zeigte sich überdies, daß der Ansatz für die durch den Impulsaustausch hervorgebrachte scheinbare Schubspannung τ, um die es sich hier handelt, auch einer recht anschaulichen Begründung fähig ist.

In der Boussinesqschen Formel $\tau = \varrho\, \varepsilon \frac{du}{dy}$ ist ε ein Maß für den turbulenten „Austausch" und ist seiner Dimension nach, die gleich derjenigen von ν ist, das Produkt einer Länge und einer Geschwindigkeit. Diese Länge und die Geschwindigkeit lassen sich nun vorstellungsmäßig fassen. Die letztere ist die Quergeschwindigkeit w, mit der im Mittel die von beiden Seiten herankommenden Flüssigkeitsballen durch die Schicht mit dem zeitlichen Mittelwert der Geschwindigkeit $= u$ hindurchtreten.

Die von der Seite der größeren Geschwindigkeiten kommenden Flüssigkeitsballen bringen auch größere Werte der Geschwindigkeit u mit, die von der Seite der kleineren Geschwindigkeiten dagegen kleinere, so daß immer mehr Impuls in der einen Richtung transportiert wird als in der entgegengesetzten (abgesehen von der Stelle von $u_{\max}$). Die gesuchte Länge l ist nun dadurch charakterisiert, daß sie die Entfernung von der betrachteten Schicht angibt, in der die durchschnittlichen u-Geschwindigkeiten, die die Flüssigkeitsballen bei ihrem Durchtritt haben, als zeitlicher Mittelwert der Strömungsgeschwindigkeit angetroffen werden. Genähert sind diese Geschwindigkeiten also $u + l\frac{du}{dy}$ und $u - l\frac{du}{dy}$. Daß l der Größenanordnung nach mit dem Durchmesser der Flüssigkeitsballen übereinstimmt, sei nebenher erwähnt (genauer ist es der „Bremsweg" des Flüssigkeitsballens in der übrigen Flüssigkeit, der aber dem Durchmesser proportional ist). Über die Länge l kann einstweilen nur ausgesagt werden, daß sie an der Wand gegen Null gehen muß, da hier nur noch Ballen, deren Durchmesser kleiner als der Wandabstand ist, sich wie besprochen bewegen können. Im übrigen soll l einen möglichst regelmäßigen Verlauf haben. Ist β der durchschnittliche verhältnismäßige Anteil der Fläche, der von den von der einen Seite durchtretenden Flüssigkeitsballen eingenommen wird, so tritt an dieser Seite ein Impuls $\beta\, \varrho\, w\, l \frac{du}{dy}$ durch die Flächeneinheit, von der anderen Seite ungefähr der gleiche Betrag, so daß wir den Boussinesqschen Ansatz also bestätigen und $\varepsilon = 2\beta\, w\, l$ setzen können.

Es handelt sich jetzt noch darum, für die Mischgeschwindigkeit w einen brauchbaren Ansatz zu machen. Diese Mischgeschwindigkeit wird immer rasch abgebremst und muß immer wieder neu geschaffen werden. Wir nehmen daher an, daß sie beim Zusammentreffen von zwei Ballen mit verschiedener Geschwindigkeit u erzeugt wird und darum dem Geschwindigkeitsunterschied, also dem Betrag von $l\frac{du}{dy}$, proportional ist. Damit wird aber, falls wir alle unbekannten Zahlenfaktoren auf die nicht genauer bekannte Länge l werfen, die scheinbare Schubspannung τ

$$\tau = \varrho\, l^2 \left|\frac{du}{dy}\right| \frac{du}{dy}. \tag{9}$$

Dieser Ansatz bedarf noch einer Berichtigung für den Fall, daß $du/dy = 0$ wird. Für die Erzeugung der Geschwindigkeit w wirkt die Nachbarschaft in einer gewissen Breite zusammen; sie wird nicht Null, wenn $du/dy = 0$ ist, wird vielmehr einem statistischen Mittelwert von $\left|\frac{du}{dy}\right|$ proportional gesetzt werden können, also proportional $\sqrt{\left(\frac{du}{dy}\right)^2}$; verändert sich das Geschwindigkeitsprofil in der Strömungsrichtung, wie bei verengten und erweiterten Kanälen, so wird die Stelle, über die gemittelt wird, auch um einen gewissen Betrag stromauf gelegt werden müssen, da der Vorgang der Ausbildung der Geschwindigkeit w Zeit beansprucht.

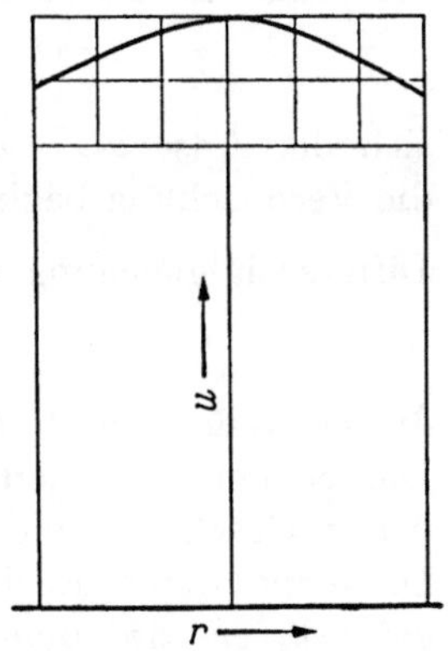

Abb. 1

Der Ansatz (9) hat sich bereits in mehrfacher Hinsicht bewährt. Bei einem Rohr z. B. ist die Schubspannung nach den Gleichgewichtsbeziehungen proportional dem Abstand r aus der Mitte, also

$$\tau = \mp \varrho\, l^2 \left(\frac{du}{dy}\right)^2 = c\, r.$$

Nimmt man l als konstant an, so wird

$$u = A - B\, r^{3/2} \tag{10}$$

für $r > 0$, für $r < 0$ das Spiegelbild, vgl. Abb. 1. Bei $r = 0$ ist hiernach der Krümmungsradius $= 0$; nimmt man statt du/dy den oben besprochenen statistischen Mittelwert, der genähert $= \sqrt{\left(\frac{du}{dy}\right)^2 + l'^2\left(\frac{d^2u}{dy^2}\right)^2}$ geschrieben werden kann, so wird die Krümmung bei $r = 0$ endlich. Die wirklichen Geschwindigkeitsverteilungen[1] zeigen das in Abb. 1 dargestellte singuläre Verhalten der Mitte in sehr auffälliger Weise; die

[1] Vgl. z. B. Jacob und Erk, a. a. O., S. 21.

eben erwähnte Verfeinerung braucht demnach nur dort angewandt zu werden, wo es sich um erhöhte Genauigkeitsansprüche handelt. Man bekommt die ganze Geschwindigkeitsverteilung im Rohr recht genau, wenn man (im Bereich des $^1/_7$-Gesetzes) l proportional $[(a - r)\,(a + r)]^{6/7}$ setzt, wo a den Rohrradius bedeutet.

Die vorstehenden Ansätze sind weiter angewandt worden auf den Fall der „freien Turbulenz", d. h. Strömungen ohne begrenzende Wände, z. B. auf einen sich in einem Raum ausbreitenden Flüssigkeitsstrahl und auf die Vermischung eines homogenen Luftstromes mit der angrenzenden ruhenden Luft, die mitgerissen wird. Bei stationären Strömungen dieser Art bewährt sich der Ansatz $l = c\,x$, wo x die Entfernung von der Stelle ist, wo die Vermischung beginnt. Der in Abb. 2 angedeutete Fall führt zu der Differentialgleichung für die Stromfunktion $F\left(\frac{y}{x}\right)$

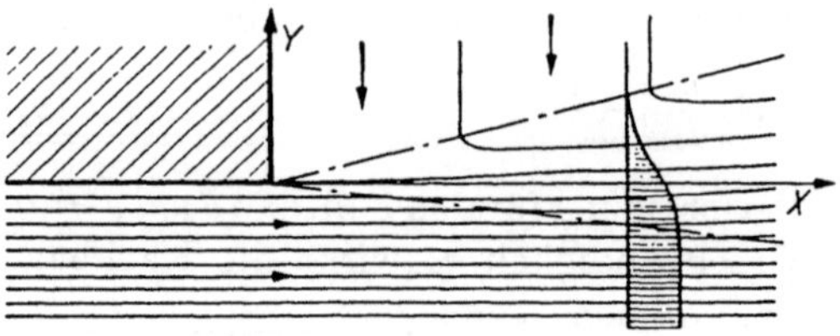

Abb. 2

$$2c\,F''\,F''' \pm F\,F'' = 0\,,$$

die entweder durch $F'' = 0$ oder durch $2c\,F''' \pm F = 0$ gelöst wird. Die beiden Lösungen gleichförmiger Geschwindigkeit und veränderlicher Geschwindigkeit stoßen mit Unstetigkeit in F''' aneinander. Diese und andere Rechnungen sind von Dr. Tollmien numerisch durchgeführt; er wird demnächst in einer Abhandlung darüber berichten. Die Übereinstimmung seiner Rechnungen mit Versuchsergebnissen ist vorzüglich.

Experimentell untersucht sind noch, wie ich erwähnen will, Geschwindigkeitsverteilungen in Kanälen von nicht kreisförmigem Querschnitt mit sehr merkwürdigen Ergebnissen, für die die Erklärung noch fehlt[1]. Weiter sind schwach erweiterte und verengte glattwandige Kanäle untersucht, rauhe in Vorbereitung. Über diese Dinge wird ein Forschungsheft des VDI das Nähere berichten. Es ist zu hoffen, daß unser Ansatz sich auch hierbei wieder bewährt, die Prüfung steht jedoch noch aus.

[1] Es ist genähert so, daß u^7 über den Querschnitt des Kanals aufgetragen, eine Böschungsfläche ergibt.

Hydraulische Probleme, S. 1—13. Berlin: VDI-Verlag 1926

Bericht über neuere Turbulenzforschung

Die Forschungen über das Verhalten der turbulenten (wirbeligen) Flüssigkeitsströmungen haben bereits einen recht beträchtlichen Umfang erreicht. Im Rahmen eines kurzen Vortrages kann daher nur eine Auswahl der wichtigsten Ergebnisse behandelt werden; ich wähle diejenigen aus, die die Turbinenfachleute vor allem interessieren dürften.

1. Die Tatsache, daß statt der theoretisch zu erwartenden glatten Strömung, wie sie aus den Bewegungsgesetzen der zähen Flüssigkeit folgen würde, bei hinreichend großer Geschwindigkeit eine unregelmäßig wirbelnde Mischbewegung eintritt, ist in älterer Zeit zunächst für die *Rohrströmung* festgestellt worden[1]. Erst sehr viel später hat man erkannt, daß auch bei der Umströmung von Körpern die von der Reibung beeinflußte Schicht in unmittelbarer Nähe der Körperoberfläche (die „Grenzschicht") sich unter geeigneten Bedingungen turbulent bewegt. Die Turbulenz der Grenzschicht ist von ausschlaggebendem Einfluß auf die Ausbildung der Wirbel hinter den Körpern, mit denen die Entstehung des Widerstandes eng verknüpft ist.

Bei Kugeln z. B. hat man zwei verschiedene Strömungszustände festgestellt, denen zwei sehr stark verschiedene Widerstandsbeiwerte entsprechen; der eine, Abb. 1, entspricht mäßigen Geschwindigkeiten oder Kugeldurchmessern (Reynoldssche Zahl $v\,d/\nu$ unter 200000, Widerstandsziffer = 0,48), der andere, Abb. 2, großen Geschwindigkeiten oder Kugeldurchmessern (Reynoldssche Zahl über 400000, Widerstandsziffer = rd. 0,20). Bei dem ersteren Zustand bewegt sich die Grenzschicht bis zur Ablösungsstelle, die etwas vor dem größten Durchmesser liegt, laminar (schlicht); bei dem zweiten Zustand strömt die Grenzschicht dort wirbelig, was zur Folge hat, daß der Keil von stagnierender Flüssigkeit hinter der Ablösungsstelle von Abb. 1 von den Wirbeln weggespült wird, wodurch die Strömung sich wieder an die Kugeloberfläche anlegt und erst wesentlich weiter hinten von dieser ablöst; dem kleineren Wirbelgebilde entspricht dann auch ein kleinerer Widerstand. Als Beweis für diese Erklärung des Sprunges im Widerstandsbeiwert sei angeführt, daß man den „überkritischen" Widerstand und die zugehörige Strömungsform auch bei kleineren Reynoldsschen Zahlen schon erzielt, wenn man auf die Kugel etwas vor dem größten Durchmesser einen dünnen Drahtreif auflegt, der dann für die

---

[1] Die wichtigste Arbeit ist die von Osborne Reynolds in Phil Trans. roy. Soc. T. 174 (1883) S. 935 — Sci. Pap. Bd. I, S. 51.

erforderlichen Wirbel sorgt[1]. In Abb. 2 ist ein solcher Drahtreif zu erkennen. Der Verlauf der Widerstandsziffer ohne Drahtreif, abhängig

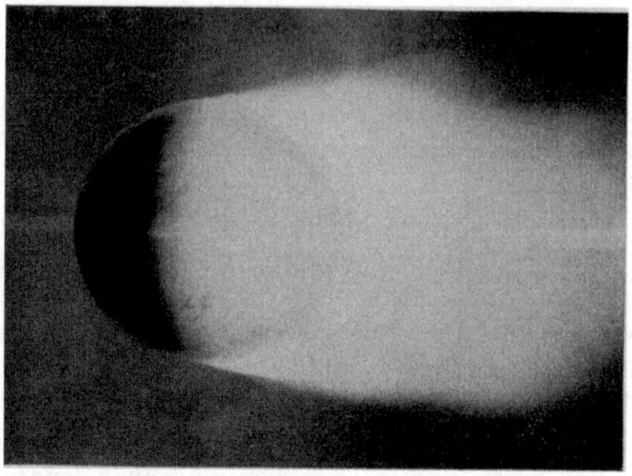

Abb. 1

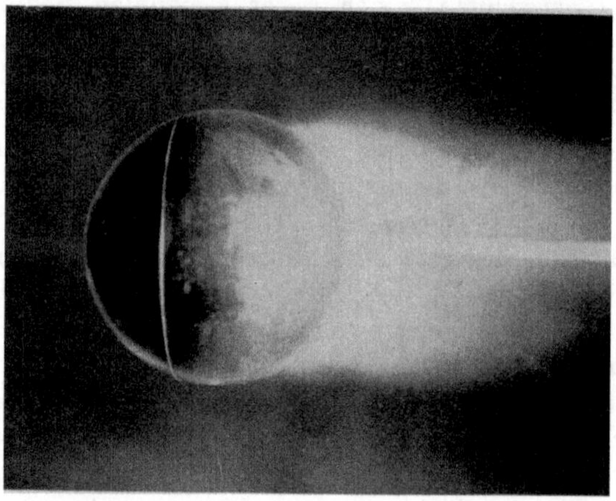

Abb. 2

von der REYNOLDSschen Zahl, ist in Abb. 3 nach Göttinger Messungen dargestellt[2].

Die oben besprochene Erscheinung ist von großer technischer Bedeutung: die Strömungen mit besonders kleinem Widerstand in der Bewegungsrichtung, z. B. bei Luftschiffkörpern, und die mit großem

[1] Vgl. PRANDTL, Über den Widerstand von Kugeln. Göttinger Nachr. 1914, S. 177.

[2] Vgl. etwa „Ergebnisse der Aerodynamischen Versuchsanstalt", II. Lief., 1923, S. 29.

Auftrieb und kleinem Widerstand bei Flugzeugtragflächen usw. sind sämtlich an das turbulente Verhalten der Grenzschicht geknüpft; bei laminarem Verhalten würden sich wesentlich größere Wirbel ablösen, was Vergrößerung des Widerstandes und Verkleinerung des Auftriebes zur Folge hätte. Der Widerstand von Luftschiffkörpern und Flugzeugtragflächen[1] besteht übrigens im günstigen Fall praktisch nur aus Reibungswiderstand, wie er bei ebenen Platten gemessen wird.

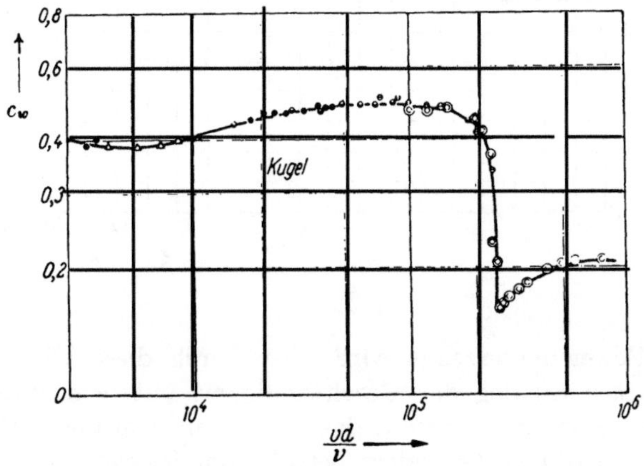

Abb. 3

Die Bedingungen für das Abreißen der Strömung bei zu großen Anstellwinkeln werden sich nur auf dem Boden einer — erst noch zu schaffenden — Theorie der turbulenten Strömung richtig verstehen lassen (vgl. Nr. 4).

2. Für die Mittelwerte der Geschwindigkeiten in der turbulenten Strömung ließ sich aus Überlegungen, die an das BLASIUSsche Widerstandsgesetz für die Strömung in glatten Rohren anknüpften, die Beziehung herleiten, daß die Geschwindigkeit an der Wand proportional der siebenten Wurzel aus dem Wandabstand zu Null geht[2]. Die Versuche haben diese Beziehung sehr befriedigend bestätigt. Abb. 4 zeigt eine Geschwindigkeitsverteilung solcher Art, Abb. 5 die siebente Potenz der Geschwindigkeit. Man sieht, daß sich die Punkte mit Ausnahme der Mitte sehr gut auf zwei Geraden anordnen. Die Beziehung ist indes nicht völlig genau; einerseits gibt es in unmittelbarer Nähe der Wand

[1] Bei diesen nach Abzug des induzierten Widerstandes.

[2] Vgl. KÁRMÁN, Über laminare und turbulente Reibung. Z. angew. Math. Mech. Bd. 1 (1921) S. 233. Der Grundgedanke ist kurz gesagt der, daß angenommen wird, daß die Schubspannung in der Flüssigkeit nahe der Wand nur von dem Verhalten der Strömung in der Nähe der Wand, nicht aber von anderen Größen, wie z. B. der Entfernung der gegenüberliegenden Wand, abhängt.

eine, wenn auch sehr dünne Schicht, in der sie ihre Gültigkeit verliert, denn für $y = 0$ wäre du/dy nach der Formel unendlich, während als Höchstwert dieses Differentialquotienten derjenige Wert zu erwarten ist, der von der in der Flüssigkeit vorhandenen Schubspannung bei

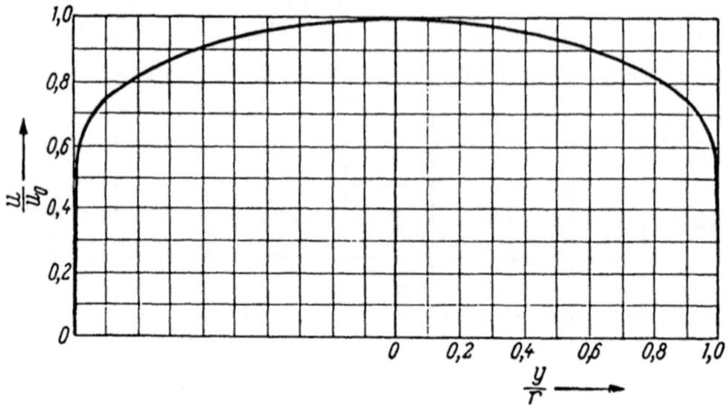

Abb. 4

laminarer Bewegung erzeugt wird. Der durch diese Überlegung geforderte lineare Anstieg der Geschwindigkeit mit dem Wandabstand ist wirklich beobachtet worden; das Gebiet, in dem diese Abweichung auftritt, ist allerdings, besonders bei höheren REYNOLDSschen Zahlen, so schmal, daß es nur durch sehr verfeinerte Meßmethoden nachgewiesen werden kann. In Abb. 5 ist eine Andeutung davon darin zu erkennen, daß die beiden Geraden die Abszissenachse etwas innerhalb des Randes schneiden.

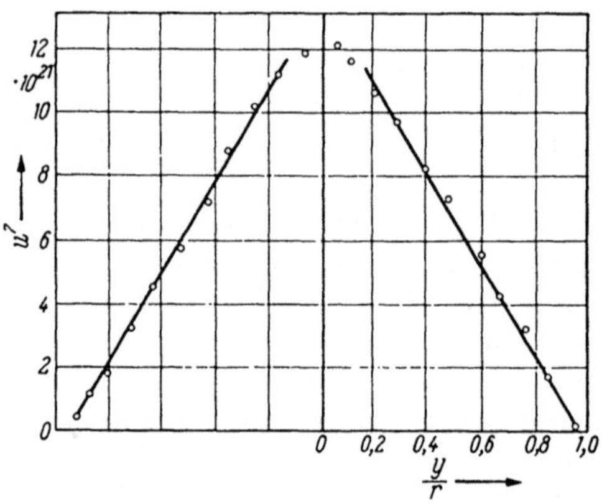

Abb. 5

Eine Abweichung anderer Art hat sich neuerdings herausgestellt. Es zeigt sich, daß das BLASIUSsche Gesetz, nach dem die Widerstandsziffer für glatte gerade Rohre der umgekehrten vierten Wurzel der REYNOLDSschen Zahl proportional sein sollte, bei sehr hohen REYNOLDSschen Zahlen ungenau wird. Die Abnahme der Widerstandsziffer wird dort langsamer[1]. Ich habe in einem Vortrag auf der diesjährigen Ostertagung der Gesellschaft

[1] Vgl. etwa JACOB und ERK, Forschungsarbeiten VDI, H. 267, 1924, und Z. VDI Bd. 68, Nr. 22.

für angewandte Mathematik und Mechanik in Dresden[1] zeigen können, daß meine früheren Überlegungen, die zu der siebenten Wurzel-Regel führten, sich auch auf ein allgemeineres Widerstandsgesetz erweitern lassen; der Verlangsamung in der Abnahme der Widerstandsziffer entspricht ein Übergang von der siebenten Wurzel auf die achte und neunte Wurzel usw. Göttinger Beobachtungen bei REYNOLDSschen Zahlen von etwa 200000 haben deutlich die achte Wurzel statt der siebenten ergeben.

Für den Praktiker haben diese Beziehungen vor allem die Bedeutung, daß sie, wenn Geschwindigkeitsmessungen in irgendeinem Kanalquerschnitt vorliegen, die ja gewöhnlich nicht bis ganz an die Wand herangehen, eine recht sichere Extrapolation der Geschwindigkeit bis an die Wand heran auszuführen erlauben. Größer aber dürfte der Gewinn sein, der durch die gewonnenen Einsichten für die genauere theoretische Verfolgung der turbulenten Strömungen erzielt wird.

3. Die Aussagen über die Geschwindigkeitsverteilung in Wandnähe lassen Anordnungen des Impulssatzes zu, durch die man von der Rohrströmung auf die längs einer *Platte* schließen kann. Es wird dabei der Rohrhalbmesser in Parallele gesetzt zur Dicke der Reibungsschicht längs der Platte. Die Menge der durch den Reibungswiderstand zurückgehaltenen Flüssigkeit wächst in der Strömungsrichtung immer mehr an, und es ist deshalb in den stromabwärts gelegenen Abschnitten die Reibungskraft geringer als stromaufwärts. Im ganzen ergibt sich für die glatte Platte eine Widerstandsziffer proportional $(v l/\nu)^{-1/5}$, wenn man von der BLASIUSschen Widerstandsziffer im Rohr (proportional $(v d/\nu)^{-1/4}$) ausgeht. Die Dicke δ der Reibungsschicht wird proportional $l^{4/5}\left(\frac{\nu}{v}\right)^{1/5}$ ($\nu =$ kinematische Zähigkeit, l Plattenlänge, d Rohrdurchmesser).

Diese Beziehung, die von v. KÁRMÁN[2] und mir unabhängig abgeleitet worden ist, läßt sich *einschließlich des Zahlenbeiwertes* vollständig aus den Rohrversuchen gewinnen. Die Übereinstimmung mit den Versuchsergebnissen ist dabei sehr erfreulich. Zur richtigen Deutung der Versuchsergebnisse muß noch gesagt werden, daß bei einer sehr gut zugeschärften Platte, die durch ruhendes Wasser bewegt wird, in einem ersten Abschnitt laminare Strömung eintritt, und erst nach einer kritischen Anlauflänge die Turbulenz einsetzt. Dadurch ist der gesamte Reibungswiderstand gegenüber dem Fall, wo von Anfang an Turbulenz herrschte, herabgemindert. Die in Abb. 6 dargestellten Plattenversuche umfassen drei Reihen, eine von WIESELSBERGER, nämlich in Luft angeblasene Platten mit kurzer Abrundung der Vorder-

[1] Abgedruckt in Z. angew. Math. Mech. Bd. 5 (1925) S. 136.
[2] a. a. O. S. 242ff.

kante, hinter der die Turbulenz sofort ansetzt, ferner Schleppversuche in Wasser von GEBERS mit großen und von BLASIUS mit kleinen, vorn gut zugeschärften Platten, wobei die Strömung sich zunächst laminar gestaltet und nur bei den größeren Platten weiter hinten turbulent wird. Die drei eingezeichneten Kurven, die das Widerstandsgesetz für turbulente, für laminare und für laminar-turbulent gemischte Bewegung darstellen, sind in sehr gutem Einklang mit den Messungen, obwohl sie außer der kritischen REYNOLDSschen Zahl für die Anlauflänge (etwa $\mathfrak{R} = v\,l/\nu = 500000$) keinen empirischen Zahlwert enthalten, der aus den Plattenversuchen entnommen wäre.

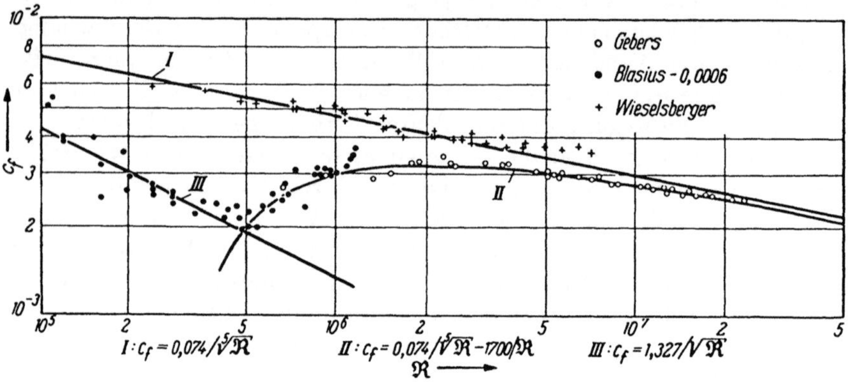

Abb. 6

Auf die sehr sorgfältigen Ermittlungen der Geschwindigkeitsverteilung an einer solchen Platte von J. M. BURGERS[1] und VAN DER HEGGE ZIJNEN[2] sei hingewiesen.

4. Um die Verhältnisse der Reibungsschichten bei der Flügelströmung näher aufzuklären, wo teils beschleunigte, teils verzögerte Strömung herrscht, habe ich hier Versuche mit schwach erweiterten und schwach verengten rechteckigen Kanälen machen lassen, bei denen die Strömung also auf der ganzen Länge des Kanals beschleunigt oder verzögert ist. Zunächst zeigte sich, was von vornherein nicht selbstverständlich war, daß das Gesetz der siebenten bzw. achten Wurzel auch hier für die wandnahen Schichten zutraf. Das Geschwindigkeitsprofil wird im übrigen aber von dem Winkel α, unter dem die Seitenwände des Kanals gegeneinander geneigt sind, stark beeinflußt, vgl. die Abb. 7, obere Figur. — Durch sorgfältige Druckmessungen und Anwendung der Strömungsgleichungen war es weiterhin möglich, die aus den Mischungs-

[1] Proceedings of the I. Internat. Congress for Applied Mechanics, Delft 1924, S. 113.

[2] Thesis Delft 1924.

bewegungen sich ergebende Schubspannung in der Flüssigkeit zu ermitteln. Das bisherige Versuchsmaterial über diesen Gegenstand ist in der Dissertation meines Mitarbeiters Dr. DÖNCH enthalten und wird in einem Forschungsheft des VDI veröffentlicht werden[1]. Im übrigen bedürfen die bisherigen Versuche noch der Ergänzung durch Fälle stärkerer Erweiterung bis zur völligen Ablösung des Strahles von der

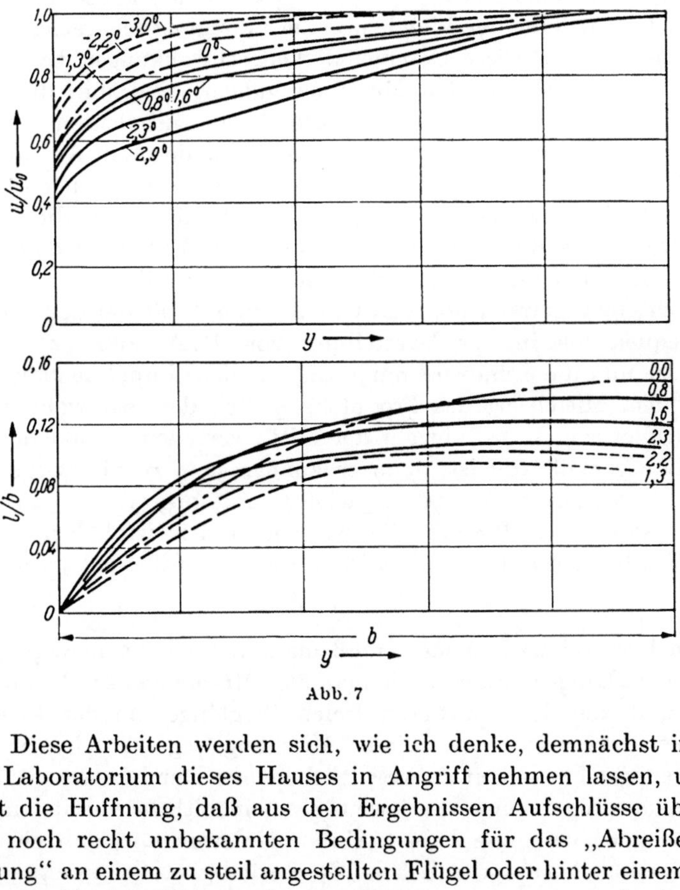

Abb. 7

Wand. Diese Arbeiten werden sich, wie ich denke, demnächst in dem neuen Laboratorium dieses Hauses in Angriff nehmen lassen, und es besteht die Hoffnung, daß aus den Ergebnissen Aufschlüsse über die bisher noch recht unbekannten Bedingungen für das „Abreißen der Strömung" an einem zu steil angestellten Flügel oder hinter einem nicht genügend schlanken Hinterende eines Körpers gewonnen werden können.

5. Die bisherigen Untersuchungen knüpften nur an die mittlere Strömung der turbulenten Bewegungen an. Wenn man aber in den Mechanismus der Turbulenz tiefer eindringen will, so muß man neben dem zeitlichen Mittelwert auch gerade die Abweichungen vom Mittelwert studieren. Man zerlegt die augenblickliche Geschwindigkeitskomponente u in der X-Richtung in zwei Summanden, den zeitlichen

[1] Forschungsarbeiten VDI, H. 282.

Mittelwert $\bar{u}$ und die Abweichung von diesen, u', also:

$$u = \bar{u} + u';$$

ebenso ist für die Y-Richtung

$$v = \bar{v} + v'.$$

Bei der geradlinigen Rohrströmung ist, wenn die Rohrachse zur X-Achse genommen wird, $\bar{v} = 0$, v' aber nicht, abgesehen von der unmittelbaren Nähe der Wand, wo eine Bewegung senkrecht zur Wand nicht möglich ist. Diese Geschwindigkeitsschwankungen bzw. die mit ihnen zusammenhängenden Mischbewegungen sind nun die Ursache der auffällig großen „Reibungskräfte" der turbulenten Bewegung. Genaugenommen ist es keine „Reibung", sondern ein Austausch von Impuls zwischen benachbarten Strömen verschieden großer Geschwindigkeit (wobei anzumerken wäre, daß auch die durch die Zähigkeit bewirkte „echte Reibung" der Flüssigkeit ihr Entstehen dem Impulsaustausch durch die Molekularbewegung verdankt).

Nach einer Betrachtung von O. Reynolds[1], die der deutsche Leser am bequemsten in der Darstellung von H. A. Lorentz[2] nachlesen kann, ist nun die Schubspannung, die aus dem Impulsaustausch folgt, gleich dem Mittelwert des Produktes $\varrho\, u'\, v'$, der sehr wohl von Null verschieden sein kann, obwohl der Mittelwert von u' und der von v' definitionsgemäß Null ist, denn es können ja z. B. überwiegend positive u' mit positven v' und negative u' mit negativen v' zusammentreffen, so daß das Produkt überwiegend positiv wird. Wir schreiben, den Mittelwert durch einen Strich über der Größe andeutend,

$$\tau = \varrho \cdot \overline{u'v'}.$$

Um hier weiterzukommen, muß man eine für die Bewegung kennzeichnende Länge einführen, die man als „Mischungsweg" kennzeichnen kann und die der „mittleren freien Weglänge" in der kinetischen Gastheorie verwandt ist. Dieser Mischungsweg ist bei sehr kleiner Zähigkeit der Flüssigkeit im wesentlichen dem Durchmesser der Flüssigkeitsballen proportional, die jeweils eine einheitliche von der mittleren abweichende Bewegung haben. Unter der Annahme, daß ein solcher Flüssigkeitsballen ursprünglich die Geschwindigkeit $\bar{u}$ derjenigen Gegend besitzt, aus der er stammt, und daß er sich nun um den Mischungsweg l quer zur Strömung verschiebt, wird sich seine Geschwindigkeit von der dem neuen Ort entsprechenden mittleren Geschwindigkeit unterscheiden, und zwar in erster Näherung um $l\frac{d\bar{u}}{dy}$; wir setzen deshalb

[1] O. Reynolds, Phil. Trans. Roy. Soc. T. 186A (1895) S. 123 = Sci. Papers Bd. I, S. 535.

[2] H. A. Lorentz, Abhandlungen über theoretische Physik, Bd. I, S. 43. Leipzig 1907.

die durchschnittliche Schwankung $u' = l \frac{d\bar{u}}{dy}$. Was nun die Schwankung in der Richtung quer zur Strömung v' betrifft, so ist darauf hinzuweisen, daß die Querbewegungen in der Weise entstanden gedacht werden können, daß zwei Flüssigkeitsballen mit verschiedenem u', die sich voreinander befinden, beim Zusammenprallen Quergeschwindigkeiten von derselben Größe erzeugen werden, als ihr Geschwindigkeitsunterschied in der Längsrichtung betrug. Wir nehmen daher v' ebenfalls proportional mit $l \frac{d\bar{u}}{dy}$ an[1]. Wenn wir diesen Proportionalitätsfaktor und auch den, der bei der Bildung des Produktmittels hinzutreten würde, unterdrücken, indem wir ihn auf das ohnehin noch unbekannte l werfen, so erhalten wir für die „Turbulenzreibung" im Inneren der Flüssigkeit den Ausdruck:

$$\tau = \varrho\, l^2 \left(\frac{d\bar{u}}{dy}\right)^2.$$

Über eine Verfeinerung dieses Ausdruckes für den Fall, daß irgendwo $d\bar{u}/dy = 0$ wird, habe ich in dem erwähnten Dresdener Vortrag (Z. angew. Math. Mech. 1925, S. 138) berichtet.

Die Ermittlung von l aus den Versuchsergebnissen liefert eine besonders einfache Angabe über den Turbulenzzustand, die in Verbindung mit der Gleichung für τ alles Wesentliche über die scheinbaren Reibungskräfte im Inneren der turbulenten Flüssigkeit liefert. Die untere Kurvenschar in Abb. 7 zeigt die aus den DÖNCHschen Messungen abgeleiteten Werte von l/b, abhängig von y/b (wo b die halbe Kanalbreite ist)[2]. Der angegebene Ansatz für τ hat sich übrigens auch insofern bereits in mehreren Fällen gut bewährt, als die theoretische Berechnung der Geschwindigkeitsverteilung auf Grund sehr einfacher Annahmen über l recht gute Übereinstimmung mit den Messungen ergeben hat. So wurde die Vermischung eines Luftstromes von konstanter Geschwindigkeit, wie er z. B aus der Düse eines Windkanals der hiesigen Bauart austritt, mit der umgebenden ruhenden Luft, wobei diese zum Teil mitgerissen wird, unter der einfachen Annahme berechnet, daß l proportional der Entfernung vom Düsenrand sei, in ein und derselben Entfernung aber für alle Stellen denselben

---

[1] In der Gastheorie würde der für den Produktmittelwert $\overline{u'v'}$ wirksame Teil von u' ebenfalls $= l \frac{d\bar{u}}{dy}$ zu setzen sein, für v' würde aber die mittlere Molekulargeschwindigkeit einzusetzen sein, so daß die Gasreibung der ersten Potenz von $d\bar{u}/dy$ proportional ist, während wir hier in gutem Einklang mit den hydraulischen Widerständen das Quadrat von $d\bar{u}/dy$ erhalten.

[2] Die Genauigkeit dieser Kurven ist allerdings nicht sehr groß, da zu ihrer Ableitung die graphische Differentiation einer aus den Beobachtungen genommenen Kurve erforderlich war.

Wert habe; der Streifen, in dem die Vermischung sich abspielt, ergibt sich dabei als genau keilförmig, d. h. seine Breite ist proportional der Entfernung vom Düsenrand, was wirklich beobachtet wird. Die Verteilung des Staudruckes in der Vermischungszone lag bereits beobachtet vor[1]. Für die von Dr. TOLLMIEN, hier, berechnete Staudruckverteilung war nur die Breite, die von der Größe von l abhängt, noch frei wählbar, ferner war aus Versuchsgründen noch eine Parallelverschiebung

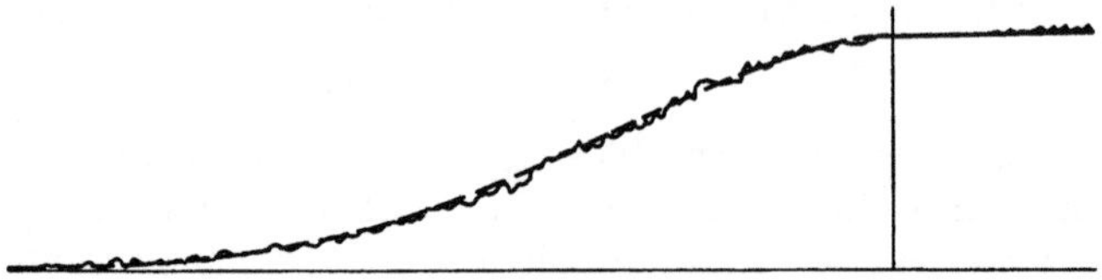

Abb. 8

der Kurven zulässig. Die Abb. 8 zeigt, daß die berechnete Kurve, die gestrichelt wiedergegeben ist, sehr gut mit der mit einem selbst aufzeichnenden Gerät gewonnenen Versuchskurve übereinstimmt. Auch der Fall eines aus einem engen Loch mit großer Geschwindigkeit austretenden Strahles, der sich in ruhender Luft ausbreitet, wurde berechnet und mit Beobachtungen verglichen; Abb. 9 zeigt das Ergebnis. Die auf der einen Seite bemerkbare Abweichung ist auf eine unsym-

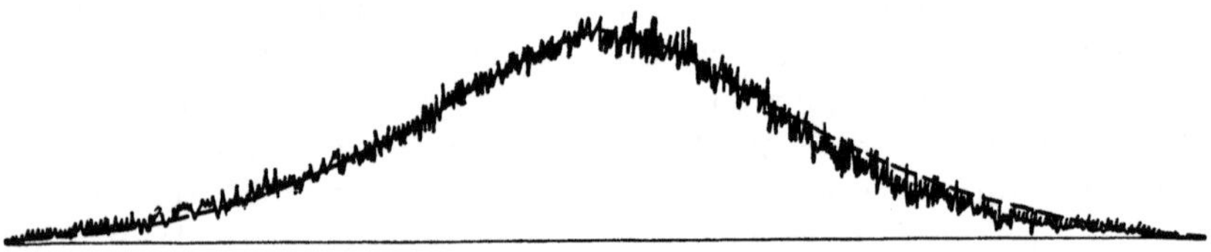

Abb. 9

metrische Störung beim Versuch zurückzuführen. In der anderen Hälfte ist wieder die Übereinstimmung recht gut. Über diese Dinge ist ein zusammenfassender Bericht von Dr. TOLLMIEN in der Z. angew. Math. Mech. geplant.

Durch weitere Forschungen über den Mischungsweg l, besonders auch in dem Fall des Abreißens der Strömung, und durch Ausbildung der entsprechenden Rechnungsmethoden hoffen wir so weit zu kommen, daß auch diese Vorgänge der Berechnung zugänglich werden.

6. Zum Schluß möchte ich noch einige Bilder von turbulenten Strömungen zeigen, die ich einer anderen, z. Z. beim VDI zur Veröffentlichung in den Forschungsheften befindlichen Arbeit entnehme[2],

[1] Ergebnisse der Aerodynamischen Versuchsanstalt, II. Lief. (1923) S. 73.

[2] J. NIKURADSE, Untersuchung über die Geschwindigkeitsverteilung in turbulenten Strömungen. (Göttinger Dissertation.) Forschungsarbeiten VDI, H. 281.

und die zeigen, wie hoffnungslos verwickelt die turbulenten Strömungen in Wirklichkeit sind, und wie wenig Aussicht auf eine genaue Analyse der Einzelvorgänge besteht. Die Bilder stellen im wesentlichen immer dieselbe Strömung dar, nur von verschiedenen Bezugssystemen aus betrachtet. Die Aufnahmen sind nämlich mit einer Kammer gemacht, die auf einem Wagen mit der Strömung mitfuhr. Die Wagengeschwindigkeit wurde dabei von Aufnahme zu Aufnahme geändert, und so ergibt sich jedesmal ein anderes Bild. Nur die Wirbel in der Schicht, deren Geschwindigkeit mit der Wagengeschwindigkeit ungefähr übereinstimmt, zeigen geschlossene Stromlinien, die der anderen Schichten sind nur durch wellenförmige Ausweichungen der Stromlinien kenntlich. Die Aufnahmen sind zu einer Statistik der Geschwindigkeiten verwendet worden. Es läßt sich leicht der Teil der Strömung abgrenzen, in dem die Strömungsgeschwindigkeit kleiner bzw. größer ist als die Wagengeschwindigkeit. Nimmt man viele solche Aufnahmen zusammen, so läßt sich daraus die Häufigkeit der verschiedenen Geschwindigkeiten an den einzelnen Stellen des Gerinnes ermitteln.

Einen unmittelbar praktischen Gewinn dieser Statistik kann ich im Augenblick allerdings nicht angeben; da aber eine rationelle Theorie der turbulenten Strömungen[1] wohl nur auf stastistischer Grundlage erhofft werden darf, können solche Untersuchungen dazu dienen, die Vorstellungen, die man sich zu machen haben wird, ein wenig zu klären. Damit möchte ich den Überblick, der die vorgesehene Zeit schon etwas überschritten hat, abschließen.

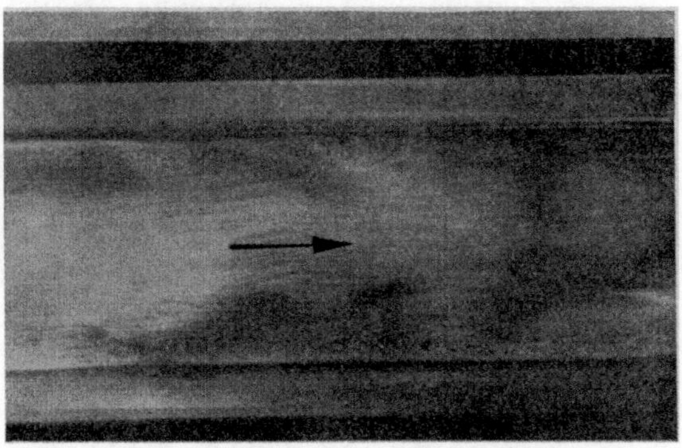

Abb. 10. Wagengeschwindigkeit 6 cm/s

---

[1] Als Ergebnis einer solchen Theorie wäre z. B. die Vorausberechnung der Widerstandsziffer für die Strömung im glatten oder rauhen Rohr ohne Benutzung irgendwelcher Erfahrungsgrundlagen außer den Bewegungsgleichungen der Flüssigkeit anzusehen, ebenso auch die Vorausberechnung der Geschwindigkeitsverteilung im Rohr u. a. m. Davon ist man heute noch recht weit entfernt.

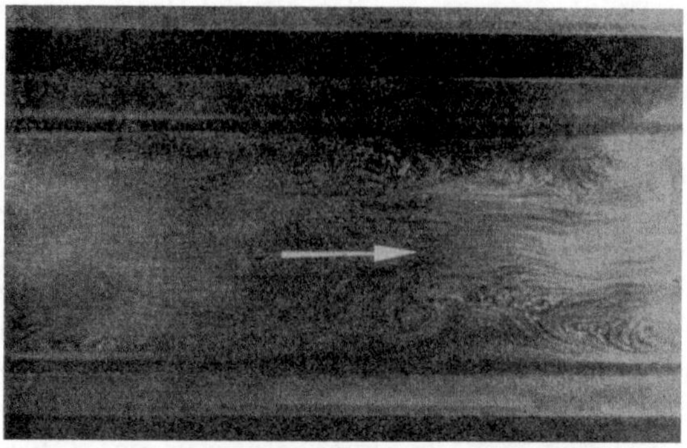

Abb. 11. Wagengeschwindigkeit 7 cm/s

Abb. 12. Wagengeschwindigkeit 8 cm/s

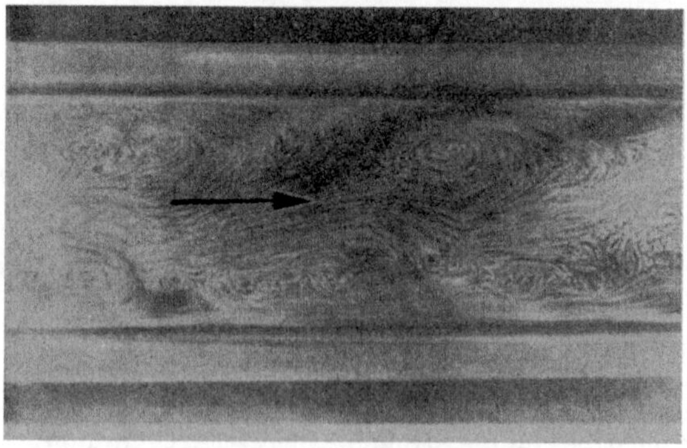

Abb. 13. Wagengeschwindigkeit 9 cm/s

Abb. 10—13. Strömungsaufnahmen von NIKURADSE

Ergebnisse der Aerodynamischen Versuchsanstalt zu Göttingen, III. Lief., S. 6—9
Verlag Oldenbourg München-Berlin 1927.

Über Wirbelablösung und deren Verhinderung

Für das Zustandekommen des aus Druckunterschieden herrührenden Widerstandes von umströmten Körpern sind die an ihnen gebildeten Wirbel von ausschlaggebender Bedeutung. Die Entstehung solcher Wirbel hängt eng mit der durch Reibung verzögerten Flüssigkeitsschicht zusammen, die den umströmten Körper wie ein Kleid umgibt. Diese Reibungsschicht ist denselben beschleunigenden und verzögernden Druckunterschieden unterworfen, die auf die ungestörte Strömung außerhalb einwirken. Wird die äußere Strömung durch ein Druckgefälle in ihrer Bewegungsrichtung beschleunigt, so erfahren auch die gebremsten wandnahen Schichten einen Antrieb in der Richtung, in der sie sich schon bewegen; die Strömung wird also ihren Weg längs der Körperoberfläche fortsetzen. Besteht dagegen ein Druckgefälle entgegen der Strömungsrichtung, so wird die freie Strömung dadurch verzögert. Die wandnahen Schichten haben bereits eine kleinere Geschwindigkeit; sie werden zwar durch die Reibung von der äußeren Strömung nach vorwärts weitergeschleppt, durch das entgegenstehende Druckgefälle aber gehemmt. Ist dieses stark genug, so kommen sie, da ihre kinetische Energie bald aufgezehrt ist, zur Umkehr und strömen nun entgegen der darüber weggehenden äußeren Strömung zurück (vgl. Abb. 1). Da immer neues gebremstes Material dasselbe Schicksal erleidet, entstehen in sehr kurzer Zeit Ansammlungen von Flüssigkeit, die durch die Reibung in Drehung versetzt ist; diese gestalten schnell als „Wirbel" die ganze Strömung in der Weise um, daß der Druckanstieg, der die Bildung des Wirbels veranlaßt hat, zum Verschwinden kommt oder wenigstens sehr verringert wird. Meist erfolgt das in der Weise, daß sich der Flüssigkeitsstrom von der Körperoberfläche ablöst und einen mehr oder minder „toten Raum" hinter dem Körper zurückläßt. Die Bildfolge von Abb. 2 zeigt die Entstehung der Ablösung bei einem Kreiszylinder.

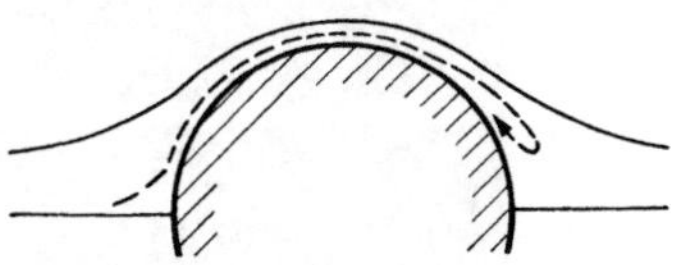
Abb. 1

Eine etwas andere Rolle spielen die Reibungsvorgänge in dem Fall einer transversal beschleunigten Strömung, wie sie z. B. in gekrümmten Rohren auftritt. Hier besteht ein Druckgefälle quer zur Strömungsrichtung (zur Überwindung der „Zentrifugalkraft"), die Ablenkung der einzelnen Flüssigkeitsteile in diesem Druckgefälle ist aber je nach ihrer Geschwindigkeit verschieden; die verlangsamte Reibungsschicht wird

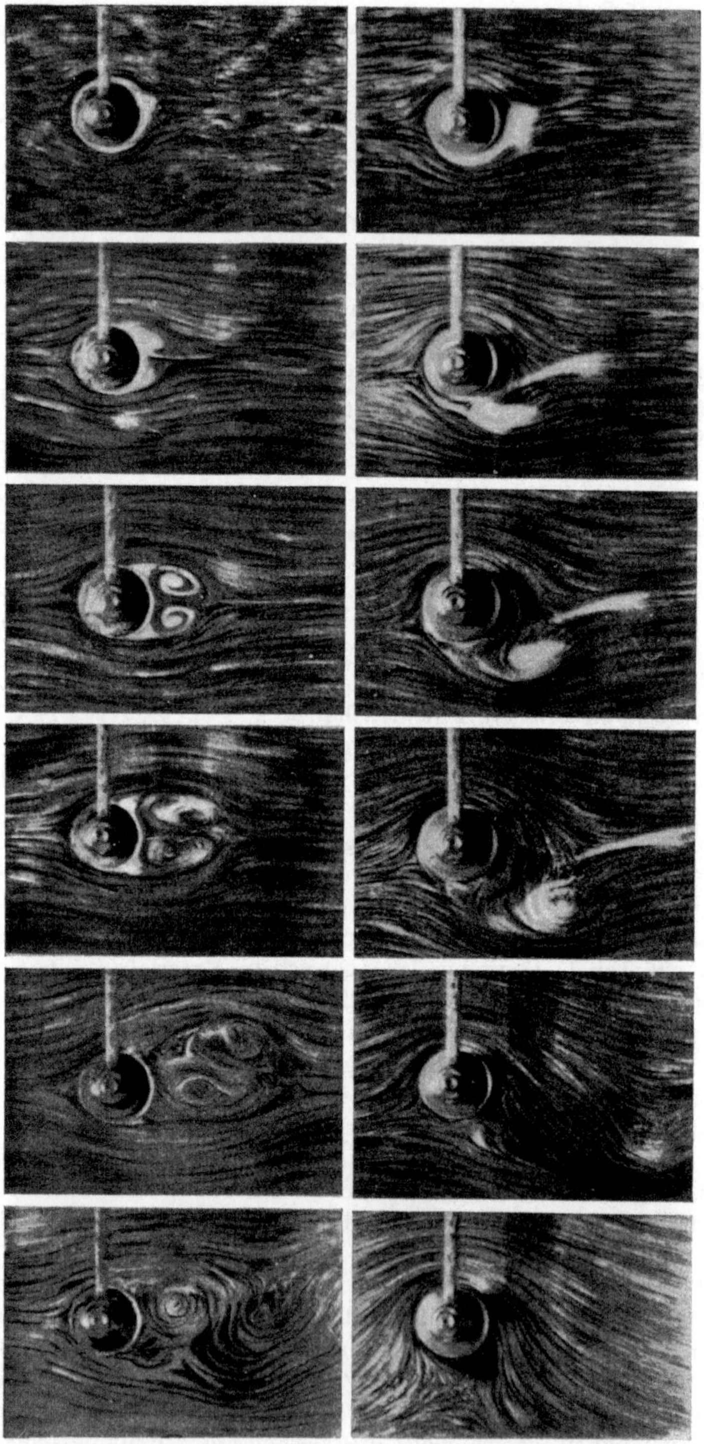

Strömungszustand an einem Zylinder zu Beginn der Strömung

Abb. 2. Nicht rotierender Zylinder

Abb. 3. Rotierender Zylinder, wobei die Umfangsgeschwindigkeit gleich vierfacher Strömungsgeschwindigkeit ist

demnach stärker abgelenkt als die Kernströmung neben ihr, sie fließt daher längs der Wände nach der Innenseite des Bogens hin. Dieser Vorgang verursacht also Ansammlungen langsamerer Flüssigkeit auf der Innenseite des Bogens, und wenn er auch häufig zu keiner Ablösung führt, so stellt er doch eine Quelle vermehrter Reibungsverluste dar. Da nämlich die ursprüngliche Reibungsschicht seitlich weggeführt wird, muß sich an ihrer Stelle immer wieder eine neue bilden.

In den vorstehenden Erörterungen ist das Druckgefälle wie ein unabhängig von der Flüssigkeitsströmung bestehendes Kraftfeld behandelt. Für die Betrachtung der Teilvorgänge ist dies wohl erlaubt, genaugenommen ist aber die Druckverteilung selbst wieder ein Erzeugnis der Strömungsvorgänge; diese wechselseitige Verknüpfung macht die rechnerische Behandlung von hydrodynamischen Aufgaben so verwickelt und bewirkt, daß man in der Hauptsache nur solche Aufgaben rechnerisch beherrscht, bei denen es wie bei den Potentialströmungen gelingt, die dynamischen Beziehungen zunächst durch rein geometrische zu ersetzen. Bei anderen Aufgaben wird man auf das Experiment angewiesen bleiben, sobald mehr als qualitative Auskünfte verlangt werden.

Die Frage nach den *Mitteln zur Vermeidung der Wirbelbildung und der Ablösung der Strömung* gehört jedoch zu denen, in denen unsere Auffassung wertvolle qualitative Fingerzeige zu geben imstande ist.

Das Einfachste ist die Verwendung von genügend schlanken Formen (wie sie bei Luftschiffkörpern, bei Flugzeugtragflügeln usw. üblich sind). Hier sind die Druckanstiege in der Strömungsrichtung nicht sehr groß, so daß die Schleppwirkung der äußeren Strömung auf die innere genügt, um sie vor Rückströmungen zu bewahren. Man weiß, daß diese „gesunde Strömung“ bei Flugzeugtragflügeln nur eintritt, wenn der Anstellwinkel nicht zu groß ist, sonst „reißt die Strömung ab“, was in unserer Anschauung bedeutet, daß der Druckanstieg der gesunden Strömung auf der Saugseite des Flügels so groß geworden ist, daß in der Reibungsschicht Rückströmungen aufgetreten sind, und daß hierdurch die ganze Strömung so umgestaltet worden ist, daß sie jetzt auf der Saugseite nicht mehr anliegt, sondern hier einen Totraum oder Wirbelraum zwischen sich und dem Flügel läßt. Ähnliches gilt für ein Luftschiff mit einem zu stumpf ausgebildeten Hinterende.

Wesentlich ist noch die folgende Bemerkung: Wenn, wie dies bei kleinen Kennwerten (kleinen REYNOLDSschen Zahlen) der Fall ist, die Reibungsschicht überall laminar strömt, dann gelingt es nur sehr schwer, eine Strömung gegen einen Druckanstieg zum Anliegen zu bringen, da jetzt die Schleppwirkung der äußeren Strömung auf die Reibungsschicht ungemein schwach ist. Ist dagegen die Reibungsschicht selbst turbulent, dann ist eine viel größere Schleppwirkung vorhanden, und die Überwindung von Druckanstiegen ist jetzt wesentlich besser möglich. Die Flugzeugtragflügel und auch bereits die Modelle von solchen sind immer in diesem letzteren Zustand. Es ist aber wichtig zu wissen, daß man grobe Abweichungen in bezug auf das Abreißen der Strömung bekommt, wenn man unter die Grenze herunterkommt, unter der die Reibungsschicht laminar bleibt. Bei Tragflügeln ist diese Grenze wesentlich niedriger als bei den ebenen Platten (etwa $\frac{1}{4}$ davon, schwankend nach dem Grad der Turbulenz des Versuchsluftstromes). Der plötzliche Abfall der Widerstandszahl von Zylindern, Kugeln und Ellipsoiden (vgl. II. Lieferung, Abb. 24, 26 und 27) hängt ebenfalls mit dem Turbulentwerden der Reibungsschicht zusammen. Durch die zunehmende Schleppwirkung rückt die Ablösungstelle von etwas vor der Mitte der Kugel usw. ziemlich weit nach hinten, wodurch sich das Wirbelgebiet wesentlich verkleinert und der Widerstand heruntergeht.

Eine rauhe Oberfläche vermehrt die Bremsung der Reibungsschicht; dadurch wird der Einfluß der Schleppwirkung heruntergesetzt, die Ablösungsstelle rückt wieder mehr nach vorn, und der Widerstand der Kugel usw. wird wieder vergrößert.

Um die Wirbelbildung auch bei stumpfer geformten Körpern zu vermeiden, gibt es verschiedene Mittel, die sich allerdings leider oft nicht anwenden lassen. Ein äußerst wirksames Mittel besteht darin, daß man die Körperoberfläche in der Strömungsrichtung mit der Luft mitlaufen läßt, so daß sie nirgends langsamer läuft als die Strömung. In diesem Fall kommt nirgends eine Bremsung der Strömung zustande, und es können sich daher auch keine Wirbel entwickeln. Der Versuch mit zwei sich berührenden entgegengesetzt umlaufenden Zylindern (vgl. Abb. 4) hat dies durchaus bestätigt.

Nimmt man einen einzigen umlaufenden Zylinder, so wird bei genügender Umlaufgeschwindigkeit der eine der beiden Wirbel völlig

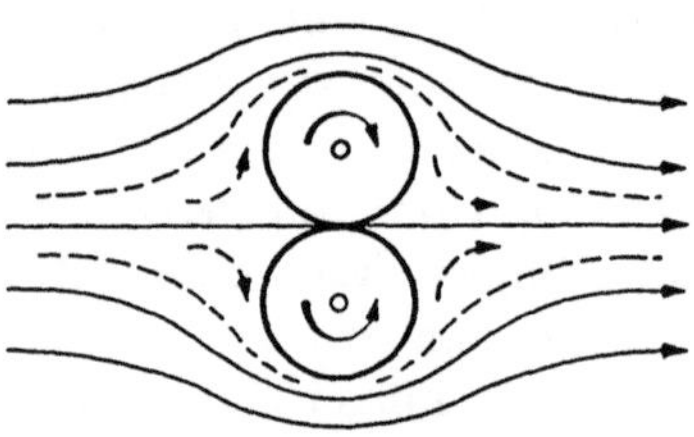

Abb. 4

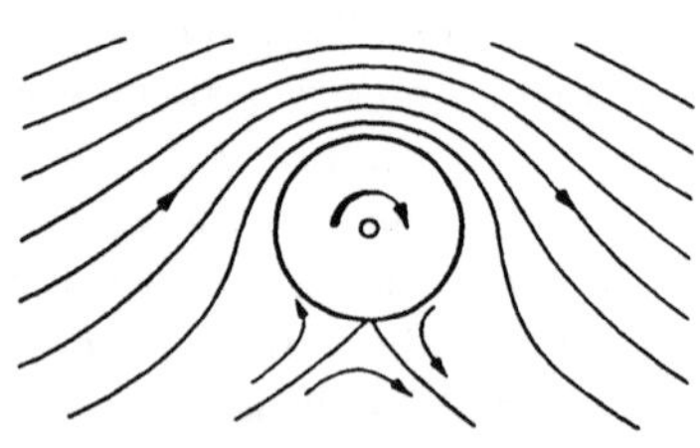

Abb. 5

unterdrückt, nämlich der auf der Seite, wo die Wandbewegung in Richtung der Strömung erfolgt, während der andere Wirbel sich voll entwickelt. Das Endergebnis dieses Vorganges, der durch Abb. 3 veranschaulicht wird, ist eine Umströmung des Zylinders entsprechend Abb. 5, die nun auch aufrechterhalten bleibt, da sich jetzt jedes Wandelement in der Richtung der Strömung bewegt. Mit der Strömung nach Abb. 5 ist ein sehr starker Quertrieb verbunden (die Quertriebsziffer ist hierfür theoretisch $4\pi = 12{,}57$, praktisch etwas weniger). Bei geringeren Umfangsgeschwindigkeiten würde die Strömung nach Abb. 5, bei der die größte Geschwindigkeit (oben am Zylinder) das Vierfache der Zustromgeschwindigkeit ist, der Wand voreilen, es kommt dann wieder zur Wirbelbildung, der Quertrieb wird geringer. Bei noch größerer Umfangsgeschwindigkeit scheint sich ein umlaufender Flüssigkeitsring um den rotierenden Zylinder zu legen; der Quertrieb geht dabei, wenn auch nicht sehr viel, noch über den obigen Betrag hinaus.

Eine andere, häufiger anwendbare Methode zur Vermeidung der Wirbelbildung besteht darin, daß man die Reibungsschicht an den Stellen, wo sie durch Bildung von Ansammlungen von zum Stehen gekommenem Material Anlaß zur Ablösung von Wirbeln geben würde, durch Absaugen nach dem Körperinneren entfernt. Der Versuch zeigt, daß man tatsächlich auch durch dieses Mittel die Wirbelbildung weitgehend vermeiden und also wesentlich stumpfere Formen verwenden kann, als es sonst möglich wäre. Die zum Absaugen aufgewandte Arbeit ist dabei nicht groß, da es sich um relativ kleine Mengen handelt, die abgesaugt werden müssen.

Man hat auch versucht, durch Ausstoßen von Luftstrahlen in der Richtung der Strömung die verzögerten Schichten längs der Körperoberfläche wieder anzutreiben. Da es sich hier sozusagen um eine Verstärkung der „Schleppwirkung" handelt, müßte auch hier eine günstige Wirkung festzustellen sein. Die Versuche zeigen aber, daß die für einen günstigen Erfolg aufzuwendenden Energiemengen hier viel größer sein müssen als bei der Absaugemethode. Bisher hat von verschiedenen versuchten Anordnungen dieser Art nur der „Düsenflügel" oder „Spaltflügel" nach Handley-Page-Lachmann praktische Bedeutung gewonnen. Der durch den Spalt fließende Luftstrom hebt die Reibungsschicht des Vorderflügels ab und macht sie dadurch für den Hinterflügel unschädlich. An diesem bildet sich eine neue Reibungsschicht, die zunächst dünn ist und die unter der Schleppwirkung des aus dem Spalt kommenden Strahles genügend vorwärtsgetrieben wird. Auf diese Weise kann man auf der Oberseite des Hinterflügels einen Unterdruck erhalten, der mindestens so groß ist wie der eines gewöhnlichen Flügels, und der Vorderflügel, dessen Hinterkante in der Zone des tiefsten Unterdruckes des Hinterflügels steht, kann dadurch einen noch wesentlich tieferen Unterdruck ertragen, ohne daß die Strömung abreißt. Bei mehreren Spalten sind die möglichen Unterdrücke des vorderen Flügels noch größer, doch wächst damit auch der Energieaufwand für die Luftstrahlen, der in dem Widerstand des Systems zur Geltung kommt.

Verhandlungen des II. Internationalen Kongresses für Technische Mechanik 1926, S. 62—75. Zürich: Füßli 1927.

Über die ausgebildete Turbulenz

M. H. Was ich Ihnen hier über die Gesetzmäßigkeiten der ausgebildeten turbulenten Flüssigkeitsströmung vortragen will, ist, wie ich gleich sagen möchte, noch weit davon entfernt, etwas Abgeschlossenes darzustellen, es handelt sich vielmehr um die ersten Schritte auf einem neuen Weg, denen, wie ich hoffe, noch mancherlei Schritte folgen werden.

Die Untersuchungen zur Frage der Turbulenz, die wir seit etwa fünf Jahren in Göttingen treiben, haben die Hoffnung auf ein tieferes Verständnis der inneren Vorgänge der turbulenten Flüssigkeitsbewegungen leider sehr klein werden lassen; unsere photographischen und kinematographischen Aufnahmen zeigten uns nur, wie hoffnungslos verwickelt diese Bewegungen selbst im Falle kleinerer REYNOLDSscher Zahlen sind. Abb. 1 bis 4[1] zeigt Ihnen Aufnahmen einer Wasserströmung in einem sehr langen, tiefen, rechteckigen Gerinne, von oben mit einer auf einem Wagen mitfahrenden Kammer photographiert. Je nach der Wagengeschwindigkeit ergibt sich ein sehr verschiedenes Bild, aber alle Bilder sind unangenehm verwickelt. Kinematographische Aufnahmen derselben Bewegungen werde ich am Schluß des Vortrages zeigen. Derartige Aufnahmen sind bis jetzt nur zu statistischen Ermittlungen über die Verteilung des zeitlichen Mittelwertes der Geschwindigkeit und über die Größe der vorkommenden Geschwindigkeitsschwankungen benützt worden, sonst haben wir aus ihnen noch nicht viel lernen können. Das, was ich das „große Problem der ausgebildeten Turbulenz" nennen möchte, ein inneres Verstehen und eine quantitative Berechnung der Vorgänge, durch die aus den vorhandenen Wirbeln trotz ihrer Abdämpfung durch Reibung immer wieder neue entstehen, und eine Ermittlung derjenigen Durchmischungsstärke, die sich in jedem Einzelfall durch den Wettstreit von Neuentstehung und Abdämpfung einstellt[2], wird daher wohl noch nicht so bald gelöst werden.

Es ist aber auch, wenn man auf ein tieferes Verständnis des Mechanismus der Turbulenz verzichtet, immer noch möglich, auf einem durch Versuche kontrollierten „phänomenologischen" Weg verschiedene Ge-

---

[1] Entnommen aus der Dissertation von J. NIKURADSE, Forschungsarbeiten VDI, H. 281. — (Anmerkung der Schriftleitung: Siehe hier S. 729 u. 730, Abb. 10—13).

[2] Die rationelle Berechnung des Geschwindigkeitsabfalls in der Nähe einer glatten Wand und die Ermittlung der Größe der Wandreibung rechne ich mit zu diesen Aufgaben.

setzmäßigkeiten, besonders über die in einer vorgelegten turbulenten Strömung eintretende mittlere Bewegung, theoretisch zu verfolgen; gerade die Angabe der mittleren Geschwindigkeit als Funktion des Ortes ist ja eine technisch besonders wichtige Aufgabe. Der erste Schritt dazu kann so charakterisiert werden, daß die durch die Mischbewegungen hervorgerufenen scheinbaren Reibungskräfte in einer solchen Form dargestellt werden, daß sie in die hydrodynamischen Differentialgleichungen eingesetzt werden können und so Differentialgleichungen für die mittlere Bewegung turbulenter Flüssigkeitsbewegungen liefern.

Diese Aufgabe hatte sich bereits Boussinesq gestellt, auf ihn geht die heute vielfach verwendete Formulierung zurück, bei der eine mit der Zähigkeit μ parallel stehende „Austauschgröße" A[1] eingeführt wird, wobei dann zu den von der Zähigkeit herrührenden Schubspannungen

$$\tau = \mu \frac{\partial u}{\partial y} \quad \text{usw.}$$

die scheinbaren Schubspannungen

$$\tau' = A \frac{\partial \bar{u}}{d y} \quad \text{usw.} \tag{1}$$

hinzutreten ($\bar{u}$ = zeitlicher Mittelwert der Geschwindigkeitskomponente u). Diese Formulierung hat aber den Nachteil, daß der Austausch selbst wieder von der Größe der Geschwindigkeit abhängt, die doch erst gesucht werden soll.

Nach zahlreichen vergeblichen Versuchen ist es mir nun in letzter Zeit gelungen, für die scheinbare Reibung einen Ausdruck zu gewinnen, der, obschon auch nur eine grobe Näherung, doch die wesentlichen Eigenschaften der Strömungen in schwachreibenden Flüssigkeiten recht gut wiedergibt und dabei von dem oben erwähnten Mangel frei ist. Um den Impulsaustausch, der die scheinbare Reibung hervorbringt, zu formulieren, pflegt man nach dem Vorgang von O. Reynolds[2] die augenblickliche Geschwindigkeit in zwei Teile zu zerlegen, den zeitlichen Mittelwert und die Schwankung um diesen:

$$u = \bar{u} + u',$$
$$v = \bar{v} + v',$$
$$w = \bar{w} + w'.$$

[1] Diese Bezeichnung habe ich der sehr lesenswerten und lehrreichen Schrift „Der Massenaustausch in freier Luft und verwandte Erscheinungen" von Prof. Dr. Wilh. Schmidt, Wien (Heft VII der „Probleme der kosmischen Physik", Hamburg 1925) entnommen. Boussinesq und nach ihm andere Hydrauliker haben diese Größe mit ε bezeichnet.

[2] O. Reynolds, Phil. Trans. Roy. Soc. T. 186A (1895) S. 123 — Sci. Pap. Bd. I, S. 535; vgl. auch H. A. Lorentz, Abhandlungen über theoretische Physik, Bd. I, S. 43. Leipzig 1907.

Die Schwankungen verursachen dann im Mittel einen scheinbaren Spannungszustand, dessen Komponenten durch die Impulskomponenten

$$\overline{\varrho\, u'^2}, \qquad \overline{\varrho\, u' v'} \quad \text{usw.}$$

(ϱ = Dichte, Überstreichen als Zeichen der Mittelbildung) gebildet werden. Diese Ausdrücke sind sehr bekannt, es handelt sich nun aber darum, für sie eine Form zu gewinnen, in der die mittlere Strömung („Grundströmung") $\bar{u}$, $\bar{v}$, $\bar{w}$ auftritt.

Hierbei ist nun die Einführung einer für den Turbulenzzustand charakteristischen Länge wesentlich, die hier eine ähnliche Rolle spielt, wie die freie Weglänge in der kinetischen Gastheorie. Man kann sie als Durchmesser der jeweils gemeinsam bewegten Flüssigkeitsmassen deuten, aber auch als den Weg, den eine solche Flüssigkeitsmasse zurücklegt, bevor sie durch Vermischung mit Nachbarmassen ihre Individualität wieder aufgibt. Man findet unschwer, daß diese beiden Strecken, wenn die REYNOLDSsche Zahl[1] hinreichend groß ist, sich nur durch einen konstanten Faktor unterscheiden (Widerstandsarbeit beim Vordringen in fremde Flüssigkeitsmassen = kinetische Energie der Masse). Wir wollen diese Länge, der zweiten Bedeutung folgend, *Mischungsweg* nennen und mit l bezeichnen. Nimmt man an, daß eine solche mit Eigenbewegung begabte Flüssigkeitsmasse, die sich in einer Strömung mit Geschwindigkeitsgefälle quer zur Strömungsrichtung befindet, eine Geschwindigkeit gleich der mittleren Geschwindigkeit derjenigen Stelle besitzt, aus der sie stammt, und daß sie sich um den Mischungsweg l quer zur Strömungsrichtung verschiebt, so wird sich ihre Geschwindigkeit von der an dem neuen Ort vorhandenen mittleren Geschwindigkeit unterscheiden, und zwar ist dieser Unterschied, wenn die mittlere Strömungsrichtung zur X-Achse gewählt wird, in erster Näherung $= l \frac{\partial \bar{u}}{d y}$. Man kann deshalb die durchschnittliche Schwankung u' proportional $l \frac{\partial \bar{u}}{\partial y}$ setzen. Die Querbewegung v' kann man sich in der Weise entstanden denken, daß zwei Flüssigkeitsmassen mit verschiedenem u', die sich voreinander befinden, zusammenprallen, oder sich voneinander entfernen. Die auf diese Weise entstehenden Geschwindigkeiten v' können daher proportional u' gesetzt werden. Die scheinbare Schubspannung $\tau' = \varrho\, \overline{u' v'}$ wird also, wenn man die Proportionalitätsfaktoren von u' und v' und auch den Korrelationsfaktor, der bei der Bildung des Produktmittels hinzutreten würde, unterdrückt, indem man sie sämtlich auf das ohnehin noch unbekannte l wirft,

$$\tau' = \varrho\, l^2 \left(\frac{\partial \bar{u}}{\partial y}\right)^2 .$$

[1] Und zwar die aus Durchmesser der Flüssigkeitsmasse und Relativgeschwindigkeit gebildete REYNOLDSsche Zahl.

Berücksichtigt man noch das Vorzeichen, das mit dem von $\partial \bar{u}/\partial y$ wechseln muß, so wird richtiger geschrieben:

$$\tau' = \varrho\, l^2 \left|\frac{\partial \bar{u}}{\partial y}\right| \frac{\partial \bar{u}}{\partial y}. \tag{2}$$

Der Vergleich mit der BOUSSINESQschen Form zeigt, daß Übereinstimmung hergestellt wird, wenn man den Austausch

$$A = \varrho\, l^2 \left|\frac{\partial \bar{u}}{\partial y}\right| \tag{3}$$

schreibt. Diese einfache Formel hat sich für den bei der Ableitung zugrunde gelegten Fall, daß es sich um eine Strömung mit Geschwindigkeitsgefälle quer zur Strömungsrichtung handelt, trotz ihrer offenbaren Unvollkommenheiten recht gut bewährt. Vor allem liefert sie in Übereinstimmung mit den hydraulischen Erfahrungen Widerstände proportional dem Quadrat der Geschwindigkeit, wie man aus ihrem Bau leicht erkennt. Man muß sich aber bei den Resultaten, die mit diesem Ansatz gewonnen werden, vor Augen halten, daß es sich um eine erste grobe Näherung handelt.

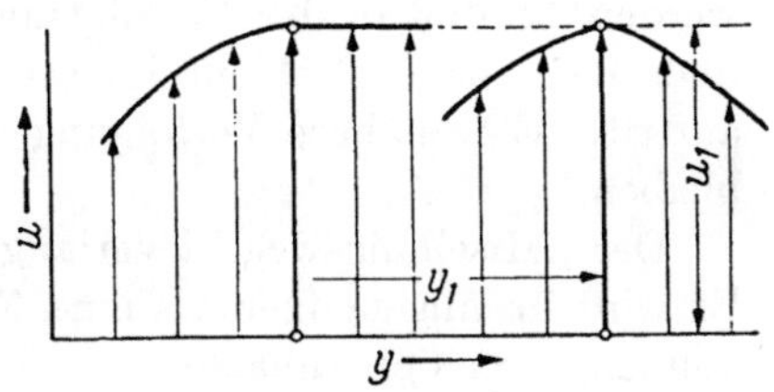

Abb. 5

Die Lösungen von Strömungsaufgaben mit diesem Reibungsglied haben, wenn man das gewöhnliche Zähigkeitsglied als numerisch klein unterdrückt, etwas ungewöhnliche Eigenschaften. Statt des asymptotischen Überganges zu konstanter Geschwindigkeit erhält man irgendwo im Endlichen eine Stelle, wo die endlich stark gekrümmte Kurve tangentiell an eine waagerechte Gerade anschließt; Geschwindigkeitsmaxima haben immer eine solche Form, daß dort der Krümmungsradius auf Null herabgeht. Es ist in der Nähe des Maximums $\bar{u}_{\max} - \bar{u}$ prop. $|y - y_1|^{3/2}$, vgl. Abb. 5. Dieses Verhalten hängt mit dem Umstand zusammen, daß für $\partial \bar{u}/\partial y = 0$ der Austausch nach unserer Formel zu Null wird. In Wirklichkeit trifft dies nicht genau zu, vielmehr hört durch die Unruhe der Nachbargebiete der Austausch an der Maximumsstelle nicht völlig auf. Nimmt man zur Verfeinerung der Theorie eine Ausbreitung der Austauschgröße durch den Austausch selbst an, so ergibt sich an den Stellen $\partial \bar{u}/\partial y = 0$ noch ein von Null verschiedener Austausch[1], und man bekommt nun wieder richtige Asymptoten und Maxima mit endlicher Krümmung. Indes zeigen die Versuche, daß die Krümmung der Geschwindigkeitsprofile an der Stelle des Maximums häufig auffällig stark ist, woraus zu schließen ist, daß dort der Austausch, wenn auch

[1] Vgl. Z. angew. Math. Mech. Bd. 5 (1925) S. 138.

nicht Null, so doch beträchtlich kleiner ist als in der Nachbarschaft, so daß der einfachen Formel (2) eine gewisse innere Berechtigung nicht abgesprochen werden kann.

Wir haben bisher nur die Spannungskomponente betrachtet, die in hydraulischen Aufgaben gewöhnlich die Hauptrolle spielt. Es ist aber nicht schwer, für vorkommende Fälle auch einen mit den Symmetrieeigenschaften verträglichen Ausdruck anzugeben, der einen vollen Spannungstensor liefert. Man kann dazu z. B. den Faktor $\left|\frac{\partial \bar{u}}{\partial y}\right|$ in Formel (2) durch das maximale Geschwindigkeitsgefälle quer zur Stromlinie ersetzen, und den zweiten Faktor $\partial \bar{u}/\partial y$ durch den Tensor $\nabla \bar{u} + \bar{u} \nabla$[1]; gewisse Versuche, auf die ich noch zu sprechen komme, deuten jedoch daraufhin, daß die Sache nicht immer ganz so einfach ist; der Austausch selbst muß vielmehr auch als ein Tensor angesehen werden, so daß in der Verallgemeinerung von Formel (2), sobald man über das ebene Problem hinausgeht, das Produkt zweier Tensoren auftritt. Eine nähere Verfolgung dieser Angelegenheit mag hier unterbleiben.

Der „Mischungsweg" l verlangt noch eine besondere Untersuchung. Er wird im allgemeinen als eine Funktion des Ortes angesehen werden können, von der zunächst festzustellen ist, daß sie bei Annäherung an Wände zu Null werden muß, weil hier die Querbewegungen behindert sind. Die Beobachtungen in Rohren mit glatten Wänden weisen allerdings daraufhin, daß die Zähigkeit nicht ganz ohne Einfluß ist. Im Bereich der Blasiusschen Widerstandsformel muß l proportional mit

$$y^{6/7}\left(\frac{\nu}{\sqrt{\tau_{\text{Wand}}\,\varrho}}\right)^{1,7}$$

gesetzt werden, damit sich bei Anwendung von Gl. (2) die richtige Abhängigkeit des Widerstandes von der Reynoldsschen Zahl und gleichzeitig die Proportionalität der Geschwindigkeit mit der siebenten Wurzel des Wandabstandes y ergibt[2].

Einfacher scheinen die Verhältnisse bei solchen turbulenten Bewegungen zu sein, bei denen keine Wände mitwirken, wie z. B. bei der Vermischung von Flüssigkeitsstrahlen mit der umgebenden ruhenden Flüssigkeit und bei der Abbremsung der Nachlaufströmung hinter einem bewegten Objekt. In diesen Fällen der „*freien Turbulenz*" kann, wenigstens für genügend große Reynoldssche Zahlen, angenommen

[1] $\nabla \bar{u}$ = Deformationsaffinor, $\bar{u}\nabla$ konjugierter Affinor. Dieses Verfahren ist vor allem dann berechtigt, wenn *eine* Scherungskomponente weit über die anderen Deformationskomponenten überwiegt.

[2] Vgl. etwa v. Kármán, Z. angew. Math. Mech. Bd. 1 (1921) S. 233 oder „Hydraulische Probleme", S. 3—5 (Prandtl). Berlin 1926.

werden, daß in vergleichbaren Fällen immer die Vorgänge in einem quer zur Längsstreckung gezogenen Querschnitt geometrisch und mechanisch ähnlich verlaufen. Dazu gehört, daß die Mischungswege bei wachsender Breite des Strahles oder des Nachlaufstromes immer proportional mit der Breite des Stromes bleiben, wodurch dann vermöge der der Formel (2) zugrunde liegenden Überlegung auch die Quergeschwindigkeiten proportional der mittleren Relativgeschwindigkeit $\bar{u}$ gegen die ungestörte Flüssigkeit werden[1]. Diese an sich plausible Annahme über l läßt sich übrigens, wenn man will, auch als eine Folgerung davon herleiten, daß die Abbremsung der mittleren Bewegung $\bar{u}$ durch die in Formel (2) gegebenen Schubspannungen erfolgt, und daß andererseits das zeitliche Anwachsen der Breite eines Abschnittes des turbulenten Strahles usw. proportional der Geschwindigkeit der Querbewegungen vor sich geht; die verschiedenen Betrachtungsweisen sind also in bestem Einklang miteinander.

Unter Hinzunahme des Impulssatzes für die Hauptbewegung läßt sich dann leicht die Beziehung für das Anwachsen der Breite und für die Abnahme der Geschwindigkeit mit wachsender Entfernung vom Ort der Störung für zahlreiche Einzelfälle voraussagen. Bei der Ausbreitung von Strahlen ergibt sich bereits ohne Impulssatz ein Anwachsen der Breite proportional mit der Entfernung vom Loch und damit wegen des Impulssatzes eine Geschwindigkeitsabnahme umgekehrt proportional der ersten Potenz der Entfernung beim Strahl vom Kreisquerschnitt bzw. umgekehrt proportional der Wurzel aus der Entfernung bei dem aus einem langen Spalt kommenden Strahl.

Bei der Nachlaufströmung hinter einem quer zur Strömungsrichtung stehenden Stab bzw. einem Rotationskörper wächst die Breite proportional der Quadratwurzel bzw. Kubikwurzel aus dem Abstand, die Geschwindigkeit nimmt umgekehrt proportional der Quadratwurzel bzw. $^2/_3$ten Potenz des Abstandes ab. Bei allen diesen Regeln ist übrigens vorausgesetzt, daß die Geschwindigkeiten bzw. die Abweichungen der Geschwindigkeit von der der ungestörten Strömung bereits klein gegen die der Störungsstelle geworden sind.

Als Beispiel mag die Ausbreitung eines Strahles mit Kreisquerschnitt und die Nachlaufströmung hinter einem Rotationskörper behandelt werden. b sei die Breite des Strahles bzw. Nachlaufstromes; es sei $l = \alpha b$, so daß die Quergeschwindigkeit

$$v' = l \frac{\partial u}{\partial y} \sim \frac{l u}{b} \sim \alpha u$$

wird.

---

[1] Aus $v' \sim l \frac{\partial \bar{u}}{\partial y}$ ergibt sich für einen mittleren Wert von v' Proportionalität mit $\frac{l \bar{u}}{b}$ (b = Breite, $\bar{u}$ = Durchschnittswert der Relativgeschwindigkeit).

Aus der Aussage[1]

$$\frac{Db}{dt} \sim v' \tag{a}$$

wird beim Strahl abschätzend

$$u \frac{db}{dx} \sim \alpha \bar{u}$$

also

$$b \sim \alpha x .$$

Der in allen Querschnitten konstante Impuls wird $J \sim \varrho u^2 b^2$; hieraus $u = \frac{\text{konst.}}{x}$. Beim Nachlauf ist $\frac{Db}{dt} \approx U \frac{db}{dx}$, wo U die Geschwindigkeit der ungestörten Strömung ist, also wird aus (a)

$$U \frac{db}{dx} \sim \alpha u . \tag{b}$$

Der Impuls ist $J \sim \varrho U u b^2$; ihm gleich ist der Widerstand $W = c_w \frac{\varrho U^2}{2} F$ (F = Querschnitt des Körpers, c_w Widerstandsziffer). $J = W$ liefert

$$u \sim \frac{c_w U F}{2 b^2} . \tag{c}$$

In (b) eingesetzt, wird

$$b^2 \frac{db}{dx} \sim c_w F;$$

also

$$b \sim \sqrt[3]{c_w F x}$$

und

$$u \sim U \sqrt[3]{\frac{c_w F}{x^2}} .$$

Die experimentelle Prüfung der in dieser Weise gewonnenen Regeln ist, soweit es sich um die Strahlausbreitung handelt, bereits erbracht worden; bei den Nachlaufströmungen zeigen die bisher gemachten Vorversuche gewisse Abweichungen, die möglicherweise mit zu kleiner Reynoldsscher Zahl zusammenhängen. Die endgültige Entscheidung steht hier noch aus.

Nimmt man, wie erwähnt, den Mischungsweg l in Formel (2) proportional der nach den eben erwähnten Regeln bestimmten Strahlbreite, und nimmt im übrigen an, daß er in ein und demselben Abstand von der Störungsstelle über die ganze Breite konstant ist, so sind genügend Angaben vorhanden, um die durch das Reibungsglied von Formel (2) ergänzten hydrodynamischen Differentialgleichungen

[1] $\frac{D}{dt} = \frac{\partial}{\partial t} + u \frac{\partial}{\partial x} + v \frac{\partial}{\partial y} + w \frac{\partial}{\partial z}$.

in derselben Weise zu lösen, wie das bei den „Grenzschichtrechnungen" üblich ist (die Druckunterschiede quer zur Strömungsrichtung werden vernachlässigt, ebenso die Wirkungen anderer Deformationsglieder als $\partial \bar{u}/\partial y$). Auf dieser Grundlage hat mein Mitarbeiter Dr. TOLLMIEN verschiedene Rechnungen durchgeführt, die demnächst in der „Zeitschrift für angewandte Mathematik und Mechanik" erscheinen werden[1]. Die folgenden Bilder geben einige Resultate wieder. Dabei ist zunächst eine besondere, bisher hier noch nicht erwähnte Strömungsform, nämlich die Vermischung eines breiten gleichförmigen Luftstromes, der aus einer Öffnung kommt, mit der angrenzenden Luft, behandelt, vgl. Abb. 6. Die Rechnung für diesen Fall mag als Beispiel etwas näher ausgeführt werden. Auch hier ist die Breite b der Vermischungszone und daher auch l proportional x zu setzen wie bei den anderen Strahlausbreitungsaufgaben (x = Entfernung von der Öffnung)[2]. Eine Abhängigkeit von y soll nicht angenommen werden; damit kann $l = c\,x$ gesetzt werden. Der Ansatz ist hier $\bar{u} = f(\eta)$, wo $\eta = y/x$ ist. Am einen Rand des Gebietes ist $\bar{u} = U$, am anderen $\bar{u} = 0$. Der Druck sei in dem ganzen Gebiet konstant. Es gilt nun

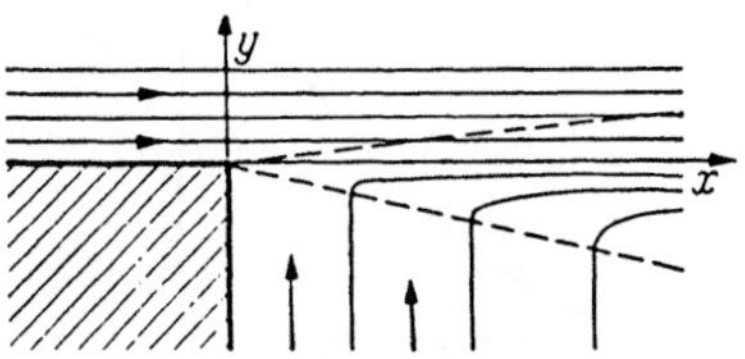

Abb. 6

$$\bar{u}\frac{\partial \bar{u}}{\partial x} + \bar{v}\frac{\partial \bar{u}}{\partial y} = \frac{1}{\varrho}\frac{\partial \tau'}{\partial y} = 2c^2x^2\left|\frac{\partial \bar{u}}{\partial y}\right|\frac{\partial^2 \bar{u}}{\partial y^2}.$$

Durch Einführen der Stromfunktion $\psi = x\,F(\eta)$, wo $F(\eta) = \int f(\eta)\,d\eta$ ist, erhält man nach kurzer Rechnung die hier besonders einfache Differentialgleichung,

$$F\,F'' + 2c^2 F'' F''' = 0,$$

die sowohl durch $F'' = 0$ (u = konst.) wie auch durch

$$F + 2c^2 F''' = 0$$

gelöst wird. Die letztere Differentialgleichung stellt eine Art gedämpfter Schwingung dar, von der eine Halbschwingung die für das Vermischungsgebiet in Betracht kommende Funktion darstellt. An dieses Gebiet, vgl. Abb. 7, schließt sich auf der einen Seite $u = U$, auf der anderen $u = 0$ tangential an. Dies als Beispiel solcher Rechnungen. In anderen Fällen ergeben sich ähnliche Differentialgleichungen, die aber meist

[1] Inzwischen erschienen: Z. angew. Math. Mech. Bd. 7 (1927) S. 1.

[2] Da in den Daten der Aufgabe hier keine Länge vorkommt und aus ihnen auch keine gebildet werden kann, sobald die Zähigkeit außer acht bleibt, ist hier x die einzige Länge, der man l proportional setzen kann. Die frühere Schlußweise ist natürlich auch anwendbar und führt zum selben Ergebnis.

weniger bequem zu lösen sind. Abb. 8 gibt die Geschwindigkeitsverteilung in einem Strahl, der aus einem kreisförmigen Loch kommt.

Nach Erhalt der Lösung lassen sich nachträglich aus den Querbeschleunigungen und den scheinbaren Querspannungen auch die Druckunterschiede quer zur Strömungsrichtung, die erst vernachlässigt wurden, berechnen; sie erweisen sich in den bisher nachgeprüften Beispielen kleiner als 1% des Staudruckes der Höchstgeschwindigkeit des betreffenden Querschnittes, so daß ihre vorläufige Vernachlässigung also gerechtfertigt ist. Überall ergibt sich im Strahl ein kleiner Überdruck. Bei den Luftstrahlen der aerodynamischen Versuchseinrichtungen hat dieser Überdruck eine meßtechnische Bedeutung für Präzisionsversuche, z. B. für die Eichung von Staugeräten zur Luftgeschwindigkeitsmessung. Für den großen Göttinger Luftstrom, dessen Vermischung mit der umgebenden Luft gemessen

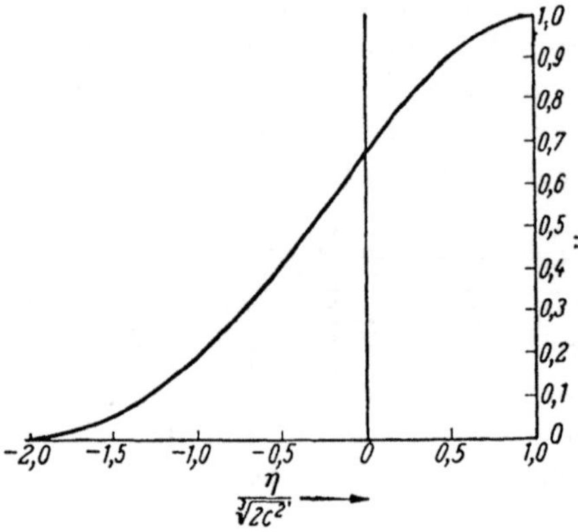

Abb. 7. Geschwindigkeitsverteilung an der Strahlgrenze

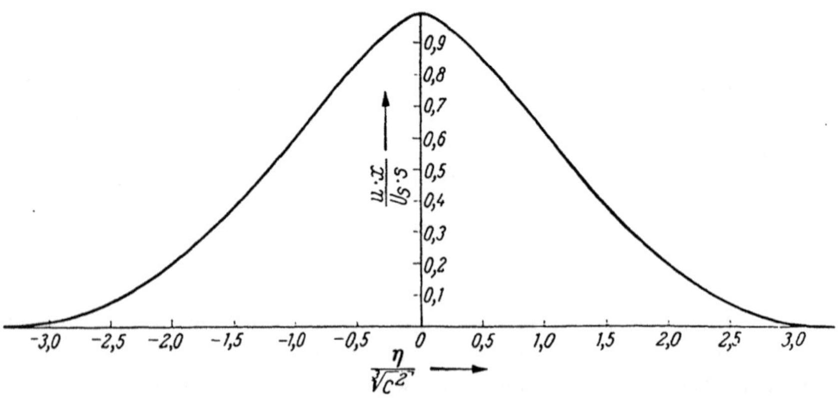

Abb. 8. Geschwindigkeitsverteilung bei der Ausbreitung eines Strahles vom Kreisquerschnitt

worden ist[1], hat Herr TOLLMIEN einen Überdruck von rund $0{,}006\,\frac{\varrho\,U^2}{2}$ berechnet. Vielleicht interessieren noch die folgenden Zahlen: Breite der Vermischungszone $b = 0{,}255\,x$; Mischungsweg $l = 0{,}0174\,x = 0{,}068\,b$;

[1] Vgl. Ergebnisse der Aerodynamischen Versuchsanstalt in Göttingen, II. Lief. (1923) S. 73.

von der Turbulenz erfaßter Teil des ungestörten Strahles $b' = 0{,}325\,b = 0{,}083\,x$; Zuströmgeschwindigkeit der ruhenden Luft zum Strahl, zum Ersatz für die von diesem mitgerissene Luft: $\bar{v} = 0{,}032\,U$. Von der Übereinstimmung der berechneten Kurven mit den beobachteten geben Abb. 9 und 10 einen guten Aufschluß, wo zwei Staudruckregistrierungen mit den gestrichelt hineingezeichneten theoretischen Kurven wiedergegeben sind.

Außer den hier erwähnten Fällen ist bisher noch das Abklingen der Störung hinter einem Gitter aus parallelen Drähten gerechnet, wobei die Geschwindigkeitsabweichungen umgekehrt proportional dem

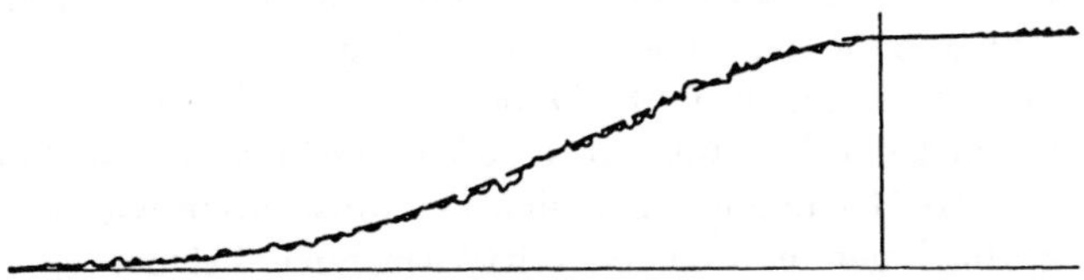

Abb. 9

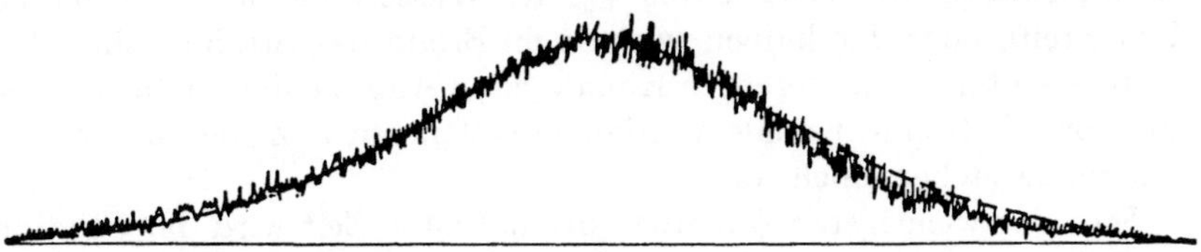

Abb. 10

Abb. 9 u. 10. Staudruckregistrierungen für die Strahlgrenze und für den Strahl von Kreisquerschnitt

Abstand abnehmen, ferner das zeitliche Anwachsen der turbulenten Schicht, die aus einer Trennungsschicht mit Geschwindigkeitssprung hervorgeht. Das Anwachsen db/dt erfolgt mit einer konstanten, der Stärke des Geschwindigkeitssprunges proportionalen Geschwindigkeit, Mischungsweg[1] $l = c(u_1 - u_2)\,t$. Eine theoretische Abschätzung über die bisher nur empirisch bestimmbare Größe c wird sich, wie ich glaube, in diesem wie in anderen geeigneten Beispielen aus der Forderung gewinnen lassen, daß die so gebildete Schicht gegen kleine Schwingungen gerade nicht mehr labil ist. Allerdings wird es nicht leicht sein, die Schwingungen solcher Gebilde unter Berücksichtigung der scheinbaren Reibung auch der Schwingungsbewegung wirklich zu berechnen. (Beweis für diese Behauptung: ein zu kleines c gibt zu schmale Übergangsschichten oder Strahlen, die dann dynamisch labil sind; die

[1] Einziger aus Dimensionsgründen möglicher Ansatz. Das Geschwindigkeitsprofil gemäß unserer Formel (2) ist hier einfach durch eine Funktion dritten Grades von der Form $Ay - By^3$ gegeben.

Labilität bedeutet aber dann Wirbelbildung, d. h. vermehrte Vermischung, Verbreiterung usw., q. e. d.)[1].

Es ist jetzt noch von einer anderen Problemstellung zu sprechen, die sich auf die verwickelteren Aufgaben bezieht, die nicht mehr so bequem theoretisch erfaßt werden können. Hier kann unsere Formel (2) bzw. ihre Erweiterungen dazu verwendet werden, um zu der durch den Versuch festgestellten Strömung die Größe des Mischungsweges l, abhängig vom Ort in der Flüssigkeit, zu ermitteln. Dies gibt ein besonders anschauliches Bild von der Intensität der Vermischungsvorgänge an jeder einzelnen Stelle, und man erhält dabei ein sehr leicht vorstellbares Maß dieser Intensität, das sich, da es sich um eine einfache Länge handelt, auch besonders bequem vom Modell auf das große Objekt übertragen läßt. Dabei zeigen sich in den bisher geprüften Fällen bemerkenswert geringe Unterschiede im mittleren Wert von l. Für glatte Gerinne ergeben sich bei konstantem wie bei wachsendem oder abnehmendem Querschnitt, wie auch bei den gewaltsamen Vorgängen hinter einem Wehr und bei der Ausbreitung von Strahlen Mischungswege, die etwa $\frac{1}{8}$ bis $\frac{1}{10}$ der Wassertiefe bzw. der halben Kanalbreite oder der halben wirksamen Breite des Strahles sind. Für glatte erweiterte und verengte Kanäle zeigt Abb. 11 den örtlichen Verlauf von l^2. Rauhe Kanäle werden in Göttingen z. Z. bearbeitet. Die Ergebnisse stehen noch aus.

Eine der wichtigsten Aufgaben der nächsten Zeit wird das Studium der Reibungsschichten an festen Körpern betreffen, und zwar sollen hier besonders die Bedingungen für das schädliche Abreißen der Strömung an Flugzeugtragflügeln, in Diffusoren usw. näher studiert werden. Auch hier sind bereits Anfänge vorhanden.

Zum Schluß soll noch von einer Erscheinungsgruppe gesprochen werden, die sich auf das räumliche Turbulenzproblem bezieht (im Gegensatz zu dem ebenen oder rotationssymmetrischen, das bisher allein behandelt wurde). Es handelt sich um die Geschwindigkeitsverteilung in nicht kreisförmigen Röhren. Ich habe besonders sorgfältige Messungen darüber anstellen lassen: die Ergebnisse waren sehr überraschend. Statt einer Verteilung mit nach innen zu immer mehr abgerundeten Isotachen[3], wie man sie bei der Laminarströmung bekommt, erhielt man beim Dreieck und beim Rechteck die folgenden

---

[1] Es kann auch sein, daß eine kurze Zeit hindurch für die Störung von einer bestimmten Wellenlänge oder Schwingungsdauer Labilität herrscht, die dann aber durch Anwachsen von b von Stabilität abgelöst wird. In solchen Fällen wird dann der wirklich eintretende c-Wert von den Anfangsstörungen abhängen.

[2] Abb. 11 stammt aus der Dissertation von Fr. Dönch (Forschungsarbeiten VDI, H. 282, 1926).

[3] Linien gleicher Geschwindigkeit.

Bilder[1], von denen das für das Rechteck noch sonderbarer ist als das für das Dreieck. Lange Zeit konnte ich keine vernünftige Erklärung dafür finden. Eine Notiz über alte Beobachtungen betreffend spiralförmige Bewegung des Wassers in einem geraden Flußlauf[2] brachte mir schließlich die Anregung zu einer brauchbaren Erklärung: Das Wasser führt in allen geraden Kanälen von konstantem nicht kreisförmigem Querschnitt „Sekundärbewegungen" aus, und zwar von der

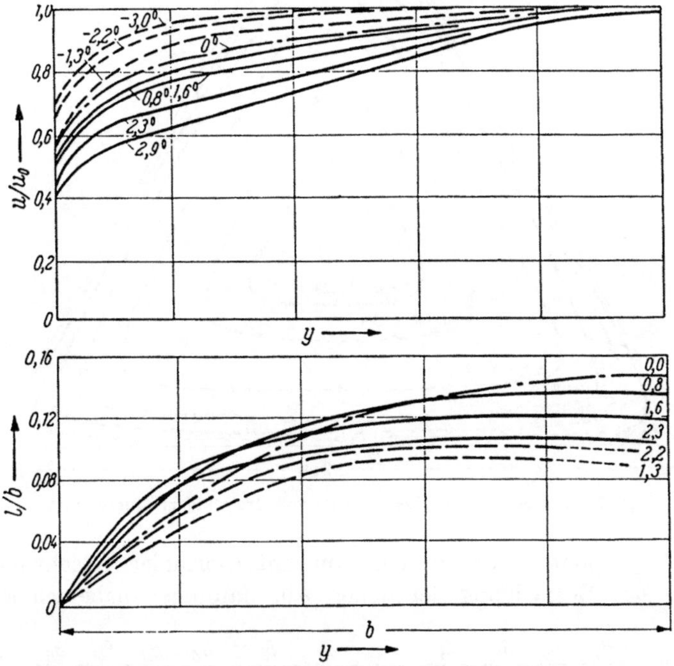

Abb. 11. Verteilung der Geschwindigkeit und des Mischungsweges über den Querschnitt
——— erweiterte Kanäle – – – verengte Kanäle —·—·— Kanal von konstantem Querschnitt

Art, daß in einer Ecke die Strömung längs der Winkelhalbierenden in die Ecke hinein und zu beiden Seiten davon aus der Ecke herausführt. Durch solche Strömungen in Zusammenwirkung mit der gewöhnlichen turbulenten Mischbewegung lassen sich die Beobachtungen nun gut erklären. Durch die Sekundärströmung wird immer Impuls in die Ecken hineingetragen, daher die ungewöhnlich großen Geschwindigkeiten dort. Abb. 14 zeigt die Sekundärströmungen, wie sie für das Dreieck und das Rechteck von Abb. 12 und 13 angenommen werden

[1] Aus der Dissertation von NIKURADSE, a. a. O.

[2] Die Wasserkraftlaboratorien Europas, S. 66—67. Berlin 1926.

müssen. Man sieht, wie der von der Wand nach innen laufende Strom beim Rechteck in der Nähe der Enden der Langseiten und auch in der

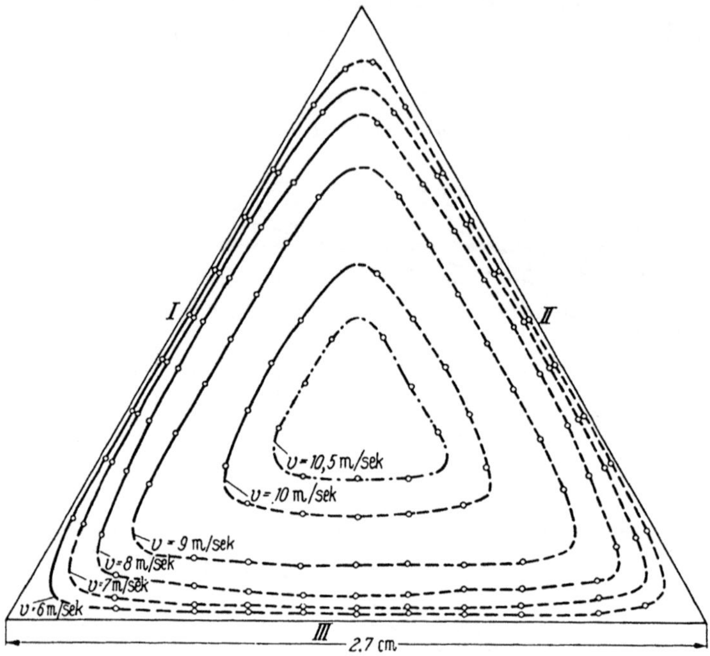

Abb. 12. Isotachen in einem Kanal von dreieckigem Querschnitt

Mitte der Schmalseiten Stellen von unternormaler Geschwindigkeit erzeugt. Zur Bestätigung der neuen Anschauungen habe ich kürzlich

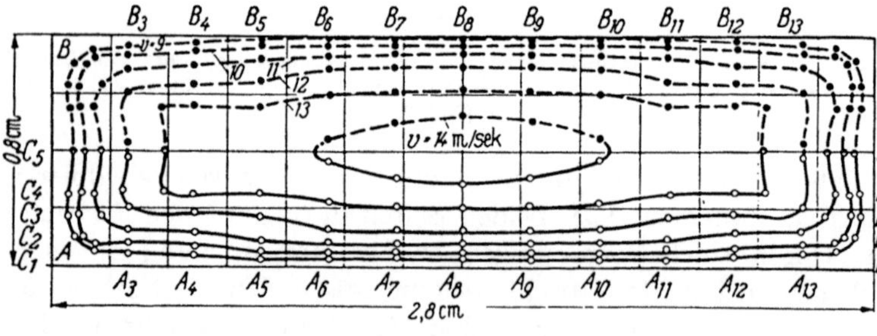

Abb. 13. Isotachen in einem Kanal von rechteckigem Querschnitt

noch ein Rohr gemäß Abb. 15 vermessen lassen. Die Ergebnisse, die sonst sehr überraschend wirken würden, bestätigen die Erklärung in bester Weise. Durch die aus den Ecken kommenden Ströme wird in der Mitte ein Doppelwirbel erzeugt, der in der Mittellinie das Wasser gegen die ebene Fläche hinführt und an den einspringenden Ecken wieder wegführt, daher übernormale Geschwindigkeit in der Mitte und unternormale Geschwindigkeit daneben. An der freien Oberfläche von

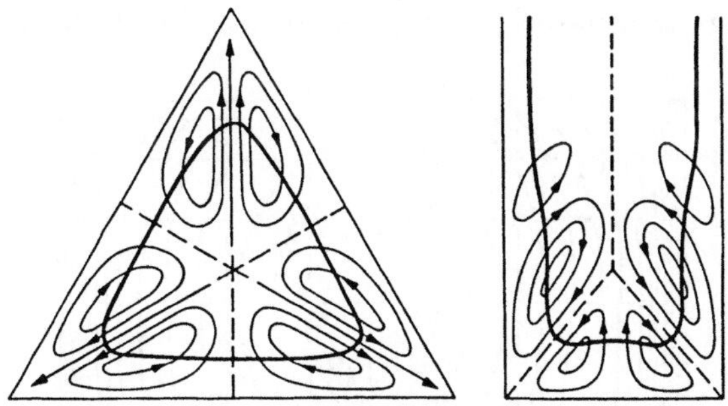

Abb. 14. Sekundärströmungen

Gerinnen bilden sich auch solche Sekundärströmungen aus, wie Abb. 16 zeigt, das die Geschwindigkeitsverteilung in dem anfangs erwähnten Gerinne wiedergibt. Die freie Oberfläche ist danach durchaus kein

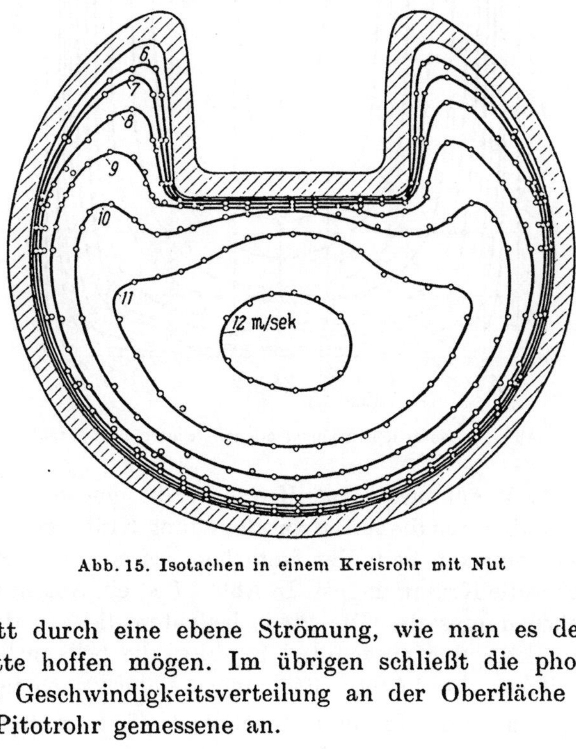

Abb. 15. Isotachen in einem Kreisrohr mit Nut

Querschnitt durch eine ebene Strömung, wie man es der Versuche wegen hätte hoffen mögen. Im übrigen schließt die photographisch bestimmte Geschwindigkeitsverteilung an der Oberfläche gut an die mit dem Pitotrohr gemessene an.

Wie sind nun aber die Sekundärströmungen zu erklären? Meines Erachtens gibt es keine andere Erklärung als diese: Die Mischbewegung ist von der Art, daß neben der Hin- und Herbewegung in der Richtung des stärksten Gefälles der Geschwindigkeit eine noch kräftigere Hin- und Herbewegung senkrecht dazu, also in der Richtung der Isotachen

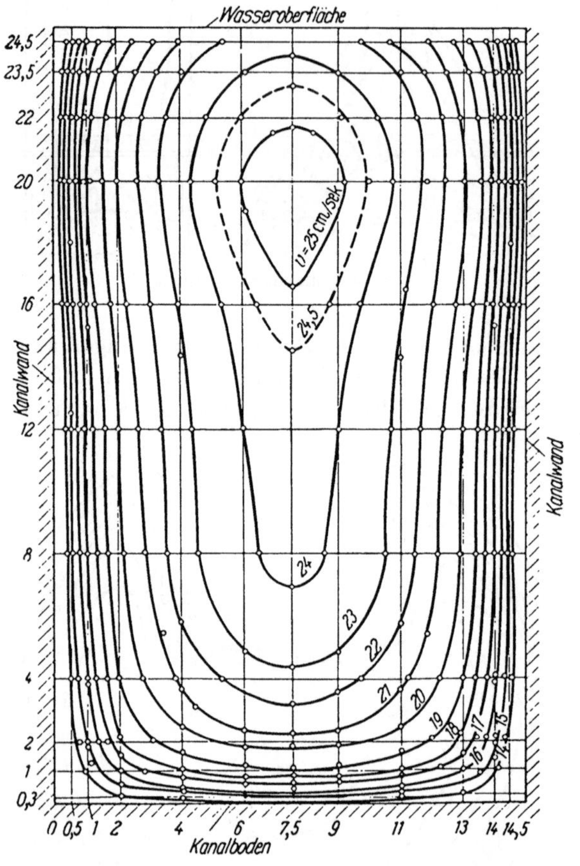

Abb. 16. Isotachen in einem offenen rechteckigen Kanal

vorhanden ist. Wenn dieses zutrifft, so ergibt eine einfache Impulsbetrachtung, daß durch diese Art von Bewegung Kräfte geweckt werden, die nach der konvexen Seite der Isotachen weisen, und um so stärker sind, je stärker die Krümmung ist. In Abb. 17 ist ein Abschnitt zwischen zwei Isotachen dargestellt. Die Pfeile bedeuten die von der hin- und hergehenden Bewegung ausgeübten Impulse, die bekanntlich für auswärts und einwärts gerichtete Strömungen immer nach innen zeigen. Betrachtungen über die Produkt-Mittelwerte $\overline{v'^2}$, $\overline{v'\,w'}$ und $\overline{w'^2}$ liefern

Ergebnisse, die mit dieser Impulsbetrachtung übereinstimmen. Warum nun allerdings die Mischbewegung von dieser Art ist, das ist eine Frage, die zu dem erwähnten „großen Turbulenzproblem" gehört und auf die ich die Antwort leider schuldig bleiben muß. Jedenfalls zeigt uns diese Erscheinung deutlich, daß die ausgebildete Turbulenz eine wesentlich dreidimensionale Bewegung ist. Dieser Umstand scheint allerdings die Lösung des großen Turbulenzproblems in sehr weite Ferne zu rücken, denn den dreidimensionalen Flüssigkeitsbewegungen gegenüber sind unsere heutigen mathematischen Hilfsmittel leider im allgemeinen recht unzureichend. Für die Ordnung der Erfahrungstatsachen dürften aber meist die in diesem Vortrag gezeigten Wege ausreichen, so daß man den Verzicht auf eine vollständige Erklärung wird verwinden können.

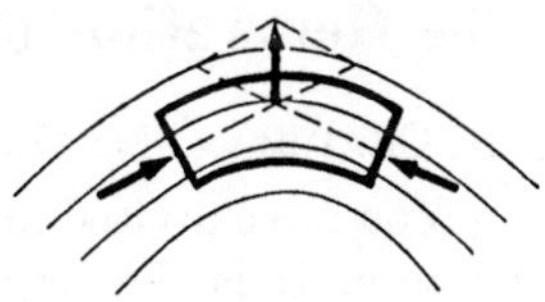

Abb. 17

Im Anschluß an den Vortrag wird ein Film vorgeführt, der das turbulente Fließen in einem Gerinne zeigt; dabei werden auch Versuche über die Entstehung der Turbulenz vorgeführt, über die später an anderem Ort zusammenhängend berichtet werden soll.

Wilbur Wright Memorial Lecture, 16th May, 1927
Royal Aeronautical Society Bd. XXXI (1927) S. 720—743
Zeitschrift für Flugtechnik und Motorluftschiffahrt 18. Jg. (1927) S. 489—496

The Generation of Vortices in Fluids of Small Viscosity

Mr. Chairman, My Lords, Ladies and Gentlemen

You have invited me this year to deliver the Wilbur Wright Memorial Lecture. It is the first occasion, I believe, upon which you have selected a lecturer from outside Anglo-American circles, and I can assure you that I fully appreciate the great honour conferred upon me by your selection. As I was not very familiar with the English language, I had considerable misgivings at first as to accepting the invitation, but it was obvious to me that I had to justify the confidence you had placed in me and I therefore decided to accept, and to accept with great pleasure. Only I must ask you to be so kind as to extend to me your indulgence when you hear a word badly pronounced or wrongly accented.

In choosing the subject matter of the lecture I did not think it appropriate to speak on my contributions to aerofoil theory because it is already familiar to you in England through the numerous papers read before this Society, and the publications of the Aeronautical Research Committee here and in the United States of America. You have also the reprint of Mr. H. M. Martin's lucid exposition in *Engineering*, 1924, and Mr. H. Glauert's excellent textbook published by Cambridge University Press, 1926.

I thought it would be preferable to select another subject with which you are possibly less familiar in England, although its beginnings go further back than do those of the aerofoil theory. I will refer to the generation of vortices in fluids of small viscosity by the action of the boundary layer. Froude was the first English writer to refer the frictional resistance of a flat plate to the layers of fluid in intense shear near the surface. Lanchester developed an approximate theory for steady laminar flow. Professor Bairstow read a paper in 1924 to this Society on the subject and gave our results for steady laminar flow. But the conclusions I showed in 1904 from the existence of the boundary layer to the formation of vortices, are apparently not so well known here. I noticed, indeed, recently that the most important discussions of this theory have been briefly referred to in Glauert's book just mentioned, so that possibly you are not quite so unfamiliar now with that theory in England as a little while ago.

Before proceeding to the lecture proper, however, you will allow me to make two brief observations on the aerofoil theory. Firstly it is my duty to thank the English experts for the great and lively interest they have taken in this theory and for the very considerable efforts they have devoted to the testing out of the theory by means of experiments in the most diverse directions. Then to say a word on the origin of the theory. In England you refer to it as "the LANCHESTER-PRANDTL theory", and quite rightly so, because LANCHESTER obtained independently an important part of the results. He commenced working on the subject before I did, and this no doubt led people to believe that LANCHESTER's investigations, as set out in 1907 in his "Aerodynamics", led me to the ideas upon which the aerofoil theory was based. But this was not the case. The necessary ideas upon which to build up that theory, so far as these ideas are comprised in LANCHESTER's book, had already occurred to me before I saw the book. In support of this statement, I should like to point out that as a matter of fact we in Germany were better able to understand LANCHESTER's book when it appeared than you in England. English scientific men, indeed, have been reproached for the fact that they paid no attention to the theories expounded by their own countryman, whereas the Germans studied them closely and derived considerable benefit therefrom. The truth of the matter, however, is that LANCHESTER's treatment is difficult to follow, since it makes a very great demand on the reader's intuitive perceptions, and only because we had been working on similar lines were we able to grasp LANCHESTER's meaning at once. At the same time, however, I wish it to be distinctly understood that in many particular respects LANCHESTER worked on different lines than we did, lines which were new

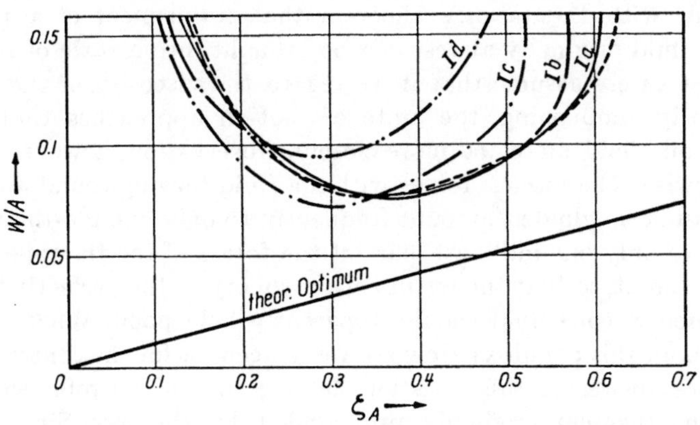

Fig. 1. PRANDTL-BETZ 1914. Curves Ia—Id = experiments; straight line = formula

to us, and that we were therefore able to draw many useful ideas from his book. The volume published in 1915 (LANCHESTER—"The Flying Machine". Two papers, "The Aerofoil and the Screw Propeller". Reprint from Proceedings of the Institution of Automobile Engineers, Vol. IX.,

London 1915, p. 32 to 35), in which LANCHESTER comes to the same conclusion with regard to the induced drag as we did, was unknown to us until 1926. As it happens, the same formula was published by us

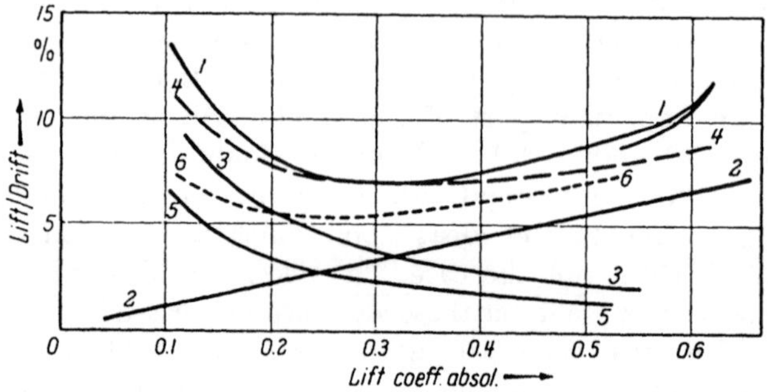

Fig. 2. LANCHESTER 1915. Curve *1—1*, experimental; line *2—2*, formula

in 1914 (BETZ, *Zeitschrift für Flugtechnik und Motorluftschiffahrt*, 1914, p. 239 and Table VIII.) together with an almost similar graphical representation (drag/lift, plotted against the lift coefficient, the induced drag being shown by a straight line through the origin, see Figs. 1 and 2).

I.

And now to proceed to our actual subject. The first question might well be the following. How are we to reconcile the rapid formation of intense vortices in a fluid of very small viscosity, as everywhere observed, with LAGRANGE's theorem that no element of a perfectly inviscid fluid originally at rest can be brought into a state of rotation? We must surely assume that if we regard the viscosity of the fluid as continually diminishing, the state of motion approaches that of the non-viscous fluid more and more closely. Observation, however, teaches us otherwise. The viscous forces within a fluid flowing round any body, say a ball or a cylinder, amount frequently to only one-ten-thousandth, or even to only one-millionth part of the forces of inertia appearing at the same point, so that the results of the theory of the perfectly frictionless or non-viscous fluid should apparently hold good. What have we to say about this paradox? How are we to account for the contradiction?

Before answering this question, let me first of all refer to a very important theorem originally propounded by the late Sir WILLIAM THOMPSON (LORD KELVIN) and one which might well serve as a foundation for the hydrodynamics of frictionless or non-viscous fluid. Before quoting the theorem, I should like to give some explanatory references. Let us suppose a "fluid line" to be a line composed permanentlyof the same fluid particles. The line-integral of the velocity we will tak to be the sum of the elementary arcs of the line each multiplied by the component of the speed in the direction of the element, the mathematical expression being $\int v \cos\alpha \, ds$. We have to deal, therefore, with the same mathematical device which in a field of force gives the work done along the line. *Circulation* is the name we give to the line-integral of the velocity round a closed circuit. The circulation, therefore, gives the strength of the cyclic motion of fluid flow. (According to STOKES, this is equivalent to the sum of the strengths of the vortex tubes enclosed in the circuit.) Having given these definitions, we can now enunciate KELVIN's theorem, namely, that *in a homogeneous, frictionless fluid the circulation around every closed fluid line is invariable in time.*

From this theorem we can draw the following conclusion:—If the whole of the fluid is initially at rest, then the circulation round any imaginable circuit is zero, since the velocity is everywhere zero. The KELVIN theorem requires that for each of these circuits the circulation must be zero at all subsequent times. We can, if we like, imagine the fluid at rest to be subdivided by an arbitrary network with small meshes each forming a small circuit. The premiss that the circulation round every one of these small circuits remains zero, leads evidently to the conclusion that rotation cannot appear anywhere. It will be seen, however, that this conclusion is premature. We must first ascertain whether every point of the fluid set in motion is actually enclosed by the lines which in the state of rest were closed, if our conclusion is to be permissible. But closer investigation shows that it is possible to give instances in which this is not the case. In these examples there is always the question of a confluence of previously separated fluid

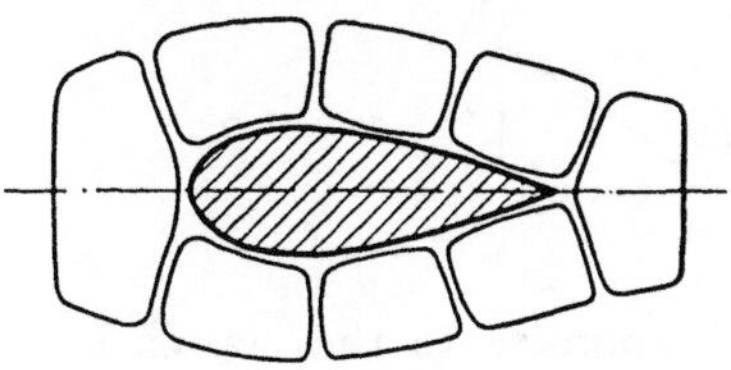

Fig. 3

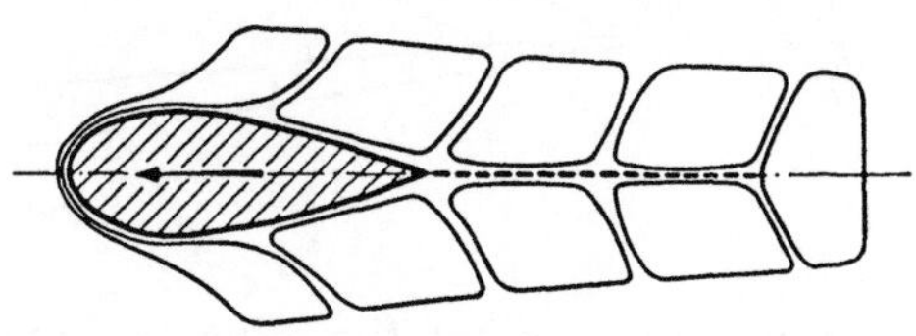

Fig. 4

elements. None of the closed fluid lines cross the surface which separates the confluent fluid elements, and the KELVIN theorem says nothing about the continuity of velocity across this surface. The Figs. 3, 4 will show this process more clearly. The upper diagram represents a body with a network of circuits in the surrounding fluid at rest. Now let the body be moved to the left, so that the upper and lower streams flow together, or as we shall say become confluent, at the sharp rear edge of the body. We can see in the lower diagram that the network of closed circuits is divided by the surface of confluence, along which our conclusion as to the absence of vorticity is no longer applicable. The mass of fluid may remain continuous, as shown in the figure, but discontinuities of velocity, that is to say, vorticity concentrated in a sheet, will arise. It is this process of confluence which in the case of aerofoils allows of the formation of the circulation around the wings, together with the vortices behind it, necessary for setting up the lift. Here I shall explain only the initial stages of the motion from a state of rest for a wing of infinite span (Fig. 5). During the accelerations, the velocity at the rear edge is greater on the pressure side than on the suction side, since the path along the pressure side is shorter. Consequently, after confluence a discontinuous distribution of velocity is set up which effectively constitutes a sheet of intense vorticity; the surface of discontinuity then begins to roll up into a spiral. The circulation for each circuit enclosing the wing and the surface of discontinuity still remains zero, from which it may be inferred that the

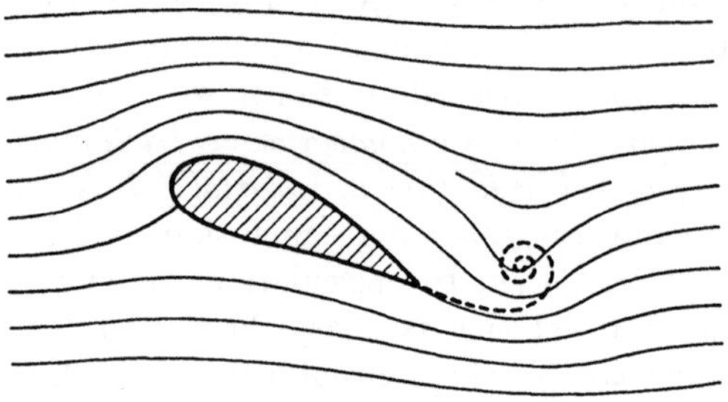

Fig. 5

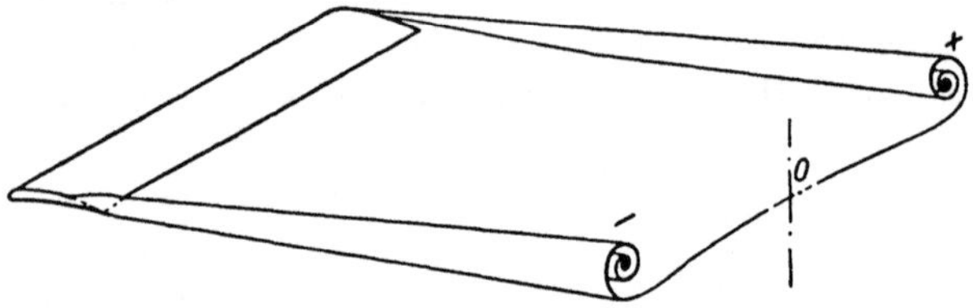

Fig. 6

circulation around the wing is equal and opposite to the circulation of the vortex produced by rolling up of the sheet. This is the method of generation of the circulation around the wing. In steady mean flow the surfaces of discontinuity from wings and propellers are familiar to everyone. The next picture (Fig. 6)shows you the surface of discontinuity of a wing which for the purpose of theoretical investigations is usually replaced by a somewhat simplified distribution of vorticity. The same thing applies equally to propellers.

We may sum up the gist of the conclusions established as follows:— "*Every confluence at sharp edges can, without contradicting Kelvin's theorem, give rise to a surface distribution of vorticity—a vortex sheet.*"

I can certainly see the mathematician raising the objection that the flow with confluence at the edge is not the only possible flow, but that in the case of an inviscid fluid there is also possible a flow around the edge and that the solution of the flow around the edge is the correct one, because it is everywhere irrotational in accord with the theoretical laws for a flow produced from a state of rest! Well, it must be admitted that this solution without vorticity, but with the flow around the edge is mathematically quite in order. But what about the physical condition? When there is a flow around an edge, the mathematical expressions lead to infinitely high speeds and to infinitely high negative pressures at the edge. We cannot, therefore, believe that such a distribution of velocity can really exist. In the case of water, at zero pressure, separation of the dissolved air and evaporation of the water ensues; in the case of air, rapid expansion takes place. Both processes hinder the setting up of indefinitely great negative pressure and, consequently, prevent flow around the edge. Presently, however, we will see that viscosity, however small, has a similar effect and that generally long before there is any rupture or expansion a motion is set up in which the high speeds are avoided. In setting up the state of motion from rest there is indeed an initial instantaneous flow around the edge corresponding to the mathematical theory, with relatively high speeds at the edge, but immediately afterwards a vortex is formed which increases continuously by the rolling up of the surface of vorticity trailing from the edge. If we do not wish to go more into detail concerning the frictional processess, we can simply treat the fluid as being frictionless, as is done for example in the aerofoil theory. In order, however, to justify the physical facts, we must lay down that the speed at sharp edges remains finite in all cases and that in order to maintain this finite velocity a surface of vorticity is formed at the sharp edge.

II.

Observation teaches us that sharp edges are by no means necessary for the formation of vortices in a slightly viscous fluid, but that, shortly after the inception of the motion, vigorous vortices appear also behind continuously curved bodies, such as circular cylinders. These phenomena have also been elucidated in a far-reaching manner and I shall, therefore, proceed to explain to you the conditions prevailing therein. If we investigate more closely the flow of a viscous fluid, that is to say, of a fluid endowed with internal friction, we find first of all that the layer of fluid lying directly on the surface of an immersed body adheres to the body, that is to say, suffers no displacement relative to the body. The layers lying immediately above slide over the body at speeds increasing with their distance from the rigid surface. But what are the conditions when we regard the viscosity as becoming smaller and smaller? In this case, too, the layer lying immediately next to the obstacle adheres, whilst the elements more distant from the obstacle move practically as if inviscid. In the case which we must consider especially of irrotational motion (potential motion), the forces of the internal friction are substantially in equilibrium with themselves, so that the motion in a velocity field in which it is present is not modified by the frictional force. In a fluid with slight viscosity the transition from the outer flow in which inertia only is effective, to the adhesion at the boundary, takes place in a thin layer in which inertia interacts with friction. If the viscosity decreases, the layer simply becomes thinner, but remains otherwise of the same nature. Thus, in every flow of a slightly viscous fluid the obstacles present in the flow are covered with a thin layer, the motion of which has been retarded by friction. The calculation can be carried out more or less exactly in many cases and shows that the thickness of the layer is in inverse proportion to the square root of the viscosity. More precisely, the proportion of the thickness of the layer to the diameter of the obstacle is inversely proportional to the square root of Reynolds' number. To this frictional flow corresponds a frictional drag that appears in the form of tangential forces on the surface of the obstacle and is proportional to the $\frac{3}{2}$ power of the speed and to the square root of the viscosity $\left(D_f = \text{Number} \times \sqrt{\mu\, \varrho\, l^3\, v^3}\right)$. But there is something of more importance to us here. The frictional layers, the so-called boundary layers, are *the cause of the formation of vortices*. If we bear in mind that the Kelvin theorem applied only to flow devoid of viscous forces, we can establish the fact that in the case of motion starting from a state of rest the circulation will remain practically zero in those fluid circuits of which no part passes or, during the course of the motion, has passed into a boundary layer. In other words, in a slightly viscous fluid, fluid elements which have nowhere come sufficiently near the body will behave according to the theory of inviscid fluids, and in particular will move irrotationally. Fluid elements, however, which have come into proximity with the obstacle will generally exhibit rotation afterwards. We can now see that layers of very small but finite thickness play the same part which we have already ascribed in the previous section to surfaces of confluence; we now have *layers* of vorticity, instead of *surfaces* of vorticity. This difference affects but slightly the general behaviour of the fluid, so that no serious error will be made if in the case of flow behind sharp edges viscosity is totally neglected, but the study of the subject will be very much simplified. It should be noted, however, that layers of vorticity, like surfaces of vorticity, are to a very high degree unstable and show a tendency to break up into individual vortices as soon as waves or undulations are formed in them by accidental disturbances (see Fig. 7 which shows the development of vortices from waves); a flat wave becomes steeper owing to its unstability, rolls over on itself and becomes a vortex. Owing to these processes, fluid elements coming from the boundary layer and consequently exhibiting rotation, are distributed in some strength through the wake, which thus acquires a markedly turbulent character.

Fig. 7

In order to understand the phenomenon already referred to, that vortices are formed at an obstacle not having any sharp edges (*i. e.*, that sheets of vorticity trail from the immediate neighbourhood of the obstacle into the fluid), we must examine the mechanism of the flow at the obstacle somewhat more closely. If we consider a circular cylinder, then according to our assumption (confirmed by experiment

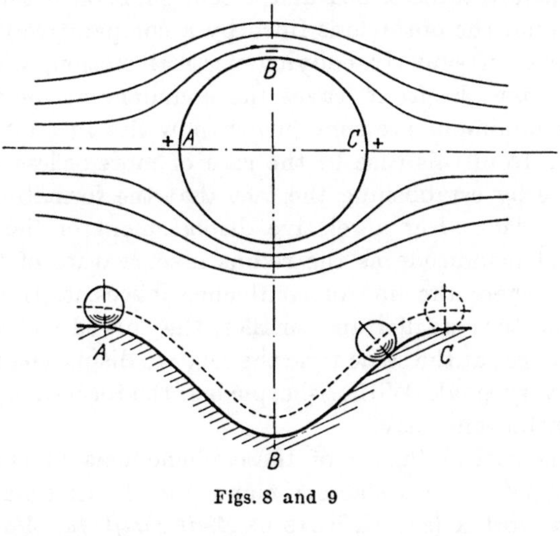

Figs. 8 and 9

and also by hydrodynamic theory) a potential flow in accordance with the ordinary theory of the perfect fluid will first of all ensue. In this flow, as Fig. 8 shows, the fluid divides at A and becomes confluent again at C. The velocity is zero at A, as also at C, and a maximum at B. The pressure is accordingly a maximum at A and C and a minimum at B. Each element of fluid flowing from A to B attains its speed from the fall of pressure prevailing between A and B. Its kinetic energy is then just sufficient to allow the particle to reach the point C against the increase of pressure prevailing between B and C; the conditions are quite analogous to that of a ball on a smooth path which, starting from a wave crest with a speed of zero, is just able to attain a second and equally high point (Fig. 9). If this ball, however, were to experience any friction along its path, it would no longer be able to reach the second point, but would, before reaching it, turn back again. And precisely this must be the fate of the portions of the thin layer which have been retarded by the friction on the surface of the obstacle. Where the fall of pressure is in the direction of the flow, the retarded portions also move forward and nothing special can happen here. If the direction, however, of the fall of pressure is opposed to the direction of the flow, the kinetic energy of the retarded portion will not suffice to allow of its reaching the deadwater point C and a return current is produced. Since more retarded fluid is being continually added and suffers the same fate, a steadily increasing accumulation is formed between B and C which sets itself into motion towards the region of minimum pressure and pushes away the outer current with formation of a vortex. The form in which this takes place is again that of "confluence". The flow is completely transformed and a configuration is set up in which the space behind the obstacle is filled by a comparatively slow-flowing and, in general, irregularly eddying vortical motion, whilst the flow approaching from the front leaves the boundary at somewhat behind the point of minimum pressure (which now lies in another position).

Transition from this case to the case of more or less sharp edges is usefully made by establishing the fact that the formation of the first vortex takes place after a relative displacement of the body of the same order of magnitude as the radius of curvature of the boundary at the point where the line of confluence leaves it. If we make this radius of curvature smaller and smaller, the curved end will gradually pass into an edge; at the same time the relative displacement in question will become very small. With a sharp edge, the formation of the vortex will begin instantaneously.

The mathematical theory of these phenomena at curved surfaces can be developed in a satisfactory manner in the first stage of the formation of a vortex (see H. Blasius, *Zeitschrift für Mathematik und Physik*, Vol. 56 (1908), pp. 1 *et seq.*), but is still wanting in the case of flow around a sharp edge, so that we must be content meanwhile with this process of approaching the limiting case.

I will now show you some photographs illustrating the phenomena which we have been discussing.

The first of these date back to the year 1904, when I exhibited them at the International Mathematical Congress at Heidelberg (see *Verhandlungen des dritten Internationalen Mathematiker-Kongresses*, Leipzig 1905, p. 484), and *Vier Abhandlungen zur Hydrodynamik und Aerodynamik* (four papers on hydrodynamics and aerodynamics by PRANDTL and BETZ, Göttingen, 1927 p. 1). The experiments were carried out in a small channel, Fig. 10, in which the water could be set in motion by means of a paddle wheel. In order to render the flow visible to the naked eye use is made of a mineral consisting of microscopically small, reddish and very lustrous scales. In Germany it is called "Eisenglimmer" (micaceous iron ore). Where the water undergoes rapid strains the scales are oriented, and exhibit a striking lustre by

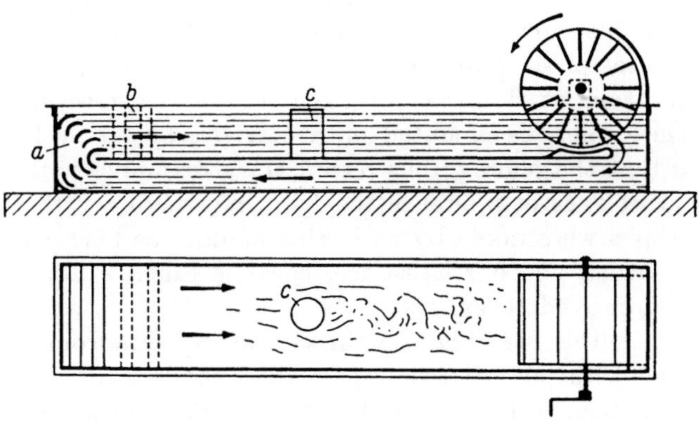

Fig. 10

means of which the vortices are easily recognised. The first two photographs (Figs. 11 and 12) show the formation of vortices at sharp edges. We can recognise the growth of the vortex and also its collapse from instability. Figs. 13 and 14 show the same process. In Fig. 14 we have the type of motion finally set up. It can be seen that an eddy region is established upstream in consequence of the accumulation and breaking up of a layer of retarded fluid along the channel wall.

The next two photographs (Figs. 15 and 16) show flow round a curved vane. The dark band is merely the shadow of the vane on the surface of the turbid fluid. An eddy has formed inside the dipping front edge. From the sharp tail flows a confluent sheet which rolls up into individual eddies. The initial vortex can be seen just leaving the figure and is clearly three or four times the diameter of the following vortices. On the upper surface near the tail a process of backflow is seen to be setting in. In Fig. 16 the backflow has further developed and the upper stream is seen to be leaving the surface.

The next four photographs (Figs. 17, 18, 19, 20) show flow round a circular cylinder. In the first photograph the commencement of the motion is shown. Ignoring the residual effects of earlier disturbances, the flow back and the beginning of the formation of a vortex pair is seen. In the next photograph the process has gone further; in the third the vortices are becoming unstable; and in the fourth the final type of motion is seen. In the first three photographs it is seen that a well defined straight narrow band streams behind the cylinder. This contains the portion of the boundary layer which was carried down stream from the cylinder before the vortices began to form. It is a sheet of confluence without circulation.

Later on, we obtained photographs (showing the streamlines) by the method of Professor AHLBORN, of Hamburg, by sprinkling small particles of lycopodium, or aluminium powder on the surface of the water.

The next set of six photographs (Figs. 21, 22, 23, 24, 25, 26) show the configuration of flow past a circular cylinder recorded by this method. The camera is mounted on a carrier which travels with the cylinder so that the photographs record the streamlines with reference to a system of axes of reference fixed in and moving with the body.

Photographs were taken by us in this manner as long ago as 1914, but I am showing you our latest photographs taken a few weeks ago with much improved technique.

The first of this set (Fig. 21) shows the instantaneous motion at the beginning with potential flow past the cylinder. An effect of surface tension is seen in the accumulation of aluminium particles on the surface of the water where it is in contact with the cylinder, forming a bright belt. And as the fluid elements in the neighbourhood of the body are those which later form the surface of confluence, that is the sheet of vorticity, these portions are brighter than the rest in the following photographs and show the vortex sheets.

The next photograph (Fig. 22) shows the accumulation of the retarded fluid behind the cylinder and the commencement of the back flow. The "dam" point is perceptibly behind the cylinder. In the third of the series (Fig. 23) two symmetrical sheets of confluence are leaving the surface and beginning to roll up into vortices. In the fourth of the series (Fig. 24) the rolling up is very complete, for the back flow produces itself the conditions for the formation of secondary vortices rotating in the opposite direction to the parent vortices. In the fifth of the series (Fig. 25) many secondary vortices have been formed and passed downstream along the main vortices which they render more and more irregular. The undulations at the rear of the main vortices denote the presence of secondaries. In the sixth and last of this series the final type of flow is shown in which the whole wake is oscillating.

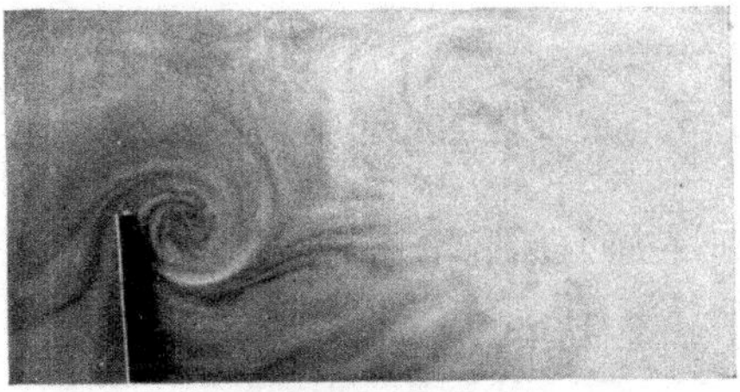

Fig. 11

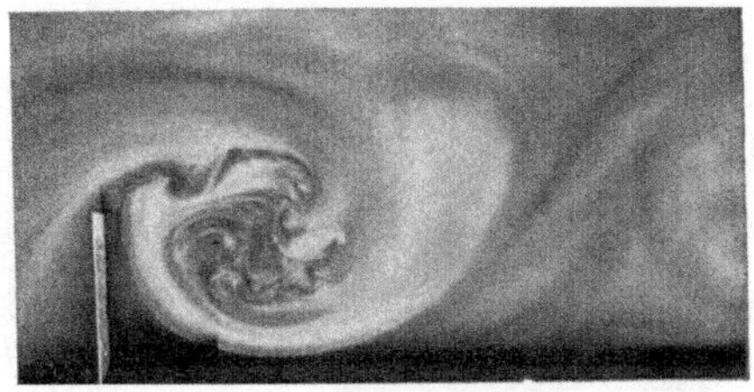

Fig. 12

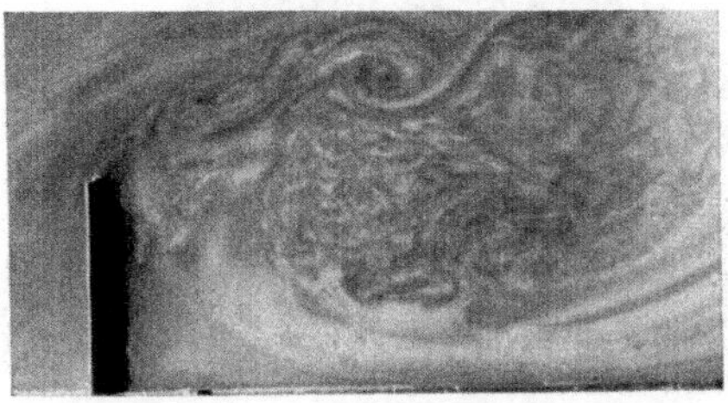

Fig. 13

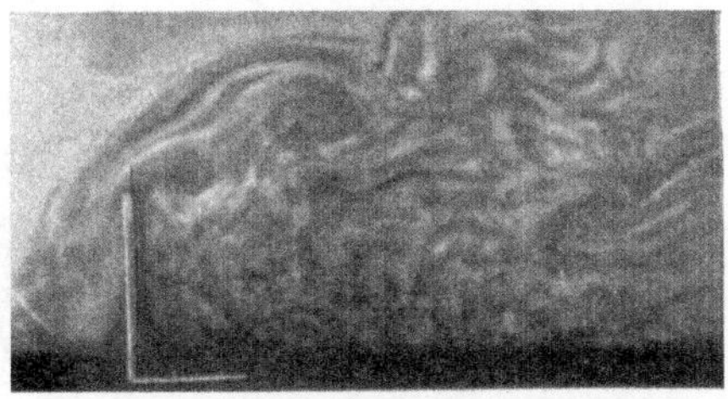

Fig. 14

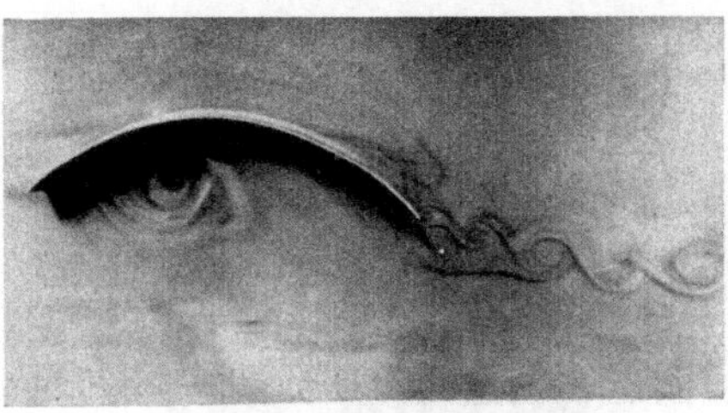

Fig. 15

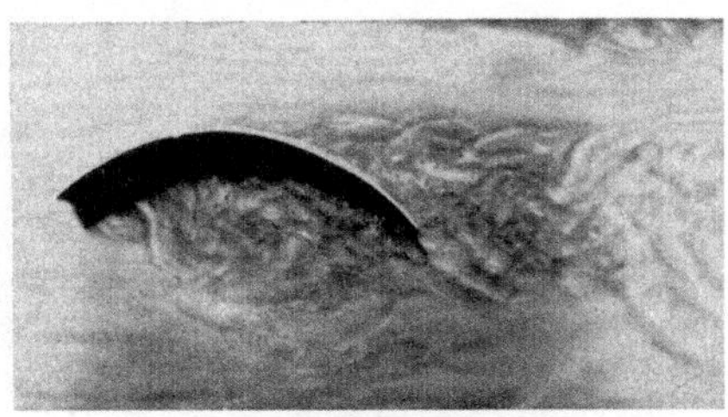

Fig. 16

Fig. 17

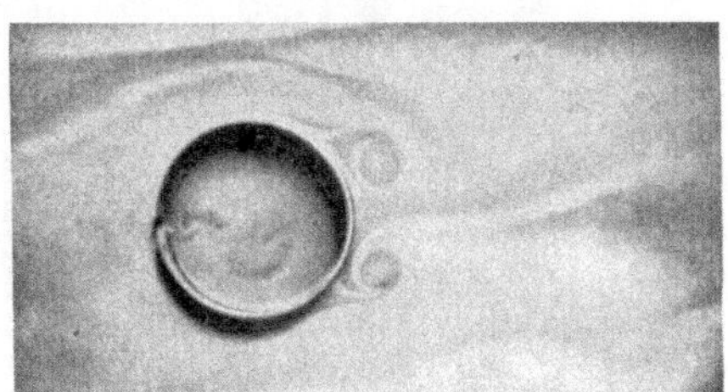

Fig. 18

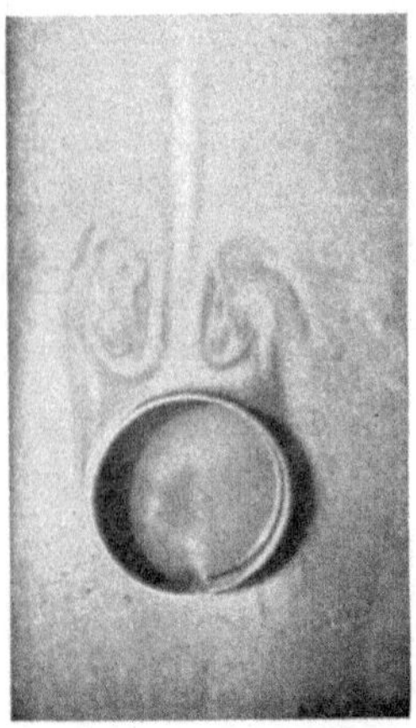

Fig. 19

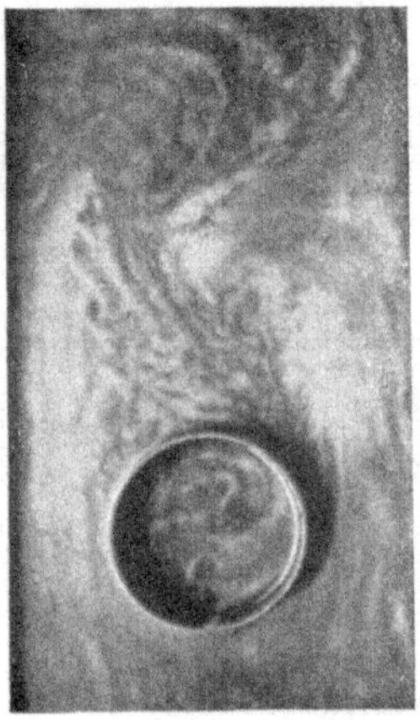

Fig. 20

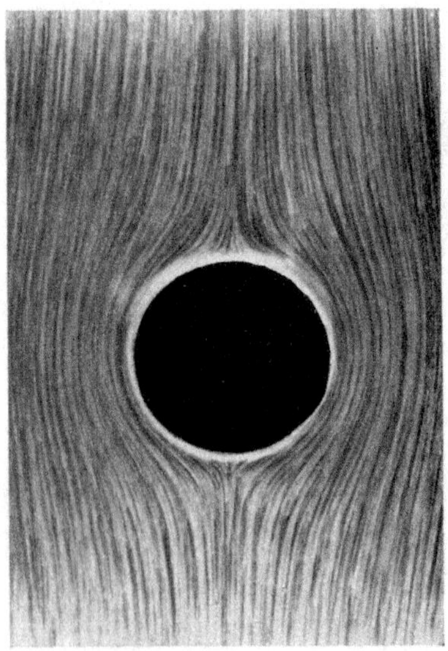

Fig. 21

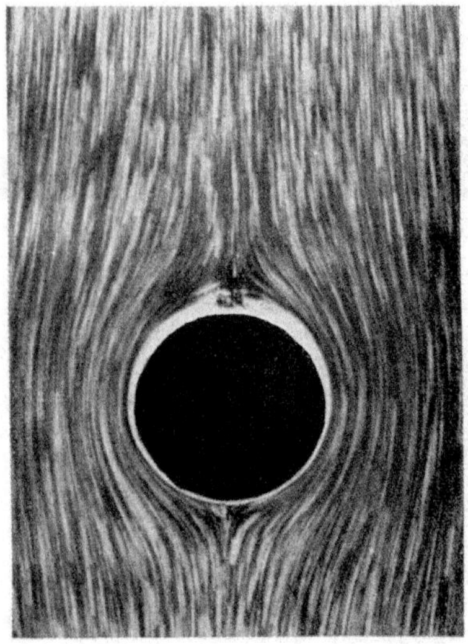

Fig. 22

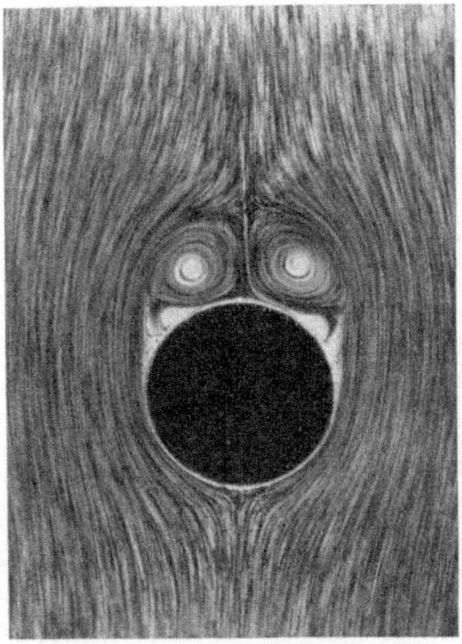

Fig. 24

Fig. 26

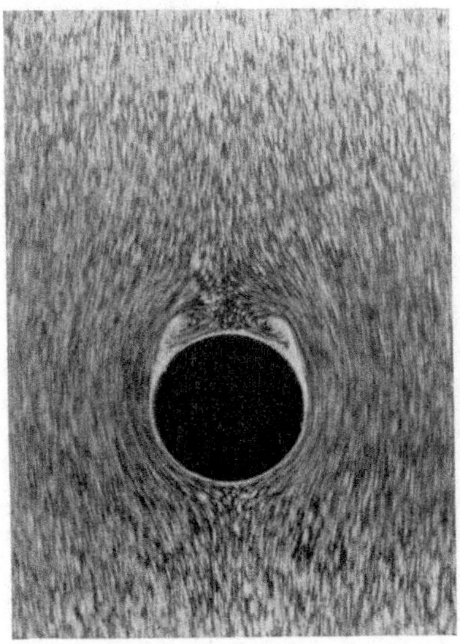

Fig. 23

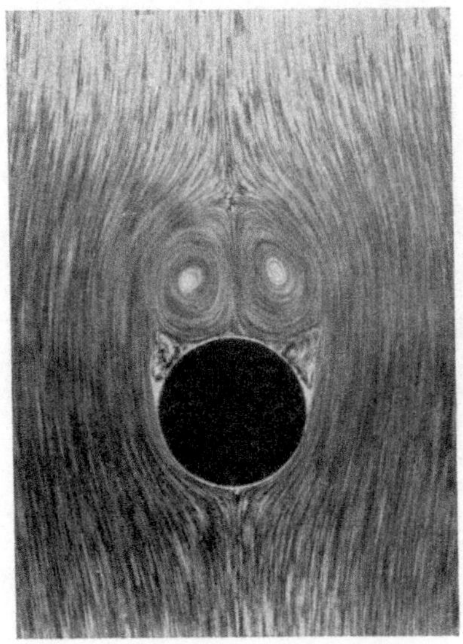

Fig. 25

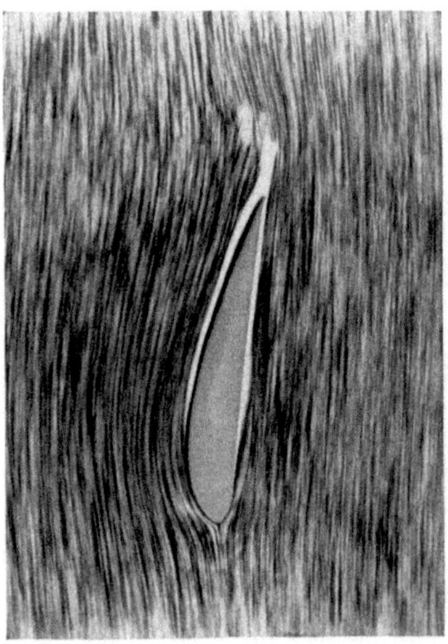
Fig. 27

Fig. 28

Fig. 29

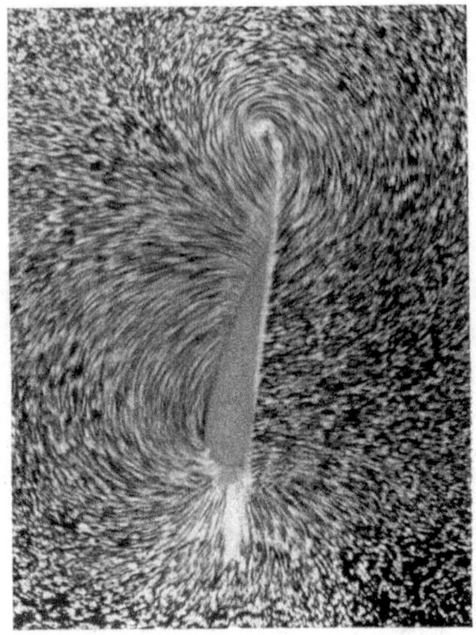
Fig. 30

The next set of five photographs show the process of setting up circulation round a wing (Figs. 27, 28, 29, 30, 31), the first three with

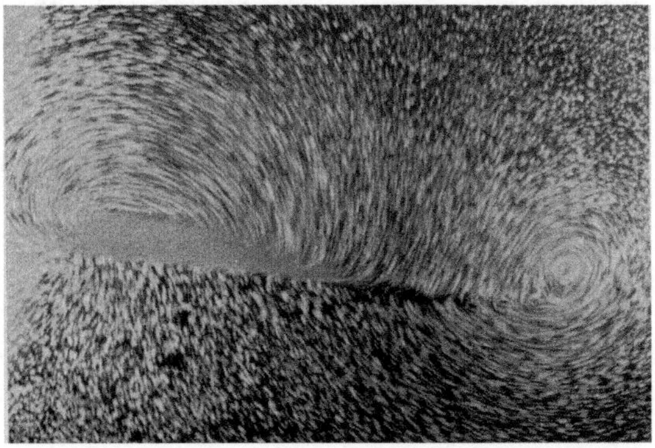

Fig. 31

respect to axes carried in the body, the last two with respect to axes at rest respective to the undisturbed fluid. In the first (Fig. 27) there is potential flow everywhere except at the sharp tail where the formation of an eddy commences instantaneously with the motion. The surface of confluence is beginning to leave the tail. In the second of the set (Fig. 28) the initial vortex has passed down stream and the sheet of confluence is drawn out after it. In the third (Fig. 29) the process has developed still further. The next two photographs show the same motion taken with a camera at rest. Fig. 30 shows the initial motion, and the last of the series (Fig. 31) shows the motion after the initial vortex has been thrown off and has passed some distance downstream while the circulation flow round the cylinder and the discontinuity of the velocity at the vortex sheet can be clearly seen. Later this will be shown on a film.

Fig. 32

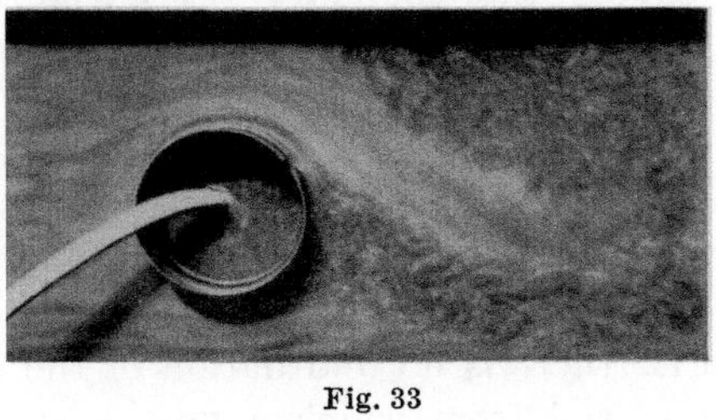

Fig. 33

III.

Means are available for preventing the formation of vortices and the consequent separation of the stream from the obstacle. Our theory indicates the method of so doing. Thus, for example, the accumulation of retarded fluid can be prevented by sucking the retarded layer into the interior of the body at points where the back flow would be set up. By this means the consequences of this accumulation are avoided and the stream follows the boundary continuously. I had already made an experiment of this nature in 1904 and here is the result (Fig. 32). The cylinder is provided with a slot; water is drawn off from the interior of the cylinder by means of a rubber tube which acts as a syphon and an equal quantity of water flows into the cylinder through the slot. And now a vortex is actually formed only on the side from which retarded fluid had not been drawn off; for now conditions for the formation of the back flow are set up only at the boundary opposite to the slot.

It may be remarked that here a surface of confluence leaving the channel wall with formation of a vortex begins to appear on the side of the slot.

The next photograph (Fig. 33) shows the final state of motion. The flow follows the boundary of the cylinder near the slot, but has left the cylinder on the opposite side and also the wall on the side of the slot. A transverse force is associated with this configuration of flow.

In the next set of three photographs (Figs. 34, 35 and 36) we have some new photographs showing a constricted canal which widens out again and has slots in the widening. When the slots are not in use the usual jet is formed. When the slots on one side are in use the flow follows this side. When the slots on both sides are open a flow is set up which is quite free from vortices, an unwonted appearance to those familiar with the usual motion of fluids. I should like also to refer to the fact, that by similar means we were able to bend an air flow round a body with a very small radius of curvature through 180°, without leaving the boundary (J. Ackeret, *Zeitschrift des Vereins deutscher Ingenieure*, 1926, p. 1153, and *Verhandlungen des zweiten internationalen Kongresses für technische Mechanik zu Zürich* [Transactions of the Second International Congress for Technical Mechanics held at Zurich], 1926).

A further method for preventing the formation of vortices is to make the surface of the obstacle move with the fluid current. In this case there is no retardation of the flow, consequently there is no fluid material from which a vortex could be formed. This applies to the case of two cylinders rotating in opposite directions, and we thus (Fig. 37) obtain flow round a body without the throwing off of any vortices. The photographs, Figs. 38 and 39, are of historical interest, 1906 to

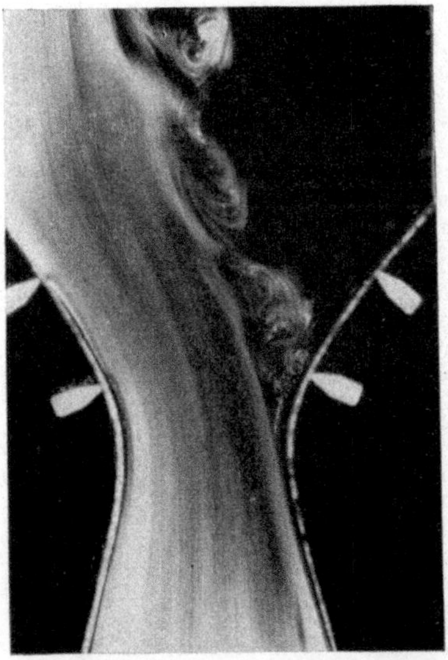

Fig. 35

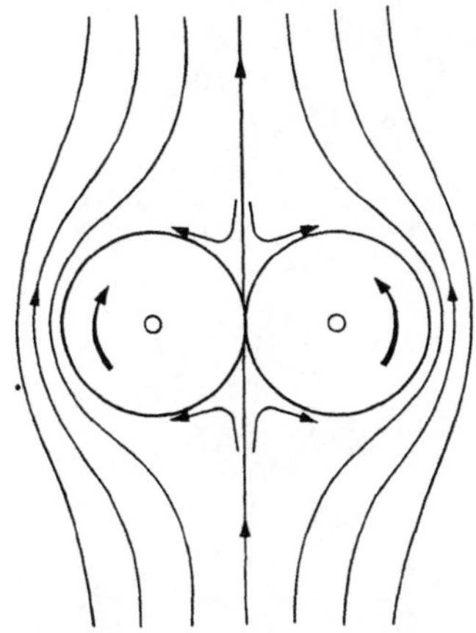

Fig. 37

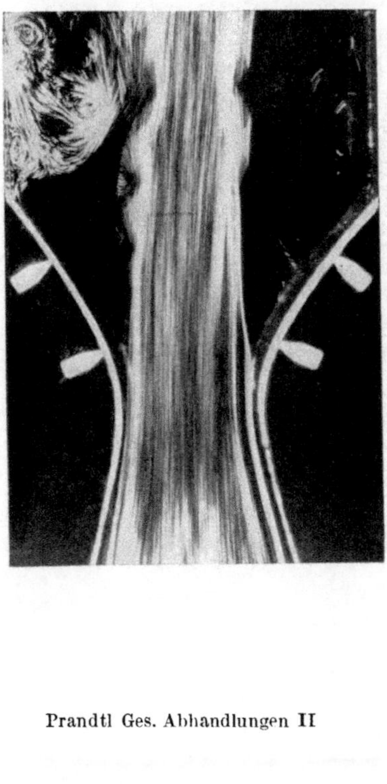

Fig. 34

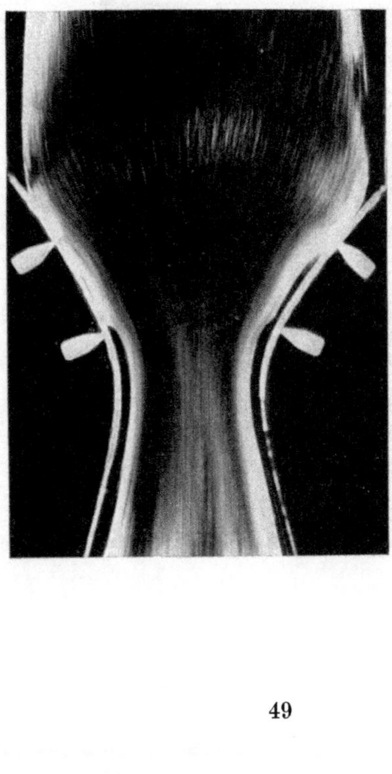

Fig. 36

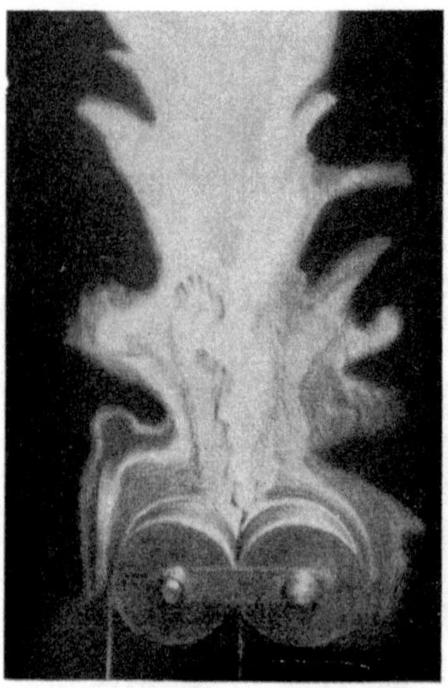
Fig. 38

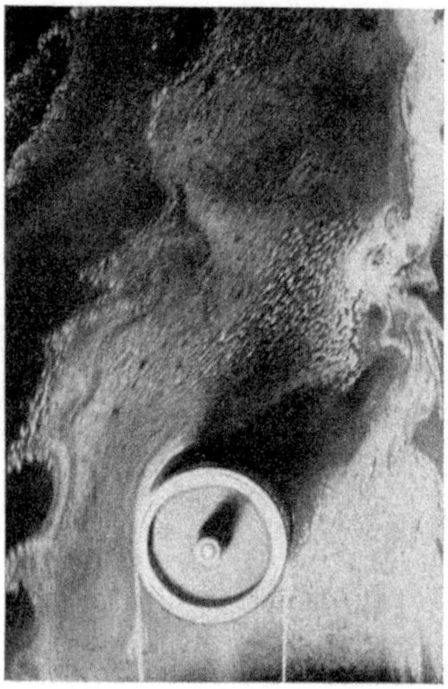
Fig. 39

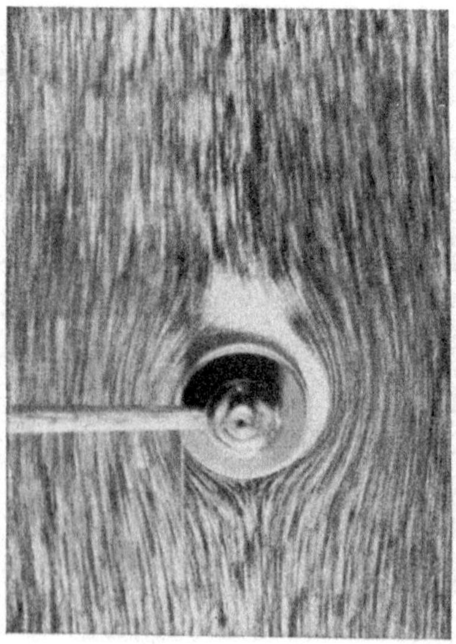
Fig. 40

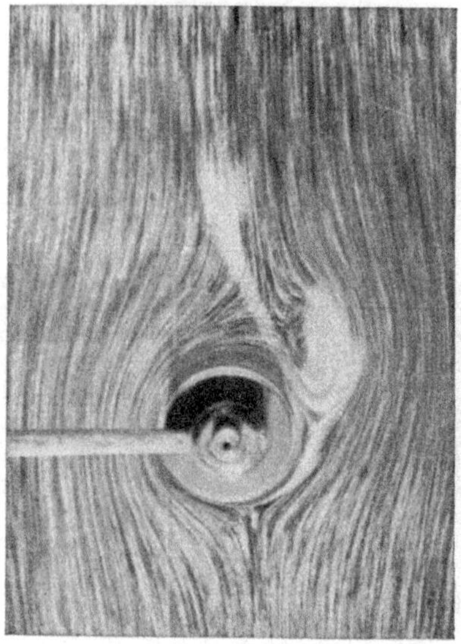
Fig. 41

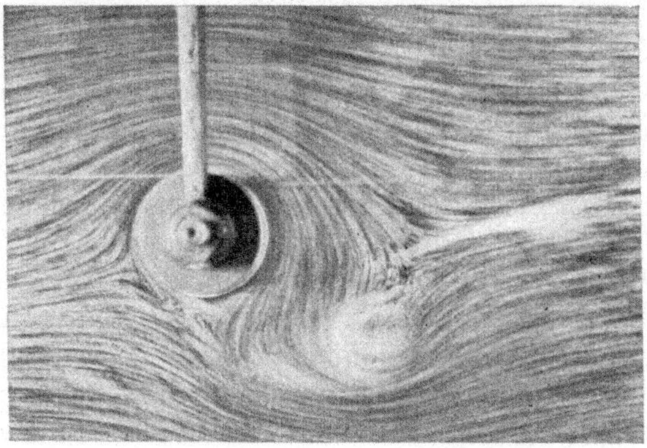

Fig. 42

Fig. 43

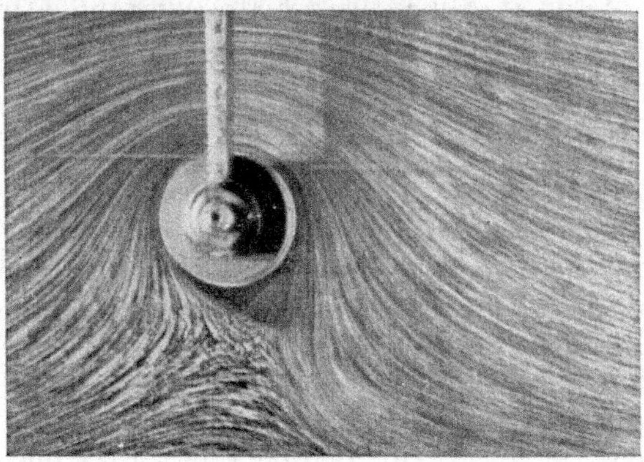

Fig. 44

1907. In the first with the two cylinders the separation of the stream from the walls and the confluence in the middle may be noted. The sheet of confluence along the line of symmetry behind the cylinders behaves in a manner differing markedly from the previous examples. It appears to act like a jet and becomes unstable with formation of little vortices. It is, in effect, a jet, the boundary layer having been accelerated by the rotating surfaces in comparison with the surrounding fluid. Again, in the case of a single rotating cylinder (see Fig. 39), no vortex is formed on that side on which the direction of the current coincides with that of the rotation. The vortex on the opposite side, however, develops vigorously and gives rise, in compensation, to an equal and opposite circulation round the cylinder and consequently also to a cross force.

This is better shown in the next set of five photographs (Figs. 40, 41, 42, 43, 44) which are enlarged from a film. Fig. 40 shows potential flow at the beginning; Fig. 41 where confluence appears on one side only; Fig. 42 where the vortex is formed; Fig. 43 where the vortex is carrying downstream; and Fig. 44 the final stage after the vortex is gone away, leaving a remarkable circulation round the cylinder.

If, as in this example, the angular velocity of rotation is sufficiently great, the circulation can be increased to such an extent that flow actually encloses the cylinder. In this case the flow everywhere follows the boundary and no vortices are now formed. In this condition there is a very large transverse force. FLETTNER takes advantage of this in his rotor ship.

A third possibility, that of rendering the braked fluid of the boundary layer innocuous, consists in allowing the more rapidly flowing fluid to pass through a slot and to push the retarded fluid from the wall and again accelerate it. An example of this process is furnished by the slotted wings of the HANDLEY page and LACHMANN type by means of which, as you all know, much greater maximum lifts can be attained than is possible with ordinary wings.

IV.

These statements would be incomplete without a reference to a phenomenon which has the effect of preventing or postponing the separation of the flow from the boundary. This phenomenon is of very great technical importance. It was observed first of all in the case of spheres, and then of cylinders and other bodies; with large REYNOLDS' numbers, 100,000 to 300,000, there is a somewhat sudden diminution in the resistance coefficients to about one-fourth of the value with lower REYNOLDS' numbers. Observation shows that the point where the current leaves the boundary is pushed far back and that the pressure distribution approaches that of the theoretical frictionless current. The explanation was that the boundary layer at the body becomes *turbulent*. Owing to this, there appears a rapid intermixture of the frictional boundary layer and the outer flow which accelerates the frictional layer again and thus prevents the separation of the flow from the boundary or at least postpones it. That this is the correct explanation I was able to prove in the case of the sphere, by fixing a wire hoop on the sphere which rendered the boundary layer vortical (see L. PRANDTL, *Der Widerstand von Kugeln. Nachrichten der Gesellschaft der Wissenschaften zu Göttingen*, 1914, p. 177). By this means I was able to obtain small resistance coefficients even when the REYNOLDS' numbers were fairly low. The last two photographs show the flows behind a sphere with and without the wire hoop[1]. Smoke was also directed into the vortex region. The difference in size of the vortex regions can be seen from the two photographs; it is much smaller in the case of the sphere with the wire hoop. The turbulence is probably connected with the fact that the speed distribution in the boundary layer has a point of inflexion behind the point of maximum speed. When the REYNOLDS' number is sufficiently high, these speed distributions are unstable. However, I am unable to go further into the matter now (see L. PRANDTL, *Bemerkungen über die Entstehung der Turbulenz, Physikalische Zeitschrift* [Notes on the development of turbulence], Vol. 23, 1922, p. 19).

The technical importance of these turbulent boundary layers lies in the fact that it is precisely those flows in which we are particularly interested, namely, those over aerofoils and propellers, and over airship hulls, which produce turbulent boundary layers. It is due solely to these turbulent boundary layers that in the case of wings and airship hulls the flow follows the boundary practically up to the rear end, and that therefore on the one hand the resistance or drag is very small and on the other hand the ideal flow, which is confluent immediately behind the body, can be used as an approximation to the actual flow. Without this turbulence all these bodies would possess worse properties, greater resistance and less lift. For this reason, when carrying out experiments with models, we must not go below a critical value of REYNOLDS' scale, otherwise all hydrodynamical similarity with the larger object is lost, a fact well known to experimenters.

We thus get the unique characteristic that it is precisely these turbulent flows of low resistance around bodies which can be so closely represented by the theory of a perfect liquid. This points to the fact that further progress of knowledge in this domain will be made by studying the turbulent movements. We hope that the quantitative

[1] Anm. der Schriftleitung: s. Abb. 1 u. 2, S. 720

deviations of the actual relations from the theory of a perfect fluid which are apparent in the profile resistance and in a diminution of the lift, and also in the separation of the flow from the wing at large incidences will yet be able to be cleared up by the theory of turbulent fluid motion.

There is thus a great deal still to be done in this direction and many difficulties will have to be surmounted before this new goal can be reached. In the meantime we can only proceed slowly step by step. However, the end in view, namely, a profounder knowledge in an important domain, is certainly worth great efforts.

I should now like to show you a short film in which you can see the development in time of the phenomena already familiar to you from the photographs you have seen. The greater part of the film was but recently taken in Göttingen.

The films which I am about to show are arranged so that the camera moves with the object with the exceptions in the latter part of the film. With some of the later exposures at the end of this film the camera is stationary. The surface of the water is strewn with aluminium powder as in the photographs. The first film shows you the configuration of flow round a flat plate, starting from rest and continuing till steady motion is established.

The second and third show the initial motion on a larger scale. The fourth, fifth and sixth sections show you the same phenomena for a circular cylinder, showing first the general flow from a distance and finally two "close-ups". In the latter the formation of secondary vortices can be seen clearly. The seventh section shows a rotating cylinder, it is somewhat ancient and was taken with more primitive means.

The next sections are concerned with lifting wings. No. 8 shows the motion from rest and uniform speed. The vortex sheets are particularly clear. In number 9 the camera is at rest and we can see very well the initial eddy left behind by the wing. No. 10 shows the course of events when the wing has moved a short distance and is again brought to rest. The cyclic motion round the wing acts as a free vortex and combines with the initial vortex to form a vortex pair which moves off by itself in accordance with HELMHOLTZ's theory.

The last two films, Nos. 11 and 12, show the phenomena in a channel which first narrows and then widens and is fitted with slots. At first the slots are closed and the flow is the usual one. The appearance of a finger marks the opening of the slots on one side, and it is seen how the stream follows this side. In the last section we first see the flow when the slots are in operation on both sides; there is visibly a pure potential flow. At the instant when the finger again appears the slots on one side are closed and the stream departs from this side.

I should like to thank Major Low for very kindly assisting me in the translation and in the reading of my lecture.

My pleasure in doing this is the greater in that I recognise that Major Low has done much to bring the German aeronautical work to your notice.

Sir SEFTON BRANCKER: This most important occasion in our annual programme has always been considered as too serious to admit of immediate and verbal discussion. It is, therefore, my very pleasant task, as President of this Society, to propose a vote of thanks to the distinguished lecturer, Professor PRANDTL.

His name has been a byword amongst us for many years—and we esteem it a high honour and a great pleasure that he has been good enough to come and tell us with his own lips the progress of the all-important theoretical work which he initiated.

Science and art have always been the two noblest and two most altruistic of all human activities. Art seems to have arrived at the end of its development—for the great literature, the beautiful pictures and the wonderful music of the past cannot, to-day, be excelled. But in science almost every day we hear of a new step in progress towards wider knowledge and perfection.

If properly handled, aviation will undoubtedly prove to be a great factor in the improvement and furtherance of modern civilisation. Progress in aviation depends very largely on scientific study, research and experiment—and Professor PRANDTL stands out as one of the greatest pioneers in aeronautical science—and a pioneer who is still with us, working for the good of the cause. Germany has always been at the forefront in the development of aeronautical science. Close co-operation between that great country and ourselves, in this activity, is most desirable from every point of view. I trust that Professor PRANDTL's visit is the forerunner of many other meetings, discussions and collaborations.

Professor PRANDTL's name will live for ever, and I call on Dr. LANCHESTER to support me in thanking him most sincerely for the paper which he has read to-night.

Dr. LANCHESTER: In rising to second the vote of thanks to Professor PRANDTL, I must first express my appreciation of the generous words in which he has given recognition to my own contributions to aeronautical science.

Professor PRANDTL was a great friend of mine in the early days. We first met in Göttingen at the time when he had just established his wind channel and was endeavouring to obtain uniformity of flow by means of filtering and rectifying devices. Professor RUNGE, who introduced us, acted as interpreter; Professor PRANDTL and I could only smile at one another, for neither could speak the other's language. Professor PRANDTL was a great inspiration to several of us who were devoting ourselves to aerodynamics and aeronautical science, and we all looked upon him, even in those days, as a very great authority.

I cannot say that I have myself added anything to the knowledge of aeronautics for many years. I have been otherwise occupied, but I have not lost interest in the subject, and it has given me very great pleasure to listen to Professor PRANDTL and to appreciate once more the work he has done and is still doing in the investigation of fluid motion, and to see the advance in photographic technique by which he has been enabled to exhibit to us such beautiful and exact pictures of the flow of fluids recorded by the camera. The reality as revealed is in no way discordant with what we had conceived from theoretical considerations; nevertheless, I do not suppose that any of us could have exactly foretold all that the camera discloses.

When we talk of the progress in science, to which Sir SEFTON BRANCKER has referred, we must not allow ourselves to belittle the arts or the progress in art. The scientific worker is fortunate in being able continually to put the soundness of his work to the test—the acid test of experiment. A large part of his work consists in the discovery and co-ordination of facts. The facts are there, but he does not create them. They are as real as the continent of America discovered by COLUMBUS, but if COLUMBUS had not discovered the continent of America it would undoubtedly have been discovered by somebody else. So with the facts disclosed by scientific investigation, the scientific work of the man who discovers them or the relation between them (which in itself is in the nature of a fact), advances our knowledge sometimes by a few years, sometimes by half a century or more. Even the fruits of the investigations, the discoveries of Sir ISAAC NEWTON would have been ultimately brought to light if Sir ISAAC NEWTON had never existed; it might have been in 100 years, it might have taken 200 years, we do not know. But the works of the artist are of a different nature; whether it be in literature, music or otherwise, the artist's work is creative. Advance in art cannot be judged by the same standards or measure as we apply to science. It can only be judged by posterity, its fruits and achievements are intangible. Whithout SHAKESPEARE we might never have had work comparable to his, and without WAGNER the "Ring" and his other great works might never have had their parallel in musical history. The advance in song writing made by HUGO WOLF was appreciated by a few only of his contemporaries.

We cannot assume, as suggested by Sir SEFTON BRANCKER, that to-day progress in the arts has ceased or a state of stagnation has been reached.

In the public eye the man of science is principally associated with discoveries. These, however, are but the fruits of his work. The work itself partakes of much in common with that of the artist. The individuality of his work lies more in the mental processes involved and methods originated. If we read NEWTON's "Principia" aright, it is the intuition and breadth of view, the fertility of invention in method, the tireless ingenuity in attack, that hold our attention and give us a picture of the gigantic mental stature of the man. So with others.

In the life work of Professor PRANDTL we see at close range the true spirit of the scientific worker, achieving results and bringing to light facts and continuously adapting his methods—sometimes strikingly original—to his purpose, and we know that the name of PRANDTL will live.

I have the greatest pleasure in seconding the vote of thanks.

Vorträge auf dem Gebiete der Aerodynamik und verwandter Gebiete, Aachen 1929. Herausgegeben von A. GILLES, L. HOPF und TH. v. KÁRMÁN. S. 1—7. Berlin: Springer 1930.

Einfluß stabilisierender Kräfte auf die Turbulenz

I.

An heiteren Sommerabenden kann man leicht die Beobachtung machen, daß durch eine Temperaturschichtung, wie sie durch die abendliche Ausstrahlung und die dadurch hervorgerufene Abkühlung der bodennahen Luftschichten eintritt, plötzlich die Turbulenz des Windes aufhört und z. B. die Rauchfahne eines Kartoffelfeuers als waagerechter Streifen ohne jede Bildung wolkenartiger Formen dahinzieht. Dies kann nur so gedeutet werden, daß die warme Luft auf der unter ihr befindlichen kalten Luft laminar dahingleitet. Das Auftreten ausgeprägter Sprungschichten in der freien Atmosphäre, wo eine warme Luftmasse über einer kalten dahinströmt, ohne sich merklich zu vermischen, gehört in dieselbe Erscheinungsgruppe, ferner auch das Dahinströmen von Süßwasser über Salzwasser, das besonders in den Polarmeeren beobachtet wird. Die umgekehrte Erscheinung ist die, daß bei Erwärmung des Bodens und der angrenzenden untersten Luft- oder Wasserschichten die Turbulenz durch die Konvektionsbewegungen infolge der Gewichtsunterschiede vermehrt wird. Im ersten Fall finden wir somit den „Austausch" und also auch die Reibung der strömenden Luft- oder Wassermasse verringert, im zweiten Fall vermehrt. Da diese Fragestellungen in naher Beziehung zu unserem Göttinger Forschungsprogramm über die ausgebildete Turbulenz stehen, über das ich auf dem Züricher Mechanik-Kongreß 1926[1] berichtet habe, bin ich einer Anregung von Herrn WILHELM SCHMIDT in Wien, Versuche über diesen Gegenstand zu unternehmen, gerne nachgekommen. Bei diesen Versuchen sollte ein Luftstrom zwischen einer von Wasser gekühlten und einer mit Dampf geheizten Platte durchgeblasen werden, wobei sowohl die obere wie die untere Platte die geheizte sein kann. Es ist dann gemäß Obigem zu erwarten, daß in dem Fall der stabilen Schichtung (unten kalt, oben warm) der Austausch sehr erheblich verringert wird oder bei geeigneten Bedingungen völlig aufhört, während im umgekehrten Fall eine Vermehrung des Austausches zu erwarten ist. Da diese Versuche bei relativ kleinen Luftgeschwindigkeiten vorgenommen werden müssen, um die Auftriebskräfte in der Luft zur Wirkung gelangen zu lassen, mußten die Meßmethoden erst studiert werden, und so sind wir über die Vorversuche über die geeignetsten Hitzdrahtschaltungen und

[1] Vgl. die Verhandlungen dieses Kongresses S. 62ff. Zürich 1927.

Thermoelemente für die Ausmessung des Geschwindigkeits- und Temperaturfeldes noch nicht hinausgekommen. Der Wunsch, die Erscheinungen vorauszusagen, die wir hier beobachten wollen, hat mich jedoch veranlaßt, mich mit der Theorie dieser Erscheinungen zu beschäftigen. Es hat mich dabei auch die Hoffnung geleitet, hiermit auch in der Einsicht in den Mechanismus der Turbulenz etwas weiter zu kommen, als dies bisher der Fall ist.

Die augenblickliche Gestalt dieser Theorie ist die folgende: Wir wollen eine waagerecht strömende Flüssigkeit annehmen, die in senkrechter Richtung derart geschichtet ist, daß jede höher gelegene Schicht leichter ist als die darunterbefindliche, und machen nun die folgende Energiebetrachtung. In dem Fall, daß die Bewegung turbulent verläuft, wird dadurch Arbeit geleistet, daß Schwereres gehoben und Leichteres gegen den Auftrieb des Schwereren gesenkt wird. Der Weg in der Senkrechten, den ein Flüssigkeitsteil zurücklegt, bevor er sich mit der neuen Umgebung wieder vermischt, mag mit l bezeichnet werden. Es handelt sich um den aus meinem Züricher Vortrag und auch aus anderen Veröffentlichungen bekannten „Mischungsweg". Ist die Abnahme der Dichte in der Senkrechten (y-Richtung) gegeben durch $-\frac{d\varrho}{dy}$, so ist die endgültige Auftriebsdifferenz eines um den Mischungsweg nach oben verschobenen Teilchens $= -g\,l\frac{d\varrho}{dy}$. Da diese Auftriebsdifferenz von Null bis zu diesem Wert zunimmt, während der Weg l zurückgelegt wird, ergibt sich eine Arbeitsleistung $-\frac{1}{2}g\,l^2\frac{d\varrho}{dy}$ (positiv wenn, wie hier angenommen $d\varrho/dy$, negativ ist!). Für Abwärtsbewegungen ergibt sich der gleiche Ausdruck. Um die an dem Austausch beteiligten Volumina zu erfassen, sei eine waagerechte Fläche gezogen. Auf einen Bruchteil β_1 dieser Fläche erfolge mit einer Geschwindigkeit v_1 Aufwärtsbewegung, auf einen Bruchteil β_2 mit der durchschnittlichen Geschwindigkeit v_2 Abwärtsbewegung. Die gesamte Menge auf der Fläche F ist demnach $F(\beta_1 v_1 + \beta_2 v_2)$ (Volumen pro Sekunde). Als zugeführte Leistung, aus der die obige Arbeit bestritten wird, steht zur Verfügung das Produkt der durch den Austausch hervorgerufenen „scheinbaren Schubspannungen" mit den Verschiebegeschwindigkeiten. Wenn wir diese Leistung beziehen auf einen Körper von der Grundfläche F und der Höhe l, vgl. Abb. 1, und wenn wir die scheinbare Schubspannung mit τ' und die mittlere Geschwindigkeit der Strömung mit $\bar{u}$ bezeichnen, so wird diese Leistung $= F\tau'\,l\frac{d\bar{u}}{dy}$. Daß wir gerade eine Schicht von der Höhe l wählen, hat die Berechtigung, daß gerade in einer

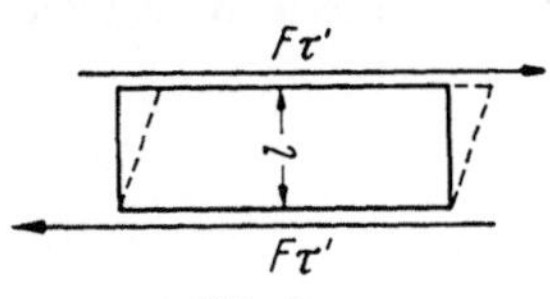

Abb. 1

solchen Schicht die oben angegebene Flüssigkeitsmenge ausgetauscht wird. Die scheinbare Schubspannung ist nach einem auf O. REYNOLDS zurückgehenden Ansatz $= \varrho \overline{u' v'}$, wobei der Querstrich eine Mittelwertbildung bedeutet. Dabei ist gemäß meinem Ansatz der Mittelwert des Betrages von $u' = l \frac{d\bar{u}}{dy}$ und der von v' gemäß Obigem $= \beta_1 v_1 + \beta_2 v_2$. Da regelmäßig mit dem Vorzeichen von u' dasjenige von v' schwankt, ist bis auf einen doch nicht zu ermittelnden Zahlenfaktor also

$$\tau' = \varrho l \frac{d\bar{u}}{dy} (\beta_1 v_1 + \beta_2 v_2)$$

zu setzen.

Ob bei der in Rede stehenden Strömung für die weitere Erhaltung der Turbulenz Energie übrigbleibt oder nicht, entscheidet sich nun daraus, welcher von den beiden Energiebeträgen der größere ist. Wenn die Arbeitsleistung der scheinbaren Schubspannung überwiegt, so steht die Differenz zur Erhaltung der Turbulenz zur Verfügung, ist aber die Hebungsleistung gegen die Gewichtsdifferenzen die größere, dann muß die Turbulenz notwendig erlöschen. Für die Erhaltung der Turbulenz bleibt also etwas übrig, wenn

$$F \tau' l \frac{d\bar{u}}{dy} > F(\beta_1 v_1 + \beta_2 v_2) \frac{1}{2} g l^2 \frac{d\varrho}{dy}$$

oder nach Eintragen des Wertes von τ' und Kürzung

$$\varrho \left(\frac{d\bar{u}}{dy}\right)^2 > -\frac{g}{2} \frac{d\varrho}{dy}. \tag{1}$$

Es ist sehr bemerkenswert, daß aus unserer Ungleichung (1) nicht nur die gewählte Fläche F (was selbstverständlich ist), sondern auch der Mischungsweg l und der mittlere Betrag der Vertikalgeschwindigkeit v' herausgefallen sind, so daß wir über diese beiden wichtigen Größen aus dieser Betrachtung nichts erfahren. Es ist noch zweckmäßig, den Quotienten der rechten Seite der Ungleichung (1) und der linken Seite besonders zu bezeichnen. Wird diese dimensionslose Größe $= \theta$ genannt:

$$\theta = \frac{-g \frac{d\varrho}{dy}}{2\varrho \left(\frac{d\bar{u}}{dy}\right)^2}, \tag{2}$$

so hat man also Turbulenz für $\theta < 1$; für $\theta > 1$, was starke Stabilität bedeutet, löscht die Turbulenz aus. $\theta = 0$ bedeutet homogene Flüssigkeit. Da es sich bei der ganzen Herleitung der vorstehenden Formeln nur um ziemlich rohe Abschätzungen handelt, kann es sich sehr wohl aus den Versuchen ergeben, daß diese Formeln durch einen Zahlenfaktor berichtigt werden müssen. Aus dem *Bau* der Formeln läßt sich aber z. B. schon deutlich schließen, auf welche Größen es bei den Erscheinungen ankommt und welcher qualitative Verlauf zu erwarten ist. Wenn z. B. ein in sich homogener warmer Luftstrom über einen ebensolchen kalten hinwegfließt, so mag zunächst in der Übergangsschicht zwischen beiden $d\bar{u}/dy$ sehr groß sein, so daß die Ungleichung (1) erfüllt ist, also Turbulenz herrscht. Durch den turbulenten Austausch wird allmählich die Mischungszone immer dicker, $d\bar{u}/dy$ also immer kleiner. Entsprechendes gilt auch für den Übergang der Temperatur. Es ist nun folgender Grenzzustand möglich, bei dem gerade die Ungleichung (1) in die Gleichung übergeht und infolgedessen wegen des Aufhörens der Turbulenz der so erreichte Zustand weiter andauert (die reinen Zähigkeitswirkungen und die Wärmeleitung sollen so gering sein, daß von ihnen vollständig abgesehen werden kann). Man kann nun, wenn die Höhe der Übergangsschicht, in der nun lineare Geschwindigkeitsverteilung herrscht, mit h bezeichnet wird,

$$\frac{d\bar{u}}{dy} = \frac{u_2 - u_1}{h}$$

setzen, ferner an Stelle von $-\frac{1}{\varrho}\frac{d\varrho}{dy}$ mit T = absoluter Temperatur schreiben

$$\frac{1}{T}\frac{dT}{dy} = \frac{1}{T_m}\cdot\frac{T_2 - T_1}{h}.^{1}$$

Damit ergibt sich

$$\left(\frac{u_2 - u_1}{h}\right)^2 = \frac{g}{2\,T_m}\,\frac{T_2 - T_1}{h}$$

oder

$$h = \frac{2(u_2 - u_1)^2\,T_m}{g(T_2 - T_1)}. \tag{3}$$

Gl. (3) ergibt den kleinsten Wert der Höhe einer solchen Übergangsschicht, bei der die Strömung ohne Turbulenz verläuft. Der Vergleich mit Erfahrungswerten wird einen Schluß darüber zulassen, ob der Zahlenfaktor dieser Formel richtig ist oder noch einer Verbesserung bedarf. Ein vorläufiger Vergleich mit gerade erreichbaren Angaben zeigte, daß die Formel (3) der Erfahrung nicht widerspricht und die Größenordnung solcher Sprungschichten richtig wiedergibt.

Für die Schubspannung τ' der Scheinreibung wird man setzen können

$$\tau' = \varrho\, l^2 \left(\frac{du}{dy}\right)^2 f(\theta), \tag{4}$$

wobei vorläufig nur gesagt werden kann, daß $f(\theta)$ für $\theta \geqq 1$ gleich Null sein muß, ferner $f(\theta) = 1$ für $\theta = 0$ (gewöhnliche Turbulenz der homo-

[1] Für diese Temperaturdifferenz muß genaugenommen die Differenz der potentiellen Temperaturen eingesetzt werden, um die Temperaturänderungen, die bei den Höhenänderungen durch Änderung des Druckes hervorgebracht werden, zu berücksichtigen.

genen Flüssigkeit). Auf Grund einer Energiebetrachtung (Stärke der turbulenten Bewegung proportional der Differenz der oben betrachteten Energien) kann $f(\theta) = \sqrt{1-\theta}$ vermutet werden. Eine nähere Prüfung wird noch nötig sein. Vor allem wird auch zu erwarten sein, daß der Mischungsweg l von θ nicht unabhängig ist. Man kann diese Betrachtungen wohl auch auf den Fall ausdehnen, daß die ursprüngliche Lagerung instabil ist, also z. B. die Luft unten wärmer ist als oben. Solche Verhältnisse können sich auf längere Zeit einstellen, wenn die Luft vom Boden aus erwärmt wird. In diesem Fall werden voraussichtlich die Mischungswege durch die lebhafte Wärmekonvektion größer ausfallen als in dem Fall der gewöhnlichen Turbulenz. Auch über diese Sache wird man nach Durchführung der bei uns geplanten Versuche, wie ich hoffe, mehr wissen als zur Zeit.

II.

Mit den im vorstehenden geschilderten Verhältnissen der geschichteten Strömung stehen in naher Verwandtschaft die gekrümmten Strömungen einer homogenen Flüssigkeit. Wir wollen uns hier auf die ebene Strömung in konzentrischen Kreisen beschränken. Die mittlere Geschwindigkeit in der tangentiellen Richtung $\bar{u}$ sei eine Funktion des Radius. Nimmt die Geschwindigkeit von außen nach innen ab, so können Flüssigkeitsteile aus dem inneren Gebiete nicht weit in die äußere Strömung eindringen, da ihre Zentrifugalkraft kleiner ist als die der äußeren Teile, und umgekehrt können sich die von außen stammenden Teile weiter innen nicht halten, sondern kehren nach außen zurück. Umgekehrt ergibt sich Instabilität, wenn die Geschwindigkeit nach innen hin genügend stark zunimmt. Für jedes reibungslos im übrigen Medium bewegte Teilchen gilt hier, da das Druckfeld genau rotationssymetrisch ist, der Flächensatz, der mit u = Tangentialkomponente der Geschwindigkeit $u\,r$ = konst. geschrieben werden kann. Wenn sich ein Teilchen radial um dr verschiebt, so ändert sich demnach seine Geschwindigkeit, wie leicht zu sehen, um $-\frac{u}{r}\,dr$. Die mittlere Geschwindigkeit an der neuen Stelle möge sich ferner von der alten um $\frac{d\bar{u}}{dr}\,dr$ unterscheiden. Für eine Radialverschiebung um den Betrag l erhält man demnach in erster Näherung einen Geschwindigkeitsunterschied

$$u' = l\left(\frac{d\bar{u}}{dr} + \frac{\bar{u}}{r}\right). \tag{5}$$

Dieser Unterschied wird zu Null für die Potentialbewegung mit Zirkulation, $\bar{u}$ = konst.$/r$. Diese spielt daher bezüglich der turbulenten Bewegungen hier dieselbe Rolle wie die Bewegung mit konstanter Geschwindigkeit bei der geradlinigen Strömung. Für ein Teilchen, das den Geschwindigkeitsunterschied u' gegen seine Umgebung aufweist, ist der Unterschied in der Zentrifugalkraft auf die Volumeneinheit gegenüber derjenigen der Umgebung $\frac{\varrho[(\bar{u}+u')^2-\bar{u}^2]}{r}$, also in erster Näherung $\frac{2\varrho\,\bar{u}\,u'}{r}$. In Verbindung mit Formel (5) ergibt sich also, daß die Potentialbewegung $\bar{u}\,r=$ konst. gerade dem Fall des indifferenten Gleichgewichtes entspricht. Wenn das Produkt $\bar{u}\,r$ nach außen hin zunimmt, ergibt sich stabile Anordnung, nimmt es nach außen ab, so ist die Anordnung instabil. In diesem letzteren Fall ergeben sich die Wirbelbewegungen, die für den Fall großer Zähigkeit von G. I. TAYLOR in einer sehr schönen Arbeit studiert worden sind[1].

Es sind jetzt wieder die beiden Arbeitsleistungen aufzustellen. Was zunächst die Arbeit gegen die Zentrifugalkraft betrifft, so ist diese für die Volumeneinheit bei einer Verschiebung um den Weg $l=l/2$ mal der eben ermittelten Zentrifugalkraftdifferenz, also

$$\frac{\varrho\,l\,\bar{u}\,u'}{r}=\varrho\,l^2\,\frac{\bar{u}}{r}\left(\frac{d\bar{u}}{dr}+\frac{\bar{u}}{r}\right).$$

Die Menge der beteiligten Flüssigkeit berechnet sich genau wie früher. Bei der Berechnung der zugeführten Leistung ist zu berücksichtigen, daß die Geschwindigkeit der Relativverschiebung zweier um die Längeneinheit entfernter Schnittflächen (Deformationsgeschwindigkeit) hier

$$\frac{d\bar{u}}{dr}-\frac{\bar{u}}{r}$$

ist (gleich Null für die Drehung als starrer Körper $\bar{u}=\omega\,r$). Die Leistung wird dann

$$F\,\tau'\,l\left(\frac{d\bar{u}}{dr}-\frac{\bar{u}}{r}\right),$$

wobei wieder

$$\tau'=\varrho\,\overline{u'\,v'}=\varrho\,l\left(\frac{d\bar{u}}{dr}+\frac{\bar{u}}{r}\right)(\beta_1\,v_1+\beta_2\,v_2)$$

ist. Hiermit ergibt sich als Bedingung für die Möglichkeit der Turbulenz nach Kürzung

$$\left(\frac{d\bar{u}}{dr}+\frac{\bar{u}}{r}\right)\left(\frac{d\bar{u}}{dr}-\frac{\bar{u}}{r}\right)>\left(\frac{d\bar{u}}{dr}+\frac{\bar{u}}{r}\right)\frac{\bar{u}}{r}. \tag{6}$$

Für positives

$$\frac{d\bar{u}}{dr}+\frac{\bar{u}}{r}\quad\text{ergibt sich hieraus}\quad\frac{d\bar{u}}{dr}>2\,\frac{\bar{u}}{r},$$

für negatives

$$\frac{d\bar{u}}{dr}+\frac{\bar{u}}{r}\quad\text{dagegen}\quad\frac{d\bar{u}}{dr}<2\,\frac{\bar{u}}{r}.$$

[1] TAYLOR, G. I., Stability of a Viscous Liquid contained between two Rotating Cylinders. Phil. Trans. Roy. Soc. London Bd. 223A (1923) S. 289.

Die letztere Ungleichung ist aber, postives $\bar{u}$ angenommen, immer erfüllt, da ja nach Voraussetzung

$$\frac{d\bar{u}}{dr} < -\frac{\bar{u}}{r}$$

ist.

Die Verhältnisse werden bequemer übersehen, wenn man die linke und die rechte Seite der Ungleichung (6) graphisch aufträgt, etwa in der Weise, daß man vorher mit $\left(\frac{\bar{u}}{r}\right)^2$ durchdividiert und als Abszisse das Verhältnis

$$\frac{d\bar{u}}{dr} : \frac{\bar{u}}{r}$$

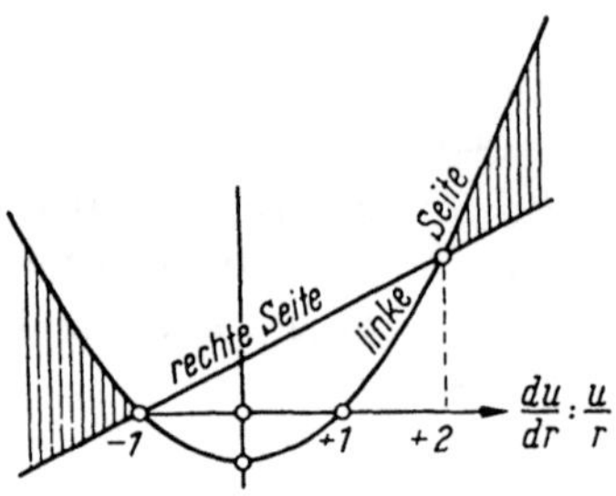

Abb. 2

nimmt, vgl. Abb. 2, in der die Gebiete, in denen Ungleichung (6) erfüllt ist, also Turbulenz zu erwarten ist, schraffiert sind. Will man vorübergehend spezielle Strömungen betrachten, bei denen die Geschwindigkeitsverteilung durch ein Potenzgesetz $\bar{u} = a\,r^n$ gegeben ist, so ergibt sich also das Folgende:

für	$n < -1$	Instabilität, TAYLOR-Wirbel,
für	$n = -1$	Indifferenz, Potentialströmung,
für	$-1 < n < +2$	Stabilität, laminare Strömung,
für	$n = +1$	Stabilität, starre Rotation,
für	$n > +2$	Stabilität, turbulente Strömung.

Natürlich wird erst noch durch das Experiment zu prüfen sein, ob die Grenze für die Turbulenz bei nach außen wachsenden Geschwindigkeiten wirklich bei $n = 2$ liegt oder bei einem anderen Wert. Vorläufige Versuche haben indes schon gezeigt, daß der Grenzwert nicht allzuweit von 2 abweichen wird.

Um einen Ansatz für die Schubspannung zu gewinnen, wird man wieder das Verhältnis der rechten Seite der Ungleichung (6) zu der linken Seite als Parameter einführen können. Wird dieser gleich θ_1 gesetzt, so wird man wieder

$$\tau' = \varrho\, l^2 \left(\frac{d\bar{u}}{dr} + \frac{u}{r}\right)^2 f(\theta_1)$$

setzen können, wobei wieder $f(\theta_1) = 0$ zu setzen ist für $\theta_1 \geqq 1$ und etwa $= \sqrt{1 - \theta_1}$ für kleinere Werte[1]. Die letztere Beziehung ist, wie

[1] Der geradlinigen Bewegung ($r = \infty$) entspricht, wie leicht zu sehen, $\theta_1 = 0$, so daß unsere Formel hier wieder in die gewöhnliche übergeht.

ich bemerken will, noch ohne einen greifbaren Inhalt, so lange man noch nicht weiß, wie der Mischungsweg l von θ_1 abhängt. Es müßte natürlich das Bestreben danach gehen, die Funktion $f(\theta_1)$ so zu bestimmen, daß der Mischungsweg l nur noch von der geometrischen Konfiguration des Gefäßes, nicht aber von der Geschwindigkeitsverteilung abhängt. Wieweit dies möglich sein wird, müssen die Versuche zeigen, die hierfür in Vorbereitung sind. Über diese Versuche mag nur kurz gesagt werden, daß sich Wasser zwischen zwei konzentrischen Zylindern befindet, die jeder für sich mit einer anderen Drehzahl angetrieben werden können, wobei sowohl das durch das Wasser hindurch übertragene Drehmoment gemessen als auch die Geschwindigkeits- und Druckverteilung ermittelt werden soll.

Deutsche Forschung (Aus der Arbeit der Notgemeinschaft der Deutschen Wissenschaft) H. 14 (1930) S. 14 u. 15

Modellversuche und theoretische Studien über die Turbulenz einer geschichteten Luftströmung

Die atmosphärische Turbulenz unterscheidet sich von der Turbulenz der technischen Wasser- und Luftströmungen dadurch, daß die Atmosphäre meist eine thermische Schichtung derart aufweist, daß die potentielle Temperatur nach oben hin zunimmt. Dies bewirkt eine Stabilität der Luftmassen, die der Turbulenz entgegenwirkt. In der Tat führt eine Berechnung des atmosphärischen Austausches auf Grund der Beobachtungen über die Strömung in Rohrleitungen[1] auf zu große Werte dieses Austausches. Wir haben es zur Aufklärung dieser Umstände auf Grund einer Anregung von Prof. Dr. WILHELM SCHMIDT übernommen, diese Frage durch Laboratoriumsversuche zu klären. Es wird Luft zwischen zwei 8 m langen und 1 m breiten doppelwandigen Eisenplatten hindurchgeblasen, von denen die eine mit Dampf geheizt, die andere mit Wasser gekühlt wird. Die Mittel für die Beschaffung dieses großen Versuchsapparates sind von der Notgemeinschaft der Deutschen Wissenschaft in sehr dankenswerter Weise bereitgestellt worden. Wenn man die obere Platte heizt und die untere kühlt, so erhält man einen Luftstrom, der ähnlich wie der atmosphärische Wind stabil geschichtet ist, und muß deshalb die Erniedrigung der Turbulenz erhalten. Heizt man die untere und kühlt die obere, so wird die Schichtung im Gegensatz zu dem vorigen Fall instabil, und es muß sich eine Verstärkung der Turbulenz ergeben. Die Versuchseinrichtung ist fertiggestellt, aber über die Versuche selbst kann noch nichts Endgültiges berichtet werden. Wir sind vorläufig immer noch mit der Verbesserung der Meßmethoden, die für diesen Zweck neu ausgearbeitet werden mußten, beschäftigt. Jedenfalls besteht nach den bisherigen Vorversuchen alle Hoffnung, daß wir zu quantitativ auswertbaren Ergebnissen kommen werden.

Inzwischen habe ich selbst die Frage auch theoretisch anzugreifen versucht. Für den Fall einer stabilen Schichtung ergibt sich das folgende: Wenn ein Austausch vor sich gehen soll, so müssen Teile aus den unteren Schichten, die schwerer sind wie die oberen Schichten, in die Höhe geholt und andererseits Teile der leichteren oberen Schichten heruntergeführt werden. Beides erfordert eine Arbeitsleistung. Diese Arbeitsleistung wird entnommen der äußeren Arbeit, die an der Luftmasse geleistet wird. Diese äußere Arbeit ist nun wieder als Arbeit gegen die

---

[1] L. PRANDTL und W. TOLLMIEN, „Die Windverteilung über dem Erdboden, errechnet aus den Gesetzen der Rohrströmung". Z. Geophys. Bd. 1 (1925) S. 47. (Anm. d. Schriftl.: hier S. 1071.)

Scheinreibung des Austausches dem Austausch proportional. Es kommt nun ganz auf die Größe der gegen die Schichtung zu leistenden Arbeit an. Ist diese klein genug, dann bleibt zur Unterhaltung der turbulenten Bewegung Energie übrig; überschreitet sie aber ein gewisses Maß, so ist dies nicht mehr der Fall und die Turbulenz muß dann erlöschen, und es bleibt ein praktisch fast reibungsloses Übereinanderhinweggleiten der Schichten übrig, wie es an Abenden mit starker Bodenausstrahlung in der Nähe des Erdbodens häufig beobachtet werden kann. Das Kriterium für das Eintreten des Grenzzustandes, wo gerade der Austausch aufhört, führt zu einer bestimmten minimalen Höhe der Übergangsschicht zwischen zwei Luftkörpern, in der die Geschwindigkeit und die potentielle Temperatur nahezu linear von dem unteren Wert zu dem oberen übergeht. Wenn ΔT die Temperaturdifferenz und Δu die Geschwindigkeitsdifferenz ist, so ergibt sich auf Grund der bisherigen Berechnungen, die allerdings noch durch einen bisher unbekannten Zahlenfaktor berichtigt werden müssen, für die geringste Schichthöhe die Formel

$$h = \frac{(\Delta u)^2}{g} \frac{T}{\Delta T}.$$

Hierin bedeutet noch T die mittlere Temperatur und g die Beschleunigung der Erdschwere. Die Formel gilt, wenn man $\varrho/\Delta \varrho$ an Stelle von $T/\Delta T$ setzt, auch für das Gleiten zweier Meeresströmungen übereinander (ϱ = Dichte des Wassers). Die Formel scheint mit den Beobachtungen in gutem Einklang zu sein.

Journal of the Aeronautical Research Institute, Tôkyô, Imperial University
Bd. 5, Nr. 65 (1930) S. 12—24 (do. japanisch)

Vortrag in Tokyo

Die Vorträge von Herrn Professor Dr. PRANDTL, Göttingen, fanden am 21., 22. und 23. Oktober 1929 in der Kaiserlichen Universität, Tôkyô, statt.

Zu Beginn des ersten Vortrages gab PRANDTL die folgende Stoffverteilung bekannt: Der erste Vortrag würde sich mit der *Turbulenz und ihrer Entstehung* befassen, der zweite mit *Flüssigkeitsströmungen, bei denen die Geschwindigkeit von der Größenordnung der Schallgeschwindigkeit ist*[1], und der dritte mit der *Entstehung der Wirbel in einer Flüssigkeit von sehr kleiner Reibung*[2].

[1] Anmerkung der Schriftleitung: Hier S. 998.
[2] Anmerkung der Schriftleitung: Hier S. 752.

21. Oktober 1929. Zunächst wies PRANDTL auf die großen Schwierigkeiten hin, die für die mathematische Behandlung der Strömungsbewegung aus der zusätzlichen ungeordneten Bewegung erwachsen, die mit ,,Turbulenz" bezeichnet wird, und die für die ganze Strömungsform und für das Zustandekommen der hydraulischen Widerstände verantwortlich ist. Es ergeben sich die beiden Hauptfragestellungen

a) nach der Entstehung der Turbulenz und

b) nach den Formen der Strömung bei ausgebildetem Turbulenzzustand.

Zur ersten Frage ging PRANDTL auf die Versuche OSBORNE REYNOLDS über die Bedingungen der Turbulenz ein, die in den 80-er Jahren des vergangenen Jahrhunderts durchgeführt wurden. REYNOLDS stellte auf Grund theoretischer Erwägungen die Abhängigkeit der Turbulenz von dem Ausdruck

$$R = \frac{\varrho w d}{\mu}$$

(ϱ = Dichte, w = Geschwindigkeit, d = Rohrdurchmesser, μ = Zähigkeit) fest, der als REYNOLDSsche Zahl eine jedem Strömungsfachmann bekannte Größe ist. Je nachdem diese Zahl kleiner oder größer als etwa 2000 wird, ist laminare oder turbulente Bewegung zu erwarten. Hinweis auf den bekannten Versuch mit dem Farbstoffaden innerhalb eines eine Glasröhre erfüllenden Wasserstromes.

REYNOLDS hat die Geschwindigkeit in einen mittleren und einen schwankenden Bestandteil zerlegt und die Beziehung zum Energiewachstum festgelegt. Es bezeichne:

u die Bewegung in der X-Achse

und

v die Bewegung in der Y-Achse,

und es sei in jeder der beiden Richtungen die Geschwindigkeit in einen mittleren und einen schwankenden Bestandteil zerlegt, d. h.

$$u = \bar{u} + u',$$
$$v = \bar{v} + v'.$$

Für den Fall $u = f(y)$, $v = 0$ lautet das Energiekriterium, wobei E die kinetische Energie des schwankenden Bestandteiles bedeutet:

$$\frac{dE}{dt} = \varrho \iiint u' v' \frac{du}{dy} dV - \mu \iiint \left(\frac{\partial u'}{\partial y} - \frac{\partial v'}{\partial x}\right)^2 dV.$$

Im Energiekriterium sind die Geschwindigkeiten u' und v' quadratisch vertreten. Verdoppelung der Hauptgeschwindigkeit vergrößert den ersten Teil des Integrals, so daß bei kleinen Hauptgeschwindigkeiten eine Energieabnahme sichergestellt ist, bei großen Hauptgeschwindigkeiten *kann* die Energie zunehmen. Zur näheren Diskussion müßte man auf die Differentialgleichung der Bewegung zurückgehen, was von SOMMERFELD, HOPF, ORR und VON MISES geschehen ist mit dem Ergebnis: Alle Bewegungen, die mit der Methode kleiner Schwingungen untersucht wurden, erwiesen sich als gedämpft. Dieses eigenartige Ergebnis bezog sich allerdings auf eine ganz spezielle Geschwindigkeitsverteilung, die man aus mathematischen Gründen gemäß Abb. 1 linear angenommen hatte.

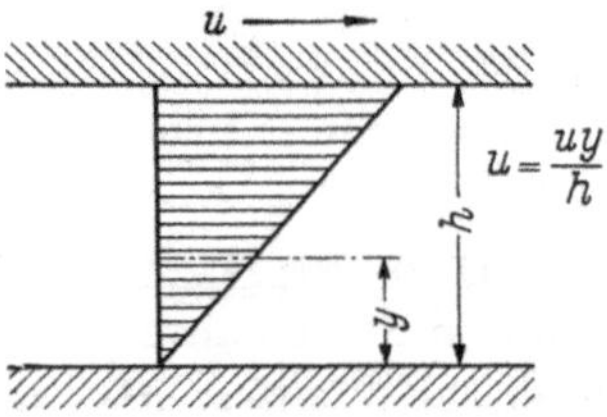

Abb. 1

Es ist zu vermuten, daß diese einfache Form der Strömung wirklich laminar bleibt, wenn sie einmal entstanden ist. Es mußten daher andere Strömungsformen untersucht werden. LORD RAYLEIGH hat Schwingungsbewegungen einer Strömung unabhängig von der Zähigkeit behandelt. Die Trägheit spielt bei schneller Strömung die Hauptrolle. Er untersuchte polygonale Geschwindigkeitsverteilungen und fand bei konvexer Verteilung (Abb. 2) Stabilität, d. h. Schwingungen. Der mittlere Streifen verläuft dabei wellenartig (Abb. 3). Anknüpfend an RAYLEIGH ist in Göttingen die Wirkung einer kleinen Zähigkeit berücksichtigt worden. Eine dünne Schicht an der Wand, die sogenannte Grenzschicht (--------), führt andere Bewegungen aus als das Innere. Es ergab sich Instabilität, aber für die Grenze eine viel zu kleine REYNOLDSsche Zahl, daher war Untersuchung des stetig gekrümmten

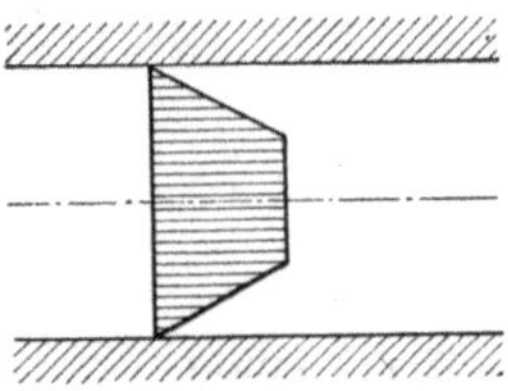
Abb. 2

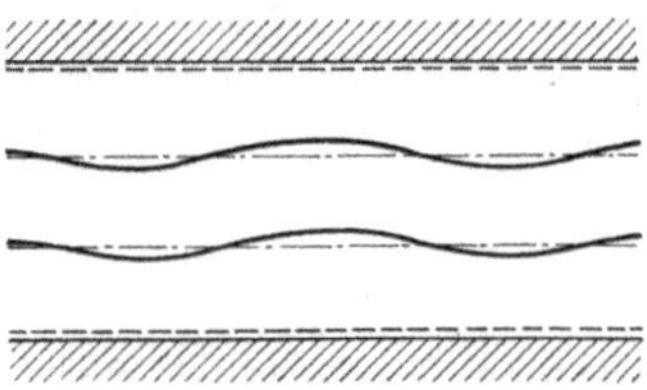
Abb. 3

Geschwindigkeitsprofils notwendig. Hier treten allerdings große mathematische Schwierigkeiten auf, deren Lösung erst in neuerer Zeit durch annähernde Methoden erreicht ist.

Gegeben: $\bar{u}(y)$, ϱ, $\mu = \varrho\,\nu$.

Gesucht: u', v', p.

Ausgegangen wird von drei Gleichungen:

$$\frac{\partial u'}{\partial x} + \frac{\partial v'}{\partial y} = 0, \tag{1}$$

$$\bar{u}\,\frac{\partial u'}{\partial x} + v'\,\frac{d\bar{u}}{dy} + \frac{\partial u'}{\partial x} + \frac{1}{\varrho}\,\frac{\partial p}{\partial x} = \nu\left(\frac{d^2 u}{dy^2} + \Delta u'\right), \tag{2}$$

$$\bar{u}\,\frac{\partial v'}{\partial x} \qquad + \frac{\partial v'}{\partial x} + \frac{1}{\varrho}\,\frac{\partial p}{\partial y} = \nu\,\Delta v'. \tag{3}$$

Gl. (2) nach y differenziert minus Gl. (3) nach x differenziert liefert Elimination von p.

Gl. (1) wird erfüllt durch Einführung der Stromfunktion ψ:

$$u' = \frac{\partial \psi}{\partial y}, \quad v' = -\frac{\partial \psi}{\partial x}.$$

Für ψ wird folgender Ansatz gemacht:

$$\psi = \varphi(y)\, e^{i\alpha(x-ct)},$$

c ist die einstweilen noch unbekannte Fortpflanzungsgeschwindigkeit, die auch komplex sein kann. Man erhält so die Differentialgleichung:

$$(\bar{u} - c)(\varphi'' - \alpha^2 \varphi) - \bar{u}''\varphi = -\frac{i\nu}{\alpha}(\varphi^{IV} - 2\alpha^2\varphi'' + \alpha^4\varphi), \quad (4)$$

die erstmalig von SOMMERFELD aufgestellt worden ist. Man erkennt unschwer, daß die Rechnung wesentlich bequemer wird, wenn — wie bei dem SOMMERFELDschen Beispiel und auch bei dem RAYLEIGHschen Polygonansatz — $\bar{u}''$ verschwindet. Bei stetig gekrümmtem Geschwindigkeitsprofil ist die Beschränkung auf Annäherungsrechnung unvermeidlich. Die rechte Seite stellt die Reibungsglieder dar; bei einer kleinen Reibung ist also der höchste Differentialquotient mit einem sehr kleinen Zahlenfaktor multipliziert. Bei Übergang zur Zähigkeit Null ändert sich die Ordnung der Differentialgleichung. Die Näherungslösung kann daher aus Stücken zusammengesetzt werden, von denen die einen der reibunsglosen Bewegung entsprechen und die anderen (schmale Streifen) die Reibung berücksichtigen. Da im Inneren des Gebietes der Faktor $\bar{u} - c$ durch Null geht, kommt auch hier ein derartiges Gebiet vor.

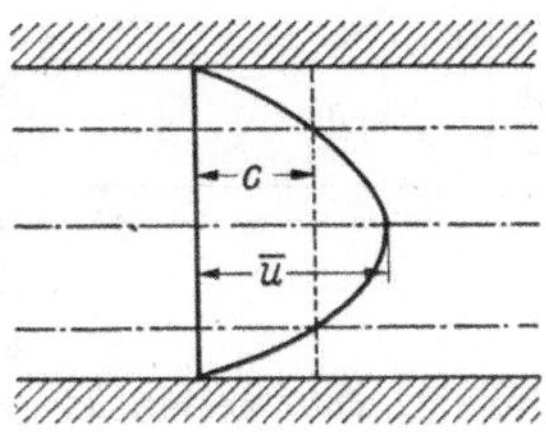

Abb. 4

Ist $\bar{u}'' \neq 0$, so ergibt sich reibungslos:

$$\varphi'' = \left(\alpha^2 + \frac{\bar{u}''}{\bar{u} - c}\right)\varphi,$$

woraus zu ersehen ist, daß die Stelle $\bar{u} = c$, reibungslos betrachtet, singulär wird. Hier ist also noch ein Gebiet, in dem die Reibung berücksichtigt werden muß. Unter Berücksichtigung der Grenzbedingungen erweist sich die ganze Aufgabe als ein Eigenwertproblem. Wenn die Wellenlänge der Störung, d. h. α vorgeschrieben ist, ergibt sich aus der Rechnung ein bestimmter Wert von c. Die Rechnung ist von Dr. TOLLMIEN in den „Göttinger Nachrichten" 1929, S. 21, publiziert. Als Zahlenbeispiel wurde behandelt die Strömung entlang einer ebenen Platte, wobei sich ein Geschwindigkeitsprofil ergibt,

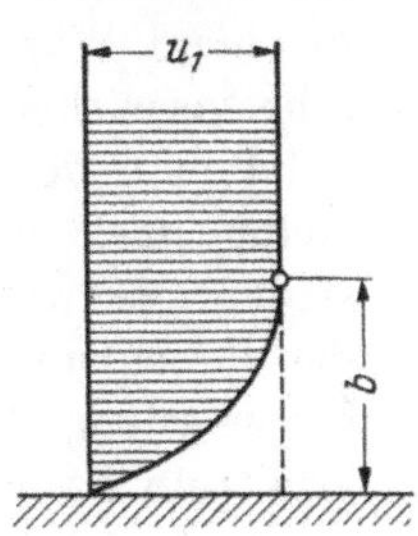

Abb. 5

das von BLASIUS (Zeitschrift für Physik und Mathematik, 1908) berechnet worden ist.

Bisher sind die Zustände ermittelt, bei denen die Störung weder anwächst noch abnimmt, und es ergaben sich dafür Zustände gemäß der Abb. 6.

Es zeigt sich, daß oberhalb $Re = 1300$ instabile Zustände vorhanden sind. BURGERS in Delft hat bei der Strömung längs einer Platte das Eintreten von Turbulenz bei $Re =$ rd. 3000 festgestellt. Zum Eintreten von Turbulenz sind aber große Störungen nötig, die aus kleinen Anfangsstörungen anwachsen müssen, während die theoretische Grenze nur dem Gleichbleiben der Störung entspricht. Für große Anfangsstörungen erhält BURGERS eine Grenze von etwa $Re = 1600$, so daß die Übereinstimmung der theoretischen und experimentellen Resultate als gut angesehen werden darf. Die Wellenlängen der Störungen, die instabil werden, sind von der Größenordnung 6 bis 10 × Dicke der Reibungsschicht, so daß die von der Theorie erhaltenen Störungen noch nicht unmittelbar die turbulente Bewegung darstellen. Diese entsteht vielmehr dadurch, daß durch die wellenartigen Störungen instabile Situationen geschaffen werden. Beobachtungen in einem Wassergerinne stehen hiermit in gutem Einklang. Es ist zunächst wenig zu sehen, bis plötzlich eine Reihe von kleinen Wirbeln auftritt, die sich dann schnell vermehren. Die langen Wellen konnten auch photographiert werden.

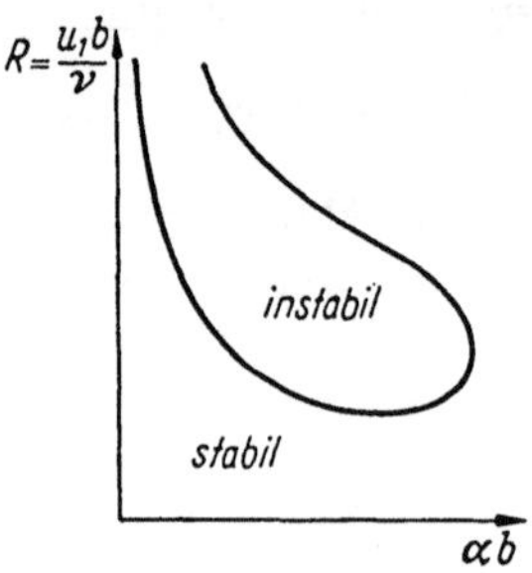

Abb. 6

Zu den Fragen der ausgebildeten Turbulenz übergehend, zeigte der Vortragende zunächst Lichtbilder von der turbulenten Strömung in einem Wasserkanal, aus denen hervorgeht, daß diese Strömungen sehr verwickelter Natur sind. Derartige photographische Aufnahmen, bei denen der Wagen, der den photographischen Apparat trug, der Reihe nach mit verschiedenen Geschwindigkeiten mit der Wasserströmung mitbewegt wurde, sind dazu verwendet worden, eine Statistik der Geschwindigkeitsverteilung zu machen, durch die man nicht nur die mittlere Geschwindigkeit, sondern auch die größere Schwankung ermitteln kann.

Eine Behandlung der Strömungen vom dynamischen Standpunkt aus ist in irgendeiner exakten Form bisher nicht möglich, doch lassen sich gewisse Aussagen über die zeitlichen Mittelwerte der Kräfte machen. Hierzu wird zweckmäßig der Impulssatz herangezogen. Die Zähigkeit kann dabei gegenüber den Trägheitswirkungen vernachlässigt werden. Für eine Fläche, deren Normale in Richtung der X-Achse weist, ergeben sich (unter Beschränkung auf den zweidimensionalen Fall) die folgenden Komponenten:

a) in der X-Achse: $\iint \varrho\, u^2\, dF$,

b) in der Y-Achse: $\iint \varrho\, u\, v\, dF$.

Zerlegt man die Geschwindigkeiten wieder in den zeitlichen Mittelwert und in die Schwankung:

$$u = \bar{u} + u',$$

$$v = \bar{v} + v',$$

wobei $\overline{u'} = 0$, $\overline{v'} = 0$ und

$$\overline{u^2} = \bar{u}^2 + \overline{u'^2}$$

$$\overline{u\,v} = \bar{u}\,\bar{v} + \overline{u'v'}$$

ist, so erkennt man, daß zu den Impulsbeiträgen der mittleren Strömung durch die Schwankung noch für die Flächeneinheit eine Normalspannung:

$$\varrho\,\overline{u'^2} = \tau_{xx}$$

und eine Tangentialspannung (Reibung):

$$\varrho\,\overline{u'v'} = \tau_{xy}$$

hinzukommt.

Die Normalspannungen können meist einfach zu dem Flüssigkeitsdruck addiert werden; neu sind aber die Tangentialspannungen, die eine scheinbare Reibung darstellen. Für eine Flächeneinheit mit Normale parallel der Y-Achse kommen entsprechende Spannungen

$$\tau_{xy}, \quad \tau_{yy}$$

hinzu.

Es besteht nun die Aufgabe, die Schwankungen u' v' in der mittleren Strömung $\bar{u}$ auszudrücken, wozu folgende Vorstellung dient: Ein Flüssigkeitsteilchen möge eine Strecke l quer zur Strömung zurücklegen, bevor es sich wieder mit seiner Umgebung vermischt. Daraus ergeben sich in erster Näherung Mittelwerte für die Schwankung u', die $= l\dfrac{d\bar{u}}{dy}$ gesetzt werden können. Da die Geschwindigkeit v' als Resultat von Zusammenstößen verschieden schneller Flüssigkeitsballen angesehen werden kann, wird es von derselben Größenordnung wie u' sein. Dabei besteht zwischen u' und v' eine Korrelation, indem bei positivem $d\bar{u}/dy$ von oben kommende Ballen größere, von unten kommende kleinere Geschwindigkeiten als der Mittelwert haben. Man kann daher schreiben:

$$\tau_{xy} = \varrho\, l^2 \left(\frac{du}{dy}\right)^2,$$

was einen Widerstand proportional dem Quadrat der Geschwindigkeit darstellt. Wir wissen noch nichts über den „Mischungsweg“ l, über den sich theoretisch einstweilen nichts aussagen läßt. Man kann jedoch die verschiedenen Arten von turbulenten Strömungen experimentell untersuchen durch Feststellung der Geschwindigkeits- und Druckverteilung. Durch Anwendung des Impulssatzes läßt sich hieraus die scheinbare Reibung τ_{xy} ermitteln und daraus l berechnen. Es haben sich dabei verhältnismäßig einfache Gesetzmäßigkeiten ergeben. In manchen Fällen läßt sich auch durch Dimensionsbetrachtung eine geeignete Annahme gewinnen.

Beispiel: Strömung längs einer Wand. Die Bewegungsmöglichkeit ist für die Teilchen, die nahe der Wand liegen, erheblich eingeschränkt, und es ist daher anzunehmen, daß der Mischungsweg mit Annäherung an die Wand gegen Null geht. Der Ansatz l proportional y führt nicht zum Ziel, da dies

$$\bar{u} \text{ prop. } \log y$$

liefern würde, was $\bar{u} = -\infty$ für $y = 0$ ergeben würde.

Der allgemeinste dimensionsrichtige Ansatz für diesen Fall wird erhalten, indem man zunächst durch

$$\tau_{xy} = \varrho\, v_*^2$$

eine Geschwindigkeit v_* als Rechnungsgröße einführt und damit eine REYNOLDSsche Zahl

$$R_* = \frac{v_* y}{\nu}\cdot$$

bildet. Damit kann der Mischungsweg in allgemeinster Form:

$$l = y\, \varphi(R_*)$$

geschrieben werden. Gemäß unserem Ansatz für die scheinbare Reibung ist:

$$v_* = l \frac{d\bar{u}}{dy}$$

woraus sich ergibt:

$$\frac{du}{dy} = \frac{v_*}{l} = \frac{v_*}{y\,\varphi(R_*)}$$

oder

$$u = \int^{y} \frac{v_*\, dy}{y\,\varphi\left(\frac{v_* y}{\nu}\right)}.$$

Die untere Grenze des Intregals ist für glatte Wand $= 0$ zu setzen, für rauhe Wand $=$ einer von der Rauhigkeit abhängigen Grenze y_0.

Zur Durchführung der Rechnung werde versuchsweise

$$\varphi(R_*) = A\, R_*^{-n}$$

gesetzt.

Die Integration ergibt:

$$u = \frac{v_*^{1+n}}{n\, A\, \nu^n}\, y^n,$$

also ein Potenzgesetz:

$$u = a\, y^n.$$

Die Beziehung zu dem experimentell beobachteten Widerstandsgesetz läßt sich in folgender Weise herstellen. Angenommen, daß das vorstehende Gesetz bis zur Mitte des Rohres gilt ($y = r$), ergibt sich dort:

$$u_1 = \frac{v_*^{1+n}}{n\, A\, \nu^n}\, r^n. \tag{1}$$

Bekanntlich ist für einen Rohrabschnitt von der Länge dx

$$-\pi r^2\, dp = \tau \cdot 2\pi r\, dx,$$

woraus sich ergibt:

$$-\frac{dp}{dx} = \frac{2\tau}{r} = \frac{2\varrho\, v_*^2}{r}.$$

v_*^2 kann dabei aus Gl. (1) ausgerechnet werden:

$$v_*^2 = \left(\frac{u_1\, n\, A\, \nu^n}{r^n}\right)^{\frac{2}{1+n}}.$$

Damit ergibt sich:

$$-\frac{dp}{dx} = \frac{2\varrho}{r}\left(\frac{u_1\, n\, A\, \nu^n}{r^n}\right)^{\frac{2}{1+n}}. \tag{2}$$

Nach der Formel von Blasius, die in einem weiten Bereich von Reynoldsschen Zahlen (2000 bis 10 000) gut stimmt, ist:

$$-\frac{dp}{dx}\ \text{prop.}\ u_m^{7/4},$$

so daß sich, wenn die mittlere Geschwindigkeit u_m der maximalen Geschwindigkeit u_1 proportional gesetzt wird, ergibt:

$$\frac{2}{1+n} = \frac{7}{4}$$

oder

$$n = \frac{8}{7} - 1 = \frac{1}{7}.$$

Man erhält somit Proportionalität der Geschwindigkeit mit der siebenten Wurzel aus dem Wandabstand. Auftragung der siebenten Potenz der experimentell gemessenen Geschwindigkeit zum Wandabstand als Abszisse ergibt in der Tat sehr genau ein lineares Gesetz.

Versuche mit rauhen Wänden, bei denen diejenigen Geschwindigkeitsverteilungen zusammen aufgetragen werden, die einem gleich großen Druckabfall entsprechen, zeigen nahezu kongruente und nur der Höhe nach verschobene Geschwindigkeitskurven, was durchaus der Berücksichtigung der Rauhigkeit durch die Größe y_0 in unserer Formel entspricht.

Ein weiteres Gebiet, auf dem durch theoretische Ansätze gute Resultate erzielt wurden, sind die turbulenten Vermischungsvorgänge an allseitig ausgedehnter Flüssigkeit, wie z. B. die Ausbreitung von Flüssigkeitsstrahlen und die Vorgänge im Nachlauf hinter bewegten Körpern. Hier ergab sich durch einen Ansatz, bei dem der Mischungsweg unabhängig von y, aber abhängig von x angenommen wird:

$$l = a\, x^n$$

sehr gute Übereinstimmung mit den Beobachtungen. Man kann hierbei

$$\bar{u} = x^m f\left(\frac{y}{x^n}\right)$$

setzen, und durch Einführung in die hydrodynamische Differentialgleichung und durch Berücksichtigung der Grenze ergibt sich dabei eine einmalige Aussage über die Exponenten m und n. Der Druck wird dabei in erster Näherung als konstant angenommen. Folgende Aufgaben sind bisher behandelt:

1. Für eine Strömung gemäß Abb. 7 ergibt sich:

$$n = 1\,,$$

$$m = 0\,.$$

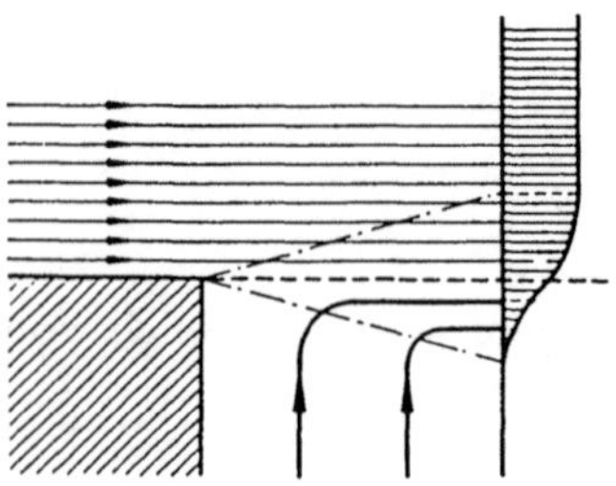

Abb. 7

Die gerechneten Geschwindigkeitsverteilungen wurden durch Messungen am großen Göttinger Windkanal gut bestätigt.

2. Für dünne Strahlen ergibt sich bei rotationssymmetrischer Ausbreitung:

$$n = 1\,,$$

$$m = -1\,,$$

für zweidimensionale Ausbreitung:

$$n = 1\,,$$

$$m = -\frac{1}{2}\,.$$

3. Bei der Nachlaufströmung hinter einem Rotationskörper ist:

$$n = \frac{1}{3},$$

$$m = -\frac{2}{3},$$

bei zweidimensionaler Nachlaufströmung:

$$n = \frac{1}{2},$$

$$m = -\frac{1}{2}.$$

Durch Studium der zweiten Näherung lassen sich die kleinen Druckdifferenzen, die in Wirklichkeit bestehen, ausrechnen. Für den Strahl des Windkanals ist dabei ein Überdruck von etwa $\frac{1}{300}$ des Staudruckes berechnet worden.

(Literatur: PRANDTL: Verhandlungen des zweiten internationalen Kongresses für technische Mechanik, Zürich 1926. — TOLLMIEN: Z. angew. Math. Mech. 1927, S. 1.)

World Engineering Congress Tokyo 1929, Abh. 504 (1931) S. 405—417
Proceedings of the World Engineering Congress Tokyo Bd. V (1931) S. 495—507

On the Rôle of Turbulence in Technical Hydrodynamics[1]

I gladly accept the invitation of the Committee of the World's Engineering Congress in Tokyo to contribute a paper to the Transactions, and I am deeply conscious of the honour conveyed in this invitation.

As subject I have chosen that which particularly occupies me at the present time—the investigation of the laws of turbulent flow. In view of the present circumstances the reader will pardon me for reporting upon matters which are far from completely explored.

I.

It is generally known that, in most cases of technical importance, the motion of water or air is turbulent (eddying). A necessary condition for the development of turbulence is that the viscosity of the fluid should be sufficiently small, together with the condition of no slip at solid boundaries. The initiation of turbulent conditions always seems to depend first of all upon a dynamically unstable situation being created through accidental disturbances in the uniformity of the inflow. In consequence of this instability, the formerly smooth flow first becomes oscillating and then immediately afterwards eddying. If the viscosity is too large, however, then this serves to make the smooth flow stable. The inflow is usually irregular enough to be regarded as a sufficient cause of instability. A calculation carried out at my suggestion by Dr. TOLLMIEN [*12*][2], and only just completed, deals with the laminar flow along a plane smooth wall, in which through the condition of no slip at the wall and the influence of the viscosity, a more or less thin layer of retarded fluid is formed. He has shown that this flow is slightly unstable with respect to certain small disturbances, if the REYNOLDS number exceeds a certain value[3]. The wavelength of the disturbances calculated as instable is very great, six to ten times the thickness of the frictional layer, and thus these disturbances have in no manner a character of the turbulent flow; but in certain parts of these waves backflow occurs and this gives strongly instable situations

[1] Translated from German by S. GOLDSTEIN.

[2] A list of references is given in an appendix at the end of the paper (hier S. 811).

[3] If the thickness of the frictional layer is taken as the length in the REYNOLDS number, this value is about 1300, in good agreement with experiments of VAN DER HEGGE ZIJNEN [*17*]. The measured REYNOLDS number must always lie above the theoretical limit, because the disturbances must have time to grow to considerable values. The experimental criterion is about 3000 with small initial disturbances and about 1600 with very large disturbances.

which lead in a very short time to turbulence. This kind of process is also stated in our experimental research over the development of turbulence. First only slight long waves are to be seen and then suddenly a set of small vortices appear.

The mechanism of the fully developed turbulent flow (ausgebildete Turbulenz) is not yet sufficiently understood, and is indeed so complicated that it is difficult to grasp. On the other hand one fact is clear, and was closely investigated by the father of all research on turbulence, OSBORNE REYNOLDS [*1*; *2*]:—the mixing, which is part of the turbulent motion produces something very similar to viscosity. Turbulent fluid behaves like a fluid of greatly increased viscosity, with the difference, however, that the increase of the viscosity varies considerably from place to place. We can obtain a good notion of the conditions by considering the interchange of momentum across a hypothetical surface. If we limit ourselves to two-dimensional motion, we can split up each velocity component at any point into two parts—the time-average value at the point and the (oscillating) departure from this average value. We can therefore write

$$u = \bar{u} + u'; \qquad v = \bar{v} + v',$$

where the bar denotes that a time-average value is to be taken. The rate at which momentum crosses any surface is then equal to that corresponding to the average value of the velocity together with that due to the oscillations about this average value. The contribution of the oscillations gives, in accordance with considerations due to REYNOLDS, a system of "apparent stresses", of which the three components to be considered here are:

$$\tau_{xx} = -\varrho\, \overline{u'^2}; \quad \tau_{xy} = -\varrho\, \overline{u'\, v'}; \quad \tau_{yy} = -\varrho\, \overline{v'^2}. \tag{1}$$

where ϱ is the density of the fluid. To proceed further along these lines, we must evaluate the mean values of u' and v' [*5* to *7*]. We start from the supposition that, in a motion essentially in the direction of the axis of x, portions of fluid leave the layer to which they belong and, after traversing a distance l in the direction of the y-axis perpendicular to the stream, reach a place where the velocity differs approximately by $l\frac{d\bar{u}}{dy}$ from that at the layer whence they came. We therefore put the mean value of $u' = l\frac{d\bar{u}}{dy}$. Other portions of fluid move in the same way in the opposite direction, so that fluid masses with opposite values of u' meet, which gives rise to velocities v' of the same order of magnitude as the u'. Hence we find that the apparent stresses are of the order of magnitude $\varrho\, l^2\left(\frac{d\bar{u}}{dy}\right)^2$. τ_{xx} and τ_{yy} unite with the fluid pressure p, and therefore, to a first approximation, give rise to no great change in the behaviour of the fluid. τ_{xy}, on the other hand, is a frictional force, and greatly influences the nature of phenomena in turbulent as compared with nonturbulent motion. Since this frictional force especially concerns us, let us wiite

$$\tau_{xy} = \varrho\, l^2 \left(\frac{d\bar{u}}{dy}\right)^2 \tag{2}$$

leaving aside a numerical factor which should come in here. This means that we so define the quantity l, which has not yet been accurately defined, so that equation (2) is correct. The length l thereby becomes characteristic for turbulent fluid friction. We shall call it the mixing length (Mischungsweg). If l is independent of the velocity, then formula (2) gives resistance proportional to the square of the velocity—that is resistances of the kind which usually appear in practice.

No theory giving the value of l has yet been found, so that we are forced to find it from experiments involving the observation of the distribution of velocity and pressure. A number of rules have already been etablished, through whose application we are in a position to investigate various motions theoretically, taking the above law of friction as foundation.

1. For the mixing of a fluid jet with the surrounding medium and for the gradual spreading out of the wake behind a body in motion, it has been shown that the mixing length at any cross-section may be taken as constant, and proportional to the breadth of the turbulently disturbed region at that cross-section. Calculations by TOLLMIEN and others [*11*] from the hydrodynamical equations with a frictional term according to (2) have led to velocity distribution curves agreeing well with experimental results. The numerical factor connecting the mixing lenth with the breadth of the turbulently disturbed region depends somewhat on the REYNOLDS number (in such a way that l increases with decreasing REYNOLDS number). For average conditions we can put $l = 0.15b$, where $2b$ is the breadth of a parabolic arc by means of which we approximate to the real distribution of velocity.

2. In the neighbourhood of a wall l is nearly proportional to the distance from the wall. Owing to the influence of viscosity however, when we approach to the wall, l becomes larger than it would be according to this linear relation. Investigation of the relation between the mixing length and the distance from the wall, which is closely connected with the law of frictional resistance of fluids in smooth pipes, is at the moment in progress. An application of dimensional analysis leads to the following conclusions.

The quantity

$$\sqrt{\frac{\tau_{xy}}{\varrho}} = l\,\frac{d\bar{u}}{dy} = v^* \tag{3}$$

has the dimensions of a velocity. [According to (2) it is substantially the mean velocity of disturbance.] From this velocity and the distance y from the wall a REYNOLDS number $R^* = \frac{v^* y}{\nu}$, can be formed, where ν is the kinematic viscosity, equal to μ/ϱ. As regards dimensions the assumption of the following form for l in the neighbourhood of the wall is then correct:

$$l = y\,\varphi\left(\frac{v^* y}{\nu}\right), \tag{4}$$

where φ is a function to be experimentally determined. For a given distribution of the stress τ_{xy}, through which the distribution of v^* is determined from (3), the distribution of velocity for unaccelerated flow can be determined. According to (3) and (4)

$$\frac{d\bar{u}}{dy} = \frac{v^*}{l} = \frac{v^*}{y\,\varphi\left(\frac{v^* y}{\nu}\right)}$$

and therefore

$$\bar{u} = \int_{y_0}^{y} \frac{v^* dy}{y\,\varphi\left(\frac{v^* y}{\nu}\right)}. \tag{5}$$

This formula clearly connects the velocity distribution with the law of resistance, which is obtained indirectly from it by calculating the velocity distribution curves for several values of τ_{xy} or v^*. It is clearly possible so to adjust the values of the function φ for small values of the argument, that the lower limit of the integral, here denoted by y_0, may be put equal to zero for smooth pipes. For rough channels, recent measurements by FRITSCH [*16*] have shown that for equal stress at the wall the velocities in rough channels are smaller than in smooth ones, but that the velocity distribution curves in rough and smooth channels have practically the same shape, and that only the amount of the velocity increase in the immediate neighbourhood of the wall is different. This can also be expressed by saying that in rough and smooth pipes the "mixing distances" are very nearly the same. If the small difference is neglected for the sake of simplicity, then the influence of the roughness of the wall may be expressed by the choice of a suitable value of y_0, where y_0 represents a length comparable with the roughness[1].

Concerning the nature of the function $\varphi(R^*)$, so far as it is known up to the present, the following may be mentioned. First of all we may formally take account of the fact that in the immediate neighbourhood

[1] I may note here, that for a given roughness, y_0 will not be constant for all conditions. From dimensional analysis one can only deduce, that y_0/k is a function of $v^* k/\nu$, k being a linear measure of the roughness. The type of function depends on the special form of the bumps.

of the wall the velocity increases linearly with the distance, and $du/dy = \tau_{xy}/\varrho\,\nu$, by putting for sufficiently small values of R^*, $l = \nu/v^*$, and therefore $\varphi = 1/R^*$. Then in the turbulent region from $R^* = 20$ till about $R^* = 1000$, φ is approximately $0.72/R^{*\,1/7}$. For quite large REYNOLDS numbers we must assume that the influence of the viscosity gradually disappears, so that $\varphi(R^*)$ gradually approaches a constant value. Measurements of resistance and velocity distribution in smooth pipes at great REYNOLDS numbers point to the correctness of this assumption; for, while up to REYNOLDS numbers, $u\,d/\nu$, of about 100,000, the resistance coefficient is inversely proportional to $\sqrt{u\,d/\nu}$ and the velocity near the wall proportional to $\sqrt[7]{y}$ [3] (both in agreement with the proportionality of φ and $R^{*\,-1/7}$), at greater REYNOLDS numbers the decrease of the resistance coefficient is slower and the eight or ninth root enters in the velocity distribution in place of the seventh root. Experiments have not yet, unfortunately, reached the region in which the constancy of φ might become clear; nevertheless it is to be hoped that sufficiently great REYNOLDS numbers will be experimentally reached in the near future. For constant φ and constant v^* we should have a velocity proportional to $v^*(\log R^* + C)$, and a resistance coefficient approximately proportional to $1/(\log R_1^* + b)^2$, where R_1^* is $v^*\,r/\nu$ with r = radius of the pipe and C is a constant.

II.

In the applications so far discussed we have been considering straight or approximately straight flow of a homogeneous fluid. When the fluid is heterogeneous, as, for example, in the case of a layer of fresh water over salt water, or warm air over cold air, then another question enters—what change does such a stable stratification make in the occurrence of turbulence and in the size of the stresses in turbulent motion? Mixing obviously causes specifically heavier fluid to be raised and specifically lighter fluid to be lowered. Work is necessary for both, and the question must be answered as to whence this work is derived. The answer is that this work must be accomplished by the apparent turbulent stresses. In the case of a simple horizontal flow, the work per unit time per unit volume is clearly $\tau_{xy}\dfrac{d\bar{u}}{dy}$. According to equation (1), τ_{xy} can be taken as proportional to the average value of the magnitude of v', and the rate of doing work in raising the heavier and lowering the lighter fluid is also proportional to v'. The consequences then simply depend on which of the two rates of doing work is the greater. If the work done by stresses is greater, then energy is left over for the turbulent motion; but if the work used up by the raising and lowering of the various portions of fluid is the greater, then the turbulent motion, supposed initially present, must die down and the flow become laminar again—in which case also the apparent stresses disappear. We have then a condition well-known from observation for the motion both of fresh water on salt water, and of warm air on cold air. The velocity v', which cannot be determined here in the same way as before, does not, according to the above, appear in our answer. The work done per unit time for a cube of side l is

$$l^3 \tau \frac{d\bar{u}}{dy} = l^3 \varrho\, l \frac{d\bar{u}}{dy} v' \frac{d\bar{u}}{dy} = l^4 \varrho\, v' \left(\frac{d\bar{u}}{dy}\right)^2.$$

The volume raised per unit time is $l^2 v'$, the force per unit volume is $g\, l \frac{d\varrho}{dy}$, the path is l; hence the work done on the cube is $l^4 v' g \frac{d\varrho}{dy}$ (g is the acceleration due to gravity). Thus the criterion for the occurrence of turbulence is

$$\varrho \left(\frac{d\bar{u}}{dy}\right)^2 > g \frac{d\varrho}{dy}. \tag{6}$$

It must however be remarked that the various methods of taking averages used may possibly necessitate the introduction of a numerical factor in the criterion. From (6) it follows that values of $d\bar{u}/dy$ can be reached in laminar flow up to the value obtained by equating the two expressions. Concerning the apparent stresses all that we can say at first is that the form of equation (2) can be used here also, but that the equation must be modified by the introduction of a factor which is a function of the non-dimensional magnitude

$$\frac{g \frac{d\varrho}{dg}}{\varrho \left(\frac{d\bar{u}}{dy}\right)^2} = \theta:$$

$$\tau = \varrho\, l^2 \left(\frac{d\bar{u}}{dy}\right)^2 f(\theta). \tag{7}$$

We have here taken

$$u' = l \frac{d\bar{u}}{dy}$$

as before, and $v' = u' f(\theta)$, but concerning $f(\theta)$ we know only that, according to (6), $f(\theta)$ must vanish when θ is 1. Considerations of energy concerning the magnitude of v' suggest as plausible the formula

$$f(\theta) = \sqrt{1 - \theta}. \tag{8}$$

(According to what we have said above a different number may enter in place of 1). Further than this however, we must leave the decision to experiment. Several experiments have already been prepared in Göttingen[1]. It is also probable that, for an unstable arrangement, such as the flow of air over a hot surface, equations (7) and (8) with

[1] The above criterion has already been suggested by RICHARDSON [13].

a negative θ will still be useful. An experimental test of this is also in preparation.

A state of affairs similar to that in the flow of a stratified fluid is present in the curved flow of a homogeneous fluid. For the special case of motion in concentric circles, it is known that the motion is stable if the moment of momentum per unit mass increases outwards, and unstable if it decreases. This can be seen by following the motion of a fluid element which, in the absence of friction, and under the action only of the increase of pressure outwards caused by the centrifugal force of the general motion, moves outwards from the centre, or conversely. In the case mentioned above as stable, the centrifugal force on this fluid element is, if it moves outwards, smaller (if it moves inwards, bigger) than that on the element which was, from the beginning, at the place which it reaches. (The motion of the element takes place in accordance with the principle of conservation of angular momentum.) Consequently the element, if it does not mix, returns to its original position. In the unstable case exactly the opposite occurs, and when once a particle starts to move inwards or outwards it continues its way until to the boundary of the fluid. Instability of motions of this last kind under the influence of an appreciable viscosity has been studied by G. I. TAYLOR in a celebrated paper [9]. It makes its appearance at very small REYNOLDS numbers. In the stable case we can apply the same considerations as for the stratified heterogeneous fluid. In place of the force per unit volume, $g\,l\frac{d\varrho}{dy}$ caused by a displacement perpendicular to the flow, we have the difference of the centrifugal force on a fluid element with a circumferential velocity changed by an amount u', from the centrifugal force on the undisturbed element at the same distance from the centre. By considering only the term linear in u' we thus obtain the expression $2\frac{\varrho\,u\,u'}{r}$. The velocity disturbance u' must, however, be calculated here also by an application of the principle of conservation of angular momentum. Since in a radial displacement of length l, the velocity of the element itself changes by approximately $-l\,\bar{u}/r$, the total difference between its velocity and that prevailing in its new surroundings will be

$$u' = l\left(\frac{d\bar{u}}{dr} + \frac{\bar{u}}{r}\right).$$

The form of the criterion for the occurrence of turbulence is here not quite the same as before. The work done by the stress per unit time per unit volume is now $\tau\left(\frac{d\bar{u}}{dr} - \frac{\bar{u}}{r}\right)$, so that the criterion (after cancelling

$\varrho\, l^4\, v'$) may be written

$$\left(\frac{d\bar{u}}{dr} + \frac{\bar{u}}{r}\right)\left(\frac{d\bar{u}}{dr} - \frac{\bar{u}}{r}\right) > \frac{\bar{u}}{r}\left(\frac{d\bar{u}}{dr} + \frac{\bar{u}}{r}\right). \tag{9}$$

For positive $\bar{u}$ this givesturbulence when $d\bar{u}/dr < -\bar{u}/r$ (the state of affairs studied by TAYLOR), or when $d\bar{u}/dr > 2\bar{u}/r$.

The ratio of the left-hand side of the inequality (9) to the right-hand side is

$$\theta_1 = \frac{\bar{u}/r}{d\bar{u}/dr - \bar{u}/r}, \tag{10}$$

and, corresponding to equation (7), we may write

$$\tau = \varrho\, l^2 \left(\frac{d\bar{u}}{dr} + \frac{\bar{u}}{r}\right)^2 f(\theta_1), \tag{11}$$

where for $f(\theta_1)$ forms similar to those in equation (8) may be assumed.

The results here obtained (which may possibly have to be somewhat modified) may be displayed as follows. Let the ratio of the velocity at an outer stream line ($r = r_1$) to that at an inner stream line ($r = r_2$) be $\bar{u}_1/\bar{u}_2 = (r_1/r_2)^n$. Then, sufficiently large REYNOLDS numbers being assumed, we have

for	$n < -1$	Instability, TAYLOR vortices
for	$n = -1$	Neutral equilibrium, potential flow
for	$-1 < n < +2$	Stability, laminar flow
for	$n = +1$	Stability, solid rotation
for	$n > +2$	Stability, turbulent flow.

Striking differences in the magnitude of the friction are to be expected according to whether the criterion gives laminar or turbulent flow. A series of experiments, already begun, on the flow between two concentric cylinders rotating with different velocities will be able to give information on the phenomena actually occurring.

Such curved flows are frequent in applications to hydraulic machines. It may be mentioned that it is also possible that the peculiarities of curved flow play a part in the flow of air along a cambered aeroplane wing or a turbine blade.

III.

A branch of our subject which is technically of the utmost importance is the flow in the frictional layer at the surface of an immersed body. This branch includes, among other matters, the question of the frictional resistance of ships, airships, aeroplane wings, turbine blades and such like. Here too we are usually concerned with turbulent flow. For the simplest problem, that of the resistance of a flat plate in a flow parallel to its plane, it has been possible to carry over the laws of motion in pipes to the motion in the frictionally retarded layer along the plate.

The calculation was carried out about the same time by Prof. v. KÁRMÁN and myself [*3*, *4*, *18*] and has shown a very good agreement with experimental results.

In the cases we have considered so far, turbulence has caused an increase in resistance, and therefore must be considered by the engineer as an undesirable phenomenon. There are, however, very important cases in which turbulence helps the engineer to attain his purpose. In all cases in which the problem is that of retarding a fast motion of a fluid without too large losses—where a pressure increase is to be obtained as a result of the retardation—then a solution is possible only because of turbulence. Such problems occur, for example, in the flow in diffusors and turbine suction pipes, and in the flow at the back of airship bodies and on the suction side of aeroplane wings and propeller blades. For non-turbulent flow past the surfaces of such bodies, we know that as the body is approached, the velocity decreases continuously to zero; and even if this decrease is often completed in a very narrow layer, the so-called boundary layer, nevertheless the fact remains that, in the neighbourhood of the wall, there are fluid masses substantially without kinetic energy. If there is any considerable pressure increase in the direction of flow, these retarded fluid elements will follow the direction of the pressure fall, and begin to move in the opposite direction to the rest of the stream. Since, however, their path in this direction is closed at the place where the velocity is a maximum and the pressure a minimum, this return flow leads to the collecting of almost stationary fluid in the space in which the velocity decrease should properly take place. Hence the oncoming stream leaves the walls of the body and is no longer retarded as desired. In other words we arrive at the formation of a fluid jet which no longer follows the walls, and the planned pressure increase does not occur. If, on the other hand, the motion in the frictional layer is turbulent, then single portions of the return stream at the wall are continually mingling in the main motion, and are driven forwards again. Hence the retardation of the flow can occur without too great a disturbance. Of course, if the increase of breadth of the canal or the inclination of the aerofoil is too big, then, in spite of the turbulence, the stream will be able to leave the wall and the planned result will no longer be obtained. In any case, however, it is established that the usual fluid motions of technical importance past ships, airships, aerofoils and so on, for which it is absolutely necessary, in order to obtain a small resistance, that the flow should close up well behind, would not be possible without the help of turbulence. All such bodies would give great drag and small lift, and would often be unusable for their technical purpose, if there were no turbulence. It is then a very important problem to determine the conditions under which the motion in a turbulent frictional layer at the surface of a body is everywhere in the forward direction; for here also the appearance of a return flow is the criterion for the breaking away of the stream from the wall. In preparation for the consideration of this problem we have so far investigated the flow in the convergent and divergent channels (researches by DÖNCH and NIKURADSE [*14* and *15*]). The following ratio may be considered as characteristic in considering the influence of the pressure increase on the behaviour of the flow in the frictional layer:—the total increase of pressure in a distance along the wall equal to the thickness of the frictional layer, divided by the dynamical pressure $\frac{1}{2}\varrho\, u_1^2$, of the velocity at the boundary of the frictional layer. If we denote by δ the thickness of the frictional layer measured in any manner previously decided, then we are concerned with the magnitude

$$\tilde{\omega} = \frac{\delta \dfrac{\partial p}{\partial x}}{\dfrac{\varrho\, u_1^2}{2}}. \tag{12}$$

Nevertheless the condition we are looking for will not be obtained simply by taking a certain value of the ratio $\tilde{\omega}$ as the boundary between forward and return flow, for the REYNOLDS number has a certain influence. For smooth walls, and in that range of REYNOLDS numbers in which the velocity in the neighbourhood of a wall is proportional to the seventh root of the distance from the wall, a calculation reproduced in the above-mentioned paper by NIKURADSE shows that the criterion is of the form

$$\tilde{\omega} = \text{number} \cdot \sqrt[4]{\frac{\nu}{u_1 \delta}}. \tag{13}$$

For rough walls a so far uninvestigated function of the ratio y_0/δ will occur, where y_0, as before, is a length characteristic of the roughness. It may also be mentioned that, for laminar flow, a corresponding criterion may be given, viz.

$$\tilde{\omega} = \text{number} \cdot \frac{\nu}{u_1 \delta}. \tag{13a}$$

From the form of (13) and (13a) it can be seen that, for fairly large $u_1\,\delta/\nu$, the pressure increase which can be reached in laminar flow is small compared with that possible in turbulent flow.

The values of both "numbers" naturally depend on how the thickness of the frictional layer is defined. The experimental determination of the value of the number in (13) in a considerable number of cases, and also of the corresponding expression for rough surfaces, is a task for the near future. It is not to be expected, that we shall get quite fixed numbers since the equations (13) and (13a) are only rough estimations. It can, however, at once be seen from the form of equation (12) how very decisive the prevailing thickness of the frictional layer is in deciding the maximum pressure increase the motion can overcome without return flow. The thicker the frictional layer the smaller are the possible values of the pressure increase. From this circumstance it is easy to recognise the unfavourable influence of a rough surface, through which the frictional layer is thickened, and also the favourable influence of sucking away a portion of the frictional layer into the inside of the body, thus decreasing the thickness of the remaining layer. In the first case the maximum pressure increase is lessened; in the second case, on the other hand, greater pressure increase is possible without return flow than in usual fluid motions.

In this connection the behaviour of the flow past spheres forms a very striking example. So long as the frictional layer is laminar (up to REYNOLDS numbers, $v\,d/\nu$, of about 200,000), the resistance coefficient, reckoned with reference to the dynamic pressure, $\frac{1}{2}\varrho\, v^2$, is about 0.43 to 0.48. From $v\,d/\nu$ equal to about 300,000 onwards the frictional layer is turbulent, and, as a consequence, the flow no longer breaks away from the sphere somewhat before the greatest section, but follows the surface as far as a region much further towards the rear. Hence the size of the vortex region, and therefore also the resistance, is very greatly reduced. Resistance coefficients as low as 0.09 have been measured by BACON and REID in America [*19*], WIESELSBERGER in Japan [*20*] and FLACHSBART in Göttingen [*21*]. It appeared however that small disturbances in the flow, such as those, for example, caused by small attachments for fixing the sphere, greatly increase the resistance. Roughness of the surface of the sphere increases the resistance by a very considerable amount, far above that due to the increase of the frictional resistance itself. Both phenomena are easy to understand from what we have already said, since in each case the frictional layer is thickened—in the one case locally, in the other throughout its whole extent. Because of the smaller possible pressure increase the flow breaks away sooner, the vortex region is bigger and the resistance increased.

In order to be able to decide by calculation whether, in a given case, a given pressure increase will be possible or will lead to the flow leaving the wall, it will be necessary to calculate the course of the frictional layer in detail. Approximate methods can be used here similar to those used by v. KÁRMÁN for the laminar boundary layer. The fundamental idea of the KÁRMÁN method is that the change in the momentum of the flow, under the influence of the pressure gradient and the frictional force at the wall, can be followed, on the supposition that only a certain single infinity of specific velocity distributions (containing a single parameter) may be present which otherwise can be changed in magnitude for u_1 and δ. In the same manner it must be possible to construct an approximate method for the frictional layer on the basis of observations on the forms of velocity distribution occuring and the corresponding frictional forces. The foundation must be built by exact analysis of observations of turbulent motion, such as those of NIKURADSE or HANSEN [*15* and *18*], for example. This way has not yet, to my knowledge, been pursued, but I believe it to be completely practicable.

IV.

In a number of cases where the actual flow comes together again fairly well behind the body, the theory of the ideal inviscid fluid has been shown to be extremely useful in studying velocity and pressure distributions actually occurring. The presence of a frictional layer at the surface of the body, however, necessarily causes certain systematic differences between the real flow and that calculated theoretically. Comparison of experimental results with those calculated on the basis of the ideal fluid theory has shown, for example, that the pressure distribution on aerofoils and on airship bodies is very well reproduced. The drag of airship bodies and the profile drag of aerofoils have been shown to be of the order of magnitude of the frictional resistances, so long as the shape of the bodies is favourable. Hence the theoretical result that the resistance in an ideal fluid is exactly zero is, in fact, confirmed in real fluids with as much exactness as could be expected. Even for such a bluff body as a sphere the drag coefficient for a smooth surface becomes, according to the remarks above, as low as 0.09. This means that the flow, to a great extent, comes together again behind the sphere. Moreover the measured pressure distribution on spheres at high REYNOLDS numbers agrees to a fairly considerable extent with the theoretical pressure distribution. Only over a spherical cap at the rear, with an angular radius of about 40°, do large discrepancies appear, due to the failure of the stream to close up completely.

All these results come about, however, according to what has been said under III, only because the thin frictional layer at the surface of the body is turbulent. In turbulent flow, however, the apparent friction of the mixing motion is so great compared with the immediate influence of the viscosity that the viscous stresses in the fluid may practically be left out of consideration (as we have already tacitly assumed in a part of the previous work). It is then perhaps not without interest to ask what the motion becomes if the viscosity of a fluid be continually decreased till it finally reaches zero. The limiting value so approached must, according to considerations of similarity, be the same as that reached for very large dimensions of the body and large velocities. From the experimental point of view we cannot tell what this limiting value will be, since the dimensions of apparatus in which experiments can be carried out lie within fairly narrow boundaries.

If we extrapolate from observations obtained, on the assumption that the character of the motion changes continuously, we are led to the conclusion that in the limit a motion with vanishing viscosity must be turbulent. If the opinion, expressed in the first section, is confirmed, that the mixing length tends to a value independent of ν when the viscosity decreases without limit (the REYNOLDS number $v^* y/\nu$ increases without limit), then this would supply the preliminaries for the calculation of the behaviour of the "ideal turbulent fluid". But then the flow past smooth walls would again degenerate into one in which the frictional force on the wall is zero, and the fluid velocity constant for all finite distances from the wall. The state of affairs will then again be similar to that prescribed by classical hydrodynamics for ideal fluids. This is true, however, only for a wall absolutely smooth, without the slightest roughness, while in technical applications every wall has at least microscopic roughness; so that the correct conception of our problem must start from rough walls. For a wall with finite roughness, we should obtain in the neighbourhood of the wall velocities proportional to the logarithm of the ratio y/y_0, where y_0 is again a length characteristic of the roughness. (By supposing, for a given velocity at a given distance y from the wall, that y_0 decreases to zero, the correctness of what has been said above concerning the flow along smooth walls can be verified[1]). Naturally, a rough wall gives a frictional resistance (really arising from the pressure differences at the front and rear sides of the single projections[2]). It is easily seen that on such a supposition concerning the friction, various problems of turbulent flow, mentioned in the previous section, can be solved; and so information can be obtained concerning motions which can no longer be studied experimentally. I believe that in many practical cases such calculations would give a valuable insight into the state of affairs. The foundation must, of course, first be made more reliable than it is at present.

---

[1] If u is equal to u_1 for y equal to y_1, then we must put

$$u = u_1 \frac{\log(y/y_0)}{\log(y_1/y_0)},$$

so that

$$\frac{du}{dy} = \frac{u_1}{y\log(y_1/y_0)}.$$

This becomes zero when y_0 is zero.

[2] If we take $\varphi = c$, so that $l = cy$, then

$$v^* = l\frac{du}{dy} = \frac{c\,u_1}{\log(y_1/y_0)}.$$

Hence

$$\tau_{xy} = \varrho\, v^{*2} = \frac{\varrho\, c^2 u_1^2}{(\log(y_1/y_0))^2};$$

the resistances are proportional to the square of the velocity and inversely proportional to the square of the logarithm of the relative roughness y_0/y_1.

Appendix: References to the Literature

[1] O. REYNOLDS, On the Dynamical Theory of Incompressible Viscous Fluids and the Determination of the Criterion. Phil. Trans. Roy. Soc. London, Vol. 186 A (1895) p. 123. — Sci. Pap., Vol. I, p. 535.

[2] H. A. LORENTZ, Über die Entstehung turbulenter Flüssigkeitsbewegungen und über den Einfluß dieser Bewegungen bei Strömungen durch Röhren. Zittingsverslag Akad. van Wet, Vol. 6 (1897) p. 28. — Abhandl. über theor. Physik, Vol. I, p. 43—71. Leipzig 1907.

[3] TH. V. KÁRMÁN, Über laminare und turbulente Reibung. Z. angew. Math. Mech. Vol. 1 (1921) p. 233.

[4] L. PRANDTL, Ergebnisse der Aerodynamischen Versuchsanstalt zu Göttingen. I. Lief. (1921) p. 136; III. Lief. (1927) p. 1—5.

[5] L. PRANDTL, Bericht über Untersuchungen zur ausgebildeten Turbulenz. Z. angew. Math. Mech. Vol. 5 (1925) p. 136.

[6] L. PRANDTL, Bericht über neuere Turbulenzforschung, in „Hydraulische Probleme", p. 1. Berlin: VDI-Verlag 1926.

[7] L. PRANDTL, Über die ausgebildete Turbulenz. Proc. of the II. Intern. Congress for Applied Mechanics, p. 62—74. Zürich 1926.

[8] L. PRANDTL, The Generation of Vortices in Fluids of small Viscosity. J. roy. aeron. Soc. London Vol. 31(1927) p. 720—740.

[9] G. I. TAYLOR, Stability of a Viscous Liquid contained between two Rotating Cylinders. Phil. Trans. Roy. Soc. London Vol. 223 A (1923) p. 289.

[10] L. HOPF, Zähe Flüssigkeiten, im Handbuch der Physik, hrsg. von GEIGER und SCHEEL, Vol. VII, p. 91—172.

[11] W. TOLLMIEN, Berechnung turbulenter Ausbreitungsvorgänge. Z. angew. Math. Mech. Vol. 6 (1926) p. 468.

[12] W. TOLLMIEN, Über die Entstehung der Turbulenz. Nachr. Ges. Wiss. Göttingen, Math.-phys. Klasse, 1929.

[13] L. F. RICHARDSON, Turbulence and Vertical Temperature Difference near Trees. Phil. Mag. S. 6, Vol. 49 (1925) p. 81.

[14] F. DÖNCH, Divergente und konvergente turbulente Strömungen mit kleinen Öffnungswinkeln. Dissertation Göttingen 1925. Forschungsarbeiten VDI 1926, H. 282.

[15] J. NIKURADSE, Versuche über Strömungen von Wasser durch divergente und konvergente Kanäle. Forschungsarbeiten VDI 1929, H. 289.

[16] W. FRITSCH, Der Einfluß der Wandrauhigkeit auf die turbulente Geschwindigkeitsverteilung in Rinnen. Dissertation Aachen. Z. angew. Math. Mech. Vol. 8 (1928) p. 199—216.

[17] B. G. VAN DER HEGGE ZIJNEN, Measurements of the velocity distribution in the boundary layer along a plane surface. Thesis Delft 1924; see also J. M. BURGERS, The motion of a fluid in the boundary layer along a plane smooth surface. Proc. of the I. International Congress for Applied Mechanics, p. 113—128. Delft 1924.

[18] M. HANSEN, Die Geschwindigkeitsverteilung in der Grenzschicht an einer eingetauchten Platte. Dissertation Aachen. Z. angew. Math. Mech. Vol. 8 p. 185—199. (1928)

[19] BACON and REID, The Resistance of Spheres in Wind Tunnels and in Air. Report 185 of the National Adv. Comm. for Aeron. 1924.

[20] C. WIESELSBERGER, Über die Verbesserung der Strömung in Windkanälen. 108. Meeting of the Soc. of Japan Mech. Engineers, 1925.

[21] O. FLACHSBART, Neue Untersuchungen über den Luftwiderstand von Kugeln. Phys. Z. Vol. 28 (1927) p. 461—469.

Zeitschrift für angewandte Mathematik und Mechanik Bd. 11 (1931) S. 407—409

Über die Entstehung der Turbulenz

Mein heutiger Bericht knüpft an die Ausführungen an, die ich auf dem Physikertag in Jena 1921 vorgetragen habe[1]. In dem damals entwickelten Programm sind wir in der Zwischenzeit um einige Schritte weitergekommen. Zu einem Abschluß der Untersuchungen wird es aber noch ein gutes Stück Weges weiter sein. Was ich heute vorbringen will, mag als ein bescheidener Zwischenbericht gewertet werden.

Zunächst wird es nötig sein, den Stand zur Zeit meines ersten Berichtes kurz zu kennzeichnen. Ich beschränke mich auf den Fall der Strömung längs *einer* Wand und bemerke dazu, daß auch beim Rohr der Turbulenzbeginn regelmäßig in der Anlaufstrecke liegt, wo in der Rohrmitte noch nahezu konstante Geschwindigkeit herrscht und wo die Vorgänge in der Reibungsschicht längs der Wand von den gegenüberliegenden Wandstellen noch wenig beeinflußt sind. Bei der Untersuchung ist also von einer Geschwindigkeitsverteilung gemäß Profil *a* von Abb. 1 ausgegangen. Mit Rücksicht auf rechnerische Erleichterung wurden damals aber nach dem Vorgang von LORD RAYLEIGH[2] polygonale Geschwindigkeitsverteilungen entsprechend Abb. 1*b*, *c* und *d* zugrunde gelegt und die kleinen Schwingungen solcher Systeme untersucht. Eine erste Näherung, die die Flüssigkeit als reibungslos annimmt, zeigte dabei, daß die Profile *b* und *c* stabil sind, Profile mit einspringendem Winkel wie *d* aber instabil. Man schloß daraus, daß auch überall konvex gekrümmte Profile stabil sind, solche mit Wendepunkt entsprechend Abb. 1*e* aber instabil. Eine angenäherte Berücksichtigung der Reibung (Vorgänge in einer Grenzschicht an der Wand) ergab in den reibungslos stabilen Fällen immer Anfachung gewisser verhältnismäßig langer Wellen[3]. Es ergab sich also ein Anlaß zum Turbulentwerden, aber keine kritische Geschwindigkeit. Die Größenordnung des Anwachsens der Störung war in den beiden betrachteten Fällen sehr verschieden. Die relative Zunahme der Störungsamplitude

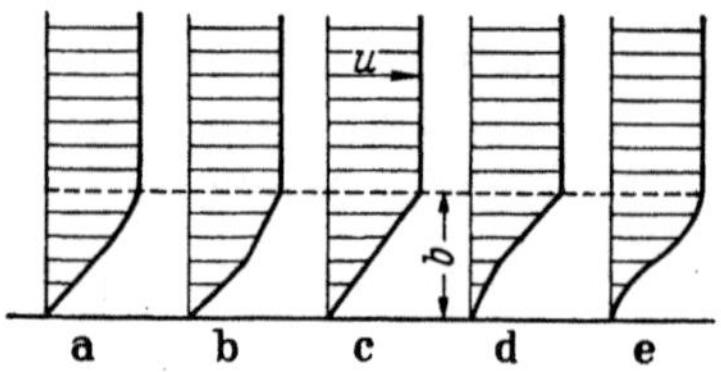

Abb. 1

[1] L. PRANDTL, Bemerkungen über die Entstehung der Turbulenz. Phys. Z. Bd. 23 (1922) S. 19.

[2] LORD RAYLEIGH, On the stability or instability of certain fluid motions II. Proc. Lond. Math. Soc. Bd. 19 (1877) S. 67; Sci. Pap. III, S. 17.

[3] O. TIETJENS, Beiträge zur Entstehung der Turbulenz. Z. angew. Math. Mech. Bd. 5 (1925) S. 200.

pro Einheit des Weges entlang der Wand $\frac{1}{A}\frac{dA}{dx}$ war bei den Profilen mit Wendepunkt von der Größenordnung $1/b$, bei den konvexen Profilen aber von der Größenordnung $1/b\sqrt{\nu/u\,b}$, also rd. 30- bis 50mal kleiner in der Gegend der beobachteten kritischen REYNOLDSschen Zahlen.

Daß keine kritische Geschwindigkeit gefunden wurde, ist mit Recht der Ersetzung des gekrümmten Profils durch das polygonale zur Last gelegt worden. Es hieß also gekrümmte Profile zu studieren! Daß bei diesen besondere Schwierigkeiten an der Stelle auftreten, wo die Phasengeschwindigkeit der Wellenbewegung gleich der Strömungsgeschwindigkeit ist, hat schon LORD RAYLEIGH festgestellt[1]. Einen ersten Anlauf in dieser Richtung hat Herr HEISENBERG in seiner Münchener Disser-

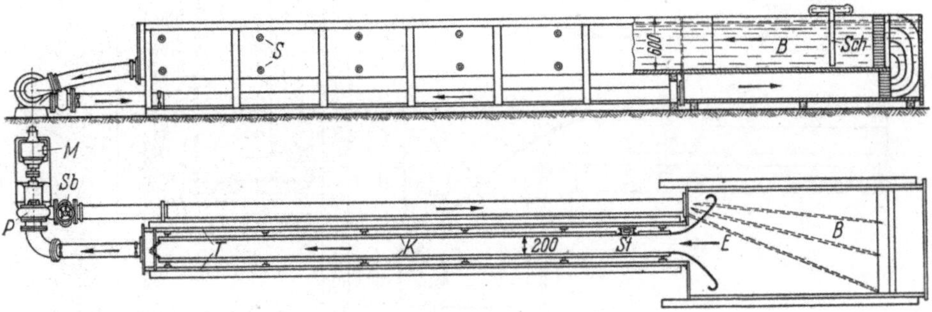

Abb. 2

tation[2] unternommen, doch sind seine numerischen Rechnungen nicht weit genug durchgeführt worden. Die erste m. E. einwandfreie Rechnung ist von W. TOLLMIEN durchgeführt worden[3]. Diese Rechnung, die allerdings nur eine erste Näherung für kleine Zähigkeit darstellt, ergab eine klare kritische Geschwindigkeit, deren Wert nicht schlecht zu den Versuchen stimmt. TOLLMIEN rechnete allerdings nur die Stabilitätsgrenze, nicht aber die Größe der Anfachung im instabilen Gebiet. Da jedoch für lange Wellen die TIETJENSschen Resultate bestätigt wurden, ist auch dieselbe Größenordnung für die Anfachung zu erwarten, vermutlich allerdings mit etwas kleineren Zahlenwerten. Herr TOLLMIEN hat inzwischen laut brieflicher Mitteilung die reibungslose Instabilität von Profilen mit Wendepunkt nachweisen können und auch

---

[1] LORD RAYLEIGH, On the stability or instability of certain fluid motions III. Proc. Lond. Math. Soc. Bd. 27 (1895) S. 5; Sci. Pap. IV, S. 203.

[2] W. HEISENBERG, Über Stabilität und Turbulenz von Flüssigkeitsströmen. Ann. Phys. (IV) Bd. 74 (1924) S. 597.

[3] W. TOLLMIEN, Über die Entstehung der Turbulenz. 1. Mitt. Göttinger Nachr. Math.-phys. Klasse, 1929, S. 21.

hierfür die früher erwartete Größenordnung $1/b$ bestätigen können, so daß also das Auftreten eines Profils mit Wendepunkt infolge irgendeiner Störung als die eigentliche Ursache des wirklichen Turbulenzbeginns angesehen werden muß.

Auf Grund von auffällig hohen kritischen Geschwindigkeiten für die Strömung zwischen zwei konzentrischen Zylindern, von denen der äußere

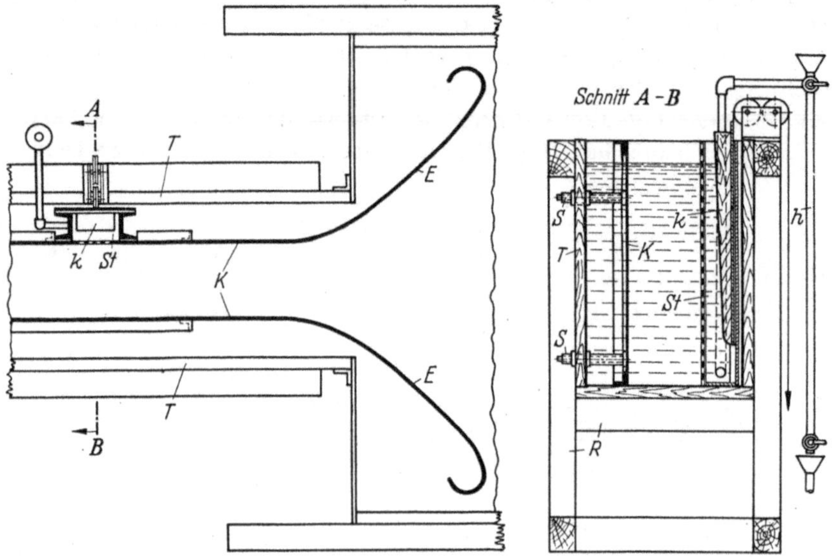

Abb. 3 Abb. 4

Abb. 3 und 4

T Tank; *R* Rahmen; *K* Kanal; *B* Beruhigungsbecken; *E* Einlauf; *P* Pumpe; *M* Motor; *Sb* Regulierschieber; *S* Schraubenspindeln zur Verstellung der Kanalweite; *k* Keil; *h* Heber; *Sch* fahrbarer Schirm (nur bei Bedarf eingesetzt)

umläuft und der innere stillsteht, habe ich für die Anlaufzustände eines solchen Systems, wo die Zentrifugalkraft mit im Spiel ist, die TOLLMIENsche Rechnung wiederholen lassen. Der Radius des inneren Zylinders wurde dabei zur Vereinfachung gleich Null genommen, da die wesentlichen Vorgänge doch in der bis zu dem fraglichen Zeitpunkt in Bewegung gesetzten Schicht in der Nähe des äußeren Zylinders zu erwarten sind. Die kleinste REYNOLDSsche Zahl $u\,r/\nu$, bei der im Lauf des Wachsens der mitgenommenen Schicht die Stabilitätsgrenze erreicht wurde[1], ergab sich nach den Rechnungen, die Herr SCHLICHTING ausgeführt hat, zu 66000 (u = Umfangsgeschwindigkeit, r = Radius des

[1] Die Schichtdicke b entsprechend Abb. 1 ist in diesem Grenzfall etwa $0{,}25\,r$, bei höheren REYNOLDSschen Zahlen an der Stabilitätsgrenze wesentlich kleiner, z. B. bei $r\,u/\nu = 100000$ etwa $0{,}07\,r$.

äußeren Zylinders). Bei einem Versuch mit einem Radius des inneren Zylinders $= 0{,}68 r$ wurde experimentell $u\, r/\nu = 70000$ gefunden.

In der Theorie sind notgedrungen nur zweidimensionale Störungen in Betracht gezogen worden. Die Ergebnisse waren bezüglich der REYNOLDSschen Zahlen recht befriedigend, doch ist ohne weiteres zu erwarten, daß die wirklich auftretenden Anfangsstörungen sehr viel mannigfaltiger sein werden. Außerdem interessiert nicht bloß das Verhalten der kleinen Störungen, sondern das Verhalten endlicher Störungen und die Ausbildung der eigentlichen Turbulenz ist praktisch sehr viel wichtiger. Hierfür können nur aus Versuchen weitere Aufschlüsse erwartet werden. Wir haben deshalb in Göttingen eine neue Versuchseinrichtung gebaut, mit der diese Dinge besser als früher beobachtet werden können. Die Versuchseinrichtung ist in Abb. 2, 3 und 4 näher dargestellt. Abb. 2 gibt einen Aufriß und Grundriß, Abb. 3 zeigt den Einlauf des eigentlichen Gerinnes im größeren Maßstab, Abb. 4 einen Querschnitt durch das Gerinne. Besonderer Wert ist auf einen möglichst störungsfreien Einlauf gelegt. Die an der Wand des vorgeschalteten Beruhigungsbehälters entstehenden Wirbel werden durch die in Abb. 3 ersichtlichen Schlitze seitlich abgeführt, so daß das in das Gerinne gelangende Wasser sehr störungsfrei ist. Die Störungen, welche Turbulenz hervorrufen sollen, werden künstlich erzeugt, indem ein kurzes Stück der einen Seitenwand siebartig durchlöchert ausgeführt ist und aus der dahinter befindlichen Kammer sowohl Wasser in die Strömung eintreten wie auch mittels eines Hebers abgesaugt werden kann. Außerdem befindet sich in dieser Kammer ein Keil, der durch ein kleines Maschinchen auf und ab bewegt werden kann und so periodische Störungen hervorruft. Eine sehr einfache und wirkungsvolle Art zu stören ist die, daß man, während das Wasser im Kanal entlangfließt, plötzlich den Heber anstellt. Dadurch wird die stromaufwärts von der Störstelle gebildete Grenzschicht von jetzt ab entfernt. Weiter stromabwärts ist sie aber noch vorhanden; sie wird, da sie langsamer strömt, von der gestörten Strömung eingeholt und zu einem Wirbel aufgerollt. Dieser teilt sich sehr bald und bildet eine unregelmäßige Wirbelgruppe, die sich allmählich immer mehr ausdehnt. Der Vorgang ist kinematographisch festgehalten worden (Vergrößerungen aus dem Film werden im Lichtbild vorgeführt).

Im weiteren Programm unserer Untersuchungen steht ein quantitatives Studium der wellenartigen Störungen zur Nachprüfung der TOLLMIENschen Theorie, ferner eine genauere Untersuchung des Mechanismus beim Anwachsen einer Einzelstörung zur vollen Turbulenz. Weiter soll die Wirkung einer durch einen kantigen Einlauf oder durch eine künstliche Verengung hervorgerufenen dauernden Störung auf die Turbulenzausbildung und auf die kritische Zahl untersucht werden.

Auch der Mechanismus der voll ausgebildeten Turbulenz soll näher studiert werden. Der Apparat gestattet auch, die Seitenwände ein wenig konvergent oder divergent einzustellen, und es ist auch beabsichtigt, den wohl beträchtlichen Einfluß einer schwachen keilförmigen Verengung bzw. Erweiterung auf die kritische Zahl und auf den Turbulenzmechanismus zu untersuchen.

Veröffentlichungen der Reichsstelle für den Unterrichtsfilm zu den Hochschulfilmen C 1 und C 2. 3 Seiten. Berlin 1932.

Entstehung von Wirbeln bei Wasserströmungen

Die Aufnahmen sind nach der von Prof. Dr. AHLBORN in Hamburg ausgearbeiteten Methode gewonnen. Die Objekte werden mittels eines Wagens durch das ruhende Wasser eines Tanks geschleppt; die Aufnahmekamera fährt bei der Mehrzahl der Bilder mit dem Objekt mit, wodurch der Eindruck entsteht, als ob das Objekt in Ruhe wäre und das Wasser strömte. Die Bewegung wird dadurch sichtbar gemacht, daß feine Aluminiumflitterchen auf das Wasser gestreut sind. Bei einigen Versuchen ist absichtlich der Wasserspiegel um ein weniges höher eingestellt als der obere Rand des Versuchsobjektes. Hierdurch reichern sich die Aluminiumteilchen am Objekt an und es werden dadurch die Flüssigkeitsteile, die ursprünglich am Objekt angelegen haben, als Stellen dichterer Bestreuung besonders gekennzeichnet.

Die dargestellten Vorgänge sind mit wenigen Ausnahmen „ebene Strömungen", d. h. die Objekte reichen bis zum Grund des Wassertanks herunter und es ist die Bewegung in allen waagerechten Schichten dieselbe wie die sichtbar gemachte Bewegung der Oberfläche.

Teil 1 befaßt sich mit der Entstehung von Wirbeln und mit der künstlichen Beeinflussung der Wirbelbildung (Literatur z. B. L. PRANDTL: „Abriß der Strömungslehre", III. Abschn. § 6 u. 7; auch „Magnuseffekt und Windkraftschiff", Naturwissenschaften 1925, S. 93). Die ersten sechs Szenen zeigen die Entstehung von Wirbeln an runden Körpern, zunächst an einem Kreiszylinder (einmal im Gesamtbild und einmal in Großaufnahme die Gegend, in der die Wirbel entstehen), dann an einem großen länglichen Körper, von dem nur die hintere Hälfte gezeigt wird. Die Strömungsgeschwindigkeit ist in diesem Fall besonders klein gewählt, um eine genügend dicke Grenzschicht zu erzielen, deren Umkehr infolge des Druckanstiegs gut beobachtet werden kann. Um trotz der langsamen Strömung einen guten Bewegungseindruck zu erhalten, ist der Film mit etwa ein Viertel des gewöhnlichen Tempos aufgenommen. In allen drei Fällen ergibt sich zunächst eine Strömung ohne Wirbel (Potentialströmung); später führt die Rückströmung in der Grenzschicht zur Wirbelbildung. Nach Ausbildung des Hauptwirbels ist eine zweite Ablösung (Bildung eines Sekundärwirbels) zu beobachten. Die nun folgenden Aufnahmen mit dem elliptischen Zylinder zeigen, daß bei sehr flach gewölbten Oberflächen die Strömung sich nach der Ablösung durch Wirbelbildung wieder anlegen kann, wobei die Strömung von da ab turbulent verläuft. Bei sehr kleiner

Geschwindigkeit (unterkritischer Strömung) ist die Wirbelbildung zu schwach und die Strömung bleibt abgelöst.

Die nächsten vier Szenen zeigen die Wirbelbildung an scharfen Kanten, die in diesem Fall sofort mit dem Beginn der Bewegung einsetzt. Der hinter einem Tragflügel gebildete „Anfahrwirbel" hat als Gegenwert der Zirkulation um den Tragflügel eine besondere Bedeutung in der Tragflügeltheorie (Abriß II, § 10 und III, § 15 und 16). Wird der Tragflügel kurz nach dem Ingangsetzen wieder angehalten, so entstehen zwei gegenläufige Wirbel, die sich nach den HELMHOLTZschen Sätzen (Abriß II, § 11) selbständig weiterbewegen. Die nächsten zwei Szenen zeigen Vorgänge am rotierenden Zylinder, wo durch Beeinflussung der Grenzschicht durch die mitbewegte Oberfläche der eine der beiden Wirbel unterdrückt wird. Man erkennt den Anfahrwirbel und den ihm entsprechenden zirkulatorischen Anteil der Umströmung, der nach dem Abstoppen der Zylinderdrehung als freier Wirbel sichtbar wird. Durch Absaugen der Grenzschicht läßt sich die Strömung ebenfalls beeinflussen. Es unterbleibt auch hier die Ablösung und es können dadurch sehr ungewohnte Strömungsbilder, z. B. eine wirbelfreie Ausbreitung der Strömung in einem stark erweiterten Kanal, erzeugt werden.

Der *zweite Teil* bringt Anwendungen auf die Strömung durch Krümmer, Hohlräume und Verzweigungsstücke. In der Umlenkung ist durch Zentrifugalwirkung außen höherer Druck als innen. Es ergibt sich also Druckanstieg und Ablösung auf der Außenseite am Beginn des Krümmers und auf der Innenseite am Ende des Krümmers. In dem Spiralgehäuse mit Abfluß nach unten stellt sich im Verlauf des Vorganges eine Strömung mit Geschwindigkeiten umgekehrt proportional zum Abstand vom Wirbelzentrum ein. Bei den Strömungen durch die Kästen ergibt sich, wenn der eintretende Strahl nicht bis zum Grunde reicht und so die Räume zu beiden Seiten des Strahles unten herum in Verbindung stehen, im wesentlichen ein gerader Strahl; reicht der Strahl jedoch bis zum Grunde des Kastens, so sind die beiden Toträume voneinander abgesperrt. Es stellt sich jetzt ein Druckunterschied ein, durch den der Strahl unmittelbar auf die Ausflußöffnung zufließt. Bei den Verzweigungsstücken ist die Wirkung dieser „Absperrung" ebenfalls zu beobachten. Wenn für den Abfluß zwei Wege gleichzeitig offen sind, dann werden diese Kanäle im Dauerzustand nur etwa halb von der Strömung gefüllt, da statt der Verzögerung der Strömung eine Ablösung eintritt. Bei den T-Stücken ergibt sich bei Ablenkung nach der Seite auch eine Ablösung der Strömung an der geraden Wand (deren Möglichkeit gelegentlich bestritten worden war).[1]

[1] Anmerkung der Schriftleitung: Diese Filme sind heute durch das Institut für Wissenschaftlichen Film, Göttingen, Nonnenstieg, zu beziehen.

Zeitschrift des Vereines Deutscher Ingenieure Bd. 77 (1933) S. 105—114

Neuere Ergebnisse der Turbulenzforschung

(Mitteilung aus dem Kaiser-Wilhelm-Institut für Strömungsforschung [1])

Bei allen technisch wichtigen Strömungsvorgängen spielen die unregelmäßig durcheinanderwirbelnden Bewegungen, die man Turbulenz nennt, eine hervorragende Rolle. Die Turbulenz ist einerseits Ursache der unerwünschten Strömungswiderstände, andererseits hat sie auch die sehr nützliche Eigenschaft, Druckanstiege in den Strömungen zu ermöglichen. Die Beherrschung dieser Vorgänge ist für den Strömungsfachmann sehr wichtig; es sind deshalb gerade in letzter Zeit zahlreiche Forschungsarbeiten unternommen worden, um die Gesetze der turbulenten Strömung aufzuklären. In dem nachstehenden Aufsatz ist versucht worden, die wichtigsten Ergebnisse dieser Forschungen übersichtlich zusammenzufassen. Es werden dabei eine Reihe von Beziehungen behandelt, die auch für den Praktiker von unmittelbarem Interesse sind.

In den ersten beiden Abschnitten werden zwei im Vordergrund stehende Fragen behandelt, nämlich die nach den Ursachen der Entstehung der Turbulenz und die nach den Eigenschaften der Strömungen mit ausgebildeter Turbulenz. Im dritten Abschnitt werden daraus Folgerungen für die Strömung entlang einer rauhen Wand gezogen, wobei sich eine wichtige Beziehung für die Geschwindigkeitsverteilung ergibt. Es folgt nunmehr die Anwendung auf das gerade rauhe und glatte Rohr. Hier war es möglich, für die Geschwindigkeit und für den Strömungswiderstand Formeln zu entwickeln, die mit den Versuchen in vorzüglichem Einklang stehen und die auch, im Gegensatz zu den bisherigen rein empirischen Formeln, für die ganz großen REYNOLDSschen Zahlen gültig bleiben, für die keine Messungen mehr vorliegen. Die Besonderheiten in Rohren mit feinkörniger Rauhigkeit bei mäßigen REYNOLDSschen Zahlen erfahren eine einheitliche Darstellung durch eine einzige Kurve. Versuchsergebnisse mit künstlich rauh gemachten Rohren werden mitgeteilt. Sie bestätigen die erwähnte Beziehung.

Die an Rohren gewonnenen Ergebnisse werden auf den Widerstand von längs angeströmten Platten übertragen. Weiter werden die Eigenschaften der Strömung in erweiterten und verengten und in gekrümmten

---

[1] Erweiterte Wiedergabe eines Vortrages vor der Prager Ortsgruppe der Gesellschaft für angewandte Mathematik und Mechanik am 6. Mai 1932 in der Deutschen Technischen Hochschule zu Prag. In dem Vortrag über „Formen der strömenden Bewegung“ am 16. Oktober 1932 gelegentlich der Wissenschaftlichen Tagung des Vereines Deutscher Ingenieure konnte auf die hier behandelten Zusammenhänge kurz hingewiesen werden.

Kanälen sowie die Mischungsvorgänge von Flüssigkeitsstrahlen mit ihrer Umgebung und auch die Nachlaufvorgänge hinter bewegten Körpern behandelt. Schließlich werden neu entdeckte Beziehungen zwischen dem turbulenten Geschwindigkeitsaustausch und dem Wärmeaustausch mitgeteilt und daraus neue Schlüsse auf die feineren Besonderheiten der turbulenten Strömung gezogen.

Einleitung

Mit den ungeordneten Mischbewegungen, die man „Turbulenz" nennt und die alle technisch wichtigen Strömungen beherrschen, hat sich die Forschung im letzten Jahrzehnt besonders eingehend und auch erfolgreich beschäftigt. Durch diese Mischbewegungen werden Wirkungen hervorgebracht, wie wenn die Zähigkeit der Flüssigkeit hundertfach oder zehntausendfach oder auch noch stärker erhöht wäre. Dieser Umstand verursacht den großen Widerstand der strömenden Flüssigkeiten in den Rohrleitungen, den Reibungswiderstand der Schiffe und der Luftschiffe und andere dem Ingenieur unerwünschte Widerstände, aber auch die Möglichkeit eines Druckanstieges in Diffusoren oder entlang Flugzeugflügeln und Gebläseschaufeln. Ohne Turbulenz wäre hier überall Ablösung der Strömung zu erwarten, d. h. nur geringer Wiedergewinn von Energie beim Diffusor oder schlechte Wirkung der Flügel und Schaufeln.

Die Forschung beschäftigt sich einerseits mit der zahlenmäßigen Tatsachenfeststellung, andererseits mit der systematischen Ordnung der Tatsachen, Meist dringt man dabei nicht bis zu einer wirklichen Theorie vor (die sehr schwierig ist), sondern es müssen Betrachtungen aushelfen, bei denen die theoretischen Schlüsse durch Erfahrungstatsachen gestützt werden. Vielfach führen dabei schon Dimensionsbetrachtungen zusammen mit anschauungsmäßigen Einsichten zu wichtigen Aufschlüssen. Sobald z. B. Dichte (d. h. Trägheit) und Zähigkeit die einzigen für den Vorgang maßgebenden Eigenschaften der Flüssigkeit sind, wird man zu einer

$$\text{Reynolds}\text{schen Zahl} = \frac{\text{Dichte}}{\text{Zähigkeit}} \times \text{Geschwindigkeit} \times \text{Länge}$$

geführt ($Re = v\, l/\nu$, wobei ν die „kinematische Zähigkeit", d. i. Zähigkeit: Dichte, ist). Wenn in zwei Fällen die Reynoldssche Zahl denselben Zahlenwert hat, so hat man bei beiden Strömungen genau übereinstimmenden Ablauf zu erwarten, nur je nach den Umständen mit einem anderen Längen- und Zeitmaßstab. Bei der Anwendung dieser Regel kann es allerdings im Einzelfall noch einer besonderen Überlegung bedürfen, welche Geschwindigkeit und welche Länge bei dem Vorgang als wirklich maßgebend anzusehen ist.

Zwei Fragestellungen sind es vor allem, mit denen man sich in Theorie und Versuch beschäftigt hat:

1. Wie und unter welchen näheren Umständen entsteht Turbulenz?
2. Was läßt sich über die ausgebildete turbulente Bewegung, besonders über die Mittelwerte der Geschwindigkeiten und der Kräfte, aussagen?

Die zweite Fragestellung ist offenbar die technisch wichtigere.

Entstehung der Turbulenz

Bezüglich der ersten Frage kann ich mich ziemlich kurz fassen, weil ich mich über den derzeitigen Stand vor kürzerer Zeit erst geäußert habe [*5*][1] und weil hier auch vieles noch in der Schwebe ist. Die wichtigste Feststellung ist die, daß Turbulenz immer dann entsteht, wenn das Geschwindigkeitsprofil einen Wendepunkt aufweist, Abb. 1, und wenn dabei die Zähigkeitseinflüsse nicht zu stark sind. Eine Strömung mit einem solchen Geschwindigkeitsprofil ist nämlich bei Abwesenheit von Flüssigkeitsreibung instabil, d. h. kleine Abweichungen in der Größe und in der Richtung der Geschwindigkeit vergrößern sich von selbst und führen einen völligen Umschlag der Strömung herbei. Eine ursprünglich schwache Wellung in den Stromlinien führt so allmählich durch Überschlagen der Wellen zur Ausbildung von Wirbeln. Durch starke Zähigkeitswirkungen können diese Vorgänge allerdings verhindert werden.

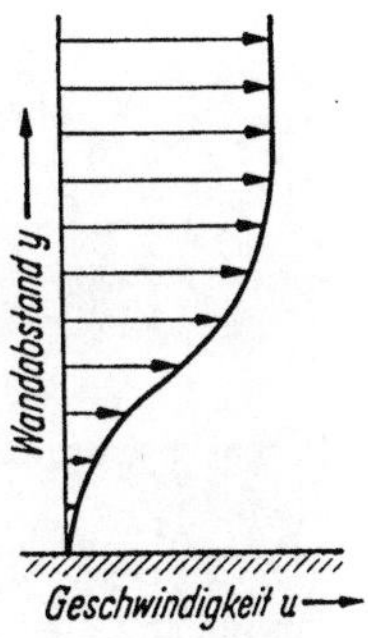

Abb. 1. Geschwindigkeitsprofil mit Wendepunkt

Man erkennt daraus, daß die Neigung zum Turbulentwerden um so größer ist, je größer die Reynoldssche Zahl ist. Geschwindigkeitsprofile mit Wendepunkt kommen z. B. in den durch Zähigkeitswirkungen hervorgebrachten Gleitschichten[2] an den Wänden vor, wenn der Druck in der Strömungsrichtung ansteigt oder, anders gesagt, wenn die Flüssigkeit verzögert strömt. Solche Stellen in der Flüssigkeit neigen daher besonders stark zum Turbulentwerden. Aber auch die unbeschleunigte Geradeausströmung längs einer Wand wird bei hinreichend großer Reynoldsscher Zahl turbulent. Man kann dies damit erklären, daß der Zustrom niemals absolut störungsfrei ist und daß immer Unregelmäßigkeiten in der Geschwindigkeitsverteilung vorkommen. Vor allem dürften Drehbewegungen mit Achsen parallel zur Strömungsrichtung, die sehr wenig gedämpft verlaufen, erheblichen Anteil an der Schaffung von instabilen Geschwindigkeitsverteilungen haben. Durch solche Drehungen werden nämlich Teile der Flüssigkeit an die Wand heran- und andere

[1] Die Ziffern in eckigen Klammern beziehen sich auf das Schriftenverzeichnis am Schluß des Aufsatzes (s. S. 843ff.).

[2] Sonst auch Grenzschichten oder Reibungsschichten genannt.

von ihr fortgeführt, und es kommen so, selbst bei geringer Geschwindigkeit der Störungsbewegung, im Verlauf der Zeit Teile geringer Geschwindigkeit zwischen solche mit großer Geschwindigkeit, was unbedingt zu Instabilitäten führt.

Im übrigen gibt es noch eine andere Art von Turbulenzbeginn, die auf theoretischem Weg entdeckt wurde [*2*, *3* und *4*] und die besonders dann in Betracht kommt, wenn Störungen der vorgenannten Art nicht vorliegen. Bei der Strömung längs einer Wand kommt eine Art langwelliger Störungen vor, die oberhalb einer bestimmten kritischen REYNOLDSschen Zahl von selbst im Verlauf der Zeit an Stärke zunehmen und so, wenn ihre Amplituden groß genug geworden sind, in ihren verzögerten Bezirken die Vorbedingung für das Turbulentwerden hervorbringen. Bemerkenswert ist, daß die von

Abb. 2. Entstehung der Turbulenz aus einer anfänglichen Störung. Die Strömung ist durch Aufstreuen von Aluminiumstaub auf die Wasseroberfläche sichtbar gemacht. Das Aufnahmegerät, ein langsam arbeitender Kinoapparat, fährt auf einem Wagen mit der Strömung mit, so daß dauernd dieselbe Wirbelgruppe im Gesichtsfeld bleibt. Im obersten Bild ist links die Absaugstelle (an den schräg verlaufenden Stromlinien erkennbar), in der Mitte die „Stufe", durch deren Aufrollen der erste Wirbel entsteht. Stromaufwärts von ihm entsteht ein weiterer usf. Im letzten Bild ist der erste Wirbel ganz rechts zu sehen. Man sieht, daß er Wasser aus der Gleitschicht (die absichtlich dichter mit Aluminium bestreut war) weit ins Innere der Strömung hineingeführt hat.

Tollmien [4] und Schlichting [6] theoretisch ermittelten kritischen Reynoldsschen Zahlen für zwei verschiedene Fälle in gutem Einklang mit den Versuchswerten sind.

Versuche über die Entstehung der Turbulenz. Um über diese Frage mehr Klarheit zu erhalten, haben wir die Entstehung der Turbulenz durch Versuche in einem 20 cm weiten und 6 m langen Kanal im einzelnen näher verfolgt. So sorgfältig wir dabei auch vorgingen, so war es doch nicht möglich, alle Einlaufstörungen hinreichend zu beseitigen, so daß bald hier, bald dort in unregelmäßiger Folge ein Herd von turbulenter Bewegung auftrat, der sich nun ziemlich rasch weiter ausdehnte.

Klarere Bilder ergaben sich, wenn wir selbst absichtlich eine Störung in die Strömung hineinsetzten, so z. B., daß wir durch ein aus Siebblech gebildetes kurzes Wandstück etwas Wasser hinzutreten ließen oder absaugten. Im ersteren Fall, wo also eine kleine Flüssigkeitsmenge, die an der Strömung noch nicht teilnimmt, zwischen Wand und bewegte Masse geschoben wird, ist sofort Instabilität vorhanden, und die Turbulenz beginnt an der Eintrittsstelle. Die eintretenden Mengen können dabei sehr gering sein. Im Fall des Absaugens war die Stelle am stärksten gestört, die sich im Augenblick des Beginns des Absaugens am Siebblech befunden hatte. Hinter dieser Stelle ist durch das Absaugen die Gleitschicht dünner, und die inneren Flüssigkeitsteile, die der Gleitschicht voreilen, müssen deshalb über eine Art Stufe von der dünneren Gleitschicht auf die stromabwärts befindliche dickere Gleitschicht hinaufströmen. Diese Störung genügt, um in einiger Zeit die Strömung in Unordnung zu bringen und die Gleitschicht zum Zerfall zu bringen. Die Bilderreihe von Abb. 2 zeigt diese Entwicklung und das weitere Anwachsen dieses Turbulenzherdes.

Grundbegriffe der ausgebildeten Turbulenz

Ich wende mich jetzt zu den Gesetzmäßigkeiten der fertig ausgebildeten Turbulenz. Die Darstellung, die ich dabei wähle, folgt nicht der geschichtlichen Entwicklung, sie soll dafür den heute erreichten Stand um so deutlicher werden lassen. Ich beginne mit einer Betrachtung, die sich auf das Verhalten einer idealen Flüssigkeit ohne jede Zähigkeit bezieht. Solche Flüssigkeiten gibt es zwar in Wirklichkeit nicht, es ist aber für vielerlei Überlegungen von Vorteil, festzustellen, was von einer solchen idealen Flüssigkeit zu erwarten wäre, weil die Gesetze der idealen Flüssigkeit wegen der Abwesenheit der Zähigkeit einfacher sind als die für eine wirkliche Flüssigkeit.

Nach unseren bisherigen Feststellungen tritt Turbulenz um so leichter ein, je größer die Reynoldssche Zahl ist oder, mit anderen Worten, je kleiner unter sonst gleichen Umständen die Zähigkeit ist. Geht man nun zur Grenze Zähigkeit gleich Null, so wird die Reynoldssche

Zahl offenbar unendlich, und wir folgern daraus, daß die Strömung der idealen Flüssigkeit im allgemeinen turbulent sein muß. Wenn man allerdings gleichzeitig noch annimmt, daß die Körper oder Wände, an denen sich die Flüssigkeit entlang bewegt, eine mathematisch glatte Oberfläche haben, so würde sich die Oberflächenreibung, da ja die Zähigkeit fehlt, gleich Null ergeben, und man würde so das klassische Verhalten der idealen Flüssigkeit, wie es aus der alten Hydrodynamik bekannt ist, wieder erhalten. Nimmt man aber rauhe Oberflächen an, so wird man, seien die einzelnen Rauhigkeiten auch noch so fein, an jeder einzelnen Rauhigkeit eine Trennungsfläche annehmen können[1]. Die Strömung erhält durch die gegenseitige Einwirkung der verschiedenen kleinen Trennungsflächen, die in sich instabil sind und einander in Unordnung bringen, einen turbulenten Charakter; dabei ergibt sich an jeder Rauhigkeit ein Druckunterschied zwischen ihrer Vorder- und Rückseite und damit auch ein Widerstand, der proportional dem Quadrat der Geschwindigkeit ist.

Wir wollen dieser Betrachtung entnehmen, daß man mit gutem Recht über die Gesetze der Turbulenz theoretische Überlegungen anstellen darf, bei denen man die Zähigkeit der Flüssigkeit gleich Null setzt. Die folgenden Darlegungen werden deutlich zeigen, daß man sich damit auf dem rechten Weg befindet, d. h. daß tatsächlich im Inneren der Strömung die turbulenten Widerstände von der Zähigkeit praktisch nicht mehr abhängen. In einer schmalen Zone in der Nähe der Wände bleibt der Einfluß der Zähigkeit allerdings bestehen, sofern er nicht von dem Einfluß einer groben Rauhigkeit überdeckt wird.

Für die genauere Untersuchung der turbulenten Mischungsvorgänge hat sich ein Begriff als nützlich erwiesen, der hier kurz erläutert werden soll. Es handelt sich um den sogenannten *Mischungsweg*, der bei den turbulenten Mischungsvorgängen eine ähnliche Rolle spielt wie die mittlere freie Weglänge bei der molekularen Diffusion in einem Gas. Bei diesen beiden Arten von Vorgängen kommen Schubspannungen (oder genauer genommen scheinbare Schubspannungen) dadurch zustande, daß zwischen Schichten der Flüssigkeit, die mit verschiedenen Geschwindigkeiten nebeneinander herströmen, dauernd Bewegungsgröße ausgetauscht wird. Man kann sich von diesen in Wirklichkeit ziemlich verwickelten Vorgängen folgende vereinfachte Vorstellung machen.

Man nimmt an, daß irgendein Teilchen, das auf Grund eines Zusammenstoßes mit seinen Nachbarn eine Geschwindigkeit quer zur

---

[1] In schwach reibenden Flüssigkeiten findet man an in die Flüssigkeit vorspringenden Wandteilen regelmäßig Ablösung der Strömung. Beim Grenzübergang zu verschwindender Zähigkeit ergeben sich daraus HELMHOLTZsche Trennungsflächen mit endlichem Geschwindigkeitssprung.

Strömung erhalten hat, in der Strömungsrichtung im Mittel die Bewegungsgröße hat, die der Schicht, aus der es stammt, als Mittelwert zukommt, und daß es nun eine Strecke l quer zur Strömung zurücklegt, bevor es mit neuen Teilchen zusammenstößt oder sich mit ihnen vermengt. Derartige Austauschbewegungen gehen in beiden Richtungen vor sich, und es werden so von der schnelleren Schicht Teile aufgenommen, die aus der langsameren Schicht stammen, wodurch die schnellere Schicht natürlich verzögert wird, und umgekehrt treten in die langsamere Schicht Teile der schnelleren Schicht ein und wirken hier beschleunigend.

Die Wirkung der beiden Flüssigkeitsschichten aufeinander ist also gerade so, als ob zwischen ihnen Reibung bestände. Der Unterschied zwischen den molekularen Vorgängen und den turbulenten besteht dabei nur darin, daß in dem einen Fall die einzelnen Molekeln, in dem anderen Fall ganze Flüssigkeitsballen die Träger des Austausches sind. Ist u die Geschwindigkeit der Strömung und ist y die Koordinate in der Richtung quer zur Strömung, in der sich die Geschwindigkeitsänderung vollzieht, so ist der Unterschied der Geschwindigkeiten von zwei Schichten, die um die Entfernung l auseinanderliegen, in erster Näherung $= l \cdot \frac{\mathrm{d}u}{\mathrm{d}y}$. Dies ist nach dem Vorstehenden also auch der Geschwindigkeitsunterschied eines Teilchens, das sich, aus der anderen Schicht kommend, neu mit seiner jetzigen Umgebung vermengt.

Um die Größe der Reibungskraft, genauer gesprochen der Schubspannung zwischen den beiden Schichten, zu ermitteln, muß man noch wissen, wie groß die sekundlich ausgetauschte Masse ist. Man kann diese, bezogen auf die Flächeneinheit, ausdrücken durch das Produkt aus der Dichte ϱ ($= \gamma/g$) und einer Austauschgeschwindigkeit v'. Im Fall der Molekularbewegung ist diese Geschwindigkeit proportional der Geschwindigkeit der Wärmebewegung. Da diese zu je einem Drittel nach der x-Achse, nach der y-Achse und nach der z-Achse erfolgt und für den Austausch in unserem Beispiel nur der y-Anteil in Betracht kommt, kann man in erster Näherung $v' = c/3$ setzen, wobei c die mittlere Geschwindigkeit der Wärmebewegung ist. Damit ergibt sich die Schubspannung[1]

$$\tau = \frac{1}{3}\varrho c l \frac{\mathrm{d}u}{\mathrm{d}y} = \eta \frac{\mathrm{d}u}{\mathrm{d}y}. \tag{1}$$

Im Fall des turbulenten Massenaustausches liegt es nahe, die Geschwindigkeit v' von derselben Größenordnung zu nehmen wie den Geschwindigkeitsunterschied der beiden um die Entfernung l auseinanderliegenden Schichten, da die Flüssigkeitsballen mit Geschwin-

[1] Durch eine strengere Betrachtung fand BOLTZMANN für die Zähigkeit η den von dem in Gl. (1) wenig abweichenden Wert $\eta = 0{,}3503\, \varrho c l$.

digkeiten von dieser Größe zusammenstoßen [*8*, *9* und *10*]. Man erhält also für die Schubspannung, wenn man den unbekannten Zahlenfaktor von v' unterdrückt, die Formel

$$\tau = \varrho \left(l \frac{\mathrm{d}u}{\mathrm{d}y}\right)^1. \tag{2}$$

Die Unterdrückung des Zahlenfaktors bedeutet dabei nur eine etwas andere Definition von l. Durch diese Betrachtungsart erhält man also, wie es auch in der Natur zutrifft, für die einfache Zähigkeitswirkung Schubspannungen proportional $\mathrm{d}u/\mathrm{d}y$ und für den turbulenten Austausch (wobei die nebenher vorhandene Zähigkeitswirkung unberücksichtigt bleibt) die Schubspannung proportional $(\mathrm{d}u/\mathrm{d}y)^2$, was mit den dem Quadrat der Geschwindigkeit proportionalen hydraulischen Widerständen in gutem Einklang ist.

Mit dem Ansatz (2) wird das Problem der hydraulischen Strömungswiderstände zurückgeführt auf das andere Problem der Verteilung des Mischungsweges l in der Strömung. Solange man keine rationelle Theorie der turbulenten Strömung hat, die die Gesetze der turbulenten Vorgänge aus den hydrodynamischen Differentialgleichungen ableitet, ist man allerdings darauf angewiesen, Aussagen über die Verteilung des Mischungsweges aus den Versuchen zu gewinnen, so daß also nur eine Unbekannte durch eine andere ersetzt ist. Trotzdem ergibt sich aber ein erheblicher Gewinn, da sich zeigt, daß, wenigstens bei den größeren Reynoldsschen Zahlen[1], der Mischungsweg praktisch von der Größe der Geschwindigkeit nicht mehr abhängt und sich außerdem für seine räumliche Verteilung im Durchschnitt ziemlich einfache Regeln angeben lassen.

Oft geben schon Dimensionsbetrachtungen eine brauchbare Anweisung. Für den Fall z. B., daß es sich um eine Strömung in der Nähe einer mehr oder minder glatten ebenen Wand handelt, ist man unter der Voraussetzung, daß sich an der betrachteten Stelle im Flüssigkeitsinneren weder Zähigkeitseinflüsse noch die Wandrauhigkeit bemerkbar machen, in der Lage, über die Verteilung des Mischungsweges eine Aussage zu machen. An einem Punkt im Abstand y von der Wand ist nach Lage der Aufgabe keine andere für den dortigen Zustand kennzeichnende Länge auffindbar als eben dieser Wandabstand y selbst. Der Mischungsweg l ist auch eine Länge; so bleibt keine andere Möglichkeit als die, den Mischungsweg dem Wandabstand proportional zu setzen:

$$l = \varkappa y.$$

$\varkappa$ ist dabei ein universeller Zahlenbeiwert, der aus Versuchen bestimmt werden kann. Wenn man einen Strömungszustand voraussetzt, bei dem

[1] Von etwa $Re = 10^5$ aufwärts.

die Schubspannung τ konstant ist, ergibt sich also gemäß Gl. (2)

$$\frac{\mathrm{d}u}{\mathrm{d}y} = \frac{1}{\varkappa y}\sqrt{\frac{\tau}{\varrho}}$$

und daher

$$u = \frac{1}{\varkappa}\sqrt{\frac{\tau}{\varrho}}\,(\ln y + \text{konst.})\,. \tag{3}$$

Ein derartiger Verlauf der Geschwindigkeit abhängig vom Wandabstand ist nun in der Tat ganz von der Art, wie das wirklich beobachtet wird, Abb. 3. Durch Vergleich mit Versuchsergebnissen findet man als runden Wert von $\varkappa$ die Zahl 0,4.

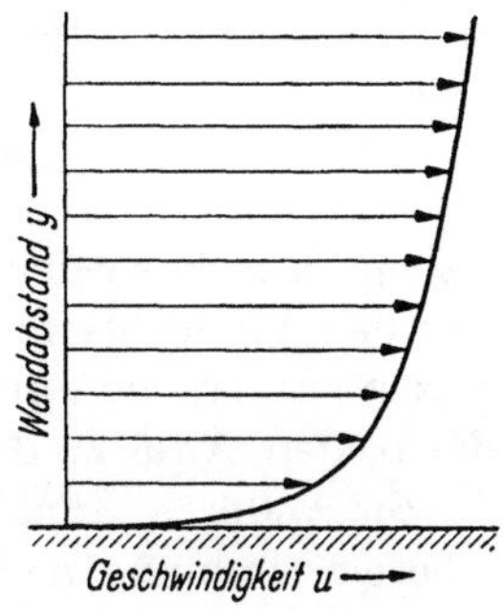

Abb. 3. Geschwindigkeitsprofil nach Gl. (3)

Kármánsche Theorie

Prof. v. Kármán hat in einer sehr viel beachteten Arbeit [*12*] die Aufgabe so formuliert, daß er die Annahme macht, daß die turbulenten Mischungsvorgänge in allen Fällen in derselben Weise ablaufen, so daß von einem Fall zu einem anderen und auch von einer Stelle der Strömung zur anderen nur Unterschiede bezüglich des Längenmaßstabes und des Zeitmaßstabes bestehen. Die Wirkungen der Zähigkeit werden dabei neben denjenigen der Turbulenz als vernachlässigbar angesehen. Über diese beiden Maßstäbe, von denen der erstere seinem Sinne nach offenbar mit unserem Mischungsweg l übereinstimmt, werden nun aus den Eulerschen Gleichungen Aussagen geschöpft; die Geschwindigkeit u der Grundströmung, die als Funktion von y allein angenommen wird, wird dabei von der betrachteten Stelle aus in eine nach dem quadratischen Glied abgebrochene Taylor-Reihe entwickelt. Die mittlere Geschwindigkeit, mit der das betrachtete Teilchen sich vorwärts bewegt, ist ohne unmittelbaren Einfluß auf dessen innere Bewegung. Es kommen hierfür deshalb von den gegebenen Größen nur $\mathrm{d}u/\mathrm{d}y$ und $\mathrm{d}^2u/\mathrm{d}y^2$ in Betracht. Zunächst ergibt sich als Zeitmaßstab für den Ablauf des Mischungsvorganges eine Zeit

$$T \sim \frac{1}{\mathrm{d}u/\mathrm{d}y}\,.$$ [1]

Die Störungsgeschwindigkeiten u' in der X-Richtung und v' in der Y-Richtung ergeben sich damit aus Dimensionsgründen proportional l/T, also

$$u' \sim v' \sim l\,\frac{\mathrm{d}u}{\mathrm{d}y}\,.$$

[1] Zeichen $\sim$ lies „proportional".

was mit den früheren Darlegungen übereinstimmt. Für den Längenmaßstab des Mischungsvorganges findet v. KÁRMÁN die Beziehung

$$l = \varkappa' \frac{\mathrm{d}u/\mathrm{d}y}{\mathrm{d}^2u/\mathrm{d}y^2},$$

wobei $\varkappa'$ eine aus den Versuchen zu ermittelnde Konstante ist. Diese Aussage der KÁRMÁNschen Theorie geht somit über das Bisherige hinaus, da sie unabhängig von einer Wandentfernung eine Rechenvorschrift für die Größe des Mischungsweges liefert. Führt man diese Beziehung in unsere Gl. (2) ein und integriert sie unter der Annahme einer in dem betreffenden Gebiet konstanten Schubspannung, so erhält man

$$u = \frac{1}{\varkappa'}\sqrt{\frac{\tau}{\varrho}}[\ln(y + C_1) + C_2], \tag{4}$$

also praktisch wieder unsere Gl. (3). Die geforderte Übereinstimmung mit den Versuchsergebnissen führt nun offensichtlich dazu, $\varkappa' = \varkappa$ zu setzen. Es ergeben also in dem Fall einer konstanten Schubspannung die beiden Ansätze dieselbe Geschwindigkeitsverteilung.

Bei anderen Annahmen über die Schubspannung ergibt sich keine Übereinstimmung mehr. Im übrigen entbehrt hier sowohl der Ansatz $l = \varkappa\, y$ einer stichhaltigen Begründung, da infolge der Veränderlichkeit der Schubspannung noch eine weitere Länge $\frac{\tau}{\mathrm{d}\tau/\mathrm{d}y}$ zur Verfügung steht; aber auch der KÁRMÁNsche Ansatz

$$l = \varkappa \frac{\mathrm{d}u/\mathrm{d}y}{\mathrm{d}^2u/\mathrm{d}y^2}$$

bedeutet hier nur noch eine rein abschätzende Näherung, da er nur dadurch gewonnen worden ist, daß man in der Reihenentwicklung für u die Wirkung von $\mathrm{d}^3u/\mathrm{d}y^3$ und höheren Gliedern außer acht gelassen hat. In dem Fall $\tau =$ konst. fallen die beiden Lösungen deshalb zusammen, weil die Geschwindigkeitsverteilung nach Gl. (3) durch Änderung des Längenmaßstabes und gleichzeitige passende Änderung der Integrationskonstante in sich übergeführt wird, falls die Schubspannung τ ungeändert bleibt, so daß hier eine strenge Ähnlichkeit auch der Grundströmung vorliegt.

Aus Gl. (3) ist leicht zu ersehen, daß die Größe $\sqrt{\tau/\varrho}$ eine Geschwindigkeit ist. Diese Geschwindigkeit ist uns für verschiedene, in folgendem anzustellende Ähnlichkeitsbetrachtungen sehr wertvoll. Wir wollen sie deshalb mit v_* bezeichnen und „Schubspannungsgeschwindigkeit“ nennen. Die Formel

$$\tau = \varrho\, v_*^2$$

ist von ähnlichem Bau wie diejenige für den Staudruck

$$p_d = \tfrac{1}{2}\,\varrho\, u^2,$$

was aus Dimensionsgründen verständlich ist, da die Schubspannung auch eine Kraft je Flächeneinheit ist. Zahlenmäßig ist die scheinbare Schubspannung τ der Turbulenz meist sehr klein gegenüber dem Staudruck; es handelt sich daher bei v_* auch um eine Geschwindigkeit, die verhältnismäßig klein gegen die Strömungsgeschwindigkeit u ist. Der Vergleich mit Gl. (2) zeigt übrigens, daß

$$v_* = l\,\frac{\mathrm{d}u}{\mathrm{d}y}$$

ist; v_* ist also von der Größenordnung der Mischgeschwindigkeiten u' und v'.

Strömung längs einer rauhen Wand

Die Strömung längs einer rauhen Wand ist von unserem Standpunkt aus einfacher als die längs einer glatten Wand, weil bei dieser die Zähigkeit eine maßgebliche Rolle spielt, bei jener aber nicht; es empfiehlt sich also, die Strömung längs einer rauhen Wand zuerst zu behandeln. Ist k eine die Korngröße der Wandrauhigkeit messende Länge, so folgt unter Zugrundelegung der idealen Flüssigkeit aus einer einfachen Ähnlichkeitsbetrachtung, daß die Geschwindigkeitsverteilungen in der Wandnähe bei geometrisch ähnlichen Rauhigkeiten auch geometrisch ähnlich sind, so zwar, daß die Korngröße k den Maßstab dafür abgibt. Der formelmäßige Ausdruck dieser Beziehung ist der, daß die Geschwindigkeit im Abstand y eine Funktion des Verhältnisses y/k ist. Wenn man dieser Geschwindigkeitsverteilung Gl. (3) zugrunde legt, was sich gemäß dem Vorausgehenden jedenfalls für die Gegenden weiter im Inneren der Flüssigkeit empfiehlt, so ergibt sich aus dem Gesagten, daß die Integrationskonstante von Gl. (3) $=$ konst. $- \ln k$ zu setzen sein wird.

Eine bisher unveröffentlichte Versuchsreihe von NIKURADSE mit Rohren verschiedener Weite, die durch Aufkleben von gesiebtem Sand verschiedener Korngrößen mit Hilfe eines geeigneten Lackes in verschiedenem Grad rauh gemacht worden waren, ergab, daß man die neue Konstante $= 3{,}4 = \ln 30$ setzen kann; k bedeutet dabei den mittleren Korndurchmesser des zur Erzeugung der Rauhigkeit verwandten Sandes. Mit $1/\varkappa = 2{,}5$ ergibt sich also die Formel

$$u = 2{,}5\,v_* \ln\left(\frac{30\,y}{k}\right).$$

Durch eine Koordinatenverschiebung um den Betrag von $k/30$ läßt sich noch erreichen, daß für $y = 0$ auch $u = 0$ wird[1]. Damit wird also

$$u = 2{,}5\,v_* \ln\left(1 + \frac{30\,y}{k}\right) \tag{5}$$

[1] Wo die Koordinatenachse zwischen den Höckern der Rauhigkeit genau zu liegen hat, ist dabei noch eine offene, aber nicht sehr wichtige Frage.

oder, wenn man den natürlichen Logarithmus durch den Zehnerlogarithmus ersetzt,

$$u = 5{,}75 v_* \log\left(1 + \frac{30 y}{k}\right). \tag{5a}$$

Gl. (5) bzw. (5a) gibt somit einen festen Zusammenhang zwischen der Geschwindigkeitsverteilung, der Schubspannungsgeschwindigkeit, dem Wandabstand und dem Rauhigkeitsmaß k. Dies gilt zunächst für die bei den Versuchen verwendeten Arten von Rauhigkeiten. Für andere Formen von rauhen Oberflächen wird sich statt der Zahl 30 voraussichtlich eine andere, im übrigen auch noch von der Art, das Rauhigkeitsmaß zu definieren, abhängige Zahl ergeben. Versuche darüber sind in Göttingen in Vorbereitung.

Gl. (5) gibt uns nun sofort Gelegenheit, die obige Behauptung über das Verhalten der idealen Flüssigkeit nachzuprüfen. Die Geschwindigkeit im Abstand $y = h$ sei $u = u_1$. Mit dieser Angabe läßt sich aus Gl. (5a) v_* fortschaffen. Es wird

$$v_* = \frac{u_1}{5{,}75 \log\left(1 + 30\,\frac{h}{k}\right)}$$

und damit

$$u = u_1 \frac{\log\left(1 + 30\,\frac{y}{k}\right)}{\log\left(1 + 30\,\frac{h}{k}\right)}. \tag{6}$$

Die zugehörige Schubspannung wird

$$\tau = \varrho v_*^2 = \frac{\varrho u_1^2}{33\left[\log\left(1 + 30\,\frac{h}{k}\right)\right]^2}, \tag{7}$$

woraus zu ersehen ist, daß diese Schubspannung proportional dem Quadrat der Strömungsgeschwindigkeit u_1 ist. Die Abhängigkeit von der Wandrauhigkeit ist durch Gl. (7) ebenfalls klargestellt.

Geht man zur mathematisch glatten Wand, also zu $k = 0$, über, so wird nach Gl. (6) u für alle Werte von y konstant $= u_1$ und $\tau = 0$, wie man es in der klassischen Hydrodynamik an der idealen Flüssigkeit gewöhnt ist. Der Unterschied ist allerdings auch deutlich, daß selbst eine submikroskopische Rauhigkeit mit einem k von der Größenordnung eines Atomdurchmessers noch erhebliche Abweichungen vom idealen Verhalten zeigen würde. Auf solche Fälle dürfen unsere Formeln in Wirklichkeit nicht mehr angewandt werden. Die Verhältnisse werden hier durch das Eingreifen der Zähigkeit wesentlich verändert, wie im folgenden noch gezeigt werden wird.

Die Rohrströmung

Eine wichtige Feststellung ist zunächst die, daß im Inneren eines geraden Rohres die Relativbewegung der Flüssigkeitsteile gegeneinander bei einigermaßen großen REYNOLDSschen Zahlen nur vom Druckgefälle abhängt, dagegen gar nicht von der Beschaffenheit der Wand, so daß also bei gleichbleibendem Druckgefälle die Kurven der Geschwindigkeitsverteilung in Rohren großer und kleiner Wandrauhigkeit sich durch Verschiebung längs der Geschwindigkeitsachse zur Deckung bringen lassen (abgesehen natürlich von einem Stück unmittelbar an der Wand, das den Geschwindigkeitsanstieg dort darstellt, der natürlich bei glatterer Wand größer ist als bei rauherer). Diese Beziehung ist schon vor 75 Jahren von DARCY [*14*] gelegentlich seiner großen Arbeit über den Rohrwiderstand gefunden und auch ausdrücklich hervorgehoben worden, ist dann aber wieder vergessen worden. Sie ist bei Aachener Messungen in rauhen Kanälen von FRITSCH [*17*] von neuem augenfällig festgestellt worden. Von unserem Standpunkt aus ist diese Feststellung identisch mit der Aussage, daß die Verteilung des Mischungsweges über das Rohrinnere praktisch von der Wandbeschaffenheit unabhängig ist. Unter Berücksichtigung unserer früheren Feststellungen liegt es nahe, zu vermuten, daß man für den Mischungsweg den Ansatz

$$l = r f_1\left(\frac{y}{r}\right)$$

machen kann, wo y der Wandabstand und r der Rohrhalbmesser ist (genaugenommen würde noch eine besondere Verabredung darüber zu treffen sein, von welcher Stelle zwischen den Körnern der Rauhigkeit der Wandabstand y gerechnet werden soll; von dieser Feinheit mag hier aber abgesehen werden). Da die Verteilung der Schubspannung über das Rohr bekannt ist, wenn der Druckabfall gegeben ist, kann man aus Messungen über die Geschwindigkeitsverteilung mit Hilfe von Gl. (2) die Verteilung von l nachprüfen. Es zeigt sich, daß der obige Ansatz zumindest bei den höheren REYNOLDSschen Zahlen gut bestätigt wird. Abb. 4 gibt das Ergebnis in dimensionsloser Form wieder und zeigt damit den Verlauf der Funktion f_1.

Man kann nun umgekehrt diese Funktion zugrunde legen und daraus mit Hilfe von Gl. (2) du/dy ausrechnen, woraus durch eine Integration auch eine Aussage über die Geschwindigkeit selbst gewonnen werden kann. Bei Einführung der Schubspannungsgeschwindigkeit v_* gewinnt diese Beziehung die Form

$$u_{\max} - u = v_* f_2\left(\frac{y}{r}\right). \tag{8}$$

Diese erstmalig von v. KÁRMÁN [*12*] angeschriebene Gleichung ist ebenfalls durch die Versuche wohl bestätigt, wie Abb. 5 erweist, in die Ver-

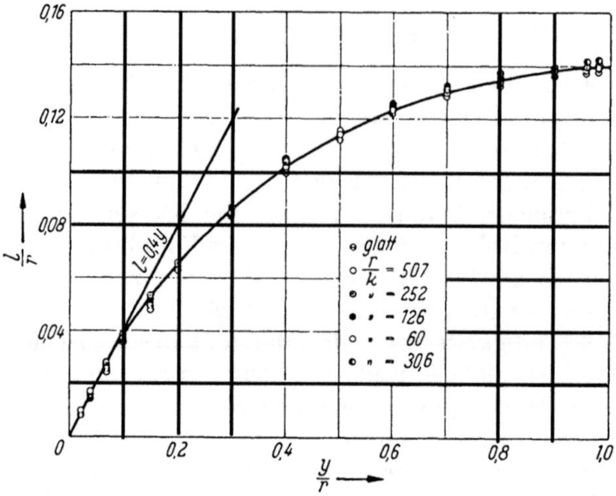

Abb. 4. Verteilung des Mischungsweges im Rohr bei großen REYNOLDSschen Zahlen $\left[\text{Funktion } f_1\left(\frac{y}{r}\right)\right]$

l Mischungsweg, r Rohrhalbmesser, y Abstand von der Wand, k mittlere Längenabmessung der Rauhigkeit

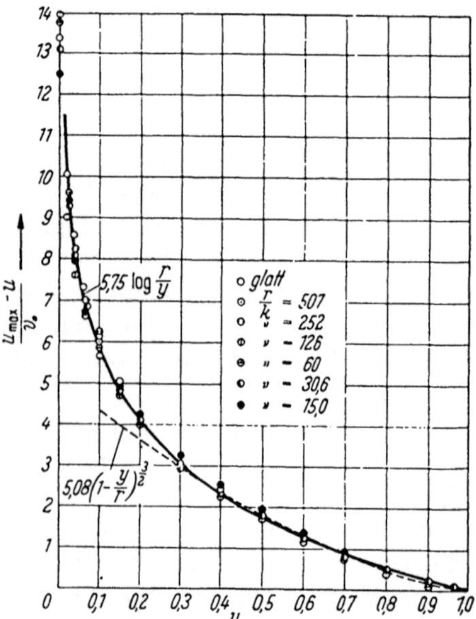

Abb. 5. Verlauf von $u_{\max} - u$ im Rohr bei großen REYNOLDSschen Zahlen $\left[\text{Funktion } f_2\left(\frac{y}{r}\right)\right]$

$u_{\max}$ größte Strömungsgeschwindigkeit, u Strömungsgeschwindigkeit an der Stelle y, v_* Schubspannungsgeschwindigkeit $= \sqrt{\tau/\varrho}$, τ Schubspannung, ϱ Dichte

suchspunkte für glatte und verschieden rauhe Rohre eingetragen sind.

Von der Geschwindigkeit u in irgendeinem Wandabstand y kann man nun zur mittleren Geschwindigkeit $\bar{u}$ übergehen. Man erhält dabei ersichtlich aus Gl. (8) eine Beziehung von der Form

$$u_{\max} - \bar{u} = v_* \cdot \text{Zahl.} \qquad (9)$$

Aus Göttinger Versuchen von NIKURADSE wurde diese

$$\text{Zahl} = 4{,}07$$

ermittelt.

Ein besonderer Glücksfall hat ergeben, daß bereits unsere Gl. (3) oder die spezielle Form für rauhe Wand, Gl. (5), eine bis zur Rohrmitte brauchbare Näherung für die Funktion $f_2(y/r)$

liefert[1], nämlich

$$f_2\left(\frac{y}{r}\right) = 2{,}5 \ln \frac{r}{y} = 5{,}75 \log \frac{r}{y}.^2 \tag{10}$$

Damit ist nun alles zusammen, um, zunächst für das rauhe Rohr, den Widerstand für eine gegebene Menge zu berechnen.

Wir machen zunächst den üblichen Ansatz für die Widerstandszahl λ:

$$-\frac{\mathrm{d}p}{\mathrm{d}x} = \frac{\lambda}{d} \frac{\varrho \bar{u}^2}{2}. \tag{11}$$

Aus dem Gleichgewicht eines Wasserzylinders vom Halbmesser $r = d/2$ erhält man in bekannter Weise für die Wandschubspannung τ_0 die Beziehung

$$-\pi r^2 \frac{\mathrm{d}p}{\mathrm{d}x} = 2\pi r \tau,$$

also

$$-\frac{\mathrm{d}p}{\mathrm{d}x} = \frac{2\tau}{r} = \frac{2\varrho v_*^2}{r}. \tag{12}$$

Der Vergleich von Gl. (11) und (12) liefert mit dem Rohrdurchmesser $d = 2r$

$$v_*^2 = \frac{\lambda}{8} \bar{u}^2. \tag{13}$$

Durch Anwendung von Gl. (5a) auf die Rohrmitte ($y = r$) erhält man wenn man unter dem Logarithmus die 1 gegen den sehr großen Wert $30r/k$ vernachlässigt und $\log 30 = 1{,}477$ setzt,

$$u_{\max} = v_* \left(5{,}75 \log \frac{r}{k} + 8{,}5\right). \tag{14}$$

Andererseits ist gemäß Gl. (9)

$$\bar{u} = u_{\max} - 4{,}07 v_* = v_* \left(5{,}75 \log \frac{r}{k} + 4{,}43\right).$$

---

[1] Für genauere Ermittlungen hätte noch ein kleines Zusatzglied hinzuzukommen, das wir später wenigstens im Endergebnis berücksichtigen wollen.

[2] Darcy [*14*] leitete aus seinen Versuchen die Gleichung

$$u_{\max} - u = 11{,}3 \frac{\sqrt{i}}{r} (r - y)^{3/2}$$

ab (i ist das Gefälle, also

$$= -\frac{1}{g\varrho} \frac{\mathrm{d}p}{\mathrm{d}x};$$

Längeneinheit ist das Meter); diese Gleichung läßt sich auf die Form von Gl. (8) bringen und liefert dabei

$$f_2\left(\frac{y}{r}\right) = 5{,}08 \left(1 - \frac{y}{r}\right)^{3/2},$$

was mit Ausnahme der Wandnähe, wo Darcy keine Messungen gemacht hat, gut zu den modernen Ergebnissen stimmt, s. Abb. 5.

Unter Berücksichtigung von Gl. (13) wird nun

$$\lambda = \frac{8 v_*^2}{\bar{u}^2} = \frac{8}{\left(5{,}75 \log \frac{r}{k} + 4{,}43\right)^2} \approx \frac{1}{\left(2{,}0 \log \frac{r}{k} + 1{,}57\right)^2} . \qquad (15)$$

Dies wird durch den Versuch sehr wohl bestätigt, nur mit der kleinen Abänderung, daß im Nenner besser 1,74 an Stelle von 1,57 geschrieben wird. Diese Änderung hängt mit dem in Gl. (10) unterdrückten Zusatzglied zusammen. Die experimentelle Nachprüfung der Formel erfolgt am besten durch Auftragung von $1/\sqrt{\lambda}$ abhängig von $\log(r/k)$. Es ist nach dem Vorstehenden

$$\frac{1}{\sqrt{\lambda}} = 2{,}0 \log \frac{r}{k} + 1{,}74 . \qquad (16)$$

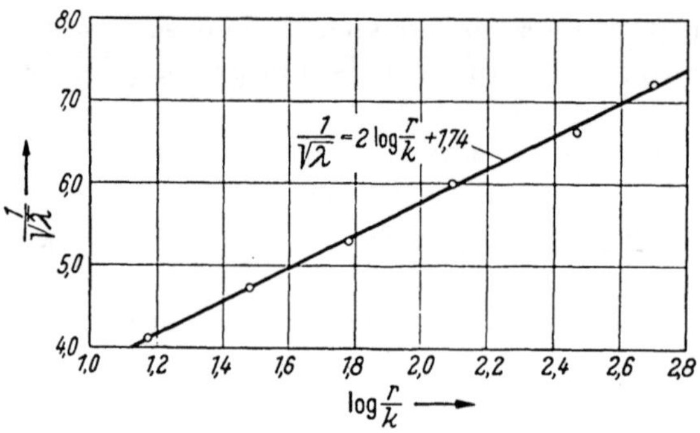

Abb. 6. Widerstandsgesetz des rauhen Rohres

Es muß sich also beim Auftragen eine Gerade ergeben. Abb. 6 zeigt diese Gerade für sechs rauhe Rohre nach Messungen von Nikuradse (s. a. Abb. 9). Es sei erwähnt, daß die allgemeine Form von Gl. (14) sowie eine zu Gl. (16) analoge Gleichung für eine auf $u_{\max}$ bezogene Widerstandszahl erstmalig von v. Kármán angegeben worden ist. Von ihm stammt auch die geradlinige Auftragung.

Einfluß der Zähigkeit — glattes Rohr

Es war schon erwähnt, daß bei geringerer Rauhigkeit die Zähigkeit Einfluß gewinnt, natürlich nur auf die Vorgänge in der Randschicht. Die Rauhigkeiten werden hier mehr oder minder von einer langsamer gleitenden Flüssigkeitsschicht eingehüllt und werden dadurch für den Widerstandsmechanismus unwirksam. Man kann hier auch wieder mit einer Dimensionsbetrachtung vorwärts kommen. Für das, was an der Wand vorgeht, ist bestimmend die Schubspannung an der Wand und damit die auf diese Schubspannung bezogene Geschwindigkeit v_*, ferner das Rauhigkeitsmaß k. Aus diesen beiden läßt sich mit der kinematischen Zähigkeit nach Analogie zur Reynoldsschen Zahl eine Wandkennzahl $v_* k/\nu$ bilden. Da der Strömungszustand im Inneren bei festem v_* ungeändert bleibt, handelt es sich nur darum, die Integrationskonstante von Gl. (3) den neuen Verhältnissen anzupassen. Dies kommt darauf hinaus, daß man an Stelle von k in Gl. (5) bis (7) und

(14) bis (16) eine abgeänderte Rauhigkeitsgröße

$$k' = k\, f_3\left(\frac{v_* k}{\nu}\right)$$

einführt. Über den Verlauf der Funktion f_3 ist nach dem früher Gesagten festzustellen, daß sie für große Werte der Wandkennzahl $= 1$ werden muß, um die früheren Beziehungen wieder zu erhalten. Wir können aber auch sofort einen Schluß darauf ziehen, welche Gestalt die Funktion f_3 für kleine Werte von $v_* k/\nu$ annehmen muß. *Die Beobachtungen zeigen, daß bei geringfügiger, aber sehr wohl noch feststellbarer Rauhigkeit das rauhe Rohr sich in bezug auf seinen Widerstand von einem vollkommen glatten Rohr praktisch nicht mehr unterscheidet*, vorausgesetzt, daß die REYNOLDSsche Zahl nicht ungewöhnlich hoch ist. Ein derartiges Verhalten können wir bekommen, wenn wir

$$f_3\left(\frac{v_* k}{\nu}\right) = \text{Zahl} \cdot \frac{\nu}{v_* k}$$

setzen; denn auf diese Weise fällt k aus den eben aufgezählten Formeln fort und wird durch $\left(\text{Zahl} \cdot \frac{\nu}{v_*}\right)$ ersetzt. Die Versuche bestätigen dieses Ergebnis sehr gut und zeigen bezüglich der Zahl, die die Dimensionsbetrachtung noch offen läßt, daß statt unseres früheren Wertes $k/30$ nunmehr $\nu/9 v_*$ gesetzt werden muß. An Stelle von Gl. (5a) ergibt sich jetzt die *Formel für die Geschwindigkeitsverteilung im Rohr*

$$u = v_* \left(5{,}75 \log \frac{v_* y}{\nu} + 5{,}5\right). \tag{17}$$

Trägt man u/v_* abhängig von $\log(v_* y/\nu)$ auf, so ergibt sich eine Gerade, die sämtliche einigermaßen wandnahen Punkte für die ausgebildeten Geschwindigkeitsprofile aller glatten Rohre enthalten muß. Eine Ausnahme bilden nur die Werte bei sehr kleinen „dimensionslosen Wandabständen" $v_* y/\nu$, bei denen sich noch eine Beeinflussung der Turbulenz durch die Zähigkeit ergibt. Bis auf die in der Fußanmerkung 1 auf Seite 836 erwähnte Zusatzfunktion gilt auch Gl. (17) bis zur Rohrmitte. Die in Abb. 7 eingetragenen Versuchspunkte enthalten in Wirklichkeit nicht bloß die wandnahen Teile, sondern reichen bis nahe an die Rohrmitte heran. Man kann deshalb kleine systematische Abweichungen von der Geraden bemerken, die natürlich bei einer genaueren Theorie zu berücksichtigen sind [*18*].

In Abb. 7 ist zum Vergleich noch das auf Grund der BLASIUSschen Rohrreibungsformel ermittelte Geschwindigkeitsverteilungsgesetz

$$\frac{u}{v_*} = 8{,}7\left(\frac{v_* y}{\nu}\right)^{1/7} \tag{18}$$

durch eine gestrichelte Linie angegeben. Man erkennt, daß es in einem mittleren Bereich, über den früher allein Messungen vorlagen, praktisch mit der Geraden von Gl. (17) übereinstimmt, darunter und darüber aber erheblich abweicht. In der Tat hatte man schon seit längerem festgestellt, daß bei höheren REYNOLDSschen Zahlen an Stelle der siebenten Wurzel die achte, neunte usw. tritt. Die Erklärung für dieses Verhalten ist nunmehr offensichtlich, da jetzt das Gesetz der siebenten Wurzel nur als eine Näherungsformel für das eigentliche Gesetz, das

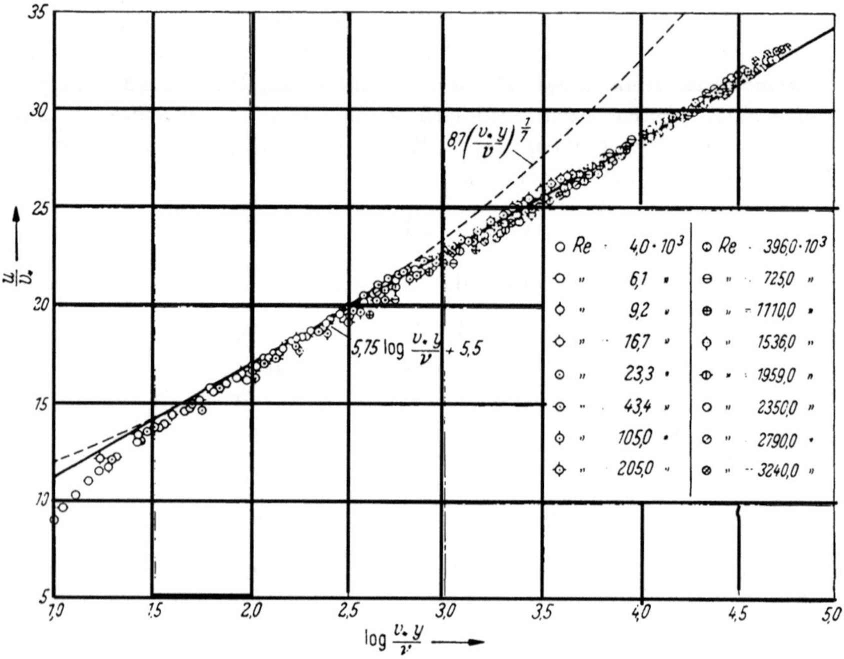

Abb. 7. Gesetz für die Geschwindigkeitsverteilung im glatten Rohr

durch Gl. (17) dargestellt ist, erscheint, wobei die besonderen Zahlwerte der Näherungsformel natürlich noch von dem Bereich abhängen, innerhalb dessen sie mit der genauen Formel übereinstimmen sollen[1].

Für die *Widerstandszahl* erhält man aus Gl. (16) durch die gleiche Änderung

$$\frac{1}{\sqrt{\lambda}} = 2{,}0 \log \frac{v_* r}{\nu} + 0.5 .$$

[1] Unterhalb $\log (v_* y/\nu) = 2{,}0$ zeigt auch die Gerade von Gl. (17) deutliche Abweichungen von den Meßpunkten. Hierin ist ein Einfluß der Zähigkeit zu erkennen. Wenn man von den kleinsten überkritischen REYNOLDSschen Zahlen absieht, betrifft diese Abweichung aber nur eine sehr dünne Schicht nahe der Rohrwand.

Hierbei kann noch unter Berücksichtigung von Gl. (13)

$$\frac{v_* r}{\nu} = \frac{\bar{u}\, r}{\nu}\,\frac{v_*}{\bar{u}} = \frac{\bar{u}\, d}{\nu}\sqrt{\lambda}\,\frac{1}{2\sqrt{8}}$$

gesetzt werden. Mit $\bar{u}\, d/\nu = Re$ ergibt sich somit

$$\frac{1}{\sqrt{\lambda}} = 2{,}0 \log(Re\sqrt{\lambda}) - 1{,}0\,. \tag{19}$$

Die Prüfung dieser Formel durch den Versuch ist von NIKURADSE [20] bis zur REYNOLDSschen Zahl von $3{,}4 \cdot 10^6$ durchgeführt worden und hat eine vorzügliche Geradlinigkeit ergeben. Es muß nur unter Berücksichtigung der mehrfach erwähnten Zusatzfunktion der Zahlwert $-1{,}0$ in $-0{,}8$ umgeändert werden; sodann lautet die *endgültige Formel für die Widerstandszahl*

$$\frac{1}{\sqrt{\lambda}} = 2{,}0 \log(Re\sqrt{\lambda}) - 0{,}8\,. \tag{20}$$

Die Berechnung der Widerstandszahl, die zu einem bestimmten gegebenen Wert der REYNOLDSschen Zahl gehört, macht keine besonderen Schwierigkeiten, obgleich $\sqrt{\lambda}$ auf der rechten Seite noch einmal

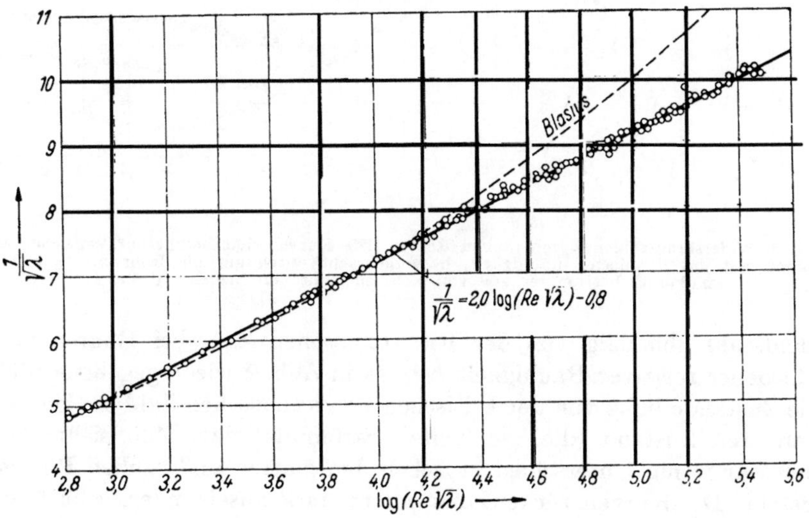

Abb. 8. Widerstandsgesetz im glatten Rohr nach Gl. (20) mit Versuchswerten

vorkommt. Man kann nämlich erst auf der rechten Seite irgendeinen Wert von $\sqrt{\lambda}$ passend annehmen und damit $1/\sqrt{\lambda}$ berechnen und braucht nur, wenn die Abweichung zu groß war, das Verfahren noch einmal zu wiederholen. Der Verlauf von λ abhängig von Re nach Gl. (20) ist in Abb. 8 zusammen mit den Versuchswerten dargestellt. Durch einen besonderen Glückszufall stimmt diese Formel bis zu den kleinsten überkritischen REYNOLDSschen Zahlen herunter mit den Versuchen überein.

Rauhes Rohr

Wir wenden uns nun noch einmal zu dem allgemeinen Problem des rauhen Rohres. Auf Grund von bisher unveröffentlichten Göttinger Messungen von NIKURADSE ergibt sich über den Verlauf der Wider-

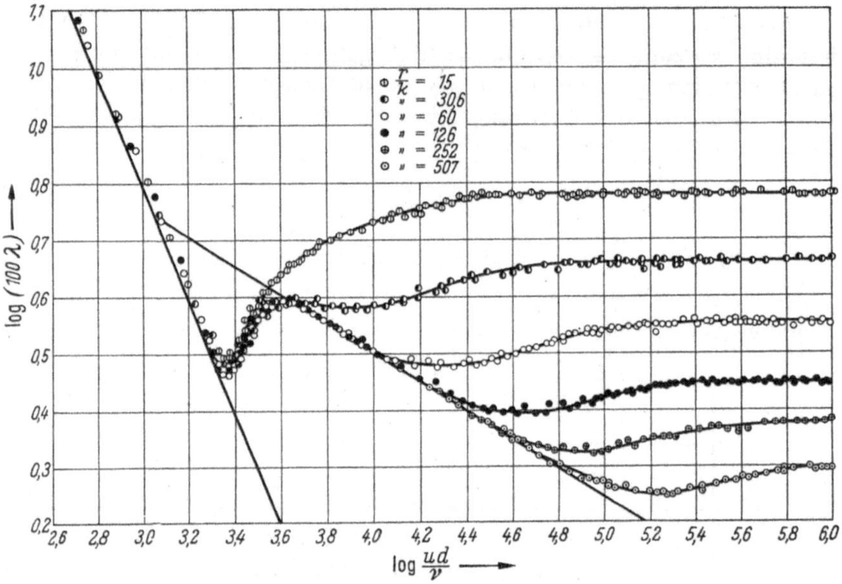

Abb. 9. Widerstandszahlen λ von rauhen Rohren. Die Kurvenschar beruht auf Versuchen an Rohren mit gut definierter Rauhigkeit, hervorgebracht durch auf die Rohrwand geklebte Sandkörner bestimmter und von Rohr zu Rohr verschiedener Größe k

standszahl abhängig von der REYNOLDSschen Zahl bei Rohren verschiedener relativer Rauhigkeit k/r das in Abb. 9 wiedergegebene Bild. Die Zustände links von der kritischen REYNOLDSschen Zahl stellen den laminaren Zustand (die „schlichte" Strömung) dar. Man sieht, daß hier sehr wenig Unterschied zwischen den glatten und rauhen Rohren besteht. Die Kurven rücken aber sofort stark auseinander, sobald die Turbulenz einsetzt, d. h. oberhalb von Re_{krit}. Die Kurven für die kleineren Rauhigkeiten laufen zunächst entlang der Kurve für das glatte Rohr und heben sich der Reihe nach von dieser ab.

Nach den vorausgegangenen Darlegungen ist der Weg zur Auffindung einer einheitlichen Gesetzmäßigkeit für den turbulenten Teil vorgegeben. Als Abszisse werden wir die Wandkennzahl $v_* k/\nu$ oder ihren Logarithmus wählen, als Ordinate werden wir eine Größe wählen, die nach den Gesetzmäßigkeiten der voll ausgebildeten Rauhigkeitsströmung konstant ist. Man kann also z. B. die Größe

$$\frac{1}{\sqrt{\lambda}} - 2{,}0 \log \frac{r}{k}$$

wählen, oder, wenn man die entsprechende Gesetzmäßigkeit für die Geschwindigkeitsverteilung sucht, die Größe

$$\frac{u}{v_*} - 5{,}75 \log \frac{y}{k}\,.$$

Die Auftragung dieser beiden Größen auf Grund der Versuchsergebnisse bringt in der Tat die mit sehr verschiedenen Rauhigkeiten gemessenen

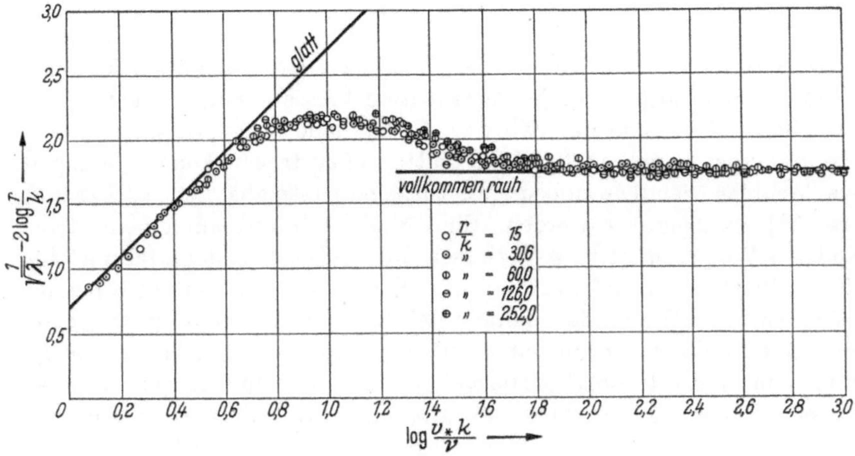

Abb. 10. Rauhigkeitsfunktion

Versuchspunkte nahezu auf je eine einzige Kurve. Die beiden Kurven selbst stimmen auch untereinander noch bis auf den Maßstab überein, wie dies aus den hier dargelegten Zusammenhängen hervorgeht. Das ganze Rohrproblem hat hiermit auf Grund einer Verknüpfung von wenigen Erfahrungswerten mit theoretischen Schlüssen eine sehr umfassende Lösung gefunden. Was noch zu tun bleibt, ist, die Kurve von Abb. 10, die bisher nur für die besondere, von uns untersuchte Sandkornrauhigkeit festgestellt worden ist, auch noch für andere Formen der Rauhigkeit zu ermitteln. Versuche in dieser Richtung sind zur Zeit in Vorbereitung.

Übertragung auf andere Fälle

Plattenwiderstand — beschleunigte und verzögerte Strömungen

Von dem Verhalten der Rohrströmung hat man schon früher, als das Blasiussche Widerstandsgesetz

$$\lambda = 0{,}316 \left(\frac{\bar{u}\, d}{\nu}\right)^{-1/4}$$

das Feld beherrschte, auf den Reibungswiderstand von längs angeströmten *Platten* geschlossen [*15* und *16*]. Die Rechnung ging so vor sich, daß man nach dem „Impulssatz" die durch die Reibung bewirkte Abnahme der Bewegungsgröße der Strömung abhängig von der beströmten Plattenlänge gemäß den Gesetzmäßigkeiten für die Geschwindigkeitsverteilung formelmäßig darstellte und nun zum Ausdruck brachte, daß diese Abnahme für die Längeneinheit längs der Platte gleich der Reibungskraft für die Längeneinheit war. Mit dem so erhaltenen Gesetz für die Reibungswiderstandszahl c_f (Widerstand dividiert durch Körperoberfläche und Staudruck):

$$c_f = 0{,}074 \left(\frac{v\,l}{\nu}\right)^{-1/5} \tag{21}$$

(l = Plattenlänge, v = Geschwindigkeit der Platte) hat man ähnliche Abweichungen gegenüber den Versuchsergebnissen festgestellt, wie dies beim Rohrwiderstand der Fall war. Es lag nahe, das verbesserte Rohrströmungsgesetz nun auch auf die Platte zu übertragen. Die Rechnungen werden hier ziemlich unbequem. Sie sind erstmalig von v. Kármán [*13*, *21*] durchgeführt worden. Eine Neuberechnung auf einem etwas anderen Weg stammt vom Verfasser [*18*], der eine Zahlentafel mitteilt, deren Werte sehr befriedigend mit Messungen von Kempf übereinstimmen. Die Werte der Zahlentafel ließen sich durch die folgende von H. Schlichting ermittelte *Näherungsformel* wiedergeben, die allerdings nur eine Interpolationsformel darstellt, aber in dem ganzen praktischen Bereich der turbulenten Strömung brauchbar ist; sie lautet:

$$c_f = \frac{0{,}455}{\left(\log \frac{v\,l}{\nu}\right)^{2{,}58}} \,. \tag{22}$$

Für die rauhe Platte ist eine entsprechende Rechnung auf der Grundlage des in Abb. 10 dargestellten Rauhigkeitsgesetzes durchgeführt worden [*19*].

Von großer Wichtigkeit ist auch das Verhalten der turbulenten Reibungsschicht in einer *beschleunigten oder verzögerten Strömung*. Ein wichtiger Sonderfall, die Strömung in einem erweiterten oder verengten Kanal mit ebenen Seitenwänden, ist für Luft von Dönch [*22*], für Wasser von Nikuradse [*23*] untersucht worden. Wesentlich allgemeinere Vorgänge hat Gruschwitz [*24*] studiert. Auch die Züricher Arbeit von Buri [*25*] muß hier erwähnt werden (beschleunigte Strömung in einer Düse), ferner die Messungen von Cuno in Hannover an einem Flugzeugtragflügel [*27*].

Buri und Gruschwitz haben nun in etwas voneinander verschiedener Weise den sehr wichtigen Versuch gemacht, Rechenvorschriften zu finden, nach denen man den Verlauf der Vorgänge in der Reibungsschicht rein rechnerisch verfolgen kann. Das BURIsche Verfahren ist das einfachere, das von GRUSCHWITZ das vollkommenere. Der Raummangel verbietet leider, hier nähere Angaben über diese nicht ganz einfachen Rechnungen zu machen. Mit diesen Verfahren ist es möglich, den Verlauf der Reibungsschicht bei vorgegebener Druckverteilung rein rechnerisch vorherzusagen und unter Umständen auch die wichtige Feststellung zu machen, ob diese Strömung so, wie angenommen, an der Wand entlang gehen oder ob sich irgendwo eine Ablösung ereignen wird. Ein weiterer Versuch, auf diese Weise die wirklichen Eigenschaften eines Tragflügels einschließlich Profilwiderstand und Höchstauftrieb rechnerisch vorauszusagen, ist zur Zeit in Arbeit. Wenn er befriedigende Übereinstimmung mit den Versuchen ergäbe, so würde das einen sehr erheblichen Fortschritt bedeuten.

Weitere Aufgaben

Gekrümmte Strömungen

Die Untersuchung von Strömungen in stark gekrümmten Kanälen [*30*, *31*] zeigte, daß, abgesehen von den hier an den seitlichen Wänden auftretenden, auch von älteren Verfassern schon beschriebenen „Sekundärströmungen“[1] auch der eigentliche Turbulenzmechanismus hier wesentlich abgeändert ist. Beide Arten von Vorgängen hängen damit zusammen, daß die schneller an der krummen Wand entlangströmenden Flüssigkeitsteile stärkere Zentrifugalkräfte entwickeln als die langsamer strömenden. Es trachten also die schnelleren Teile, unter Verdrängung der langsameren, an die Außenwand zu kommen. Da aber die unmittelbar an der Wand befindlichen Teile immer erneut durch Reibung abgebremst werden, ergibt sich auf der Außenseite des Kanals durch Verdrängung dieser langsameren Teile nach innen ein erheblich verstärkter Austausch; auf der Innenseite sammelt sich dagegen die langsamere Strömung an, und der Austausch ist hier erheblich verringert.

Die Vorgänge sind weitgehend ähnlich denjenigen bei der Strömung einer Flüssigkeit über eine *erhitzte* oder eine *abgekühlte Bodenfläche*. Im ersten Fall streben die erwärmten und gleichzeitig gebremsten Teile durch hydrostatischen Auftrieb von der Wand fort, im zweiten Fall (Kühlung) werden sie infolge ihrer höheren Dichte gerade in der Wandnähe festgehalten [*11*, *32*], so daß in dem ersten Fall die turbulente Reibung verstärkt, im zweiten Fall abgeschwächt wird. Da über beide Erscheinungsgruppen in Göttingen Versuche gemacht bzw. in Arbeit sind, wird sich eine zahlenmäßige Erfassung auch dieser Einflüsse erhoffen lassen.

---

[1] Schrifttum bei H. NIPPERT, VDI-Forschungsheft 320, Berlin 1929.

Flüssigkeitsstrahlen und Nachlaufvorgänge

Eine andere Art von wichtigen Vorgängen betreffen die turbulente Ausbreitung von Flüssigkeitsstrahlen und die Nachlaufvorgänge hinter bewegten Körpern.

Die Grenzen eines Strahles, der z. B. aus einer größeren Öffnung kommt (Ausfluß aus einer Düse od. dgl.), sind bekanntlich stark instabil und gehen bei der Auflösung in ein mehr oder minder unregelmäßiges Wirbelsystem über. Auch für diese Art von Vorgängen hat sich der Begriff des Mischungsweges bewährt, und es war möglich, mit Hilfe der einfachen Annahme, daß der Mischungsweg in einem Querschnitt jeweils konstant und proportional der dortigen Breite der Mischungszone sei, die Gestalt der Vermischungszone und die Geschwindigkeitsverteilung in ihr in sehr befriedigender Weise vorauszusagen, wobei nur die Verhältniszahl

Mischungsweg : Breite der Vermischungszone

aus den Versuchen entnommen werden mußte [*28*, *29*; vgl. auch *9*, *10*, *36*].

Beziehungen zum Wärmeaustausch

Mit dem turbulenten Geschwindigkeitsaustausch steht in ziemlich engen Beziehungen der Wärmeaustausch. Soweit es sich um die Strömung längs einer Wand handelt, hat dabei, wie Versuche von ÉLIÁS [*33*] zeigten, die Austauschgröße genau denselben Wert, so daß die Kurve der Temperaturverteilung mit der der Geschwindigkeitsverteilung übereinstimmt. Für die Vorgänge bei der Nachlaufströmung hinter bewegten Körpern hat jedoch kürzlich TAYLOR [*34*] gezeigt, daß hier der Wärmeaustausch doppelt so stark ist wie der Austausch der Geschwindigkeit, so daß also die Temperatur- und die Geschwindigkeitskurve merklich verschiedene Gestalt haben[1]. TAYLOR konnte auch zeigen, daß theoretisch der erstere Zustand (gleiche Gestalt dieser

[1] TAYLOR weist nach, daß in diesem Fall die *Drehungsstärke* der Hauptbewegung in derselben Weise ausgetauscht wird wie die Wärme. Die Austauschgröße ist $= \varrho\, l^2 \dfrac{du}{dy}$, die Drehungsstärke bei Parallelbewegung aber $\mathrm{d}u/\mathrm{d}y$, das Gefälle der Drehungsstärke in der Richtung y also $\mathrm{d}^2u/\mathrm{d}y^2$. TAYLOR zeigt, daß dann

$$\frac{\partial \tau}{\partial y} = \varrho\, l^2 \frac{\mathrm{d}u}{\mathrm{d}y}\,\frac{\mathrm{d}^2u}{\mathrm{d}y^2}$$

ist, was wir für ein in einem Querschnitt konstantes l zu

$$\tau = \frac{1}{2}\,\varrho\, l^2 \left(\frac{\mathrm{d}u}{\mathrm{d}y}\right)^2$$

integrieren können. Der Faktor $\frac{1}{2}$ in dieser Formel unterscheidet sie von unserer Gl. (2).

Kurven) zu erwarten ist, wenn die Wirbelachsen der Störungsbewegung parallel zu den Stromlinien der Hauptbewegung sind, der zweite (Verschiedenheit) aber, wenn sie senkrecht dazu stehen. Unveröffentlichte Göttinger Versuche von P. RUDEN zeigten, daß auch bei der Strahlausbreitung das TAYLORsche Austauschgesetz herrscht.

Es ergibt sich also, daß man bei genauerem Zusehen *zwei Arten der Turbulenz* zu unterscheiden hat, die sich in ihrem Mechanismus unterscheiden. Man wird die eine ,,Wandturbulenz" und die andere ,,Strahlturbulenz" nennen können. Daß bei der letzteren die Wirbel der Störungsbewegung überwiegend senkrecht zur Strömungsrichtung stehen, ist aus der Entstehung dieser Wirbel leicht einzusehen. Bei der Wandturbulenz überwiegen gemäß dem ÉLIÁSschen Befund offenbar die Wirbel parallel zu den Stromlinien. Diese nicht unwichtige Feststellung wird vielleicht noch einmal den Weg zu einer eigentlichen Theorie dieser Vorgänge zeigen. Solange man diese noch nicht besitzt, wird man mit halbempirischen Betrachtungen von der hier geschilderten Art zufrieden sein müssen.

Schriftenverzeichnis

Bei diesem Verzeichnis ist in keiner Weise Vollständigkeit angestrebt. Es sind lediglich die Arbeiten angegeben, die unmittelbar mit dem Text in Verbindung stehen. Daneben sind einige wichtige neuere zusammenfassende Darstellungen erwähnt.

I. Zusammenfassung älterer Arbeiten

[*1*] F. NOETHER, Turbulenzproblem. Z. angew. Math. Mech. Bd. 1 (1921) S. 125; Nachtrag S. 218.

II. Entstehung der Turbulenz

[*2*] L. PRANDTL, Bemerk. über Entstehung der Turbulenz. Z. angew. Math. Mech. Bd. 1 (1921) S. 431; Phys. Z. Bd. 23 (1922) S. 19.

[*3*] O. TIETJENS, Beitr. über Entstehung der Turbulenz. Dissertation Göttingen 1922; Auszug Z. angew. Math. Mech. Bd. 5 (1925) S. 200.

[*4*] W. TOLLMIEN, Entstehung der Turbulenz. Nachr. Ges. Wiss. Göttingen 1929, S. 21.

[*5*] L. PRANDTL, Entstehung der Turbulenz. Z. angew. Math. Mech. Bd. 11 (1931) S. 407.

[*6*] H. SCHLICHTING, Entstehung der Turbulenz in einem rotierenden Zylinder. Nachr. Ges. Wiss. Göttingen 1932, S. 160.

[*7*] H. SCHLICHTING, Stabilität der COUETTE-Strömung. Ann. Phys. 5. Folge, Bd. 14 (1932) S. 905.

Ferner [*35*] und [*36*].

III. Ausgebildete Turbulenz

[*8*] L. PRANDTL, Untersuchungen zur ausgebildeten Turbulenz. Z. angew. Math. Mech. Bd. 5 (1925) S. 136.

[*9*] L. PRANDTL, Neuere Turbulenzforschung, in Hydraulische Probleme. Berlin 1926.

[10] L. Prandtl, Ausgebildete Turbulenz. Verhandl. des II. Intern. Kongr. techn. Mechanik Zürich 1926, S. 62. Zürich und Leipzig 1927.

[11] L. Prandtl, On the Rôle of Turbulence in Technical Hydrodynamics. Proc. World Eng. Congr. Tokyo 1929, Bd. 5, S. 495. Tokyo 1931.

[12] Th. v. Kármán, Mechan. Ähnlichkeit und Turbulenz, Nachr. Ges. Wiss. Göttingen 1930, S. 58.

[13] Th. v. Kármán, Mechan. Ähnlichkeit und Turbulenz. Verhandl. des III. Intern. Kongr. techn. Mechanik Stockholm 1930, Bd. 1, S. 94. Stockholm 1931.

IV. Rohre und Platten

[14] H. Darcy, Recherches expérimentales relatives au mouvement de l'eau dans les tuyaux. Mém. Savants étrangers Bd. 15 (1858) S. 141.

[15] Th. v. Kármán, Laminare und turbulente Reibung. Z. angew. Math. Mech. Bd. 1 (1921) S. 233.

[16] L. Prandtl, Reibungswiderstand strömender Luft. Ergebnisse der Aerodynamischen Versuchsanstalt Göttingen, III. Lief., S. 1. München-Berlin 1927.

[17] W. Fritsch, Einfluß der Wandrauhigkeit auf die turbulente Geschwindigkeitsverteilung in Rinnen. Z. angew. Math. Mech. Bd. 8 (1928) S. 199.

[18] L. Prandtl, Zur turbulenten Strömung in Rohren und längs Platten. Ergebnisse der Aerodynamischen Versuchsanstalt Göttingen, IV. Lief., S. 18. München-Berlin 1932.

[19] L. Prandtl, Diskussion zum „Reibungswiderstand". Hydromechan. Probleme des Schiffsantriebs, hrsg. von G. Kempf und E. Foerster, S. 87. Hamburg 1932.

[20] J. Nikuradse, Gesetzmäßigkeiten der turbulenten Strömung in glatten Rohren. VDI-Forschungsheft 356. Berlin 1932.

[21] Th. v. Kármán, Theorie des Reibungswiderstandes. Hydromechan. Probleme des Schiffsantriebs, hrsg. von G. Kempf und E. Foerster, S. 50. Hamburg 1932.

Ferner [12], [13], [37] und [38].

V. Andere Aufgaben

[22] F. Dönch, Divergente und konvergente turbulente Strömungen mit kleinen Öffnungswinkeln. Dissertation Göttingen 1925. VDI-Forschungsheft 282. Berlin 1926.

[23] J. Nikuradse, Strömung des Wassers in konvergenten und divergenten Kanälen. VDI-Forschungsheft 289. Berlin 1929.

[24] E. Gruschwitz, Die turbulente Reibungsschicht bei Druckabfall und Druckanstieg. Dissertation Göttingen 1931. Ing.-Arch. Bd. 2 (1931) S. 321.

[25] A. Buri, Berechnungsgrundlage für die turbulente Grenzschicht bei beschleunigter und verzögerter Grundströmung. Dissertation Zürich 1931.

[26] C. B. Millikan, The Boundary Layer and Skin Friction for a Figure of Revolution. Trans. Amer. Soc. mech. Engrs., Appl. Mech., Bd. 54 (1932) Nr. 2, S. 29.

[27] O. Cuno, Exper. Untersuchung der Grenzschichtdicke und Verlauf längs eines Flügelschnittes. Z. Flugtechn. Motorl. Bd. 22 (1932) S. 189.

[28] W. Tollmien, Berechnung turbulenter Ausbreitungsvorgänge. Z. angew. Math. Mech. Bd. 6 (1926) S. 468.

[29] H. Schlichting, Das ebene Windschattenproblem. Dissertation Göttingen 1930. Ing.-Arch. Bd. 1 (1930) S. 533.

[30] A. BETZ, Turbulente Reibungsschichten an gekrümmten Wänden. Vortäge Aerodynamik u. verwandte Gebiete (Aachen 1929), hrsg. von A. GILLES, A. HOPF und TH. V. KÁRMÁN, S. 10. Berlin 1930.

[31] H. WILCKEN, Turbulente Grenzschichten an gewölbten Flächen. Dissertation Göttingen 1929. Ing.-Arch. Bd. 1 (1930) S. 357.

[32] L. PRANDTL, Einfluß stabilisierender Kräfte auf die Turbulenz. Vorträge Aerodynamik und verwandte Gebiete (Aachen 1929), hrsg. von A. GILLES, L. HOPF und TH. V. KÁRMÁN, S. 1. Berlin 1930.

[33] F. ÉLIÁS, Wärmeübergang von einer geheizten Platte an strömende Luft. Abhandl. Aerodyn. Inst. Aachen H. 9 (1930) S. 10.

[34] G. I. TAYLOR, The Transport of Vorticity and Heat through Fluids in Turbulent Motion. Mit Anhang von A. FAGE und V. M. FALKNER. Proc. Roy. Soc. London [A] Bd. 135 (1932) S. 685 u. 702.

VI. Neuere zusammenfassende Darstellungen

[35] L. HOPF, Zähe Flüssigkeiten. Handb. Physik, hrsg. von H. GEIGER und K. SCHEEL, Bd. 7, S. 91. Berlin 1932.

[36] W. TOLLMIEN, Turbulente Strömungen. Handb. Experimentalphysik, hrsg. von W. WIEN und F. HARMS unter Mitarbeit von H. LENZ, Bd. 4, 1. Teil. Leipzig 1931.

[37] L. SCHILLER, Strömung in Rohren. Handb. von W. WIEN und F. HARMS, Bd. 4, 4. Teil. Leipzig 1932.

[38] F. EISNER, Reibungswiderstand. Hydromechan. Probleme des Schiffsantriebs, hrsg. von G. KEMPF und E. FOERSTER. Hamburg 1932.

Deutsche Forschung (Aus der Arbeit der Notgemeinschaft der Deutschen Wissenschaft) Heft 21 (1934) S. 110—121

Einfluß von Wärmeschichtung auf die Eigenschaften einer turbulenten Strömung[1]

I.

Wie bereits in dem ersten Heft über die Arbeiten des Ausschusses für atmosphärische Strömungsforschung berichtet worden ist[2], ist im Kaiser-Wilhelm-Institut für Strömungsforschung zu Göttingen auf Anregung von Prof. WILH. SCHMIDT, Wien, der Versuch gemacht worden, den Einfluß einer Wärmeschichtung auf das Verhalten turbulenter Strömungen im Laboratorium zu bestimmen. Die Kosten der recht umfangreichen Versuchseinrichtung sind von der Deutschen Forschungsgemeinschaft übernommen worden, wofür wir ihr unseren Dank aussprechen möchten.

Die Einrichtung besteht aus einem rechteckigen Kanal von 1 m Breite und 0,25 m Höhe, dessen obere und untere Wand mit Dampf geheizt oder mit Wasser gekühlt werden können, so daß die hindurchstreichende Luft starke Temperaturschichtung annimmt.

Es ist zunächst eine Strecke von 8 m Länge errichtet worden. Die Vorversuche zeigten aber, daß in dem Fall, wo die Temperatur nach oben hin zunimmt (stabiler Fall), der Wärmeübergang so stark vermindert ist, daß man eine viel längere Strecke (rd. 30 m) nötig hätte, um ein vollausgebildetes Geschwindigkeits- und Temperaturfeld zu erreichen. Die Räumlichkeiten im Kaiser-Wilhelm-Institut erlaubten aber nur eine Verlängerung auf 16 m, die auch ausgeführt worden ist. Der Mangel, daß das Geschwindigkeits- und Temperaturprofil hier noch nicht ausgebildet ist, sondern sich in der Strömungsrichtung noch dauernd ändert, verhindert nicht die Gewinnung von Resultaten, macht aber die Bearbeitung wesentlich mühsamer. Eine Verringerung der Kanalhöhe würde zwar die Erreichung eines ausgebildeten Profils erleichtern, aber die Energie der thermischen Auftriebskräfte, die bei 25 cm Höhe schon sehr klein ist, noch weiter verringern, so daß es zweifelhaft ist, ob hier überhaupt noch ein beobachtbarer Effekt übrigbleiben würde.

Eine ausgeprägte Wechselwirkung zwischen den Strömungskräften und den durch die Schichtung hervorgerufenen Kräften ist dann zu erwarten, wenn die Arbeitsleistung der Gewichtsunterschiede der geschichteten Luft bei einer turbulenten Bewegung vergleichbar ist mit

---

[1] In Gemeinschaft mit Dr. H. REICHARDT, Göttingen.

[2] L. PRANDTL, Deutsche Forschung H. 14, S. 14.

der kinetischen Energie der turbulenten Nebenbewegung. Diese Arbeitsleistung ist bei unseren Versuchen wie erwähnt trotz der großen Temperaturdifferenz von 90° C recht klein. Hieraus folgt, daß die erwarteten Erscheinungen bei recht geringen Luftgeschwindigkeiten von 1 bis 2 m/sec auftreten, bei denen die üblichen Meßmethoden sämtlich versagen. Die Ausarbeitung von geeigneten Meßmethoden und die Ausbildung der zugehörigen Geräte hat uns leider wesentlich mehr Zeit gekostet, als wir erwartet haben, und es konnten deshalb die Hauptversuche noch nicht durchgeführt werden. Doch ist eine brauchbare Einrichtung für Geschwindigkeits- und Temperaturmessung ausgearbeitet, die auch zu Schwankungsmessungen geeignet ist. An der Messung der sehr kleinen Druckunterschiede, die eine Empfindlichkeit von mindestens 10^{-4} mm WS erfordern, wird noch gearbeitet, doch hoffen wir mit einem neuen Torsionsfadengerät, das zur Zeit im Bau ist, in Kürze unser Ziel zu erreichen.

Für die Geschwindigkeitsmessung kommt in dem angegebenen Bereich vorwiegend die Hitzdrahtmethode in Frage. Es zeigt sich jedoch, daß wegen der ungleichen und noch dazu schwankenden Temperatur der Luft alle bekannten Schaltungen hier versagen. Schließlich gelang es, ein Hitzdrahtanemometer zu entwickeln, dessen Anzeige von der Windtemperatur näherungsweise unabhängig ist[1]. Die Sonde besteht aus zwei etwa gleich langen Hitzdrähten aus gleichem Material, aber von verschiedenem Durchmesser, die nebeneinander ausgespannt sind. In einer Brückenschaltung wird das Widerstandsverhältnis der beiden Hitzdrähte zur Anzeige gebracht. Reguliert man den durch die Hitzdrähte fließenden Strom jeweils so ein, daß das Widerstandsverhältnis konstant bleibt, so ist dieser Strom, näherungsweise unabhängig von der Lufttemperatur, ein Maß für die Windstärke. Der eine der beiden Hitzdrähte kann als Widerstandsthermometer geschaltet werden. Mit ein und derselben Sonde kann man daher kurz hintereinander die mittlere Geschwindigkeit und die mittlere Temperatur an einem bestimmten Ort messen.

II.

Mit dieser Einrichtung haben sich schon allerhand nicht unwichtige Aufschlüsse gewinnen lassen.

Während die REYNOLDSsche kritische Geschwindigkeit im kalten Kanal etwa 20 cm/sec beträgt, zeigten bei Heizung der oberen Platte (stabile Wärmeschichtung) die Messungen mit der „Zweidrahtsonde", daß unterhalb einer Geschwindigkeit von 1 m/sec in der Kanalmitte

[1] Auf das von H. ALBRECHT angegebene Anemometer mit zwei Hitzdrähten [Meteorol. Z. Bd. 47 (1930) S. 465] wird anläßlich einer an anderer Stelle erfolgenden ausführlichen Beschreibung der Versuchseinrichtung eingegangen werden.

die Strömung am Auslauf des Kanals über den ganzen Vertikalschnitt laminar ist. Der Temperaturabfall ist, da die Eintrittstemperatur der Luft trotz Vorwärmung näher an derjenigen der unteren Platte liegt, im wesentlichen in der Nähe der oberen Platte konzentriert, und das Geschwindigkeitsprofil ist daher auch unsymmetrisch. Bei

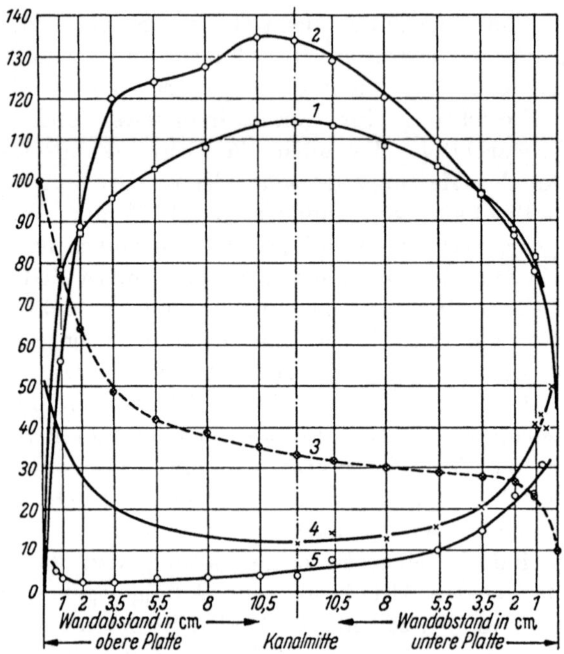

Abb. 1. Kurve 1: Geschwindigkeitsverteilung bei konstanter Temperatur (Zahlen bedeuten cm/sec.). Kurve 2: Geschwindigkeitsverteilung bei stabiler Wärmeschichtung. Kurve 3: Temperaturverteilung bei stabiler Wärmeschichtung (Zahlen bedeuten Grad C). Kurve 4: $\overline{U'}/\bar{u}$ = Mittlere Amplitude der Geschwindigkeitsschwankungen $\overline{U'}$ bezogen auf die örtliche Strömungsgeschwindigkeit $\bar{u}$. (Die Zahlen bedeuten die Prozente.) Die Temperatur über dem Querschnitt ist konstant. Kurve 5: $\overline{U'}/\bar{u}$ bei stabiler Wärmeschichtung

Steigerung der Ventilatordrehzahl tritt zunächst in der unteren Hälfte, wo die Wärmeschichtung schwächer ist, Turbulenz ein. Bei weiterer Steigerung der Drehzahl wird ein Stadium erreicht, in dem die Turbulenz von Zeit zu Zeit auch von der oberen Hälfte Besitz nimmt. Die Amplituden und die Frequenzen der Schwankungen (s. u.) wachsen dann plötzlich um ein vielfaches. Versuche mit zwei Zweidrahtsonden, die in verschiedener Höhe angebracht waren, zeigen, daß der Einsatz der Turbulenz durch eine plötzlich auftretende stärkere Störung verursacht wird, die aus dem unteren, vollturbulenten Gebiet in die oberen stabileren Schichten dringt. Diesem Zustand entspricht eine Geschwindigkeit in der Kanalmitte von 170 cm/sec.

Die Geschwindigkeits- und Temperaturverteilung für einen Zwischenzustand (134 cm/sec Mittengeschwindigkeit), in dem also das vollturbulente Gebiet nur den unteren Teil des Profils umfaßt, ist in Abb. 1 wiedergegeben. Die Geschwindigkeitsverteilung, die sich bei der gleichen Ventilatordrehzahl in dem ungeheizten Kanal ausbildet (Mittengeschwindigkeit 114 cm/sec), ist in Abb. 1 ebenfalls angegeben.

III.

Ein besonderes Interesse wurde den turbulenten Schwankungen zugewendet, die sich mit der Zweidrahtsonde gut verfolgen lassen. Werden Schwankungen des Heizstromes vermieden (durch einen hohen Ballastwiderstand in der Zuleitung zur Brückenverzweigung), so ist die Wechselspannung in der Brücke genähert proportional den Windschwankungen, falls diese Schwankungen klein sind. Unabhängigkeit von der Windtemperatur ist vorhanden, wenn die Temperaturschwankungen klein sind. Beide Hitzdrähte müssen klein sein, damit sie in ein „Turbulenzelement" hineinpassen. Es wurden deshalb Hitzdrähte von 1 mm Länge verwendet.

Die durch Windschwankungen erzeugten Spannungsschwankungen in der Brücke eines Hitzdrahtanemometers sind sehr klein (besonders bei kurzen Hitzdrähten). Die Spannungsschwankungen müssen daher verstärkt werden (etwa 10000fach). Die verstärkte Spannung wird von einem Kathodenstrahloszillographen zur Anzeige gebracht. Der Oszillograph besitzt zwei Ablenkungsplattenpaare, so daß gleichzeitig zwei Wechselspannungen beobachtet werden können (bei Verwendung von zwei Sonden). Damit man auch die langsamsten Schwankungen aufzeichnen kann, wird mit Gleichspannungsverstärkern gearbeitet.

Die für die Schwankungsmessungen verwendeten Zweidrahtsonden hatten Hitzdrähte von den Stärken 0,015 bzw. 0,02 mm. Bei diesen Stärken kann die Wärmeträgheit der Hitzdrähte für Frequenzen unterhalb von 10 Hz vernachlässigt werden. Höhere Frequenzen werden nicht in voller Größe wiedergegeben. Versuche mit wesentlich dünneren Hitzdrähten sind für später geplant.

Zunächst wurde mit *einer* Zweidrahtsonde und also mit nur einer Komponente des Kathodenstrahloszillographen gearbeitet und der Leuchtfleck durch ein photographisches Objektiv auf einem gleichförmig laufenden Filmband aufgezeichnet (zu diesem Zweck fand ein von Mitteln der Deutschen Forschungsgemeinschaft beschaffter Thunscher Zeitdehner Verwendung, von dem die Schlitzscheibe entfernt war; die Filmgeschwindigkeit war durch ein Vorgelege ermäßigt). Als Beispiel einer solchen Registrierung sei eine Aufnahme von einem Betriebszustand wiedergegeben, bei dem laminare und turbulente

Strömung miteinander abwechseln (Abb. 2). Diese Aufnahme ist mit 6 cm/sec Filmgeschwindigkeit gemacht. Später setzten wir mittels eines zweiten Vorgeleges die Filmgeschwindigkeit weiter auf 0,5 cm/sec herunter, da es uns wesentlich nur auf die durchschnittlichen Schwankungsamplituden und auf die zeitliche Verteilung des laminaren und turbulenten Zustandes ankam, und dadurch natürlich sehr an Film

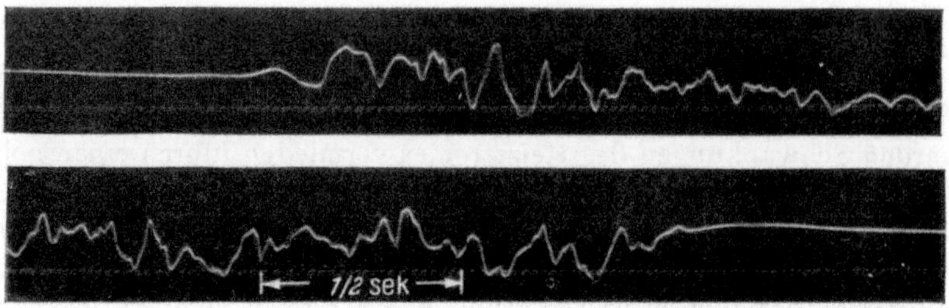

Abb. 2. Oszillogramm mit Turbulenzbeginn und Aufhören der Turbulenz (Wärmeschichtung, Mittengeschwindigkeit 120 cm/sec. Ort 2 cm über der unteren Platte)

gespart werden konnte. Eine weitere Möglichkeit zur Feststellung der Schwankungsamplituden ist die im nächsten Abschnitt beschriebene Art von Aufnahmen (Abb. 3). Da diese am raschesten arbeitet, wurde sie vorläufig allein weiter benutzt. Wir beabsichtigen allerdings in der Folgezeit mehr auf die erwähnten Registrierungen zurückzukommen, da diese durch Festhaltung des zeitlichen Verlaufs natürlich wesentlich aufschlußreicher sind als einfache Zeitaufnahmen.

Die in großer Zahl angefertigten Zeitaufnahmen setzten uns nun in den Stand, die mittlere Größe der Geschwindigkeitsschwankungen an den einzelnen Stellen des Profils näher zu studieren. In Abb. 1 sind für die beiden verglichenen Betriebszustände die Mittelwerte der Schwankungsamplituden der Strömungsgeschwindigkeit mit angegeben, und zwar in Prozenten der mittleren Strömungsgeschwindigkeit am gleichen Ort. Die Verringerung der Schwankungsamplituden durch die Wärmeschichtung ist deutlich erkennbar. In der oberen Kanalhälfte, in welcher der hauptsächlichste Temperaturanstieg erfolgt, sind die prozentualen Amplituden annähernd konstant (etwa 3%). Das Oszillogramm zeigt, daß die Schwankungen von höherer Frequenz stärker geschwächt werden als diejenigen von niederer Frequenz. In der Nähe der oberen Platte bleiben nur noch ganz langsame Schwankungen von etwa 1 Hz und darunter bestehen; die Strömung ist annähernd laminar und wird offenbar nur durch das benachbarte Turbulenzgebiet beunruhigt. Der Übergang von der vollturbulenten zur annähernd laminaren Strömung erfolgt dabei ganz allmählich.

Eine Verfolgung der Richtungsschwankungen der Strömung in ähnlicher Weise wie hier die Größenschwankungen untersucht worden sind, ist in Aussicht genommen. Eine hierfür geeignete Sondenvorrichtung ist bereits vorhanden.

IV.

Von erheblichem Interesse ist die Korrelation der Geschwindigkeitsschwankungen an zwei benachbarten Stellen.

Zwei Sonden, deren Hitzdrähte dicht übereinander in einem Kanalquerschnitt ausgespannt sind, zeigen praktisch die gleiche Geschwindigkeitsschwankung u' an. Werden die Wechselspannungen der beiden Sonden (nach entsprechender Verstärkung) mit den beiden Ablenkungsplattenpaaren des Kathodenstrahloszillographen verbunden, so beschreibt der Leuchtfleck des Oszillographen in dem vorliegenden Fall ein schräg liegendes Geradenstück. Werden nun die Hitzdrähte der beiden Sonden etwas voneinander entfernt, so herrschen an den beiden Drähten nicht mehr genau die gleichen Geschwindigkeiten und der Leuchtfleck bewegt sich innerhalb einer schmalen elliptischen Figur. Je weiter die Hitzdrähte voneinander entfernt werden, um so breiter wird die Figur. Die Bewegung des Leuchtfleckes ist natürlich unregelmäßig, im Mittel wird aber doch eine „Ellipsenfläche" bestrichen, welche sich bei längerer Belichtungszeit auf der photographischen Platte abbilden läßt. Das Achsenverhältnis der elliptischen Figur ist ein Maß für den Zusammenhang, der im Mittel zwischen den Geschwindigkeitsschwankungen an zwei verschiedenen Orten besteht. Abb. 3 zeigt drei Typen von solchen Figuren.

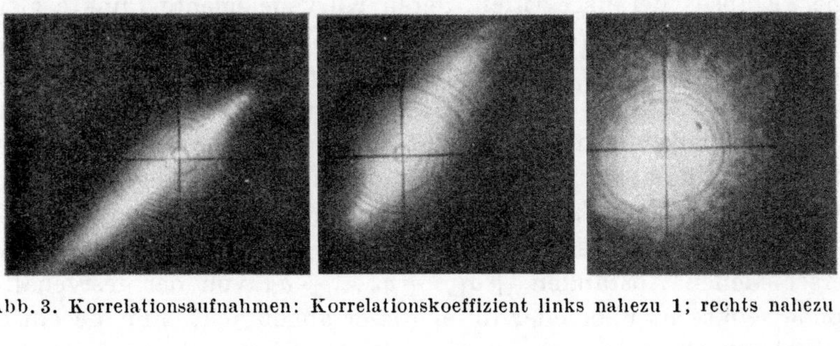

Abb. 3. Korrelationsaufnahmen: Korrelationskoeffizient links nahezu 1; rechts nahezu 0

Im allgemeinen wird der Zusammenhang zwischen zwei Schwankungsgrößen u_1' und u_2' durch den sogenannten Korrelationskoeffizienten

$$\psi = \frac{\overline{u_1' u_2'}}{\sqrt{\overline{u_1'^2}\,\overline{u_2'^2}}} \tag{1}$$

definiert, wobei $\overline{u_1' u_2'}$ der zeitliche Mittelwert des Produktes und $\overline{u_1'^2}$ bzw. $\overline{u_2'^2}$ die quadratischen Mittelwerte der Schwankungsgrößen sind. Setzt man voraus, daß der Leuchtfleck des Oszillographen eine Ellipsenfläche im Mittel gleichmäßig belichtet, so erhält man für den nach Gl. (1) definierten Korrelationskoeffizienten näherungsweise

$$\psi = \frac{(a/b)^2 - 1}{(a/b)^2 + 1}, \tag{2}$$

wenn a/b das Achsenverhältnis der Ellipse bedeutet (a = lange Achse, b = kurze Achse). Die Helligkeit der bei den Schwankungsaufnahmen entstehenden Leuchtfiguren ist natürlich in der Mitte am größten und

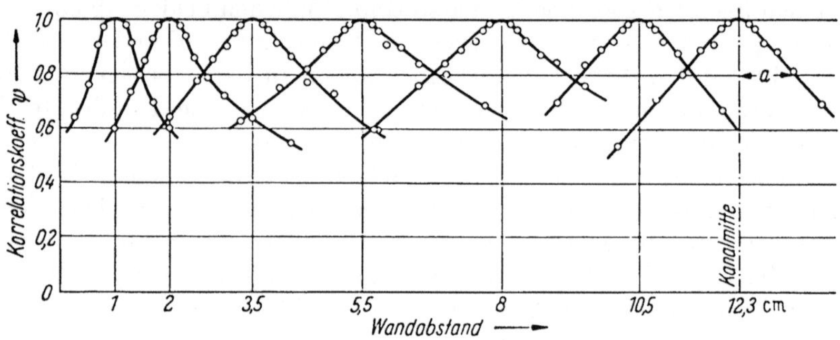

Abb. 4. Korrelationskoeffizient zwischen den Längsschwankungen in bestimmten Wandabständen y (= 1; = 2; = 3,5 usw.) und den Längsschwankungen in Abständen $y \pm a$ (wobei a den veränderlichen Abstand der Hitzdrahtsonden bedeutet)

nimmt nach außen hin allmählich ab. Um zu einer näherungsweisen Berechnung des Korrelationskoeffizienten zu gelangen, wurde irgendeine „Ellipse“ herausgegriffen, deren Kurvenelemente Punkte gleicher mittlerer Helligkeit verbinden (auf der photographischen Platte sind dies Punkte gleicher Schwärzung) und der Wert für das Achsenverhältnis einer solchen Figur in Gl. (2) eingesetzt.

Die Korrelationsmessungen für die u'-Schwankungen in zwei benachbarten Punkten eines Kanaldurchmessers wurden in folgender Weise ausgeführt: Es wurde jeweils eine Zweidrahtsonde in einem bestimmten Wandabstand y festgehalten und eine andere Sonde in verschiedenen Abständen $\pm a_1$, $\pm a_2 \ldots \pm a_n$ von der festgehaltenen Sonde senkrecht über oder unter dieser angebracht. Für die einzelnen a-Werte ergaben sich dann verschiedene ψ-Werte, die sich alle auf den festgehaltenen y-Wert beziehen. Trägt man diese ψ-Werte über dem Kanaldurchmesser in den Punkten $y \pm a_n$ auf, so erhält man für die einzelnen y-Werte glockenförmige ψ-Kurven. Für die gleichtemperierte Strömung (mit $u_{max} = 1{,}14$ m/sec) sind diese Kurven in Abb. 4 dargestellt. Bei geschichteter Strömung erhält man wesentlich schmalere

Glockenkurven, die a-Werte für gleiches ψ sind hier kleiner als bei der gleichtemperierten Strömung.

In Abb. 5 sind die mittleren a-Werte für $\psi = 0{,}8$ dargestellt. Die a-Kurve für die gleichtemperierte Strömung ist natürlich symmetrisch zur Kanalmitte. Bei Wärmeschichtung sind die Korrelationsmessungen in der oberen Kanalhälfte der geringen Amplituden wegen mit großen Fehlern behaftet. Die a-Kurve für die geschichtete Strömung wurde daher nur für die untere Kanalhälfte angegeben.

Es muß nochmals darauf hingewiesen werden, daß die ψ- und a-Kurven aus einem Abschätzungsverfahren hervorgegangen sind, das nur ziemlich rohe Ergebnisse liefern kann. Die Tatsache, daß die Pro-

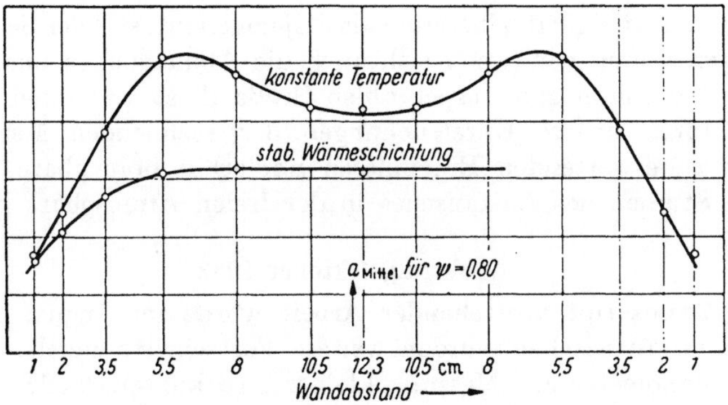

Abb. 5. Sondenabstand a für Korrelation $\psi = 0{,}80$

portionalität zwischen Windschwankungen und Spannungsschwankungen wegen der Eigenschaften der Hitzdrähte nur mangelhaft ist, trägt fernerhin zur Verschlechterung der Ergebnisse bei (die Leuchtfiguren haben in Wandnähe eiförmige Gestalt). Eine zusätzliche Schaltung, welche die Proportionalität zwischen Wind- und Spannungsschwankungen auch für große Amplituden herstellt, ist in Vorbereitung. Ferner soll ein sehr träges, stark gedämpftes Wattmeter von hoher Empfindlichkeit gebaut werden, um die Produkte $\overline{i_1' i_2'}$, $\overline{i_1'^2}$ und $\overline{i_2'^2}$ zweier Wechselströme i_1' und i_2' messen zu können. Werden diese Ströme von Windschwankungen ausgelöst und sind die Windschwankungen diesen Strömen proportional, so liefert das Wattmeter die zur direkten Berechnung des Korrelationskoeffizienten erforderlichen Werte [s. Gl. (1)].

V.

Nach Fertigstellung eines genügend empfindlichen Differenzmanometers werden die eingangs erwähnten Hauptversuche durchgeführt werden, aus denen dann auch Aussagen über die turbulente Scheinreibung bei den verschiedenen Schichtungszuständen gewonnen werden können. Eine gewisse Kontrolle der Resultate wird nebenher von Hitzdrahtmessungen erwartet, die nach ähnlichen Methoden, wie sie in Abschn. IV geschildert sind, den Mittelwert $\overline{u' v'}$ zu messen gestatten, der unmittelbar mit der Scheinreibung verknüpft ist (v' Schwankungskomponente in der Querrichtung).

Nach Erledigung dieses Programms für die stabile Schichtung soll der Versuchsapparat so umgebaut werden, daß die untere Platte geheizt und die obere gekühlt wird (instabiler Zustand mit selbständiger Wärmekonvektion). Da hier eine verstärkte Turbulenz zu erwarten ist, wird man leicht ein ausgebildetes Geschwindigkeits- und Temperaturprofil erhalten können, und es werden daher diese Versuche wesentlich geringere Schwierigkeiten bereiten als diejenigen mit stabiler Schichtung. Im ganzen hoffen wir (wenn sich auch die Abmessungen unserer Einrichtung trotz ihrer ganz respektablen Größe als etwas zu klein ergeben haben) durch unsere Untersuchungen der rechnenden Meteorologie mit den zu erwartenden Ergebnissen immerhin brauchbare Angaben für ihre Studien des Austausches in der freien Atmosphäre liefern zu können.

Nachtrag, Oktober 1933

Das Manuskript vorstehender Arbeit wurde im August 1932 abgeschlossen. Inzwischen wurden weitere Fortschritte erzielt.

Das Manometer zur Messung kleiner Druckunterschiede ist fertiggestellt und arbeitet zur Zufriedenheit (Empfindlichkeit bei Zeigerablesung $2 \cdot 10^{-5}$ mm WS, bei Spiegelablesung $2 \cdot 10^{-6}$ mm WS). Ferner ist das Elektrodynamometer zur Messung der Größen $\overline{i_1 i_2}$, $\overline{i_1^2}$ und $\overline{i_2^2}$ (s. o.) gebaut. Mit dem Dynamometer wurden die quadratischen Mittelwerte der turbulenten Längsschwankungen der gleichtemperierten Strömung gemessen[1]. Bei diesen Versuchen waren die Windschwankungen den gemessenen Stromschwankungen proportional, die Wärmeträgheit der Hitzdrähte spielte keine Rolle (mit 0,007 mm-Hitzdrähten wurden die gleichen Werte erhalten wie mit 0,002 mm-Hitzdrähten).

Über die Unterschiede zwischen den durch Dynamometermessungen erhaltenen Schwankungswerten und den in Abb. 1 dargestellten Schwankungsgrößen ist folgendes zu sagen: Die in Abb. 1 angegebenen Werte entsprechen etwa den Mittelwerten der Schwankungsamplituden bezogen auf die örtlichen Geschwindigkeiten. Die Amplituden U' sind um einen Faktor f größer als die quadratischen Mittelwerte. Der Faktor f hängt von der Form der Schwankungen ab. Bei Sinusschwingungen ist $f = \sqrt{2}$. Für zusammengesetzte Kurvenformen

[1] H. REICHARDT, Z. angew. Math. Mech. Bd. 13 (1933) S. 177.

ist f nicht sehr von $\sqrt{2}$ verschieden. Multipliziert man die in der Z. angew. Math. Mech. veröffentlichten Dynamometerwerte mit $\sqrt{2}$, so erhält man folgende Werte:

Wandabstand in cm	0,4	1,0	2,3	4,0	6,0	8,0	10,0	12,3
$\frac{\overline{U'}}{\bar{u}}$	35,4	25,3	17,1	13,2	11,4	8,2	7,1	6,1

Diese Werte sind geringer als die in Abb. 1 dargestellten Schwankungsamplituden der gleichtemperierten Strömung. Was den qualitativen Verlauf der Schwankungen anbetrifft, stimmen aber die nach dem rohen photographischen Abschätzungsverfahren (s. o.) gewonnenen Ergebnisse mit den ziemlich genauen Dynamometermessungen befriedigend überein. Das Abschätzungsverfahren liefert zu hohe Werte u. a., weil bei den elliptischen Figuren die großen Amplituden besser erkennbar sind als die kleinen Amplituden. Die letzteren liegen im Gebiet starker Plattenschwärzung, und zwar besonders bei den schmalen Ellipsen, die bei den Messungen in der Nähe der Kanalachse gewonnen wurden.

Ob die Turbulenz infolge der Schichtung erlischt oder ob sie erhalten bleibt, hängt von der schon in dem ersten Bericht eingeführten dimensionslosen Größe

$$\Theta = \frac{g\,h}{(\Delta u)^2}\,\frac{\Delta T}{T}$$

ab ($\Theta = 0$ bedeutet die homogene Flüssigkeit, kleine Werte von Θ bedeuten schwache Schichtung). Durch rohe energetische Abschätzungen fanden L. F. Richardson und L. Prandtl $\Theta = 1$ bzw. $\Theta = 2$ als kritischen Wert für das Erlöschen der Turbulenz. Spätere genauere Rechnungen von G. I. Taylor und S. Goldstein, bei denen allerdings noch die Flüssigkeitsreibung vernachlässigt wurde, ergaben $\Theta = \frac{1}{4}$ als kritischen Wert. Unsere Messungen dagegen zeigten, daß schon bei recht schwachen Schichtungen, wo etwa $\Theta = \frac{1}{15}$ bis $\frac{1}{20}$ ist, die Turbulenz erlischt. Wegen der offenbaren Diskrepanz zwischen unseren Messungen und den bisherigen theoretischen Resultaten verzichteten wir seinerzeit auf die Veröffentlichung unserer Messungen. Neuere, noch unveröffentlichte theoretische Untersuchungen von H. Schlichting[1] mit Berücksichtigung der Reibung ergaben jedoch einen kritischen Wert von $\Theta = \frac{1}{24}$ und stimmen damit recht gut mit unseren Versuchsergebnissen überein.

[1] Zusatz bei der 2. Korrektur, Juni 1934: Dr. Schlichting hat inzwischen eine kurze Mitteilung darüber in einem Bericht mitgeteilt, der unter dem Titel „Neuere Untersuchungen über Turbulenzentstehung" in den Naturwissenschaften Bd. 22 (1934) S. 376 erschienen ist.

Proceedings of the Fifth International Congress for Applied Mechanics, Cambridge/Mass. 1938, (1939) S. 340—346.

Beitrag zum Turbulenz-Symposium

In meinem Beitrag zum Turbulenzsymposium möchte ich über eine Reihe von Arbeiten berichten, die ich selbst und einige meiner Göttinger Mitarbeiter in der letzten Zeit durchgeführt haben.

1. Zuerst sei etwas über die Eingliederung der zeitlich abklingenden isotropen Turbulenz in die bisherigen Formulierungen gesagt. Was wir gegenwärtig an Formeln für die Berechnung der mittleren Bewegung und der Schwankungen einer turbulenten Strömung besitzen, befriedigt, wie wir alle wissen, nur sehr zum Teil, besonders wenn etwaige Temperaturunterschiede mit in Betracht gezogen werden. Wir sind genötigt, mehrere Arten von Turbulenz zu unterscheiden, für die die Rechenregeln jeweils verschieden sind. Zu den älteren Sorten, Wandturbulenz und freie Turbulenz, ist inzwischen die Turbulenz geschichteter Strömungen gekommen und neuerdings noch die zeitlich abfallende isotrope Turbulenz.

Für diese letztere verliert die alte Formel

$$u' = l_1 \frac{dU}{dy} \tag{1}$$

ihre Gültigkeit, da ja dU/dy hier Null ist. Es ist jedoch möglich, aus Gl. (1) eine neue bessere Formel zu entwickeln. Wenn zu irgendeiner Zeit t' ein Gradient der mittleren Geschwindigkeit U bestanden hat, so soll zu einer späteren Zeit t davon ein Beitrag zu dem augenblicklichen Turbulenzzustand herrühren, der proportional zu

$$\left(l_1 \frac{dU}{dy}\right)_{t'} \cdot f\left(\frac{t-t'}{T}\right)$$

ist.

$$f\left(\frac{t-t'}{T}\right)$$

ist dabei eine Funktion, die den zeitlichen Abfall der Schwankung angibt, und die für isotrope Turbulenz nach Messungen von DRYDEN und anderen genähert $= \frac{T}{T+t-t'}$ gesetzt werden kann. T ist dabei eine für den Einzelfall charakteristische Zeitkonstante (etwa proportional zu m/U_m für ein Gitter von der Maschenweite m).

Da die einzelnen Beträge, aus denen sich die Turbulenz zur Zeit t zusammensetzt, mit ganz zufälligen Phasen zusammentreffen, muß über ihre Quadrate summiert werden. Die erzeugten Turbulenzen sind durch die Art ihrer Entstehung auf eine Zeit von der Größenordnung T kohärent und wechseln dann willkürlich die Phase. Statt der Summe der Beiträge der einzelnen Zeitabschnitte T kann zur Vereinfachung auch über dt'/T integriert werden. So ergibt sich die Formel

$$u'^2 = \int_{-\infty}^{t} \left[\left(l_1 \frac{dU}{dy}\right)_{t'} \cdot f\left(\frac{t-t'}{T}\right)\right]^2 \frac{dt'}{T}\,. \tag{2}$$

Die Integration ist für ein individuelles Teilchen der mittleren Strömung auszuführen. l_1 und T können dabei Funktionen von t' sein[1].

Es ist leicht zu sehen, daß in solchen Fällen, wo zu allen Zeiten beträchtliche Beträge von dU/dy vorhanden sind, praktisch nicht viel gegen Formel (1) geändert ist, da hier die Beiträge für kleine $t - t'$ überwiegen. Für den Fall andererseits, daß an einer Stelle beträchtliche Geschwindigkeitsunterschiede vorhanden sind, die nachher bald wieder verschwinden, wie es bei der Strömung hinter einem Gitter der Fall ist, gibt Formel (2) neue Aussagen, die, wie man leicht erkennt, die diesbezüglichen Beobachtungen ebenfalls im wesentlichen richtig wiedergeben.

2. Ein der neuen Formulierung angepaßter Ausdruck für die scheinbare Schubspannung scheint mir der folgende zu sein:

$$\tau = \varrho\, u'\, l_2 \frac{dU}{dy}\,, \tag{3}$$

wobei u' aus Formel (2) entnommen wird. Ich habe diese Formel an der Strömung hinter einem Gitter geprüft. Wenn es sich um die Zustände in großer Entfernung vom Gitter handelt, dann mag angenommen werden, daß dort $l_1 \frac{dU}{dy}$ klein ist gegen die Schwankung u' nach Formel (2). Diese Formel liefert dann mit guter Annäherung mit dem oben angegebenen speziellen Wert von $f\left(\frac{t-t'}{T}\right)$

$$u' = \frac{\text{konst.}}{t+T} = \frac{c\,U_m}{x}\,. \tag{4}$$

x ist dabei die Entfernung von einem passend gewählten Punkt in der Nähe des Gitters und U_m die mittlere Geschwindigkeit der Strömung. c ist eine Länge, die man zur Gitterteilung m in Beziehung setzen kann, und die um so größer ist, je dicker die Gitterstäbe sind.

Die Bewegungsgleichung reduziert sich, wenn die erste Ordnung allein berücksichtigt wird, auf

$$U_m \frac{\partial U}{\partial x} = \frac{1}{\varrho} \frac{\partial \tau}{\partial y}\,. \tag{5}$$

[1] Nachträglicher Zusatz. Im Fall von Querschnittsänderungen müßten die von G. I. Taylor betrachteten Änderungen des Turbulenzzustandes mit in Betracht gezogen werden.

τ ist dabei nach Gl. (3) einzuführen, mit u' nach Gl. (4); l_2 mag proportinal zu m gesetzt werden. Es liegen allerdings gewisse Beobachtungen vor, die andeuten, daß die Mischungswege mit x wachsen. Für l_1 ist dies sicher richtig, es ist aber einstweilen nicht erwiesen, daß l_2 an diesem Anwachsen teilhat. Wahrscheinlicher ist, daß es von der gegebenen Geschwindigkeitsverteilung $U_0(y)$ abhängt, hier also von der Gitterteilung m. Wir schreiben also $l_2 = k\,m$, mit k etwa $= 0{,}103$ nach Versuchen.

Es zeigt sich nun durch eine leichte Rechnung, daß

$$U = U_m + A\,x^{-n} \cos \frac{2\pi y}{m}$$

die Gl. (5) befriedigt, wenn man

$$n = 4\pi^2 k \frac{c}{m} \tag{6}$$

setzt. Danach verschwindet der letzte Rest der Schwankung von U mit einer um so höheren Potenz von x, je stärker die Turbulenz hinter dem Gitter ist. Aus Messungsergebnissen, die uns Herr DRYDEN freundlicherweise zur Verfügung stellte, konnten wir ein n in der Gegend von 4,5 herleiten, indem wir aus den an sich größeren Abweichungen $U - U_m$ den mit m periodischen Anteil isolierten. Dieser hohe Wert von n zeigt deutlich, daß der Turbulenzzustand tatsächlich gegen die isotrope Turbulenz konvergiert. Mit der alten Formel $\tau = \varrho\, l^2 \left|\frac{dU}{dy}\right| \frac{dU}{dy}$ ergab sich, wie bekannt, ein $n = 1$, und dies ist auch durch Messungen von GRAN OLSSON[1] und CORDES[2] für mäßige Werte von x/m ziemlich gut bestätigt. Der Übergang von diesem Zustand mit typisch anisotroper Turbulenz zu dem mit isotroper Turbulenz ist noch nicht geklärt. Da nach Gl. (4) u' ebenso wie $(U - U_m)_{\max}$ mit x^{-1} abfällt, würde dieser Zustand scheinbar gar nicht eintreten können, da das Verhältnis von u' und $l\frac{dU}{dy}$ sich gar nicht ändert. Die Analyse der Versuchsergebnisse zeigt aber, daß es sich nicht genauso verhält. Wenn man $l\frac{dU}{dy}$ für mäßige $\frac{x}{m}$ mit x^{-1} proportinal setzt, dann muß das aus Schwankungsmessungen für große x/m folgende u' proportional zu $(x + e)^{-1}$ gesetzt werden, wobei e etwa von der Größenordnung $4m$ ist. Daraus folgt eine Abnahme des Verhältnisses $l\frac{dU}{dy} : u'$, die im weiteren Verlauf zu der oben berechneten Abnahme des letzten Restes von $U - U_m$ mit x^{-n} führt.

3. Ich möchte nun von einer ganz anderen Aufgabe berichten, die wir uns in Göttingen gestellt haben, da sie für die inneren Gesetze

---

[1] R. GRAN OLSSON, Z. angew. Math. Mech. Bd. 16 (1936) S. 257.

[2] G. CORDES, Ing.-Arch. Bd. 8 (1937) S. 245.

der Turbulenz sehr lehrreich ist und auch gewisse praktische Bedeutung hat. Die Frage ist die: Was ereignet sich, wenn eine turbulente Strömung entlang einer geraden Wand von einer glatten Stelle auf eine rauhe übergeht oder umgekehrt. Ich habe dies in einer bisher noch nicht veröffentlichten Dissertation von W. JACOBS untersuchen lassen. Die rechnerische Ermittlung der Schubspannungen τ_i im Inneren der Flüssigkeit aus den gemessenen Geschwindigkeitsprofilen und der Druckverteilung mittels der Gleichung

$$U\frac{dU}{dx} + V\frac{dU}{dy} = \frac{1}{\varrho}\left(\frac{\partial \tau_i}{\partial y} - \frac{\partial p}{\partial x}\right) \tag{7}$$

ergab, daß τ_i in der Nähe der Wand durch die Formel dargestellt werden kann

$$\tau_i = \left(1 - \frac{y}{h}\right)\left(\tau_1 + [\tau_2 - \tau_1]\, e^{-\frac{\beta y}{x - x_0}}\right). \tag{8}$$

x_0 ist dabei eine Stelle, an der die Rauhigkeit wechselt, τ_1 die Wandschubspannung stromaufwärts von x_0, τ_2 diejenige stromabwärts. Es treten also diese Schubspannungen an der Wand ($y = 0$) stromabwärts von der Störungsstelle sofort in konstanter Größe auf; die Schubspannung im Inneren ist nach der Formel auf jeder Geraden $y = \text{konst.}\,(x - x_0)$ konstant. Der Zahlwert β wurde von JACOBS zu etwa 11 gefunden. Für $y > 0{,}3\,(x - x_0)$ unterscheidet sich daher τ_i um weniger als 4% von τ_1. Der neue Wert der Schubspannung diffundiert also sozusagen praktisch mit endlichen Geschwindigkeiten, die kleiner sind als $0{,}3\,U$, von der Wand ins Innere[1].

Ich habe versucht, eine ähnliche Beziehung auch theoretisch zu erhalten. Um mit den Rechnungen durchzukommen, habe ich mich auf den Fall beschränkt, daß die Rauhigkeit an der Stelle $x = x_0$ sich nur um einen geringen Betrag ändert, so daß man nur geringe Abweichungen u, v von der ungestörten Geschwindigkeit $U(y)$ zu erwarten hat. Die Schubspannung kann hier $\tau = \tau_1 + \tau'$ geschrieben werden, wo wieder τ' als klein anzusehen ist. τ_1 soll hier zur Vereinfachung als konstant auch im Inneren angenommen werden. JACOBS fand, daß die alte Schubspannungsformel nicht gut erfüllt ist; in Ermangelung von etwas Besserem soll sie hier aber doch verwendet werden, d. h. es wird gesetzt:

$$\tau_1 + \tau' = \varrho\, l^2 \left[\frac{d}{dy}(U + u)\right]^2.$$

Dies liefert auf erste Ordnung

$$\tau' = 2\varrho\, l^2 \frac{dU}{dy}\,\frac{du}{dy}.$$

---

[1] Der Druckabfall wechselt nach den Beobachtungen von JACOBS praktisch an der Stelle $x = x_0$ seinen Wert und nimmt hier gleich den endgültigen zu τ_2 gehörigen Betrag an. Dies ist auch durch Messungen von SCHULTZ-GRUNOW bestätigt.

Hierin kann noch $l = k\,y$ gesetzt werden, außerdem kann man für $l\,\frac{dU}{dy}$ die zu τ_1 gehörige Schubspannungsgeschwindigkeit v_* einführen, so daß

$$\tau' = 2k\,\varrho\,v_*\,y\,\frac{du}{dy} \tag{9}$$

wird. Bei Anwendung von Gl. (7) behält man auf erste Ordnung auf der linken Seite

$$U\,\frac{\partial u}{\partial x} + v\,\frac{dU}{dy}$$

übrig. Bei Einführung von

$$U = a\,y^{1/7} \quad \text{wird} \quad \frac{dU}{dy} = \frac{U}{7y},$$

andererseits ist wegen der Kontinuität

$$v = -\int \frac{\partial u}{\partial x}\,dy \approx -y\left(\frac{\partial u}{\partial x}\right)_{\text{mittel}},$$

so daß

$$v\,\frac{dU}{dy} = -\frac{1}{7}\,U\left(\frac{\partial u}{\partial x}\right)_{\text{mittel}}$$

wird. Wenn man dafür $-\frac{1}{7}\,U\,\frac{\partial u}{\partial x}$ setzt, wird der Fehler nicht groß sein; man kann ihn, wenn man will, später durch Iteration berücksichtigen. $\partial p/\partial x$ erweist sich — entsprechend den Erfahrungen von Jacobs — als von geringer Wirkung auf den Verlauf von u und kann daher zunächst vernachlässigt werden. Es kann hinterher ermittelt werden, indem man durch einen kleinen Zusatz zu u die vorerst verletzte Randbedingung an der gegenüberliegenden Wand mittels der Bedingung konstanten Durchflusses in Ordnung bringt. Im Falle der Strömung längs einer Platte, wo von vornherein $p =$ konst. ist, erübrigt sich diese Korrektur. Gl. (7) reduziert sich damit auf

$$\frac{6}{7}\,U\,\frac{\partial u}{\partial x} = \frac{1}{\varrho}\,\frac{\partial \tau'}{\partial y}. \tag{10}$$

Mit τ' nach Gl. (9) ergibt sich

$$\frac{6}{7}\,U\,\frac{\partial u}{\partial x} = 2k\,v_*\left(\frac{\partial u}{\partial y} + y\,\frac{\partial^2 u}{\partial y^2}\right). \tag{11}$$

Die Lösung dieser Gleichung ist schwierig, wenn etwa $U = a\,y^{1/7}$ oder $U = a\ln y + b$ gesetzt wird. Sie ist wesentlich einfacher, wenn statt dessen $U =$ konst. $= U_1$ gesetzt wird. In diesem Fall ist

$$u = -\frac{A}{x - x_0}\,e^{-\beta\frac{y}{x-x_0}} \tag{12}$$

eine Lösung, wenn $\beta = \frac{3}{7}\,\frac{U_1}{k\,v_*}$ gesetzt wird. Hiermit wird aus Gl. (9)

$$\tau' = \frac{6}{7}\,A\,\varrho\,U_1\,\frac{y}{(x-x_0)^2}\,e^{-\beta\frac{y}{x-x_0}}. \tag{13}$$

Es ist dies noch nicht die Lösung, die wir suchten, jedoch eine, die uns zu dieser verhelfen wird, und die im übrigen auch sonst wertvoll ist. Wenn man Gl. (12) und (13) nur für $x > x_0$ gelten läßt und für $x < x_0$ $u = 0$ und $\tau' = 0$ setzt, stellt diese Lösung die Strömung dar, die bei einer auf eine Linie quer zur Strömungsrichtung konzentrierten Rauhigkeit zu erwarten ist. Zur Untersuchung des mit dieser Lösung verknüpften Druckfeldes ist zunächst die Strömungsmenge $Q = \int_0^h u\,dy$ zu berechnen. Für mäßige $x - x_0$ darf gemäß Formel (12) für h auch ∞ geschrieben werden. Damit wird $Q = -A/\beta$, also konstant für $x > x_0$, und $Q = 0$ für $x < x_0$. Dem entspricht in einem Kanal von der Breite h für $x > x_0$ ein Kompensationsstrom mit der Geschwindigkeit $u' = A/\beta h$, also nach Bernoulli ein Druckabfall an der Störungsstelle $x = x_0$ von der Größe $-\Delta p' = \varrho\, U_1\, u' = \varrho\, U_1\, A/\beta h$. Davor und dahinter ist der Druck je konstant. Dieses Verhalten darf nicht überraschen; da in unserer Theorie nach der Art der Grenzschichtrechnungen die Druckunterschiede in der y-Richtung bewußt vernachlässigt sind, erscheint der Druck als Funktion von x allein. In Wirklichkeit wird man statt dessen ein Druckfeld erwarten müssen, wie es bei einer Potentialströmung auftritt, wenn die eine Wand eines Kanals eben ist, die andere aber eine kleine Stufe enthält (die man rechnerisch durch eine Quelle darstellen kann).

Die durch Gl. (12) und (13) dargestellte Lösung gibt nun auch das Mittel an die Hand, die von Jacobs untersuchte Strömung nachzurechnen. Man braucht nur die Wandfläche stromabwärts von x_0 gleichförmig mit solchen linienförmigen Rauhigkeiten zu belegen und erhält so ein neues Geschwindigkeitsfeld

$$u_2 = \int_{x_0}^{x} u_1(x - x', y)\, dx'$$

und

$$\tau_2' = \int_{x_0}^{x} \tau_1(x - x', y)\, dx'.^{1}$$

(Obere Grenze $= x$, und nicht ∞, da für negative $x - x'$ nach obigem Null an Stelle des Formelwertes von Gl. (12) und (13) gesetzt werden muß!) Die Integration von Gl. (13), die besonders interessiert, liefert

$$\tau_2' = 2\varrho\, k\, v_*\, A\, e^{\frac{-\beta y}{x - x_0}},$$

[1] Es steht hier $u_1\, dx'$ an Stelle des früheren u_1 und $\tau_1'\, dx'$ an Stelle von τ_1'; die neuen Größen, ebenso das neue A, sind also auf die Längeneinheit bezogen.

was bis auf den hier belanglosen Faktor $1 - y/h$ mit der JACOBSschen Formel übereinstimmt. Die Integration von Gl. (12) liefert

$$u_2 = A\,Ei\left(-\frac{\beta\,y}{x - x}\right).[1]$$

Die Druckverteilung läßt sich durch eine entsprechende Integration aus derjenigen des ersten Beispieles ermitteln. Es wird

$$p' = \varrho\,U_1\,A\,\frac{x - x_0}{\beta\,h}$$

für $x > x_0$ und natürlich $p = 0$ für $x \leqq x_0$. Dieses Verhalten (Änderung des Druckgradienten an der Stelle, wo die Rauhigkeit wechselt) entspricht durchaus den bereits erwähnten Versuchsergebnissen von JACOBS und von SCHULTZ-GRUNOW. Als bisher unaufgeklärter Mangel dieser Rechnung hat sich ergeben, daß sich mit den bei den JACOBSschen Versuchen vorkommenden Werten von U_1/v_* für β Werte in der Gegend von 20 ergeben, statt 11, wie die JACOBSsche Auswertung ergeben hat.

Selbstverständlich können irgendwelche andere zweidimensionale Strömungen mit veränderlicher Rauhigkeit durch entsprechende Integrationen aus Gl. (12) und (13) gewonnen werden. Eine etwas andere Formulierung der allgemeinen Aufgabe findet sich in dem Auszug des J. Appl. Mech., Bd. 5 (1938) S. A 122 bis 123.

Das dreidimensionale Problem ist ebenfalls in Angriff genommen worden, ausgehend von der Lösung für die punktförmige Rauhigkeit. Hier haben die Versuche deutliche Anzeichen von Sekundärbewegungen erkennen lassen. Die theoretische Lösung berücksichtigt diese Sekundärbewegungen nicht. Sie ist aber gerade dadurch von Interesse, daß der Vergleich mit ihr erkennen lassen wird, welcher Anteil der beobachteten Geschwindigkeitsverteilung auf Rechnung der Sekundärströmung zu buchen ist.

4. Ich habe nun noch über einige experimentelle Untersuchungen zu berichten, die wir in Göttingen zur Zeit durchführen.

Zum Studium der isotropen Turbulenz habe ich photographische Aufnahmen von den Wirbelströmungen machen lassen, die sich dadurch ergeben, daß ein Gitter aus Rundstäben gleichförmig durch ruhendes Wasser bewegt wird. Zur Sichtbarmachung ist dem Wasser ein aus sehr feinen glänzenden Blättchen bestehendes rötliches Mineral, genannt Eisenglimmer, beigemengt worden. Die Blättchen werden dort, wo das Wasser eine starke scherende Deformation erleidet, einheitlich orientiert und geben dadurch Anlaß zu Lichtreflexen, durch die sich jeder Wirbel sehr deutlich markiert, während andererseits in einer

[1] Über die Funktion $Ei(-x)$ siehe JAHNKE-EMDE, 2. Aufl., S. 78—85.

Tafel I

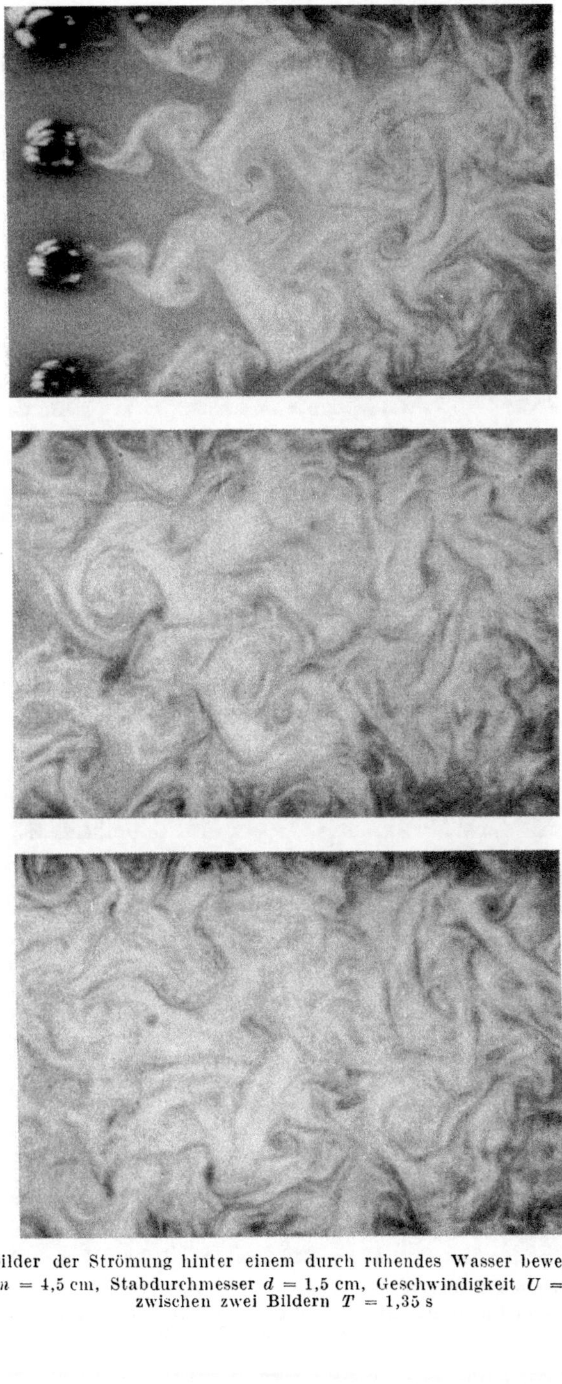

Eisenglimmerbilder der Strömung hinter einem durch ruhendes Wasser bewegten Stabgitter
Gitterteilung $m = 4{,}5$ cm, Stabdurchmesser $d = 1{,}5$ cm, Geschwindigkeit $U = 6{,}65$ cm/s, Zeit zwischen zwei Bildern $T = 1{,}35$ s

Tafel II

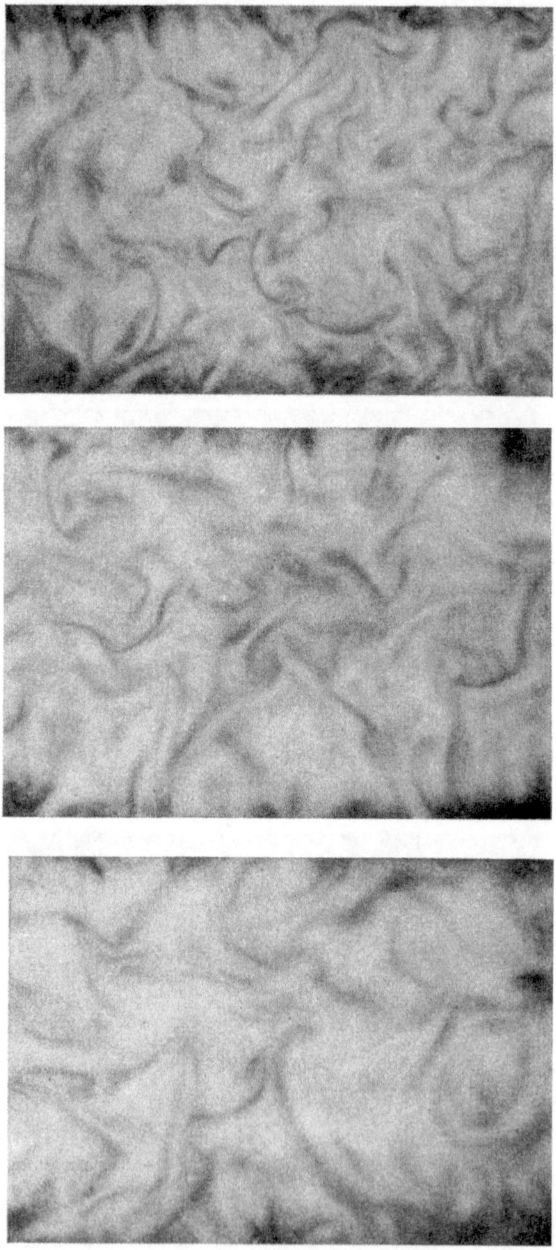

Eisenglimmerbilder der Strömung hinter einem durch ruhendes Wasser bewegten Stabgitter Gitterteilung $m = 4{,}5$ cm, Stabdurchmesser $d = 1{,}5$ cm, Geschwindigkeit $U = 6{,}65$ cm/s, Zeit zwischen zwei Bildern $T = 1{,}35$ s

Potentialströmung praktisch keine Zeichnung entsteht. Bei einer turbulenten Bewegung treten durch diese Färbungsart besonders die kleinsten Wirbel stark hervor. Die Methode bedeutet deshalb eine Sichtbarmachung der TAYLORschen Größe λ. Eine Serie von Bildern dieser Art ist auf den Tafeln I und II wiedergegeben. Man erkennt, daß zuerst von jedem Stab eine Wirbelstraße erzeugt wird, daß aber diese Wirbel sich immer mehr in ein unregelmäßiges Durcheinander verwandeln. Man kann annehmen, daß von dem dritten Bild an die Turbulenz ungefähr isotrop ist. Bei den weiteren Bildern erkennt man ein immer stärkeres Anwachsen der Linearabmessungen der Wirbelgebilde. Man kann sich diese Erscheinung so erklären, daß man annimmt, daß es sich um ein Durcheinander von Wirbeln von ganz verschiedener Größe handelt, von denen die jeweils kleinsten als auffällige Figuren in den Bildern hervortreten. Nach der Ähnlichkeitsmechanik ist die Lebensdauer eines Wirbels von der Abmessung λ in einer zähen Flüssigkeit von der Größenordnung λ^2/ν. Es werden also in einem Gemisch von Wirbeln verschiedener Größe die größeren länger sichtbar bleiben als die kleinen, und es werden die Zeiten für das Verschwinden der Wirbel von der Größe λ proportional λ^2, also proportional der Fläche jedes Wirbelgebildes sein. Wenn man auf einem Bild etwa von dem dritten an die Zahl n der kleinen Wirbelgebilde feststellt, die sich innerhalb einer gegebenen Fläche F_0 befinden, so ist, soweit das eben Gesagte zutrifft, ein lineares Anwachsen von $F = F_0/n$ mit der Zeit zu erwarten. An die Stelle der Zeit kann man natürlich auch die vom Gitter bei seiner gleichförmigen Bewegung zurückgelegte Wegstrecke x treten lassen. Das Ergebnis einer ersten vorläufigen Auszählung der besprochenen Art ist in Abb. 1 wiedergegeben. Man erkennt, daß das lineare Anwachsen nicht sofort beginnt. In der Abweichung erkennt man unschwer die Erzeugung von kleinen Wirbeln durch die zunächst noch in lebhafter Bewegung befindlichen größeren Wirbel, wie dies G. I. TAYLOR aus theoretischen Überlegungen heraus postuliert hat. Später läßt diese Neuerzeugung nach und die hier dargelegte Erscheinung kommt zu ihrem Recht. Die in der Figur aufgetragenen Größen sind durch Division mit der „Maschenweite" m des Gitters bzw. mit m^2 dimensionslos gemacht. Um das REYNOLDSsche Ähnlichkeitsgesetz zu berücksichtigen, kann man x/m noch durch die REYNOLDSsche Zahl $m\,U/\nu$ dividieren. Man erkennt die Richtigkeit dieser Wahl, wenn man gemäß dem früher Gesagten F proportional $\nu\,t$ setzt, wobei $t = (x - x_0)/U$ zu setzen ist (x_0 ist die aus Abb. 1 erkennbare Anlauflänge). Hieraus ergibt sich die lineare Beziehung zwischen den in der Abbildung angewandten Dimensionslosen in der Form

$$\frac{F}{m^2} = \text{Zahl} \cdot \frac{\nu}{U\,m}\left(\frac{x}{m} - \frac{x_0}{m}\right).$$

Die „Zahl" und x_0/m dürften noch Funktionen des Verhältnisses d/m sein, wo d den Durchmesser der Gitterstäbe bedeutet.

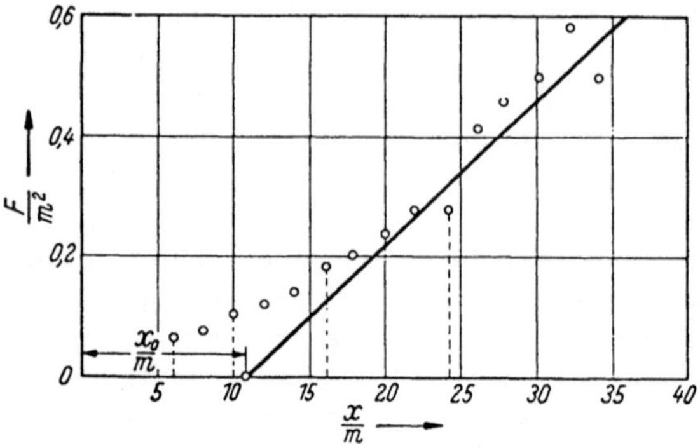

Abb. 1. Anwachsender Fläche F der kleinen Strukturelemente mit dem Abstand x vom Gitter

5. Weiter möchte ich noch berichten von Messungen der turbulenten Schwankung in einem rechteckigen Kanal, die von meinen Mitarbeitern Dr. REICHARDT und Dr. MOTZFELD durchgeführt worden sind. Unter Anwendung einer von Dr. REICHARDT entwickelten Hitzdrahtsonde mit drei in einem Dreieck angeordneten Drähten war es möglich, die Schwankungen u' und v' getrennt zu erhalten, und man konnte daher, indem man die geeignet verstärkten Stromschwankungen in ein träge anzeigendes Elektrodynamometer schickte, die drei Produktmittelwerte $\overline{u'^2}$, $\overline{v'^2}$ und auch $\overline{u'\,v'}$ erhalten. Nach Vorarbeiten, die sich über mehrere Jahre erstreckten, ist es gelungen, diese Messungen mit großer Genauigkeit reproduzierbar zu machen. Die „Dreidrahtsonde" wurde immer erst in einem Eichkanal mit nichtturbulenter Strömung gebracht, von dort nach der Eichung in den turbulenten Luftstrom, worauf eine zweite Eichung im Eichkanal erfolgte, und es wurden nur diejenigen Messungen verwertet, bei denen die Sonde, die wegen der sehr kleinen Abstände der Drähte, rd. 0,12 mm, sehr empfindlich war, noch dieselben Eichwerte ergab wie bei der ersten Eichung. Es ist auf diese Weise und durch Anbringung gewisser mit dem seitlichen Geschwindigkeitsabfall zusammenhängender Korrekturen gelungen, den Wert $-\overline{u'\,v'}$, der nach der REYNOLDSschen Theorie (mit y = Wandabstand) $= \frac{1}{\varrho}\left(\tau - \mu \frac{dU}{dy}\right)$ sein muß, in praktisch völliger Übereinstimmung mit dem gemessenen Druckabfall dp/dx und der gemessenen Verteilung der mittleren Geschwindigkeit U zu erhalten. Abb. 2 gibt den Verlauf der Mittelwerte einer großen Anzahl von Messungen von $\overline{u'\,v'}$ wieder sowie auch den der anderen Mittelwerte. Außerdem

ist noch der Korrelationskoeffizient

$$\psi = \frac{\overline{u' v'}}{\sqrt{\overline{u'^2}\,\overline{v'^2}}}$$

in der Figur wiedergegeben. Auffällig ist vor allem der Verlauf von u' mit dem schmalen Maximum in Wandnähe, der im übrigen auch von anderen Autoren schon ähnlich beobachtet worden ist. Bezüglich weiterer Einzelheiten dieser Untersuchung verweise ich auf die REICHARDTsche Veröffentlichung: „Messungen turbulenter Schwankungen“

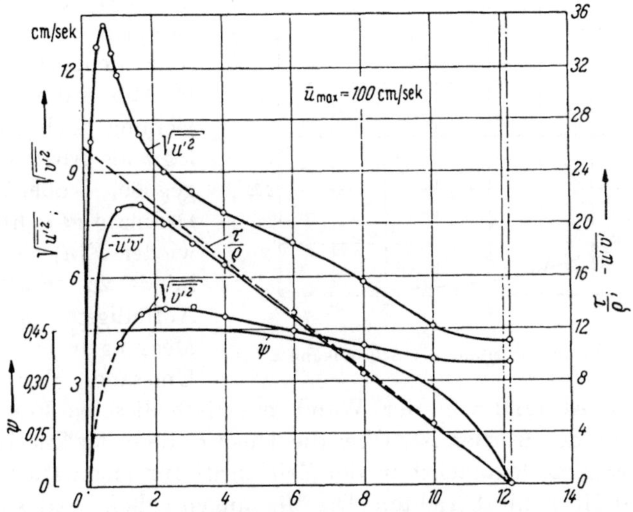

Abb. 2. Schwankungsgrößen u', v' und $\overline{u'v'}$, sowie Korrelation ψ für eine Strömung zwischen zwei parallelen Ebenen ($\mathrm{Re} = U_{max}\,h/\nu = 17500$)

in den Naturwissenschaften, Bd. 26 (1938) S. 404 bis 408, ferner auf seine demnächst in der Zeitschrift für angewandte Mathematik und Mechanik erscheinende Theorie der Dreidrahtsonde.

Die spektrale Verteilung der turbulenten Schwankung u' ist ebenfalls von den Herren REICHARDT und MOTZFELD untersucht worden. Hierzu diente eine Anzahl von schwingenden Systemen mit sehr kleiner Dämpfung und verschiedener Eigenschwingungszahl, die durch eine zwischen den Polen eines Elektromagneten stehende Spule angetrieben wurde. Durch die Spulen floß der geeignet verstärkte Strom einer Hitzdrahtschaltung. Jeder „Schwinger“ wurde dabei nur durch solche Frequenzen angeregt, die seiner Resonanzfrequenz nahelagen. Die Abhängigkeit der mittleren Amplitude des Schwingers von der Dämpfung des Schwingers (die verändert werden konnte) wurde theoretisch und experimentell studiert. Auf diese Weise war es möglich, das Frequenzspektrum punktweise zu ermitteln. In Abb. 3 sind die Meßergebnisse dargestellt. Dabei bedeutet $F(n)$ den relativen Anteil von $\overline{u'^2}$, der zwischen den Frequenzen 0 und n liegt, und $f(n)$ ergibt sich aus der Definitionsgleichung

$$F(n) = \int_0^n f(n)\, dn.$$

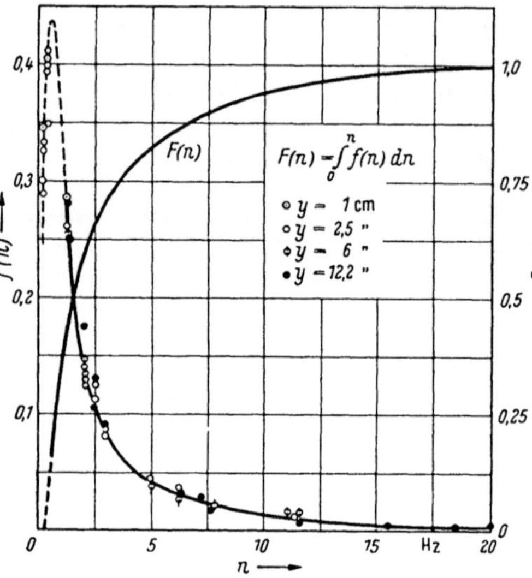

Abb. 3. Spektrale Verteilung der Schwankung u'

Da wegen der Zusammendrängung der $f(n)$-Kurve in der Nähe der kleineren Frequenzen das Bild nicht sehr deutlich wird, ist in Abb. 4 die gleiche Beziehung noch einmal mit $\log n$ als Abszisse wiedergegeben, wobei $n\, f(n)$ als Ordinate gewählt ist, um wieder $F(n)$ als Flächeninhalt zu erhalten. Das Auffälligste an diesen Messungen ist wohl der Umstand, daß in verschiedenem Abstand von der Wand praktisch dieselbe Frequenzverteilung gefunden worden ist. Über die Theorie dieser Meßmethode wird Herr MOTZFELD demnächst in der Zeitschrift für angewandte Mathematik und Mechanik berichten. Die Messungen sollen mittels der Dreidrahtsonde auch auf die spektrale Verteilung von $\overline{v'^2}$ erstreckt werden.

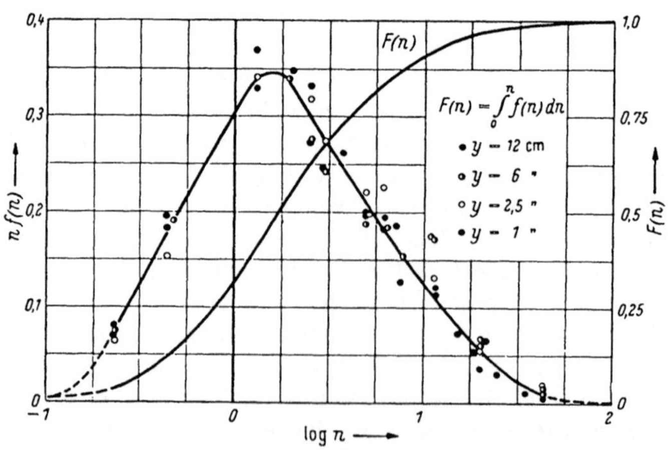

Abb. 4. Logarithmische Darstellung der spektralen Verteilung

Zeitschrift für angewandte Mathematik und Mechanik Bd. 22 (1942), S. 241—243

Bemerkungen zur Theorie der freien Turbulenz

Zur Einführung in den nachfolgenden Aufsatz von H. GÖRTLER *wird ein Überblick über den derzeitigen Stand der Grundformeln der turbulenten Ausbreitung gegeben. Es wird dabei auch zu den von* H. REICHARDT *vorgeschlagenen Ansätzen Stellung genommen.*

Die neue Formulierung, die Herr H. REICHARDT im Zusammenhang mit seinen verdienstvollen Messungen über die turbulenten Ausbreitungsvorgänge[1] zur rechnerischen Verfolgung dieser Vorgänge aufgezeigt hat[2], lädt zu einer Betrachtung der hierdurch gegebenen Gesamtlage ein.

Vor nicht ganz 20 Jahren standen die beiden älteren Ansätze für die scheinbare Schubspannung in einer turbulenten Strömung, der aus strengen mechanischen Gesetzen hergeleitete von REYNOLDS

$$\tau = -\varrho \overline{u' v'} \tag{1}$$

und der rein phänomenologische von BOUSSINESQ

$$\tau = \varrho \varepsilon \frac{\partial \bar{u}}{\partial y} \tag{2}$$

(u', v' = Geschwindigkeitsschwankungen, $\bar{u}$ = zeitlicher Mittelwert der Geschwindigkeit, ε ein Maß der Turbulenzstärke, das die Dimension einer kinematischen Zähigkeit hat und deshalb „scheinbare kinematische Zähigkeit der turbulenten Strömung" genannt werden mag[3]) zunächst ohne Vermittlung nebeneinander. Der Verfasser hat mit seinem Mischungswegansatz erstmalig eine Brücke zwischen den beiden Formeln geschlagen[4]. Die primitivste Formulierung ergab für die BOUSSINESQsche scheinbare kinematische Zähigkeit ε die Beziehung

$$\varepsilon = l^2 \left| \frac{\partial \bar{u}}{\partial y} \right|. \tag{3}$$

l war eine neu eingeführte Länge, der „Mischungsweg", dessen Größe in einem Einzelfall mit Hilfe von Gl. (3) aus Messungen der Geschwindigkeitsverteilung und Ermittlungen über die Schubspannung τ gewonnen werden konnte. Wesentlich dabei war, daß in dem Fall, wo die turbulente Strömung einen mit der Geschwindigkeit quadratischen

---

[1] Gesetzmäßigkeiten der freien Turbulenz. VDI-Forschungsheft 414. Berlin 1942.

[2] Ebenda, vgl. auch seine frühere Mitteilung in Z. angew. Math. Mech. Bd. 21 (1941) S. 257—264 „Über eine neue Theorie der Turbulenz".

[3] Das Produkt $\varrho\varepsilon$ ist identisch mit dem von WILH. SCHMIDT in die meteorologischen Betrachtungen eingeführten Begriff „Austausch", vgl. sein Buch „Der Austausch in freier Luft und verwandte Erscheinungen". Hamburg 1925.

[4] Untersuchungen zur ausgebildeten Turbulenz. Z. angew. Math. Mech. Bd. 5 (1925) S. 136.

Widerstand erzeugt, l unabhängig von dem Betrag der Geschwindigkeit, also eine reine Ortsfunktion wurde. Formel (3) hat jedoch, abgesehen davon, daß diese Ortsfunktion vielfach keinen genügend einfachen Verlauf zeigt, noch das Unbefriedigende an sich, daß dort, wo $\partial \bar{u}/\partial y$ Null wird, also am Ort eines Maximums oder Minimums von $\bar{u}$, bei endlichem l die scheinbare Zähigkeit Null wird. Dies kommt auch in den an diesen Stellen unnatürlich zugespitzten Geschwindigkeitsverteilungen, die bei regulärem Verlauf von $\tau(y)$ und l mit dieser Formel erhalten werden, zum Ausdruck. Der Verfasser hat deshalb schon in der erwähnten ersten Veröffentlichung einen Ausweg vorgeschlagen, der darauf hinauskommt, daß man die Formel (3) nicht auf den zeitlichen Mittelwert der Geschwindigkeit, sondern auf die augenblickliche Geschwindigkeit anwendet, deren Maximum wegen der Schwankungen nach Zufall seitlich verlagert wird, und daß man von diesen Augenblickswerten von ε nun an jeder Stelle den quadratischen Mittelwert bildet. Führt man eine weitere Länge l' ein, die positiv oder negativ sein kann und zeitlich nach Zufallsgesetz variiert, so kann man in erster Näherung

$$\frac{\partial u}{\partial y} = \frac{\partial \bar{u}}{\partial y} + l' \frac{\partial^2 \bar{u}}{\partial y^2} \tag{4}$$

setzen. Der erwähnte Mittelwert ist dann

$$\sqrt{\overline{\left(\frac{\partial u}{\partial y}\right)^2}} = \sqrt{\left(\frac{\partial \bar{u}}{\partial y}\right)^2 + \overline{l'^2}\left(\frac{\partial^2 \bar{u}}{\partial y^2}\right)^2}\,. \tag{5}$$

Man kann sich leicht davon überzeugen, daß die Formel, die aus Formel (3) entsteht, wenn an Stelle von $\left|\frac{\partial \bar{u}}{\partial y}\right|$ der Ausdruck auf der rechten Seite von Gl. (5) eingeführt wird, den Versuchstatsachen weitgehend gerecht wird. Man kann allerdings dagegen auch einwenden, daß jetzt zwei empirische Größen zur Verfügung stehen, mit denen man sich natürlich einem gegebenen Versuchsmaterial besser anpassen kann als mit einer einzigen. Die verbesserte Formel ist freilich für die wirkliche Durchführung analytischer Rechnungen sehr unbequem, so daß der Verfasser in der Zwischenzeit öfters Versuche gemacht hat, für praktische Zwecke eine bequemere Formulierung zu finden. Das neue Versuchsmaterial, das inzwischen Herr H. Reichardt erarbeitet hat, ließ diese Gedankenreihe wieder aufleben und ermunterte zu einem neuen Anlauf in dieser Richtung. Als Ergebnis dieses Suchens ergab sich ein Ansatz, der, wie gleich betont werden mag, ziemlich roh ist, dessen Wert aber in seiner Einfachheit und Handlichkeit liegt, durch die es gelingt, auf einfacherem Weg als es mit dem Ansatz (3) möglich ist[1], die wich-

[1] Vgl. etwa die zum Teil ziemlich verwickelten Rechnungen von Herrn W. Tollmien, Z. angew. Math. Mech. Bd. 6 (1926) S. 468—478.

tigsten formelmäßigen Beziehungen zur Theorie der freien Turbulenz zu gewinnen. Die Einfachheit hat natürlich einen Verzicht an Genauigkeit in den Einzelheiten im Gefolge.

Bei dem in Rede stehenden Ansatz ist davon ausgegangen, daß die einzelnen Flüssigkeitsteile, die bei der turbulenten Vermischung quer zur Strömungsrichtung wandern, durchaus nicht, wie es der Ansatz (3) annahm, sozusagen differentieller Natur sind, sondern daß sie vielmehr in ihrer Größenordnung an die Querabmessung der Vermischungszone heranreichen. Es wird deshalb eine scheinbare kinematische Zähigkeit in der Weise gebildet, daß der maximale Geschwindigkeitsunterschied der gemittelten Strömung mit einer passenden aus der Breite der Vermischungszone entnommenen Länge multipliziert wird, wozu noch ein Zahlenfaktor kommen muß, dessen Wert aus den Versuchen bestimmt wird. Es wird also gesetzt

$$\varepsilon = \varkappa b\,(\bar{u}_{\max} - \bar{u}_{\min})\,. \tag{6}$$

Aus diesem Ansatz ergibt sich unmittelbar, daß ε über den einzelnen Querschnitt konstant gesetzt ist, während es nach Formel (3) über den Querschnitt veränderlich wird, wenn, wie gewöhnlich, l konstant angenommen wird. Besonders große Abweichungen gegenüber den älteren Rechnungen werden am Rande der Vermischungszone zu erwarten sein, da nach Formel (3) wie auch nach Formel (5) ε dort gegen Null geht. Die Versuchsergebnisse weisen in die gleiche Richtung[1].

Die Durchführung einiger Aufgaben mit Hilfe des Ansatzes (6) hat auf Wunsch des Verfassers Herr H. Görtler übernommen[2]. Seine Rechnungen, die auch einiges mathematisches Interesse bieten, und ein Vergleich ihrer Ergebnisse mit den Reichardtschen Messungen finden sich in seinem hier anschließenden Aufsatz.

Zu den Reichardtschen Betrachtungen sei zur Orientierung des Lesers das Folgende ausgeführt:

In seinen „Gesetzmäßigkeiten der freien Turbulenz“ werden die bei freier Turbulenz bisher beobachteten Geschwindigkeitsprofile kritisch gesichtet und besonders sorgfältige eigene Messungen hinzugefügt. Andererseits wird unter Ausnützung aller theoretisch-hydrodynamischen

---

[1] Vgl. auch die Reichardtschen Ausführungen über den Verlauf der Austauschfunktion der freien Turbulenz in dem demnächst in Z. angew. Math. Mech. erscheinenden Aufsatz „Über Impuls- und Wärmeaustausch in freier Turbulenz“.

[2] Hier ist anzumerken, daß Herr Reichardt, ohne daß es dem Verfasser bekannt war, den Ansatz (6) zur gleichen Zeit auch in Erwägung gezogen hat und zwei einfache Beispiele dafür gerechnet hat, ihn dann aber zugunsten seines veröffentlichten Ansatzes wieder verworfen hat, da dieser die Versuchsergebnisse mit höherer Genauigkeit wiedergibt. (Die erwähnten Beispiele betrafen die ebene Strahlausbreitung und den ebenen Nachlauf, vgl. das zweite und dritte Beispiel von Herrn Görtler.)

Beziehungen die Aufgabe gelöst, die praktisch nicht meßbaren Größen, wie die Quergeschwindigkeit und die in der scheinbaren Schubspannung nach Gl. (1) auftretende Größe $\overline{u' v'}$, aus den allein gemessenen Gesamtdruckprofilen $\overline{u^2}(y)$ rechnerisch zu ermitteln, wobei einerseits „ausgebildeter Strömungszustand", d. h. Affinität der Geschwindigkeitsprofile in allen Abständen x des Bereiches, vorausgesetzt und in erster Näherung Druckkonstanz angenommen wird. Aus den Versuchen ergibt sich, daß die Gesamtdruckprofile mit recht guter Annäherung durch Fehlerfunktionen (bzw. Fehlerintegralfunktionen) dargestellt werden können. Damit können die in dem erwähnten Formelsystem auftretenden Differentiationen und Integrationen bequem ausgeführt und so die nicht meßbaren Größen ermittelt werden.

In einem weiteren Schritt hat nun Herr REICHARDT ein einfaches System von Differentialformeln aufgestellt, durch das alle bisher untersuchten Fälle von freier Turbulenz zusammengefaßt werden konnten. Die erste dieser Gleichungen ist bekannt. Sie wird aus der EULERschen Gleichung für eine volumbeständige Flüssigkeit durch Bildung der zeitlichen Mittelwerte erhalten und bildete schon die Grundlage der alten REYNOLDSschen Betrachtungen. Sie lautet für ebene Strömungen

$$\frac{\partial}{\partial x}\left(\frac{\overline{p}}{\varrho} + \overline{u^2}\right) + \frac{\partial}{\partial y}(\overline{u v}) = 0. \qquad (7)$$

Bei der freien Turbulenz kann in Gl. (7), wie auch sonst üblich, in erster Näherung $\partial \overline{p}/\partial x = 0$ gesetzt werden, wodurch die Gleichung zu einer „Kontinuitätsgleichung des u-Impulses" wird. Hierzu fügt REICHARDT eine zweite Gleichung hinzu, die phänomenologischen Charakter trägt und die lautet:

$$\overline{u v} = -\Lambda \frac{\partial}{\partial y}(\overline{u^2}). \qquad (8)$$

Hierin spielt offenbar die „Übertragungsgröße" Λ (eine Länge, die aber nicht mit dem Mischungsweg identisch ist) eine ähnliche Rolle wie die scheinbare kinematische Zähigkeit ε in Gl. (2). Aus Gl. (7) und (8) läßt sich $\overline{u v}$ fortschaffen und es bleibt dann

$$\frac{\partial}{\partial x}(\overline{u^2}) = \Lambda \frac{\partial^2}{\partial y^2}(\overline{u^2}), \qquad (9)$$

was bei $\Lambda =$ konst. mit der partiellen Differentialgleichung der eindimensionalen nicht stationären Wärmeleitung übereinstimmt, wenn an Stelle von x die Zeit t tritt und y die räumliche Entfernung bedeutet. Die Fehlerfunktion und das Fehlerintegral gehören bekanntermaßen zu den Lösungsfunktionen dieser Gleichung. Bei der Turbulenzaufgabe ist Λ im allgemeinen nicht konstant, sondern eine Funktion von x, deren Bau sich durch einfache Impulsbetrachtungen od. dgl. aus der Forderung der Affinität der Geschwindigkeitsprofile herleiten läßt.

Der Verfasser fand es seinerzeit bedenklich, daß in Gl. (9) nicht die Beschleunigung

$$\frac{\partial(u^2)}{\partial x} + \frac{\partial(u\,v)}{\partial y},$$

sondern nur $\partial(u^2)/\partial x$ stand, was die x-Achse unerwünschterweise auszeichnete. Er empfand dies als eine Verletzung der NEWTONschen Relativität, nach der die Kräfte in einem mechanischen System von der Zufügung einer konstanten Geschwindigkeit (hier einer solchen in der y-Richtung) unabhängig sein müssen. In Gl. (8) hätte man deshalb eher den von einer konstanten Zusatzgeschwindigkeit unabhängigen Ausdruck $\overline{u'\,v'}$ erwarten sollen als $\overline{u\,v} = \bar{u}\,\bar{v} + \overline{u'\,v'}$. Auch Herr REICHARDT gibt an, daß er das Hinzutreten von $\bar{u}\,\bar{v}$ als merkwürdig empfand. Der bei REICHARDT angegebene Funktionsverlauf von $\overline{u\,v}$ und $\overline{u'\,v'}$ zeigt jedoch, daß man das Glied $\bar{u}\,\bar{v}$ nicht entbehren kann, wenn man die Fehlerfunktion für die Gesamtdruckverteilung erhalten will. In den REICHARDTschen Beispielen ist allerdings jedesmal eine bestimmte Strömungsrichtung durch die Problemstellung ausgezeichnet, die dann folgerichtig als x-Richtung definiert wird, so daß die nachträgliche Zufügung einer konstanten v-Geschwindigkeit nicht mehr in Betracht gezogen werden darf. Herr REICHARDT beruft sich auch im Hinblick auf den Erfolg seiner Rechnungen mit einem gewissen Recht hierauf; wenn man aber an allgemeinere Beispiele denkt, z. B. an Nachlauf oder auch Strahlausbreitung in einer gekrümmten Strömung, dann wird man andere Wege gehen müssen. Die Ansätze, die von der scheinbaren Schubspannung ausgehen, sind von diesem Einwand frei (erfordern aber freilich eine Integration der hydrodynamischen Differentialgleichungen!).

Nachrichten der Akademie der Wissenschaften zu Göttingen, Mathematisch-physikalische Klasse 1945, S. 6—19.

Über ein neues Formelsystem für die ausgebildete Turbulenz[1]

(Vorgelegt in der Sitzung am 26. Januar 1945)

1. In meinem Bericht gelegentlich des V. Internationalen Mechanik-Kongresses 1938 in Cambridge, USA[2] habe ich schon darauf hingewiesen, daß bisher die formelmäßige Erfassung der Vorgänge der ausgebildeten Turbulenz noch sehr unbefriedigend sei, indem man genötigt sei, mehrere Arten von Turbulenz zu unterscheiden, für die die Rechenregeln jeweils verschieden sind. Zu den älteren Sorten, „Wandturbulenz" und „freie Turbulenz", war damals noch die zeitlich abfallende „isotrope Turbulenz" gekommen, für die die alte Formulierung für die Geschwindigkeitsschwankung $u' = l \frac{dU}{dy}$ ihren Sinn verliert, da hier ja $\frac{dU}{dy}$ Null ist. Ich habe mir 1938 mit der Annahme geholfen, daß eine irgendwie vorhandene Turbulenz von selbst nach einem in ihr liegenden Zeitgesetz abfällt und daß die wirkliche Turbulenz zu einem Zeitpunkt sich aus den Überresten der Beiträge zusammensetzt, die im Laufe der vorangegangenen Zeiten nach der Mischungswegformel erzeugt worden sind. Da die einzelnen Beträge, aus denen sich die Turbulenz zur Zeit t zusammensetzt, mit ganz zufälligen Phasen zusammentreffen, muß nach einem Satz von Lord Rayleigh die Summierung über die *Quadrate* der Schwankungsgrößen vorgenommen werden. Eine Aussage über die Art des zeitlichen Abklingens konnte aus Hitzdrahtmessungen von Dryden und anderen gewonnen werden. Dieses Gesetz kann, wenn T eine für den Einzelfall passend bestimmte Zeitkonstante, t die augenblickliche Zeit und t' die Erzeugungszeit der Turbulenz bedeutet, durch die Formel

$$f(t - t') = \frac{1}{1 + \frac{t - t'}{T}} \qquad (1)$$

dargestellt werden. Die daraus folgende Formel für die augenblickliche Stärke einer im Lauf der Zeit erzeugten Gesamtturbulenz, die in meinem Bericht angegeben ist, ist wegen ihrer Form als bestimmtes Integral wenig handlich und bisher nur für den Fall angewandt worden, wo eine plötzliche Erzeugung der Turbulenz, also ein einziger Wert von t', in Betracht gezogen wird, wodurch natürlich das Integrieren entfällt.

[1] Mit einem ergänzenden Zusatz von K. Wieghardt.

[2] Vgl. Proceedings V. Intern. Congr. of Appl. Mech., S. 340.

2. Die neue Betrachtung geht nun davon aus, auf rationelle Weise *Differentialbeziehungen für die Turbulenzstärke* aufzustellen und auf diese Weise ein Formelsystem zu gewinnen, das sämtliche Arten der ausgebildeten Turbulenz umfaßt. Als Maß für die Turbulenzstärke wird die kinetische Energie der turbulenten Störungsbewegung gewählt. Diese Festsetzung ermöglicht eine Art Energiebilanz und genügt nebenher auch dem Gedanken des Rayleighschen Satzes. Die „Differentialbeziehung" besteht darin, daß ein Ausdruck für das Wachsen oder Abnehmen dieser Energie für ein individuelles, mit der Grundströmung vorwärts bewegtes Teilchen aufgestellt wird. Die Geschwindigkeitskomponenten der Grundströmung, von der zur Vereinfachung angenommen wird, daß es sich um eine ebene Strömung handelt, werden mit U und V bezeichnet, diejenigen der Störungsbewegung, von der man weiß, daß sie immer dreidimensional ist, mit u, v, w; der Mittelwert des Druckes heiße P; die Dichte ϱ sei konstant angenommen und werde der Bequemlichkeit halber $= 1$ gesetzt.

Weiter sei zur Vereinfachung angenommen, daß die Geschwindigkeitskomponente U die Komponente V stark überwiegt, so daß von den Affinorkomponenten der Formänderungsgeschwindigkeit $\partial U/\partial y$ die anderen Komponenten

$$\frac{\partial U}{\partial x} = -\frac{\partial V}{\partial y} \quad \text{und} \quad \frac{\partial V}{\partial x}$$

weit hinter sich läßt und daher allein in Betracht gezogen zu werden braucht. Für alle Strömungen von Grenzschichtcharakter trifft diese Annahme zu. Für irgendwelche Strömungen, bei denen U und V gleiche Größenordnung haben, würden die Ansätze verwickelter sein[1].

Die Turbulenzenergie für die Volumeneinheit, E, ist nach vorstehendem gleich dem zeitlichen Mittelwert von $\frac{1}{2}(u^2 + v^2 + w^2)$ zu setzen, ihre Änderung für ein individuelles Teilchen der Grundströmung wird mit DE/dt bezeichnet; dabei ist

$$\frac{DE}{dt} = \frac{\partial E}{\partial t} + U\frac{\partial E}{\partial x} + V\frac{\partial E}{\partial y}. \tag{2}$$

3. Es sollen nun der Reihe nach diejenigen Einflüsse behandelt werden, durch die solche Änderungen auftreten. Als erstes möge das *Erlahmen der Turbulenz bei Aufhören der Energiezufuhr* behandelt werden. Dieses erfolgt durch die Widerstände, die sich der Weiterbewegung der einzelnen Flüssigkeitsballen entgegenstellen. Unter der Annahme, daß die Reynoldssche Zahl der Strömung hinreichend groß ist, werden solche Widerstände durch eine Turbulenz zweiter Stufe an den Rändern des Ballens hervorgerufen und können deshalb nach den Regeln der freien Turbulenz behandelt werden. Für uns genügt es, zu wissen, daß

[1] Vgl. hierzu die Fußnote 1, S. 877.

der Widerstand eines Flüssigkeitsballens proportional dem Quadrat seiner Relativgeschwindigkeit u zur übrigen Flüssigkeit ist und natürlich auch proportional seinem Querschnitt. Der Durchmesser des Flüssigkeitsballens kann dem Mischungsweg l proportional angenommen werden; damit ist der Widerstand $W \sim l^2 u^2$. Die durch die Bewegung in der Zeiteinheit verbrauchte Leistung ist $W u$. Das Volumen des Ballens sei V; somit ergibt sich für die Volumeneinheit

$$\frac{W u}{V} \sim \frac{l^2 u^3}{l^3} \sim \frac{u^3}{l}.$$

Damit wird der erste Anteil von DE/dt, wenn noch $u = \text{Zahl} \cdot \sqrt{E}$ gesetzt wird,

$$\left(\frac{D E}{dt}\right)_1 = -\frac{c\, E^{3/2}}{l}. \tag{3}$$

Wir können Gl. (3) sofort auf die isotrope Windkanalturbulenz anwenden, bei der E nur von der Zeit, nicht aber von den Raumkoordinaten abhängt. Wird, wie hier üblich, $l = \text{konst.}$ gesetzt, so ist

$$\frac{dE}{E^{3/2}} = -\frac{c\, dt}{l}$$

und damit

$$2 E^{-1/2} = \frac{c\, t}{l} + 2 E_0^{-1/2}$$

oder

$$\sqrt{E} = \frac{1}{\frac{1}{\sqrt{E_0}} + \frac{c\, t}{2 l}},$$

was in Übereinstimmung mit Gl. (1) eine linear gebrochene Abhängigkeit von der Zeit liefert. Unsere Formeln bekräftigen also in sehr erwünschter Weise die Versuchsergebnisse von DRYDEN. Die DRYDENschen Versuchszahlen liefern offenbar eine Möglichkeit der Bestimmung der Zahl c, sobald l bekannt ist.

4. Das *Neuschaffen von Turbulenzenergie* regelt sich nach der alten Betrachtung von O. REYNOLDS, die besonders bequem durch die Abhandlung von H. A. LORENTZ[1] zugänglich ist. In dieser wird durch Integration der aus den NAVIER-STOKESschen Gleichungen abgeleiteten Energiegleichung gezeigt, daß in der Zeiteinheit je Volumeneinheit eine Arbeit $\tau' \frac{dU}{dy}$ aus der Energie der Hauptbewegung in diejenige der turbulenten Nebenbewegung übergeführt wird. Dabei ist $\tau' = \overline{u\, v}$ (Überstreichungen bedeuten Mittelwertbildung). Nach BOUSSINESQ pflegt man andererseits $\tau' = \varepsilon \frac{dU}{dy}$ zu schreiben, womit die „Austauschgröße" ε

[1] Abhandl. über Theor. Physik Bd. 1, S. 43. Leipzig 1907.

definiert wird. Damit ergibt sich der zweite Anteil der zeitlichen Energieänderung zu

$$\left(\frac{DE}{dt}\right)_2 = +\varepsilon\left(\frac{dU}{dy}\right)^2.$$

Die Austauschgröße des Impulstransportes ε kann im Hinblick auf ihre Dimension (= Länge × Geschwindigkeit) $= k\,l\,\sqrt{E}$ gesetzt werden. Hierbei ist k eine Zahl, von der man hoffen kann, daß sie konstant ist. Die Versuchsergebnisse müssen natürlich die Entscheidung liefern[1]. l ist eine Ortsfunktion, die im wesentlichen den alten „Mischungsweg" darstellt, die aber auch aus Korrelationsmessungen abgeschätzt werden kann (Korrelation der Störungsgeschwindigkeiten an zwei Stellen abhängig von deren Abstand, vgl. etwa Strömungslehre, S. 120). Mit dem angegebenen Wert von ε ergibt sich somit

$$\left(\frac{DE}{dt}\right)_2 = k\,l\,\sqrt{E}\left(\frac{dU}{dy}\right)^2. \tag{4}$$

Wenn, wie es bei der ausgebildeten Kanalströmung der Fall ist, der Turbulenzzustand sich längs einer Stromlinie der Grundströmung nicht ändert, und vorerst angenommen wird, daß eine seitliche Abwanderung der Turbulenzenergie nicht vorkommt, wird offenbar

$$\left(\frac{DE}{dt}\right)_1 + \left(\frac{DE}{dt}\right)_2 = 0,$$

also nach Kürzung mit $\sqrt{E}$

$$k\,l\left(\frac{dU}{dy}\right)^2 = \frac{c\,E}{l},$$

woraus

$$E = \frac{k}{c}\,l^2\left(\frac{dU}{dy}\right)^2 \tag{5}$$

folgt. Hierbei mag angemerkt werden, daß das Nullsetzen des weggekürzten Faktors $\sqrt{E}$ eine zweite unabhängige Lösung liefert. Diese ist nichts anderes als die laminare Strömung, die sich also von unserem energetischem Standpunkt aus mit der turbulenten Strömung gleichberechtigt erweist.

---

[1] Bei allgemeineren Grundströmungen, als sie hier betrachtet werden, ist strenggenommen ε nicht ein Skalar, sondern ein Affinor und wird nur dann zum Skalar, wenn eine einzige von den neuen Deformationsgrößen, hier dU/dy, alle anderen soweit überwiegt, daß deren Wirkung auf den Spannungszustand vernachlässigbar bleibt. Hieraus ergibt sich auch, daß möglicherweise für die isotrope Turbulenz, wo die Kugelsymmetrie des Affinors in anderer Weise auch zu einem Skalar führt, ein anderer Wert von k auftritt als bei der gewöhnlichen anisotropen Turbulenz.

Eine andere Angelegenheit ist der bekannte Unterschied zwischen der turbulenten Impulsleitung und der turbulenten Wärmeleitung. Dieser kann dadurch berücksichtigt werden, daß bei der letzteren ein anderer, nämlich größerer Wert für k eingeführt wird als bei der ersteren, vgl. etwa Strömungslehre, S. 108.

Setzt man in Gl. (5) $E = |\tau'|\, k/c$, so führt diese auf die Grundgleichung der alten Theorie

$$|\tau'| = l^2 \left(\frac{dU}{dy}\right)^2$$

zurück. Verschiedene Beobachtungstatsachen zeigen indes, daß die Turbulenzenergie das Bestreben hat, von stärker turbulenten Stellen nach Stellen schwächerer Turbulenz abzuwandern. Hiervon wird im nächsten Abschnitt weiter die Rede sein.

Im Hinblick auf diesen Umstand beschränkt sich die wirkliche Gültigkeit von Gl. (5) auf den Fall, daß E und damit nach dem Vorstehenden auch τ' räumlich konstant ist. Das einfachste hierher gehörige Beispiel ist die „Wandturbulenz im unendlich breiten Kanal", für die sich aus Rohrversuchen mit sehr großen *Re*-Zahlen die Formel für die Geschwindigkeitsverteilung

$$U = \frac{v_*}{\varkappa}\left(\ln \frac{v_* y}{\nu} + \text{konst.}\right)$$

als wohl bestätigt erwiesen hat (hierin ist y der Wandabstand, ferner $v_* = \sqrt{\tau'} =$ konst. und $\varkappa$ ein Zahlwert um 0,4 herum). Damit wird $dU/dy = v_*/\varkappa y$. Der Mischungsweg l ist, zum mindesten in Wandnähe, proportional zu y, so daß sich hier aus Gl. (5) E konstant ergibt. Solange der Zahlwert von k noch nicht anderweitig festgelegt ist, kann man in diesem Beispiel wie bisher $l = \varkappa y$ setzen. Dann ergibt sich aus Gl. (5) die oben in anderer Form schon erwähnte Beziehung

$$E = \frac{k}{c} v_*^2, \tag{6}$$

die zur Definition von k verwendet werden kann, sobald, etwa durch Hitzdrahtmessungen, quantitative E-Bestimmungen vorliegen.

Aus der Verknüpfung der Definition von ε (in der neuen Bezeichnung $\varepsilon = \frac{v_*^2}{dU/dy}$) mit unserer hier eingeführten Festsetzung $\varepsilon = k\, l \sqrt{E}$ läßt sich noch eine weitere, besonders einfache Beziehung herleiten: der erstere Ausdruck wird mit den obigen Werten von dU/dy und l

$$\varepsilon = v_*\, l,$$

der Vergleich mit dem zweiten Ausdruck gibt also $v_* = k\sqrt{E}$. Trägt man diesen Ausdruck in Gl. (6) ein, so findet sich die Beziehung $\underline{c = k^3}$, woraus sich die Beibehaltung des alten Maßes für l als besonders zweckmäßig erweist.

5. Der schon angekündigte dritte Betrag zur zeitlichen Änderung der Turbulenzstärke ergibt sich durch die Tatsache, daß *die Turbulenzstärke sich in der Richtung ihres Gefälles ausbreitet.* Ganz entsprechend wie bei einem Temperaturgefälle ein Wärmestrom entsteht, ergibt sich ein Strom der Turbulenzenergie in der Richtung ihres Gefälles

$S = -\varepsilon_1 \frac{\partial E}{\partial y}$. Nach den Ermittlungen von Herrn WIEGHARDT (siehe den unten folgenden Beitrag) scheint ε_1 etwas kleiner zu sein als das von Abschn. 4. Analog zur Formel für ε wird $\varepsilon_1 = k_1 \, l \sqrt{E}$ geschrieben. Der dritte Betrag zu DE/dt ergibt sich dabei ganz wie bei den entsprechenden Betrachtungen für den Wärmestrom zu

$$\left(\frac{DE}{dt}\right)_3 = -\frac{\partial S}{\partial y} = +\frac{\partial}{\partial y}\left(\varepsilon_1 \frac{\partial E}{\partial y}\right). \tag{7}$$

Die durch diese Gleichung geregelte Verschiebung von Turbulenzenergie von Gebieten größerer zu solchen geringerer Turbulenzstärke macht sich sowohl in der Achsennähe der gewöhnlichen Kanalströmung, wo die Neuschaffung von Turbulenz unterbleibt, wie auch am Rand der Reibungsschicht gegen die Potentialströmung sehr bemerkbar und führt zu einer Schwächung der Turbulenz in dem angrenzenden Turbulenzgebiet. Mit dem letzteren Umstand dürfte die auffallende Abweichung des Geschwindigkeitsprofils in diesen Gebieten von dem aus $\tau' = \left(l \frac{dU}{dy}\right)^2$ gerechneten zusammenhängen, durch die [vgl. Gl. (II) im folgenden Absatz] das Mittelstück bzw. das wandferne Stück des Profils wegen Vergrößerung von dU/dy über die dortigen Teile des primitiv gerechneten Profils hinausgehoben wird.

6. Aus der Summe der Beiträge von Gl. (3), (4) und (7) ergibt sich nun die *erste Hauptgleichung* unserer Aufgabe zu

$$\frac{DE}{dt} = -c \frac{E\sqrt{E}}{l} + k\, l \sqrt{E} \left(\frac{dU}{\partial y}\right)^2 + \frac{\partial}{\partial y}\left(k_1 \, l \sqrt{E} \frac{\partial E}{\partial y}\right). \tag{I}$$

Es mag bemerkt werden, daß auch diese Gleichung durch $\sqrt{E}$ gekürzt werden kann, so daß die auf S. 9 gemachte Bemerkung, daß $E = 0$, d. h. die Laminarströmung ebenfalls eine Lösung ist, auch für die vollständige Gleichung gilt. Zu Gl. (I) tritt nun als zweite die Beziehung

$$\tau' = \varepsilon \frac{dU}{dy} = k\, l \sqrt{E} \frac{dU}{dy}. \tag{II}$$

Hierin kann die scheinbare Schubspannung τ' mit Hilfe geeigneter Impulssätze aus der Grundbewegung U, V ermittelt werden ($\partial\tau'/\partial y$ tritt in der durch das Scheinreibungsglied ergänzten ersten EULERschen Gleichung der Grundbewegung auf). Die Gl. (II) verknüpft also die Turbulenzstärke E noch auf eine zweite Weise mit der Grundströmung.

Zur Prüfung des im vorstehenden entwickelten Formelsystems sollen alle geeigneten bisher vorliegenden quantitativen Angaben über turbulente Strömungen ausgewertet werden, nicht nur die auf turbulente Impulsausbreitung bezüglichen, sondern auch diejenigen, die sich z. B. mit der Ausbreitung von Wärme, Stoffbeimengungen u. dgl. in isotroper und anisotroper Turbulenz befassen. Es steht zu hoffen, daß diese Durchmusterung der vorhandenen Beobachtungen über die von der Theorie noch offengelassenen Konstanten c, k und k_1 Klarheit verschaffen wird (die nach dem früher Gesagten natürlich auch darin bestehen kann, daß für verschiedene Arten von Turbulenz auch diese Zahlen verschieden ausfallen), darüber hinaus aber natürlich auch aufzeigen wird, inwieweit die Theorie noch ergänzt werden muß.

7. Das hier entwickelte Gleichungssystem (I), (II) liefert durch die Art seines Aufbaues alle Affinitätsbeziehungen der älteren Turbulenztheorie unverändert wieder. Je nach der gerade vorliegenden Aufgabe kann es in verschiedener Weise ausgewertet werden. Wenn z. B. eine stationäre Grundströmung mit allen Angaben bekannt ist (also U, V und P als Funktionen von x und y), dann lassen sich die Stromlinien der mit der Grundströmung bewegten Teilchen ermitteln, und es läßt sich dadurch die zeitliche Änderung der Turbulenzstärke durch ihre Änderung längs der Stromlinie ausdrücken:

$$\frac{DE}{dt} = \sqrt{U^2 + V^2}\,\frac{dE}{ds}.$$

Da sich aus den Aussagen auch τ' abhängig von x und y ermitteln läßt, kann aus Gl. (II) ε ermittelt werden. Daraus folgt mit $\varepsilon = k\,l\sqrt{E}$

$$l = \frac{\varepsilon}{k\sqrt{E}},$$

was in Gl. (I) eingetragen werden kann, so daß hier nun außer bekannten Funktionen nur noch E als Unbekannte auftritt. Wenn es gelingt, unter Heranziehung der Grenzbedingungen den Verlauf von E zu ermitteln, dann folgt aus der eben angegebenen Beziehung auch l. Im allgemeinen wird die Aufgabe sehr schwierig sein. Für spezielle Aufgaben, so z. B. für die stationäre ebene Strahlrandströmung, werden jedoch alle Größen, die gegebenen wie die gesuchten, Funktionen von $\eta = y/x$, wodurch das Problem in eine gewöhnliche Differentialgleichung zweiter Ordnung für $E(\eta)$ übergeführt wird. Eine Rechnung dieser Art befindet sich zur Zeit in Durchführung.

Wenn man über die Grundströmung noch keine Angaben besitzt, dann kann versuchsweise so verfahren werden, daß man l als Funktion der Raumkoordinaten vorgibt. Man hat dann für E, U, V, P und τ' die Gl. (I) und (II) sowie die drei Bewegungsgleichungen der Grundströmung (x- und y-Komponente und Kontinuität), so daß grundsätzlich alle Funktionen ermittelt werden können. Die Rechnung hat allerdings nur dann Aussicht auf Bewältigung, wenn etwa nach Grenzschichtart $P = P(x)$ gegeben ist (wobei die y-Gleichung der Grundströmung entfällt), oder wenn alle Stromlinien parallele Geraden sind, wie dies einerseits bei der Kanalströmung zwischen parallelen Wänden, andererseits aber auch bei gewissen nichtstationären Strömungen längs einer ebenen Wand der Fall ist. In diesem Fall lassen sich aus den nicht schon identisch verschwindenden Gleichungen E und U ermitteln. Versuche dieser Art sind zur Zeit im Werden. In dieselbe Klasse gehören auch die stationären Nachlaufströmungen, wenn die Nachlaufgeschwindigkeiten klein genug sind, um sie bei der Ermittlung der Stromliniengestalt gegen die Hauptströmung U_0 zu vernachlässigen. Für die grenzschichtartigen Strömungen scheint eine zweite Möglichkeit in der Art zu bestehen, daß man, wenn der Druck als Funktion von x vorgegeben ist, ausgehend von einem Querschnitt $x =$ konst., in dem E und U als Funktionen von y bereits bekannt sind, mit einem Schritteverfahren nach wachsenden Werten von x vordringt. Hierdurch wäre es also z. B. möglich, irgendwelche Strömungen mit Druckanstieg und Druckabfall rechnerisch zu verfolgen.

Zwei Fragengruppen sind bisher bewußt beiseite gelassen worden, einmal die Rolle der Zähigkeit in der unmittelbaren Wandnähe und die innere Struktur des einzelnen Flüssigkeitsballens, bei der die Zähigkeit auch eine fundamentale Rolle spielt. Es steht zu hoffen, daß auch diese Fragen noch werden bewältigt werden können. Bezüglich der letzteren Aufgabe liegen die Dinge ja so, daß unsere Hauptgleichungen, allerdings vervollständigt auf eine dreidimensionale Grundströmung, auf die Vorgänge im Inneren des einzelnen Flüssigkeitsballens auch angewandt werden können, sofern die Reynoldssche Zahl hoch genug liegt, daß auch die innere Turbulenz zweiter Stufe im Ballen noch nicht wesentlich durch die Zähigkeit beeinflußt wird. Von dieser steigt man aber durch eine Turbulenz dritter Stufe usw. herunter bis zu einer solchen Reynoldsschen Zahl $l\sqrt{E}/\nu$, bei der die Zähigkeit wesentlich wird. Die nach dem Reynoldsschen Satz der Turbulenz zugeführte Arbeitsleistung überträgt sich von der Turbulenz erster Stufe auf diejenige der zweiten, dritten usw., wobei in steigendem Maß Reibungswärme durch Zähigkeit erzeugt wird, bis der Rest der ursprünglichen Energie auf diese Weise quantitativ in Wärme verwandelt ist. Es wird vermutet, daß wenigstens ein allgemeiner Überblick über diesen Vorgang wird gewonnen werden können.

Ein weiteres Problem, das ebenfalls außerhalb unserer Betrachtung steht, aber auch sehr bedeutungsvoll ist, betrifft die Fragen nach der Wirkung einer statischen oder dynamischen Stabilität der Grundströmung auf die Ausbildung der Turbulenz, umfaßt also das Fragengebiet, das mit der Richardsonschen Zahl zusammenhängt. Hier wird man vielleicht zu einem Erfolg kommen können, wenn man erst die Bewegungsverhältnisse für den einzelnen relativ zur übrigen Flüssigkeit bewegten Turbulenzballen wenigstens qualitativ etwas näher studiert haben wird. In der meteorologischen Strömungslehre sind gerade diese

Dinge von grundsätzlicher Bedeutung und haben sicher erheblichen Einfluß auf das ganze Wettergeschehen; aber auch für den inneren Zustand von rotierenden Flüssigkeitsmassen scheinen sie von Wichtigkeit zu sein.

Zusatz von K. Wieghardt

Die wichtigste praktische Aufgabe wird zunächst die sein, aus geeigneten Versuchen vorläufige Zahlenwerte für die drei wesentlichen Konstanten der Theorie c, k und k_1 herzuleiten. Dieser Aufgabe hat sich freundlicherweise Herr K. WIEGHARDT unterzogen. Er berichtet im folgenden darüber.

Zur Erprobung der obigen Theorie im einzelnen und vor allem zur Ermittlung der darin vorkommenden Zahlenkonstanten, steht noch verhältnismäßig wenig Versuchsmaterial zur Verfügung. Denn das Formelsystem (I) und (II) handelt von der Energie der turbulenten Nebenbewegung $E = \frac{1}{2}(\overline{u^2} + \overline{v^2} + \overline{w^2})$; die meisten Hitzdrahtmessungen beschränken sich aber auf die turbulente Längsschwankung $u' = \sqrt{\overline{u^2}}$ (bei $U \gg V, W$), da diese Komponente meßtechnisch am einfachsten zu bestimmen ist. Bei der alten Mischungswegtheorie dagegen wurden alle theoretischen Annahmen über die Nebenbewegung summarisch durch den Mischungsweg erfaßt, der durch die Formel

$$\frac{\tau}{\varrho} = l^2 \left|\frac{dU}{dy}\right| \frac{dU}{dy}$$

direkt mit Größen der Hauptbewegung verknüpft war.

Abgesehen von einer mehr qualitativen Untersuchung von A. FAGE und H. C. H. TOWNEND[1] sind bisher für keine Strömung wirklich alle drei Schwankungskomponenten gemessen worden. Wir können jedoch in den beiden folgenden Beispielen diesen Mangel durch plausible Annahmen über die Nebenbewegung ausgleichen.

a) Strömung hinter einem Turbulenzgitter

Hinter einem Turbulenzgitter (Maschenweite oder Gitterabstand M) ist in größerer Entfernung x/M die Turbulenz isotrop: $\overline{u^2} = \overline{v^2} = \overline{w^2}$, was auch durch Messungen bestätigt wurde. Hier gilt also einfach $E = \frac{3}{2}\overline{u^2} = \frac{3}{2}u'^2$. Da die Hauptbewegung eindimensional ist: $U =$ konst., $V = W = 0$, so reduziert sich Gl. (I) auf

$$U\frac{dE}{dx} = -c\frac{E^{3/2}}{l}.$$

Der Mischungsweg l ist hier konstant, und zwar ist nach Messungen von G. CORDES[2] und R. GRAN OLSSON[3] in einiger Entfernung vom Gitter

[1] Proc. Roy. Soc. London A Bd. 135 (1932) S. 657.
[2] Ing.-Arch. Bd. 8 (1937) S. 245.
[3] Z. angew. Math. Mech. Bd. 16 (1936) S. 257.

(gemessen bis $x/M = 14$) $l/M = 0{,}10$. Nehmen wir an, daß dies auch noch in der großen Entfernung gilt, wo die mittlere Hauptbewegung ausgeglichen und die Turbulenz isotrop ist, so lautet die Lösung der Differentialgleichung (I):

$$\frac{U}{u'} - \frac{U}{u'_0} = c \frac{1}{2} \sqrt{\frac{3}{2}} \frac{x/M}{l/M},$$

vgl. Nr. 3, wo $\sqrt{E}$ entspricht $\sqrt{\frac{3}{2}}\, u'$. Aus Messungen von H. L. DRYDEN sowie L. F. G. SIMMONS und C. SALTER, die G. I. TAYLOR[1] zusammengestellt hat, folgt zunächst tatsächlich eine lineare Abhängigkeit des U/u' von x/M, und zwar wird

$$\frac{U}{u'} - \frac{U}{u'_0} = \frac{5}{A^2} \frac{x}{M},$$

wo A je nach Art der Gitter bzw. Siebe zwischen 1,95 und 2,20 schwankt. Für c ergibt sich daraus mit dem obigen Wert für l/M:

$$c = 2\sqrt{\frac{2}{3}} \frac{l}{M} \frac{5}{A^2} = 2\sqrt{\frac{2}{3}} \cdot 0{,}10 \cdot \frac{5}{(1{,}95 \text{ bis } 2{,}20)^2},$$

also

$$\underline{c = 0{,}21 \text{ bis } 0{,}17.}$$

b) Kanalströmung

Die einfachste Strömung, bei der alle drei Glieder der Gl. (I) auftreten und die so die Bestimmung der drei Konstanten c, k und k_1 ermöglicht, ist die Kanalströmung zwischen zwei ebenen Platten. Dieser Fall ist im Hinblick auf die Turbulenzgrößen ziemlich vollständig von H. REICHARDT[2] in einem Spezialwindkanal untersucht worden. Der Plattenabstand betrug $2H = 24{,}4$ cm, die größte Geschwindigkeit in Kanalmitte war $U_{\max} = 100$ cm/sec, so daß sich die Re-Zahl auf $Re = U_{\max}\, H/\nu = 8750$ belief. Außer der Geschwindigkeitsverteilung $U(y)$ (y = Wandabstand) wurden mit besonders für diesen Zweck entwickelten Hitzdrahtanordnungen $\overline{u^2}$, $\overline{v^2}$ und $\overline{u\,v} = \tau'/\varrho$ gemessen. Da wir zur Berechnung von E auch $\overline{w^2}$ brauchen, setzen wir in Ermangelung etwas Besserem $\overline{w^2} = \overline{v^2}$, also $E = \frac{1}{2}(\overline{u^2} + 2\overline{v^2})$; d. h. wir nehmen an, daß die Nebenbewegung hauptsächlich aus Wirbeln besteht, deren Achsen parallel zur Strömungsrichtung laufen. Nach den erwähnten Beobachtungen von FAGE und TOWNEND liegt $\overline{w^2}$ genauer zwischen $\overline{u^2}$ und $\overline{v^2}$.

Ferner benötigen wir noch den Verlauf von l. Nach J. NIKURADSE[3] kann man in Rohren, aber auch bei ebener Strömung[4] bei großen

[1] Proc. Roy. Soc. London A Bd. 151 (1935) S. 421.
[2] Naturwissenschaften Bd. 26 (1938) S. 404.
[3] VDI-Forsch.-Heft 356 (1932). [4] VDI-Forsch.-Heft 289 (1929).

REYNOLDSschen Zahlen ($> 10^5$) den Mischungsweg, der nach der alten Formel berechnet wurde, annähern durch

$$L = l/H = 0{,}14 - 0{,}08\,\eta^2 - 0{,}06\,\eta^4, \quad \text{mit} \quad \eta = 1 - y/H.$$

Bei kleineren *Re*-Zahlen wird L größer, so daß wir für die vorliegende Kanalströmung mit $Re = 8750$ ansetzen $l/H = C\,L$ mit $C > 1$. Be-

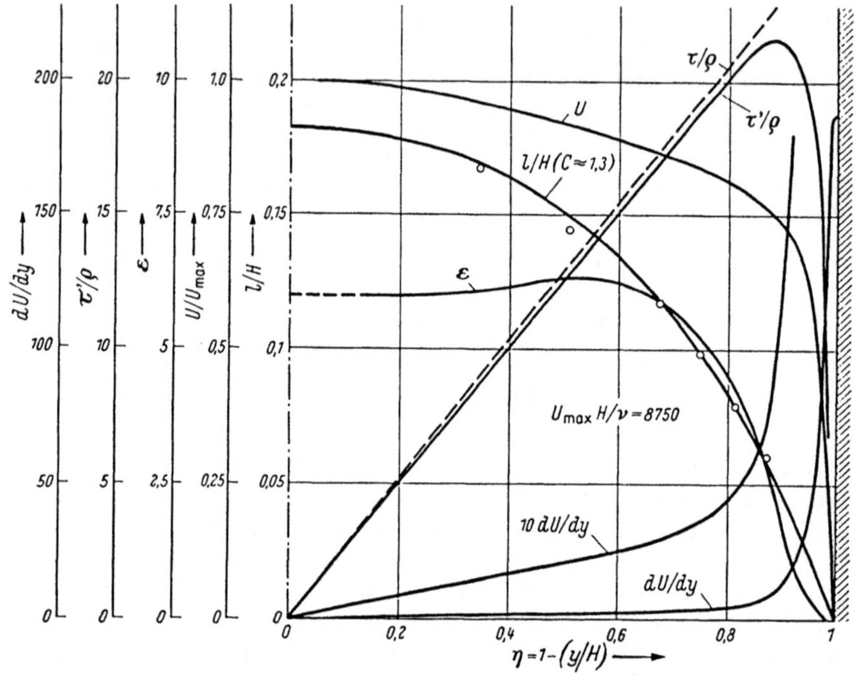

Abb. 1. Ebene Kanalströmung (U_{max} = 100 cm/sec, H = 12,2 cm): Geschwindigkeit U/U_{max}, Geschwindigkeitsgradient $d\,U/d\,y$ [1/sec]. Schubspannung τ'/ϱ [cm²/sec²], Austausch ε [cm²/sec] und Mischungsweg l/H abhängig vom Mittenabstand $\eta = 1 - y/H$, y = Wandabstand

rechnet man $l = \sqrt{\frac{\tau'}{\varrho}} \Big/ \frac{d\,U}{d\,y}$ aus den REICHARDTschen Messungen, so erhält man die in Abb. 1 gezeichneten Punkte, die durch die Funktion $C\,L$ gut angenähert werden, wenn $C = 1{,}3$ gesetzt wird. Wir rechnen daher weiter mit $l/H = 1{,}3\,L$.

Von den gesuchten Konstanten bestimmen wir zunächst k aus Gl. (II):

$$\varepsilon = k\,l\,\sqrt{E} = \frac{\tau'/\varrho}{d\,U/d\,y},$$

also

$$k\,C = \frac{\tau'/\varrho}{L\,H\,\sqrt{E}\,d\,U/d\,y}.$$

Wir unterscheiden hier zwischen der turbulenten Schubspannung $\tau' = \varrho\,\overline{u\,v}$ und der gesamten

$$\tau = \tau' + \mu \frac{dU}{dy},$$

die in Abb. 1 durch die gestrichelte Gerade dargestellt wird: $\tau/\tau_0 = \eta = 1 - y/H$ mit $\tau_0 =$ Wandschubspannung. Es ergibt sich $k\,C$ nach Abb. 2 abgesehen von der Wandnähe, wo die Wirkung der Zähigkeit vergleichbar wird mit der Turbulenz, als konstant. Wir fassen dies als Bestätigung sowohl der Gl. (II) als auch des angenommenen Funktionsverlaufes für den Mischungsweg $L(\eta)$ auf. Mit $C = 1{,}3$ wird $\underline{k = 0{,}56}$.

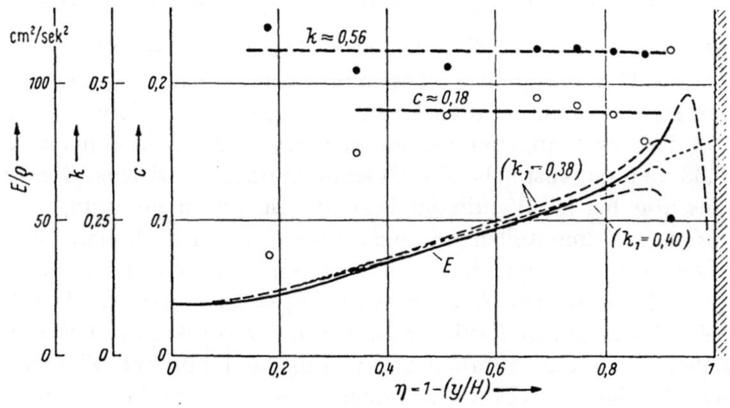

Abb. 2. Ebene Kanalströmung: Turbulenzenergie E [cm²/sec²] abhängig vom Mittenabstand

Zur Bestimmung von c benutzen wir die Gl. (I) in einer gekürzten Form. Das Ausbreitungsglied kann nämlich bei der Strömung zwischen zwei Platten nur in Kanalmitte und in Wandnähe gegenüber den anderen Gliedern (Abklingen und Neuschaffen von Turbulenzenergie) ins Gewicht fallen, indem ein Teil der vor allem in Wandnähe erzeugten Turbulenz zur Kanalmitte transportiert wird. Somit wird für die ausgebildete Kanalströmung, bei der in Strömungsrichtung keine Änderungen mehr eintreten, also $DE/dt = 0$ gilt, bei Vernachlässigung des Ausbreitungsgliedes

$$0 = -c\frac{E^{3/2}}{l} + \frac{\tau'}{\varrho}\frac{dU}{dy},$$

also

$$\frac{c}{C} \approx \frac{\tau'}{\varrho}\frac{dU}{dy}\frac{LH}{E^{3/2}}.$$

Nach Abb. 2 wird für $C = 1{,}3$, wenn wir die Punkte in der Nähe der Kanalmitte und der Wand nicht beachten, $\underline{c \approx 0{,}18}$. Dieser Wert von c für die anisotrope Kanalturbulenz stimmt also gut mit dem unter a) für die isotrope Turbulenz gewonnenen überein, was nicht von vornherein theoretisch erforderlich gewesen wäre. Weiterhin wird die in Nr. 4 abgeleitete Beziehung $c = k^3$ gut bestätigt, da $k^3 = 0{,}56^3 = 0{,}176 \approx c = 0{,}18$ ist.

Schließlich berechnen wir mit diesen c- und k-Werten die Maßzahl für die Turbulenzausbreitung k_1 aus der vollen Gl. (I), die in unserem Fall ausdifferenziert lautet:

$$\ddot{E} + \frac{1}{2E}\dot{E}^2 + \frac{\dot{l}}{l}\dot{E} - \frac{c}{k_1}\frac{H^2}{l^2}E + \frac{k}{k_1}\dot{U}^2 = 0, \quad \text{mit} \quad \cdot \equiv \frac{d}{d\eta}. \qquad \text{(Ia)}$$

In Kanalmitte ist aus Symmetriegründen $\dot{E}_0 = 0$ und nach den Versuchen $E_0 = 19{,}1\ \text{cm}^2/\text{sec}^2$; der gesamte $E(\eta)$-Verlauf ist in Abb. 2 aufgetragen. In Wandnähe ist dabei $\overline{v^2}$ extrapoliert, weil dort aus meßtechnischen Gründen nur $\overline{u^2}$ bestimmt worden war. Gestrichelt eingetragen sind zwei numerische Lösungen der Gl. (Ia) mit $k = 0{,}56$ und $c = 0{,}18$ bei zwei angenommenen k_1-Werten. Man erkennt, daß für $k_1 = 0{,}38$ bereits ausreichende Übereinstimmung zwischen Rechnung und Messung bis in Wandnähe besteht, die durch geringfügiges Abändern des experimentellen Anfangswertes E_0 sogar noch etwas genauer erzwungen werden kann; die punktierte Kurve ist das Rechenergebnis für $k_1 = 0{,}38$ und den Ausgangswert $E_0 = 18{,}8$ statt $19{,}1\ \text{cm}^2/\text{sec}^2$. Das steile Ansteigen und Wiederabfallen der $E(\eta)$-Kurve in Wandnähe hängt ebenso wie das Abfallen von τ'/ϱ in der laminaren Wandschicht mit der niedrigen Re-Zahl zusammen. Bei $Re \to \infty$ könnte man bis an die Wand $\tau = \tau'$ und nach Gl. (6) in Nr. 5 $E = \frac{k}{c}\frac{\tau'}{\varrho}$ setzen. In unserem Beispiel beträgt die Wandschubspannung $\tau_0/\varrho = 25{,}8\ \text{cm}^2/\text{sec}^2$, so daß sich für $\nu \to 0$ an der Wand

$$E_{\text{Wand}} = \frac{0{,}56}{0{,}18} \cdot 25{,}8 = 80{,}3\ \text{cm}^2/\text{sec}^2$$

ergeben müßte. Der danach zu erwartende E-Verlauf ist in Abb. 2 punktiert angedeutet.

Das Verhältnis $k_1/k = 0{,}38/0{,}56 = 0{,}68$ ist also kleiner als 1; d. h. der durch die Turbulenz verursachte Impulsaustausch der Hauptbewegung ist größer als der Austausch der Turbulenzenergie selbst (vgl. Nr. 5). Dieses Verhältnis k_1/k ist übrigens unabhängig von dem Zahlenfaktor C in der angenommenen Mischungswegverteilung: In den ersten drei Gliedern der Gl. (Ia) kommt C gar nicht vor $\left(\frac{\dot{l}}{l} = \frac{\dot{L}}{L}\right)$; im vierten und fünften Glied kommen c und k nur in den unmittelbar berechneten Zusammensetzungen c/C und $k\,C$ vor:

$$\frac{c}{k_1}\frac{H^2}{l^2}E = \frac{c/C}{k_1 C}\frac{1}{L^2}E \quad \text{und} \quad \frac{k}{k_1}\dot{U}^2 = \frac{k\,C}{k_1 C}\dot{U}^2.$$

Es hätte sich also auch bei einem anderen Wert von C dasselbe Verhältnis $k/k_1 = k\,C/k_1\,C$ ergeben.

Zusammenfassung

Für die rechnerische Verfolgung von Strömungsvorgängen mit ausgebildeter Turbulenz wurde ein neues Formelsystem [Gl. (I) und (II)] entwickelt, das die kinetische Energie der turbulenten Nebenbewegung zum Ausgangspunkt nimmt und dessen eine Hauptgleichung eine Art Energiebilanz aufstellt: Die zeitliche Änderung der Turbulenzenergie setzt sich aus drei Teilen zusammen, der Energievernichtung durch die inneren Widerstände der turbulenten Bewegung, der aus der Hauptströmung entnommenen und der Nebenbewegung zugeführten Leistung und der durch Ausbreitung von Turbulenzenergie in die turbulenzärmeren Nachbargebiete erfolgenden Ortsveränderung dieser Energie. Als zweite Gleichung kommt hinzu eine Beziehung zwischen der scheinbaren Schubspannung und dem Geschwindigkeitsgefälle der Hauptbewegung. Dieses Gleichungssystem, das zu den hydrodynamischen Differentialgleichungen der Hauptbewegung als zusätzlich hinzutritt, ermöglicht erstmalig eine einheitliche Behandlung der isotropen und anisotropen Turbulenz. Die verschiedenen Möglichkeiten für die Anwendung dieses Gleichungssystems auf konkrete Aufgaben werden erörtert.

Anschließend werden auf Grund bisher vorliegender Versuchsergebnisse die in der obigen Theorie auftretenden Zahlenkonstanten abgeschätzt. Nach Messungen in einer ebenen Kanalströmung konnte Gl. (II) bestätigt werden, insofern als die darin vorkommende Zahl k sich von Kanalmitte bis in Wandnähe als konstant erwies. Die numerische Integration der Gl. (I) ergab hier bei einem passend gewählten Wert für k_1 eine gute Annäherung an die gemessene E-Verteilung über dem Kanalquerschnitt.

Für die Zahlenkonstanten wurden folgende vorläufigen Werte gefunden: $c = 0{,}18$ für isotrope und auch für anisotrope Turbulenz; aus den Messungen im Kanal: $k = 0{,}56$ und $k_1 = 0{,}38$. Die theoretische Voraussage $c = k^3$ wurde demnach auch bestätigt.

Zeitschrift für angewandte Mathematik und Mechanik Bd. 29 (1949) S. 8—9

Erzeugung von Zirkulationen beim Schütteln von Gefäßen

Die Anregung zur Beschäftigung mit dieser Frage leitet sich von einer Anekdote her, die mir mein Freund CARL RUNGE vor reichlich 40 Jahren erzählte. Sie handelt von LAPLACE. Auf diesen sprach eines Tages bei einem Glas Wein ein Besucher mit emphatischen Worten ein, wie herrlich es sei, daß man nun die physikalischen Vorgänge in allen Einzelheiten berechnen könne. LAPLACE machte jedoch eine ablehnende Handbewegung; er nahm die Flasche mit dem Rest des Weines in die Hand und sagte, während er die Flasche kräftig im Kreis herumschüttelte: „Rechnen Sie doch das!"

Diese sicher wahre Anekdote, für die ich allerdings die Verantwortung dem nun schon seit 20 Jahren toten RUNGE überlassen muß, hat mich in der Zwischenzeit noch oft verfolgt. Die ältere Theorie, die die Flüssigkeiten als reibungslos voraussetzte, hatte für die entstehende Umlaufbewegung keine Erklärung, sie gab vielmehr für jede Translationsbewegung eines Gefäßes das Resultat, daß hier nur Potentialbewegungen möglich seien, eine Zirkulation also nicht entstehen könne. Auch die Einbeziehung einer kleinen Reibung, die nur Abweichungen in den Grenzschichten an den Gefäßwänden hervorbrachte, änderte nichts an dem Zustand der Flüssigkeit, abgesehen von dem geringen, von den Grenzschichten eingenommenen Raum. Die Bewegung blieb auch hier eine Potentialbewegung ohne Zirkulation, es sei denn, daß ein Zusammenfließen von vorher getrennten Flüssigkeitsteilen stattfand. Ein solches Zusammenfließen tritt freilich immer dort ein, wo eine Welle sich überschlägt. Da die Vorwärtsbewegung im Wellenberg stärker ist als die Rückwärtsbewegung im Wellental, bleibt nach dem Zusammenfließen ein Impuls in der Richtung der Wellenbewegung übrig, s. Abb. 1.

Abb. 1. Sich überschlagende Wasserwelle

Zur Aufklärung der theoretischen Frage entschloß ich mich vor etwa zehn Jahren, einen kleinen Apparat zu bauen, mit dem dem Problem auf den Leib gerückt werden konnte. Die Versuche kamen aber des Krieges wegen nicht mehr zur Durchführung und haben bis vor kurzem auch weiter geruht. Die gegenwärtige Tagung schien aber ein begründeter Anlaß zu sein, die Sache erneut aufzunehmen.

Der Apparat, s. Abb. 2, erlaubt ein mit Wasser gefülltes Gefäß in translatorischer Bewegung im Kreis herumzuführen, wobei außer der Drehzahl auch der Kreisradius von Null an beliebig geändert werden konnte. Die Versuche mit einem kugelförmigen Gefäß und einer zylindrischen Flasche (Durchmesser 22 bzw. 25 cm) zeigten klar, daß mäßige Schüttelbewegungen, bei denen die schaukelnde Oberfläche glatt blieb, in Übereinstimmung mit der Theorie keine Drehung der Flüssigkeit erzeugten. Zwar wanderten während der Bewegung kleine Teilchen, die auf der Oberfläche schwammen, ein wenig in der Richtung der umlaufenden Wellenberge (weil, auch gemäß der Theorie der endlichen Wellenamplituden, die Teilchen in den Wellenbergen einen größeren Weg vorwärts machen, als sie in den Wellentälern zurückschwingen);

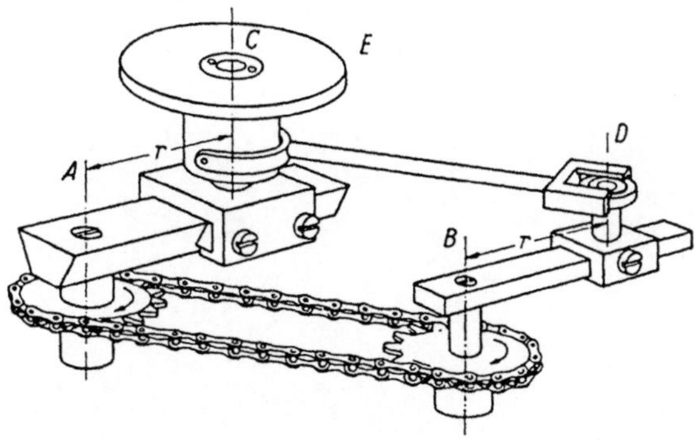

Abb. 2. Schüttelapparat, Achse A und B erdfest, A angetrieben. Gefäße werden auf Platte E befestigt, r = Schüttelradius. $\overline{CD}$ bleibt bei der Bewegung parallel zu $\overline{AB}$

nach behutsamem Abstellen war aber jede Umlaufbewegung verschwunden. Sowie aber auch nur eine Wellenkrone schäumte, blieb jedoch eine kleine Umlaufbewegung zurück, und bei starkem Schäumen konnte man beliebig starke Zirkulationsbewegungen erhalten.

Bei den im Vortrag vorgeführten Versuchen wurden erst mit großem Radius r (rd. 60 mm) erzwungene Schwingungen gezeigt und dann mit kleinem Radius (rd. 2 mm) Resonanzvorgänge. Da die Frequenz der Eigenschwingungen der Wassermasse sowohl von der Wellenamplitude wie auch von einer etwa vorhandenen Umlaufbewegung des Wassers abhängt, ergaben sich allerhand reizvolle Einzelheiten. Bei überkritischem Betrieb z. B. bleibt die Anfachung aus. Wenn man aber auf eine Frequenz ein wenig über der Resonanzstelle der ruhenden Flüssigkeit einstellt und vorher für große Zirkulation in der umgekehrten Richtung sorgt, dann ergibt sich zunächst keine Anfachung; wenn dann aber die Umlaufbewegung durch Reibung allmählich ermüdet, kommt plötzlich eine hohe Resonanz und damit natürlich auch Umkehr der Zirkulationsbewegung zustande.

Es mag bemerkt werden, daß sich die meist laminare Grenzschicht bei den Beobachtungen nie irgendwie besonders bemerklich macht, abgesehen von ihrer bremsenden Wirkung auf etwaige Umlaufbewegungen. Beim Abstellen des Apparates zeigt sich durch die hierbei auftretenden Druckfelder eine rasch wieder verschwindende Umlaufbewegung der Grenzschicht entgegengesetzt der durch Schütteln erzeugten.

VI. GASDYNAMIK

Physikalische Zeitschrift 5. Jg. (1904) S. 599—601

Über die stationären Wellen in einem Gasstrahl

Durch viele Beobachtungen, unter denen als die sorgfältigsten und ausführlichsten wohl die der Brüder EMDEN[1] zu nennen sind, ist erwiesen, daß in den Gasstrahlen, die aus Öffnungen ausfließen, stationäre Wellen auftreten, sobald der Überdruck größer ist als der, welcher genügt, um dem Gas Schallgeschwindigkeit zu erteilen. Verschiedentlich wurden nach dem Vorgang von R. EMDEN[1] diese Wellen als ebene Schallwellen erklärt und daraus geschlossen, daß der Strahl mit Schallgeschwindigkeit fließe und überhaupt eine höhere mittlere Geschwindigkeit nie annehmen könne. Im folgenden sollen nun diese Wellen unter der vereinfachenden Voraussetzung, daß sie sehr flach sind, nach hydrodynamischen Methoden untersucht werden.

Abb. 1

Nimmt man die Strömung als völlig verlustfrei und ohne Wärmeaustausch vor sich gehend an, so ist die Dichtigkeit eine Funktion des Druckes allein, ferner ist im stationären Zustand auf jeder Stromlinie

$$\int \frac{dp}{\varrho} + \frac{w^2}{2} = \text{konst.} \tag{1}$$

($p =$ Druck, $\varrho =$ Dichtigkeit, $w =$ Geschwindigkeit). Kommen alle Stromlinien aus einem Raum, in dem der Druck p_0 herrscht und die Geschwindigkeit nicht merklich von Null verschieden ist, so ist die Konstante überall dieselbe, es gilt also für jede Differentiationsrichtung

$$\frac{dp}{\varrho} + w\,dw = 0. \tag{1a}$$

Die Strömung ist dann auch wirbelfrei[2]. Man kann also die Geschwindigkeitskomponenten von einem Strömungspotential φ ableiten.

[1] R. EMDEN, Über die Ausströmungserscheinungen permanenter Gase. Habilitationsschrift Leipzig 1899, auszüglich in Wied. Ann. Bd. 69 (1899) S. 204 u. 426. — P. EMDEN, Die Ausströmungserscheinungen des Wasserdampfes. Dissertation München 1903. Weitere Literaturangaben finden sich daselbst.

[2] Die Wirbelbildung ist dem Vektorprodukt

$$\nabla p \times \nabla \frac{1}{\varrho}$$

proportional, also hier, weil ϱ eine Funktion von p allein ist, gleich Null.

Nimmt man Zylinderkoordinaten, so kann man für einen kreisförmig begrenzten Strahl mit abwechselnden Verdichtungen und Verdünnungen, solange diese nur gering sind, setzen:

$$\varphi = w_m z + a \sin\beta z\, f(r). \tag{2}$$

Die Geschwindigkeitskomponenten werden

$$\begin{aligned} w_z &= w_m + a\,\beta \cos\beta z\, f(r); \\ w_r &= a \sin\beta z\, f'(r). \end{aligned} \tag{2a}$$

Da die Bewegung stationär sein soll, muß in jedem Volumenelement ebensoviel Masse ausströmen, als einströmt, es muß also

$$\operatorname{div}(\varrho\, \boldsymbol{w}) = 0 \tag{3}$$

sein. Nun ist

$$\operatorname{div}(\varrho\, \boldsymbol{w}) = \nabla \cdot (\varrho\, \boldsymbol{w}) = \varrho \nabla \cdot \boldsymbol{w} + \boldsymbol{w} \cdot \nabla \varrho,^{1}$$

oder genügend genau $= \varrho_m \nabla \cdot \boldsymbol{w} + \boldsymbol{w}_m \cdot \nabla \varrho$, wobei ϱ_m und w_m die Mittelwerte von ϱ und w sind. (Die Vernachlässigung ist dadurch zu rechtfertigen, daß alle Schwankungen nur auf die erste Ordnung genau gerechnet werden sollen.) Wegen der Zustandsgleichung und wegen Gl. (1) können ϱ und p als Funktionen von w angesehen werden; es ist nun

$$\boldsymbol{w}_m \nabla \cdot \varrho = w_m \frac{\partial \varrho}{\partial z} = w_m \frac{d\varrho}{dw} \frac{\partial w}{\partial z} = w_m \frac{d\varrho}{dp} \frac{dp}{dw} \frac{\partial w}{\partial z}.$$

Hierin läßt sich nach einer bekannten Beziehung

$$\frac{d\varrho}{dp} = \frac{1}{c^2}$$

setzen, wobei c die dem Zustand entsprechende Schallgeschwindigkeit ist, ferner ist aus Gl. (1a)

$$\frac{dp}{dw} = -\frac{w}{\varrho};$$

setzt man nun wieder $w = w_m$, $\varrho = \varrho_m$, außerdem

$$\frac{\partial w}{\partial z} = \frac{\partial w_z}{\partial z},$$

was eine Vernachlässigung von gleicher Ordnung bedeutet, so erhält man

$$\operatorname{div}(\varrho\, \boldsymbol{w}) = 0 = \varrho_m \left(\operatorname{div} \boldsymbol{w} - \frac{w_m^2}{c^2} \frac{\partial w_z}{\partial z} \right).$$

Mit

$$\operatorname{div} \boldsymbol{w} = \frac{\partial w_r}{\partial r} + \frac{w_r}{r} + \frac{\partial w_z}{\partial z}$$

[1] Vektorbezeichnungen nach GIBBS' Vektoranalysis.

ergibt sich

$$0 = \frac{\partial w_r}{\partial r} + \frac{w_r}{r} + \left(1 - \frac{w_m^2}{c^2}\right)\frac{\partial w_z}{\partial z}.$$

Mit den Werten von w_r und w_z aus Gl. (2a) gibt dies

$$0 = a \sin\beta z \left\{f''(r) + \frac{f'(r)}{r} + \left(\frac{w_m^2}{c^2} - 1\right)\beta^2 f(r)\right\}. \tag{4}$$

Hierdurch hat man für die noch unbekannte Funktion $f(r)$ eine Differentialgleichung gewonnen. Ihre Lösung wird durch BESSELsche Funktionen gebildet, es ist

$$f(r) = C_1 J^0(\alpha r) + C_2 Y^0(\alpha r), \tag{5}$$

wobei

$$\alpha = \beta \sqrt{\frac{w_m^2}{c^2} - 1} \tag{5a}$$

ist. Y^0 kommt hier weiter nicht in Betracht, da es für $r = 0$ unendliche Werte liefert. Die Grenzbedingung für J^0 ergibt sich nun aus dem Umstand, daß am Rand des Strahles, der an ruhende Flüssigkeit grenzt, der Druck und infolge Gl. (1) auch die Geschwindigkeit konstant sein muß; bis auf die erste Ordnung genau ist dies erfüllt, wenn für $r = d/2$ (d = mittlerer Strahldurchmesser) $w_z = w_m$, also $f(r) = 0$ ist. Es ist also jede Lösung brauchbar, für die

$$J^0\left(\alpha \frac{d}{2}\right) = 0$$

ist. Bezeichnet man die Wurzeln von $J^0(x)$ mit $x_1, x_2, \ldots, x_n, \ldots$, so ist

$$\alpha = \frac{2 x_n}{d}.$$

Der Vergleich mit Gl. (5a) liefert, wenn man noch die Wellenlänge

$$\lambda = \frac{2\pi}{\beta}$$

einführt:

$$\lambda_n = d \frac{\pi}{x_n} \sqrt{\frac{w_m^2}{c^2} - 1}; \tag{6}$$

am meisten kommt die größte Wellenlänge in Betracht; diese wird für $x_1 = 2{,}405\ldots$ erhalten, es wird

$$\lambda_1 = 1{,}307\, d \sqrt{\frac{w_m^2}{c^2} - 1}. \tag{6a}$$

Es sei noch erwähnt, daß man für einen Strahl, der aus einem länglichen Schlitz von der konstanten Breite b ausströmt, die Rechnung ebenfalls durchführen kann; es wird (x und z als Koordinaten der hier ebenen Strömung)

$$\varphi = w_m z + \sin\beta z (a_1 \cos\alpha x + a_2 \sin\alpha x),$$

wobei wieder

$$\alpha = \beta \sqrt{\frac{w_m^2}{c^2} - 1}$$

wird. Die Grenzbedingung liefert hier

$$\lambda_n = b\,\frac{2}{n}\sqrt{\frac{w_m^2}{c^2}-1}$$

und die größte Wellenlänge

$$\lambda_1 = 2b\sqrt{\frac{w_m^2}{c^2}-1}\,.$$

Als das wichtigste Ergebnis dieser Rechnung erscheint mir der aus der Formel für die Wellenlänge λ unmittelbar zu entnehmende Aufschluß, *daß die hier besprochenen Wellen nur bei Strahlgeschwindigkeiten möglich sind, die größer sind als die dem Zustand des Gases im Strahl entsprechende Schallgeschwindigkeit, und daß jedem Verhältnis w_m/c eine bestimmte größte Wellenlänge entspricht.*

Für den flachen Strahl läßt sich, wie bemerkt sein möge, auch bequem eine Beziehung unseres Problems zu dem MACHschen Phänomen herstellen. Der Strahl wird, wenn hinter der Kante der Düse ein etwas anderer Druck herrscht als in der Mündung, von stationären Wellen durchzogen, die von den Kanten beginnend, unter einem Winkel α dahinziehen, für den nach MACH gilt:

$$\sin\alpha = \frac{c}{w}\,.$$

Da eine Verdünnung an der freien Oberfläche als Verdichtung reflektiert wird, wiederholt sich das Spiel erst nach zwei Wellenlängen, es ist dann

$$\lambda = 2b\,\mathrm{ctg}\,\alpha = 2b\sqrt{\frac{1}{\sin^2\alpha}-1} = 2b\sqrt{\frac{w^2}{c^2}-1}\,,$$

genau wie oben. Beim kreisförmig begrenzten Strahl ist diese einfache Betrachtung deshalb nicht anwendbar, weil die sich durchkreuzenden kegelförmigen Wellen eine weniger einfache Gestalt besitzen.

Dies läßt sich übrigens auch daraus entnehmen, daß hier die Längen der einzelnen Wellen, durch deren Superposition jede mögliche Bewegung dargestellt werden kann, nicht wie beim flachen Schlitz, kommensurabel sind.

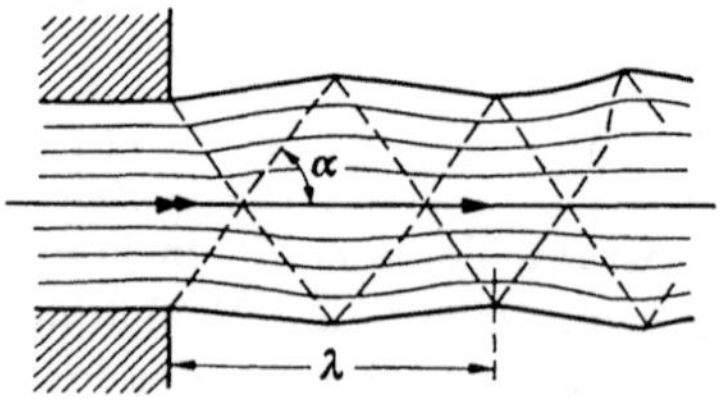

Abb. 2

Über den Verlauf der Bewegung bei *endlichen* Druckunterschieden lassen sich auf Grund der RIEMANNschen Theorie der endlichen Verdichtungs- und Verdünnungswellen einige qualitative Aussagen machen.

Das erste Wellenkreuz in Abb. 2 (ebene Bewegung) besteht aus Verdünnungswellen; diese werden sich in dem Maße, als sie sich von ihren Erzeugungsstellen, den Kanten der Düse, entfernen, verflachen; nach der Reflexion werden sie zu Verdichtungswellen, die nach RIE-

MANN die Eigenschaft haben, im weiteren Verlauf immer steiler zu werden. Auf Grund dieser Überlegung ist Abb. 3 entstanden; in den nichtschraffierten Feldern ist die Strömung ungefähr gleichförmig und geradlinig, in den schraffierten, den verbreiterten Wellen ungleichförmig und krummlinig. Von Interesse ist auch der Fall, daß in der Düsenmündung gerade Schallgeschwindigkeit herrscht (dies tritt bekanntlich immer bei verengten Düsen ein); hier werden die äußeren Unstetigkeitslinien (*1* und *4*) der Abb. 3 senkrecht zur Strahlrichtung (da $\sin\alpha = 1$ wird); wie man leicht sieht, bleiben dann von der Figur nur die doppeltschraffierten Teile übrig. Diese ergeben dann ungefähr

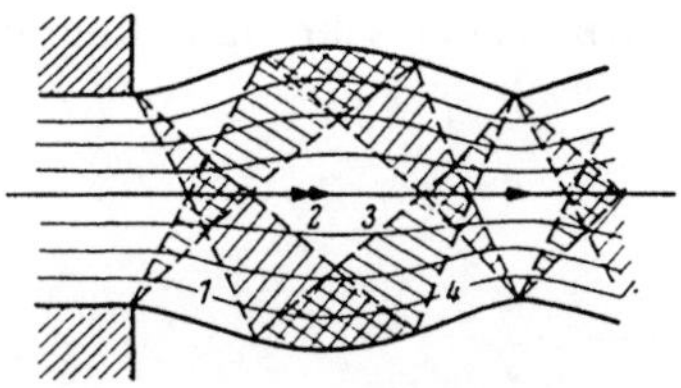

Abb. 3

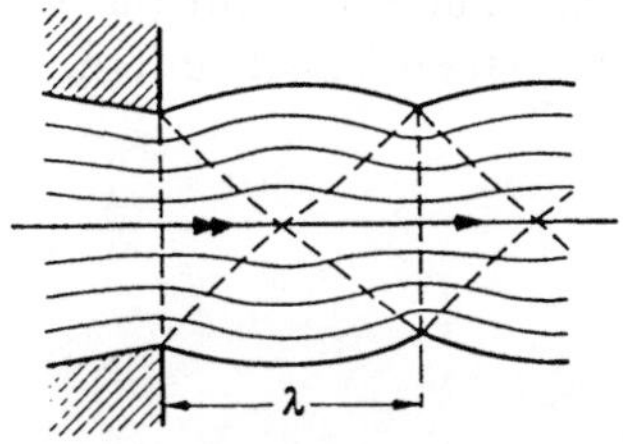

Abb. 4

das vorstehende Bild (Abb. 4). An den gestrichelten Linien ist das Druckgefälle und die Krümmung der Stromlinien unstetig.

Es soll nun noch untersucht werden, wie die vorstehende Theorie, die ein experimentelles Mittel abgibt, um durch Messung der Wellenlänge die Strahlgeschwindigkeit zu bestimmen, zu den bisherigen Versuchen stimmt.

R. EMDEN findet für permanente Gase bei konisch verengten Düsen unter den verschiedensten Verhältnissen die Wellenlänge

$$\lambda = 0{,}89\, d \sqrt{\frac{p - 1{,}9\, p_1}{p_1}}$$

($p =$ Druck vor der Düse, $p_1 =$ hinter der Düse, $\lambda =$ Druck im freien Strahl, $d =$ *engster* Düsendurchmesser). Ich habe mit $c_p/c_v = 1{,}41$ für meine Beziehung

$$\lambda = 1{,}307\, d_w \sqrt{\left(\frac{w}{c}\right)^2 - 1}$$

die Umrechnung auf obige Formelgestalt vorgenommen und statt 0,89 einen Koeffizienten K erhalten, dessen Werte bei den verschiedenen Druckverhältnissen p/p_1 aus der folgenden Tabelle ersichtlich sind.

p/p_1	2	3	4	6	10	20	50	100	200
w/c	1,045	1,355	1,555	1,825	2,15	2,61	3,21	3,69	4,22
d_w/d_c	1,003	1,05	1,11	1,215	1,39	1,70	2,26	2,83	3,51
K	1,24	1,195	1,19	1,195	1,22	1,26	1,295	1,32	1,36

Für Drücke von 2 bis 12 kg/cm² und Ausströmen in die Atmosphäre würde also genügend genau

$$\lambda = 1{,}2d\sqrt{\frac{p - 1{,}9p_1}{p_1}}$$

geschrieben werden können. Die Abweichung des Koeffizienten 1,2 von dem EMDENschen 0,89 ist zur Genüge dadurch erklärt, daß die EMDENschen Wellen, weil mit verengten Düsen erzeugt, als untere Geschwindigkeitsgrenze die Schallgeschwindigkeit haben und daher nicht als Wellen mit kleiner Amplitude angesehen werden dürfen. Der prinzipielle Unterschied ist derselbe wie der zwischen Abb. 3 und 4. Eine ungefähre Abschätzung, die auf die Winkel der Unstetigkeitslinien gegründet ist, ergibt einen Koeffzienten, der dem EMDENschen sehr nahe kommt.

Zeitschrift des Vereines Deutscher Ingenieure Bd. 48 (1904) S. 348—350

Beiträge zur Theorie der Dampfströmung durch Düsen

Im folgenden seien mir zu diesem gegenwärtig lebhaft verhandelten Gegenstand[1] einige Bemerkungen gestattet.

I. In der Arbeit des Herrn Prof. LORENZ, Z. VDI, 1903, S. 1600, die besonders durch ihre „Methode des Differentialquotienten" bemerkenswert ist, finden sich einige Versehen, die ich hier — im Einverständnis mit Herrn LORENZ — berichtigen will.

Zu einer Vorbetrachtung schreibe ich die (richtige) Gl. (7) (S. 1600) in folgender Form:

$$\frac{1}{kp}\frac{dp}{dx} = -\zeta\frac{u^2}{a^2} + \frac{u^2}{u^2 - a^2}\left(k\zeta\frac{u^2}{a^2} - \frac{1}{F}\frac{dF}{dx}\right).$$

Man sieht, daß für $u = a$ (Schallgeschwindigkeit) $dp/dx = \infty$ wird, wenn nicht zugleich

$$\frac{1}{F}\frac{dF}{dx} = k\zeta$$

wird. Nun zeigt eine nähere Erörterung, die weiter unten erbracht werden soll, daß diese Beziehung immer zutrifft, wenn die Schallgeschwindigkeit im Sinne wachsender Geschwindigkeiten überschritten wird. Der zweite Summand auf der rechten Seite von Gl. (7) wird dann ein unbestimmter Ausdruck von der Gestalt 0/0, der sich in bekannter Weise durch Differenzieren bestimmt machen läßt. Man überzeugt sich leicht, daß dann dp/dx abhängig sein muß von d^2F/dx^2, d. h. von der genauen Größe der Abrundung der Düse in dem fraglichen Querschnitt. Als Beleg für diese Beziehungen betrachte man die STODOLAschen Abb. 9 und 15, Z. VDI, 1903, S. 6 und 10; bei letzterer ist an der engsten Stelle der Düse eine Kante, als Folge davon eine beinahe senkrechte Tangente der Druckkurve.

Die Gl. (12a) von LORENZ ist aus der Gl. (12) hergeleitet und kann sich daher, weil diese allgemein für $du/dx = 0$ Gültigkeit hat, nur auf den Sonderfall beziehen, daß bei Erreichung der Schallgeschwindigkeit gleichzeitig $du/dx = 0$ ist. Das ist aber, da du/dx von dp/dx abhängt, nach dem Obigen nur bei einem ganz bestimmten d^2F/dx^2 möglich. Für eine beliebig vorgegebene Düse wird also Gl. (12a) nicht erfüllt sein können.

Die Gl. (15) von LORENZ ist richtig, da die zu ihrer Herleitung benutzte Gl. (13a) ihre Gültigkeit beibehält. Diese ist nämlich nichts anderes als die Bedingung für das Eintreten unseres unbestimmten

[1] STODOLA, Z. VDI Bd. 47 (1903) S. 1ff. — LEWICKI, Z. VDI Bd. 47 (1903) S. 525ff. — LORENZ, Z. VDI Bd. 47 (1903) S. 1600ff. — STODOLA, Z. VDI Bd. 47 (1903) S. 1787. — GUTERMUTH, Z. VDI Bd. 48 (1904) S. 75.

Wertes 0/0. Dagegen ist Gl. (15a) irrtümlich, da bei ihrer Ableitung der Wert 0/0 gegen die Regeln eines Grenzüberganges dadurch erhalten ist, daß zuerst für x und F und dann erst für u und a zur Grenze übergegangen ist. Die zwei durch Gl. (12a) und (15a) gegebenen Tangenten in dem Punkt, wo die Schallgeschwindigkeit überschritten wird, sind also nicht vorhanden.

Es möge hier noch bemerkt werden, daß auch Gl. (14) irrtümlich ist, da die Gl. (12), die die Neigung der Druckkurven beim Schnitt mit der Kurve $du/dx = 0$ angibt, nicht von in ihrer Richtung aufeinanderfolgenden Differentialen handelt und daher nicht integriert werden darf.

Wie sieht nun aber das Bild des Druckverlaufes in dem Koordinatensystem der x und p aus?

Man kann sich die zeichnerische Erörterung durch eine Beziehung erleichtern, die man durch Fortschaffen von v aus den Gl. (5) und (8) von LORENZ erhält. Es zeigt sich, daß u für konstante Werte von pF/G konstant ist.

In Abb. 1 sind für die größte sekundliche Durchflußmenge G_{max} verschiedene Kurven $pF =$ konst. gestrichelt eingetragen[1]. Die Flächen F sind dabei als Kugelflächen genommen, wie aus der Zeichnung ersichtlich ist. Trägt man nun für eine Anzahl von auf diesen Kurven verteilten Punkten die nach Gl. (7) berechneten Richtungen dp/dx ein (der Wert von ζ muß dazu irgendwie angenommen werden), so läßt sich daraus ein Bild der Strömungsdruckkurven entwickeln. In Abb. 1 sind diese Linien ausgezogen. Man sieht, daß von dem Gebiet I der hohen Drücke und kleinen Geschwindigkeiten nur *eine* Kurve in das Gebiet II der niedrigen Drücke und großen Geschwindigkeiten führt. Diese (die stark ausgezogene Linie) schneidet gerade in dem Punkt O, in dem die Schallgeschwindigkeit überschritten wird, die Kurve $du/dx = 0$ (strichpunktiert); die Gleichung dieser letzteren Kurve, Gl. (13) von LORENZ, ergibt aber für den Punkt O gerade den Wert, der weiter oben als notwendig für das Auftreten des Quotienten 0/0 erkannt wurde. Hierin liegt der Nachweis für die oben aufgestellte Behauptung.

Der Übergang von dem Gebiet II in das Gebiet III (vgl. die STODOLAsche Abb. 9, Kurve E bis K) ist, da in einem Querschnitt nicht zwei verschiedene Geschwindigkeiten herrschen können, nur möglich durch einen Verdichtungsstoß (s. unten). Das Gebiet IV — niedrige Drücke, hohe Geschwindigkeiten oberhalb der Düsenverengung — kommt wegen der Verbindung dieser Düsenseite mit dem Kessel nicht in Betracht.

---

[1] Auf einer dieser Kurven, der stark gestrichelten, ist die Geschwindigkeit u gleich der Schallgeschwindigkeit [vgl. LORENZ, Gl. (8b), Z. VDI (1903) S. 1601].

Um die Strömungsvorgänge, bei denen die Schallgeschwindigkeit nicht überschritten wird, darzustellen, muß die Zeichnung für andere Werte von G (kleiner als G_{max}) wiederholt werden.

II. Der oben erwähnte Verdichtungsstoß ist von STODOLA in Z. VDI, 1903, S. 7ff., theoretisch verfolgt. Nimmt man mit LORENZ als Zustandsgesetz das einfache Gasgesetz, so lassen sich die Formeln ausrechnen und führen zu einem sehr einfachen Ergebnis.

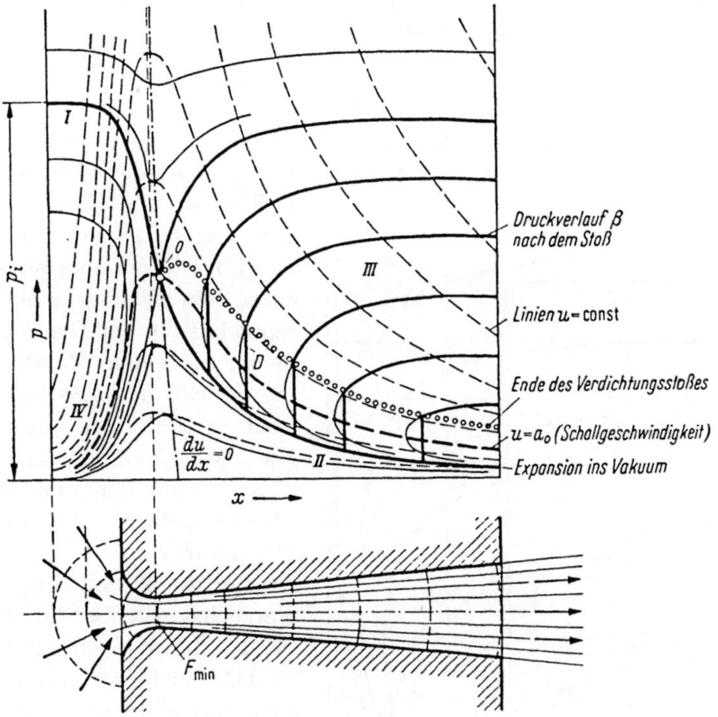

Abb. 1

Die STODOLAschen Gl. (9) und (10) bleiben unverändert; in der Bezeichnungsweise von LORENZ lauten sie (u_1, p_1, v_1 vor, u_2, p_2, v_2 nach dem Stoß):

$$\frac{u_1^2}{v_1} - \frac{u_2^2}{v_2} = g(p_2 - p_1),$$

$$\frac{u_1}{v_1} = \frac{u_2}{v_2};$$

die noch hinzukommende Gl. (15) — sie kann als Integral aus der LORENZschen Gl. (2a) erhalten werden — heißt hier

$$\frac{u_1^2 - u_2^2}{2g} = \frac{k}{k-1}(p_2 v_2 - p_1 v_1).$$

Durch Fortschaffen von p_2 und v_2 aus diesen Gleichungen findet man

$$u_2 = \frac{1}{k+1}\left(\frac{2kg\,p_1 v_1}{u_1} + (k-1)\,u_1\right).$$

Drückt man $p_1 v_1$ durch die LORENZsche Gl. (8) aus und führt die Schallgeschwindigkeit

$$a_0 = \frac{2kg\,p_i v_i}{k+1}$$

[LORENZ, Gl. (8b)] ein, so ergibt sich einfach $u_2 = a_0^2/u_1$.

Der Druck nach dem Stoß wird

$$p_2 = p_1 + \frac{u_1}{v_1 g}(u_1 - u_2).$$

Wenn die Kurven u = konst. wie in Abb. 1 gezeichnet werden, läßt sich zu jedem Anfangswert eines Verdichtungsstoßes der Endwert leicht auffinden. Die Stoßendpunkte zur Hauptexpansionslinie sind in Abb. 1 durch eine punktierte Linie kenntlich gemacht. Diejenigen Teile der Druckkurven, denen nach dem Vorstehenden ein wirklicher Bestand zukommt, sind stark ausgezogen. Diese stark gezeichneten Linien geben also den endgültigen „theoretischen" Verlauf der Druckkurven.

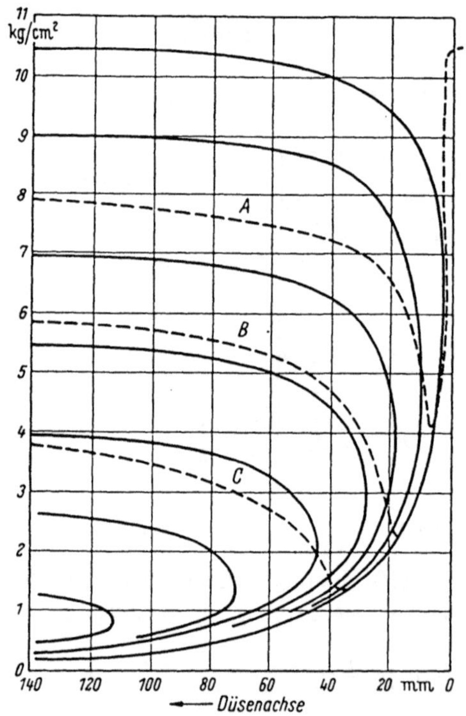

Abb. 2

Einige Abweichungen der Versuchskurven sollen im folgenden besprochen werden.

III. Zur Erörterung von Versuchsergebnissen sind wegen der Unsicherheit des LORENZschen ζ besser die von STODOLA auf meine Anregung hin entworfenen Isentropen, d. h. Kurven gleicher Entropie, Abb. 2[1], geeignet. Da diese Linien auch gleichzeitig die Druckkurven für die widerstandsfreie Strömung sind, ergeben sie ungefähr das gleiche Bild wie die Kurven der Abb. 1; die beiden Kurvenscharen schneiden sich eben unter kleinen, von der Größe von ζ abhängigen Winkeln.

[1] Vgl. Z. VDI Bd. 52 (1908) S. 1789.

Bei der Betrachtung der in das Feld der Isentropen eingetragenen Versuchskurven (Abb. 2) fallen einige Eigentümlichkeiten auf, die ich im folgenden besprechen will.

1. Warum zeigt die Stelle des Dampfstoßes, bei der doch das Überschreiten mehrerer Isentropen auf einen heftigen, gewaltsamen Vorgang schließen läßt, nicht den von der Theorie geforderten senkrechten Anstieg?

Ich erkläre dies damit, daß die Stelle des Dampfstoßes wegen kleiner Ungleichheiten im Dampfzu- und -abfluß fortwährend schnell hin- und herrückt; der abgelesene Druck ist dann der Mittelwert über eine längere Zeit, und daher zeigt sich bei der Messung der senkrechte Aufstieg im Sinne der Wahrscheinlichkeitsfunktion verzerrt.

2. Wie kann die Abweichung der Kurve C von der Isentrope erklärt werden? In einer bisher nicht veröffentlichten hydrodynamischen Untersuchung konnte ich nachweisen, daß eine Flüssigkeitsströmung dann Neigung hat, sich von der Wand abzulösen, wenn längs der Wand in der Bewegungsrichtung eine Drucksteigerung vorhanden ist. Wenn sich hier an der Stelle des Drucksprunges der Strahl ablöst, dann sind die folgenden Strahlquerschnitte kleiner als die entsprechenden Rohrquerschnitte, die zu den Strahlquerschnitten gehörigen Entropiewerte also niedriger als die gezeichneten. Wenn man annehmen darf, daß sich der Strahl gegen Ende des Rohres wieder anschließt, so ist damit für diese sonderbare Abweichung eine Erklärung gegeben.

IV. Ich komme jetzt noch zu einer Erscheinung, die als ein guter Beweis, daß wirklich bei den Düsen die Schallgeschwindigkeit überschritten wird, hier angeführt zu werden verdient. Die vielfach beobachteten Kreuzlinien, die unter gewissen Umständen einen frei ausströmenden Dampfstrahl durchziehen (vgl. LEWICKI, Z. VDI, 1903, Textblatt 1 nach S. 526, und GUTERMUTH, Z. VDI, 1904, Abb. 19, S. 83), sind eine Umkehrung des bekannten MACHschen Phänomens: ein Geschoß, das sich mit höherer als der Schallgeschwindigkeit bewegt, erzeugt eine kegelförmige Schallwelle, und zwar ist der Sinus des Winkels, den die Kegelerzeugenden mit der Bewegungsrichtung bilden, gleich

$$\frac{\text{Schallgeschwindigkeit}}{\text{Geschoßgeschwindigkeit}}\,.$$

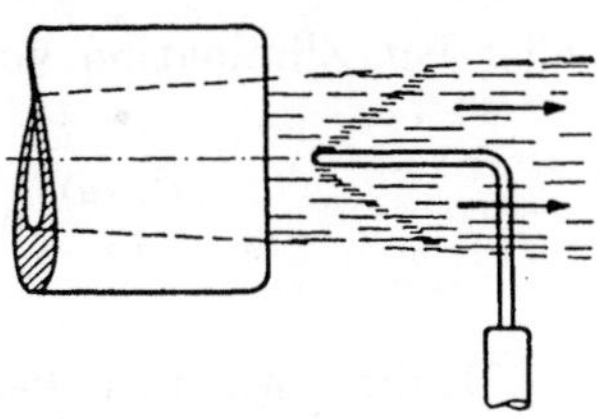
Abb. 3

Die in Z. VDI, 1903, Abb. 32, S. 50 der STODOLAschen Arbeit angegebene Störung ist sicher eine stationäre Schallwelle von der gleichen Art. Aus der angeführten Zahlenbeziehung ergibt sich auch ein Mittel zur Messung der Strahlgeschwindigkeiten: man halte einen kleinen Gegenstand (Draht od. dgl., vgl. Abb. 3) in den Strahl und messe den Winkel der Schallwelle. Die genannte Abb. 32 ergibt ungefähr eine Geschwindigkeit $u = 1{,}2a$; Abb. 3 auf dem LEWICKIschen Textblatt ergibt, soweit sich der Winkel messen läßt, $u = 1{,}9a$, oder mit a für gesättigten Dampf bei atmosphärischem Druck gleich 425 m/sec $u = 837$ m/sec, also ungefähr dasselbe, was LEWICKI dafür angibt.

Zusatz von Dr.-Ing. R. Proell

Den vorstehenden Ausführungen des Herrn Prof. PRANDTL darf ich dank dem liebenswürdigen Entgegenkommen des letzteren noch einige Bemerkungen hinzufügen, die ursprünglich als eine Ergänzung der Arbeit des Herrn Prof. LORENZ (Z. VDI, 1903, S. 1600) gedacht waren. Ich kann mich jedoch nun wesentlich kürzer fassen; ich will mich darauf beschränken, die Grenzwerte zu bestimmen, welche du/dx und dp/dx beim Eintreten der Schallgeschwindigkeit im „tönenden" Querschnitt $\frac{d(\ln F)}{dx} = \zeta\, k$ annehmen, und dabei zeigen, wie letzterer Umstand mit der Bedingung des Maximums der Ausflußmenge zusammenhängt. Es wird dazu zweckmäßig sein, du/dx in u und x auszudrücken, was wir auf folgendem Weg tun können.

Wir setzen in den Gl. (8) und (2b) der LORENZschen Arbeit $v = F\,u/G$ ein und erhalten:

$$\frac{pF}{G} = \frac{p_i v_i}{u} - \frac{k-1}{2gk}\,u, \tag{1}$$

$$\frac{F\,dp}{G} + \frac{du}{g} + \zeta\frac{u}{g}\,dx = 0. \tag{2}$$

Aus Gl. (1) folgt durch Differentiation:

$$\frac{F\,dp}{G} + \frac{p\,dF}{G} = -\left(\frac{p_i v_i}{u^2} + \frac{k-1}{2gk}\right)du, \tag{1a}$$

und subtrahiert man hiervon Gl. (2), so ergibt sich:

$$\frac{pF}{G}\,d(\ln F) - \frac{du}{g} = -\left(\frac{p_i v_i}{u^2} + \frac{k-1}{2gk}\right)du + \zeta\frac{u}{g}\,dx,$$

oder bei Elimination von $p\,F/G$ mit Hilfe von Gl. (1):

$$\frac{d(\ln u)}{dx} = \frac{\left(\frac{p_i v_i}{u^2} - \frac{k-1}{2gk}\right)\frac{d(\ln F)}{dx} - \frac{\zeta}{g}}{\frac{k+1}{2gk} - \frac{p_i v_i}{u^2}}. \tag{3}$$

Denken wir uns diese Gleichung integriert, so erhalten wir eine Beziehung von der Form $\Phi(u, x) = C$. Dabei wird die Größe C konstant in Hinsicht auf u und F sein, dagegen im allgemeinen vom Außendruck p_a abhängen ($p_i\, v_i$ denken wir uns als unveränderlich gegeben). Da die pro Sekunde durch jeden Querschnitt strömende Gasmenge G ebenfalls als Funktion von p_a anzusehen ist, können wir uns auch G als Funktion von C vorstellen. G wird nun ein Maximum, wenn $dG = \frac{dG}{dC} dC = 0$ ist, und letzteres ist der Fall, wenn dC verschwindet, was wiederum eintritt, wenn $d\Phi/du$ und $d\Phi/dx$ für sich Null werden. Letztere Bedingungen sind aber erfüllt, sobald Zähler und Nenner in Gl. (3) für sich Null werden, womit wir erhalten:

$$u = a_0 \,(\text{Schallgeschwindigkeit}), \quad \frac{d(\ln F)}{dx} = \zeta k.$$

Dann ergibt sich der Grenzwert von $d(\ln u)/dx$ durch gleichzeitige Differentiation von Zähler und Nenner der rechten Seite von Gl. (3). Dabei tritt in letzterem noch einmal $d(\ln u)/dx$ auf, so daß wir eine quadratische Gleichung für $d(\ln u)/dx$ erhalten, deren Auflösung

$$\frac{d(\ln u)}{dx} = -\frac{\zeta k}{2} \pm \sqrt{\frac{\zeta^2 k^2}{4} + \frac{1}{k+1} \frac{d}{dx}\left(\frac{d(\ln F)}{dx} - \zeta k\right)} \tag{4}$$

ist.

Analog folgt $d(\ln p)/dx$ aus der in der Form

$$\frac{pF}{uG} \frac{d(\ln p)}{dx} + \frac{d(\ln u)}{g\,dx} + \frac{\zeta}{g} = 0$$

geschriebenen Gl. (2), da hier

$$\frac{pF}{uG} = \frac{p_i v_i}{u^2} - \frac{k-1}{2gk} = \frac{1}{gk}$$

ist, zu

$$\frac{d(\ln p)}{dx} = -\zeta k\left(1 - \frac{k}{2}\right) \pm \sqrt{\frac{\zeta^2 k^2}{2} + \frac{1}{k+1} \frac{d}{dx}\left(\frac{d(\ln F)}{dx} - \zeta k\right)}. \tag{5}$$

Das doppelte Vorzeichen in den Gl. (4) und (5) weist geometrisch auf einen Knotenpunkt hin; in der Tat ergibt die Rechnung auch zwei Kurven, eine fallende und eine ansteigende, die sich im „tönenden" Querschnitt kreuzen. Erstere ist mit Kurve I in Abb. 1 des Herrn Prof. Prandtl identisch, letztere würde, wenn man die Reibung vernachlässigen dürfte, mit der ersten Isentrope der erwähnten Figur übereinstimmen. Vielleicht trägt auch dies zur Erklärung der von Prof. Stodola[1] beobachteten Druckanschwellung in der Erweiterung der Düse bei.

---

[1] Stodola, Die Dampfturbinen und die Aussichten der Wärmekraftmaschinen. Z. VDI Bd. 47 (1903) S. 1.

Enzyklopädie der mathematischen Wissenschaften Bd. V, Art. 5b (1905)
Nr. 15—23, S. 287—319

Strömende Bewegung der Gase und Dämpfe

Vorbemerkung. Die *Bezeichnung der Formelgrößen* ist gemäß der Zusammenstellung von S. 235 der Enzyklopädie gewählt. Folgende Größen kommen neu hinzu:

Zeichen	Benennung	Dimension
w	Geschwindigkeit	m/sec
a	Schallgeschwindigkeit	m/sec
g	Erdbeschleunigung	$= 9{,}81$ m/sec^2
$\varrho = 1/g\,v$	Dichtigkeit, Masse der Volumeinheit	kg sec^2/m^4
G	Sekundliche Gewichtsmenge, „Ausflußgewicht"	kg/sec
F	Strömungsquerschnitt	m^2
α	Kontraktionsziffer	unbenannt
μ	Ausflußziffer	unbenannt
z	Widerstandsarbeit je 1 kg Flüssigkeit, „Widerstandshöhe"	m
ζ, ζ_1	Widerstandskoeffizienten	unbenannt, 1/m

Maßeinheiten. Als Maßsystem ist ebenso wie in dem ersten Teil des Artikels das „technische" benutzt, d. h. jenes, in dem die Länge, Zeit und Kraft die Fundamentaleinheiten sind. Es bedeuten hiermit also die Größen u, v die innere Energie und das Volumen der *Gewichts*einheit. Die Formeln sind fast durchgängig in den Dimensionen homogen, wo nicht, sind als Einheiten das Meter, die Sekunde und das Kilogramm gewählt; die Wärmemengen sind in der Regel im Arbeitsmaß gemessen, d. h. das Wärmeäquivalent A ist $= 1$ gesetzt (vgl. V 3, 2, Bryan); nur in den für den numerischen Gebrauch bestimmten Formeln ist das Wärmeäquivalent besonders bezeichnet.

Abkürzungen in den Zitaten:

Zeuner, Therm. = Technische Thermodynamik, 1. und 2. Aufl. (Leipzig 1887, 1900).

Grashof, Masch.-L. = Theoretische Maschinenlehre (Leipzig 1875).

Stodola, Dampfturb. = Die Dampfturbinen, 3. Aufl. (Berlin 1905) (in Klammern sind die §§ der 1. Aufl. beigefügt).

Forschungsarb. = Mitteilungen über Forschungsarbeiten auf dem Gebiete des Ingenieurwesens (hrsg. vom VDI, Berlin).

Anmerkung. Eine Darstellung der geschichtlichen Entwicklung des Gebietes findet sich in Nr. 18.

15. Abgrenzung des Stoffes. Die Bewegungserscheinungen der Gase zeigen, solange die Geschwindigkeiten und die Druckdifferenzen in mäßigen Grenzen bleiben, wesentlich dasselbe Gepräge wie die der volumenbeständigen Flüssigkeiten[1], deren Theorie im Band IV dieser Enzyklopädie in den Artikeln 15 und 16 (Hydrodynamik) von LOVE, und 20 (Hydraulik) von FORCHHEIMER behandelt ist. Handelt es sich indes um große Druckdifferenzen und Geschwindigkeiten[2], so ist die Veränderlichkeit des Volumens von großem Einfluß auf die Bewegungserscheinungen. Der Umstand, daß diese Druck- und Volumenänderungen nur im Zusammenhalt mit den thermischen Vorgängen in dem Gase oder Dämpfe richtig beurteilt werden können, gab die Veranlassung dazu, diesen Abschnitt in Band V in die Wärmetheorie einzuordnen, während derjenige Teil, der sich mit den mäßigen Geschwindigkeiten befaßt, die sogenannte Aerodynamik, sich als Artikel 17 von FINSTERWALDER in Band IV bei den hydrodynamischen Abhandlungen befindet.

Viele von den hier behandelten Aufgaben gehen in der Problemstellung wie in der Art der Behandlung völlig parallel mit entsprechenden Aufgaben der Hydraulik. An derartigen Stellen des Textes finden sich Hinweise auf die entsprechenden Abschnitte des Artikels von FORCHHEIMER.

Mit Ausnahme von Nr. 22 beziehen sich die nachstehend zu behandelnden Aufgaben nur auf *stationäre* Bewegungen; die Ergebnisse sind indes ohne großen Fehler auch für langsam veränderliche Bewegungen verwendbar[3], wie sie sich z. B. beim Ausströmen aus einem Gefäß mit einer nicht zu großen Öffnung ergeben.

Die HELMHOLTZschen Wirbelgesetze[4], insbesondere der Satz, daß eine anfänglich ruhende Flüssigkeitsmasse sich dauernd wirbelfrei bewegt, sind unter Annahme der Reibungslosigkeit auch auf Gase anwendbar; ausgenommen sind allerdings diejenigen Bewegungsformen, bei

---

[1] Zur Illustration dieser Bemerkung sei erwähnt, daß für Luft zur Erzeugung einer Geschwindigkeit von 40 m/sec eine Druckdifferenz von 1% des absoluten Druckes genügt; die entsprechende Dichtigkeitsdifferenz ist dann (unter Zugrundelegung der Adiabate) 0,7%. Rechnet man statt mit der veränderlichen Dichte mit einer mittleren konstanten Dichte, so wird bei der obigen, etwa einem starken Sturme entsprechenden Geschwindigkeit dieser Fehler gegenüber anderen, schwerer zu berücksichtigenden Einflüssen ganz bedeutungslos.

[2] Eine Geschwindigkeit oder Druckdifferenz kann als groß oder klein angesehen werden, je nachdem sie im Vergleich mit der Schallgeschwindigkeit bzw. mit dem absoluten Druck in Betracht kommt oder nicht.

[3] Als langsam veränderlich kann eine Bewegung so lange gelten, als $\partial w/\partial t$ gegen $w(\partial w/\partial x)$ usw. und $gv(\partial p/\partial x)$ usw. (EULERsche Gl. IV 15, 8) nicht in Betracht kommt.

[4] IV 16, 3, auch 2 (LOVE).

denen endliche Drucksprünge[1] auftreten. Diese Überlegung ist von Nutzen, wenn man sich Rechenschaft darüber ablegen will, inwieweit man berechtigt ist, die Aufgaben über Gasströmung — was bisher durchaus üblich war — als eindimensionale Probleme zu behandeln[2]. Man kann die Sache so auffassen, daß man aus der ganzen Strömung *einen* „Stromfaden", etwa den mittelsten, willkürlich zur Behandlung herausgreift und hernach Druck und Geschwindigkeit für die korrespondierenden (im selben „Querschnitt" gelegenen) Punkte der übrigen Stromfäden gleich den gefundenen Werten setzt. Für ein Rohr von veränderlichem Querschnitt enthalten die hierdurch begangenen Vernachlässigungen bei Wirbelfreiheit die Krümmung der Rohrwand in der Strömungsrichtung in der ersten Potenz, die Neigung der Rohrwand gegen die Achse in der zweiten Potenz. Bei den turbulenten Bewegungen[3], die bei längeren Rohren die Regel bilden, ist man von vornherein zur Einführung von Mittelwerten gezwungen, so daß man hier von selbst auf das eindimensionale Problem geführt wird.

16. Allgemeine Theorie der stationären Strömungen. — *Problemstellung.* Eine zusammendrückbare („elastische") Flüssigkeit sei in stationärer Bewegung begriffen. Untersucht wird der Bewegungszustand eines mittleren Stromfadens, der als Repräsentant für alle übrigen Stromfäden betrachtet wird. Es soll, unter Berücksichtigung der Wirkung von äußeren Kräften, von Strömungswiderständen und Wärmemitteilung durch die Wandungen, das Verhalten von Druck, Volumen und Geschwindigkeit in der strömenden Flüssigkeit untersucht werden, unter der Voraussetzung, daß für irgendeinen Querschnitt diese Größen (p, v, w) gegeben sind. Die thermodynamischen Eigenschaften der Flüssigkeit werden dabei als gegeben vorausgesetzt, ebenso die — meist durch feste Wände gebildete — Begrenzung des Flüssigkeitsstromes.

Zur Behandlung des vorstehenden Problems dienen die im folgenden zu gewinnenden Gleichungen.

Im stationären Strömungszustand muß durch jeden Querschnitt des Stromes in der Zeiteinheit dasselbe Flüssigkeitsgewicht G hindurchtreten; es muß also sein:

$$\frac{F w}{v} = G = \text{konst.} \tag{a}$$

(*kinematische* oder Kontinuitätsgleichung).

Die Aussage, daß jedes Massenelement in der Bewegungsrichtung nach Maßgabe der dort wirkenden äußeren Kräfte beschleunigt wird,

---

[1] Vgl. Nr. 20 u. IV 19, **11** (ZEMPLÉN).

[2] Diese Behandlungsart ist auch hier in Nr. 16—20 festgehalten.

[3] IV 15, **17** (LOVE).

führt zu der *mechanischen Gleichung*:

$$\frac{w\,dw}{g} + v\,dp + dh + dz = 0\,. \tag{b}$$

Hierin bedeutet dh eine der Schwererichtung entgegengesetzte, also nach oben positive Höhenveränderung, dz einen durch Reibung u. dgl. verursachten Bewegungswiderstand, gemessen durch die sogenannte Widerstandshöhe. Die einzelnen Terme der Gl. (b), wie auch der folgenden Gleichungen stellen Energieänderungen (Arbeiten) pro Gewichtseinheit des Gases vor.

Als dritte Gleichung hat man die Aussage, welche der erste Hauptsatz der Thermodynamik für den Zustand im Inneren des Massenelementes liefert. Zu beachten ist dabei, daß die Widerstandsarbeit dz in Gl. (b) hier als zugeführte Wärme neben der von außen zugeführten Wärme dq wieder auftritt. Die *Wärmegleichung* lautet also:

$$dq + dz = du + p\,dv\,. \tag{c}$$

Durch Verbindung von Gl. (c) mit (b) erhält man die Gleichung

$$du + d(p\,v) + \frac{w\,dw}{g} + dh = dq\,,$$

die integrabel ist und in dieser Form:

$$u + p\,v + \frac{w^2}{2g} + h = \text{konst.} + q \tag{d}$$

als *Gleichung der Gesamtenergie* angesprochen werden darf. (Mit $G = F\frac{w}{v}$ multipliziert, gibt die linke Seite der Gleichung den gesamten sekundlichen Energietransport durch den Querschnitt F; $G\,q$ ist dabei die bis zum Querschnitt F dem Gas zugeführte Wärme.) Die Widerstandsarbeit z kommt in dieser Gleichung nicht vor, da die verschwundene Arbeit als Wärme in der Gesamtenergie enthalten bleibt.

Durch Einführung der „Erzeugungswärme" $i = u + p\,v$ (thermodynamisches Potential $\mathfrak{F}_s$ in Art. V 3) gewinnt Gl. (d) die im folgenden gebrauchte, etwas einfachere Gestalt

$$i + \frac{w^2}{2g} + h = \text{konst.} + q\,.$$

Ist von der strömenden Flüssigkeit das Gesetz der inneren Energie

$$u = f(p, v)$$

bekannt, ferner das Gesetz für den Bewegungswiderstand z und die Wärmemitteilung q, so reichen die Gl. (a) bis (d) aus, um für vorgegebene geometrische Verhältnisse der Strömung (Angabe über F und h an jeder Stelle des Stromfadens) die Lösung des Problems völlig bestimmt zu machen, falls ein Anfangszustand (p_0, v_0, w_0) oder äquivalente Daten gegeben sind. Wird die Wärmemitteilung als von Temperaturdifferenzen abhängig dargestellt, so muß zur Festlegung der Temperatur in der strömenden Flüssigkeit noch die „Zustandsgleichung"

$$F(p, v, T) = 0$$

hinzugenommen werden.

Die vorstehende strenge Grundlegung des Problems findet sich — allerdings nicht genau in obiger Fassung, und gleich für permanente Gase spezialisiert — bei F. GRASHOF 1863[1]. Ausführliche Darstellungen finden sich in GRASHOF, Masch.-L., § 75; ZEUNER, Therm., § 40.

Wirklich durchgeführte Rechnungen mit diesen allgemeinen Voraussetzungen existieren nicht. Die Höhenunterschiede h, die praktisch sehr wenig Bedeutung besitzen, sind durchweg vernachlässigt. Meist bleibt auch die Wärmemitteilung unberücksichtigt. (Eine Lösung mit Wärmeleitung bei Rohrleitungen von konstantem Querschnitt gibt GRASHOF[2], eine Behandlung des Ausflußproblems FLIEGNER[3]).

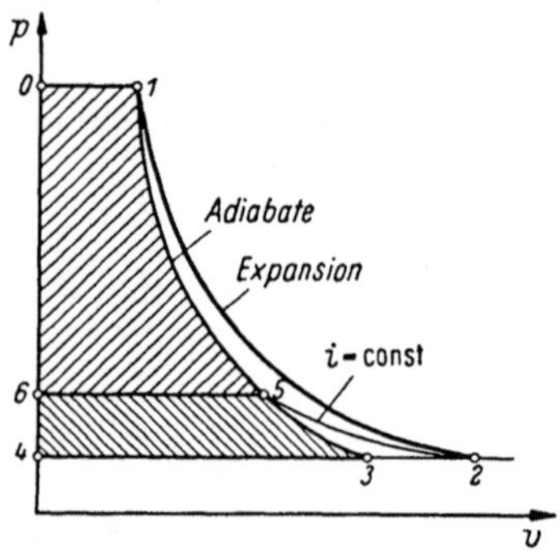

Abb. 1

Eine graphische Darstellung der in Gl. (b) bis (d) enthaltenen Beziehungen, die sich zuerst bei ZEUNER[4] findet, möge in der etwas veränderten Fassung, die ihr STODOLA[5] und BÜCHNER[6] gegeben haben, hier Erwähnung finden.

In Abb. 1 soll in einem p, v-Koordinatensystem die Geschwindigkeitserzeugung in einem Gas (oder Dampf) verfolgt werden, das von dem Zustand p_1, v_1, wo die Geschwindigkeit $w = 0$ ist, beginnend, längs der Kurve *1–2* expandiert. Höhendifferenzen und Wärmemitteilung sollen außer Betracht bleiben. Gl. (b) und (d) lauten somit in der Integralform

$$\frac{w^2}{2g} = \int_2^1 v\,dp - z; \qquad \text{(b')}$$

$$\frac{w^2}{2g} = i_1 - i_2. \qquad \text{(d')}$$

[1] „Über die Bewegung der Gase im Beharrungszustande in Röhrenleitungen und Kanälen". Z. VDI Bd. 7 (1863) S. 243, 273, 335.

[2] Masch.-L., § 109 u. 115.

[3] Ziviling. Bd. 23 (1877) S. 433.

[4] Ziviling. Bd. 17 (1871) S. 71.

[5] Z. VDI Bd. 47 (1903) S. 1 ff.; Dampfturb. § 21 u. 22 (§ 2 u. 3).

[6] Zur Frage der LAVALschen Turbinendüsen. Dissertation Dresden 1903; Forschungsarbeiten VDI H. 18, S. 47 ff.; Auszug Z. VDI Bd. 48 (1904) S. 1029 u. 1097.

Zieht man durch *1* eine Adiabate bis zum Druck p_2 herab (*1–3*), so hat man, da diese das Zustandsgesetz bei widerstandsloser Bewegung ist (vgl. den nächsten Abschnitt), in der Fläche *0–1–3–4–0* ein Maß für die verfügbare kinetische Energie:

$$\frac{w'^2}{2g} = \int_3^1 v\,dp. \qquad (b'')$$

Die wirklich erreichte kinetische Energie ergibt sich, wenn man durch *2* eine Kurve $i =$ konst. bis zum Schnittpunkt *5* mit der Adiabate legt; nach Gl. (d') und (b'') wird sie durch die Fläche *0–1–5–6–0* dargestellt. Somit repräsentiert die Fläche *5–6–4–3–5* den durch die Widerstände verursachten Energieverlust.

Durch Vergleich von Gl. (b') mit (b'') findet man, daß die Widerstandsarbeit z durch die Fläche *1–2–4–6–5–1* dargestellt ist; daß diese

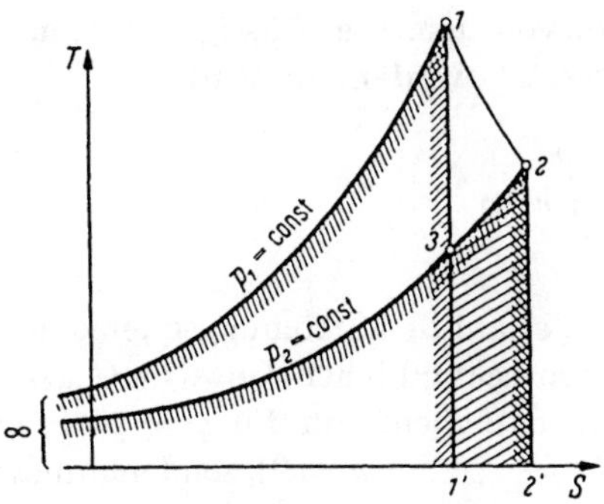

Abb. 2

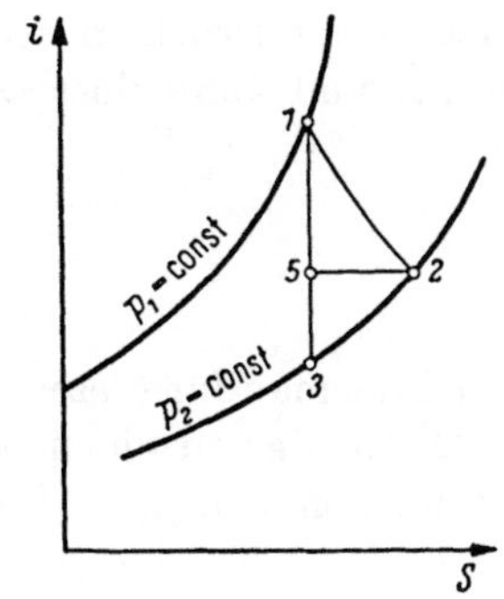

Abb. 3

Fläche um den nichtschraffierten Teil *1–2–3–1* größer ist als die des Energieverlustes, ist damit zu erklären, daß ein Teil der in Wärme verwandelten Widerstandsarbeit zur weiteren Expansion nutzbringend Verwendung findet.

Eine ähnliche Darstellung läßt sich in Temperatur-Entropie-Koordinaten (dem sog. Wärmediagramm) durchführen (Abb. 2). Die Flächen ∞–*1–1'*–∞ und ∞–*2–2'*–∞ stellen i_1 und i_2 dar, *1–3* ist die Adiabate, die verfügbare Energie $w'^2/2g = i_1 - i_3$ ist durch ∞–*1–3*–∞ dargestellt, der Energieverlust durch *1'–3–2–2'–1'*, die Widerstandsarbeit z durch *1'–1–2–2'–1'*.

Noch einfacher, aber weniger eindrucksvoll wird die Darstellung im i, s-System (Abb. 3); die Strecke *1–3* stellt die verfügbare, *1–5* die erreichte kinetische Energie, *5–3* den Verlust dar.

Ist am Ende des Strömungsvorganges die Geschwindigkeit wieder $= 0$, so ist nach Gl. (d') $i_1 = i_2$. Dies ist die Beziehung, welche beim Überströmen mit Vernichtung der Strömungsgeschwindigkeit eintritt.

17. Bewegung ohne Widerstände und Wärmemitteilung. Gl. (c) lautet hier: $du + p\,dv = 0$; sie liefert mit $u = f(p, v)$ einfach das Gesetz einer adiabatischen Zustandsänderung:

$$v = \varphi(p, p_1, v_1),$$

hiermit wird Gl. (b) integrabel; es wird

$$\frac{w^2 - w_1^2}{2g} = \int_p^{p_1} v\,dp; \tag{b_1}$$

p_1, v_1, w_1 sind dabei die Werte von p, v und w in einem gegebenen Anfangsquerschnitt. Gl. (a) ordnet jetzt mit Hilfe der vorstehenden Beziehungen jedem Querschnitt F eine bestimmte Geschwindigkeit und einen bestimmten Druck zu.

Ist p_1 der Druck in dem Raum, von dem die Flüssigkeitsströmung ausgeht, und kann dort $w_1^2 = 0$ gesetzt werden, so wird

$$\frac{w^2}{2g} = \int_p^{p_1} v\,dp.$$

Betrachtet man für diesen Fall den Verlauf des Strömungsquerschnittes $F = G\,v/w$, der zu einem bestimmten sekundlichen Gewicht G gehört, als Funktion von p, so findet man, daß nicht nur für $p = p_1$ (wegen $w = 0$), sondern auch für $p = 0$ (wegen $v = \infty$) $F = \infty$ ist (vgl. Abb. 4). Für das zwischen beiden Grenzen liegende Minimum von F findet man die Bedingung

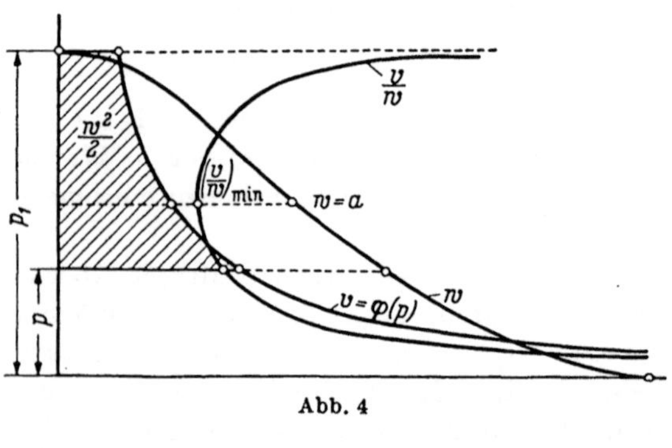

Abb. 4

$$w^2 = -g\,v^2 \frac{dp}{dv} = \frac{dp}{d\varrho},$$

wo ϱ die Dichte ist. Diese Gleichung besagt nichts anderes, als daß die Geschwindigkeit im engsten Querschnitt des Stromfadens gleich der dem dortigen Zustand entsprechenden Schallgeschwindigkeit

$$a = \sqrt{\frac{dp}{d\varrho}}\,[1]$$

ist.

[1] Vgl. Enzyklop. math. Wiss. I V, Art. 24 Akustik, von Lamb.

Dieses Ergebnis scheint zuerst von HUGONIOT[1] allgemein bewiesen worden zu sein, nachdem es etwas früher O. REYNOLDS[2] für permanente Gase als zutreffend erkannt hatte.

Der innere Grund dieses eigenartigen Resultates läßt sich etwa folgendermaßen einsehen: Eine mäßige Druckschwankung irgendwelcher Art rollt in einem zylindrischen Rohr mit Schallgeschwindigkeit über die darin befindliche Flüssigkeit hinweg; läßt man die Flüssigkeit mit Schallgeschwindigkeit fließen, so wird es dadurch möglich, daß die Druckdifferenzen an Ort und Stelle stehenbleiben. Da man den Stromfaden an der engsten Stelle (Stetigkeit von dF/dx vorausgesetzt) als Zylinder ansehen darf, fordern hier die stationären Pressungsunterschiede eine Strömungsgeschwindigkeit gleich der Schallgeschwindigkeit.

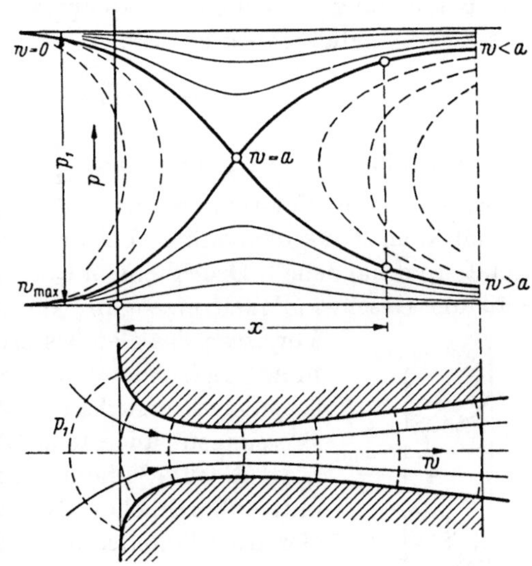

Abb. 5

Nach dem Vorstehenden gibt es für jeden Querschnitt, der größer ist als der engste Querschnitt, je zwei Werte von p und w. Für den Verlauf von p ist dies in Abb. 5 angedeutet (die stark gezeichneten Linien). Welche Kombination der Kurvenzweige in einem bestimmten Fall eintreten wird, richtet sich nach dem Druck an den Enden des Rohres.

Untersucht man für eine fest vorgegebene Röhre die den verschiedenen Strömungsvorgängen mit gleichem p_1 und v_1 entsprechende sekundliche Ausflußmenge G, so zeigt sich als Folgerung aus dem Vorstehenden, daß diese einen Größtwert erreicht, wenn im engsten Querschnitt Schallgeschwindigkeit eintritt.

Verschiedene Druckverteilungen, die kleineren Werten von G entsprechen, sind in Abb. 5 durch die dünn ausgezogenen Linien dargestellt. Die gestrichelten Linein beziehen sich auf Ausflußmengen größer als G_{max}; sie führen nicht von einem Rohrende zum anderen, entsprechen daher keiner hier möglichen Strömung.

18. Ausströmen aus Öffnungen und Mundstücken. Die Beantwortung der Frage, welche Luftmenge bei vorgegebener Druckdifferenz

[1] Paris C. R. Bd. 103 (1886) S. 1178.
[2] Phil. Mag. V, Bd. 21 (1886) S. 185; Papers II, S. 311.

pro Zeiteinheit durch eine gegebene Öffnung hindurchtritt, entspricht einem alten Bedürfnis der Technik. Dies ist offenbar der Grund dafür, daß sich die älteren Arbeiten aus dem Gebiet des vorliegenden Referates gerade um diese Frage gruppieren. Es mag also wohl passend erscheinen, an dieses Thema eine Schilderung der historischen Entwicklung der hier auftretenden Gedankenreihen anzuknüpfen.

Die älteste Notiz über den Ausfluß „elastischer Flüssigkeiten" scheint bei DANIEL BERNOULLI[1] 1738 zu stehen. Er gibt die Anweisung, die Berechnung wie bei einer inkompressiblen Flüssigkeit vorzunehmen; die Geschwindigkeit sei zu setzen:

$$w = \sqrt{2g(p_1 - p_2)v_1};$$ [2]

die Ausflußmenge wird mit $G = F\frac{w}{v_1}$ berechnet. Diese Berechnungsweise, der die Vorstellung zugrunde lag, daß die Geschwindigkeit gemäß dem TORRICELLIschen Theorem einfach durch die im Ausflußgefäß „vorhandene" Druckhöhe $h = v_1(p_1 - p_2)$ erzeugt werde, und daß die Geschwindigkeitserzeugung für jedes Teilchen plötzlich beim Verlassen des Gefäßes erfolge, findet sich bei D'ALEMBERT[3] und anderen wieder; sie schien auch durch verschiedene Versuchsreihen[4], die freilich alle mit kleinen Pressungen angestellt waren, bestätigt zu werden. Erst NAVIER[5] fand 1829 den richtigen Weg, die unter allmählicher Expansion des Gases stattfindende Geschwindigkeitserteilung mit Hilfe von Differentialbetrachtungen zu berechnen. Er besitzt die Beziehung (b) in ihrer einfachsten Form (vgl. S. 910) und erhält aus ihr mit der Annahme, daß der Druck in der Mündung gleich dem äußeren Druck p_2 ist, unter Voraussetzung des MARIOTTEschen Gesetzes: $p v = C$ für eine der Abb. 6 entsprechende

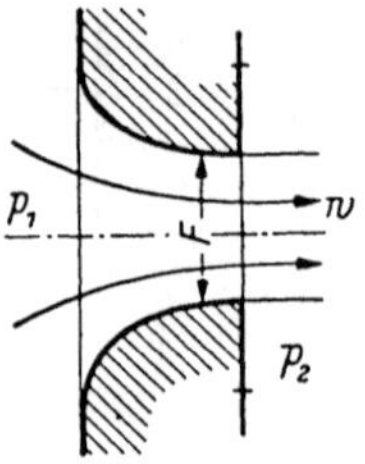

Abb. 6

[1] Hydrodynamica, S. 224. Straßburg 1738.

[2] Im folgenden bezeichnet der Index 1 immer die Zustände in dem Raume, aus dem die Flüssigkeit ausfließt, der Index 2 die Zustände in dem Raume, in den sie eintritt.

[3] Traité de l'équilibre et du mouvement des fluides, S. 165ff. Paris 1744.

[4] Die bemerkenswerteren Arbeiten über Ausflußversuche bei geringem Überdruck sind G. SCHMIDT, Ann. Phys. Chem. (1) Bd. 66 (1820) S. 39. — LAGERHJELM Stockholm Akad. 1822; Bericht hierüber von GIRARD, J. génie civil 1829. — K. L. KOCH, Versuche über die Geschwindigkeit ausströmender Luft, Göttingen 1824; Bericht hierüber von G. SCHMIDT, Ann. Phys. Chem. (2) Bd. 2 (1824) S. 39. — AUBUISSON, Ann. Mines Bd. 13 (1826) S. 483. — H. BUFF, Ann. Phys. Chem. (2) Bd. 37 (1836) S. 277 u. Bd. 40 (1837) S. 14 (Neuberechnung der KOCHschen Versuche und Bericht über eigene Versuche).

[5] Mémoire sur l'écoulement des fluides élastiques, Paris, Mém. de l'Acad. Bd. 9 (1830) S. 311.

Mündung
$$G = \frac{F w}{v_2} = \frac{F}{v_2}\sqrt{2 g C \log \frac{p_1}{p_2}}\,.^{1}$$

Er diskutiert die Gleichung nach verschiedenen Richtungen, zeigt auch, daß sie für sehr kleine Pressungsunterschiede in die bei inkompressiblen Flüssigkeiten gebräuchliche übergeht. Er findet auch bereits, daß (für konstantes G) der Querschnitt F als Funktion von p ein Minimum besitzt, zieht aber daraus falsche Schlußfolgerungen. Des weiteren werden nach den Methoden der Hydraulik Ausströmung aus Öffnungen in dünner Wand, Energieverluste durch plötzliche Erweiterung und Kontraktion in Rohren und ähnliches behandelt.

Um einen großen Schritt wurde die Theorie zehn Jahre später, 1839, von den Ingenieuren B. de Saint-Venant und L. Wantzel[2] gefördert. Sie berücksichtigen durch Verwendung des Laplace-Poissonschen Adiabatengesetzes $p v^{\varkappa} = \text{konst.}$ die bei der Expansion eintretende Abkühlung des Gases und erhalten so die Formeln:

$$w = \varphi \sqrt{\frac{2 g \varkappa}{\varkappa - 1} p_1 v_1 \left(1 - \left(\frac{p_2}{p_1}\right)^{\frac{\varkappa - 1}{\varkappa}}\right)},$$

$$G = \mu F_0 \left(\frac{p_2}{p_1}\right)^{\frac{1}{\varkappa}} \sqrt{\frac{2 g \varkappa}{\varkappa - 1} \frac{p_1}{v_1} \left(1 - \left(\frac{p_2}{p_1}\right)^{\frac{\varkappa - 1}{\varkappa}}\right)}$$

(φ und μ sind durch Versuche zu ermittelnde Korrektionsziffern). De Saint-Venant und Wantzel diskutieren die Beziehungen und finden, daß G als Funktion von p_2 (bei festgehaltenem p_1 und μ) ein Maximum bei dem Wert

$$p' = \left(\frac{2}{\varkappa + 1}\right)^{\frac{\varkappa}{\varkappa - 1}} p_1$$

besitzt. Der Gedanke, daß es widersinnig ist, daß die Ausflußmenge abnehmen soll, wenn der Druck auf der Ausströmseite erniedrigt wird, führt sie auf den Gedanken, daß der Druck p in der Mündung bei größeren Druckdifferenzen höher sein müsse, als der Außendruck p_2, und jedenfalls nie unter den eben definierten Wert p' heruntersinken könne. Ihre Experimente (Einströmen der Luft in den Rezipienten einer Luftpumpe) zeigen, obwohl die Messungen wegen Nichtbeachtung der auftretenden Temperaturdifferenzen mangelhaft sind, diese Annahmen bestätigt. (Zwischen $p_2 = 0$ und $p_2 = 0{,}4 p_1$ war die Ausflußmenge konstant, nahm dann bei größerem p_2 erst langsam, dann rascher ab.) Spätere Versuche von 1843[3] an einem Dampfkessel gaben ähnliche Resultate.

---

[1] Die sehr verschiedenen Formelbezeichnungen und Bezugsgrößen sind überall in die unsrigen umgeschrieben.

[2] Mémoire et expériences sur l'écoulement de l'air. J. éc. polyt. Bd. 27 (1839) S. 85.

[3] Paris C. R. Bd. 18 (1843) S. 1140.

Die Arbeit von DE SAINT-VENANT und WANTZEL geriet merkwürdigerweise wieder in Vergessenheit. Zum Teil war daran wohl die schroffe Ablehnung schuld, welche ihr von PONCELET[1] zuteil wurde, der, auf Versuche von PECQUEUR gestützt, die alte BERNOULLIsche Hypothese verteidigte. Ein anderer Grund mag darin liegen, daß DE SAINT-VENANT und WANTZEL zur Diskussion ihrer Versuchsergebnisse nicht ihre rationelle Formel verwendeten, sondern aus ihnen eine ziemlich willkürliche empirische Formel ableiteten.

Die rationellen Formeln für w und G wurden erst 1855 von JULIUS WEISBACH[2] wiedergefunden und führten lange seinen Namen. M. HERRMANN[3] diskutierte 1860 das Maximum von G und deutete es, wie DE SAINT-VENANT und WANTZEL: der Mündungsdruck sinkt nie unter p' herab, und die Geschwindigkeit steigt erst außerhalb der Mündung unter Ausdehnung des Strahles auf den p_2 entsprechenden Wert.

In derselben Zeit (1856) kamen — wieder unabhängig von den bisherigen — W. THOMSON und JOULE[4] von der Seite der Thermodynamik her zu einer Lösung des Ausflußproblems. Sie besitzen die Gl. (d) in der auch bei beliebigen Widerständen gültigen Form

$$\frac{w^2}{2g} = u_1 - u_2 + p_1 v_1 - p_2 v_2 = \frac{\gamma_p}{A}(T_1 - T_2)$$

und gewinnen hieraus ebenfalls die Formeln für w und G bei adiabatischer Expansion; sie bemerken dabei auch das Maximum von G.

Inzwischen war auch das adiabatische Ausströmen des Wasserdampfes in Angriff genommen. Nach der ersten Theorie von REDTENBACHER[5], 1855, die wegen fehlender Berücksichtigung der Kondensation im expandierenden Dampf unrichtig war, wies 1860 F. GRASHOF[6] auf den richtigen Weg. Durchgeführt wurde die Rechnung auf Grund unserer Formel (d) aus den Gesetzen für nasse Dämpfe (vgl. Nr. 6) von G. ZEUNER, 1863[7]. Er erhält

$$A\,\frac{w^2}{2g} = \frac{x_1 \lambda_1}{T_1}(T_1 - T_2) + q_{p_1} - q_{p_2} - T_2(s_1'' - s_2'') + A\,v''(p_1 - p_2)\,,$$ [8]

wofür er für Überschlagsrechnungen noch die Näherungsformel

$$\frac{w^2}{2g} = \frac{x_1 \lambda_1}{A\,T_1}(T_1 - T_2)$$

angibt.

[1] Paris C. R. Bd. 21 (1845) S. 178; Replik und Duplik S. 366 u. 387.

[2] Lehrbuch der Ingenieur- und Maschinenmechanik. 3. Aufl. 1855, § 431.

[3] Z. öst. Ing.-Ver. Bd. 12 (1860) S. 34.

[4] London Proc. Roy. Soc. Bd. 8 (1856) S. 178.

[5] Gesetze des Lokomotivbaues, S. 34. Mannheim 1855.

[6] Z. VDI Bd. 4 (1860) S. 95.

[7] Das Lokomotivblasrohr, S. 76ff. Zürich 1863.

[8] In dieser Weise findet sich die Formel erst etwas später in der 2. Aufl. der „Grundzüge", S. 411.

Das zur Berechnung des Ausflußgewichtes nötige Dampfvolumen wird aus der Gleichung der Adiabate ermittelt. Die Formeln werden für den Ausfluß von trocken gesättigtem Dampf sowie von heißem Wasser (Kesselwasser)[1] spezialisiert und durch Tabellen erläutert. Für letzteres findet er das merkwürdige Resultat, daß für Ausströmen in die Atmosphäre das sekundliche Ausflußgewicht für 1 cm² Öffnung fast unabhängig vom Kesseldruck ungefähr 0,11 kg betrage[2].

Die *Theorie* des Ausströmens wurde nach der thermodynamischen Seite hin weiter gefördert von GRASHOF, der 1863 in der bereits zitierten grundlegenden Arbeit[3] den Einfluß der durch die Widerstände hervorgerufenen Erwärmung des Gases richtig einschätzen lehrte, des weiteren von ZEUNER 1871 in seiner „Neuen Darstellung der Vorgänge beim Ausfluß der Gase und Dämpfe aus Gefäßmündungen"[4]. ZEUNER berücksichtigt hier (bei Luft) den Einfluß der Widerstandsarbeit unter der Annahme, daß sie der Temperatursenkung, d. h. dem Zuwachs der kinetischen Energie proportional wäre:

$$dz = \zeta\, d\left(\frac{w^2}{2g}\right) = \zeta \frac{\gamma_p}{A}\, dT \quad \text{(vgl. S. 914)}.$$

Er erhält so als Gesetz der Zustandsänderung statt $p\, v^{\varkappa} =$ konst. die Beziehung $p\, v^n =$ konst., worin der „Ausflußexponent" n mit dem Widerstandskoeffizienten ζ durch die Gleichung

$$n = \frac{(1+\zeta)\,\varkappa}{1+\zeta\,\varkappa}$$

zusammenhängt. Das Ausflußgewicht ergibt sich hiernach zu

$$G = \alpha\, F_0 \left(\frac{p_2}{p_1}\right)^{\frac{1}{n}} \sqrt{\frac{2g\,\varkappa}{\varkappa-1}\,\frac{p_1}{v_1}\left(1-\left(\frac{p_2}{p_1}\right)^{\frac{n-1}{n}}\right)}.$$

Der Koeffizient α ist dabei durch den Zusammenhang zwischen dem freien Strahlquerschnitt F und dem Mündungsquerschnitt F_0 gegeben: $F = \alpha\, F_0$. ZEUNER empfiehlt unterhalb

$$\frac{p_1}{p_2} = \left(\frac{n+1}{2}\right)^{\frac{n}{n-1}} \quad \text{(kritisches Druckverhältnis)},$$

bei gut abgerundeten Mündungen $\alpha = 1$ zu setzen. Bei größerem Druckverhältnis ist $\alpha > 1$ und es wird hierfür G unabhängig vom Außendruck gleich dem Maximalwert

$$G = \alpha' F_0 \left(\frac{2}{n+1}\right)^{\frac{1}{n-1}} \sqrt{\frac{2g\,\varkappa}{\varkappa-1}\,\frac{n-1}{n+1}\,\frac{p_1}{v_1}},$$

---

[1] Zuerst im Ziviling. Bd. 10 (1864) S. 87.

[2] Neuere Untersuchungen führten zu anderen Ergebnissen. Vgl. hierzu den Schluß dieser Nummer.

[3] Siehe Fußnote 1, S. 908.

[4] Ziviling. Bd. 17 (1871) S. 71.

worin der neue Koeffizient α' für abgerundete Mündungen $= 1$ zu setzen ist. Für gesättigte Dämpfe, sowie auch für überhitzte, schlägt er denselben Rechnungsgang vor[1]. Es ist dazu nur nötig, für die adiabatische Expansion einen mittleren Exponenten $\varkappa$ anzunehmen. Für gesättigten Wasserdampf gibt er an: $\varkappa = 1{,}035 + 0{,}10\,x_1$, wo x_1 die spezifische Dampfmenge beim Druck p_1 ist.

Für Ausfluß von trocken gesättigtem Dampf erhält man aus obiger Formel, wenn man das Volumen v_1 durch den Druck ausdrückt ($p\,v^{1{,}063} =$ konst.), nach GRASHOF[2] die einfache Beziehung

$$\frac{G}{\alpha' F_0} = C\,p^{0{,}96965};$$

die Konstante C ist für $\zeta = 0$, wenn F_0 in m², p in kg/m², G in kg/sec gemessen wird, $C = 0{,}02018$.

Inzwischen waren von verschiedenen *Versuche* zur Prüfung der Theorie und zur Gewinnung von Korrektionskoeffizienten unternommen worden.

Voranzustellen sind die vorzüglichen Versuche WEISBACHS von 1856, über die er 1859[3] berichtet, deren Zahlenmaterial er aber erst 1866[4] ausführlich mitgeteilt und bearbeitet hat. Seine Versuche, mit in einem Kessel komprimierter Luft angestellt, waren dadurch wesentlich vollkommener als die der früheren Experimentatoren, daß WEISBACH bei den Druckablesungen, aus denen die Ausflußmengen bestimmt wurden, jedesmal den Ausgleich der bei der Expansion entstehenden Temperaturdifferenzen abwartete. Ein Teil seiner Versuchsresultate, die sich auf sehr verschiedene Arten von Mündungen, mit und ohne Ansatzrohr, beziehen, wurde von GRASHOF[5] einer verbessernden Neuberechnung unterzogen. Die Änderung des Ausflußgesetzes bei Überschreitung des kritischen Druckverhältnisses war WEISBACH unbemerkt geblieben, seine Versuche reichten nur eben bis an diese Grenze. Das Verdienst, diese Dinge zuerst einwandfrei nachgewiesen zu haben, gebührt R. D. NAPIER[6] (1866). Er stellt die Ergebnisse seiner Ausflußversuche mit Wasserdampf (abgerundete Mündungen) in folgenden zwei Formeln zusammen:

$$\text{für} \quad p_2 > \frac{1}{2} p_1 \quad \text{ist} \quad \frac{G}{F_0} = \sqrt{\frac{2g}{1+\zeta}\,\frac{(p_1 - p_2)\,p_2}{p_1 v_1}},$$

$$\text{für} \quad p_2 < \frac{1}{2} p_1 \quad \text{ist} \quad \frac{G}{F_0} = \frac{1}{2}\sqrt{\frac{2g}{1+\zeta}\,\frac{p_1}{v_1}}.$$ [7]

[1] Vgl. auch die Darstellung in Therm. II, 1. Aufl. § 20 u. 22; 2. Aufl. § 21 u. 23.

[2] Masch.-L. § 111.

[3] Ziviling. Bd. 5 (1859) S. 1.

[4] Ziviling. Bd. 12 (1866) S. 1 u. 77.

[5] Z. VDI Bd. 7 (1863) S. 279; Masch.-L. 1875, S. 580.

[6] On the velocity of steam and other gases, London 1866; Engineer Bd. 23 (1867) S. 11.

[7] So sind die Formeln von ZEUNER (Therm. II, § 24) umgeschrieben worden.

Er hat auch zuerst[1] den Druck in der Mündung experimentell ermittelt (durch Druckmessung an einer feinen Bohrung in der Ausflußmündung, vgl. Abb. 7) und damit die Annahme von DE SAINT-VENANT und WANTZEL, die er selbst nicht kannte, wohl bestätigt.

Als weitere Versuche über *Luft*ausfluß sind vor allem zu nennen die umfangreichen Versuche von ZEUNER 1871[2] und FLIEGNER 1874 und 1877[3]. In der letzteren Arbeit untersucht FLIEGNER auch den Einfluß der Wärmeleitung im Mundstück theoretisch sowohl als auch experimentell, er findet bei einem Mundstück aus Messing den Ausflußexponenten $n = 1{,}37$ ($\zeta = 0{,}077$), bei Buchsbaumholz $n = 1{,}395$ ($\zeta = 0{,}027$); aus diesen Zahlen schließt er auf eine bedeutende Wirkung der Wärmeleitung. In sorgfältigen Beobachtungen des Mündungsdruckes p_m findet er, daß dieser nie unter den „kritischen Druck" herabgeht, und immer etwas höher als p_2 liegt. Als Näherungsformeln für gut abgerundete Metallmündungen empfiehlt er (p in kg/m², F in m²)

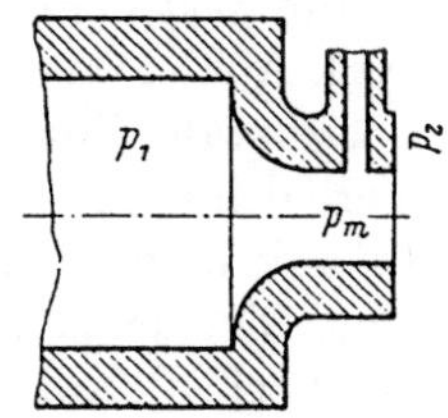

Abb. 7

$$\frac{G}{F_0} = 0{,}38\,\frac{p_1}{\sqrt{T_1}} \quad \text{für} \quad p_2 < \frac{1}{2}\,p_1,$$

$$\frac{G}{F_0} = 0{,}76\,\sqrt{\frac{(p_1 - p_2)\,p_2}{T_1}} \quad \text{für} \quad p_2 > \frac{1}{2}\,p_1,$$

In Abb. 8 findet man die Ergebnisse der FLIEGNERschen Versuche veranschaulicht; es sind die Größen p_m und G in ihrer Abhängigkeit von p_2 bei festgehaltenem p_1 dargestellt.

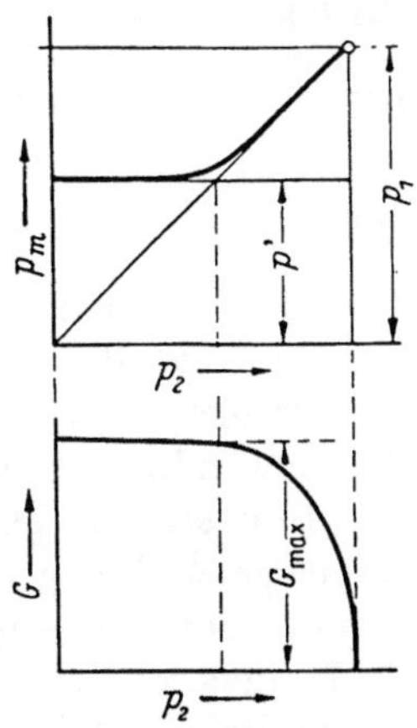

Abb. 8

Erwähnenswert sind auch die sorgfältigen Versuche, die G. A. HIRN 1884[4] mit Luft bei gewöhnlichen und höheren Temperaturen sowie mit Kohlensäure und Wasserstoff angestellt hat. Er ließ die Gase aus einem Gasometer in einen evakuierten Raum einströmen und erreichte dadurch eine sehr einwandfreie Messung der Ausflußmengen. Die HIRNschen Versuche bestätigen die früheren Ergebnisse; sonderbarerweise glaubte HIRN selbst, indem er die Geschwindigkeit

---

[1] Engineer Bd. 28 (1869) S. 287. Vgl. auch RANKINE, Engineer Bd. 28 (1869) S. 352 u. 358; Ziviling. Bd. 16 (1870) S. 35.

[2] Vorläufiger Bericht Ziviling. Bd. 20 (1874) S. 1. (Dort ist auch die Priorität von DE SAINT-VENANT und WANTZEL wieder aufgedeckt.) Ausführlicher in Therm. I 1. Aufl., § 49—51.

[3] Ziviling. Bd. 20 (1874) S. 13 u. Bd. 23 (1877) S. 443.

[4] Brüssel Mem. Acad. Roy. Bd. 156 (1886) Nr. 3; Ann. Chim. Phys. (6) Bd. 7 (1886) S. 289; Recherches expérimentales sur la limite de vitesse que prend un gaz usw. Paris 1886.

auch über das kritische Druckverhältnis hinaus mit der Formel $w = G v_2/F$ berechnete, einen Widerspruch zwischen Theorie und Versuch nachgewiesen zu haben; seine Ansicht wurde von HUGONIOT[1] und PARENTY[2] 1886 widerlegt.

PARENTY hat später[3, 4], auf den HIRNschen Versuchen fußend, eine empirische Näherungsformel von großer Allgemeinheit angegeben. Er stellte fest, daß die Ausflußmenge G in ihrer Abhängigkeit von p_2 (vgl. Abb. 8) sehr nahe durch einen Ellipsenquadranten und dessen horizontale Tangente dargestellt werden kann. Es möge nun das Verhältnis $(p_1 - p_2)/p_1 = \delta$ und $(p_1 - p')/p_1 = \delta'$ gesetzt werden (p' = kritischer Mündungsdruck), ferner sei α_0 der Kontraktionskoeffizient, der der Mündung für Wasserausfluß unter Wasser zukommt; dann ist nach PARENTY für beliebige Mündungen das Produkt $\delta' \alpha_0$ eine Konstante, ferner G_{max} proportional $\sqrt{\alpha_0}$; die Konstanten werden so bestimmt, daß für $\alpha_0 = 1$ der adiabatische Ausfluß erhalten wird. Mit

$$\delta' \alpha_0 = \delta'_0 = 1 - \left(\frac{\varkappa + 1}{2\varkappa}\right)^{\frac{\varkappa}{\varkappa - 1}}$$

wird

für $$\delta < \delta' : \quad \frac{G}{F} = 2\alpha_0 \sqrt{g\, \delta'_0\, p_1 v_1\, \delta \left(1 - \frac{\alpha_0}{2} \frac{\delta}{\delta'_0}\right)},$$

für $$\delta > \delta' : \quad \frac{G}{F} = \delta'_0 \sqrt{2\alpha_0\, g\, p_1 v_1}\,;$$

von den Koeffizienten δ'_0 und α_0 der vorstehenden Formeln hängt der eine nur von der Gasart ab, der andere nur von der Mündungsform. Neuerdings hat PARENTY an Hand der RATEAUschen Versuche (s. u.) die Anwendbarkeit seiner Formeln für Dampfausfluß gezeigt[5]. Ferner hat BOUSSINESQ[6] gezeigt, daß — für adiabatischen Ausfluß — eine Reihenentwicklung nach δ die PARENTYsche Ellipsenformel als zweite, bereits sehr befriedigende Näherung ergibt.

In neuerer Zeit (1897) hat auch ZEUNER[7] Luftausflußversuche mit einem Vakuumkessel gemacht, die ihn zu einer neuen Hypothese geführt haben; besonders Versuche mit großen Widerständen führen ihn auf die Beziehung, „daß die Luft in den leeren Raum mit der dem Zustand der Luft in der Mündung entsprechenden Schallgeschwindigkeit $w_s = \sqrt{\varkappa g p v}$ ausströmt, welche Widerstände hierbei auch beim

[1] Paris C. R. Bd. 102 (1886) S. 1545.
[2] Paris C. R. Bd. 103 (1886) S. 125.
[3] Paris C. R. Bd. 113 (1891) S. 184; Bd. 116 (1893) S. 1120; Bd. 119 (1894) S. 419.
[4] Ann. Chim. Phys. (7) Bd. 8 (1896) S. 5.
[5] Ann. Mines (10) Bd. 2 (1902) S. 403.
[6] J. Math. (5) Bd. 10 (1904) S. 79.
[7] Therm. I (2. Aufl.) S. 242 u. 256.

Hinströmen nach der Mündung vorliegen mögen". Diese Geschwindigkeit ergibt sich aus Gl. (d) zu

$$w_s = \sqrt{\frac{2g\varkappa}{\varkappa+1} p_1 v_1}.$$

Die Ausflußmenge wird hierbei

$$G = F_0 \left(\frac{2}{\varkappa+1}\right)^{\frac{1}{n-1}} \sqrt{\frac{2g\varkappa}{\varkappa+1} \frac{p_1}{v_1}}.$$

Wie W. Schüle[1] nachwies, ist das Maximum der älteren Zeunerschen Formel, die unter dem kritischen Druckverhältnis weiter gelten sollte, größer als der vorstehende Wert; man kann indes diesen Wert durch verschiedenes n in beiden Formeln mit dem Maximum zusammenfallen lassen. Zeuners Versuche ergaben — für Druckverhältnisse über dem kritischen Wert — den Ausflußexponenten n zu 1,375 bis 1,38; dieses entspricht Werten von $\zeta = 0{,}065$ bis 0,055.

Über den Ausfluß von *Dampf*[2] sind nach Napier von verschiedenen Versuche angestellt worden. So hat Zeuner 1870 Ausflußversuche mit Hilfe eines Injektors (Dampfstrahlpumpe) gemacht (erst 1890 veröffentlicht[3]). Ferner sind zu erwähnen die Versuche von C. H. Peabody und L. H. Kuhnhardt[4] (mit Messung des Mündungsdruckes), von Parenty[5], von Rosenhain[6] (mit Messung der Reaktion der ausfließenden Strahlen, bei verschiedenen Mündungen, auch konisch erweiterten Rohren, vgl. Nr. 20), von Gutermuth und Blaess[7] (mit verschiedenen Mündungen, Röhren und Düsen, wie sie bei Dampfturbinen und bei den Schiebern der Dampfmaschinen in Verwendung stehen). Diesen Versuchen, bei denen die Ausflußmengen durch die kondensierten Wassermengen gemessen wurden, stehen Versuche von A. Rateau[8] gegenüber, bei denen die Dampfmengen durch die an das Kühlwasser abgegebenen Wärmemengen bestimmt wurden. Durch gleichzeitige Messung der Dampffeuchtigkeit können diese Versuche

[1] Dinglers polytechn. J. Bd. 318 (1903) S. 355, 369 u. 388.

[2] Ein zusammenfassender Bericht über ältere Versuche (auch solche mit Luft) findet sich bei R. Kolster, Z. VDI Bd. 11 (1867) S. 433 u. 711 u. Bd. 12 (1868) S. 97. Besonders genannt seien die Versuche von Tremery, Ann. Mines (3) Bd. 20 (1841) S. 343 und von Minary und Résal, Ann. Mines (5) Bd. 19 (1861) S. 379 [deutsch in Ziviling. Bd. 8 (1862) S. 101].

[3] Therm. II, § 25.

[4] Trans. Amer. Soc. mech. Engrs. 1890; Bericht in Engineering Bd. 49 (1890) S. 64.

[5] Siehe Fußnote 4, S. 918.

[6] Proc. Instit. of Civ. Ing. Bd. 140 (1900) S. 199.

[7] Phys. Z. Bd. 4 (1902) S. 82; Z. VDI Bd. 48 (1904) S. 75; Forschungsarbeiten VDI H. 19 (1904) S. 45.

[8] Rev. Mécanique Bd. 7 (1900) S. 167; Ann. Mines (10) Bd. 1 (1902) S. 5.

für besonders zuverlässig gelten; sie liefern das Resultat, daß die Ausflußmengen für abgerundete Mündungen bei großen Druckunterschieden sehr gut durch die Formeln für verlustlose Strömung dargestellt werden; die RATEAUsche Formel

$$\frac{G}{\alpha' F_0} = p_1(0{,}01904 - 0{,}00096 \log^{10} p_1),$$

wo p und F_0 auf Metermaß bezogen sind, stimmt sehr genau mit der GRASHOFschen Formel, S. 916, überein; die älteren Versuche hatten, wohl durch mangelnde Trockenheit des Dampfes entstellt, größere Werte ergeben. Für mäßige Druckunterschiede liegen die RATEAUschen Zahlen bis zu 5% unter den theoretischen Werten.

Bemerkenswert ist auch die von RATEAU gefundene Tatsache, daß der Kontraktionskoeffizient für Öffnungen in dünner Wand, dargestellt durch das Verhältnis der hier auftretenden Ausflußmenge zu der bei abgerundeter Öffnung, sowohl für Dampf als auch für Gase (Versuche von HIRN) bis zu Drücken $p_2 = 0{,}45 p_1$ herab sehr genau eine lineare Funktion des Druckverhältnisses ist, z. B. für Dampf

$$\alpha_1 = 0{,}645 + 0{,}35(p_1 - p_2)/p_1 .$$

Ausfluß von heißem Wasser. Über den Ausfluß von Wasser aus dem Wasserraum eines Dampfkessels — also Wasser von der dem Druck p_1 entsprechenden Siedetemperatur — wurden von den Ingenieuren PULIN und BONNIN 1890 Versuche angestellt, über die SAUVAGE[1] berichtet hat. Die Ergebnisse weichen vollständig von den theoretischen Resultaten ZEUNERS[2] ab, die Ausflußmengen waren 10- bis 12mal so groß als die theoretischen. ZEUNER[3] erklärte später die Differenz durch die Annahme einer verzögerten Verdampfung des Wassers, wodurch der Ausflußvorgang sich mehr dem Ausfluß kalten Wassers nähere.

Neuerdings haben unabhängig voneinander A. RATEAU[4] und A. FLIEGNER[5] nachgewiesen, daß man unter Beachtung des DE SAINT-VENANT-WANTZELschen Prinzips bedeutend höhere Ausflußmengen erhält, als ZEUNER gefunden hatte. Nach FLIEGNER ergibt sich z. B. für $p_1 = 6$ atm (absolut) das Maximum der Ausflußmenge für 1 cm² Öffnungsquerschnitt zu 0,42 kg/sec bei einem Mündungsdruck $p' = 5{,}4$ atm, während ZEUNER unter Annahme eines Mündungsdruckes von 1 atm die Zahl 0,108 erhalten hatte.

Beide Autoren zeigen ferner, daß sich noch viel größere Ausflußmengen ergeben, wenn man annimmt, daß die Temperatur des aus-

[1] Ann. Mines (9) Bd. 2 (1892) S. 192.
[2] Siehe Fußnote 1, S. 915. [3] Therm., 2. Aufl., § 22.
[4] Rev. Mécanique Bd. 9 (1901) S. 660; Ann. Mines (10) Bd. 1 (1902) S. 59.
[5] Schweiz. Bauztg. Bd. 45 (1905) S. 282 u. 306.

fließenden Wassers um einige Grade unter dem dem Kesseldruck entsprechenden Siedepunkt liegt; RATEAU und FLIEGNER verwerten dieses Ergebnis zu einer Erklärung der auch gegen ihre Zahlen noch dreimal größeren Versuchswerte von PULIN und BONNIN. FLIEGNER berechnet u. a., daß bei 6 atm Dampfspannung für die Verdreifachung der Ausflußmenge 6° Temperaturerniedrigung ausreichend sind. Indes zeigen neue, noch unveröffentlichte Versuche von J. ADAM[1], daß die ZEUNERsche Erklärung durch verzögerte Verdampfung die zutreffendere ist. ADAM findet bei vergleichenden Versuchen mit heißem und kaltem Wasser, daß das Verhältnis der Ausflußmengen von heißem und kaltem Wasser (bei 6 atm) von 0,91 bei Öffnungen in dünner Wand bis auf 0,56 bei kurzer abgerundeter Mündung und weiter auf 0,44 bei einem mäßig langen Ansatzrohr herabsinkt.

19. Strömungswiderstände. Man pflegt die bei den Strömungsbewegungen auftretenden Widerstände in kontinuierlich verteilte und in konzentrierte einzuteilen, je nachdem es sich um die hemmende Wirkung eines längeren Rohres oder einer örtlichen Unregelmäßigkeit (plötzliche Verengung, Erweiterung, Richtungsänderung usw.) handelt. Das übliche Maß für den Widerstand bildet die durch Gl. (b) definierte Widerstandshöhe z bzw. ein durch Vergleich mit der Geschwindigkeitshöhe $w^2/2g$ gewonnener Widerstandskoeffizient.

a) Über die *konzentrierten Widerstände* ist, abgesehen von den im vorigen Abschnitt behandelten Ausflußwiderständen, wenig Literatur vorhanden. Ein Versuch, die Vorgänge bei plötzlichen Verengungen und Erweiterungen eines Rohres zu berechnen, findet sich bereits bei NAVIER[2]. Er glaubt jedoch, die Widerstandshöhe bei plötzlicher Rohrerweiterung einfach, wie bei inkompressiblen Flüssigkeiten[3], als CARNOTschen Stoßverlust

$$z = \frac{(w_1 - w_2)^2}{2g}$$

setzen zu dürfen. Erst GRASHOF[4] zeigte 1875, daß man bei kompressiblen Flüssigkeiten im Fall einer plötzlichen Rohrerweiterung

$$z = \frac{(w_1 - w_2)^2}{2g} + p_1(v_1 - v_2) + \int_1^2 p\,dv$$

setzen müsse. Im besonderen entwickelte er[5] unter Berücksichtigung der Wärmevorgänge die Formeln für einen Widerstandskoeffizienten,

[1] Ausgeführt im Laboratorium für technische Physik zu München.
[2] Siehe Fußnote 5, S. 912.
[3] Vgl. Enzyklop. math. Wiss. IV 20, 7 (FORCHHEIMER).
[4] Masch.-L. § 76. [5] Masch.-L. § 108.

der nach dem Muster der Hydraulik

$$\zeta = \frac{2gz}{w^2}$$

gesetzt wird, unter der vereinfachenden Annahme, daß die Zustandsänderung während der Einwirkung des Widerstandes als eine Polytrope $p v^m =$ konst. angenommen werden darf. Mit diesen Formeln unterzieht er einige Versuche von WEISBACH[1, 2] über Knieröhren usw. einer Neuberechnung. Er entwickelt auch die Beziehungen für den Widerstand einer plötzlichen Verengung mit darauffolgender Erweiterung und erläutert die ziemlich verwickelten Formeln durch Zahlenbeispiele.

Anmerkung. Mit der eben besprochenen Aufgabe ist durch die Art der Behandlung (Anwendung des Satzes von der Bewegungsgröße[3]) die Theorie der *Strahlapparate* verwandt. Es gehört zu diesen das Lokomotivenblasrohr (vgl. hierüber die Monographie von ZEUNER[4]), ferner das Dampfstrahlgebläse; großes theoretisches Interesse bietet auch die Dampfstrahlpumpe von GIFFARD (der sogenannte Injektor, dessen wärmetheoretische Analyse auch von ZEUNER[5] gegeben worden ist), sowie der Strahlkondensator von KÖRTING.

Die Behandlung dieser Dinge mußte hier unterbleiben, da eine Anzahl Beziehungen, die besser in die Referate über Hydraulik passen, hierzu hätten erörtert werden müssen. Die Eigenart der vorgenannten Apparate erlaubt fast durchgängig, die wärmetheoretische Bestimmung der in ihnen auftretenden Mischungsvorgänge, ohne Hinzunahme der Dynamik, vorweg zu behandeln. In dynamischer Beziehung unterscheiden sie sich in nichts anderem von den im Art. IV 21 (GRÜBLER) zu behandelnden Strahlpumpen, als daß das Mischungsvolumen nicht gleich der Summe der zuströmenden Volumina ist, sondern sich durch die vorhergehende thermische Untersuchung bestimmt.

b) Die *kontinuierlichen Widerstände* werden hier durchgängig nach dem in der Hydraulik üblichen Ansatz[6]

$$dz = \zeta_1 \frac{w^2}{2g} dx$$

in Rechnung gesetzt; dx bedeutet dabei ein Längenelement in der Rohrachse gemessen, ζ_1 einen Widerstandskoeffizienten, der zumeist als Funktion des Rohrquerschnittes angesehen wird, manchmal aber als auch von der Geschwindigkeit abhängig betrachtet wird. GIRARD[7],

---

[1] Siehe Fußnote 3, S. 916. [2] Siehe Fußnote 4, S. 916.

[3] Enzyklopäd. math. Wiss. IV 20, 2b (FORCHHEIMER).

[4] Siehe Fußnote 7, S. 914.

[5] Ziviling. Bd. 6 (1860) S. 311; vgl. auch S. 322.

[6] Enzyklop. math. Wiss. IV 20, 4 (FORCHHEIMER).

[7] Ann. Chim. Phys. Bd. 16 (1821) S. 129; Ann. Phys. Chem. (2) Bd. 2 (1824) S. 59.

NAVIER[1] und andere setzten, ganz entsprechend den Ansätzen in der Hydraulik $\zeta_1 = \beta \times$ Umfang: Fläche des Querschnittes, also für den Kreisquerschnitt (Durchmesser d)

$$\zeta_1 = \frac{4\beta}{d}.$$

Bezüglich der Werte von β (eine reine Zahl) ergeben die verschiedentlich angestellten Versuchsreihen sehr widersprechende Resultate. Während ältere Experimente[2] sowie auch neuere von ZEUNER[3] für Rohrdurchmesser von $0{,}5 \sim 3$ cm β ziemlich konstant $= 0{,}00594 \sim 0{,}0064$ ergeben, zeigen andere Versuche merkliche Abhängigkeit vom Durchmesser und von der Geschwindigkeit; die von GRASHOF[4] neuberechneten Versuche von WEISBACH[5, 6]

$$(d = 1 \sim 2{,}5\ \text{cm},\ w = 30 \sim 110\ \text{m/sec})$$

werden gut durch die Formel

$$\beta = \frac{0{,}0028}{d^{0{,}36}\, w^{0{,}1675}}$$

dargestellt (d und w in m). Die Versuche an technischen Druckluftleitungen[7] ($d = 7 \sim 30$ cm) ergaben β unabhängig von w, nämlich

$$\beta = \frac{0{,}00242}{d^{0{,}31}}$$

Ein ähnliches Gesetz wurde übrigens auch schon früher (für $d = 1 \sim 3$ cm) von PECQUEUR[8] gefunden: $\beta = \text{konst.}/d^{1/3}$. In den theoretischen Arbeiten über die Strömung mit Widerständen (vgl. hierüber den folgenden Abschnitt), wird ζ_1 ausnahmslos als unabhängig von der Geschwindigkeit, also als Funktion des Durchmessers allein eingeführt.

20. Strömung durch Röhren und Düsen[9]. Die verlustfreie Strömung durch Röhren von veränderlichem Querschnitt ist bereits in Nr. 17 besprochen. Hier handelt es sich also um das Studium der durch Widerstände beeinflußten Bewegungen. Die kontinuierlichen Widerstände werden in der in voriger Nummer dargelegten Weise in Ansatz gebracht; der Koeffizient ζ_1 pflegt dabei als eine im übrigen beliebige Funktion des Rohrdurchmessers betrachtet zu werden.

---

[1] Siehe Fußnote 5, S. 912.

[2] Vgl. Fußnote 4, S. 912 (AUBUISSON, BUFF), Fußnote 1, S. 914 (PECQUEUR).

[3] Therm. I., 2. Aufl., § 48. [4] Masch.-L. § 106.

[5] Siehe Fußnote 3, S. 916. [6] Siehe Fußnote 4, S. 916.

[7] Eine Zusammenstellung davon findet sich bei H. LORENZ, Z VDI Bd. 36 (1892) S. 621 u. 835.

[8] Siehe Fußnote 1, S. 914.

[9] Vgl. hiermit Enzyklop. math. Wiss. IV 20 (FORCHHEIMER) 5b und d.

Schließt man Wärmeleitung aus[1], so lauten die Grundgleichungen (a), (b) und (d) hier:

$$G v = F w, \tag{a}$$

$$w\,dw + g\,v\,dp + \zeta_1 \frac{w^2}{2} dx = 0, \tag{b}$$

$$w^2 = 2g(i_1 - i); \tag{d}$$

i_1 ist dabei die Erzeugungswärme im Anfangszustand $p_1\,v_1$, bei welchem $w = 0$ ist. Ist i als Funktion von p und v gegeben, so lassen sich aus Gl. (a) und (d) bei bekanntem p, F und G die Größen v und w bestimmen, eine für Auswertung von Versuchen sehr nützliche Beziehung[2]. Hat man hierdurch v und w kennengelernt, so liefert Gl. (b) Aufschluß über ζ_1.

Durch Elimination von dv und dw kann dp/dx als Funktion von p, v, ζ_1 und $1/F\,dF/dx$ oder nach vorstehendem, wenn noch F und ζ_1 als Funktionen von x gegeben sind, als Funktion von p, x und G erhalten werden. Für ein gegebenes G läßt sich also die Aufgabe auf die Lösung einer Differentialgleichung $dp/dx = f(p, x)$ zurückführen.

Diesen Weg haben H. Lorenz[3] und L. Prandtl[4] — unter der vereinfachenden Annahme des Gasgesetzes — beschritten. In seiner allgemeinen Bedeutung scheint er von A. Stodola[5] zuerst klar erkannt worden zu sein. Auf demselben Gedanken beruht auch das zeichnerische Verfahren von G. Fanno[6], der im T, s-System mit Hilfe der Kurven $i =$ konst. und $v =$ konst. unter Anwendung von Gl. (a) und (d) Kurven $G/F =$ konst. ermittelt, und dann für eine gegebene Röhre usw. die zu einem bestimmten G gehörige Zustandskurve durch schrittweises Vorgehen gewinnt.

Für permanente Gase findet man mit $i = \frac{\varkappa}{\varkappa - 1} p\,v$, daß hier w einfach als Funktion von $p\,F/G$ dargestellt werden kann. Zur Diskussion von dp/dx wird zweckmäßig die dem jeweiligen Zustand p, v entsprechende Schallgeschwindigkeit $a = \sqrt{\varkappa\, g\, p\, v}$ eingeführt.

---

[1] Auf die Grashofsche Theorie der Luft- und Dampfbewegung in Röhren mit Wärmeleitung ist schon hingewiesen worden (Fußnote 2, S. 908). Die Besprechung der ziemlich verwickelten Rechnungen mag hier unterbleiben, da sich weitere Arbeiten nicht daran angeknüpft haben.

[2] Anscheinend unabhängig von Stodola (Fußnote 6, S. 924) und Büchner (Fußnote 6, S. 908) gefunden; in etwas anderer Weise von A. Fliegner (Fußnote 3, S. 926) benutzt.

[3] Phys. Z. Bd. 4 (1903) S. 333; Z. VDI Bd. 47 (1903) S. 1600.

[4] Z. VDI Bd. 48 (1904) S. 348.

[5] Dampfturb. § 26 (§ 7).

[6] Dampfturb. § 28.

Erreicht die Strömungsgeschwindigkeit irgendwo die Schallgeschwindigkeit, so ist dies immer für den aus Gl. (d) erhältlichen unveränderlichen Wert

$$w = a' = \sqrt{\frac{2\varkappa}{\varkappa+1}\, g\, p_1 v_1}$$

der Fall (ZEUNER[1], LORENZ[2]). Das am meisten auschlaggebende Glied der Formel für dp/dx hat den Faktor

$$\frac{\dfrac{2}{F}\dfrac{dF}{dx} - \varkappa\,\zeta_1 \dfrac{w^2}{a^2}}{a^2 - w^2};$$

man sieht, daß dp/dx sein Vorzeichen wechselt, je nachdem w kleiner oder größer ist als die Schallgeschwindigkeit. Für $w = a$ wird $dp/dx = \infty$, wenn nicht gleichzeitig der Zähler des Bruches $= 0$ wird. Dies trifft indes regelmäßig zu, wenn in einem Rohr mit stetig veränderlichem dF/dx die Schallgeschwindigkeit im Sinne wachsender Geschwindigkeit überschritten wird. Die Einzelheiten dieses Wertes $0/0$ wurden von R. PROELL[3] einer genaueren Feststellung unterzogen. (Vgl. auch S. 927.)

Die vorstehenden Beziehungen haben spezielle Anwendung gefunden, einmal auf das gerade zylindrische Rohr, dann in neuester Zeit auf das kegelförmige Rohr und die LAVALsche Dampfturbinendüse. Um diese Beispiele sei deshalb die weitere Besprechung gruppiert.

a) *Zylindrisches Rohr.* Diese Aufgabe wurde, soweit es bei dem damaligen Stand der Kenntnisse möglich war, bereits von NAVIER[4] 1829 gelöst. Er verwendet — neben den Gl. (a) und (b) — an Stelle der ihm unbekannten Gl. (d) das einfache MARIOTTEsche Gesetz $p\,v =$ konst. Seine Formeln sind übrigens auch nach dem heutigen Standpunkt noch richtig, wenn man die Aufgabe so stellt, daß durch einen vollkommenen Wärmeaustausch mit der Umgebung das Gas in der Röhre auf konstanter Temperatur gehalten wird. NAVIER findet $p\,w =$ konst. und erhält durch Integration

$$g\,(p_1^2 - p^2) = \left(\frac{G}{F}\right)^2 p_1 v_1 \left(\zeta_1 x + 2 \log \frac{p_1}{p}\right) \qquad (p = p_1 \quad \text{für} \quad x = 0),$$

woraus sich das Ausflußgewicht bei gegebener Druckdifferenz ergibt. Für sehr lange Leitungen erhält man nach Unterdrückung von $\log(p_1/p)$ die Näherungsformel

$$p = p_1 \sqrt{1 - \frac{w_1^2}{g\, p_1 v_1}\, \zeta_1 x}\,.$$

[1] Siehe Fußnote 7, S. 918.
[2] Siehe Fußnote 3, S. 924.
[3] Z. VDI Bd. 48 (1904) S. 349.
[4] Siehe Fußnote 5, S. 912.

Die Strömung der Luft in einem Rohr ohne Wärmemitteilung wurde von GRASHOF[1] 1863 untersucht. Mit der von ZEUNER[2] eingeführten Schallgeschwindigkeit

$$a' = \sqrt{\frac{2g\varkappa p_1 v_1 + (\varkappa - 1) w_1^2}{\varkappa + 1}}$$

erhält man

$$\frac{2\varkappa}{\varkappa + 1} \zeta_1 (l - x) = \frac{a'^2}{w^2} - 1 + 2\log\frac{w}{a'}.$$

Die Integrationskonstante l bedeutet die maximale beim Strömungszustand p_1, v_1, w_1 mögliche Rohrlänge. Für $x = l$ wird $w = a'$ und $dw/dx = \infty$. Der obiger Formel entsprechende Druckverlauf [aus Gl. (a) und (d) zu gewinnen] ist in Abb. 9 dargestellt; er ist durch Versuche von FLIEGNER[3] und ZEUNER[2] gut bestätigt. Sobald der Außendruck p_2 hinter dem Rohrende $\leqq p'$ ist, ist im Endquerschnitt $w = a'$.

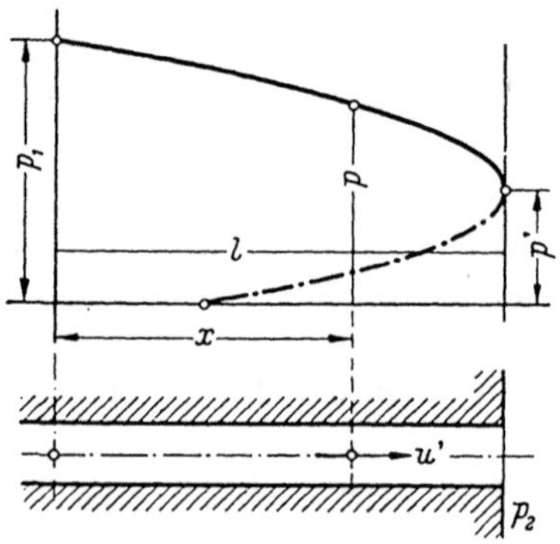

Abb. 9

b) *Kegelförmiges Rohr.* Die Strömung eines Gases durch ein kegelförmig erweitertes Rohr wurde unter der Annahme eines konstanten Widerstandskoeffizienten β (vgl. Nr. 19b) von R. PROELL[4] theoretisch behandelt. Ist der Radius eines Querschnittes $r = r_1 + \alpha x$, so ergibt sich die Geschwindigkeitsverteilung aus der Formel

$$\frac{a'^2}{w^2}\left(\frac{w^2}{a'^2} - \varepsilon\right)^{1-\varepsilon} = \text{konst.}\, r^4,$$

wobei a' dieselbe Bedeutung wie im vorigen Absatz hat und

$$\varepsilon = \frac{\alpha(\varkappa + 1)}{\alpha(\varkappa - 1) + \beta\varkappa}$$

ist. Eine Diskussion der PROELLschen Formeln ergibt das bemerkenswerte Resultat, daß (bei hinreichend schlanken Kegeln) jedem Erweiterungsverhältnis α eine Geschwindigkeit $w' = a'\sqrt{\varepsilon}$ entspricht, die sich in der ganzen Erstreckung des Rohres konstant erhält. Ist $\alpha < \frac{1}{2}\beta\varkappa$, so ist $w' < a'$, und es treten für $w > w'$ ähnliche Verhältnisse auf wie beim zylindrischen Rohr (Zustreben der Geschwindigkeit auf die Schallgeschwindigkeit usw.). Für $\alpha > \frac{1}{2}\beta\varkappa$, also $w' > a'$, nähert sich die Geschwindigkeit asymptotisch dem Wert w' oder Null, je nachdem

[1] Siehe Fußnote 1, S. 908. [2] Siehe Fußnote 7, S. 918.
[3] Schweiz. Bauztg. Bd. 31 (1898) S. 68, 78, 84.
[4] Z. ges. Turbinenwes. Bd. 1 (1904) S. 161 u. Bd. 2 (1905) S. 151.

sie größer oder kleiner als a' ist. Für $\alpha = \frac{1}{2}\beta\varkappa$ ($w' = a'$) ergibt sich bemerkenswerterweise ein solcher Geschwindigkeitsverlauf, daß die Geschwindigkeit der Querschnittsfläche umgekehrt proportional ist; die zugehörige Zustandsänderung ist eine Kompression bei konstantem Volumen.

c) *Dampfturbinendüse von de Laval.* Um die im Dampf verfügbare Arbeit in möglichst regelmäßiger Expansion in die kinetische Energie eines Dampfstrahles zu verwandeln, hat der schwedische Ingenieur DE LAVAL 1889 eine Düse (Strahlrohr) angewandt, die hinter dem engsten Querschnitt kegelförmig erweitert ist.

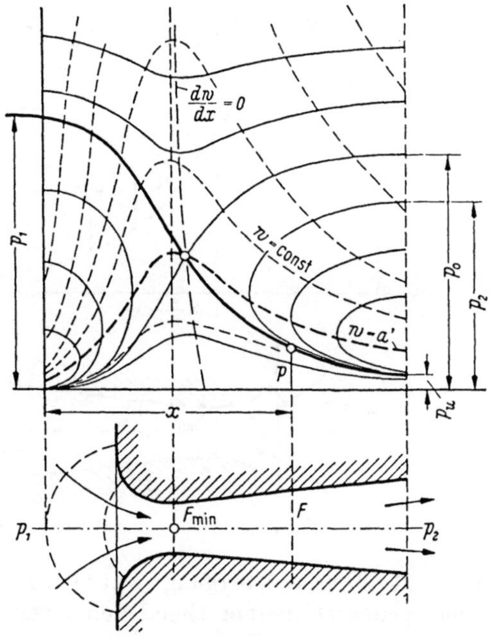

Abb. 10

Die Theorie der verlustfreien Strömung in derartigen Düsen ist bereits in Nr. 17 enthalten; vgl. auch ZEUNER, Theorie der Turbinen[1].

Für die praktische Berechnung der mit gesättigtem und überhitztem Wasserdampf betriebenen Düsen hat R. PROELL[2] eine nach D'OCAGNEschen Methoden[3] entworfene graphische Rechentafel herausgegeben. Eine graphische Konstruktion mit Hilfe des T, s-Diagramms, die auch eine summarische Berücksichtigung der Widerstände erlaubt, wurde von A. KOOB[4] angegeben.

Zur Untersuchung der Strömung mit Widerständen kann man nach PRANDTL[5] in dem Koordinatensystem von p und x die zu einem bestimmten Wert von G gehörigen Kurven gleicher Geschwindigkeit zeichnen (vgl. S. 924) — die gestrichelten Linien in Abb. 10 — und dann für eine Anzahl über die Ebene verteilter Punkte die Richtung $\operatorname{tg}\alpha = dp/dx$ auftragen, woraus sich die Strömungskurven — die ausgezogenen Linien — ergeben.

---

[1] S. 267ff. Leipzig 1899. [2] Z. VDI Bd. 48 (1904) S. 1418.
[3] Vgl. Enzyklop. math. Wiss. I F 46 von MEHMKE.
[4] Z. VDI Bd. 48 (1904) S. 275, 660, 754. [5] Siehe Fußnote 4, S. 924.

Für den Doppelpunkt dieser Kurvenschar tritt der S. 925 erwähnte Fall 0/0 ein. Für den Anfangsdruck p_1, dem kleinsten, bei dem die Menge G noch durch die Düse getrieben werden kann, ergeben sich wieder zwei verschiedene Enddrücke p_o und p_u.

Versuche von A. FLIEGNER[1], A. STODOLA[2,3] und K. BÜCHNER[4] haben gezeigt, daß sich bei Gegendrücken p_2 zwischen p_o und p_u ein Übergang von der stark gezeichneten Linie zu der auf p_2 führenden

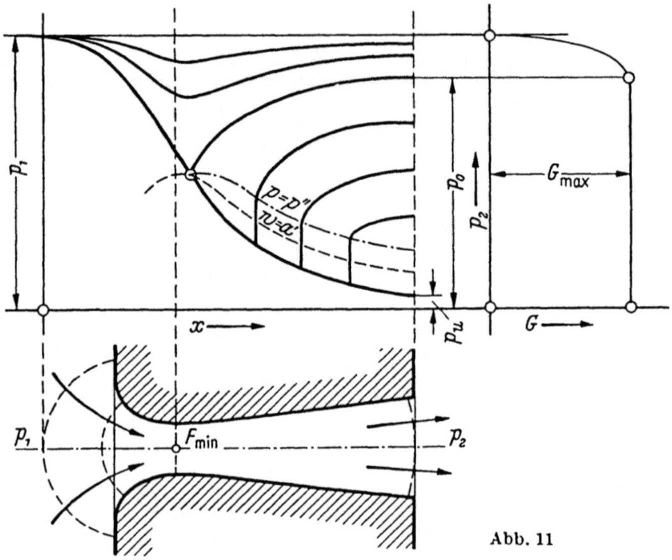

Abb. 11

einstellt. Dieser Übergang wurde von STODOLA[3] als „*Verdichtungsstoß*" gedeutet (entsprechend den RIEMANNschen Diskontinuitäten bei Luftwellen mit endlichen Druckunterschieden)[5].

Ist bei einem *stationären Verdichtungsstoß* der Zustand vor der Diskontinuität (p', v', w') gegeben, so ergibt sich daraus nach STODOLA der Zustand nach dem Stoß (p'', v'', w'') aus den Gleichungen:

$$\frac{w'}{v'} = \frac{w''}{v''}, \tag{a*}$$

$$\frac{w'^2}{v'} - \frac{w''^2}{v''} = g(p'' - p'), \tag{b*}$$

$$w'^2 - w''^2 = 2g(i'' - i').^6 \tag{d*}$$

[1] Siehe Fußnote 3, S. 926. [2] Siehe Fußnote 5, S. 908. [3] Dampfturb. § 24 (§4).

[4] Dessen Abhandlung (Fußnote 6, S. 908) enthält auch eine Zusammenstellung verschiedener früherer Versuche.

[5] Enzyklop. math. Wiss. IV 19, 8 (Art. ZEMPLEN).

[6] Bei RIEMANN selbst ist statt Gl. (d*) die Beziehung $p = \varphi(v)$ angenommen, was vom Standpunkt der Wärmetheorie aus unzulässig ist.

In ihrer Anwendung auf permanente Gase wurde die Theorie des Verdichtungsstoßes von PRANDTL[1] und PROELL[2] weiter ausgearbeitet; u. a. ergibt sich bei Einführung der Schallgeschwindigkeit a' (vgl. S. 925) die einfache Beziehung: $w' w'' = a'^2$; da immer $w' > w''$ ist, so folgt hieraus, daß zum Zustandekommen eines Verdichtungsstoßes $w' > a'$ sein muß.

Die nach der vorstehenden Theorie für eine LAVAL-Düse bei einem bestimmten Anfangszustand p_1, v_1 sich ergebenden Druckkurven sind in Abb. 11 dargestellt. Das Ausflußgewicht G ist zwischen $p_2 = p_1$ und $p_2 = p_0$ veränderlich, für $p_2 < p_0$ konstant $= G_{max}$ (was durch Versuche[3] gut bestätigt ist).

Anmerkung. In zylindrischen Rohren sind für $w > a'$ ebenfalls Verdichtungsstöße möglich.

21. Stationäre Wellen in einem freien Gasstrahl. E. MACH und P. SALCHER[4] entdeckten 1889 bei der optischen Untersuchung von Strahlen ausströmender Druckluft (Schlierenmethode) deutlich ausgeprägte stationäre Wellen. Die Erscheinung wurde später an Luft und anderen Gasen von L. MACH[5] und R. EMDEN[6], an Wasserdampf von P. EMDEN[7], ebenfalls mit Hilfe von optischen Methoden genauer untersucht. Druckbeobachtungen sind von PARENTY[8] und STODOLA[9] gemacht worden. PARENTY fand die Strahlform abhängig von dem Verhältnis p'/p_2 der Drücke in und vor der Mündung (über den Mündungsdruck p' vgl. S. 913). Im Einklang damit ist die von R. EMDEN (für kegelförmig verengte Mündungen, engster Durchmesser d') aufgestellte Gesetzmäßigkeit zwischen der Wellenlänge λ und obigem Druckverhältnis:

$$\lambda = 1{,}24 d' \sqrt{\frac{p'}{p_2} - 1}\,.$$

Eine Theorie der Wellen mit sehr kleinen Amplituden gab L. PRANDTL[10]. Er findet für einen Strahl von Kreisquerschnitt (Zylinderkoordinaten r und x, vgl. Abb. 12) das Strömungspotential

$$\varphi = \overline{w}\, x + a \sin\beta x\, J_0\left(\beta\, r \sqrt{\frac{\overline{w}^2}{a^2} - 1}\right).$$

[1] Siehe Fußnote 4, S. 924. [2] Z. ges. Turbinenwes. Bd. 1 (1904) S. 161.

[3] Siehe Fußnote 7, S. 919.

[4] Wiener Ber. Bd. 98[2a] (1889) S. 1303; Ann. Phys. (3) Bd. 41 (1890) S. 144.

[5] Wiener Ber. Bd. 106[2a] (1897) S. 1025.

[6] Über die Ausströmungserscheinungen permanenter Gase. Leipzig 1899. Auszüglich in Ann. Phys. (3) Bd. 69 (1899) S. 264.

[7] Die Ausströmungserscheinungen des Wasserdampfes. Dissertation Basel (München) 1903.

[8] Paris C. R. Bd. 118 (1894) S. 183; Ann. Chim. Phys. Bd. 12 (1897) S. 289.

[9] Dampfturb. § 35 (§ 1). [10] Phys. Z. Bd. 5 (1904) S. 599.

Aus der Grenzbedingung ergeben sich die möglichen Wellenlängen zu

$$\lambda_n = \frac{2\pi}{\beta_n} = \bar{d}\,\frac{\pi}{\alpha_n}\sqrt{\frac{\bar{w}^2}{a^2} - 1}\,,$$

wobei $\bar{w}$ die mittlere Geschwindigkeit im Strahl, $\bar{d}$ den mittleren Strahldurchmesser und α_n die $n$te Wurzel der BESSELschen Funktion J_0 bedeutet. β_n ist mittels der letzten Gleichung durch α_n erklärt und für β ist in der vorletzten Gleichung einer der Werte β_n einzutragen.

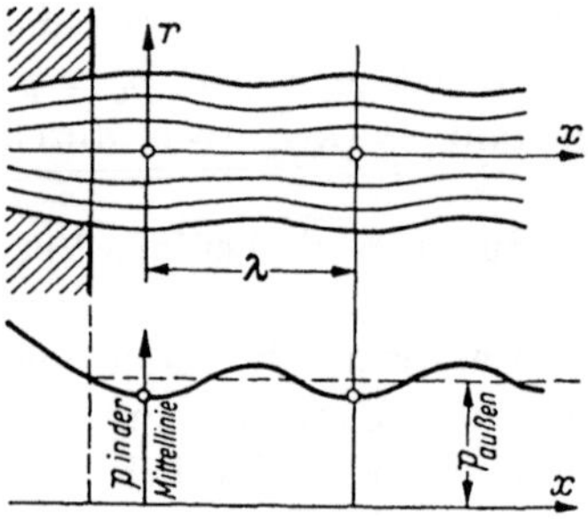

Abb. 12

Aus dem Auftreten von stationären Wellen haben PARENTY[1], R. EMDEN[2] und A. FLIEGNER[3], indem sie dieselben als ebene Schallwellen betrachteten, geschlossen, daß der Strahl sich mit Schallgeschwindigkeit bewege und daß überhaupt die Geschwindigkeit eines stationären Gasstromes nicht über die Schallgeschwindigkeit hinauskommen könne[4]. Die Expansionsarbeit von p' (Mündungsdruck) bis p_2 (Außendruck) sollte dabei vollständig in „Wellenenergie“ verwandelt werden. Demgegenüber lehrt die vorstehende Beziehung für die Wellenlänge, daß diese stationären Wellen, die im Gegensatz zu Schallwellen auch Transversalbewegung aufweisen, nur möglich sind, wenn die Strahlgeschwindigkeit $\bar{w}$ größer als die Schallgeschwindigkeit ist.

Bei den beobachteten Wellen finden sich meist gut ausgeprägte Diskontinuitäten vor, die mit den MACHschen Geschoßwellen[5] Ähnlichkeit haben. Aus ihren Winkeln lassen sich wie dort Schlüsse auf die Geschwindigkeit $w\,(> a)$ ziehen[6,7,8]. Daß die von der Theorie geforderten hohen Geschwindigkeiten wirklich erreicht werden (auch bei gewöhnlichen Mündungen durch Expansion hinter dem Ausflußrohr), ergibt sich auch aus den Beobachtungen des Stoßdruckes von Dampfstrahlen von DELAPORTE[9] und E. LEWICKI[10].

---

[1] Siehe Fußnote 8, S. 929. [2] Siehe Fußnote 6, S. 929.

[3] Zürich. Vierteljahrschr. Naturf. Ges. Bd. 47 (1902) S. 21; Schweiz. Bauztg. Bd. 43 (1904) S. 104 u. 140.

[4] Die Ansicht, daß die Luft keine größere Geschwindigkeit als Schallgeschwindigkeit annehmen könne, wurde schon früher von C. HOLTZMANN (Lehrbuch der theor. Mechanik, S. 376. Stuttgart 1861) vertreten, mit der gleichfalls unzutreffenden Begründung, daß die Außenluft nicht schneller als mit Schallgeschwindigkeit ausweichen könne.

[5] Enzyklop. math. Wiss. IV 18, 4, Fußnote 52 (CRANZ).

[6] Siehe Fußnote 4, S. 929. [7] Siehe Fußnote 5, S. 929.

[8] Siehe Fußnote 4, S. 924. [9] Rev. Mecanique Bd. 10 (1902) S. 466.

[10] Z. VDI Bd. 47 (1903) S. 141, 491, 525; Forschungsarbeiten VDI H. 12, S. 73ff.

Bemerkung. An dieser Stelle möge eine Untersuchung von A. STODOLA und A. HIRSCH[1] über zweidimensionale Strömung eines Gases Erwähnung finden, in der unter der Annahme $p\,v =$ konst. das Problem behandelt wird, dem bei inkompressiblen Flüssigkeiten die Strömung $X + i\,Y = (x + i\,y)^n$ entspricht.

22. Überströmen. a) *Überströmen im Beharrungszustand.* Zur Herabminderung des Druckes eines Gases oder Dampfes beim Überströmen von einem Raum in einen zweiten (zum „*Drosseln*" desselben) werden Verengungen des Strömungsquerschnittes (durch Ventile, Klappen usw.) angewandt. Ist die Geschwindigkeit weiter ab von der Verengung diesseits und jenseits gering genug, so daß die kinetische Energie dort außer Betracht bleiben darf, so gibt Gl. (d), wenn noch von Wärmezufuhr und Höhendifferenzen abgesehen wird:

$$i_1 = i_2 .$$

Über den Anteil der „Drosselung" am Kreisprozeß der Kaltdampfmaschine vgl. Nr. 14.

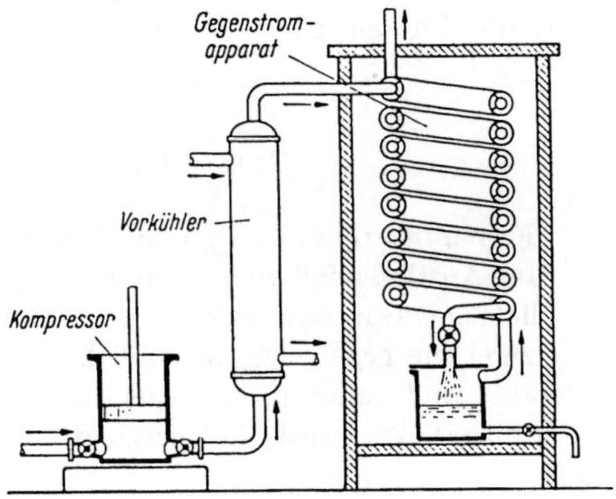

Abb. 13

Bei idealen Gasen ergibt sich mit $i = \gamma_p\,T$ aus dem Vorstehenden $T_1 = T_2$. JOULE und W. THOMSON[2] fanden diese Beziehung in ihren bekannten „Versuchen mit dem Wattepfropfen" bei den wirklichen Gasen nicht genau bestätigt; sie erhielten eine Abkühlung nach der Formel

$$\frac{d\,T}{d\,p} = \frac{C}{T^2} .$$

Für p in kg/m² ist bei Luft $C = 2$ zu setzen.

Diese Abkühlung bei Drosselung ist in dem Luftverflüssigungsverfahren von LINDE[3] technisch verwertet. Es wird hierbei (vgl. die Abb. 13) in einem Gegenstromapparat (Wärmeaustauscher) die unter einem sehr hohen Druck ankommende Luft durch die ihr entgegenkommende bereits entspannte Luft abgekühlt, so daß sich die Temperatur am unteren Ende des Gegenstromapparates allmählich bis auf die Verflüssigungstemperatur erniedrigt.

---

[1] Dampfturb. § 95 (§ 35). [2] Enzyklop. math. Wiss. V 3, **23** (BRYAN).
[3] Z. VDI Bd. 39 (1895) S. 1157 (Vortrag von SCHRÖTER); Ann. Phys. Chem. (3) Bd. 57 (1896) S. 328, „Erzielung niedrigster Temperaturen".

b) *Überströmen bei konstantem Gefäßvolumen.* Die Vorgänge beim Überströmen eines Gases oder Dampfes aus einem Gefäß in ein anderes, in dem der Druck geringer ist, wurden unter der Annahme, daß durch die Gefäßwände keine Wärmeleitung stattfindet, und daß der augenblicklich mit wesentlicher kinetischer Energie behaftete Teil des Gases jederzeit nur einen zu vernachlässigenden Bruchteil der ganzen Gasmenge ausmacht, von J. BAUSCHINGER[1] 1863 einer ausführlichen Behandlung unterzogen (vgl. auch ZEUNER, Therm. I, §§ 35, 37). Es seien V_1 und V_2 die beiden Volumina, G_1 und G_2 die anfänglichen Gas- (oder Dampf-) Gewichte[2] in den Gefäßen, G_x und G_y die augenblicklichen Gewichte.

Dann gelten die Beziehungen, daß das Gesamtgewicht und der gesamte Energiegehalt der beiden Gefäße konstant sind:

$$G_x + G_y = G_1 + G_2,$$

$$G_x u_x + G_y u_y = G_1 u_1 + G_2 u_2.$$

Ferner ist $G_x v_x = V_1$ und $G_y v_y = V_2$.

Im Ausflußgefäß findet adiabatische Expansion des jeweils zurückgebliebenen Gasquantums statt; hierdurch bestimmt sich sehr einfach die zu einem gegebenen augenblicklichen Druck gehörige Energie dieses Gefäßes und damit nach obigem auch die zugehörige des zweiten Gefäßes. In diesem wird die Energie durch das Einströmen der Menge dG_y um

$$dG_y\left(u' + p_y v' + \frac{w'^2}{2g}\right)$$

vermehrt (u', v' im Strahl hinter der Mündung). Für die Veränderung von u in beiden Gefäßen erhält man so (mit $dG = dG_y = -dG_x$)

$$du_x = -p_x v_x \frac{dG}{G_x}; \qquad du_y = (p_x v_x + u_x - u_y)\frac{dG}{G_y}.$$

Ist $u = f(p, v)$ gegeben, so ergeben sich Gleichungen für p_x und p_y als Funktionen der Gewichte G. Die Einführung der Zustandsgleichung (Berechnung von T) lehrt, daß als Kompensation zu der adiabatischen Abkühlung im ersten Gefäß im zweiten eine erhebliche Temperatursteigerung eintritt.

Für das Ende des Überströmens, das sich in endlicher Zeit vollzieht (bei kleineren Druckunterschieden ist diese Zeit dem Ausdruck

---

[1] Z. Math. Phys. Bd. 8 (1863) S. 81 u. 153 (Überströmen von Gasen), S. 429 (Überströmen von Wasserdampf). Dort findet sich weitere Literatur.

[2] Hier nicht Gewichte je Zeiteinheit, sondern einfach Gewichte!

$\frac{V}{\mu F_0 \bar{p}} \sqrt{\frac{p_1 - p_2}{2g\bar{v}}}$ proportional[1]), wird $p_x = p_y$; für permanente Gase stellt sich hierbei als Enddruck ein

$$p = \frac{p_1 V_1 + p_2 V_2}{V_1 + V_2}.$$

Als Spezialfälle des Vorstehenden sind besonders das Ausströmen eines komprimierten Gases in die freie Atmosphäre und das Eindringen von Luft in ein evakuiertes Gefäß von Bedeutung; im letzteren Fall wird die Temperatur im Gefäß

$$T_y = \varkappa T_1 - \frac{G_2}{G_y}(\varkappa T_1 - T_2);$$

ist das Gefäß zuerst luftleer ($G_2 = 0$), so ergibt sich das bemerkenswerte Resultat, daß T_y während des Einströmens konstant $= \varkappa T_1$ ist.

23. Dampfturbinen. Hier mögen einige Worte über diese Maschinen Platz finden, in denen die kinetische Energie des strömenden Dampfes nutzbar gemacht wird. Man unterscheidet wie bei den Wasserturbinen[2] Reaktions- und Aktions-

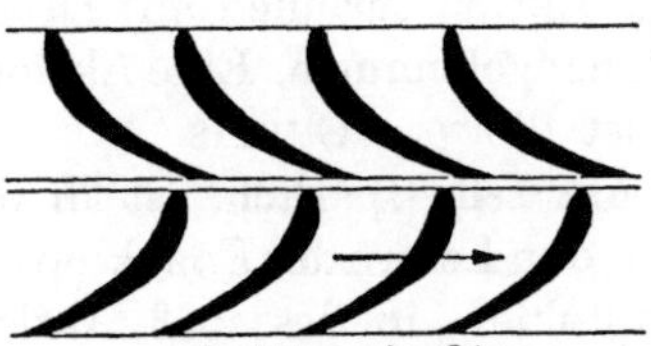

Reaktionsschaufelung

Abb. 14

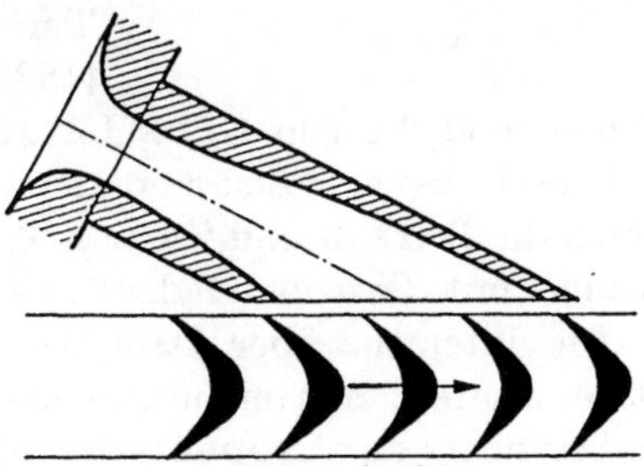

Aktionsschaufelung

Abb. 15

turbinen (Überdruck- und Druckturbinen), je nachdem im Laufrad eine wesentliche Geschwindigkeitsvermehrung stattfindet oder nicht (vgl. Abb. 14 und 15). Eine weitere Unterscheidung ist die in einstufige und mehrstufige Turbinen, je nachdem das ganze Druckgefälle in

[1] Über den zeitlichen Verlauf der Ausfluß- und Einströmungsvorgänge findet man Notizen bei DE SAINT-VENANT und WANTZEL (Fußnote 2, S. 913), WEISBACH (Fußnote 2, S. 914), § 428, besonders aber bei GRASHOF, Masch.-L. § 121 u. 122; neuerdings bei SCHÜLE (Fußnote 1, S. 919). An dieser Stelle mag auch Erwähnung finden, daß ZEUNER in seinem „Lokomotivenblasrohr“ (Zürich 1863) S. 199ff. den zeitlichen Verlauf des Auspuffvorganges bei einem Dampfzylinder theoretisch verfolgt hat, unter Berücksichtigung der Veränderlichkeit der von der Steuerung dem Dampf dargebotenen Ausströmungsöffnung. — Der zeitliche Verlauf des Einströmens des Kesseldampfes in den Zylinder wurde neuerdings von V. BLAESS [Z. VDI Bd. 49 (1905) S. 697] und P. DEBYE (Ber. d. Aachener Bez.-Ver. dtsch. Ing. 7. Juni 1905) behandelt und zu einer Theorie der Abmessungen der Steuerungskanäle verwertet.

[2] Enzyklop. math. Wiss. IV 21 (GRÜBLER).

einem Rad verarbeitet wird, oder der Dampf nacheinander durch eine Reihe von Rädern tritt und so seine Energie stufenweise abgibt.

Neben Druckabstufung (Expansion von Rad zu Rad) findet man auch Geschwindigkeitsabstufung, wobei die in den Düsen erzeugte Geschwindigkeit in mehreren Rädern schrittweise verringert wird. Die Stufen werden angewandt, um die sonst sehr hohen Schaufelgeschwindigkeiten (200 bis 400 m/sec) zu ermäßigen.

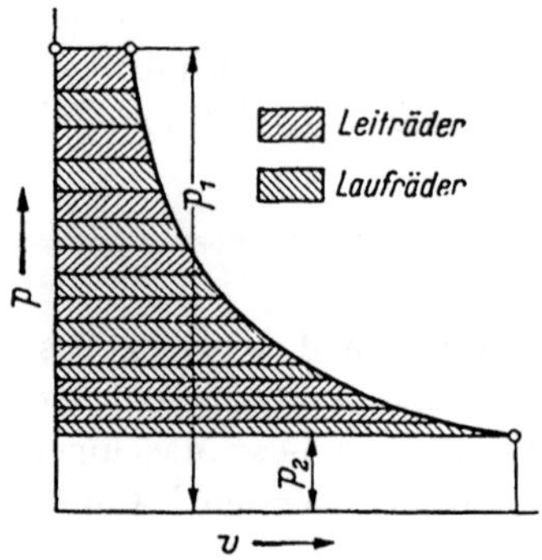

Abb. 16

Die Dampfarbeit läßt sich an Hand der Diagramme von Nr. 16 zeichnerisch verfolgen; für verlustlosen Arbeitsvorgang entsprechen diese Diagramme genau denen für eine verlustlose Kolbendampfmaschine. Abb. 16 gibt das Diagramm einer vielstufigen Reaktionsturbine.

Die ersten technisch verwertbaren Turbinen waren die von C. A. PARSONS (1885) — eine vielstufige Reaktionsturbine — und die von G. DE LAVAL (1893)[1] — eine einstufige Aktionsturbine. In neuerer Zeit sind als vielstufige Aktionsturbinen mit Druckstufen die RATEAU und ZOELLY-Turbine hinzugekommen. Eine Aktionsturbine mit Geschwindigkeitsabstufung ist die von CURTIS.

Die Literatur über Dampfturbinen, erst sehr spärlich, ist in den letzten Jahren stark im Zunehmen begriffen; den Lesern der Enzyklopädie sei besonders das STODOLAsche Buch empfohlen, in dessen 3. Auflage (1905) die meisten neueren Arbeiten Berücksichtigung gefunden haben. Als kürzere zusammenfassende Aufsätze seien noch genannt die Abhandlung von A. RATEAU in der Revue de mécanique 7 (1900) S. 167, ferner der Artikel ,,Dampfturbinen" in LUEGERS Lexikon der gesamten Technik, 2. Auflage, Stuttgart 1905, Bd. II, S. 624, von R. PROELL. Besonders dieser letztere Aufsatz enthält zahlreiche Literaturhinweise.

[1] Die Jahreszahlen beziehen sich auf die erste Ausstellung der Maschinen.

Zeitschrift für das gesamte Turbinenwesen 3. Jg. (1906) S. 241—245

Zur Theorie des Verdichtungsstoßes

Die Diskussion, welche die Theorie des Verdichtungsstoßes von seiten der Herren LANGROD[1] und PROELL[2] in der Zeitschrift für das gesamte Turbinenwesen erfahren hat, brachte mir die Anregung dazu, mich von neuem[3] mit dieser Sache zu beschäftigen. Die Ergebnisse meiner Untersuchungen will ich im folgenden mitteilen.

Die Fragestellung des Herrn LANGROD nach dem stetigen Übergang des Gases aus dem Anfangszustand in den Endzustand des Verdichtungsstoßes halte ich für durchaus berechtigt; dagegen ist der Weg, den er zur Erreichung seines Zieles einschlägt, nicht der richtige.

Wenn eine *mathematische Theorie* irgendeiner Erscheinung eine Lösung mit Unstetigkeiten liefert, so ist damit nicht notwendig gesagt, daß auch der *physikalische Vorgang* scharfe Unstetigkeiten aufweisen muß; es kann sehr wohl sein, daß nur ein sehr schroffer, dabei aber stetiger Übergang vorhanden ist. In einem solchen Fall ist es aber unzulässig, die Gleichungen, die die Unstetigkeit geliefert haben, nun für die Diskussion des stetigen Überganges zu benutzen; denn dadurch, daß sie die Unstetigkeit ergeben haben, zeigen sie gerade, daß sie für die Beantwortung dieser Frage nicht zureichen.

Überlegt man sich, daß bei jeder mathematischen Theorie einer physikalischen Erscheinung der Ansatz von einer Idealisierung der wirklichen Verhältnisse seinen Ausgang nimmt, daß unwichtig erscheinende Nebenumstände vernachlässigt werden, so wird man sich nicht wundern dürfen, daß eine solche Theorie auch einmal ein Ergebnis liefert, das mit der physikalischen Erfahrung nicht in Einklang ist. Man wird dann vermuten dürfen, daß eben in den Voraussetzungen des Problems etwas vernachlässigt war, was sich hinterher als wesentlich mitbestimmend erweist.

In unserem Fall liegt die Sache so:

Die RIEMANNsche Theorie des Verdichtungsstoßes wird gewonnen auf Grund der Voraussetzung einer „vollkommen elastischen Flüssigkeit" ohne innere Reibung (Zähigkeit) und ohne Wärmeleitung. Der Unstetigkeit, die sich aus der Theorie ergibt, entspräche also nur dann eine wirkliche physikalische Unstetigkeit, wenn die Reibung und Wärmeleitung im Gas oder Dampf gleich Null wäre; in Wirklichkeit sind diese beiden Größen zwar sehr klein, aber endlich. Eine verfeinerte Theorie des Verdichtungsstoßes hat also hier anzugreifen.

---

[1] Z. ges. Turbinenwes. 2. Jg. (1905) S. 370 und 3. Jg. (1906) S. 117.
[2] Z. ges. Turbinenwes. 1. Jg. (1904) S. 161 und 3. Jg. (1906) S. 37 u. 117.
[3] Vgl. Z. VDI Bd. 48 (1904) S. 348; ferner Enzyklop. math. Wiss. V, 5, b.

Die Berücksichtigung der Zähigkeit verlangt eine von der gewöhnlichen ziemlich verschiedene Betrachtungsweise, weil statt des einseitig gleichen Druckes an einer und derselben Stelle des Gases hier ein in der Strömungsrichtung und senkrecht dazu verschiedener Druck auftritt — oder wie man auch sagen kann —, weil sich über den allseitig gleichen Druck hier ein System von Reibungsspannungen lagert. Die thermischen Größen (innere Energie usw.) sind Funktionen des *mittleren* Druckes, in den dynamischen kommt der *Druck in der Strömungsrichtung* zur Geltung; hierdurch werden die Beziehungen wesentlich verwickelter als bei der gewöhnlichen Theorie.

Es sei daher der Einfachheit halber gestattet, lediglich die Wärmeleitung im Gas zu berücksichtigen, obschon bei den wirklichen Gasen zwischen dem Wärmeleitungskoeffizienten λ und dem Zähigkeitskoeffizienten k die Beziehung besteht: $\lambda = 1{,}603\, c_v\, k$[1], und somit — wollte man ganz korrekt sein — nicht eine von den bei den Größen willkürlich gleich Null angenommen werden dürfte.

Die Strömung soll als streng geradlinig erfolgend gedacht werden. Dann gilt für beliebige Querschnitte die Beziehung

$$\frac{w}{v} = \frac{w_1}{v_1} = \frac{G}{F} = \text{konst.} \tag{1}$$

(w Geschwindigkeit, v spezifisches Volumen, F Querschnitt, G durch jeden Querschnitt strömendes sekundliches Gasgewicht).

Für den Druck p ergibt sich eine Beziehung aus dem Impulssatz (Schwerpunktssatz), der ohne weiteres anwendbar bleibt (vgl. hierzu Abb. 1)[2].

$$\frac{G}{F}(w_1 - w) = g(p - p_1) \tag{2}$$

---

[1] Vgl. etwa O. E. Meyer, Die kinetische Theorie der Gase, 2. Aufl., S. 285 u. 293. Breslau 1899.

[2] Durch Differenzierung erhält man hieraus:

$$-\frac{G}{F}\, dw = -\frac{w}{v}\, dw = g\, dp$$

oder

$$\frac{w\, dw}{g} + v\, dp = 0,$$

oder integriert

$$\frac{w^2}{2g} + \int v\, dp = \text{konst.}$$

Stodola schreibt im Gegensatz dazu (Dampfturbinen, 1. Aufl., S. 21, 3. Aufl., S. 51)

$$\frac{w^2}{2g} + \int v\, dp = \text{konst.} - R,$$

wo R eine Widerstandshöhe bedeutet. Prüft man die Sache an Hand der Ableitung der Gleichung nach, die bekanntlich aus der auf ein Gaselement angewandten Gleichung Kraft = Masse × Beschleunigung hervorgeht, so sieht man, daß in R nur *äußere* reibende Widerstände, die eine hemmende Kraft auf das Element

die mit Rücksicht auf Gl. (1) auch

$$\frac{w_1^2}{v_1^2}(v_1 - v) = g(p - p_1)$$

geschrieben werden kann, woraus sich sofort

$$v = v_1 - g\frac{v_1^2}{w_1^2}(p - p_1) \tag{3}$$

also eine *lineare Gleichung zwischen p und v* ergibt.

Um über das Spiel der Wärmeströmung Aufschluß zu erhalten, benutzen wir die Gleichung der „Gesamtenergie":

$$\frac{w^2}{2g} + pv + u = \text{konst.} + q \tag{4}$$

wobei u die „innere Energie" und q die dem Gas bis zu dem betreffenden Querschnitt zugeführte Wärmemenge ist [der Einfachheit wegen sollen hier Wärmemengen, statt in Kalorien, im Arbeitsmaß (mkg/kg) gemessen werden, wodurch der Faktor A, das Wärmeäquivalent, gleich 1 wird].

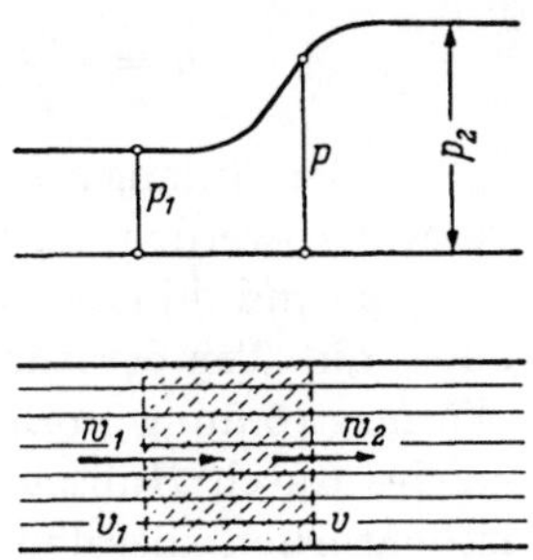

Abb. 1

Jedem Gasteilchen werden von dem ihm voraufgehenden, durch Kompression bereits wärmeren, gewisse Wärmemengen durch Leitung zugeführt; die Wärmemengen, welche es an das nachfolgende Teilchen abgibt, sind davon etwas verschieden, so daß ein bestimmter Betrag, nämlich die Differenz beider im Gasteilchen verbleibt, also hier als zugeführte Wärme erscheint. Das Quantitative ergibt sich einfach aus folgendem:

In dem Zeitteilchen dt fließe durch einen Querschnitt die Wärmemenge $Q\,dt$, durch den um dx entfernten

$$\left(Q + \frac{dQ}{dx}dx\right)dt;$$

in dem Gaselement verbleibt dann $\frac{dQ}{dx}dx\,dt$; die im Zeitteilchen dt der ganzen Gasmasse vom Anfangsquerschnitt (p_1, v_1, w_1) bis zu unserem

ausüben, zur Darstellung gelangen können. Innere Widerstände äußern sich nur in der besprochenen Differenz zwischen dem Druck in der Strömungsrichtung und dem senkrecht dazu. Da bei unserem Problem äußere Reibung am Gaselement, abgesehen etwa von den Partien an den Wänden, nicht auftritt — im gleichen Querschnitt ist die Geschwindigkeit überall dieselbe —, so steht bei STODOLA das Glied $-R$ zu Unrecht. Da übrigens STODOLA diese Gleichung nicht weiter benutzt, werden seine weiteren Formeln hiervon nicht berührt.

Querschnitt (q, v, w) zugeführte Menge ist dann

$$dt \int_0^x \frac{dQ}{dx}\, dx = Q\, dt,$$

da im Anfangsquerschnitt der Wärmestrom gleich Null gesetzt werden darf. Das Resultat hätte sich auch so finden lassen, daß man sich überlegt, daß die an die Gasmasse bis zu unserem Querschnitt zugeführte Wärme nur durch diesen Querschnitt hereinströmen kann und daher mit der Wärmeströmung in diesem Querschnitt identisch ist.

Die Wärmemenge $Q\,dt$ verteilt sich auf eine Durchflußmenge $G\,dt$, also ergibt sich auf die Gewichtseinheit eine Wärmemenge $q = Q/G$. Zieht man von Gl. (4) ihren Wert für den Anfangsquerschnitt ab, so ergibt sich:

$$q = \frac{w^2 - w_1^2}{2g} + pv + u - (p_1 v_1 + u_1)$$

oder mit Anwendung von Gl. (1):

$$q = \frac{w_1^2}{2g\, v_1^2}(v^2 - v_1^2) + p\, v + u - (p_1 v_1 + u_1), \tag{5}$$

Ist der Anfangszustand gegeben, dann kann q für jeden Wert von p gerechnet werden, da ja durch Gl. (3) v als Funktion von p gegeben ist.

Vor und hinter dem Verdichtungsstoß ist der Druck und daher auch die Temperatur wesentlich konstant, es ist daher hier keine Wärmeströmung vorhanden. Man bekommt also den Endzustand des Stoßes durch Nullsetzen von q in Gl. (5). Die so erhaltene Gleichung ist natürlich dieselbe, die auch bisher schon von STODOLA, PROELL u. a. benutzt worden ist.

Während die bisherigen Gleichungen ganz allgemein für irgendeine elastische Flüssigkeit gelten, ist es für die folgenden Rechnungen bequemer, die einfachen Gasgleichungen als zutreffend vorauszusetzen.

Der Ausdruck $p\, v + u$ in Gl. (5), die sogenannte Erzeugungswärme, kann damit $= \frac{k}{k-1}\, p\, v$ gesetzt werden. Mit Benutzung von Gl. (3) erhält man so nach Zusammenziehung einiger Glieder:

$$\begin{aligned} q &= \frac{1}{k-1}\left(v_1 (p - p_1) - \frac{g\, v_1^2}{2 w_1^2}\left[(k+1)\, p^2 - 2 p\, p_1 - (k-1)\, p_1^2\right]\right) \\ &= \frac{p - p_1}{k-1}\left(v_1 - \frac{g\, v_1^2}{2 w_1^2}\left[(k+1)\, p + (k-1)\, p_1\right]\right). \end{aligned} \tag{6}$$

q wird gleich Null für $p = p_1$, daneben aber auch für einen Druck p_2, der den Klammerausdruck zu Null macht; dieser, der Enddruck des Verdichtungsstoßes, wird somit

$$p_2 = \frac{1}{k+1}\left(\frac{2 w_1^2}{g\, v_1} - (k-1)\, p_1\right)$$

[in Übereinstimmung mit der PROELLschen Rechnung, Z. ges. Turbinenwes. (1904) S. 163, Gl. (13)].

Durch Einführung von p_2 in die Gl. (6) ergibt sich noch einfacher

$$q = \frac{g v_1^2}{2 w_1^2} \frac{k+1}{k-1} (p - p_1)(p_2 - p);$$

das Maximum von q erhält man für $p = \frac{p_1 + p_2}{2}$ zu

$$q_{\max} = \frac{g v_1^2}{2 w_1^2} \frac{k+1}{k-1} \left(\frac{p_2 - p_1}{2}\right)^2. \tag{6a}$$

Ich komme nun zur Untersuchung der Entropieveränderung während des Verdichtungsvorganges.

Nimmt man das einfache Gasgesetz als gültig an, so ist die Entropie $s = c_v \ln p\, v^k$; also

$$\frac{ds}{dp} = \frac{c_v}{p\, v^k} \frac{d(p\, v^k)}{dp} = \frac{c_v}{p}\left(1 + k \frac{p}{v} \frac{dv}{dp}\right);$$

da sich aus Gl. (3) und (1) ergibt:

$$\frac{dv}{dp} = -\frac{g v_1^2}{w_1^2} = -\frac{g v^2}{w^2},$$

wird

$$\frac{ds}{dp} = \frac{c_v}{p}\left(1 - \frac{g k p v}{w^2}\right) = \frac{c_v}{p}\left(1 - \frac{a^2}{w^2}\right), \tag{7}$$

wo a die zum Zustand $p\, v$ gehörige Schallgeschwindigkeit ist.

Wie bekannt, ist zu Beginn des Verdichtungsstoßes $w > a$, am Ende dagegen $w < a$; also wird die Entropie erst zunehmen, bei Überschreitung der Schallgeschwindigkeit ein Maximum zeigen und hernach wieder abnehmen; also qualitativ dasselbe Resultat, wie bei Herrn LANGROD.

Es liegt aber in dieser Zunahme und nachherigen Abnahme nichts Verwunderliches, denn jedes Gasteilchen empfängt im Anfang von den heißeren Partien vor ihm Wärme und gibt sie später an die nachfolgenden Teilchen wieder ab.

In der Tat, rechnet man die beiden Werte ds und dq/T aus, so ergeben beide, wenn $T = \frac{p\, v}{B} = \frac{p\, v}{(k-1)\, c_v}$ gesetzt wird, den identischen Ausdruck

$$\frac{c_v\, dp}{p\, v}\left(v_1 - \frac{v_1^2}{w_1^2}\, g\,[p(k+1) - p_1]\right);$$

man sieht hieraus, daß die Entropie einzig und allein durch die Wärmezufuhr und -abfuhr verändert wird und somit alles in bester Ordnung ist.

Hätten wir die innere Reibung mit berücksichtigt, so wäre das Ergebnis sehr ähnlich gewesen, es wäre dabei nur zur Leitungswärme q (die natürlich andere Werte angenommen hätte) ein Betrag q' von Reibungswärme hinzugekommen.

Es erübrigt nun noch, über die geometrische Ausdehnung des Verdichtungsvorganges eine Vorstellung zu gewinnen. Dies gelingt durch Betrachtung des Wärmeleitungsvorganges. Bei einem Temperaturgefälle dT/dx geht, wenn λ der Wärmeleitungskoeffizient ist, durch die Fläche F die Wärmemenge $Q = F\,\lambda \frac{dT}{dx}$; mit $Q = G\,q$ (vgl. oben, S. 938) wird

$$\frac{dT}{dx} = \frac{qG}{\lambda F} = \frac{q}{\lambda}\,\frac{w_1}{v_1}. \tag{8}$$

Da T und q sich durch p ausdrücken lassen, so erhält man, wenn $\lambda = \varphi(T)$ gegeben ist, eine Differentialgleichung von der Form $\frac{dp}{dx} = f(p)$, woraus sich der Druckverlauf durch $x = \int \frac{dp}{f(p)} + C$ ergibt.

Die nebenstehende graphische Diskussion (Abb. 2) ergibt ein asymptotisches Anschließen[1] des Druckverlaufes an die Linien $p = p_1$ und $p = p_2$.

Statt einer genaueren Durchrechnung möge hier, da ja wegen der Vernachlässigung der Reibung die tatsächlichen Verhältnisse doch nicht exakt dargestellt werden, eine Abschätzung genügen.

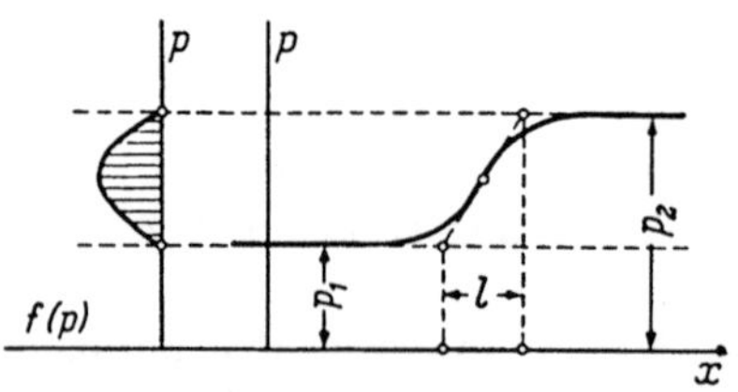

Abb. 2

Für $p = \frac{p_1 + p_2}{2}$ ist $q = q_{\max}$ [vgl. Gl. (6a)].

Die Tangente an die Druckverlaufkurve in diesem Punkt möge durch ihre Schnittpunkte mit den Geraden durch p_1 und p_2 die Strecke l abgrenzen; l ist dann ein Maß für die Dicke der Übergangsschicht; die Größe $\frac{dT}{dp}$ für $q = q_{\max}$ kann dann annähernd $= \frac{T_2 - T_1}{l}$ geschrieben werden; damit wird aus Gl. (8):

$$l = \frac{\lambda\,v_1(T_2 - T_1)}{w_1\,q_{\max}}.$$

Für geringe Druckdifferenzen läßt sich eine Näherungsformel hierfür finden, indem man alle höheren Potenzen von $\Delta p = p_2 - p_1$ vernachlässigt. Nach Gl. (6a) wird

$$q_{\max} = \frac{k+1}{k-1}\,\frac{g\,v_1^2}{8 w_1^2}\,\Delta p^2;$$

$T_2 - T_1$ ergibt sich aus

$$p_2\,v_2 - p_1\,v_1 \cong v_1 \Delta p \left(1 - \frac{g\,p_1\,v_1}{w_1^2}\right)$$

[1] Die Asymptoten haben denselben Charakter wie die der Funktion $y = e^{-\alpha x}$.

unter Einführung von $a_1^2 = k g p_1 v_1$ zu

$$T_2 - T_1 \cong \frac{v_1 \Delta p}{B}\left(1 - \frac{a_1^2}{k w_1^2}\right);$$

da nun für kleine Druckdifferenzen $a^2/w^2 \cong 1$ ist, wird in erster Annäherung

$$l \cong \frac{8\lambda w_1}{g B} \frac{(k-1)^2}{k(k+1)\Delta p}.$$

Ein Zahlenbeispiel mag diese Rechnung illustrieren: Die Maßeinheiten seien das Meter, das Kilogramm und die Sekunde; es handle sich um Luft, also ist $k = 1{,}4$; λ ist dann, in dynamischem Maß gerechnet (1 mkg als Wärmeeinheit, 1 °C als Temperatureinheit), $= 0{,}0024$ (bei 0°). Die Gaskonstante B ist 29,4; die Geschwindigkeit w_1 sei $= 330$ m/sec; hiermit ergibt sich für eine Druckdifferenz von $\frac{2}{10}$ Atmosphäre $= 2000$ kg/m² eine Dicke der Übergangsschicht von 0,000 000 52 m $\cong$ 0,0005 mm.

Die Schichtdicken bewegen sich also in derselben Größenordnung, wie die Längen von Lichtwellen. Man sieht hieraus, daß die einfache Theorie, die eine unendlich geringe Dicke der Schicht liefert, immer ausreichend sein wird, wenn man nicht gerade nach den Vorgängen innerhalb der Übergangsschicht fragt.

Bei den Versuchen, so z. B. bei den bekannten STODOLAschen, ergibt sich statt des plötzlichen Druckanstieges ein allmählicher. Dies ist wesentlich darauf zurückzuführen, daß die strömenden Gas- bzw. Dampfmassen vor der Düse nicht wirbelfrei ankommen, sondern, da sie vorher einige Ecken, vielleicht auch ein Ventil, passiert haben, nun von unregelmäßigen Strömungen durchsetzt sind; so kommt es, daß für die einzelnen Dampfteilchen die Bedingungen für den Verdichtungsstoß nicht genau in derselben Ebene erfüllt werden und so die Stoßfläche ziemlich stark zerrissen wird und fortwährend hin- und herflattert. Das Manometer gibt einen zeitlichen Mittelwert und zeigt natürlich dann einen verhältnismäßig allmählichen Anstieg.

Bei den Versuchen, die ich kürzlich gemeinschaftlich mit Herrn E. MAGIN in dem mir unterstellten „Institut für angewandte Mechanik" der Universität Göttingen unternahm, war diese Störung ausgeschaltet, indem die Düse am Ende eines kurzen Rohrstückes so befestigt war, daß die mittelsten Gasteilchen in einer geraden Linie aus dem Kesselinneren durch die Düse ins Freie strömen können. Die nachstehende photographische Aufnahme, Abb. 3, zeigt die Strömung von Luft von etwa 6 Atm. Überdruck durch eine LAVAL-Düse von rechteckigem Querschnitt, die seitlich durch Glasplatten verschlossen ist. Durch eine am Ende der Düse angebrachte Verengung wird ein Stau erzeugt, so daß sich im Inneren der Düse ein Verdichtungsstoß ausbildet. Die Dichtigkeitsunterschiede in der Luft werden durch „Schlierenbeleuchtung"[1] sichtbar gemacht, indem man die Ablenkung der Lichtstrahlen in verschieden dichter Luft ausnutzt.

In der Abbildung entspricht den hellen Stellen eine Expansion, den dunklen eine Kompression.

Man sieht, daß auch hier die Stoßfläche weder völlig scharf, noch auch ganz eben ist. Hierin ist eine Wirkung der Reibung zu erblicken: die an den Rändern befindlichen Luftteilchen haben durch die Reibung etwas geringere Geschwindigkeit wie die in der Mitte, so daß sie von den Luftmassen hinter der Stoßschwelle, die ja höheren Druck haben, zurückgedrängt werden; hierbei entsteht an den Wänden auch eine strudelnde Bewegung, die wieder bewirkt, daß die Stoßfläche nicht genau an einer Stelle verharrt.

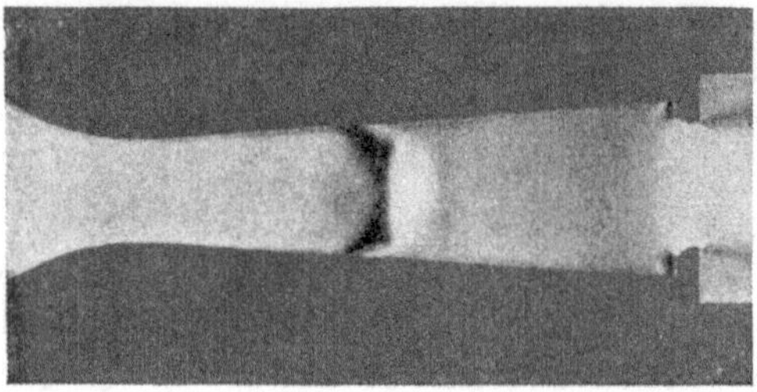

Abb. 3. Strömungsrichtung von links nach rechts

Diese Strudel ergeben auch eine beträchtliche Abweichung von der gewöhnlichen Annahme, daß die Geschwindigkeit im Querschnitt gleichmäßig verteilt ist; der Strahl neigt an der Stelle des Verdichtungsstoßes sehr stark zur Ablösung von der Wand[2], wobei natürlich der Druckverlauf wesentlich von dem theoretischen abweicht. Wie schon STODOLA ausgeführt hat, ist das Auftreten von Wellen in der Düse ein Zeichen, daß sich der Strahl abgelöst hat.

Auf der Originalplatte, von der die Abbildung genommen ist, sieht man zwischen der engsten Stelle und dem Verdichtungsstoß ein System von feinen Linien, die sich unter erst stumpfen und dann immer spitzeren Winkeln kreuzen; es sind dies feine, von Unebenheiten der Düsenwand ausgehende Schallwellen, die deutlich zeigen, daß hier die Strömungsgeschwindigkeit größer ist als die Schallgeschwindigkeit; hinter der Stoßstelle fehlt diese Zeichnung völlig: die Geschwindigkeit ist hier, genau entsprechend der Theorie, kleiner als die Schallgeschwindigkeit[3].

---

[1] Vgl. etwa L. MACH, Sitzungsber. Wien. Akad. Bd. 106, 2a (1897) S. 1025.

[2] Eine solche Ausbildung eines freien Strahles in der Düse zeigt sich auf einigen Aufnahmen der gleichen Art wie die hier besprochene, bei der nur die Bedingungen etwas geändert waren.

[3] Die in Z. ges. Turbinenwes. 3. Jg. (1906) S. 234 abgedruckte neue Abhandlung des Herrn LANGROD, von der ich erst jetzt nach der letzten Korrektur meiner Arbeit Kenntnis erhielt, läßt meine Ausführungen unberührt und ist durch sie mitwiderlegt. Daß in Wirklichkeit Turbulenz beim Verdichtungsstoß innerhalb der Düsen eine Rolle spielt, ist in meiner Arbeit erwähnt; für ihre Berücksichtigung werden die neuen LANGRODschen Gleichungen wohl von Nutzen sein.

Physikalische Zeitschrift 8. Jg. (1907) S. 23—30

Neue Untersuchungen über die strömende Bewegung der Gase und Dämpfe[1]

Meine Herren! Der Aufschwung des Dampfturbinenbaues in den letzten Jahren hat das Bedürfnis nach einer möglichst vollständigen Theorie der *strömenden Bewegung der Gase und Dämpfe* wachgerufen. Und in der Tat sind bereits zahlreiche Arbeiten teils experimenteller, teils theoretischer Art erschienen, die unsere Kenntnis über diesen Gegenstand wesentlich gefördert haben.

Viel früher schon hatte man das speziellere Problem des Ausflusses aus Gefäßen studiert[2] und dabei u. a. die bemerkenswerte Tatsache gefunden[3], daß die Geschwindigkeit an der engsten Stelle der Ausflußöffnung nie größer werden kann als die Schallgeschwindigkeit, die dem dortigen Zustand des Gases entspricht. Hieraus, und aus dem Umstand, daß in dem ausfließenden Gasstrahl Wellen beobachtet worden sind, die man als einfache Schallwellen deutete[4], hat sich die merkwürdige Legende ausgebildet, daß bei der Gasströmung durch ruhende Röhren und Gefäße nie eine größere Geschwindigkeit als Schallgeschwindigkeit entstehen könne. Diese Anschauung hat jetzt noch einen eifrigen Verfechter in Herrn A. FLIEGNER[5] (Zürich), obwohl sie bereits durch die STODOLAschen Messungen des Druckverlaufes in strömendem Dampf und durch ähnliche Versuche widerlegt worden ist.

Ich möchte mir nun hier erlauben, meine Herren, Ihnen die Ergebnisse von neuen Versuchen vorzuführen, die durch ihre Übereinstimmung mit der jetzt gebräuchlichen Theorie einen Zweifel über deren Richtigkeit nicht mehr zulassen dürften.

Vorab möchte ich etwas über diese Theorie sagen und beschränke mich dabei hier auf die stationäre und widerstandslose (adiabatische) Bewegung, bei der in jedem Gasteilchen die Summe von kinetischer und potentieller Energie konstant ist.

Betrachtet man hier die Querschnittsänderungen in einem Stromfaden, so findet man, daß bei sinkendem Druck der Querschnitt zunächst infolge des Anwachsens der Geschwindigkeit abnimmt, bei

---

[1] Vorträge und Diskussionen von der 78. Naturforscherversammlung zu Stuttgart.

[2] Ein ausführliches historisch-kritisches Referat über diesen Gegenstand hat der Verfasser in der „Mathematischen Enzyklopädie" Bd. 5, Nr. 5b, gegeben, auf das hier verwiesen sein mag. (Anmerk. d. Schriftl.: Hier S. 904).

[3] O. REYNOLDS (1886) und HUGONIOT (1886).

[4] PARENTY (1894), R. EMDEN 1899.

[5] Vgl. z. B. Schweiz. Bauztg. Bd. 47 (1906) Nr. 3, 4 u. 9.

weiterer Expansion aber wieder zunimmt, weil nun das Anwachsen des Volumens das der Geschwindigkeit übertrifft. Das Querschnitts-*minimum*, das ungefähr bei der Expansion auf den halben Anfangsdruck eintritt, fällt, wie sich allgemein beweisen läßt, zusammen mit der Stelle, wo die Strömungsgeschwindigkeit die Schallgeschwindigkeit überschreitet.

Diese Schallgeschwindigkeitsgrenze ist für die Bewegungsformen der „elastischen Flüssigkeiten" von der größten Bedeutung. Während unter dieser Grenze der Charakter der Bewegung ähnlich dem der inkompressiblen Flüssigkeiten ist, finden wir bei Überschallgeschwindigkeit stationäre Schallwellen und Unstetigkeiten der verschiedensten Art. Während bei Unterschallgeschwindigkeit ein Hindernis einen stetig verlaufenden Stau hervorruft, in dem die Strömung zur Seite abgelenkt wird, rennt das mit Überschallgeschwindigkeit begabte Gas blind[1] bis an das Hindernis heran und wird dann in einem unstetigen Stoßvorgang zum Ausweichen gezwungen. In der Sprache der Mathematiker drückt sich der in Rede stehende Unterschied dadurch aus, daß die Differentialgleichung für die Strömung unter der Schallgeschwindigkeit elliptischen, über der Schallgeschwindigkeit hyperbolischen Charakter hat[2].

Die Strömung durch eine vorgegebene Röhre läßt sich unter der Annahme gleichförmiger Geschwindigkeitsverteilung über den Querschnitt für jeden gegebenen Anfangs- und Enddruck berechnen[3].

Sie sehen in Abb. 1 den Druckverlauf für eine Lavaldüse bei festgehaltenem Anfangsdruck p_1 und veränderlichem Enddruck p_2 dargestellt, wie ihn die Theorie unter obiger Annahme liefert. Neben den stetigen Strömungsvorgängen, die sich bei der normalen Expansion ($p_2 = p_u$) oder auch bei so hohen Gegendrücken einstellen, daß die Schallgeschwindigkeit nicht erreicht wird ($p_2 > p_o$), finden sich unstetige, bei denen eine plötzliche Kompression mit stoßartigem Übergang von Überschallgeschwindigkeit zu Unterschallgeschwindigkeit auftritt. Statt dieses unstetigen Verlaufes erhält man einen stetigen, wenn man die Wärmeleitung im Gas berücksichtigt[4]. Die Dicke der

---

[1] Da sich das Gas hier mit größerer Geschwindigkeit bewegt, als sich Druckänderungen fortpflanzen, kann es sozusagen von vorne keinerlei Meldungen über etwaige Hindernisse u. dgl. erhalten.

[2] Die Differentialgleichung der ebenen wirbelfreien Bewegung (u und v Geschwindigkeitskomponenten, $a = f(u^2 + v^2)$ = Schallgeschwindigkeit, $\partial u/\partial y = \partial v/\partial x$) lautet:

$$\frac{\partial u}{\partial x}\left(1 - \frac{u^2}{a^2}\right) + \frac{\partial v}{\partial y}\left(1 - \frac{v^2}{a^2}\right) - \frac{u\,v}{a^2}\left(\frac{\partial u}{\partial y} + \frac{\partial v}{\partial x}\right) = 0.$$

[3] Z. VDI Bd. 48 (1904) S. 348.

[4] Z. ges. Turbinenwes. Bd. 3 (1906) S. 241.

Übergangsschicht ergibt sich dabei aber als außerordentlich gering (bei mittleren Verhältnissen erhält man Dicken in der Gegend von $^1/_{1000}$ mm oder darunter).

Ich möchte noch darauf aufmerksam machen, daß, solange im engsten Querschnitt die Schallgeschwindigkeit nicht erreicht ist, der Druck und daher auch die Geschwindigkeit im ganzen Rohr veränderlich sind; sobald jedoch die Schallgeschwindigkeit erreicht ist, ist oberhalb der Stoßstelle alles unveränderlich geworden. Die Ausflußmenge, die in Abb. 1 rechts in ihrer Abhängigkeit vom Druck hinter

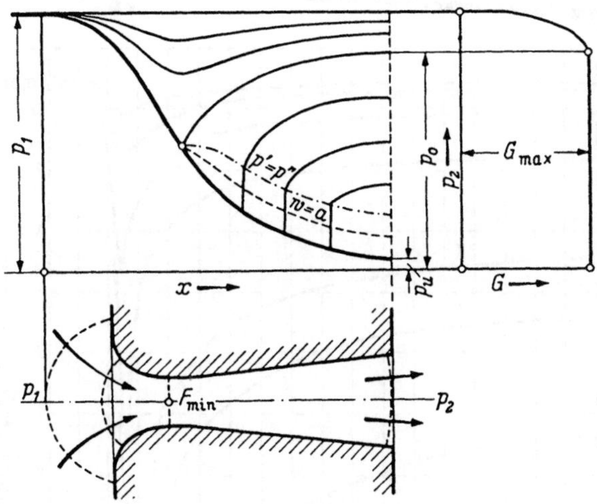

Abb. 1

der Düse (p_2) dargestellt ist, ist erst veränderlich, dann aber, sobald an der engsten Stelle Schallgeschwindigkeit herrscht, unveränderlich. Diese Beziehung ist durch alle bezüglichen Versuche wohl bestätigt worden[1].

Zum Vergleich mit dem theoretischen Bild will ich hier (Abb. 2) die STODOLAsche Abbildung[2] über seine Druckmessungen an einer LAVAL-Düse zeigen. Sie werden bei großer Ähnlichkeit im allgemeinen Typus verschiedene Abweichungen gegenüber dem theoretischen Bild bemerken. Zunächst ist bei der STODOLAschen Düse der Querschnittsübergang erheblich schroffer, daher sind auch die Linien steiler. Dies ist somit keine wesentliche Abweichung. Wesentlich ist, daß, besonders bei den niedrigen Gegendrücken, statt des senkrechten Sprunges eine mehr oder minder allmähliche Druckanschwellung tritt, zum Teil mit

[1] Vgl. z. B. GUTERMUTH und BLAESS, Z. VDI Bd. 48 (1904) S. 75.

[2] Die Figur ist dem STODOLAschen Werk „Die Dampfturbinen" (Berlin 1905) S. 49 entnommen; gegenüber unserem Koordinatensystem ist links und rechts vertauscht.

deutlich ausgebildeten Wellen. Hierzu ist zu sagen, daß hier unsere Annahme, daß der Strahl den Querschnitt vollständig ausfüllt, nicht mehr zutrifft; im Gegenteil werde ich Ihnen zeigen können, daß in Wirklichkeit der Strahl an der Stoßstelle sich von der Wand ablöst und von da ab den Querschnitt nicht mehr gleichmäßig erfüllt. Daß

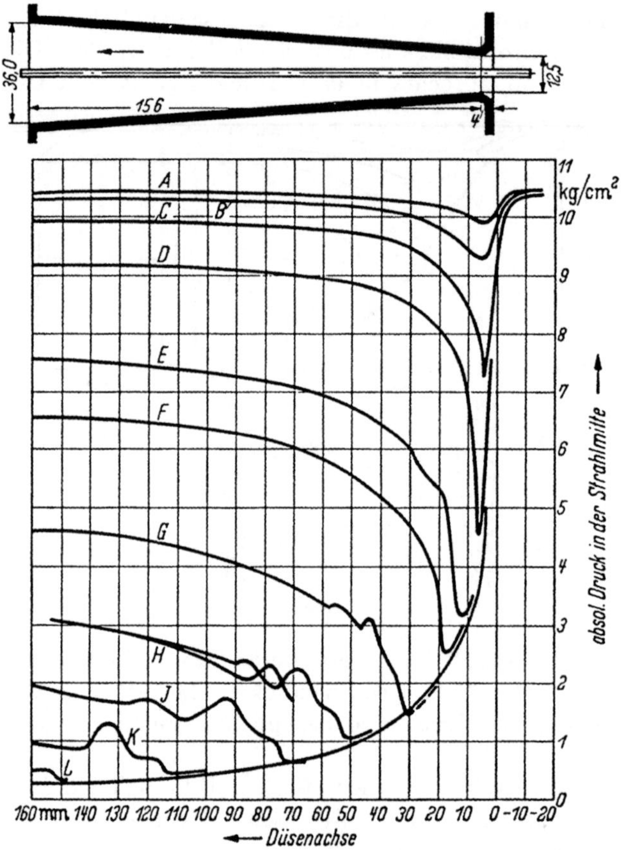

Abb. 2

dann von dieser Stelle an keine volle Übereinstimmung mit der einfachen Theorie mehr vorhanden ist, ist natürlich klar.

Ich wende mich nun zu den *Wellen* verschiedener Art, die bei Überschallgeschwindigkeit auftreten. Zunächst erinnere ich an ein ähnliches Phänomen, die von E. MACH entdeckten Wellen, die ein Geschoß hervorruft, das sich durch ruhende Luft mit größerer als Schallgeschwindigkeit bewegt. Es zieht kegelförmige Wellen nach sich von der Form, wie sie in Abb. 3 angedeutet ist. Der halbe Kegelwinkel α erfüllt dabei die Beziehung

$$\sin\alpha = \frac{a}{w}$$

(a = Schallgeschwindigkeit, w = Geschoßgeschwindigkeit).

In unserem Fall handelt es sich um das Umgekehrte: die Luft zieht mit Überschallgeschwindigkeit an einem ruhenden Hindernis vorbei. Dabei wird jetzt vom Hindernis eine im Raum ruhende Schallwelle ausgehen, die an jedem Punkt gegen die Strömungsrichtung um denselben Winkel $\alpha = \arcsin(a/w)$ geneigt ist, nur daß w jetzt die Strömungsgeschwindigkeit ist (Abb. 4). Strömt das Gas zwischen zwei Wänden hindurch, die mit Unebenheiten besetzt sind, so durchkreuzen sich die zwei Wellensysteme (Abb. 5). Durch Beobachtung dieser Wellen hat man ein Mittel, mittels ihres Winkels das Verhältnis a/w, ferner durch die Winkelhalbierende die genaue Strömungsrichtung zu finden. Wir haben dieses Mittel in Göttingen angewandt und recht befriedigende Übereinstimmung mit der Theorie erhalten; doch sind diese Versuche noch nicht abgeschlossen.

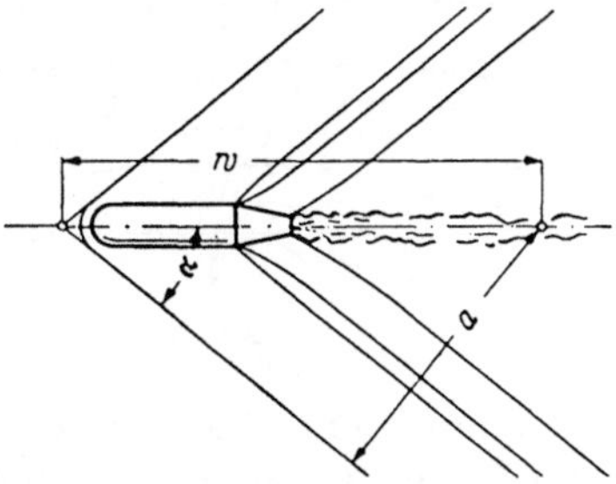

Abb. 3

Soviel über die Wellen mit kleinen Druckunterschieden. Bei großen Druckdifferenzen in der Welle ändert sich das Bild etwas. Verdünnungs-

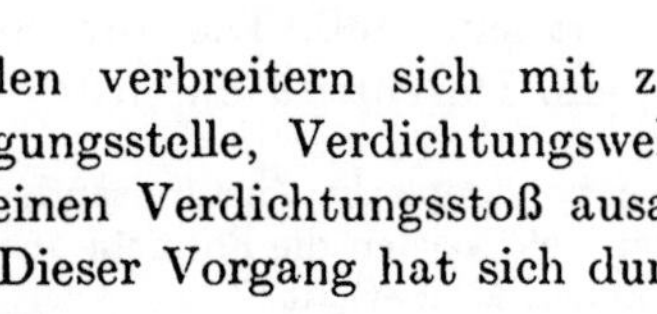

Abb. 4

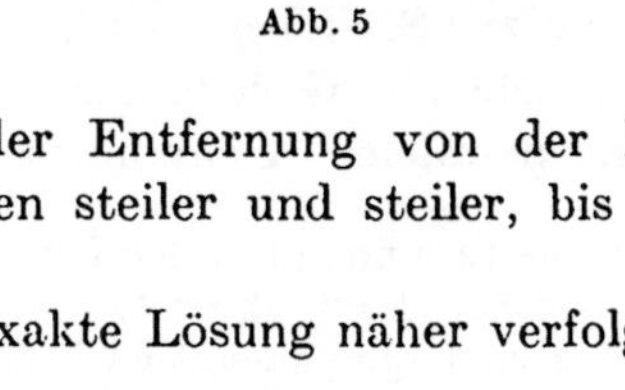

Abb. 5

wellen verbreitern sich mit zunehmender Entfernung von der Erzeugungsstelle, Verdichtungswellen werden steiler und steiler, bis sie in einen Verdichtungsstoß ausarten.

Dieser Vorgang hat sich durch eine exakte Lösung näher verfolgen lassen.

Sie sehen in Abb. 6 eine Strömung um einen Punkt herum dargestellt, bei der Geschwindigkeit und Druck längs eines jeden Radius konstant, also Funktionen des Winkels allein sind. Die Geschwindigkeitskomponente senkrecht zum Radius ergibt sich überall gleich der Schallgeschwindigkeit, so daß hier also das eine System der kleinen Schallwellen, von denen ich vorher sprach, einfach längs der Radien verläuft[1]. Diese Eigenschaft erlaubt uns nun, aus Stücken dieses Strömungsbildes, die längs der Radien abgetrennt sind, beliebig neue Strömungsbilder zusammenzusetzen, denn längs dieser Wellenlinien, der sogenannten Charakteristiken der hyperbolischen Differentialgleichung, dürfen die Differentialquotienten der Geschwindigkeit unstetig sein.

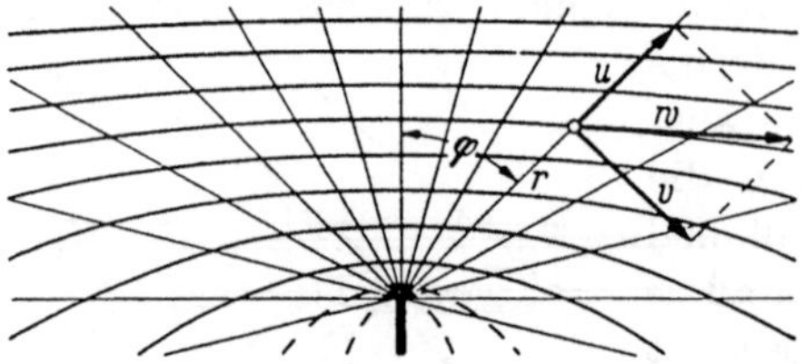

Abb. 6

Ein Beispiel sehen Sie in Abb. 7 dargestellt: die Fortpflanzung einer plötzlichen endlichen Druckverminderung in einer geradlinig gleichförmigen Strömung, ein Fall, der bei der Strömung um eine stumpfe Ecke vorkommt, oder auch, wie in der Abbildung, wenn ein von einer geraden Wand begrenzter Strahl in einen freien Raum hinaustritt, wo ein geringerer Druck herrscht als im Strahl. Das Gegenstück zu der plötzlichen Verdünnung, die plötzliche Verdichtung, sehen Sie in der Abb. 8 dargestellt. Hier tritt an Stelle unserer

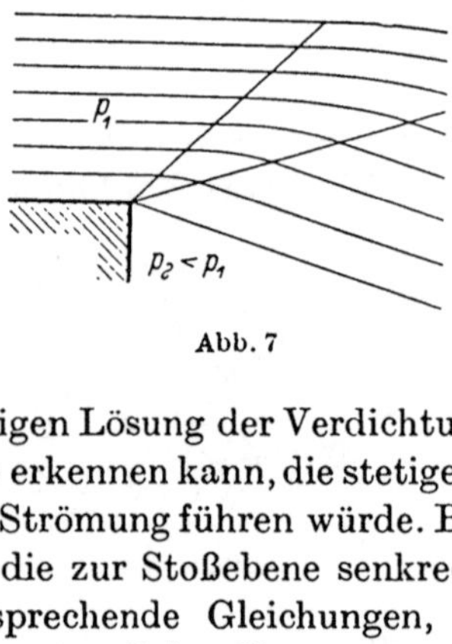

Abb. 7

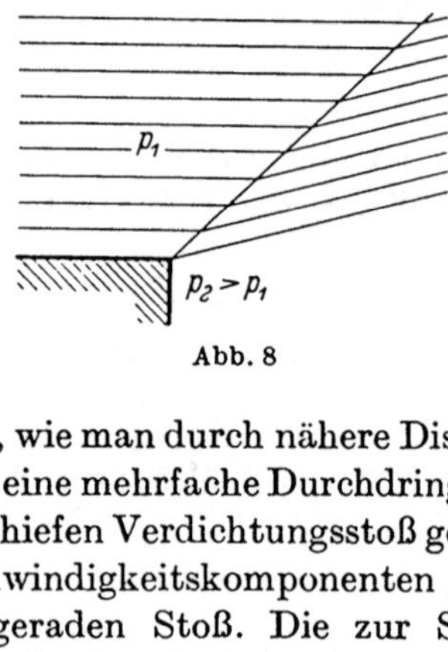

Abb. 8

stetigen Lösung der Verdichtungsstoß, da, wie man durch nähere Diskussion erkennen kann, die stetige Lösung auf eine mehrfache Durchdringung der Strömung führen würde. Bei diesem schiefen Verdichtungsstoß gelten für die zur Stoßebene senkrechten Geschwindigkeitskomponenten ganz entsprechende Gleichungen, wie beim geraden Stoß. Die zur Stoßebene parallelen Komponenten bleiben beim Durchtritt durch sie un-

[1] Die Rechnung hat sich für die allgemeine polytropische Zustandsänderung $pv^n =$ konst. durchführen lassen. Besonders einfach werden die Formeln für die Zustandsänderung nach der Gleichung $pv =$ konst. Man erhält

$$v = \sqrt{g\,p\,v} = a \text{ (konstant).}$$

$$u = a\,\varphi, \qquad p = p_0\, e^{-\frac{\varphi^2}{2}},$$

wo φ der Polarwinkel und p_0 der Druck in der Symmetrieebene ($\varphi = 0$) ist. Die Gleichung einer Stromlinie ergibt sich mit $r = r_0$ für $\varphi = 0$ $r = r_0\, e^{+\frac{\varphi^2}{2}}$.

verändert. Ich bemerke hier, daß der schiefe Verdichtungsstoß, der einen geringeren Druckanstieg hervorbringt, wie der gerade, zuweilen auch im Inneren der Düse auftritt.

Die letztbesprochenen zwei Vorgänge bilden die hauptsächlichsten Elemente der Wellen in freien Gasstrahlen, soweit die Bewegung, wie bei Düsen mit breit rechteckigem Querschnitt, als ebene Bewegung angesehen werden darf und die Düsen an der Mündung einfache scharfe Kanten aufweisen. Zur vollständigen Diskussion ist nur noch nötig, zu wissen, daß die Wellen an den Grenzen des freien Strahles eine Totalreflexion erfahren, und zwar so, daß eine Verdichtungswelle als Verdünnungswelle reflektiert wird und umgekehrt.

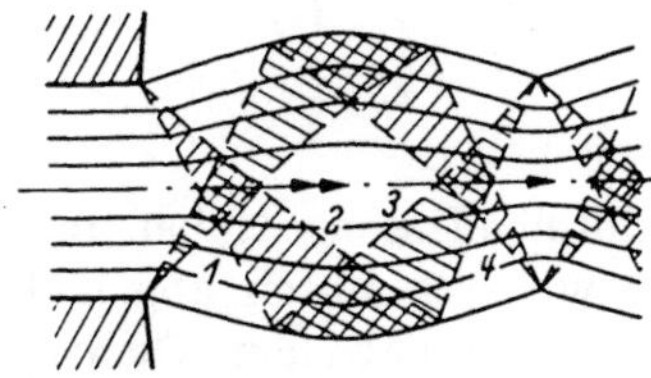

Abb. 9

In den Bildern hier, die ich vor 2 Jahren gezeichnet habe[1], sehen Sie zwei der zu erwartenden Typen. Abb. 9 stellt die Verhältnisse in einem Strahl dar, der mit größerer als Schallgeschwindigkeit, parallel strömend, die Mündung verläßt und in einen Raum gelangt, in dem geringerer Druck herrscht als in der Mündung. Wir finden da zwei sich kreuzende Expansionswellen, die nach der Reflexion als Kompressionswellen weiterziehen und nach abermaliger Reflexion das Spiel als Expansionswellen wieder von vorne beginnen. Die Strömung ist dabei in den nichtschraffierten Teilen ungefähr geradlinig und gleichförmig, in den schraffierten ungleichförmig und krummlinig. Abb. 10 stellt den Zustand in einem Strahl dar, der aus einer verengten Mündung kommt und also im Mündungsquerschnitt gerade Schallgeschwindigkeit besitzt. Die Linien *1* und *4* in Abb. 9 sind hier senkrecht zur Strahlrichtung geworden; es fallen daher hier die Grenzen der Expansions- und Kompressionsgebiete immer zu je zweien zusammen, so daß ein *einfaches* Kreuz entsteht.

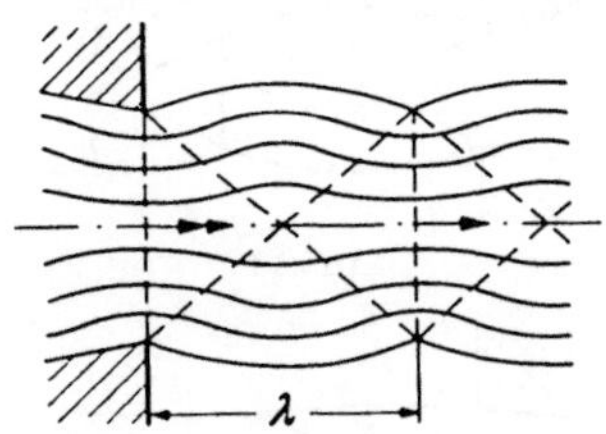

Abb. 10

Hiermit habe ich das über die Theorie zu Sagende erledigt und komme nun zu den *Versuchen*. Es handelt sich um photographische Aufnahmen der mit Schlierenbeleuchtung sichtbar gemachten Luftströmungen.

Die optische Aufstellung sehen Sie in Abb. 11; es ist die bekannte MACHsche Anordnung, deren Wesen in folgendem besteht: Mittels der Linsen L_1 und L_2 wird von dem Schirm S_1 genau in der Ebene von S_2

[1] Phys. Z. 5. Jg. (1904) S. 599.

(Schlierenblende) ein Bild entworfen, so zwar, daß nur ein schmales Lichtbündel hindurchkommt. Gehen Lichtstrahlen bei A durch ein Medium hindurch, in dem sie kleine Ablenkungen erfahren, so wird von diesen Strahlen an der zweiten Blende mehr bzw. weniger hin-

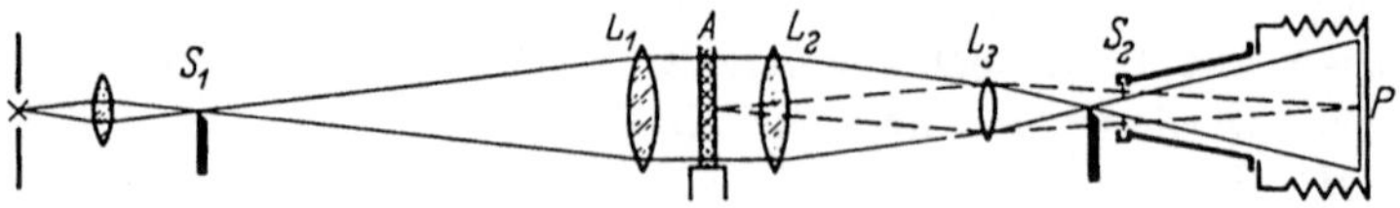

Abb. 11

durchgelassen als bei den ungestörten Strahlen, wenn sie nach oben bzw. nach unten abgelenkt worden sind. Die Ablenkungen nun sind proportional dem Dichtigkeitsgefälle in dem störenden Medium, so daß also das Dichtigkeitsgefälle bzw. dessen Komponente senkrecht zur Blendenkante durch die Schwärzung auf dem Bild zur Darstellung gelangt, das die Linse L_3 von dem Schlierenobjekt A auf der photographischen Platte P entwirft.

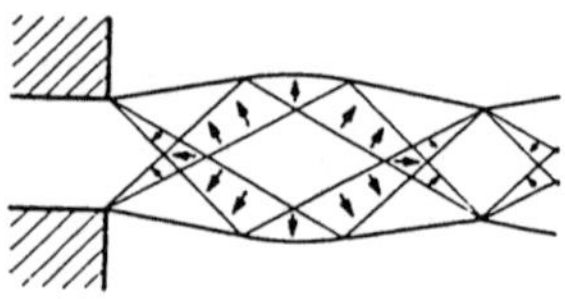

Abb. 12

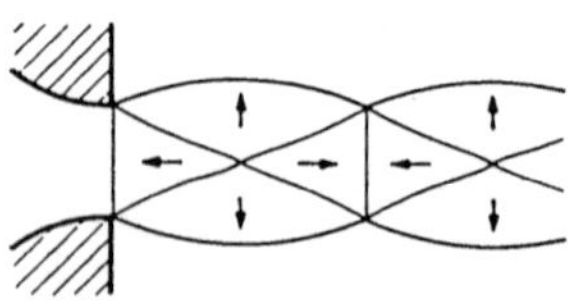

Abb. 13

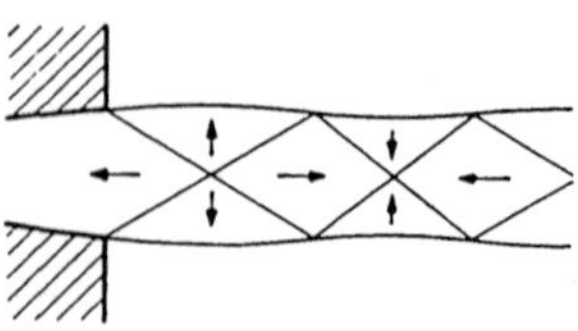

Abb. 14

Das, was man sieht, darf man sich als schräg beleuchtetes Modell der Dichtigkeitsverteilung und daher, soweit die Bewegung wirbelfrei ist, auch als Modell der Druckverteilung vorstellen, denn bei der schrägen Beleuchtung treten ja die Flächen je nach ihrem Gefälle in Richtung der Lichtstrahlen durch entsprechende Aufhellung und Verdunkelung hervor.

Je nachdem die Schlierenblende senkrecht zum Luftstrahl oder parallel dazu orientiert ist, erhält man die Dichtigkeitsunterschiede in der Strahlrichtung oder senkrecht dazu. Es entspricht dies einer Beleuchtung des Modells in der Strahlrichtung oder senkrecht zu ihr.

In den drei Wellenbildern, Abb. 12, 13 und 14, die einem expandierenden Parallelstrahl mit anfänglich Überschallgeschwindigkeit, einem solchen mit anfänglich Schallgeschwindigkeit, sowie einem divergenten Strahl entsprechen, sind durch Pfeile die Gradienten der Dichtigkeit angegeben, wie die Theorie verlangt und wie wir sie werden bestätigt finden.

Die Lichtquelle war, wie ich nebenbei bemerken will, eine Reginulabogenlampe, die sich durch stark violettes Licht auszeichnet und daher zum Photographieren besonders geeignet ist.

Sämtliche Versuche sind mit atmosphärischer Luft gemacht. Zu ihrer Aufspeicherung diente ein Windkessel von 1,8 m^3 Inhalt, der von einer Pumpe aus bis zu 10 Atm. mit Druckluft gefüllt werden kann. Die Luft strömte bei allen Versuchen direkt ins Freie.

Die Ausflußröhre mit Hahn und Düse sehen Sie in Abb. 15 dargestellt. Bei der Konstruktion wurde besonders darauf geachtet, daß der Luftweg vom Kessel bis zur Düse kurz und gerade wurde und keine zur Wirbelbildung Anlaß gebenden toten Räume erhielt. Die Düsen (Ausflußmündungen) haben rechteckigen Querschnitt von konstanter Breite (30 mm) und veränderlicher Höhe (engste Stelle etwa 7,5 mm). Die Seitenwände wurden bei einer Anzahl von Versuchen durch planparallele Glasplatten gebildet, bei anderen durch einfache Metallplatten.

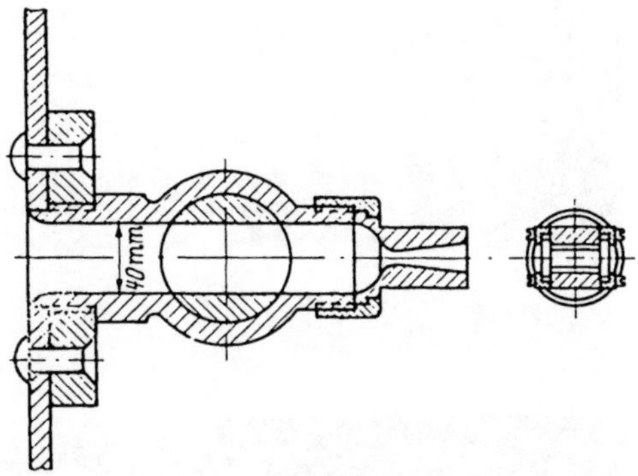

Abb. 15

Die Aufnahmen[1], die ich Ihnen jetzt vorführen werde, sind mit Belichtungen von $^1/_{30}$ bis $^1/_{10}$ Sekunde gewonnen, also gegenüber den ungemein schnellen Luftbewegungen als sehr lang dauernde Zeitaufnahmen anzusehen, die nur die vollständig stationären Vorgänge zur Erscheinung kommen lassen. Wenn Sie trotzdem ganz scharfgeschnittene Zeichnungen in den Luftstrahlen sehen, so beweist das, wie regelmäßig sich die von der Theorie geforderten Unstetigkeiten ausbilden.

Die zunächst zu zeigenden Aufnahmen (Abb. 16 bis 26) sind gemacht mit einer Düse von 7,5 mm engstem Querschnitt und geradflankiger Erweiterung auf 13,0 mm. Die Innenflächen sind mit einer groben Feile etwas aufgerauht, um die kleinen Schallwellen im Inneren gut zur Erscheinung zu bringen. Diese haben sich denn auch sehr deutlich eingestellt.

In den Bildern sieht man links, den Strahl umgebend, die Metallteile der Düse (dunkel), rechts die ungestörte Luft (grau). In diese ragen hinein die weit vorstehenden Glasplatten, die dem Luftstrahl seitliche Führung geben, so daß seine Bewegung mit guter Annäherung als ebene Bewegung angesehen werden darf.

---

[1] Von den über 40 Aufnahmen, die in Stuttgart gezeigt wurden, konnten im Druck nur die wichtigsten aufgenommen werden; deshalb hat auch der Text von hier ab eine Umarbeitung erfahren.

Abb. 16

Abb. 17

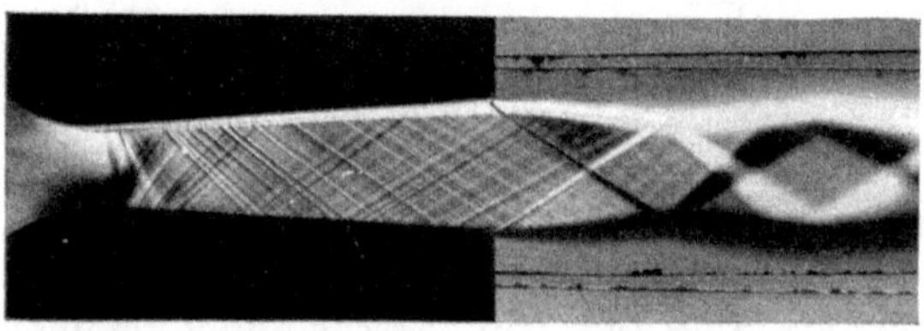

Abb. 18

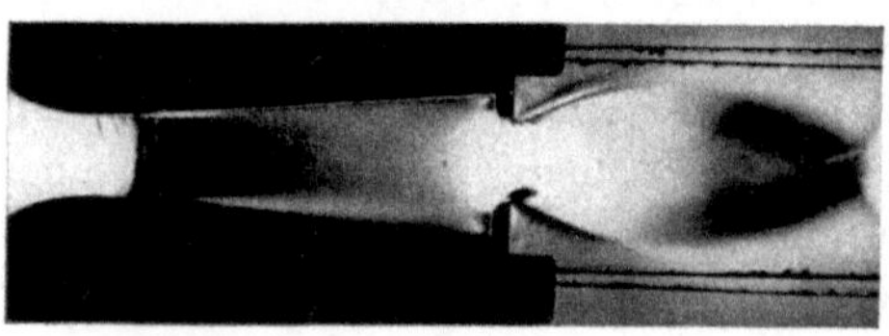

Abb. 19

Abb. 20

Abb. 16 zeigt den Luftstrahl bei einem absoluten Kesseldruck von $p_1 = 8{,}15$ kg/cm², aufgenommen mit senkrecht zur Strahlachse gestellter Schlierenblende, also Beleuchtung des Dichtigkeitsmodells (vgl. S. 95, oben) in der Achsenrichtung; es bedeutet hier Aufhellung des Bildes eine Expansion, Verdunkelung eine Kompression, also ist das Licht für das Modell von rechts kommend zu denken. Diese Beleuchtung mag in der Folge ,,Achsenbeleuchtung'' heißen.

Bei Abb. 17 und 18 ($p_1 = 8{,}45$ bzw. 5,8 kg/cm²) ist die Blende um 90° gedreht; bei dieser ,,Seitenbeleuchtung'' hat man sich das Licht von oben kommend zu denken.

Man sieht an den Bildern deutlich, wie gleich hinter der engsten Stelle, wo die Schallgeschwindigkeit überschritten ist, die feinen Schallwellen beginnen und sich unter immer spitzeren Winkeln schneiden, je weiter man zum Düsenende vorgeht. Außerhalb sieht man in Abb. 16 und

17 deutlich die Wellen nach Abb. 14 sich ausbilden. Auf eine „pyramidenförmige“ Depression folgt ein pyramidenförmiges Maximum der Dichte und des Druckes. Bei Abb. 18, wo der Druck an der Düsenmündung um ein Gutes kleiner ist als der Atmosphärendruck, finden wir erst zwei scharf geschnittene schiefe Verdichtungsstöße („Verdichtungskreuz“), die dann nach der Reflexion als Verdünnungswellen keilförmig auseinanderlaufen.

In Abb. 19 bis 26 finden wir dieselbe Düse mit der Abänderung, daß durch zwei verstellbare vor die Mündung geschraubte Metallplatten eine zweite enge Stelle geschaffen worden ist. Abb. 19 und 20, 21 und 22, 23 und 24, 25 und 26 zeigen je denselben Strömungszustand, wobei immer die ersteren (linke Reihe) in Achsenbeleuchtung, die letzteren (rechte Reihe) in Seitenbeleuchtung aufgenommen sind. Die Weite der zweiten Verengung bewegt sich von 6,6 mm (Abb. 19 und 20) über 7,7 mm und 8,0 mm bis 8,7 mm (Abb. 25 und 26). Die Drücke bewegen sich zwischen 7,5 und 6 kg/cm^2.

Während in Abb. 19 und 20 die zweite Verengung stärker ist als die erste und daher im Inneren der Düse

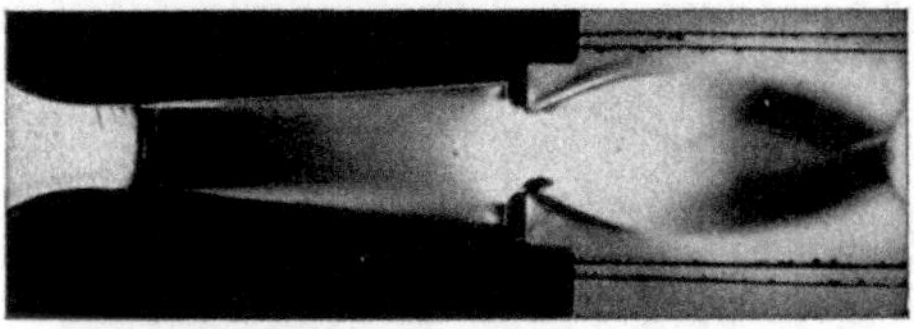

Abb. 21

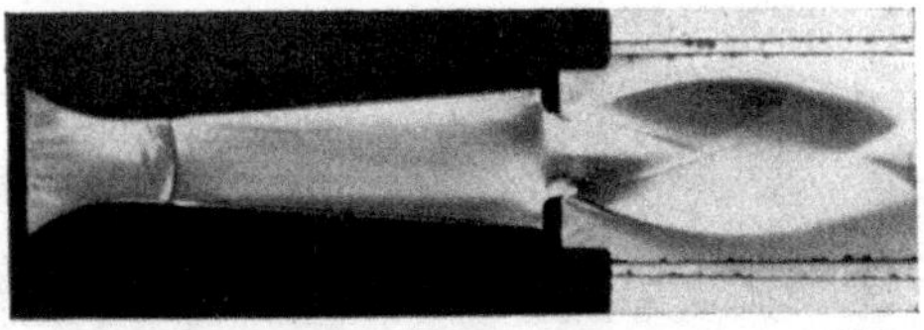

Abb. 22

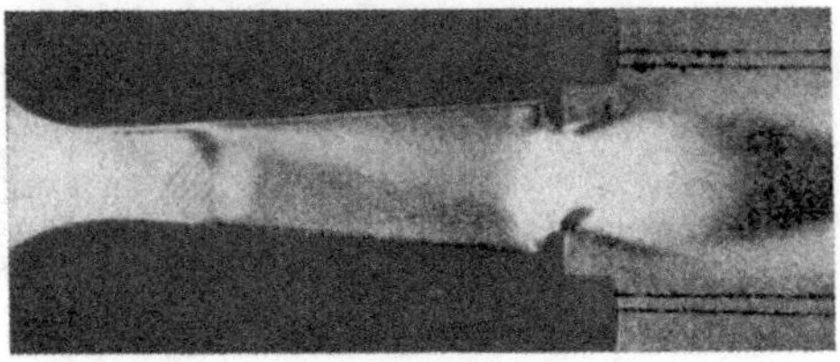

Abb. 23

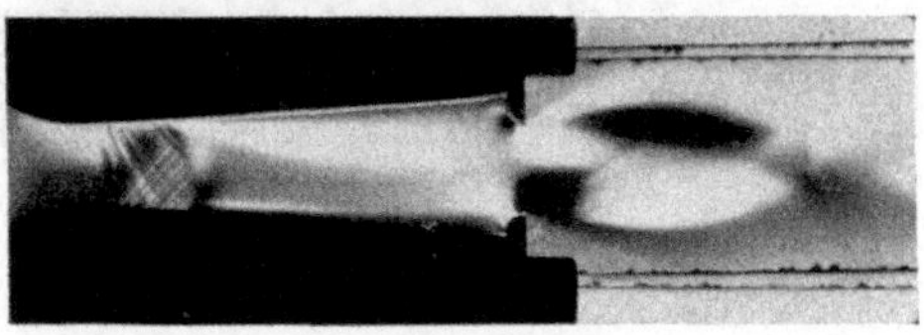

Abb. 24

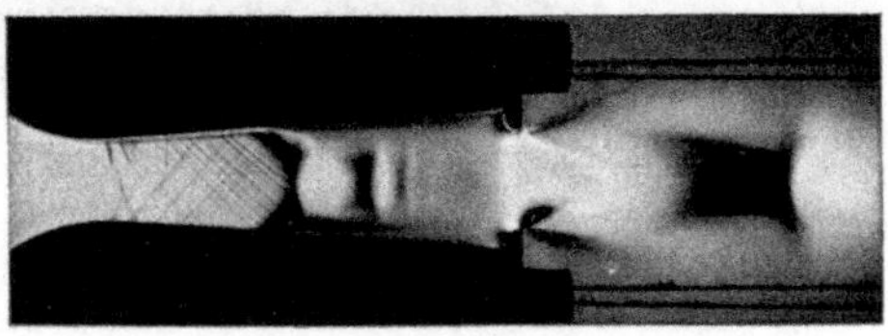

Abb. 25

die Schallgeschwindigkeit überhaupt nicht erreicht wird (Fehlen jeglicher Unstetigkeit!), sieht man in den folgenden Bildern eine wachsende Strecke mit Überschallgeschwindigkeit, die in Abb. 21 und 22 mit einem deutlich ausgeprägten Verdichtungsstoß, in Abb. 25 und 26 mit einem verkümmerten Verdichtungskreuz und nachfolgenden Wellen abschließt. Aus den Abb. 19, 21, 23, 25 kann man leicht den ungefähren Druckverlauf ablesen, er dürfte annähernd mit den Linien C, E, G und H der Abb. 2 übereinstimmen.

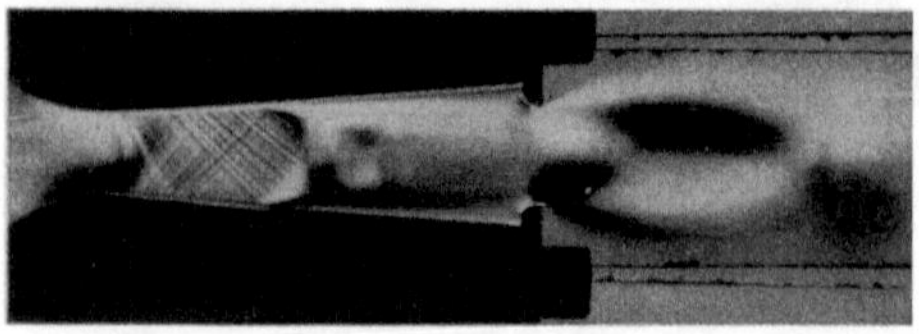

Abb. 26

Abb. 27

Abb. 28

Abb. 29

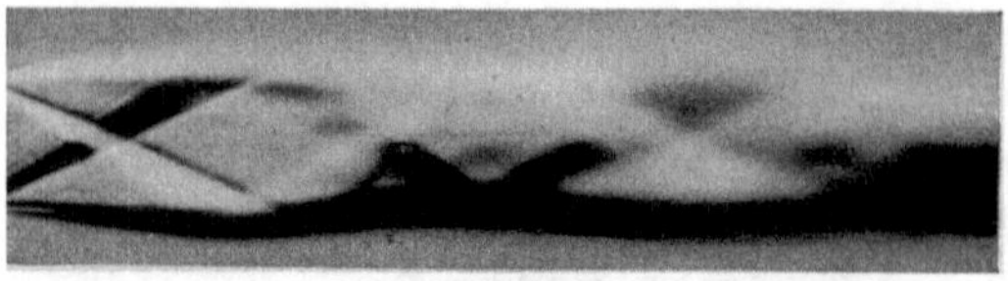

Abb. 30

In sämtlichen Bildern mit Seitenbeleuchtung, am auffälligsten in Abbildung 20, zeigt sich an der engsten Stelle eine eigentümliche Abschattierung; es ist dies nichts anderes als die durch die Zentrifugalwirkung der äußeren, gekrümmten Stromfäden geschaffene Druckdifferenz quer zur Strömungsrichtung.

Eine praktisch wichtige Beobachtung ist noch die folgende: in Abb. 20, 22, 24 und 26 sieht man im langgestreckten Teil der Düse eine merkwürdige Profilierung. Druckdifferenzen können dies nicht sein, denn diese können sich ohne Krümmung der Stromfäden nicht aufrechterhalten. Die Erklärung ist die: bei dem mehr oder minder plötzlichen Druckanstieg löst sich der Strahl auf eine kurze Strecke von der Wand ab und erzeugt dort heftige Wirbelungen. Die Wirbel werden, während sie sich weiterbewegen, allmählich durch innere Reibung aufgezehrt und erwärmen so das Gas. Was wir sehen, sind also Wirbelstraßen, in denen das Gas durch Reibungswärme verdünnt ist. Bei Abb. 20 sind die Wirbel nochauf schmale Randpartien beschränkt, bei Abb. 26 dagegen bedecken sie bereits den ganzen Strom. Eine ganz schmale Wirbelstraße ist übrigens auch schon in Abb. 17 und 18 zu sehen.

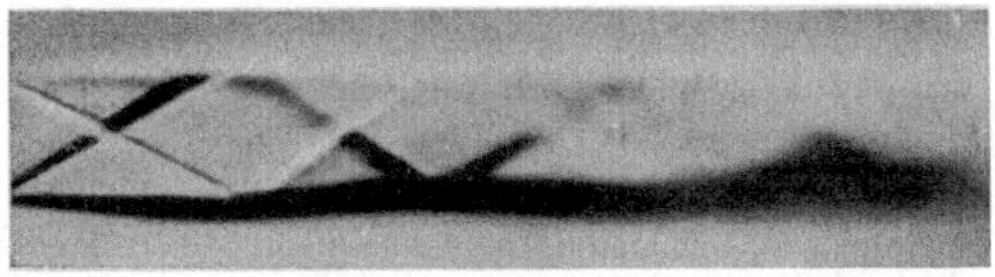

Abb. 31

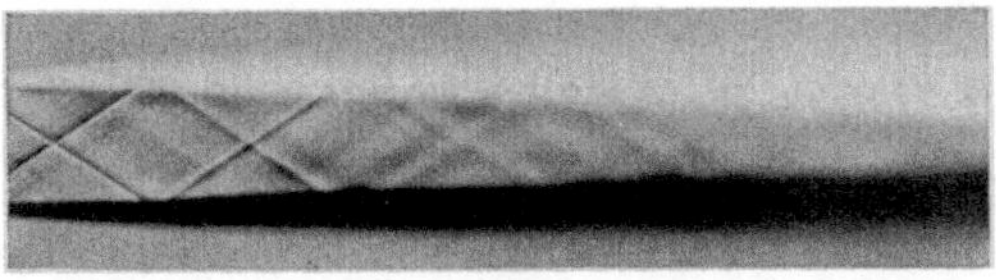

Abb. 32

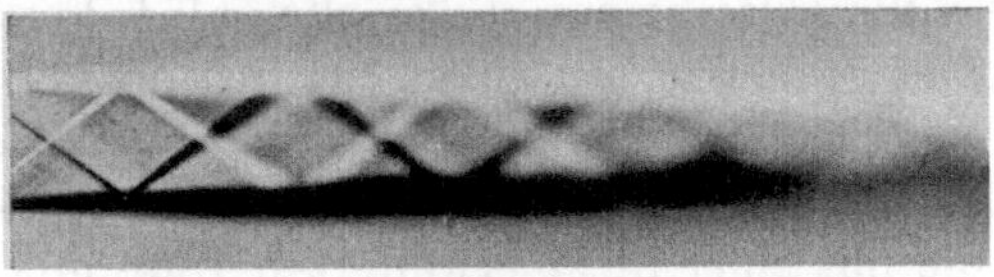

Abb. 33

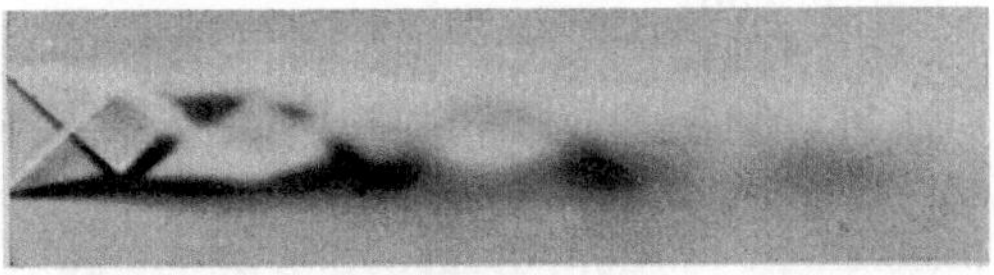

Abb. 34

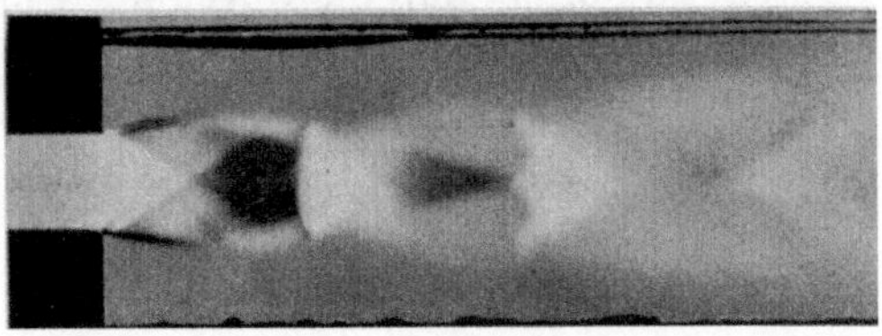

Abb. 35

Schließlich mag noch auf eins aufmerksam gemacht werden. Wo in den Abb. 16 bis 26 Überschallgeschwindigkeit gefunden wird, da schneiden sich, wie es die Theorie fordert, unabhängig vom Druck und sonstigen Umständen an der gleichen Stelle der Düse immer die gleichen Wellchen in genau der gleichen Weise.

Ich komme jetzt zu Aufnahmen mit einer anderen Düse und werde mich hier kürzer fassen. Mit Hilfe dieser Düse, die eine Weite von 7,6 mm an der engsten Stelle und 11,4 mm an der Mündung hat und so entworfen ist, daß sie den Strahl an der Mündung mit ziemlich genau parallelen Stromfäden entläßt, sind die Abb. 27 bis 34 erhalten worden. In Abb. 27, 28 und 29 sieht man in Achsenbeleuchtung das Innere der Düse und den Strahl, der hier wieder seitlich zwischen zwei Glasplatten geführt ist. In Abb. 27 ($p_1 = 8$ kg/cm²) sieht man den Typus der Abb. 9 und 12 verwirklicht. Abb. 28 (6 kg/cm²) zeigt angenähert den Parallelstrahl mit Wellen von kleiner Amplitude, während in Abb. 29 (5 kg/cm²) der Wellenform der Abb. 12 ein scharfes Verdichtungskreuz vorausgeht. Ganz entsprechende Wellenbilder zeigen sich in den mit Seitenbeleuchtung aufgenommenen Bildern, Abb. 30 bis 34; bei diesen sind allerdings die überstehenden Glasplatten entfernt und daher die Luftstrahlen auch nach der Seite hin frei, so daß also hier die Bewegung nicht mehr eigentlich als eine ebene Bewegung zu betrachten ist; trotzdem weichen die Bilder nicht sehr von den bisherigen ab. Bei den Aufnahmen

Abb. 30	31	32	33	34	war
$p_1 = 8{,}4$	7,2	5,95	5,2	4,3 kg/cm².	

Bei weiter sinkendem Druck werden die Wellen immer verschwommener, das Verdichtungskreuz wird immer niedriger und kriecht zuletzt in die Düse hinein, wo es allmählich Formen wie in Abb. 26 annimmt und schließlich in einen Verdichtungsstoß übergeht.

Um zum Schluß auch für die Wellenform der Abb. 10 und 13 ein Beispiel zu bringen, sei in Abb. 35 eine Aufnahme vorgeführt, die mit einer nicht erweiterten Düse mit parallelen Wänden gewonnen worden ist. Die Beleuchtung ist in der Achsrichtung genommen, der Druck war $p_1 = 3{,}75$ kg/cm². Die Vierfelderteilung ist deutlich darauf zu erkennen.

Wir beabsichtigen, die Versuche in Göttingen weiter fortzuführen und besonders nach folgenden Richtungen zu vervollständigen. Einmal sollen noch andere Kanalformen, insbesondere auch Turbinenschaufeln untersucht werden, dann sollen auch quantitative Dichtigkeitsmessungen versucht werden; endlich sollen durch Beleuchtung mit elektrischen Funken auch die nichtstationären Vorgänge sichtbar gemacht werden. Es steht zu hoffen, daß hierdurch noch mancher interessante Aufschluß über das vor kurzem noch rätselhafte Gebiet gewonnen werden wird.

Handwörterbuch der Naturwissenschaften Bd. 4, S. 544—560. Jena: Fischer 1913.

Gasbewegung

I. Allgemeine Darlegungen. 1. Einleitende Bemerkungen. a) Abgrenzung des Gegenstandes. b) Indifferentes Gleichgewicht. c) Rolle der Schallgeschwindigkeit. d) Eingreifen der Thermodynamik. 2. Allgemeine Theorie. a) Kinematik. b) Dynamik des Stromfadens; Formeln für permanente Gase. c) Allgemeine Dynamik der reibungsfreien Gasbewegung. d) Energiesatz für Bewegung mit Widerständen. e) Unstetige Verdichtung. II. Einzelausführungen. 1. Eindimensionale Probleme. a) Ausfluß aus Öffnungen und Mündungen. b) Strömung durch eine Laval-Düse. c) Strömung mit Widerständen. d) Ausströmen aus Gefäßen und Einströmen in Gefäße. 2. Mehrdimensionale Probleme. a) Strömung mit Überschallgeschwindigkeit um eine Ecke. b) Schallwellen von endlicher Amplitude. c) Vorgänge in freien Gasstrahlen. d) Bewegung von Körpern mit Überschallgeschwindigkeit. Geschoßwiderstand.

Unter dem Wort „Gas" sollen in diesem Artikel alle stark zusammendrückbaren („elastischen") Flüssigkeiten inbegriffen werden, also außer der atmosphärischen Luft und anderen Gasen auch die Dämpfe von Flüssigkeiten; selbst Gemische von Dämpfen und Flüssigkeit können mit inbegriffen werden, wenn die Flüssigkeit in Form von fein verteiltem Nebel in der Gasmasse enthalten ist.

I. Allgemeine Darlegungen

1. Einleitende Bemerkungen. a) *Abgrenzung des Gegenstandes.* Gegenüber der vielverbreiteten Vorstellung, daß die Gase sich „wegen ihrer Zusammendrückbarkeit" bei ihren Bewegungen wesentlich anders verhalten als die tropfbaren Flüssigkeiten, ist festzustellen, daß auch bei einem Gas Volumenänderungen nur im Zusammenhang mit Druckkräften auftreten können, und daß diese Druckkräfte bei einem Gas von Atmosphärendruck gar nicht so sehr klein sind. Wenn keine Wärmezu- und -abfuhr erfolgt, regelt sich (bei einem vollkommenen Gas) der Zusammenhang von Druck und Volumen nach dem *Adiabatengesetz*

$$p\, v^k = \text{konst.},$$

wo k das Verhältnis der spezifischen Wärmen c_p und c_v (vgl. den Artikel „*Energielehre*", Abschn. 1b und 2a) ist und für Luft den Wert 1,405 hat. Für kleine Druck- und Volumenänderungen folgt hieraus, daß z. B. einer Volumenänderung von 1% eine Druckänderung von 1,405% entspricht. Bei Luft von 760 mm Barometerstand gibt dies 10,7 mm QS oder 145 kg/m². Wo die Druckänderungen bei der Bewegung unter dieser Grenze bleiben, wird die Volumenänderung unter 1% und daher meist praktisch vernachlässigbar sein.

In solchen Fällen unterscheidet sich die Bewegung eines Gases in keinem wesentlichen Punkt von der einer volumbeständigen Flüssigkeit; die bezüglichen Gesetze sind also durch die Darlegungen des Artikels „*Flüssigkeitsbewegung*“ bereits mit zur Darstellung gelangt.

Gegenstand des vorliegenden Artikels bilden daher lediglich diejenigen Gasbewegungen, bei denen erhebliche Volumenänderungen vorkommen. Die hierzu erforderlichen Druckunterschiede finden sich bei *Bewegungen in der freien Atmosphäre* vor, wenn die Gasmassen bei der Bewegung größere Höhen durchmessen; da der Luftdruck in der Höhe abnimmt (vgl. den Artikel „*Luftdruck*“), ergeben sich in auf- und absteigenden Luftströmen große Volumenänderungen. Diese Art von Bewegungen, die in das Gebiet der Meteorologie fallen, sind jedoch bisher noch wenig quantitativ untersucht (ein Anfang ist in dem Werk von Bjerknes, „Dynamische Meteorologie und Hydrographie“, gemacht, von dem bisher zwei Bände erschienen sind). Genauer untersucht sind die *Gasbewegungen, die durch künstlich geschaffene größere Druckunterschiede in Maschinen und Rohrleitungen hervorgebracht werden.* Einen dritten hier in Betracht zu ziehenden Fall bilden die *Bewegungen der Geschosse,* bei denen Verdichtungen der Luft um mehrere Atmosphären vorkommen.

Um einen Maßstab dafür zu gewinnen, bei welchen Höhen und Geschwindigkeiten die Volumenänderungen noch unberücksichtigt bleiben können, mag erwähnt werden, daß der obengenannten Volumenänderung von 1% bei 0° bzw. 20° C eine Höhendifferenz $h = 113$ bzw. 120 m entspricht (vgl. den Artikel „*Luftdruck*“, Abschn. 7 u. 8). Die der gleichen Volumen- und Druckänderung entsprechende Strömungsgeschwindigkeit ergibt sich nach dem Torricellischen Theorem (vgl. den Artikel „*Flüssigkeitsbewegung*“ II, 1a) zu $w = \sqrt{2gh} = 47{,}5$ bis 49 m/sec. Bei Höhen und Geschwindigkeiten unter diesen Grenzen bewegt sich also die Luft praktisch wie eine volumbeständige Flüssigkeit.

1b) Indifferentes Gleichgewicht. Eine wichtige Frage ist nun: Was entspricht bei einem Gas dem indifferenten Gleichgewichtszustand, in dem sich eine unzusammendrückbare Flüssigkeit befindet, wenn die Dichte überall dieselbe ist. Der Zustand von überall gleicher Dichte, der sich durch geeignete Wahl der Temperaturverteilung mit dem nach oben hin abnehmenden Druck in Einklang bringen lassen würde, ist es offenbar nicht; denn würde man einen Teil einer solchen Gasmasse in ein höheres Niveau bringen (oder aber abwärts führen), so würde er sich unter dem geringeren Druck ausdehnen (bzw. unter dem höheren zusammengedrückt werden) und so leichter (schwerer) sein als die von Anfang an dort befindlichen Gasmassen; er würde deshalb seine Bewegung in dem angefangenen Sinn von selbst fortsetzen, und es müßte so zu einem völligen Umsturz kommen.

Die richtige Forderung ist offenbar die, daß, wohin man auch eine Gasmasse führt, sie immer unter dem dort herrschenden Druck dieselbe Dichte annimmt, wie die sie umgebenden Gasmassen. Wenn

Wärmeleitung ausgeschlossen sein soll (nur für diesen Fall hat die Fragestellung einen bestimmten Sinn), dann wird sich die auf- oder abwärts geführte Gasmasse *adiabatisch* verhalten. Das Gleichgewicht, das obiger Forderung entspricht, bei dem also Druck und Dichte der übereinandergeschichteten Gasmassen miteinander durch das Adiabatengesetz verknüpft sind, heißt *adiabatisches Gleichgewicht.* Da sich Gase durch adiabatische Ausdehnung unter sinkendem Druck abkühlen, muß hier mit zunehmender Höhe nicht nur der Druck und die Dichte abnehmen, sondern auch die Temperatur.

Ist die Dichteabnahme gerade 1%, so ist die Druckabnahme k% ($k = 1{,}405$ bei Luft), die Temperaturabnahme $(k - 1)$% der absoluten Temperatur (0,405% bei Luft). Die Temperaturabnahme nach der Höhe erfüllt hier ein besonders einfaches Gesetz: sie ist gleichförmig. Bei trockener Luft ergibt sich auf je 100 m Höhe eine Abnahme um 0,985° C, also rd. 1° C. Eine geringere Temperaturabnahme mit der Höhe (oder Temperaturgleichheit oder Zunahme) bedeutet stabile Schichtung (analog dem Zustand bei volumbeständigen Flüssigkeiten, wo leichtere über schwerere Flüssigkeiten geschichtet sind; eine größere Temperaturabnahme als 1° pro 100 m bedeutet Labilität (der obigen labilen Schichtung mit überall gleicher Dichte entspricht eine Temperaturabnahme von 3,4° pro 100 m; vgl. den Artikel „*Atmosphäre*", S. 590).

1c) Rolle der Schallgeschwindigkeit. Für die raschen, unter großen Druckunterschieden vor sich gehenden Gasbewegungen spielt die *Schallgeschwindigkeit* eine fundamentale Rolle. Die Geschwindigkeit des Schalles (vgl. den Artikel „*Schall*", Abschn. 8) ist nämlich auch die Geschwindigkeit, mit der sich alle Druckänderungen und somit auch alle Änderungen des Bewegungszustandes, in einer Gasmasse fortpflanzen. Eine momentane punktförmige Störung an einer Stelle A (Abb. 1) breitet sich in einer gleichförmigen Gasströmung in Form einer Kugelwelle aus, deren Mittelpunkt mit der Strömungsgeschwindigkeit weiterwandert. Eine andauernde Störung im Punkt A, wie sie etwa durch ein dort befindliches kleines Hindernis dargestellt würde, kann als Aufeinanderfolge von momentanen Störungen aufgefaßt werden. Wenn die Strömungsgeschwindigkeit w kleiner ist als die Schallgeschwindigkeit a, ergibt sich eine Ausbreitung der Wirkung des Hindernisses nach allen Richtungen hin, wenn schon in verschiedenen Richtungen in verschiedener Stärke. Ist aber die Strömungsgeschwindigkeit größer als die Schallgeschwindigkeit, so erfüllen alle Kugelwellen nur einen Kegel hinter dem Punkt A (vgl. Abb. 2). Der Raum

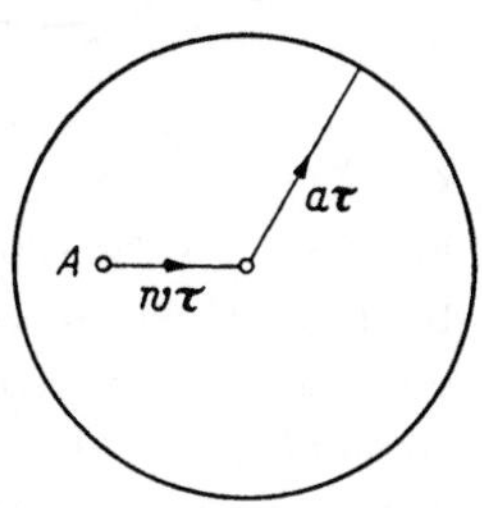

Abb. 1

vor dem Kegel bleibt völlig frei von jeder Einwirkung des Hindernisses. Für die Bewegung eines Körpers (z. B. eines Geschosses) durch eine ruhende Gasmasse gelten ganz entsprechende Beziehungen. Im Fall, daß die Geschoßgeschwindigkeit größer ist als die Schallgeschwindigkeit, erstreckt sich die Wirkung nur auf einen Kegel entsprechend Abb. 2 (E. MACH).

Der Winkel an der Kegelspitze ergibt sich folgendermaßen: Im Verlauf einer kleinen Zeit τ ist eine punktförmige Störung zu einer Kugel vom Radius $a\tau$ angewachsen, deren Mittelpunkt hat sich um $w\tau$ entfernt; der Kegel berührt die Kugel, also ist

$$\sin\alpha = \frac{a\tau}{w\tau} = \frac{a}{w}. \tag{1}$$

Man nennt α den *Machschen Winkel.*

Nach dieser Auseinandersetzung ist es verständlich, daß die Bewegung eines Gases ganz verschiedenen Charakter aufweist, je nachdem die Strömungsgeschwindigkeit kleiner oder größer ist als die Schallgeschwindigkeit. Unterhalb der Schallgeschwindigkeit ist das Verhalten einer Gasströmung in den allgemeinen Zügen gerade so, wie das einer volumbeständigen Flüssigkeit, nur daß in den Gebieten erhöhten Druckes die Teilchen enger gedrängt, und in den Gebieten erniedrigten Druckes weiter auseinandergedehnt fließen; die Bahnen der Teilchen sind ebenso stetig, wie bei der volumenbeständigen Flüssigkeit. Bei Strömungsgeschwindigkeiten größer als die Schallgeschwindigkeit dagegen verursacht jede von einem Hindernis oder auch von Unebenheiten an der Wand hervorgerufene Störung stationäre Schallwellen, die sich nach Art des Kegelmantels in Abb. 2 durch die ganze Strömung fortpflanzen und an den Wänden reflektiert werden. Eine solche Strömung ist daher zumeist von vielfach sich durchkreuzenden Wellen durchzogen. Außer den Wellen treten noch unstetige Vorgänge auf (Verdichtungsstöße), in denen der Druck unstetig ansteigt (vgl. unten 2e).

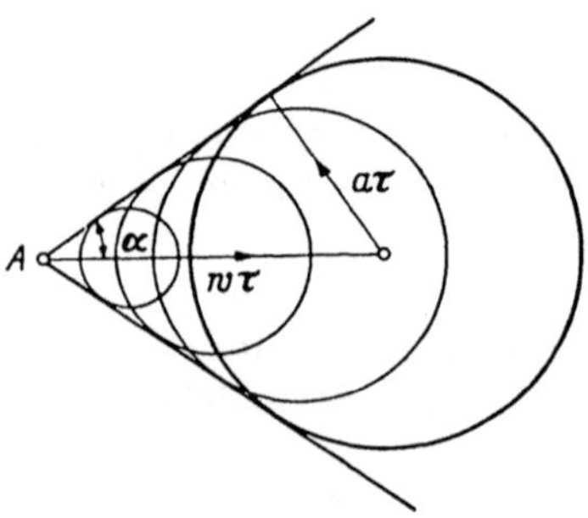

Abb. 2

Für mathematisch geschulte Leser sei bemerkt, daß die Differentialgleichung der stationären Gasströmung für Geschwindigkeiten, die kleiner sind als die Schallgeschwindigkeit, vom elliptischen Typus sind, für Überschallgeschwindigkeit dagegen vom hyperbolischen, und daß im letzteren Fall die Flächen, längs denen sich kleine Störungen ausbreiten, mit den Charakteristiken der Differentialgleichung identisch sind.

Mit der Eigenschaft der Schallgeschwindigkeit als Fortpflanzungsgeschwindigkeit aller Druckänderungen hängt es auch zusammen, daß, solange in einer in einem Kanal verlaufenden Gasströmung irgendwo in der ganzen Kanalbreite die Schallgeschwindigkeit überschritten ist, eine beliebige Änderung der stromabwärts bestehenden Zustände keinerlei Einwirkung auf die stromaufwärts bestehende Strömung haben kann, da die mit Schallgeschwindigkeit laufenden Wirkungen der vorgenommenen Änderung durch das mit Überschallgeschwindigkeit durchströmte Kanalstück nicht hindurchdringen können.

Anmerkung. Eine weitere Eigenschaft der Schallgeschwindigkeit wird unten unter I, 2b dargelegt werden.

1d) Eingreifen der Thermodynamik. In den Verdichtungen und Verdünnungen treten bei den großen Geschwindigkeiten sehr merkliche Temperaturdifferenzen auf, die sich bei verlustlosen Vorgängen sehr genau nach dem Adiabatengesetz vollziehen, da bei der Raschheit der Bewegungen zu einem Wärmeaustausch keine Gelegenheit ist. Die Wärmemengen, die entstehen, wenn die kinetische Energie der Strömung durch Widerstände ganz oder teilweise vernichtet wird, sind bei den großen Geschwindigkeiten ebenfalls sehr beträchtlich und ergeben Erwärmungen, die von gleicher Größenordnung sind, wie die Abkühlungen, die bei der mit der Geschwindigkeitserteilung einhergehenden Expansion auftreten. Da diese Temperaturänderungen großen Einfluß auf das Volumen der strömenden Massen haben, können die Strömungen von Gasen bei größeren Druckunterschieden bei Vorhandensein von Widerständen nur unter Berücksichtigung der Lehren der Thermodynamik (vgl. den Artikel „*Energielehre*") richtig beurteilt werden.

2. Allgemeine Theorie. Im folgenden sollen im engen Anschluß an die Ausführungen in Abschn. I und II des Artikels „*Flüssigkeitsbewegung*" die theoretischen Grundlagen der Lehre von den Gasströmungen dargelegt werden. Die Abschnitte und Nummern sowie die Gleichungen des Artikels „*Flüssigkeitsbewegungen*" werden dabei durch die Abkürzung „Fl." mit beigesetzten Nummern angegeben werden.

2a) Kinematik. Was die Darstellung der Bewegung betrifft (Fl. I, 1) so tritt insofern eine Ergänzung hinzu, als an jeder Stelle neben der Geschwindigkeit und dem Druck auch noch die Dichte (ϱ) anzugeben ist. Statt der Dichte wird wegen des Zusammenhanges mit der Thermodynamik häufig das dort gebräuchliche „spezifische Volumen" (v) gebraucht, das der Dichte umgekehrt proportional ist (das spezifische Volumen ist das Volumen der Masseneinheit, die Dichte die Masse der Volumeneinheit). Da durch die „Zustandsgleichung" eines Gases ein Zusammenhang zwischen Druck, Dichte und Temperatur gegeben ist, mit Hilfe dessen sich aus zwei dieser Größen die dritte berechnen läßt, so kann in den vorstehenden Angaben an Stelle der Dichte auch die Temperatur treten.

Die Kontinuitätsgleichung für eine Stromröhre einer stationären Strömung [Gl. (1), Fl. I, 2] muß hier geschrieben werden

$$F\,w\,\varrho = \frac{F\,w}{v} = \text{konst.} \tag{2}$$

(Transportierte Masse konstant für alle Querschnitte.)

Die allgemeine Kontinuitätsgleichung (Fl. I, 2) für nichtstationäre Bewegungen hat auszudrücken, daß der Betrag, um den in einem Raumelement $dy \cdot dx \cdot dz$ mehr Masse ausströmt als einströmt, als Dichtigkeitsabnahme in dem Raumelement in Erscheinung tritt.

$$\frac{\partial}{\partial x}(\varrho\,u) + \frac{\partial}{\partial y}(\varrho\,v) + \frac{\partial}{\partial z}(\varrho\,w) = -\frac{\partial \varrho}{\partial t} \tag{3}$$

(u, v, w sind dabei die Geschwindigkeitskomponenten).

Das in Fl. I, 3 und 4 über Drehbewegung und Drehungsfreiheit und über Beschleunigung Gesagte bleibt hier ungeändert in Kraft.

2b) *Dynamik des Stromfadens.* Für die Untersuchung der längs einer Stromlinie bestehenden Verhältnisse können die in Fl. II, 1, an Abb. 5 angeknüpften Erörterungen über die longitudinale Beschleunigung ohne weiteres übernommen werden. Bei ihrer Integration längs einer Stromlinie [Fl., Gl. (6)] ist aber die Veränderlichkeit von ϱ zu beachten. Man erhält:

$$\frac{w^2}{2} + \int \frac{dp}{\varrho} + g\,z = \text{konst.} \tag{4}$$

Die Ableitung der Gleichung setzt reibungsfreie Strömung voraus; nimmt man hier noch die Abwesenheit von Wärmeleitung hinzu, so wird ϱ von p allein abhängen (nach dem Adiabatengesetz der betreffenden Gasart), und es wird daher das

$$\int \frac{dp}{\varrho} = \int v\,dp$$

eine Funktion des Druckes allein sein. Zur Abkürzung sei diese „Druckfunktion" mit $P(p)$ bezeichnet.

Es ist interessant, zu bemerken, daß in einer indifferenten Atmosphäre (deren Strömungen allein näher untersucht sind, vgl. I, 1b), die Größe P/g ganz wie bei der volumbeständigen Flüssigkeit eine statische Druckhöhe bedeutet. Es ist $-dp = g\varrho dz$ die Druckabnahme in einer ruhenden Gasmasse für die Höhe dz; durch Integration ergibt sich hieraus

$$z_1 - z_0 = \frac{1}{g}\int_{p_1}^{p_0} \frac{dp}{\varrho} = \frac{P_0 - P_1}{g}.$$

Die Gl. (4) läßt sich also, wenn alle Glieder durch g dividiert werden, ebenso deuten, wie Gl. (6a) (Fl.): „Die Summe von Geschwindigkeitshöhe, Druckhöhe und Ortshöhe ist längs einer Stromlinie einer stationären Strömung konstant."

Für die meisten Anwendungen (abgesehen von solchen in der Meteorologie) kann die Schwere des Gases vernachlässigt, also das Glied $g z$ in Gl. (3) gestrichen werden, so daß sich ergibt:

$$\frac{w^2}{2} + P(p) = \text{konst.} \tag{4a}$$

Sobald das adiabatische Expansionsgesetz des betreffenden Gases bekannt ist, läßt sich ϱ und damit auch P als Funktion von p darstellen, und es läßt sich nun aus Gl. (2) und (4a) die Geschwindigkeit w eliminieren, so daß eine Gleichung zwischen dem Druck p und dem Stromfadenquerschnitt F zurückbleibt. Die durch diese Gleichung hergestellten Beziehungen sind sehr beachtenswert; sie lassen sich überblicken, ohne die Gleichung wirklich anzuschreiben.

Die Strömung beginne mit der Geschwindigkeit $w = 0$ beim Druck $p = p_1$; die Konstante von Gl. (4) ist dann $= P(p_1)$. Wenn p von dem Höchstdruck p_1 an allmählich abnimmt, so wird die Geschwindigkeit w, von Null an beginnend, allmählich zunehmen, und deshalb, entsprechend Gl. (2), der Stromfadenquerschnitt allmählich abnehmen, ganz so, wie es auch bei einer volumbeständigen Flüssigkeit der Fall wäre. Später aber wird, da mit sinkendem Druck das spezifische Volumen v unbegrenzt zunimmt, die Geschwindigkeit aber endlich bleibt (die kinetische Energie der Gasströmung kann nie größer werden, als die beim Druck p_1 in dem ruhenden Gas enthaltene Energie!), die Zunahme des Volumens allmählich die der Geschwindigkeit überwiegen, und so der Stromfadenquerschnitt, nachdem er einen kleinsten Wert erreicht hat, wieder zu wachsen beginnen.

Für das Minimum des Stromfadenquerschnittes F (oder was dasselbe ist, für das Minimum von v/w) ergibt eine einfache Rechnung den Wert

$$w = \sqrt{\frac{dp}{d\varrho}}.$$

Dies ist aber nichts anderes als die Formel für die Schallgeschwindigkeit a (vgl. den Artikel „*Wellenausbreitung*").

Das Wachsen des Stromfadenquerschnittes bei sinkendem Druck steht in vollem Gegensatz zu dem Verhalten der volumbeständigen Flüssigkeiten, und es ist sehr bezeichnend für die obwaltenden Verhältnisse, daß an der Grenze zwischen Abnehmen und Wachsen wieder die Beziehung $w = a$ steht, die auch in anderer Hinsicht die Grenze zwischen zwei gänzlich verschiedenen Strömungscharakteren bildete (vgl. I, 1c).

Das Querschnittsminimum der Stromfäden ist für die Vorgänge beim Ausfluß aus Mündungen von entscheidender Bedeutung (vgl. II, 1a).

Eine graphische Darstellung der im vorstehenden geschilderten Beziehungen gibt die Abb. 3. Sie enthält zunächst die adiabatische Expansionslinie: v als Funktion von p. Das $\int v\,dp$ zwischen den Grenzen p_1 und p (die in Abb. 3 schraffierte Fläche) ist nichts anderes als der Unterschied der Druckfunktion P für die Werte p_1 und p und also

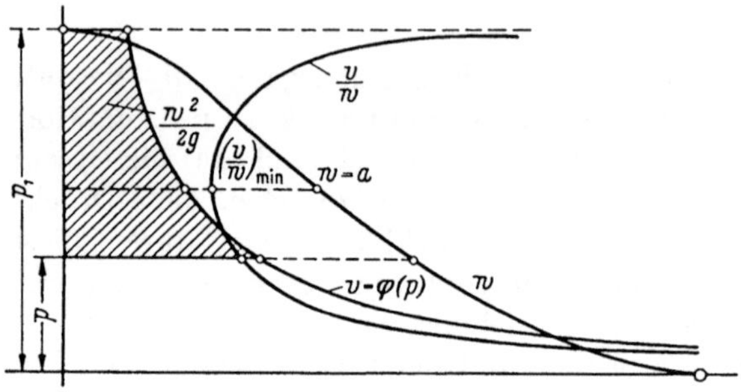

Abb. 3

nach Gl. (4a) gleich $w^2/2$; hieraus ergibt sich w abhängig von p und damit auch die zum Stromfadenquerschnitt proportionale Größe v/w.

Formeln für permanente Gase:

T sei die absolute Temperatur, B die Gaskonstante bezogen auf die Masseneinheit, dann ist

$$p\,v = B\,T$$

die Zustandsgleichung; die Adiabatengleichung ist

$$p\,v^k = \text{konst.} = p_1\,v_1^k.$$

Die Druckfunktion P nimmt die Form an

$$P = c_p\,T = \frac{k}{k-1}\,p\,v = \frac{k}{k-1}\,p_1\,v_1\left(\frac{p}{p_1}\right)^{\frac{k-1}{k}}; \tag{5}$$

damit wird die durch einen Druckabfall von p_1 nach p_2 erzeugte Geschwindigkeit

$$w = \sqrt{\frac{2k}{k-1}\,p_1\,v_1\left(1-\left(\frac{p_2}{p_1}\right)^{\frac{k-1}{k}}\right)}; \tag{6}$$

die Maximalgeschwindigkeit wird mit $p_2 = 0$ zu

$$w_{max} = \sqrt{\frac{2k}{k-1}\,p_1\,v_1} = \sqrt{2\,c_p\,T_1}$$

erhalten.

Die Schallgeschwindigkeit wird

$$a = \sqrt{k\,p\,v} = \sqrt{k\,B\,T}.$$

Sie ist also nicht unveränderlich, sondern nimmt mit sinkendem Druck wegen der bei der adiabatischen Expansion gleichfalls sinkenden Temperatur mit ab.

Der Wert von p, bei dem die steigende Strömungsgeschwindigkeit und die sinkende Schallgeschwindigkeit einander gleich werden, wird zu

$$p' = p_1 \left(\frac{2}{k+1} \right)^{\frac{k}{k-1}} \tag{7}$$

erhalten. Das Verhältnis p'/p_1, das *kritische Druckverhältnis* genannt, hat für $k = 1{,}405$ (Luft) den Wert 0,527, und scheidet Unterschallgeschwindigkeit und Überschallgeschwindigkeit. Für $p = p'$ wird die Geschwindigkeit „kritische Geschwindigkeit")

$$w' = a' = \sqrt{\frac{2k}{k+1} p_1 v_1}. \tag{8}$$

Zahlenbeispiel: Für atmosphärische Luft von 15°C Anfangstemperatur ($T = 288$) wird $w' = a' = 314$ m/sec, $w_{max} = 765$ m/sec.

2c) *Allgemeine Dynamik der reibungsfreien Gasbewegung.* Über die *allgemeinen Bewegungsgesetze eines reibungsfreien Gases* mag folgendes gesagt werden: Die *Eulerschen Gleichungen*, Fl. II, 2, Gl. (7) und (5), bleiben unverändert bestehen. Für eine homogene Gasmasse, d. i. für eine im indifferenten, adiabatischen Zustand befindliche Gasmasse, vgl. I, 1b, gelten unter der wichtigen Voraussetzung, daß die Bewegung überall stetig verläuft, auch die Sätze über die Erhaltung der Drehungsfreiheit; es ist demnach auch hier die Darstellung der Strömung durch ein Potential Φ nach Fl. I, 3, möglich, dessen Differentialquotienten nach x, y und z die Geschwindigkeitskomponenten u, v und w sind. Die mathematische Bedingung dafür, daß das Potential eine mögliche Gasbewegung darstellt, wird allerdings nicht durch Gl. (8) (Fl.) dargestellt, sondern durch eine wesentlich verwickeltere Bedingung, die man für stationäre Bewegungen durch Wegschaffen von p und ϱ aus der Kontinuitätsgleichung (3), der hier ebenfalls geltenden Druckgleichung (4) und der Adiabatengleichung $p = \text{konst.}\, \varrho^k$ erhalten kann.

An exakt durchgeführten Beispielen solcher Potentialbewegungen existieren nur einige wenige; sie gehören fast durchweg dem mathematisch leichter zu behandelnden Gebiet der Überschallgeschwindigkeit an. Es sind zum Teil ebene Strömungen um eine Ecke herum, entsprechend den Flüssigkeitsströmungen Abb. 13 bis 17 (Fl.), teils Wellenbewegungen (vgl. II, 2a und b).

Was die Dynamik der Bewegung mit Drehung betrifft, so gilt unter der Voraussetzung einer homogenen (adiabatischen) Dichteverteilung und stetiger Bewegung der THOMSONsche Zirkulationssatz und seine Folgerungen, die HELMHOLTZschen Wirbelsätze (Fl. II, 3) für Gase ebenso wie für volumbeständige Flüssigkeiten.

Für eine inhomogene Dichteverteilung, z. B. die in einer ungleichförmig erwärmten Luftmasse, tritt an Stelle des THOMSONschen Satzes, daß die Zirkulation längs einer geschlossenen flüssigen Linie konstant ist, der andere, daß ihre zeitliche Änderung negativ gleich dem längs derselben Linie genommenen $\int \frac{dp}{\varrho}$ ist.

V. BJERKNES hat diesem Integral mit Hilfe einer Umformung in ein Flächenintegral eine anschauliche Deutung gegeben.

Denkt man sich in der Gasmasse eine Schar von Flächen konstanten Druckes gezogen, deren Drucke jeweils um einen bestimmten gleichbleibenden Bruchteil der Druckeinheit verschieden sind, und ebenso eine Schar von Flächen konstanten spezifischen Volumens v, deren v-Werte ebenfalls eine arithmetische Reihe bilden, so werden sich im allgemeinen beide Flächenscharen irgendwie durchsetzen. Je ein Paar der Druckflächen und der Volumenflächen schließen zwischen sich eine Röhre ein, von BJERKNES isobarisch-isostere Röhre genannt. Das Integral $\int \frac{dp}{\varrho}$ längs jeder geschlossenen Linie ist nun (vgl. Abb. 4) bis auf einen Proportionalitätsfaktor gleich der (algebraisch genommenen) Zahl der von der flüssigen Linie umschlungenen isobarisch-isosteren Röhren. Für den Fall des homogenen Gases werden die Druckflächen und Volumenflächen parallel und bilden dann keine Röhren.

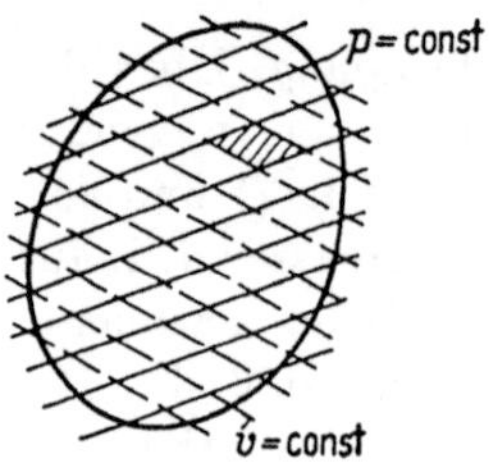

Abb. 4

Anmerkung. Die vorstehenden Betrachtungen gelten natürlich ebenso für inhomogene Flüssigkeiten (wie ungleich gesättigte Salzlösungen, ungleich erwärmte Flüssigkeiten usw.).

Die in Fl. II, 4, dargelegten „Impulssätze für stationäre Bewegungen" finden ohne Änderung Anwendung auf die strömende Bewegung von Gasen. Es sei nur erwähnt, daß einige in den Beispielen Fl. II, 4b und c, gezogene Folgerungen, bei denen zum Impulssatz noch andere Gleichungen hinzugenommen wurden, nicht gültig bleiben (Kontraktionsziffer beim BORDAschen Mundstück, Stoßverlust bei plötzlicher Erweiterung).

2d) Energiesatz für Bewegung mit Widerständen. Strömungswiderstände haben bei Gasen eine doppelte Wirkung: neben der mechanischen Hemmung der Strömung eine Zufuhr von Wärmeenergie, die der vernichteten mechanischen Energie entspricht. Es ist so im Gegensatz zu der Strömung volumbeständiger Flüssigkeiten die Möglichkeit vorhanden, einen Teil der Widerstandsenergie, weil sie in Wärme verwandelt wurde, bei einer weiteren Expansion wieder nutzbringend zu verwerten.

Um einen Überblick über die hier obwaltenden Gesetzmäßigkeiten zu erhalten, wird zweckmäßig ein *Energiesatz* hergeleitet, der durch ganz ähnliche Betrachtungen erhalten wird, wie die Impulssätze in Fl. II, 4. Man betrachtet die Energieänderung in einem irgendwie abgegrenzten Teil einer stationär strömenden Gasmasse. Am bequemsten nimmt man hierzu ein Stück eines Stromfadens, vgl. Abb. 5. Hier besteht, da die Bewegung stationär sein soll, die Änderung im Zustand der abgegrenzten Gasmasse in der Zeit dt einfach darin, daß bei A ein Massenteilchen $dm = \varrho_A F_A w_A dt$ verschwunden und bei B ein Massenteilchen, $dm' = \varrho_B F_B w_B dt$ hinzugekommen ist; wegen der Kontinuität [Gl. (2)] ist $dm = dm'$.

Es ist nun auszusagen, daß die bei dieser Verschiebung in der Gasmasse auftretende Änderung des Energieinhaltes gleich der während der Zeit dt von außen zugeführten Energie sein muß. Der Energieinhalt eines Massenteilchens besteht nun aus seiner kinetischen Energie, seiner potentiellen Energie und seiner Wärmeenergie, der sogenannten „inneren Energie", die für die Masseneinheit den Wert u haben soll; u soll dabei nicht im Wärmemaß, sondern im Arbeitsmaß, wie eine mechanische Energie, gemessen sein. Der Energieinhalt der Masse dm ist demnach $= dm\left(\frac{w^2}{2} + g z + u\right)$. Die Energiezufuhr an die in der Stromröhre befindliche Masse besteht aus Druckarbeit an den Endflächen und aus einer etwaigen Wärmezufuhr durch die Seitenflächen. Reibungsarbeiten kommen hier nicht in Ansatz, weil sie nur Verwandlung von Arbeit in Wärme, aber keine Änderung des Energieinhaltes bedeuten. Die Druckarbeit an der Fläche F_A ist Kraft $\times$ Weg: $F_A\, p_A\, w_A\, dt$ oder durch Einführung von dm:

$$= dm \frac{p_A}{\varrho_A} = dm\, p_A\, v_A;$$

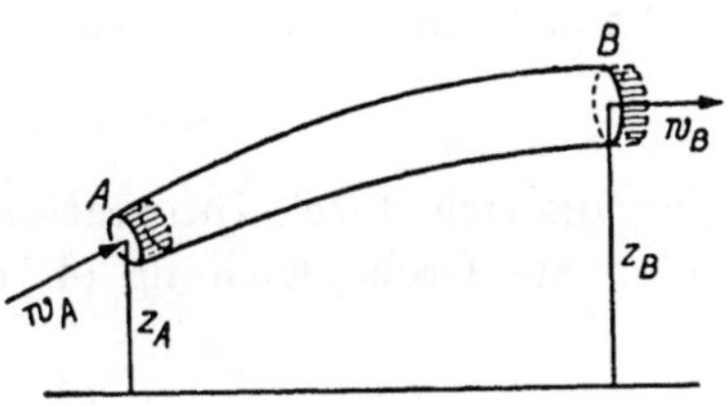

Abb. 5

ebenso bei B: $-dm\, p_B\, v_B$. Eine etwaige Wärmezufuhr zwischen A und B sei mit $q_{AB}\, dm$ bezeichnet (dann bedeutet q_{AB} die jeder Masseneinheit auf dem Weg von A nach B mitgeteilte Wärme). So lautet dann die obige Aussage über die Änderung des Energieinhaltes:

$$dm\left(\frac{w_B^2}{2} + g z_B + u_B\right) - dm\left(\frac{w_A^2}{2} + g z_A + u_A\right) = dm\,(p_A v_A - p_B v_B + q_{AB}).$$

Es ist also

$$\frac{w_B^2}{2} + g z_B + u_B + p_B v_B = \frac{w_A^2}{2} + g z_A + u_A + p_A v_A + q_{AB},$$

oder, da man den Endquerschnitt B beliebig variieren kann:

$$\frac{w^2}{2} + g z + u + p v = \text{konst.} + q. \tag{9}$$

Die Gleichung wird auch häufig in differenzierter Form benützt:

$$w\, dw + g\, dz + du + d(p v) = dq.$$

Die Größe $u + pv$ wird in der Thermodynamik viel verwandt. Sie wird *Erzeugungswärme* oder auch *Wärmefunktion* genannt. Sie sei mit i bezeichnet.

Für permanente Gase gelten die Formeln

$$u = \frac{1}{k-1}\, p v = c_v\, T,$$

$$i = u + p v = \frac{k}{k-1}\, p v = c_p\, T.$$

c_v und c_p sind dabei in Arbeitseinheiten zu messen, d. h. ihre gewöhnlichen Werte sind durch das Wärmeäquivalent zu dividieren.

Zu der Energiegleichung kann man die weitere Aussage hinzunehmen, die dem sogenannten ersten Hauptsatz der mechanischen Wärmetheorie entspricht (vgl. den Artikel „*Energielehre*“, Abschn. 1). Es muß nämlich für jedes Massenelement des Gases die Beziehung gelten, daß die durch Leitung zugeführte Wärme und die in Wärme verwandelte Reibungsarbeit dazu verwendet wird, die innere Energie zu erhöhen und Expansionsarbeit zu leisten. Die auf einem Element des Stromfadens in der Masseneinheit auftretende Reibungsarbeit heiße dR, dann ist:

$$dq + dR = du + p\,dv\,.$$

Addiert man diese Gleichung zu der differenzierten Gl. (9), so ergibt sich mit $d(p\,v) = p\,dv + v\,dp$:

$$w\,dw + g\,dz + v\,dp + dR = 0\,,$$

woraus sich durch Integration die für Bewegungen mit Widerständen ergänzte Druckgleichung (4) ergibt:

$$\frac{w^2}{2} + g\,z + \int v\,dp + R = \text{konst.} \qquad (10)$$

R bedeutet hierbei die der Masseneinheit vom Anfangsquerschnitt an zugeführte Reibungsarbeit.

Die Größe R/g kann als „Reibungshöhe“ bezeichnet werden, so daß sich also hier die Konstanz der Summe aus Geschwindigkeitshöhe, Ortshöhe, Druckhöhe (vgl. I, 2b) und Reibungshöhe ergibt.

2e) *Unstetige Verdichtung.* Eine unstetige Gasbewegung, die von RIEMANN bei seinen mathematischen Untersuchungen über Schallwellen mit endlichen Amplituden entdeckt wurde und seitdem vielfach durch Beobachtungen hauptsächlich photographischer Art (E. und L. MACH u. a.) nachgewiesen worden ist, verdient eine besondere Behandlung. Der einfachste, von STODOLA behandelte Fall ist der „*gerade, stationäre Verdichtungsstoß*“: Das Gas kommt in Parallelströmung mit der Geschwindigkeit w_1, einem Druck p_1 und Volumen v_1 an und verdichtet sich in einer Ebene AA, Abb. 6 unter Verringerung der Geschwindigkeit auf w_2 und Erhöhung des Druckes auf p_2 auf das kleinere Volumen v_2.

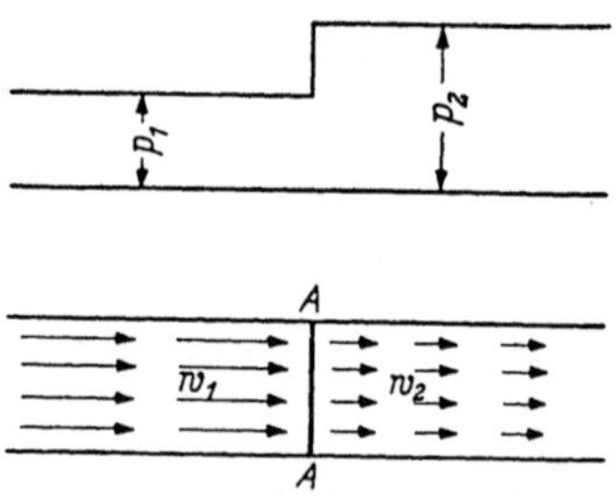

Abb. 6

Der Vorgang, der gewisse Ähnlichkeit mit dem in Fl. III, 1 c, beschriebenen „Schwall“ hat, wird durch die folgenden Gleichungen beherrscht:

1. Die Kontinuitätsgleichung (in der die sekundlich strömende Masse zweckmäßig auf die Flächeneinheit bezogen wird):

$$m = \frac{w_1}{v_1} = \frac{w_2}{v_2},$$

2. die Impulsgleichung:

$$m(w_1 - w_2) = p_2 - p_1,$$

3. die Energiegleichung:

$$\frac{w_1^2}{2} + u_1 + p_1 v_1 = \frac{w_2^2}{2} + u_2 + p_2 v_2.$$

Wenn also drei Größen, z. B. p_1, v_1 und p_2, gegeben werden, so lassen sich die drei anderen: w_1, w_2 und v_2 berechnen. Die Rechnungen sind aber etwas umständlich. Von den Resultaten seien die wichtigsten angegeben:

Für die Geschwindigkeiten erhält man unter Voraussetzung der einfachen Gasgesetze die Beziehung

$$w_1 w_2 = a'^2,$$

wo a' die kritische Schallgeschwindigkeit nach Gl. (8) ist. Es ergibt sich also immer von den Geschwindigkeiten w_1 und w_2 die eine größer, die andere kleiner als die Schallgeschwindigkeit. Nach den Formeln, die sämtlich völlig symmetrisch sind, wäre sowohl unstetige Verdichtung, wie unstetige Verdünnung möglich. Jedoch läßt sich durch Betrachtung der Entropie, die bei abgeschlossenen Systemen nur wachsen, niemals abnehmen kann (vgl. den Artikel „*Energielehre*", 2c) zeigen, daß nur der Verdichtungsstoß, bei dem die Entropie zunimmt, physikalisch möglich ist (vgl. auch II, 2b). Es ist also immer w_1 größer als Schallgeschwindigkeit.

Zieht man in Betracht, daß die Gase eine wenn auch kleine Wärmeleitfähigkeit haben, so findet man statt der mathematisch scharfen Unstetigkeit einen allmählichen Übergang von p_1 auf p_2, der sich allerdings meist auf Strecken von der Größenordnung von $^1/_{1000}$ mm vollzieht (PRANDTL). Die oben erwähnte Entropievermehrung wird dabei durch Wärmeübergang von den bereits verdichteten und daher heißeren Gasmassen an die noch unverdichteten hervorgebracht.

Beim Verdichtungsstoß wird der Betrag $\frac{w_1^2 - w_2^2}{2}$ in Wärme verwandelt, von dem nur ein Teil durch Expansion von p_2 auf p_1 wieder gewonnen werden kann. Beim inhomogenen Verdichtungsstoß (z. B. der Kopfwelle bei Geschossen, Abb. 31, oder der Unstetigkeit in Abb. 19) erfahren die verschiedenen Stromfäden verschiedene Erwärmung, so daß also die Homogenität der Gasmasse und deshalb auch die Drehungsfreiheit verlorengeht.

Der oben als stationärer Vorgang betrachtete Verdichtungsstoß kann auch als Verdichtungswelle über eine ruhende Luftmasse hinwegschreiten. Denkt man nämlich dem strömenden System in Abb. 6 eine Geschwindigkeit von der Größe w_1 nach links erteilt, so wird die Geschwindigkeit vor der Stoßebene zu Null, der Stoß rückt mit der Geschwindigkeit $c = w_1$ nach links, und die Gasmasse hinter dem Stoß strömt mit der Geschwindigkeit $w = w_1 - w_2$ nach (vgl. Abb. 7).

Die Impulsgleichung erhält hier die Form: $p_2 - p_1 = \varrho_1 c w$, woraus sich für kleines w, wo c nahezu gleich der Schallgeschwindigkeit ist, der Zusammenhang der Druckerhöhung mit der Nachströmungsgeschwindigkeit w abschätzen läßt. Die Fortpflanzungsgeschwindigkeit c ist hier also immer größer als die Schallgeschwindigkeit und kann für beliebig große Druckunterschiede auch beliebig groß werden. Solch große Fortpflanzungsgeschwindigkeiten sind bei Explosionen beobachtet worden (vgl. den Artikel „*Schall*", 8a, β).

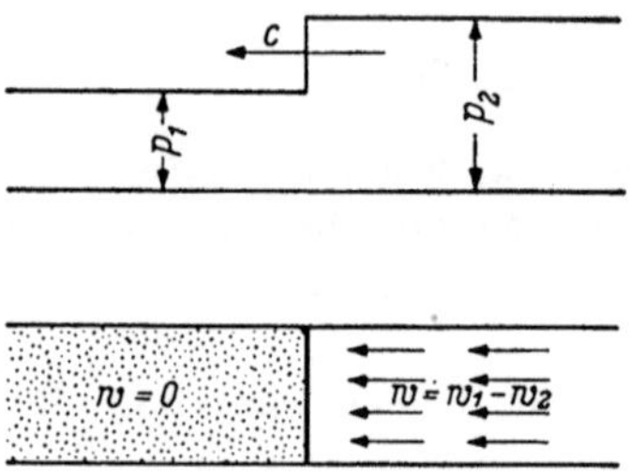

Abb. 7

Anmerkung. Mit diesen unstetigen Verdichtungsvorgängen sind die „Explosionswellen" verwandt, die bei der Verbrennung von entzündbaren Gasgemischen auftreten können. Diese Vorgänge, bei denen in der Verdichtungsebene durch die bei der Verdichtung erfolgende Erhitzung die Entzündung und sofortige Verbrennung erfolgt, zeigen enorme Fortpflanzungsgeschwindigkeiten (bei H_2O-Knallgas bis 2800 m/sec).

II. Einzelausführungen

1. Eindimensionale Probleme (Strömung durch Mündungen, Rohre usw.). *a) Ausfluß aus Öffnungen und Mündungen.* Durch das in I, 2b, geschilderte Verhalten des Stromfadenquerschnittes ergeben sich verschiedene Gesetzmäßigkeiten, je nachdem bei der Expansion vom Druck p_1 (vor der Mündung) bis zum Druck p_2 (hinter der Mündung) die Schallgeschwindigkeit überschritten wird oder nicht.

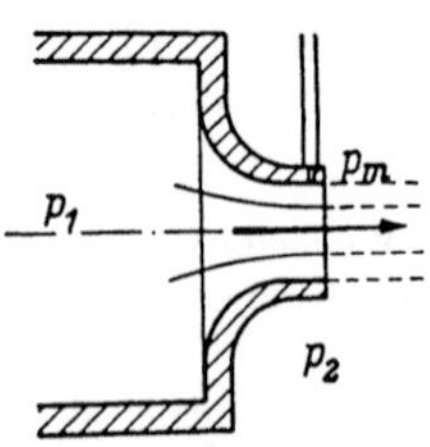

Abb. 8

Bei abgerundeten Mündungen nach Abb. 8 stimmt der Mündungsdruck, d. h. der Druck im engsten Querschnitt bei Drücken p_2 über dem „kritischen Druck" p' [Gl. (7)] mit dem Außendruck p_2 überein, es ergeben sich also ganz analoge Verhältnisse wie beim Ausfluß volumbeständiger Flüssigkeiten. Die Ausflußgeschwindigkeit kann nach Gl. (6) erhalten werden, das entsprechende Volumen v_2 ergibt sich aus $p_2 v_2^k = p_1 v_1^k$; damit wird die theoretische Ausflußmenge (Masse pro sec)

$$M = \frac{F w}{v} = F\left(\frac{p_2}{p_1}\right)^{\frac{1}{k}} \sqrt{\frac{2k}{k-1}\,\frac{p_1}{v_1}\left(1 - \left(\frac{p_2}{p_1}\right)^{\frac{k-1}{k}}\right)} \tag{11}$$

(F ist der Mündungsquerschnitt).

Sinkt bei unverändertem Druck p_1 der Außendruck p_2 unter den kritischen Druck p', dann besitzen die Stromfäden ein Querschnittsminimum bei dem Druck p', die Strömung kann daher hier nur so erfolgen, daß sich das Querschnittsminimum und somit der Druck p' in der engsten Stelle der Mündung einstellt, und die weitere mit einer Ausbreitung des Strahles verbundene Expansion sich erst nach dem Verlassen der Mündung vollzieht. Da sonach der Mündungsdruck von dem Außendruck unabhängig (nämlich $= p'$) geworden ist, wird auch die Ausflußmenge konstant, gleichviel, welche Werte der Außendruck annimmt (vgl. I, 1 c). Die Formel für diese konstante Ausflußmenge, die gleichzeitig die maximale Ausflußmenge nach Gl. (11) darstellt, lautet:

$$M_{\max} = F\left(\frac{2}{k+1}\right)^{\frac{1}{k-1}} \sqrt{\frac{2k}{k+1}\,\frac{p_1}{v_1}}\,. \qquad (12)$$

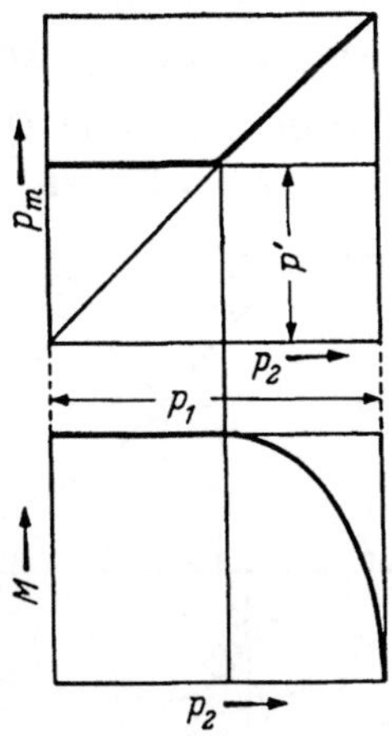

Abb. 9

Das wirkliche Verhalten ist durch zahlreiche Versuche nachgeprüft worden. Man hat nicht nur die Ausflußmenge, sondern auch — durch Anbohrungen, wie die in Abb. 8 angedeutete — den Mündungsdruck p_m gemessen und beide in guter Übereinstimmung mit den vorstehenden theoretischen Resultaten befunden; kleine Abweichungen der Versuche lassen sich durch Reibungseinflüsse erklären. Das Verhalten von Mündungsdruck p_m und Ausflußmenge M bei festgehaltenem Druck p_1 ist in Abb. 9 zur Darstellung gebracht.

Für die Ausflußmenge bei atmosphärischer Luft hat FLIEGNER auf Grund seiner Versuche die folgenden bequemen Näherungsformeln angegeben (p in kg/cm², F in cm²)

$$M_{\text{kg}} = 0{,}76 F \sqrt{\frac{(p_1 - p_2)\, p_2}{T_1}} \qquad \text{für} \quad p_2 > \frac{1}{2} p_1,$$

$$M_{\text{kg}} = 0{,}38 \frac{p_1}{\sqrt{T_1}} \qquad \text{für} \quad p_2 < \frac{1}{2} p_1.$$

Bei scharfkantigen Öffnungen in ebener Wand, nach Abb. 57 (Fl.), tritt bei der Formel für die Ausflußmenge noch ein Kontraktionskoeffizient hinzu, der vom Druckverhältnis p_2/p_1 abhängt und von Werten von 0,61 ~ 0,64 bei kleinen Druckunterschieden bis nahe an 1 bei extrem großen Druckunterschieden geht.

1b) Strömung durch eine Lavaldüse. Um bei einem weit über das kritische Verhältnis hinausliegenden Druckverhältnis eine geregelte Expansion zu erhalten, hat der schwedische Ingenieur DE LAVAL bei der Konstruktion seiner Dampfturbine Ausflußdüsen von der in Abb. 10 zu erkennenden Gestalt angewandt. Die Vorgänge in solchen Düsen sind, da sie ein großes praktisches Interesse haben, sehr eingehend theoretisch und experimentell untersucht; diesen Studien verdankt man die Lösung vieler prinzipieller Fragen der Gas- und Dampfströmung.

Hier mag nur die reibungslose Strömung durch eine solche Düse erörtert werden. Der Druck vor der Düse p_1 sei vorgegeben, dann lassen sich die zu jedem niedrigeren Druck p gehörigen Werte von w und v/w in der Art der Abb. 3 bestimmen. Da die Durchflußmenge (Masse pro sec) $M = F\frac{w}{v}$ ist, läßt sich hiernach für jeden Wert von M der zu jedem Querschnitt F gehörige Wert von v/w bestimmen und aus Abb. 3 der zugehörige Druck aufsuchen. Für den normalen Betriebszustand muß offenbar das Minimum des Stromfadenquerschnittes, also das von v/w, mit dem Querschnittsminimum der Düse zusammenfallen; die Ausflußmenge wird hier ein Maximum und bestimmt sich wie bei einer einfachen Mündung nach Gl. (12). Der in der beschriebenen Weise ermittelte Druckverlauf ergibt die in Abb. 10 stark gezeichnete Linie (von p_1 nach dem untersten Druck p_u).

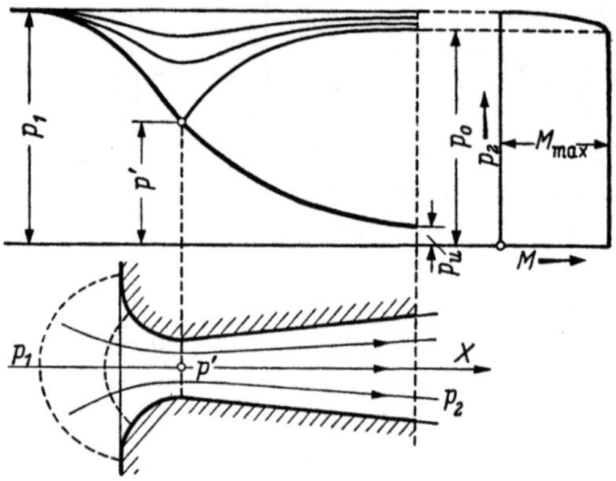

Abb. 10

Da aber zu einem Wert von v/w nach Abb. 3 immer zwei Drücke gehören, findet sich von der engsten Stelle an noch ein zweiter möglicher Druckverlauf, der zu dem oberen Enddruck p_o hinführt.

Ermittelt man in gleicher Weise den zu kleineren Ausflußmengen gehörigen Druckverlauf, so erhält man die in Abb. 10 oberhalb p_o endigenden Linien. Der Verlauf der Ausflußmenge mit der Veränderung des Druckes p_2 am Düsenende ergibt sich demnach (vgl. die rechts an Abb. 10 angefügte Darstellung) so, daß von $p_2 = p_1$ bis $p_2 = p_o$ die Ausflußmenge von Null bis $M_{\max}$ anwächst. Von da ab ist im engsten Querschnitt die Schallgeschwindigkeit erreicht, und man kann deshalb nach den Auseinandersetzungen in I, 1c, auch ohne genaue Kenntnisse der hier eintretenden Vorgänge erwarten, daß bei weiterem Sinken von p_2 die Vorgänge oberhalb der engsten Stelle sich nicht mehr ändern und die Ausflußmenge konstant bleibt. Der geschilderte Verlauf der Ausflußmenge ist denn auch durch viele Versuche gut bestätigt.

Die vorstehende Betrachtung zeigt, daß auf Drücke p_2 zwischen p_o und p_u keine verlustlose Strömung hinführt. Beobachtungen des

Druckverlaufes führten A. STODOLA zu der Erkenntnis, daß hier unstetige Verdichtungen (vgl. I, 2e) auftreten. Da bei diesen ein Teil der mechanischen Energie in Wärme übergeführt wird, erhält man über die hier auftretenden Vorgänge Aufschluß, wenn man die Abb. 10 durch Druckverlauflinien ergänzt, die derselben Gesamtenergie, aber geringeren Anfangsdrücken p_1 entsprechen. Dies ist in Abb. 11 geschehen. Der Übergang von der Linie des normalen Druckverlaufes p_1 bis p_u zu den neuen Kurven wird durch einen Verdichtungsstoß hergestellt. An Stelle des geraden Verdichtungsstoßes können auch schräge Verdichtungsstöße (vgl. II, 2a) oder andere Widerstandsvorgänge treten. In Wirklichkeit wird der Vorgang dadurch noch etwas geändert, daß bei dem Druckanstieg an der Verdichtungsstelle infolge der Wandreibung eine Loslösung der Strömung von der Wand erfolgt (vgl. Fl. II, 5e).

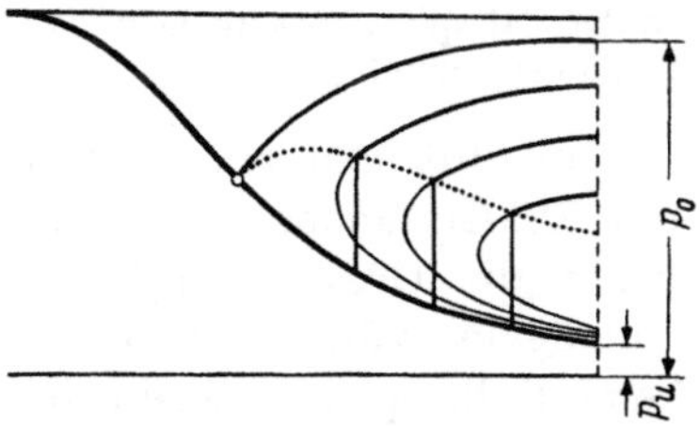

Abb. 11

Die oben beschriebenen Vorgänge haben sich bei Düsen von rechtwinkligem Querschnitt, deren Seitenränder aus Glasplatten bestanden, auf optischem Wege mittels Schlierenbeleuchtung gut verfolgen lassen (durch diese Methode — vgl.

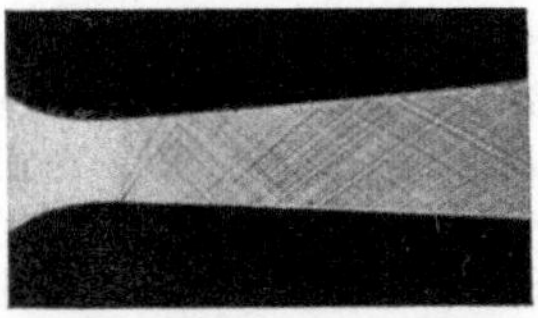
Abb. 12

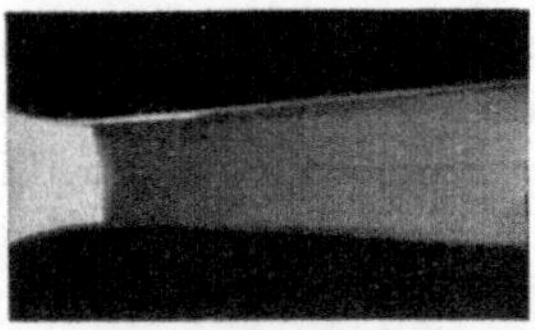
Abb. 13

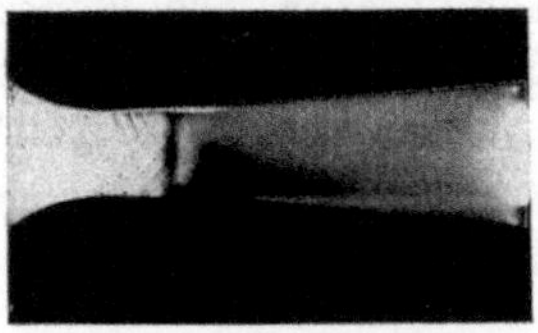
Abb. 14

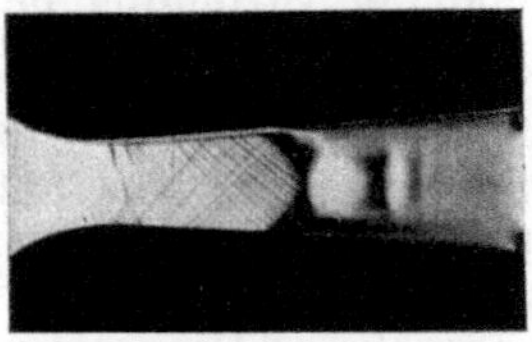
Abb. 15

den Artikel „*Schlierenmethode*" — lassen sich Dichtigkeitsunterschiede als Beleuchtungsunterschiede erkennbar machen). Soweit die Geschwindigkeit größer ist als die Schallgeschwindigkeit, verhelfen die kleineren Schallwellen, die von allen Unebenheiten der Wand ausgehen, durch die Winkel, unter denen sie sich schneiden, zu einer Bestimmung des Verhältnisses w/a [vgl. I, 1c und Gl. (1)] und dadurch zu einer Prüfung der Theorie (L. MAGIN). Ein Beispiel hiervon gibt Abb. 12, bei der durch künstliche Rauhigkeiten der Effekt erhöht wurde. Der Dichteverlauf ohne Erreichung der Schallgeschwindigkeit ist in Abb. 13 veranschaulicht, ein Verdichtungsstoß in Abb. 14, eine Verdichtung mit Loslösung des Strahles von der Wand und nachfolgenden Wellen (II, 2c) in Abb. 15. Helligkeit bedeutet dabei Dichtigkeitsabnahme in der Richtung der Düsenachse, Dunkelheit Dichtigkeitszunahme.

Anmerkung. Die Ähnlichkeit der Strömung durch eine Düse mit den Vorgängen beim Überströmen von Wasser über ein Wehr (Fl. III, 1d) ist unverkennbar. In der Tat spielt dort die Grundwellengeschwindigkeit dieselbe Rolle, wie hier die Schallgeschwindigkeit.

1c) Strömung mit Widerständen. Bei einer stationären Strömung mit Widerständen, aber ohne Wärmemitteilung durch die Wände, bleibt die Gesamtenergie konstant, indem die Reibungsarbeit vollständig in Wärme verwandelt wird. Da meist die Höhenunterschiede keine Rolle spielen, regeln sich die Vorgänge nach der Energiegleichung [Gl. (9), I, 2d]:

$$\frac{w^2}{2} + u + p\,v = \text{konst.},$$

die für permanente Gase die einfache Form

$$\frac{w^2}{2} + \frac{k}{k-1}\,p\,v = \text{konst.} \tag{13}$$

oder

$$\frac{w^2}{2} + c_p\,T = \text{konst.} \tag{13a}$$

annimmt (c_p in Arbeitseinheiten zu messen, vgl. I, 2d). Hieraus ist die wichtige Tatsache abzulesen, daß — unter Voraussetzung der einfachen Gasgesetze — die Temperaturabsenkung gegen den Anfangszustand, unabhängig von der Größe der Widerstände, lediglich von der an der betreffenden Stelle vorhandenen Geschwindigkeit abhängt. Ist die Geschwindigkeit überall unbedeutend, wie es bei Strömung mit sehr großen Widerständen vorkommt, so expandiert das Gas während der Strömung bei konstanter Temperatur. Die Expansionsarbeit wird hierbei eben vollständig in Reibungsarbeit umgesetzt und dadurch die der Expansion zukommende Abkühlung durch Reibungswärme wieder wettgemacht. Gleiches gilt, wenn eine bereits erzeugte Geschwindigkeit durch Widerstände wieder vernichtet wird.

Die wirklichen Gase zeigen eine geringe Abweichung von diesem Verhalten, die zuerst von W. Thomson und Joule gefunden wurde. Diese fanden beim Durchströmen von Luft mit großem Druckunterschied durch einen Wattepfropfen eine geringe Abkühlung, die durch die molekulare Anziehung erklärt wird. Diese Abkühlung, die bei Luft von gewöhnlicher Temperatur $^1/_4$° C für jede Atmosphäre beträgt, bei tiefen Temperaturen jedoch bedeutend stärker ist, bildet die Grundlage der Lindeschen Luftverflüssigungsmaschine.

Die Strömung mit Widerständen durch Röhren usw. läßt sich in der Weise rechnerisch verfolgen, daß man zur Energiegleichung (9) oder (13) die Kontinuitätsgleichung (2) und die Druckgleichung (10) hinzunimmt, in der noch für die Widerstandsarbeit R ein spezieller Ansatz gemacht werden muß; hier soll jedoch nicht näher darauf eingegangen werden, es mögen lediglich für ein Rohr von konstantem Querschnitt, für das die Rechnungen in der angedeuteten Weise von GRASHOF durchgeführt worden sind, einige qualitative Überlegungen angestellt werden.

Zur Vorbereitung sei eine Strömung mit Widerständen betrachtet, bei der die Geschwindigkeit w konstant bleibt; dann ist nach Gl. (13) $p\,v =$ konst. Da nun hier die Widerstände durch einen Druckabfall in der Strömungsrichtung bestritten werden müssen, ergibt sich ein in der Strömungsrichtung wachsendes Volumen und daher nach der Kontinuitätsgleichung wachsender Querschnitt. Um auf das Rohr von konstantem Querschnitt zurückzukommen, muß man eine nachträgliche Verengung des erweiterten Rohres hinzunehmen; diese bringt, wegen der Erhöhung der Geschwindigkeit, eine weitere Druckabsenkung, die wegen der damit verbundenen erneuten Volumenvergrößerung um so größer wird, je näher die Geschwindigkeit an die Schallgeschwindigkeit herankommt (vgl. die v/w-Kurve in Abb. 3). Die Schallgeschwindigkeit a', Gl. (8), stellt hier die Grenzgeschwindigkeit dar, die am Rohrende höchstens erreicht werden kann.

1d) Ausströmen aus Gefäßen und Einströmen in Gefäße. Von Interesse sind noch die Vorgänge beim *Ausströmen* aus einem Gefäß und beim *Einströmen* in ein Gefäß. Wenn man vom Wärmeaustausch des Gasinhaltes mit den Wänden absieht, dann findet in einem Ausströmungsgefäß adiabatische Expansion, daher Abkühlung statt. Das ausgeströmte Gas hätte, wenn es sich wieder beruhigte, ohne sich zu vermischen, nach Gl. (13b) die Temperatur, die im Gefäß herrschte, als es austrat. Da die Gefäßtemperatur allmählich von T_1 auf T_2 gesunken war, hat das Gemisch, das man etwa unter einer Gasglocke auffangen könnte, eine Temperatur T_m zwischen beiden Temperaturen. Die Abkühlung der Gasmengen im Gefäß auf T_2 und in der Gasglocke auf T_m ist auf Rechnung der Arbeit zu setzen, die gegen den Außendruck beim Heben der Gasglocke geleistet worden ist. Beim Einströmen in ein teilweise evakuiertes Gefäß würde sich das in einem Moment eingeströmte Gas ohne Vermischung wieder auf die Außentemperatur erwärmen, während es sich beruhigt; das bereits im Gefäß befindliche Gas würde adiabatisch komprimiert und also erhitzt. Der wirkliche Zustand (mit Vermischung) wird also eine geringere Erwärmung ergeben, als der adiabatischen Kompression entspricht. Die Erwärmung ist auf Rechnung der vom äußeren Luftdruck beim Eindringen des Gases geleisteten Arbeit zu setzen. Im Fall des Eindringens eines Gases von konstantem Druck in ein völlig evakuiertes Gefäß ergibt sich das bemerkenswerte, auch durch die eben erwähnte Energiebeziehung leicht zu beweisende Resultat, daß die Temperatur T' im Gefäß während des ganzen Einströmens konstant $= k\,T_0$ ist (T_0 = Außentemperatur).

Findet *Überströmen* von einem Gefäß in ein zweites statt, so kühlt sich der Gasinhalt des ersteren ab, der des zweiten erwärmt sich. Da hier äußere Arbeit nicht geleistet wird, bleibt der Gesamtwärmeinhalt der beiden Gefäße bei dem Vorgang konstant.

2. Mehrdimensionale Probleme. *a) Strömung mit Überschallgeschwindigkeit um eine Ecke* (nach L. Prandtl und Th. Meyer). Zur Einführung in die Darlegungen dieses Abschnittes sei zunächst eine Gasströmung mit Überschallgeschwindigkeit betrachtet, bei der im Punkt A der Wand (Abb. 16) unstetig eine kleine Druckerniedrigung eintritt. Diese Druckerniedrigung wird sich unter dem Machschen Winkel α (vgl. I, 1c) fortpflanzen und wird eine Beschleunigung der Strömung in der Richtung senkrecht zu dem Drucksprung veranlassen. Dadurch wird die Strömungsgeschwindigkeit etwas erhöht und gleichzeitig etwas abgelenkt. Läßt man nun im Punkt A eine weitere unstetige Druckerniedrigung eintreten, so pflanzt sich diese in der abgeänderten Strömung unter einem anderen Machschen Winkel α' (kleiner als α) fort und bewirkt weitere Vergrößerung und Ablenkung der Geschwindigkeit usw.

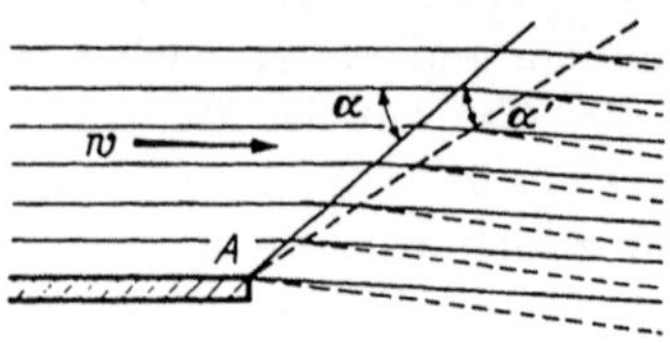

Abb. 16

Dieser Strömungsvorgang, der in Wirklichkeit stetig verläuft, läßt sich als Potentialströmung theoretisch behandeln; er hat dem Vorstehenden entsprechend folgende Eigenschaften: längs eines jeden vom Punkt A aus gezogenen Fahrstrahles ist der Druck sowie Größe und Richtung der Geschwindigkeit konstant; jeder Fahrstrahl schließt mit der Strömungsrichtung auf ihm den Machschen Winkel ein, es ist deshalb nach Gl. (1) die Geschwindigkeitskomponente senkrecht zum Fahrstrahl immer gleich der dem dortigen Zustand entsprechenden Schallgeschwindigkeit.

Der Verlauf der vollständigen Strömung von Schallgeschwindigkeit bis zur Maximalgeschwindigkeit (vgl. I, 2b), also bis zur Expansion in volles Vakuum, wird für $k = 1{,}405$ durch die Abb. 17 dargestellt. Die Richtung des Strahles biegt hierbei um 129° um.

Der Hauptwert dieser Lösung der theoretischen Strömungsgleichungen besteht nun darin, daß man wegen der Eigenschaft der Fahrstrahlen als Linien der Druckfortpflanzung beliebige, von zwei Fahrstrahlen eingeschlossene Stücke mit geradlinigen Strömungen kombinieren kann. Wenn z. B. ein Gasstrom mit Überschallgeschwindigkeit (w_1) parallel zu einer Wand fließt, und es herrscht hinter dem Ende der Wand (A in Abb. 18) ein um einen endlichen Betrag kleinerer Druck (p_2) als in dem Gasstrahl (p_1), so wird bis zu dem Fahrstrahl *1*, der den Machschen Winkel α_1 mit der Strömungsrichtung einschließt ($\sin \alpha_1 = a_1/w_1$), die Gasströmung unverändert weitergehen (vgl. I, 1c); von da ab ergibt sich Expansion von dem Druck p_1 auf p_2 in einem keilförmigen Raum zwischen den Fahrstrahlen *1* und *2*; nach Erreichung des Druckes p_2 auf dem Fahrstrahl *2* geht die Strömung in der neuen Richtung geradlinig und gleichförmig weiter. Die Strömungsrichtung schließt mit dem Fahrstrahl *2* den Winkel α_2 ein, der nach Gl. (1) zu w_2 gehört.

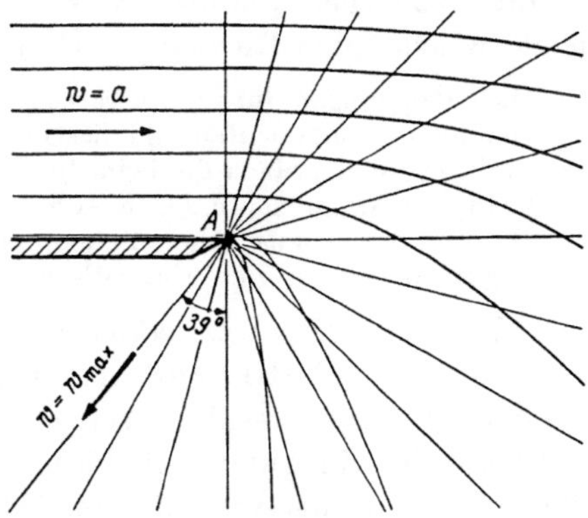

Abb. 17

Ist eine Wand mit einer oder mehreren *konvexen Ecken* vorhanden, so erfolgt die Strömung auch hier in einer Kombination von gerad-

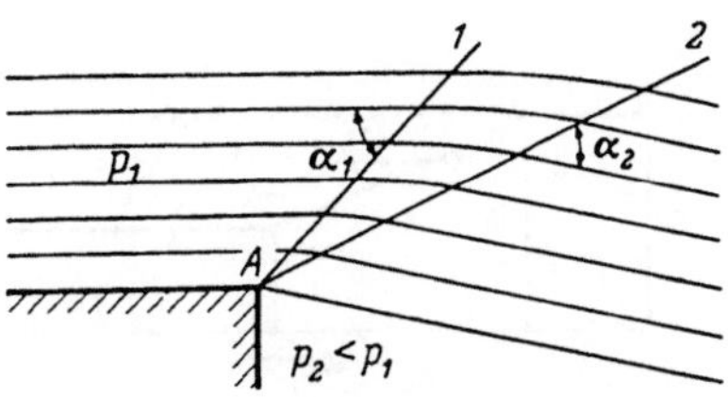

Abb. 18

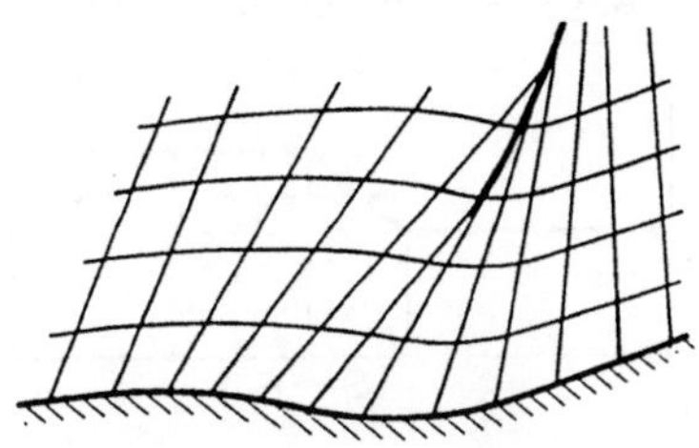
Abb. 19

linigen Strömungen und keilförmigen Expansionsgebieten, die immer unter Machschen Winkeln aneinandergrenzen. Auch die Strömung längs einer stetig gekrümmten Wand läßt sich durch Zusammensetzung aus Elementen der anfänglich beschriebenen Strömung beurteilen. Die Wand kann auch konkav sein, die Lösung bleibt in diesem Fall allerdings nur insoweit richtig, als nicht zwei der unter dem jeweiligen Machschen Winkel gezogenen Fahrstrahlen sich schneiden (Abb. 19).

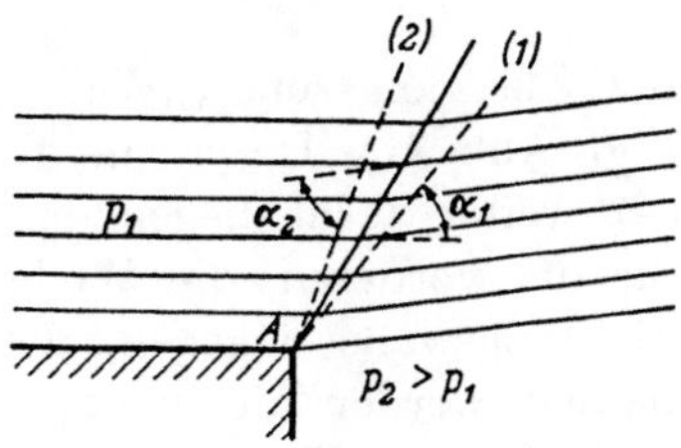

Abb. 20

Im letzteren Fall wird die Strömung an dieser Stelle unstetig. Bei einer *konkaven Ecke*, die einer Drucksteigerung entspricht, wird die

Strömung immer unstetig, es ergibt sich ein „schiefer Verdichtungsstoß“, Abb. 20 (über den geraden Verdichtungsstoß vgl. I, 2e). Es würde nämlich hier der Fahrstrahl *2* der Abb. 18 vor den Fahrstrahl *1* zu liegen kommen, was unmöglich ist. Die Verdichtungsebene liegt zwischen den Richtungen (1) und (2).

Die Gleichungen für die senkrecht zur Verdichtungsebene stehenden Geschwindigkeitskomponenten sind dieselben, wie für den geraden Verdichtungsstoß; es überlagert sich einfach die beim Stoß unverändert bleibende transversale Geschwindigkeitskomponente der in Abb. 6 dargestellten Bewegung.

Die mit der TÖPLERschen Schlierenmethode gewonnenen Bilder 25 bis 28 geben gute Belege für diese theoretischen Ergebnisse.

2b) Schallwellen von endlicher Amplitude. Dieses Gebiet ist von dem Mathematiker B. RIEMANN in einer grundlegenden Arbeit aufgeklärt worden. Die Hauptresultate seiner Theorie, die sich auf *ebene Wellen* bezieht [die allerdings in physikalischer Hinsicht nicht ganz korrekt ist, weil die im Verdichtungsstoß auftretende Erwärmung nach der Adiabate, statt nach der Energiegleichung (13) gerechnet ist], mögen hier angegeben werden: Jede Druckänderung pflanzt sich *relativ zu der bewegten Gasmasse* mit der dem augenblicklichen Zustand entsprechenden Schallgeschwindigkeit fort. Schreitet nun in einem zuerst ruhenden Gas eine Verdünnungswelle vorwärts, so kann dies nur unter Rückwärtsströmen in

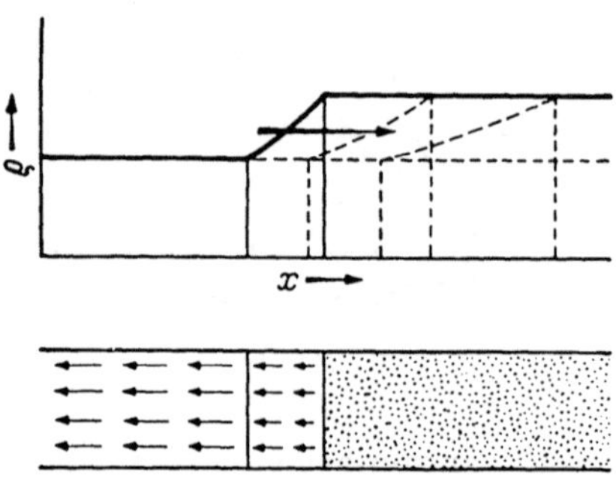

Abb. 21

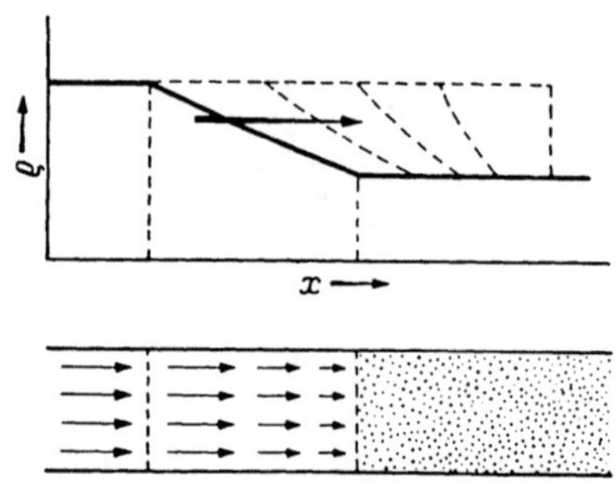

Abb. 22

der Übergangszone („Welle“) und in dem Raum hinter ihr geschehen (vgl. Abb. 21). Durch die Rückströmung wird auch die Fortpflanzung der weiter zurückliegenden Phasen der Welle langsamer erfolgen als die der vorderen, die Welle wird auseinandergezogen. Bei einer Verdichtungswelle dagegen, die sich in eine ruhende Gasmasse hineinbewegt, werden die in der Welle vorwärts strömenden Gasmassen die rückwärtigen Phasen der Welle schneller nach vorn tragen, als sich der Kopf der Welle in der ruhenden Gasmasse fortpflanzt, so daß der Druckanstieg immer steiler wird und zuletzt in einen Verdichtungsstoß ausartet (vgl. Abb. 22). Durch den Umstand, daß bei adiabatischer

Zustandsänderung den höheren Drücken höhere Temperatur und dadurch auch höhere Schallgeschwindigkeit entspricht, werden diese Erscheinungen noch merklich verstärkt. Das Resultat, daß Verdichtungswellen im Verlauf der Bewegung immer steiler werden und schließlich in einen Verdichtungsstoß ausarten, Verdünnungswellen dagegen immer weiter auseinandergezogen werden, liefert den rein mechanischen Grund für die Möglichkeit unstetiger Verdichtungsvorgänge und für die Unmöglichkeit unstetiger Verdünnungsvorgänge bei der stationären Bewegung (vgl. I, 2e). Die Vorgänge bei der stationären Bewegung an einer Ecke (II, 2a), wo die Verdünnungswelle (Abb. 18) sich keilförmig ausbreitet, und an Stelle der Verdichtungswelle der Verdichtungsstoß tritt (Abb. 20), sind den hier geschilderten in allen Punkten analog.

2c) Vorgänge in freien Gasstrahlen. In dem Strahl, der sich beim Ausfluß von Gas aus einer Mündung bildet, wurden bei höheren Überdrücken von E. Mach und P. Salcher durch Schlierenbeobachtungen regelmäßige Wellen entdeckt. Sie wurden später von anderen Forschern auch durch Druckbeobachtungen nachgewiesen. Man kann diese Wellen, die immer auftreten, wenn die Geschwindigkeit im Strahl größer ist als die Schallgeschwindigkeit, gut verstehen, wenn man weiß, daß die in II, 2a beschriebenen schrägen Verdünnungs- und Verdichtungswellen sich ohne wesentliche gegenseitige Störung durchdringen können und daß sie ferner an den freien Strahlgrenzen total reflektiert werden, so zwar, daß eine Verdünnungswelle als Verdichtungswelle zurückgeworfen wird und umgekehrt.

Für einen Gasstrahl, der in paralleler Strömung mit Überschallgeschwindigkeit aus einer Öffnung ins Freie tritt, läßt sich hiernach unter der Voraussetzung ebener Bewegung, d. h. einer länglich rechteckigen Mündung, das Folgende aussagen. Herrscht in dem Austrittsraum ein geringerer Druck als im Strahl (Abb. 23), dann gehen von jeder Austrittskante keilförmige Verdünnungswellen nach Abb. 18 aus, die sich durchkreuzen und an der gegenüberliegenden Strahlgrenze als Verdichtungswellen reflektiert werden. Diese pflanzen sich unter keilförmiger Verschmälerung fort und werden nach Durchmessung der Strahlbreite als Verdünnungswellen reflektiert, worauf das Spiel von neuem beginnt. Der Druck im Mittelfeld der Welle, p_3, ist dabei in ähnlichem Maß niedriger als der Außendruck p_2, als p_1 höher ist wie dieser. Ist der Außendruck größer als der Druck im Strahl, so erfolgen zunächst schiefe Verdichtungsstöße nach Abb. 20; diese werden als keilförmige Verdünnungs-

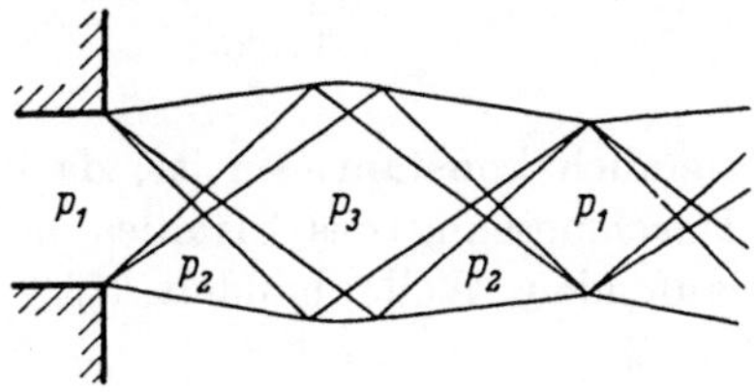

Abb. 23

wellen reflektiert, die sich im weiteren Verlauf wie oben geschildert verhalten. Ist die Anfangsgeschwindigkeit gleich der Schallgeschwindigkeit [wie es bei Öffnungen, die nicht nach Art einer LAVAL-Düse (II, 1b) erweitert sind, immer der Fall ist], so ist der anfängliche MACHsche Winkel $\alpha = 90°$ und die Abb. 23 ändert sich durch Ausbreitung der Keilgebiete über die ganze Fläche zu Abb. 24; aus dem Doppelkreuz ist hierdurch ein einfaches geworden.

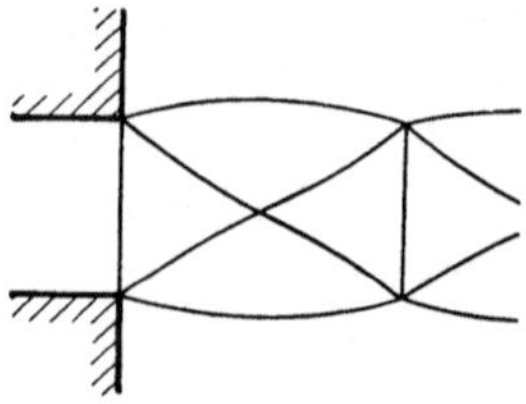
Abb. 24

Die Abb. 25 bis 28 zeigen photographische Aufnahmen von solchen Wellen (PRANDTL). Abb. 25 bei Überdruck im Strahl, Abb. 26 bei Gleichdruck, Abb. 27 bei Unterdruck im Strahl; die Mündungsgeschwindigkeit ist in allen drei Aufnahmen dieselbe.

Abb. 25

Abb. 26

Abb. 28 zeigt ein Beispiel für den Fall, daß die Mündungsgeschwindigkeit gleich der Schallgeschwindigkeit ist (bei allen Aufnahmen bedeutet Helligkeit Verdünnung, Dunkelheit Verdichtung).

Abb. 27

Wenn, wie es meist der Fall ist, der Strahl die Mündung nicht in reiner Parallelbewegung verläßt, werden die Wellenbilder wesentlich verwickelter; die Wellenlänge bleibt dabei ziemlich konstant, sie ist, da es sich im wesentlichen um zweimalige Durchmessung des Strahles mit einer unter dem MACHschen Winkel laufenden Welle handelt, für die ebene Bewegung, unter Berücksichtigung von Gl. (1)

$$\lambda = 2\,d_m \operatorname{ctg} \alpha_m = 2\,d_m \sqrt{\left(\frac{w}{a}\right)_m^2 - 1}\,;$$

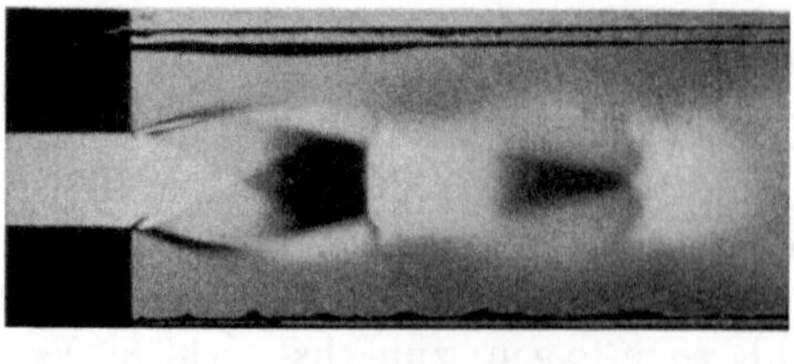
Abb. 28

hierbei ist d_m ein mittlerer Strahldurchmesser, α_m und $(w/a)_m$ sind Mittelwerte von α und w/a.

Bei Strahlen, die aus kreisförmigen Öffnungen kommen, sind die Verhältnisse wegen der kegelförmigen Durchkreuzung der Wellen, durch die diese stark verändert werden, weit weniger einfach. Eine Aufnahme des Strahles bei einer verengten Öffnung, von L. MACH, ist in Abb. 29 wiedergegeben. Die Wellenlänge in solchen Strahlen,

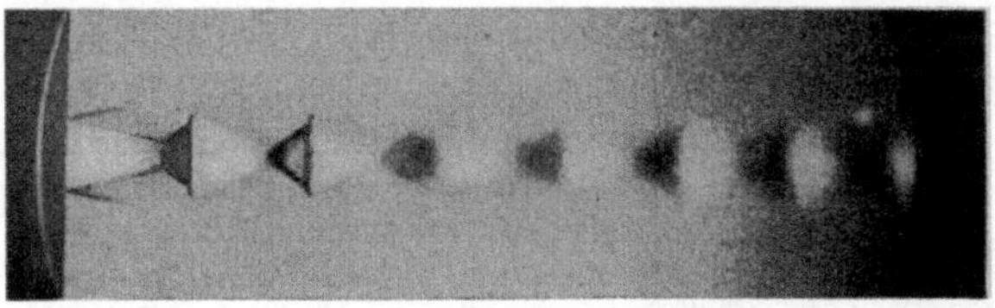

Abb. 29

bei denen also die Mündungsgeschwindigkeit gleich der Schallgeschwindigkeit ist, wurde von R. EMDEN aus Experimenten zu

$$\lambda = 0{,}89\, d \sqrt{\frac{p_1 - 1{,}9\, p_2}{p_2}}$$

ermittelt; d bedeutet dabei den Mündungsdurchmesser, p_1 den Druck im Kessel, p_2 im Austrittsraum.

2*d*) *Bewegung von Körpern mit Überschallgeschwindigkeit. Geschoßwiderstand.* Daß bei der Bewegung eines kleinen Körpers durch eine Gasmasse — oder beim gleichförmigen Vorüberströmen einer Gasmasse an einem kleinen ruhenden Hindernis, was dasselbe ist — die vom Körper ausgehenden Druckwirkungen sich nur in einem Kegel hinter dem Körper ausbreiten können, sobald die Geschwindigkeit größer ist als die Schallgeschwindigkeit des Gases, ist bereits in I, 1 c, auseinandergesetzt worden. Dieses Resultat gibt jedoch nur die groben Züge des Vorganges. Sobald man den Körper nicht als klein ansehen will, sondern seine räumliche Ausdehnung in Betracht zieht, wird man das Bild verbessern müssen. Vorausgesetzt, der Körper sei vorn stumpf, dann wird er etwas Gas vor sich herschieben, vor seiner Mitte wird sich ein Staupunkt (Fl. II, 1c und 2a) ausbilden (A in Abb. 30). Da diese Gasmasse relativ zum Körper mit Unterschallgeschwindigkeit strömt, so pflanzt sich in ihr der Druck auch nach vorn fort; sie findet nach vorn ihre Grenze in einem Verdichtungsstoß, der sogenannten Kopfwelle, in der die Geschwindigkeit (relativ zum Körper genommen) von Überschallgeschwindigkeit (außerhalb) auf Unterschallgeschwindigkeit (innerhalb) heruntersinkt. Der

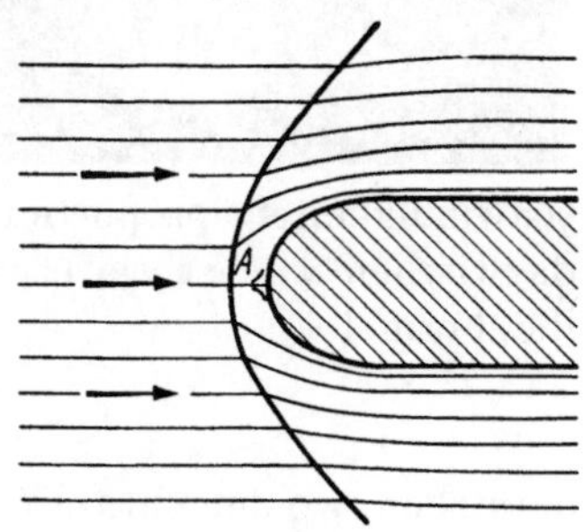

Abb. 30

Drucksprung der Kopfwelle setzt sich seitlich als Kegelwelle fort. Hinter der Kopfwelle folgen eine Reihe anderer Kegelwellen, deren Einzelheiten von der Gestaltung des Körpers und von den Vorgängen hinter dem Körper abhängen. Die Kopfwelle liegt bei großen Geschwindigkeiten eng am Körper an, bei geringeren ist sie weiter vor ihm. Abb. 31 (Aufnahme von L. MACH, gewonnen mit der TÖPLERschen Schlierenmethode) gibt die Luftbewegungen um ein Infanteriegeschoß wieder.

Die von dem mit Überschallgeschwindigkeit bewegten Körper ausgehenden Kegelwellen, die sich in der Richtung senkrecht zur Kegeloberfläche wie andere Schallwellen fortpflanzen, werden als scharfer Knall vernommen. Es mag erwähnt werden, daß der Peitschenknall dadurch entsteht, daß das äußerste Ende der Peitschenschnur sich mit Überschallgeschwindigkeit durch die Luft bewegt.

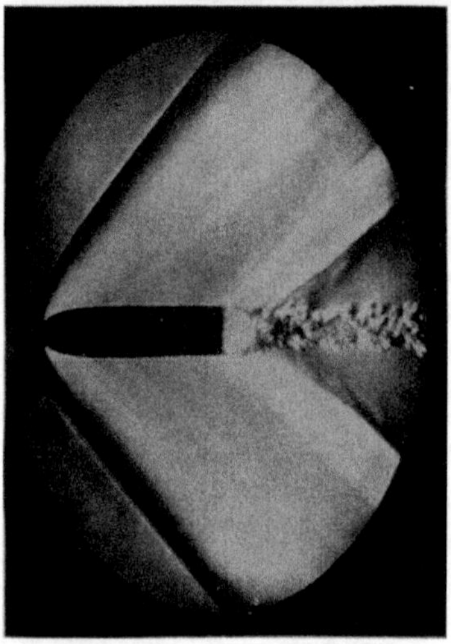

Die Druckerhöhung, die die Luft in dem vor dem Körper entstehenden Staupunkt erfährt, ist von gewissem Interesse. Sie besteht bei Geschwindigkeiten über der Schallgeschwindigkeit aus zwei Teilen, der unstetigen Druckerhöhung in der Kopfwelle und der stetigen von der Kopfwelle bis zum Staupunkt. Die Berechnung zeigt, daß diese Druckerhöhung nicht nur für die kleinen Geschwindigkeiten (Fl. II, 1c), sondern auch wieder für die sehr großen Geschwindigkeiten proportional dem Quadrat der Geschwindigkeit ist; dazwischen wächst sie etwas schneller. Ihr Verhalten läßt sich durch die Formel

$$p_1 - p_0 = \frac{\varrho w^2}{2} \beta$$

darstellen, wo der Faktor β eine Funktion des Verhältnisses Bewegungsgeschwindigkeit: Schallgeschwindigkeit ist; seine Werte für $k = 1{,}405$ (Luft) können aus der nachfolgenden kleinen Tabelle entnommen werden; den Verlauf von β zeigt Abb. 32.

$\frac{w}{a} =$	0	1	2	∞
β =	1	1,25	1,65	1,84
Unstetiger Anteil:		0	1,25	1,67

Für die Geschwindigkeitsermittlung durch ein Pitotrohr (Staudruckmessung, vgl. Fl. Anhang b) gelten die hier gegebenen Ausführungen in gleicher Weise.

Die mit dem Aufstau des Gases vor dem Körper verbundene Temperaturerhöhung kann aus Gl. (13a) entnommen werden; sie ergibt sich zu

$$T_1 - T_0 = \frac{w^2}{2\,c_p};$$

wird w in m/sec gemessen, so wird c_p (in Arbeitseinheiten) $= 0{,}238 \cdot 427 \cdot 9{,}8 \cong 1000$.

Dies gibt für 800 m/sec (Artilleriegeschoß) 320°, für 20000 m/sec (Meteor) 200000°. Die letztere Temperatur wird in Wirklichkeit durch die starke Ausstrahlung der verdichteten Luft nicht erreicht.

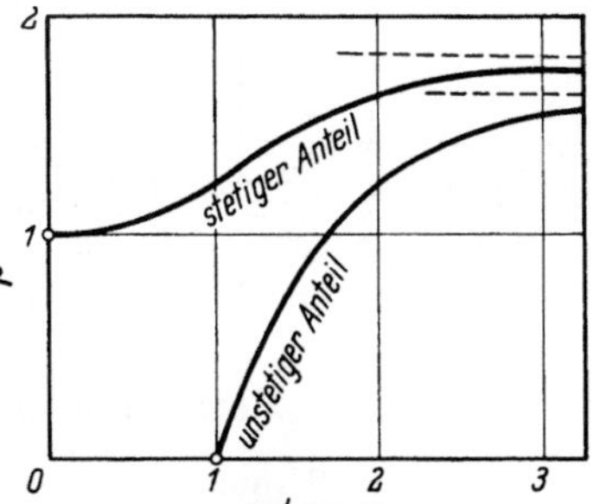

Abb. 32

Durch einen Analogieschluß aus dem Verhalten des Staudruckes läßt sich vermuten, daß auch der *Geschoßwiderstand* bei sehr großen Geschwindigkeiten wieder proportional dem Quadrat der Geschwindigkeit wird, wenn auch mit einem anderen Koeffizienten als bei kleinen Geschwindigkeiten.

Der Widerstand kann deshalb wie bei den volumbeständigen Flüssigkeiten durch die Formel $W = \psi F \varrho\, w^2$ dargestellt werden, wo F der Querschnitt des Geschosses ist; allerdings darf ψ hier nicht wie dort als eine Konstante angesehen werden, sondern es ist eine Funktion von w/a.

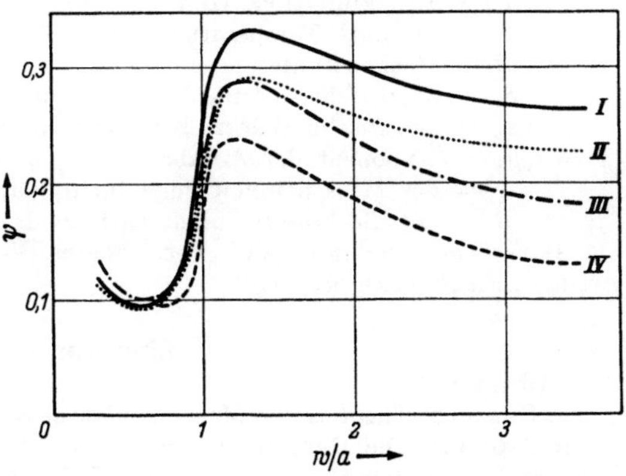

Abb. 33

Die Versuchswerte, die durch Messung der Verzögerung der Fluggeschwindigkeit der Geschosse gewonnen werden, zeigen bei wachsender Geschwindigkeit unterhalb der Schallgeschwindigkeit ein leichtes Absinken, bei Überschreitung der Schallgeschwindigkeit aber ein starkes Anwachsen. Dieses ist dadurch zu erklären, daß jetzt zu dem bisherigen Widerstand, der in der Hauptsache durch die Wirbelbildung hinter dem Körper verursacht wird (vgl. Fl. II, 5f), noch ein Wellenwiderstand hinzukommt, der der erzeugten Schallenergie entspricht. Bei größeren Geschwindigkeiten nimmt der Luftwiderstandskoeffizient wieder etwas ab und scheint sich dann einem konstanten Wert zu nähern. Die Abnahme scheint zum Teil mit der Änderung der Wellengestalt zusammenzuhängen, andererseits damit, daß die Saugwirkung am hinteren Geschoßende nicht quadratisch weiterwachsen kann, sondern in dem absoluten Vakuum eine Grenze findet.

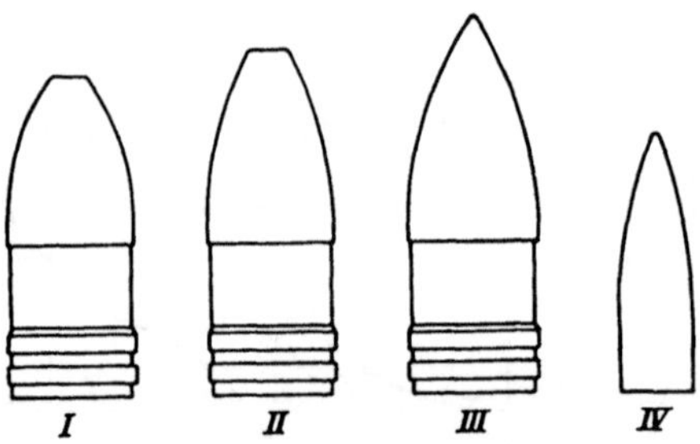

Abb. 34

In Abb. 33 ist der Verlauf von ψ für einige Artilleriegeschosse nach O. v. Eberhard und für ein Infanteriegeschoß (S-Geschoß) nach K. Becker und C. Cranz (beide Arbeiten in den Artilleristischen Monatsheften 1912) aufgetragen. Abb. 34 gibt die zugehörigen Geschoßformen.

Verzeichnis der wichtigsten Formelgrößen

w = Strömungsgeschwindigkeit
a = Schallgeschwindigkeit
$w' = a'$ = kritische Geschwindigkeit, Gl. (8)
α = Machscher Winkel, Gl. (1)
F = Querschnitt
ϱ = Dichte (Masse der Volumeneinheit)
v = spezifisches Volumen (Volumen der Masseneinheit) = $1/\varrho$
M = Masse pro Zeiteinheit, Ausflußmenge
p = Druck (pro Flächeneinheit)
P = Druckfunktion, Gl. (5)
T = absolute Temperatur
B = Gaskonstante
c_p = spezifische Wärme bei konstantem Druck
c_v = spezifische Wärme bei konstantem Volumen
$k = c_p/c_v$ = Exponent der Adiabate
q = der Masseneinheit zugeführte Wärme
R = auf die Masseneinheit entfallende Widerstandsarbeit

Anmerkung. Die mit „Fl." bezeichneten Verweise beziehen sich auf den Artikel „*Flüssigkeitsbewegung*".

Literatur

I. Lehrbücher

F. Grashof, Theoretische Maschinenlehre, Bd. I. Leipzig 1875.

A. Stodola, Die Dampfturbinen. 4. Aufl. Berlin 1910. (Abschn. III u. X). Kürzere Darstellungen in den neuesten Lehrbüchern der technischen Thermodynamik.

B. Riemann und H. Weber, Die partiellen Differentialgleichungen der mathematischen Physik, Bd. 2. Braunschweig 1901. (Luftwellen.)

II. Historische Darstellungen in der Enzyklopädie der mathematischen Wissenschaften

Bd. IV (Mechanik). Artikel 18: Ballistik, von C. Cranz. — Artikel 19: Unstetige Bewegung in Flüssigkeiten, von G. Zemplen.

Bd. V (Physik). Artikel 5b: Strömende Bewegung der Gase und Dämpfe, von L. Prandtl.

III. Monographien (wegen der älteren Arbeiten siehe die Enzyklopädie)

E. MACH und P. SALCHER, Photographische Fixierung der durch Projektile in der Luft eingeleiteten Vorgänge. Sitzungsber. Wiener Akad., Math.-naturw. Klasse, Bd. 95 II (1887) S. 764.

E. MACH und P. SALCHER, Optische Untersuchung der Luftstrahlen. Bd. 98, IIa (1889) S. 1303.

E. und L. MACH, Weitere ballistisch-photographische Versuche. Bd. 98, IIa (1889) S. 1310.

E. MACH, Weitere Versuche über Projektile. Bd. 105, IIa (1896) S. 605.

E. MACH, Optische Untersuchungen an Luftstrahlen. Bd. 106, IIa (1897) S. 1025.

L. PRANDTL, Neue Untersuchungen über die strömende Bewegung der Gase und Dämpfe. Phys. Z. Bd. 8 (1907) S. 23.

L. MAGIN und TH. MEYER, Studien über Luftströmung mit Überschallgeschwindigkeit. Mitteilungen über Forschungsarbeiten, hrsg. vom VDI, H. 62, 1908.

Festschrift zum 70. Geburtstag von Prof. Dr. A. STODOLA, S. 499—509. Zürich: Füßli 1929.

Näherungsverfahren zur zeichnerischen Ermittlung von ebenen Strömungen mit Überschallgeschwindigkeit[1]

Die zweidimensionale stationäre Potentialströmung mit Überschallgeschwindigkeit läßt sich näherungsweise durch ein sich durchkreuzendes System von stationären Schallwellen ersetzen. Es wird eine Methode zur Zeichnung eines solchen Systems für beliebige Anfangs- und Randbedingungen angegeben.

1. Die stationären Strömungen eines idealen, reibungslosen Gases mit Überschallgeschwindigkeit sind der rechnenden Behandlung besser zugänglich als diejenigen mit Geschwindigkeiten unterhalb der Schallgeschwindigkeit, weil alle Druckänderungen innerhalb des Mediums sich nur mit Schallgeschwindigkeit ausbreiten und daher hier Veränderungen der Zustände stromabwärts auf die Zustände stromaufwärts nicht zurückwirken können (die Zustände an einem Punkt können hier nur auf diejenigen solcher anderer Punkte einwirken, die stromabwärts von dem Punkt innerhalb eines gewissen ungefähr kegelförmigen Gebildes liegen[2]. Daraus folgt, daß die Zustände in irgendeinem Querschnitt durch diejenigen stromaufwärts (und etwaige Randbedingungen in dem Gebiet stromaufwärts) völlig bestimmt sind und keiner Korrektur durch das, was stromabwärts kommt, bedürfen. Bei Strömungen mit Geschwindigkeiten unterhalb der Schallgeschwindigkeit ist dies nicht der Fall; hier üben die Vorgänge stromabwärts auch Rückwirkung auf die Zustände stromaufwärts aus. Besonders übersichtlich werden die Verhältnisse, wenn man die BERNOULLIsche Druckgleichung als im ganzen Gebiet mit derselben Konstanten gültig voraussetzt und sich außerdem auf ebene Strömungen beschränkt. Die erste Voraussetzung bedeutet nichts anderes, als daß man eine „Potentialströmung" (Strömung ohne Drehung) annimmt, wie sie bei der Bewegung aus der Ruhe heraus regelmäßig auftritt; die zweite vereinfacht die Behandlung außerordentlich, nicht nur dadurch, daß sich die Zustände auf dem Zeichenbrett darstellen lassen, sondern auch dadurch, daß die hier an Stelle der Kegel auftretenden Keilgebiete sich in wesentlich einfacherer Weise durchdringen als die Kegel. Die BERNOULLIsche Gleichung liefert nun in Verbindung mit der Adiabatengleichung für die Zustandsänderungen des Gases einen eindeutigen Zusammenhang zwischen dem Betrag der Strömungsgeschwindigkeit

---

[1] In Gemeinschaft mit A. BUSEMANN.

[2] Vgl. etwa STODOLA, Dampf- und Gasturbinen, V. und VI. Aufl., Abschn. 42 a, insbesondere Abb. 113, S. 111; ferner das Referat von J. ACKERET im Handbuch der Physik, hrsg. von GEIGER und SCHEEL, Bd. VII, S. 210ff.

und dem Druck und daher auch zwischen dem Betrag der Strömungsgeschwindigkeit und der Schallgeschwindigkeit.

2. Für die hier zu betrachtenden stationären Gasströmungen bringt uns das Studium der ebenen Schallwellen in einem ruhenden Gas, die mit ihren Druck- und Geschwindigkeitsunterschieden ohne Änderung ihrer Zustände mit Schallgeschwindigkeit über die Gasmasse hinweglaufen, die folgenden wertvollen Aufschlüsse. Wir erhalten offenbar eine stationäre Bewegung, wenn wir dem Gas, das von den Schallwellen durchzogen wird, eine konstante Geschwindigkeit so erteilen, daß deren Komponente senkrecht zur Wellenfront gerade entgegengesetzt gleich der Geschwindigkeit der Wellen ist. Die so erhaltene stationäre Strömung zeigt eine Geschwindigkeitsverteilung derart, daß je in gewissen parallelen Ebenen, eben den Wellenfronten, konstante Geschwindigkeit herrscht, daß aber in den verschiedenen parallelen Ebenen die Geschwindigkeiten sich um willkürliche kleine Beträge voneinander unterscheiden. Die kleinen Zusatzgeschwindigkeiten stehen dabei sämtlich senkrecht zu dem Ebenensystem, und der Mittelwert der Geschwindigkeitskomponente in dieser Richtung ist gleich der Schallgeschwindigkeit. Die Neigung des Ebenensystems gegen die mittlere Gesamtströmungsrichtung ist dabei mit $w =$ Strömungsgeschwindigkeit und $a =$ Schallgeschwindigkeit: $\alpha = \arcsin(a/w)$ (MACHscher Winkel). Die einfachsten Beispiele solcher stationärer Strömungen sind die schräge stationäre Verdünnungs- bzw. Verdichtungswelle (Abb. 1 und 2). Verdünnungswellen mit endlichem Druckunterschied

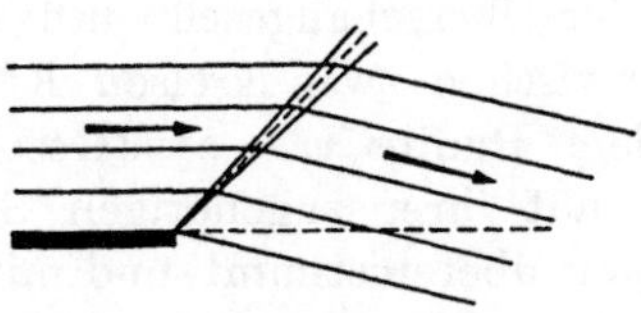

Abb. 1. Verdünnungswelle

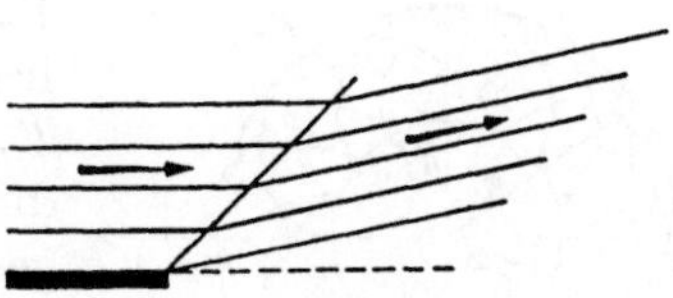

Abb. 2. Verdichtungswelle

verbreitern sich mit zunehmendem Abstand von der Erzeugungsstelle[1] (in Abb. 1 angedeutet); bei kleinen Druckunterschieden kann aber in erster Näherung von dieser Verbreiterung abgesehen werden; Verdichtungswellen bleiben dagegen scharf[2] (Verdichtungsstöße). Daß der vektorielle Geschwindigkeitszuwachs jeweils senkrecht zur Ebene der Verdünnungs- oder Verdichtungswelle steht, ergibt sich übrigens auch in sehr einfacher Weise aus dem in der Welle herrschenden Druckgefälle, das ebenfalls diese Richtung hat.

---

[1] Vgl. z. B. STODOLA, Dampf- und Gasturbinen, V. und VI. Aufl., Abschn. 42a und 167b; ACKERET, a. a. O., S. 310ff.

[2] Vgl. z. B. STODOLA, Dampf- und Gasturbinen, V. und VI. Aufl., Abschn. 42a und 172a; ACKERET, a. a. O., S. 330ff.

Das hier zu beschreibende Näherungsverfahren läuft nun, kurz gesagt, darauf hinaus, daß alle zu betrachtenden Strömungen aus kleinen schrägen Verdünnungs- und Verdichtungswellen nach Abb. 1 und 2 aufgebaut werden, von denen natürlich im allgemeinen zwei sich überkreuzende Systeme erforderlich sind. In jedem einzelnen der viereckigen Felder, in die die Strömung durch die sich überkreuzenden Wellen eingeteilt wird, soll dabei die Geschwindigkeit nach Größe und Richtung konstant angenommen werden. Weiter kann man die Größe der Verdichtungen und Verdünnungen so abpassen, daß die Winkelablenkungen der Strömung in den einzelnen Wellen alle einander gleich werden.

Man hat es dann nur mit bestimmten festen Richtungen, die sich z. B. um je 1° unterscheiden, zu tun und hat jeder Stromlinie, die eine Verdünnungs- oder Verdichtungswelle überschreitet, einen Knick von 1° nach der einen oder der anderen Seite zu erteilen. Das ganze Verfahren besteht nunmehr einfach darin, nach einem bestimmten Plan die Lage der Verdichtungs- und Verdünnungswellen zu zeichnen, wozu nach einer noch zu besprechenden Vorbereitung nur das Ziehen von Geraden nötig ist.

3. Es empfiehlt sich nun, die bei den Verdünnungen und Verdichtungen auftretenden Geschwindigkeitsänderungen in dem Geschwindigkeitsbild (auch Hodograph genannt) zu verfolgen. Man trägt hierzu alle vorkommenden Geschwindigkeitsvektoren von einem Mittelpunkt O aus auf. Das Gebiet der Überschallgeschwindigkeiten liegt dabei zwischen zwei Kreisen K^* und K_{max} mit dem Radius $w = a^*$ (Geschwindigkeit, die mit ihrer zugehörigen Schallgeschwindigkeit übereinstimmt) und mit dem Radius $w = w_{max}$. Man kann nun in diesem Geschwindigkeitsbild die Expansion längs einer Stromlinie verfolgen, die von lauter aufeinanderfolgenden Verdünnungswellen der gleichen Schar getroffen wird. Die Zustände sind genau diejenigen, die bei der Expansion um eine Ecke[1] auftreten. Die Geschwindigkeitsfolgen, die je in solchen Strömungen zusammengefaßt werden, sind durch die in Abb. 3 eingezeichnete doppelte Kurvenschar[2] wiedergegeben. Nach früherem steht jedes Linienelement einer Kurve der Schar senkrecht zu der zugehörigen Wellenfront. Ersetzt man nun in irgendeiner

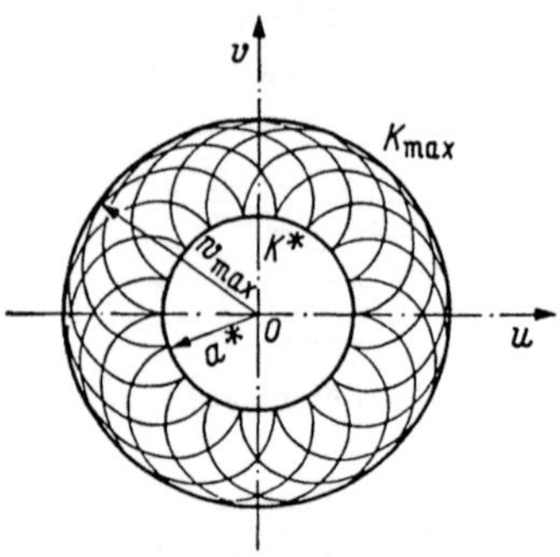

Abb. 3. Geschwindigkeitsbild (Hodograph)

[1] Vgl. hierzu Fußnote 1, S. 987.

[2] Diese Kurvenschar stellt die Charakteristiken einer für die Aufgabe grundlegenden hyperbolischen Differentialgleichung dar.

Strömung den stetigen Verlauf durch den unstetigen mit Hilfe von Wellen mit 1° Ablenkung und je paralleler Strömung in den Feldern zwischen den Wellen, so ergeben das Netz der Wellen in der Ebene der Strömung und das Netz der doppelten Kurvenschar im Geschwindigkeitsbild zwei reziproke Figuren, die zueinander in derselben Beziehung stehen wie ein Fachwerk und sein reziproker Kräfteplan. Die einander entsprechenden Linienelemente in beiden Bildern sind allerdings bei der gewählten Darstellung nicht parallel, sondern senkrecht zueinander, was sich jedoch beseitigen ließe, wenn man das eine Bild um 90° dreht. Einem Viereck zwischen vier Wellen in der Strömung entspricht ein Schnittpunkt der zugehörigen Elemente der Kurvenscharen im Geschwindigkeitsbild und umgekehrt auch einem Schnittpunkt von zwei Wellenzügen (bzw. den vier angrenzenden Feldern) in der Strömung ein Viereck aus den Kurven im Geschwindigkeitsbild. Instruktiv ist es auch, über der Ebene des Geschwindigkeitsbildes die nach der BERNOULLIschen Gleichung zugehörigen Drücke senkrecht aufzutragen. Man erhält so den „Druckberg", Abb. 4. Es ist nicht ohne Interesse, zu erwähnen, daß unsere doppelte Kurvenschar, wenn man sie auf die Druckbergfläche projiziert, die Schar der Haupttangentenkurven dieser Fläche liefert. Der Grenzkreis K^* liegt dort, wo die Meridiankurve des Druckberges ihren Wendepunkt hat.

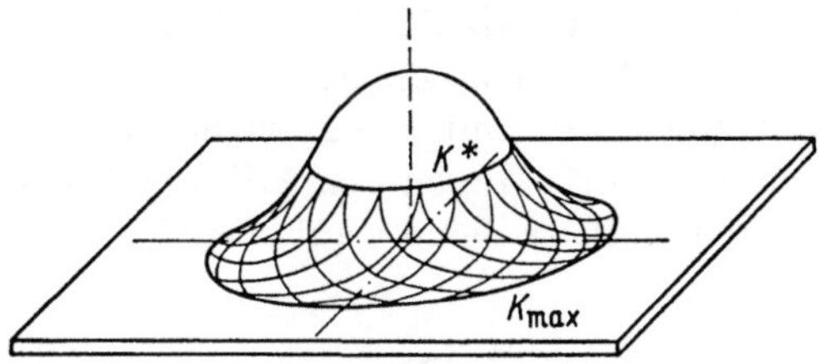

Abb. 4. Druckberg

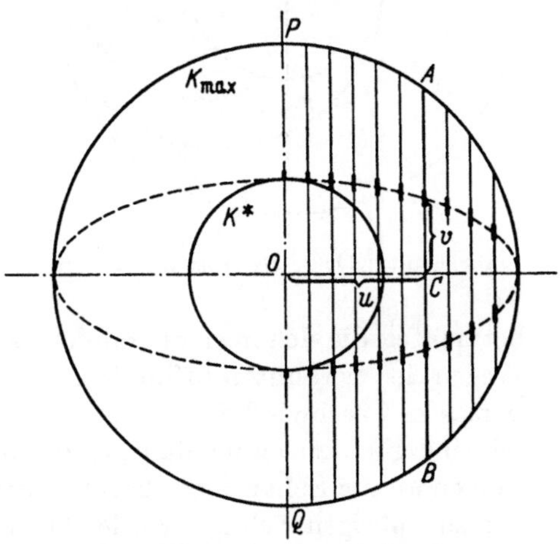

Abb. 5. Ellipse als geometrischer Ort

Für vollkommene Gase, d. h. für eine Adiabatengleichung von der Form $p\,v^k =$ konst., ergeben sich noch die folgenden einfachen geometrischen Eigenschaften. Wir betrachten die Zustände auf einer Sehne AB des Grenzkreises $K_{\max}$ (Abb. 5). Das in der BERNOULLIschen Gleichung auftretende Geschwindigkeitsquadrat läßt sich hier schreiben $w^2 = u^2 + v^2$, worin die Komponente u auf unserer Sehne senkrecht und daher konstant und v parallel der Sehne und daher veränderlich sein soll. Das konstante u^2 kann in der Richtung so behandelt werden, daß man $-\frac{1}{2}\varrho\, u^2$ mit dem Wärmeinhalt für $w^2 = 0$ zusammenrechnet; hieraus ergibt sich für v^2 formal die gleiche Beziehung wie für w^2, woraus folgt, daß der Schnitt $A\,B$ durch den Druckberg eine Kurve liefern muß, die affin ist zum Meridianschnitt PQ durch O, nur daß ihr Scheitel C niedriger liegt. Die Stellen, wo die Geschwindigkeitskomponente v mit der zugehörigen Schallgeschwindigkeit übereinstimmt, sind wieder die Wendepunkte des Druckbergschnittes $A\,B$. Wegen der Affinität liegen diese Wendepunkte für eine Schar paralleler Sehnen auf einer Ellipse, die die beiden Grenzkreise K^* und $K_{\max}$ berührt (in Abb. 5 gestrichelt). Gemäß dem in Nr. 2 Dargelegten sind aber die vektoriellen Geschwindigkeitszuwächse beim Überschreiten einer Welle — also auch die Tangenten an die zugehörige Kurvenschar — für alle Punkte dieser Ellipse parallel der Richtung AB, d. h. parallel der kleinen Achse der Ellipse, die entsprechenden Wellenfronten also parallel der großen Ellipsenachse. Dies ist ein wichtiges zeichnerisches Hilfsmittel. Eine andere Eigenschaft ergibt sich, wenn man eine Reihe von Sehnen des Kreises $K_{\max}$ betrachtet, die sich in einem Punkt dieses Kreises schneiden (vgl. Abb. 6).

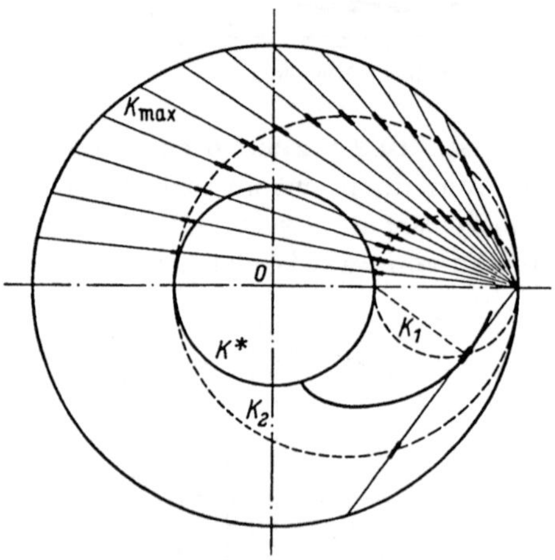

Abb. 6. Epizykloide als geometrischer Ort

Wegen der erwähnten Affinität liegen die Punkte, in denen die der Sehne parallele Geschwindigkeitskomponente mit der zugehörigen Schallgeschwindigkeit zusammenfällt, jetzt auf zwei Kreisen. Die Tangentenrichtungen an die Schar der „charakteristischen Kurven“[1] liegen wieder in der zugehörigen Sehne. Wie leicht zu sehen, bewegen sich die Punkte der Kreise K_1 und K_2, wenn diese auf dem Kreis K^* abrollen, gerade in diesen Richtungen. Hieraus ergibt sich aber, daß unsere Kurvenscharen im Geschwindigkeitsbild (Abb. 3) für die Adiabatengleichung $p\,v^k =$ konst. *Epizykloiden sind*, ein Resultat, das vorher schon auf anderem Weg Herr CL. THIESSEN erhalten hatte[2].

4. Als Hilfsmittel zur Bestimmung der Wellen dient ein Geschwindigkeitsbild (Abb. 7) mit einer Schar Epizykloiden, die im Abstand von z. B. 2° den Raum zwischen den Kreisen K^* und $K_{\max}$ ausfüllen

[1] Vgl. Fußnote 2, S. 988.
[2] Vgl. ACKERET, a. a. O., S. 316.

und in ihren Hälften teils links herum, teils rechts herum fortlaufend numeriert sind. Für die Zeichnung steht es frei, nur jede n-te dieser Epizykloidenhälften von einem wählbaren Schnittpunkt aus gezählt zu benutzen. Die Schnittpunkte der verbleibenden Zykloidenhälften

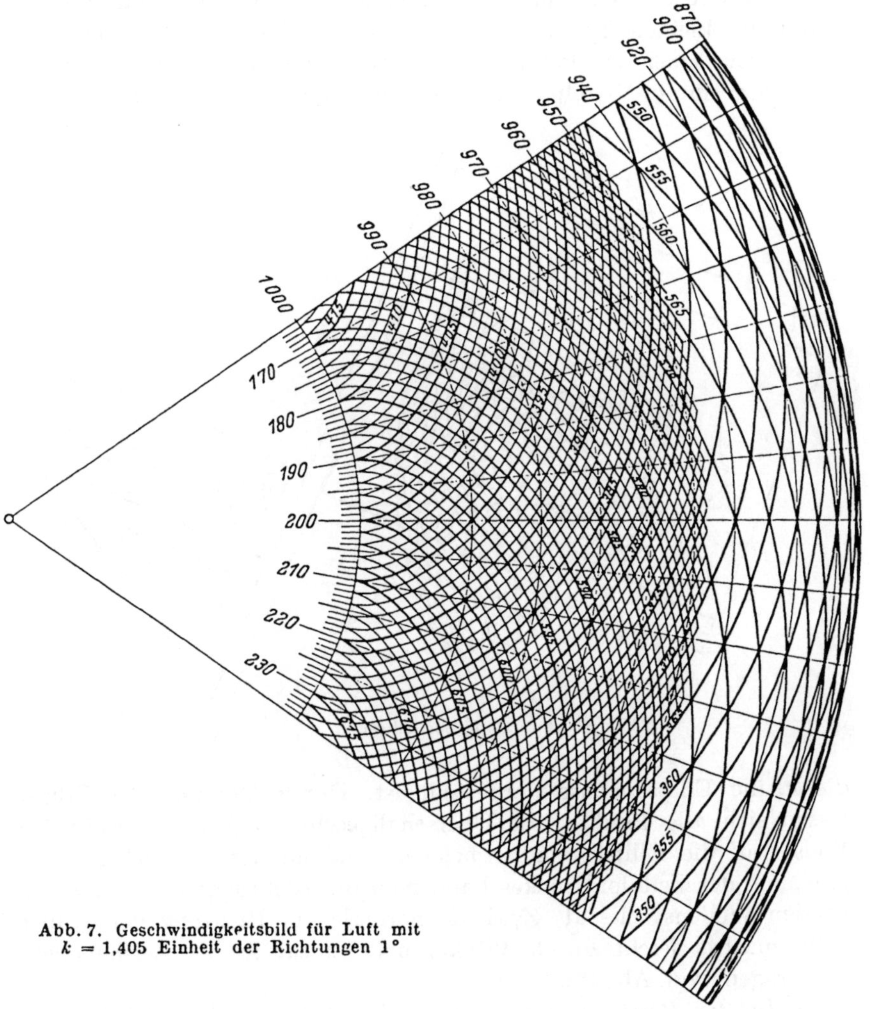

Abb. 7. Geschwindigkeitsbild für Luft mit $k = 1{,}405$ Einheit der Richtungen 1°

stellen alle im Näherungsverfahren innerhalb der Strömungsfelder allein vorkommenden Zustände dar. Die Zykloidenbögen zwischen den einzelnen Schnittpunkten denke man sich durch gerade Linienstücke ersetzt, dann liegt der eine der beiden Streckenpläne (s. Nr. 3) fest.

Begnügt man sich mit geringer Genauigkeit, also großem n, so sind die Richtungen dieser Strecken genau genug durch die Endpunkte bestimmt, die Normalen hierzu lassen sich dann direkt mit Winkel und Lineal oder noch bequemer mit den sich einbürgernden Zeichenmaschinen in die Zeichenebene übertragen. Bei großer Genauigkeit, also kleinem n, lassen sich die Richtungen der einzelnen kurzen Strecken besser durch die Richtung der Zykloidentangente im Halbierungspunkt des kleinen Zykloidenbogens ersetzen, die für alle Punkte auf der Kontur einer aus Pappe geschnittenen oder auf Zelluloid gezeichneten um ihren Mittelpunkt drehbaren Ellipse nach Abb. 5 durch

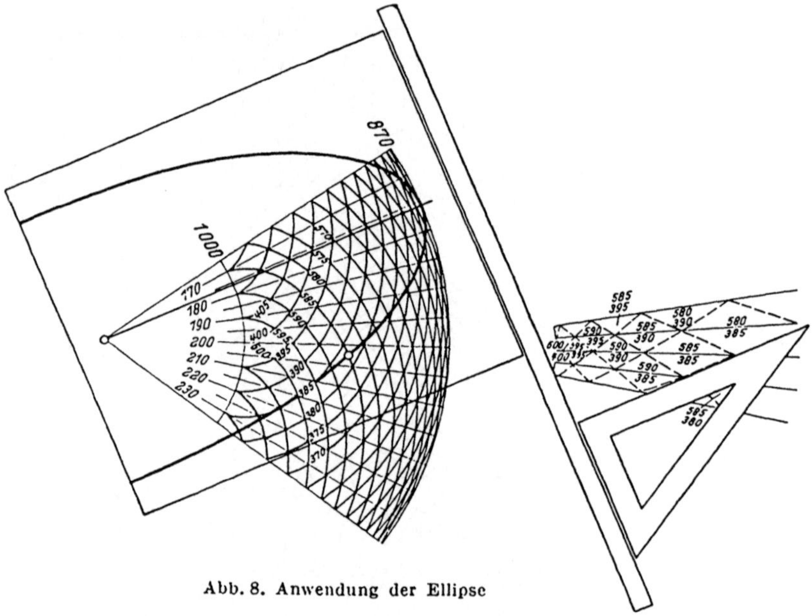

Abb. 8. Anwendung der Ellipse

die kleine Ellipsenachse dargestellt ist. Durch Drehung der Ellipse lassen sich alle Punkte mit Überschallgeschwindigkeit in zweifacher Weise auf die Ellipsenkontur bringen, und an der rechteckigen Begrenzung des Zelluloidstückes kann man die Richtungen der zu zeichnenden Wellenstücke als Zykloidennormalen in Richtung der großen Ellipsenachse leicht durch Winkel und Lineal in die Zeichenebene übertragen (vgl. Abb. 8).

5. In der Zeichenebene müssen eine Geschwindigkeitsverteilung in einem Anfangsquerschnitt und von dort ausgehend die Konturen der Wände und der umströmten Körper bzw. die Drücke in Räumen, durch die eine freie Strahlgrenze verläuft, bekannt sein. Vor Beginn der Zeichnung müssen diese stetig gegebenen Anfangs- und Randbedingungen so abgeändert werden, daß sie sich in die unstetig arbeitende Zeichnungsweise einpassen. Das Anfangsgeschwindigkeitsprofil

darf innerhalb der Genauigkeit des Verfahrens in ein benachbartes in Absolutbetrag und Richtung der Geschwindigkeit treppenförmiges Profil verändert werden, dessen einzelne Stufen den Schnittpunkten der Epizykloiden im Geschwindigkeitsbild entsprechen. Ebenso sind die Konturen von Wänden und umströmten Körpern in Polygone mit den vorgegebenen Richtungen zu verwandeln. Durch Wahl der zu benutzenden Zykloiden sind die als Grenzbedingung gegebenen Drücke möglichst genau anzunähern.

Dann kann die Zeichnung der Wellen vom Anfangsquerschnitt aus beginnen. Jeder Absatz im Geschwindigkeitsprofil bedeutet den Durchtritt einer Welle an dieser Stelle des Anfangsquerschnittes. Benennt man die zu beiden Seiten des Absatzes vorhandenen Geschwindigkeiten durch die Nummern der an der zugeordneten Stelle des Geschwindigkeitsbildes sich schneidenden Zykloiden, und schreibt man sie, weil sie später in jedes Feld geschrieben werden sollen, übereinander:

obere Feldzahl,

untere Feldzahl,

so daß die größere oben steht, während die Strömungsrichtung von links nach rechts laufen soll, so gehört die an der Stufe zu zeichnende Welle zu der von *oben* kommenden Schar, wenn sich die *obere* Feldzahl an der Stufe ändert, und zu der von *unten* kommenden Schar, wenn sich die *untere* Feldzahl ändert. Ändern sich beide oder werden ein oder mehrere mögliche Stufen übersprungen, so sind hier zugleich so viel von oben kommende Wellen zu zeichnen, als sich die obere Feldzahl, und so viel von unten kommende, als sich die untere Feldzahl um mögliche Stufen oder ,,Sprünge" ändert. Gelangt die Strömung beim Überschreiten einer Welle in Richtung der Strömung in ein Feld, dessen obere oder untere Feldzahl gegenüber dem verlassenen Feld um einen Sprung *gestiegen* ist, so stellt diese Welle eine ,,*Verdichtungswelle*" dar und wird voll ausgezogen, ist die betreffende Zahl dagegen *gefallen*, so liegt eine ,,*Verdünnungswelle*" vor, und sie wird gestrichelt (Minus — — —). Schneiden Wellen der entgegengesetzt laufenden Scharen einander, so findet man die Feldzahlen der neu entstehenden Felder, wenn man beachtet, daß jede Welle auf ihrem ganzen Verlauf gleiche Strichart behält und daß die von *oben* kommenden Wellen neben sich dieselben *oberen* Feldzahlen beibehalten, entsprechend die von unten kommenden. Jedes Wellenstück trennt zwei Felder, deren Feldzahlen im Geschwindigkeitsbild zwei Punkte darstellen, senkrecht zu deren Verbindungslinie die Richtung dieses Wellenstückes liegt. Bei kleinen Sprüngen ist dabei nach Nr. 4 die Ellipse zu verwenden. Man stellt ihre Kontur auf den Punkt, der durch die arithmetisch gemittelten oberen und unteren Feldzahlen der begrenzten

Felder dargestellt wird. Die von *oben* kommenden Wellen behalten auf ihrer ganzen Länge die gemittelte *obere* Feldzahl bei, die von unten kommenden entsprechend, so daß man direkt diese gemittelten Feldzahlen als Bezifferung der Wellen benutzen kann.

6. Das Innere der Strömung kann im regulären Fall mit den Angaben von Nr. 5 gezeichnet werden. An den Begrenzungen sind jedoch die gegebenen Randbedingungen zu benutzen. Diese bestehen entweder aus gegebenen Richtungen oder Drücken. Hierbei ist es vorteilhaft, zu beachten, daß die *Summe* der Feldzahlen ein Maß für den *Druck* und ihre *Differenz* ein Maß für die Geschwindigkeits*richtung* ist, was

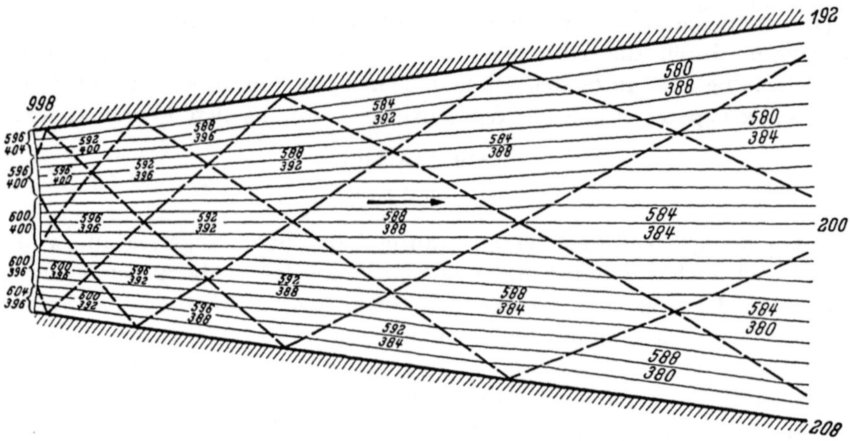

Abb. 9. Durch das Näherungsverfahren dargestellte Quellströmung (Sprung 4°)

sofort aus dem Geschwindigkeitsbild zu ersehen ist. Man bezeichnet daher Drücke und Richtungen zweckmäßig gleich durch diese Zahlen. Da in den Randfeldern die Randbedingungen erfüllt sein müssen, ergeben sich folgende Regeln (vgl. Abb. 9, 10 und 11):

I. Läuft eine Welle gegen den Rand, so muß an dieser Stelle eine Welle der gegenläufigen Schar beginnen. An festen Wänden besitzt die „reflektierte" Welle dieselbe Strichart, bei freien Strahlgrenzen die entgegengesetzte (um die Richtung, also die Feldzahldifferenz, in den Grenzfeldern konstant zu halten, müssen sich obere und untere Feldzahl in gleichem Sinne ändern, für konstanten Druck, also konstante Summe, ist ungleichsinnige Änderung erforderlich).

II. Ändert sich der Druck oder die Richtung am Rand, so beginnen dort eine oder mehrere Wellen („Störungslinien").

Unter Beachtung der Randbedingungen lassen sich im regulären Fall die Überschallströmungen vollständig behandeln. Sie haben danach die unangenehme Eigenschaft, daß man nach Regel I die vorhandenen

Wellen nie wieder los wird und nach Regel II an den Rändern noch eine Vermehrung der Wellen erhält. Nur wenn zufällig eine Welle an der Stelle ausläuft, wo eine passende Änderung am Rand stattfindet, vermindert sich die Wellenanzahl. Diese Eigenschaft der zeichnerischen Lösung ist aber durch das physikalische Verhalten der Überschallströmungen in willkürlich vorgegebenen Kanälen begründet. Da der Rand nur für die Strömung stromabwärts Bedeutung hat, kann man sich vornehmen, den Rand erst bei der Zeichnung festzulegen und so z. B. die Aufgabe lösen, eine homogene Strömung oder eine

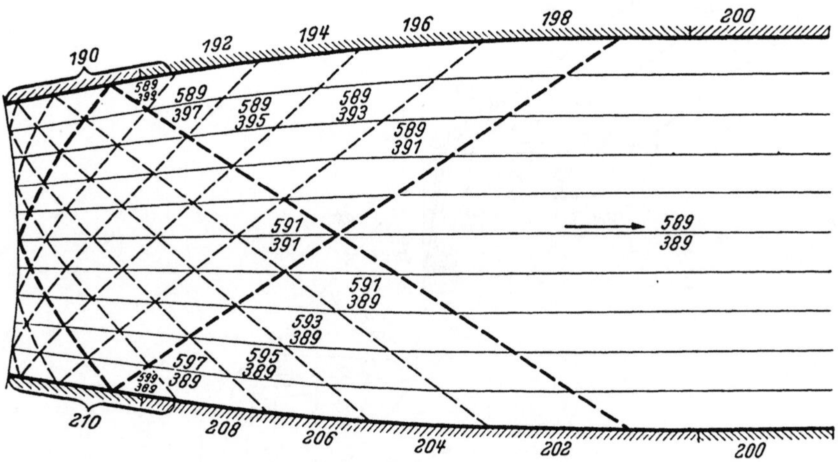

Abb. 10. Erzeugung eines Parallelstrahles aus Strömung nach Abb. 9 für den Zustand $p = 978$, $r = 200$ (Sprung 2°)

Parallelströmung zu erzeugen, indem man die Wände so formt, daß ungeeignete Wellen verschwinden und geeignete entstehen (vgl. Abb. 10).

7. Störend für die Zeichnung ist eine weitere physikalisch begründete Eigenschaft der Wellen. Die Verdünnungswellen einer Schar verlaufen divergent, die Verdichtungswellen dagegen konvergent. Verdichtungswellen derselben Schar können daher zusammentreffen. An solchen Stellen tritt in der Strömung eine unstetige Verdichtung auf, die im Gegensatz zu der durch die Näherung bedingten Unstetigkeit nicht geringer wird, wenn man den Sprung verkleinert, weil in diesem Fall entsprechend mehr Verdichtungslinien geringeren Sprunges zusammenlaufen. Diese physikalisch reellen „Verdichtungsstöße"[1] bedeuten eine Entropievermehrung und sind nicht umkehrbar; sie lassen sich nicht mit dem Zykloidendiagramm behandeln und bedeuten auch meist noch eine Störung der Potentialströmung. Ver-

[1] Vgl. A. STODOLA, Dampf- und Gasturbinen, V. und VI. Aufl., Abschn. 32; J. ACKERET, a. a. O., S. 332ff.

hältnismäßig kleine Verdichtungsstöße kann man jedoch angenähert mitbehandeln, wenn man als Verlängerung der zusammengelaufenen Verdichtungslinien eine einzige mit entsprechend größerem Sprung zeichnet. Verdichtungsstöße können auch am Rand der Strömung beginnen, wenn durch die Randbedingungen mehrere Verdichtungswellen an einer Stelle beginnen, wie es beim Austritt eines Strahles

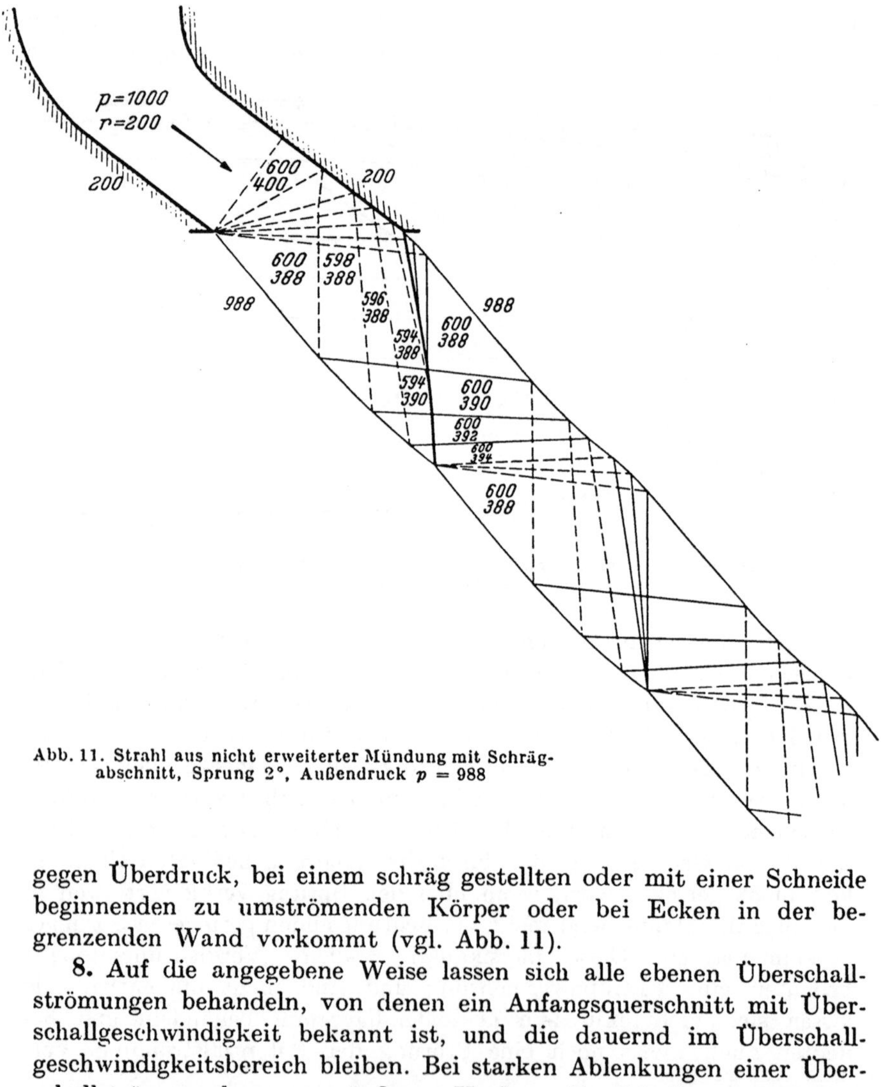

Abb. 11. Strahl aus nicht erweiterter Mündung mit Schrägabschnitt, Sprung 2°, Außendruck $p = 988$

gegen Überdruck, bei einem schräg gestellten oder mit einer Schneide beginnenden zu umströmenden Körper oder bei Ecken in der begrenzenden Wand vorkommt (vgl. Abb. 11).

8. Auf die angegebene Weise lassen sich alle ebenen Überschallströmungen behandeln, von denen ein Anfangsquerschnitt mit Überschallgeschwindigkeit bekannt ist, und die dauernd im Überschallgeschwindigkeitsbereich bleiben. Bei starken Ablenkungen einer Überschallströmung kann am äußeren Umfang die Schallgeschwindigkeit unterschritten werden. Hierfür und für Strömungen aus der Ruhe

heraus fehlt leider eine zeichnerische Behandlung des *Unter*schallgeschwindigkeitsbereiches. Die Vermeidung von starken Verdichtungsstößen hat praktischen Wert. Es genügt daher vielfach, daß man auf diese Weise feststellen kann, wo starke Verdichtungsstöße eintreten, während diese mit der angegebenen Methode selbst nicht mehr genau weiterverfolgt werden können. Für die Behandlung der starken Verdichtungsstöße ist ebenfalls eine zeichnerische Methode ausgearbeitet. Die Darlegung dieser Methode würden den Rahmen dieser Mitteilung überschreiten. Sie soll einer späteren Veröffentlichung vorbehalten bleiben.

Journal of the Aeronautical Research Institute, Tokyo Imperial University Bd. 5, Nr. 65 (1930), S. 25—34

Vortrag in Tokyo

22. Oktober 1929. *Über Strömungen, deren Geschwindigkeiten mit der Schallgeschwindigkeit vergleichbar sind.*

Luft- und Wasserströmung verlaufen bei mäßigen Geschwindigkeiten, bei denen die Druckunterschiede gering genug sind, um die Volumenänderungen der Luft zu vernachlässigen, völlig gleichartig. Wenn jedoch die Geschwindigkeit in die Größenordnung der Schallgeschwindigkeit kommt, werden die Volumenänderungen stark fühlbar.

1. Eindimensionale Behandlung:

$\left.\begin{matrix} u \\ v \end{matrix}\right\} =$ seien die Geschwindigkeiten in zwei Dimensionen,

$w \;= \sqrt{u^2 + v^2}$ die resultierende Geschwindigkeit,

$p \;=$ der Druck,

$\varrho \;=$ die Dichte.

Für reibungslose Strömung gilt das Adiabatengesetz:

$$\varrho = \varphi(p).$$

Es ist:

$$-dp = \varrho w dw,$$

woraus sich ergibt:

$$-\frac{dp}{dw} = \varrho w = \text{Masse/sec. für die Flächeneinheit.} \tag{1}$$

Querschnitt F ist meist gegeben; es ist für die verschiedenen Stellungen einer Strömung:

$$F \varrho w = \text{konst.}$$

Der Ausdruck ϱw verhält sich also umgekehrt wie F.

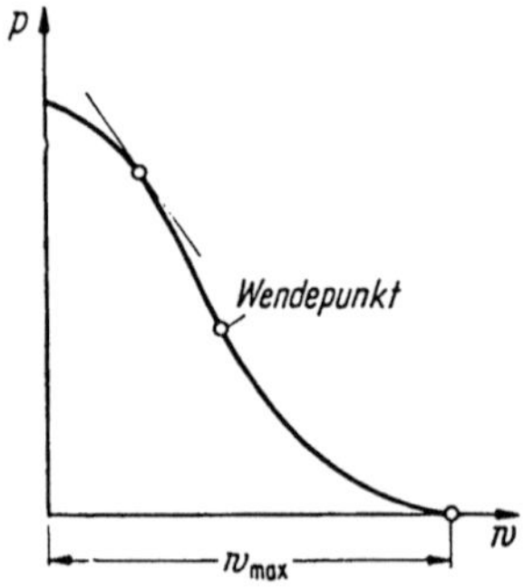

Abb. 1

Nach dem Vorschlag von Busemann wird p abhängig von w aufgetragen (vgl. Abb. 1). Dann ist wegen Gl. (1) die Neigung dp/dw ein Maß für die strömende Menge pro Flächeneinheit. Die Kurve hat einen Wendepunkt, der also dem Maximum der Strömungsmenge bzw. dem Minimum des Querschnittes entspricht. Welche Geschwindigkeit herrscht an diesem Punkt? Es ist dort:

$$\frac{d^2p}{dw^2} = 0 \quad \text{oder} \quad \frac{d}{dw}(\varrho w) = 0$$

oder

$$\frac{d\varrho}{dw} = -\frac{\varrho}{w}. \tag{2}$$

Andererseits ist unter Berücksichtigung der Formel für die Schallgeschwindigkeit $c = \sqrt{dp/d\varrho}$:

$$\frac{dp}{dw} = \frac{dp}{d\varrho}\frac{d\varrho}{dw} = -\frac{c^2\varrho}{w},$$

also

$$-\varrho w = -c^2\frac{\varrho}{w}$$

oder

$$w^2 = c^2.$$

Im Minimum des Querschnittes herrscht also *Schallgeschwindigkeit.*

Das Verhalten der Strömung unter und über der Schallgeschwindigkeit ist grundverschieden. Alle Druckänderungen pflanzen sich mit Schallgeschwindigkeit relativ zur Flüssigkeit fort. Ist die Geschwindigkeit größer als die Schallgeschwindigkeit, so kann sich die Störung nur in einem bestimmten kegelförmigen Bereich (Abb. 2) ausbreiten. Der halbe Spitzenwinkel α bestimmt sich nach der Beziehung:

$$\sin\alpha = \frac{c}{w}.$$

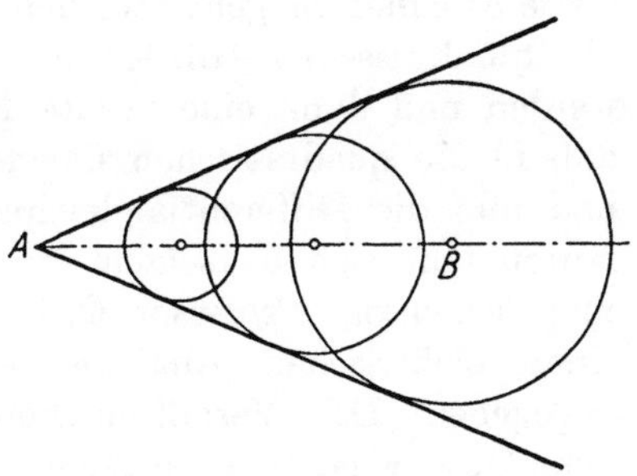

Abb. 2

2. Zweidimensionale Behandlung: Stationäre reibungslose Strömung.

Ohne Reibung entsteht keine Drehung, daher existiert auch hier ein Strömungspotential, also ist:

$$u = \frac{\partial\Phi}{\partial x},$$

$$v = \frac{\partial\Phi}{\partial y}.$$

Die Bernoullische Gleichung:

$$\int\frac{dp}{\varrho} + \frac{w^2}{2} = \text{konst.} \tag{1}$$

ergibt mit:

$$\frac{dp}{\varrho} = \frac{dp}{d\varrho}\frac{d\varrho}{\varrho} = c^2\frac{d\varrho}{\varrho}$$

die Beziehung:

$$d\frac{w^2}{2} = -c^2\frac{d\varrho}{\varrho}. \tag{2}$$

Aus der Kontinuitätsgleichung

$$\frac{\partial}{\partial x}(\varrho u) + \frac{\partial}{\partial y}(\varrho v) = 0$$

ergibt sich:

$$\frac{\partial u}{\partial x} + \frac{\partial v}{\partial y} + \frac{u}{\varrho}\frac{\partial \varrho}{\partial x} + \frac{v}{\varrho}\frac{\partial \varrho}{\partial y} = 0. \tag{3}$$

Mit Rücksicht auf Gl. (2) wird hieraus:

$$\frac{\partial u}{\partial x} + \frac{\partial v}{\partial y} - \frac{1}{c^2}\left(u\frac{\partial\left(\frac{w^2}{2}\right)}{\partial x} + v\frac{\partial\left(\frac{w^2}{2}\right)}{\partial y}\right) = 0,$$

was nach Ausrechnung ergibt:

$$\frac{\partial u}{\partial x}\left(1 - \frac{u^2}{c^2}\right) + \frac{\partial v}{\partial y}\left(1 - \frac{v^2}{c^2}\right) - \frac{u\,v}{c^2}\left(\frac{\partial u}{\partial x} + \frac{\partial v}{\partial y}\right) = 0. \tag{4}$$

Die Schallgeschwindigkeit c ist dabei eine Funktion von w^2, also nicht konstant.

Für kleine Geschwindigkeiten u und v kann die Gl. (4) durch schrittweise Annäherung gelöst werden, indem zunächst für die erste Näherung die quadratischen Glieder in den Geschwindigkeiten vernachlässigt werden und dann eine zweite Näherung in der Weise erhalten wird, daß in die quadratischen Glieder die erste Näherung eingesetzt wird und nun die Differentialgleichung von neuem gelöst wird. Das Verfahren läßt sich fortsetzen, ist aber in der mathematischen Behandlung schwierig. Professor G. I. TAYLOR in Cambridge hat auf Grund einer elektrischen Analogie eine solche schrittweise Annäherung angegeben. Das Verfahren konvergiert, wenn an keiner Stelle die Schallgeschwindigkeit erreicht wird. Ist die Schallgeschwindigkeit irgendwo überschritten, so divergiert es. Für Überschallgeschwindigkeit wird nachher noch eine Methode angegeben werden, aber auch diese versagt, wenn an irgendeiner Stelle die Geschwindigkeit kleiner ist als die Schallgeschwindigkeit. Es bleibt also eine Lücke, die einstweilen mit der Theorie nicht überbrückt werden kann.

Durch eine LEGENDREsche Transformation

$$\chi = u\,x + v\,y - \Phi,$$

durch die u und v zu unabhängigen Variablen gemacht werden, gelingt es, die Differentialgleichung linear und so der mathematischen Behandlung besser zugänglich zu machen. Bei dieser Behandlung wird erst zum Schluß durch die Beziehungen:

$$\frac{\partial \chi}{\partial u} = x; \qquad \frac{\partial \chi}{\partial v} = y$$

die räumliche Form der Strömung erhalten. Die Differentialgleichung in χ hat elliptischen Charakter für $w^2 < c^2$ und hyperbolischen für $w^2 > c^2$. Die Methoden sind in beiden Fällen völlig verschieden, da die Differentialgleichung im ersteren Fall Ähnlichkeit mit derjenigen der elektrostatischen Potentiale, im zweiten Fall Ähnlichkeit mit der

der „Saitenschwingung" hat. Bei Überschallgeschwindigkeit sind Unstetigkeiten längs der „Charakteristiken" der Differentialgleichung zulässig, bei Unterschallgeschwindigkeit sind die Lösungen überall stetig.

Beispiel: Strömungen, bei denen die Geschwindigkeiten nur um geringe Beträge von einer bestimmten großen Geschwindigkeit u_1 abweichen:

$$u = u_1 + u',$$
$$v = v'.$$

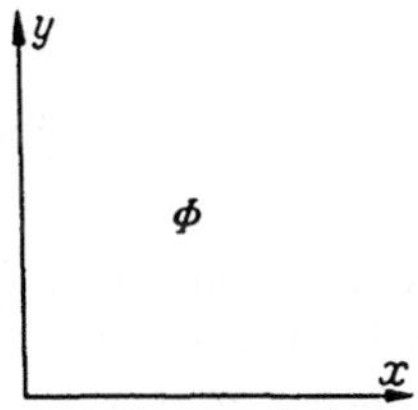

Abb. 3

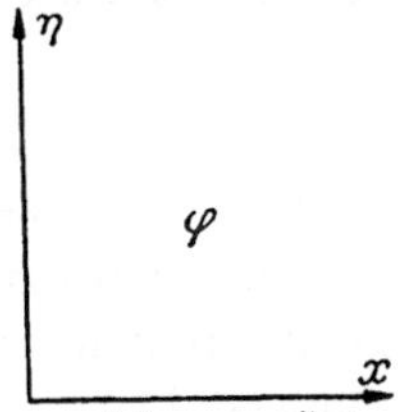

Abb. 4

Bei Vernachlässigung der Glieder höherer Ordnung in u' v' wird aus der Gl. (4):

$$\frac{\partial u'}{\partial x}\left(1 - \frac{u_1^2}{c^2}\right) + \frac{\partial v'}{\partial y} = 0.$$

u_1 und c sind dabei als Konstante anzusehen.

Es läßt sich hier eine Analogie mit einer inkompressiblen Strömung aufstellen, vgl. Abb. 3 und 4.

Für die Potentiale Φ und φ ergeben sich also die Beziehungen:

$$\frac{\partial^2 \Phi}{\partial x^2}\left(1 - \frac{u_1^2}{c^2}\right) + \frac{\partial^2 \Phi}{\partial y^2} = 0, \quad (1)$$

$$\frac{\partial^2 \varphi}{\partial x^2} + \frac{\partial^2 \varphi}{\partial \eta^2} = 0. \quad (2)$$

Wir machen die Annahme, daß für

$$y = \alpha\, \eta \quad (3)$$

die Beziehung.

$$\Phi = \beta\, \varphi \quad (4)$$

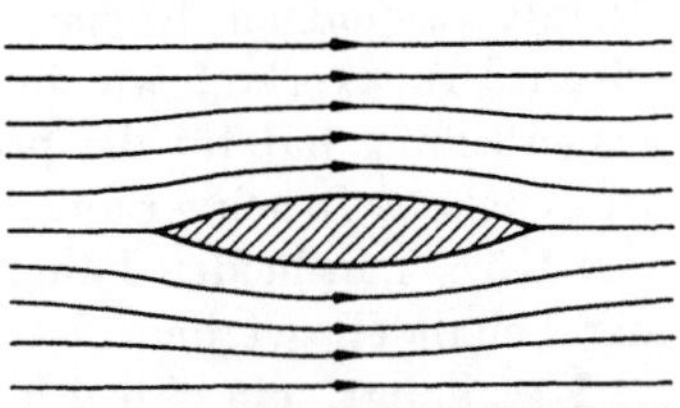
Abb. 5

gilt, d. h., daß die beiden Potentiale durch Zuführung eines konstanten Faktors ineinander übergeführt werden können, wenn man die Abmessung quer zur Strömungsrichtung in einem passenden Maßstab ändert. Gl. (1) und (3) geben:

$$\frac{\partial^2 \Phi}{\partial x^2}\left(1 - \frac{u_1^2}{c^2}\right) + \frac{\partial^2 \Phi}{\partial \eta^2}\,\frac{1}{\alpha^2} = 0.$$

Gl. (2) und (4) liefern:

$$\left(\frac{\partial^2 \Phi}{\partial x^2} + \frac{\partial^2 \Phi}{\partial \eta^2}\right)\frac{1}{\beta} = 0.$$

Die beiden Beziehungen werden identisch, wenn

$$1 - \frac{u_1^2}{c^2} = \frac{1}{\alpha^2}$$

ist, was

$$\alpha = \frac{1}{\sqrt{1-\left(\frac{u_1}{c}\right)^2}} > 1$$

ergibt. Es wird:

$$\alpha = 1 \quad \text{für kleine } u_1,$$

$$\alpha = \infty \quad \text{für } u_1 = c.$$

β bleibt zunächst willkürlich.

Die η-Ordinate der inkompressiblen Strömung wird also bei Übergang auf kompressible Strömung in der Richtung senkrecht zur Strömungsrichtung gestreckt, und zwar um so mehr, je näher man der Schallgeschwindigkeit kommt. Über der Schallgeschwindigkeit hört diese Analogie auf, da der Typ der Differentialgleichung sich ändert. Die Analogie führt hier auf:

$$\frac{\partial^2 \Phi}{\partial x^2} - \frac{\partial^2 \Phi}{\partial \eta^2} = 0,$$

wie es dem hyperbolischen Charakter entspricht.

Es soll nun nach den Drücken in den beiden verglichenen Strömungen gefragt werden. Man kann entweder nach den Drücken auf einen Körper, dessen Gestalt festliegt, fragen (wobei also die Neigung der Stromlinien in den beiden Strömungen dieselbe ist), oder man kann nach der Gestalt desjenigen Körpers fragen, der im kompressiblen Fall denselben Druckverlauf wie im inkompressiblen Fall liefert. Die letztere Fragestellung hat für die praktische Aerodynamik die Bedeutung, daß bei gleichem Druckverlauf die Gefahr der Ablösung der Strömung von dem Körper in beiden Fällen die gleiche ist. Deshalb soll dieses Beispiel hier behandelt werden.

Es genügt, ein Glied der Eulerschen Gleichung anzuschreiben. Es ist:

$$\varrho\, u_1 \frac{\partial u'}{\partial x} = \underbrace{\varrho\, u_1 \frac{\partial^2 \Phi}{\partial x^2}}_{\text{kompressibel}} = \underbrace{\varrho\, u_1 \frac{\partial^2 \varphi}{\partial x^2}}_{\text{inkompressibel}}.$$

Diese Beziehung wird befriedigt durch $\beta = 1$ in Gl. (4). Die Neigung der Stromlinien ergibt sich durch:

$$\operatorname{tg}\delta = \frac{v'}{u_1} = \frac{1}{u_1}\frac{\partial \Phi}{\partial y} = \frac{1}{u_1}\frac{\beta}{\alpha}\frac{\partial \varphi}{\partial \eta}.$$

Bezeichnet $\operatorname{tg}\delta' = \frac{1}{u_1}\frac{\partial \varphi}{\partial \eta}$ die Neigung der Stromlinien der inkompressiblen Vergleichsströmung, so wird:

$$\operatorname{tg}\delta = \frac{\operatorname{tg}\delta'}{\alpha} = \operatorname{tg}\delta' \sqrt{1-\left(\frac{u_1}{c}\right)^2}.$$

Der Körper muß also bei Annäherung an die Schallgeschwindigkeit dünner bzw. flacher gestaltet werden, um denselben Druckverlauf wie bei inkompressibler Strömung zu erhalten. Dieses Resultat ist auch von der experimentellen Seite her bereits bekannt.

Unsere Gl. (1) gibt auch Gelegenheit, das Verhalten einer Strömung bei einer schwach wellenförmigen Wand zu studieren. Hier ergibt sich ein Strömungspotential der folgenden Art:

$$\Phi = A\, e^{i k x}\, e^{-k y \sqrt{1-(u_1/c)^2}}.$$

Unterhalb der Schallgeschwindigkeit nimmt die Wellenhöhe der Stromlinien mit der Entfernung von der Wand exponential ab. Oberhalb der Schallgeschwindigkeit wird die Wurzel imaginär, die Strömung hat daher auch nach der Y-Richtung welligen Charakter, und die Amplitude nimmt nicht ab. In dem Fall, daß nur von der Wand Wellen ausgehen, ergibt sich in beiden Fällen eine Strömung gemäß Abb. 6 und 7.

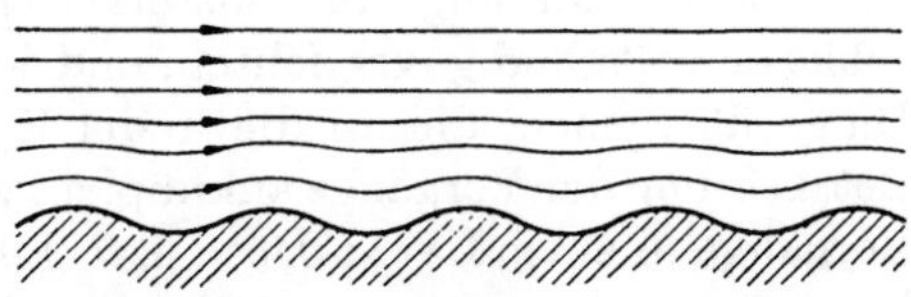

Abb. 6

Im letzteren Fall ist dabei der Neigungswinkel α wiedergegeben durch $\sin\alpha = c/u_1$.

Im Fall der Überschallgeschwindigkeit ergeben sich, wie erwähnt, Unstetigkeiten im ganzen Inneren der Strömung, wenn die Grenzbedingungen unstetig sind. Die Expansion um eine Ecke und die unstetige Verdichtung sind durch die Göttinger Dissertation von Theodor Meyer (Forschungsheft des VDI 1908) bekannt. Die Resultate der Arbeit sind in Stodolas Dampfmaschinenbuch abgedruckt.

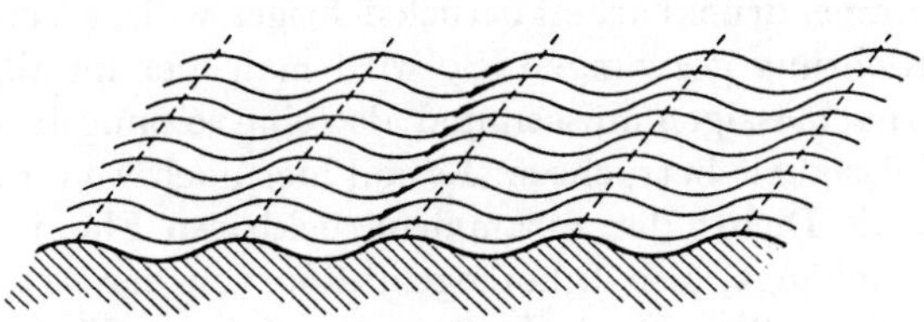

Abb. 7

Der Vortragende zeigt an einer Reihe von Projektionsbildern Strömungen, die sowohl die eindimensionale Theorie wie auch die Vorgänge bei der Strömung um Ecke und die Wellenvorgänge, die sich durch Reflexion darüber entwickeln, illustrieren.

In dem letzten Teil des Vortrages behandelt der Vortragende die neue Methode zur graphischen Behandlung von Überschallgeschwindigkeitsströmungen, die Dr. Busemann, Göttingen, auf seine Anregung hin entwickelt hat. Diese Methode ist in der Festschrift zum 70. Geburtstag von Stodola ausführlich dargelegt, so daß hier auf eine Wiedergabe verzichtet werden kann.

Quinto Convegno „Volta", Roma 1935, S. 169—197
L'Aerotecnica Bd. XVI (1936) S. 511—528 (in italienischer Sprache)
Zeitschrift für angewandte Mathematik und Mechanik Bd. 16 (1936) S. 129—142

Allgemeine Betrachtungen über die Strömung zusammendrückbarer Flüssigkeiten[1]

Vorbemerkung. Die Königliche Akademie von Italien hat mir den ehrenvollen Auftrag erteilt, die Verhandlungen des diesjährigen Volta-Kongresses durch einen Vortrag zu eröffnen, der als Einführung in das Gebiet der Strömung kompressibler Medien dienen soll. Mit Rücksicht auf die für den Vortrag zur Verfügung stehende Zeit will ich auf die Schilderung der historischen Entwicklung dieses Wissensgebietes vollständig verzichten, und ich will auch die sehr bekannten Dinge übergehen, die an die in der Hydraulik übliche eindimensionale Betrachtung der Vorgänge anknüpfen, wie z. B. Ausfluß aus Mündungen, Vorgänge in einer Laval-Düse usw. Ich will mich vielmehr ganz darauf beschränken, von einem modernen Standpunkt aus, anknüpfend an die Differentialgleichungen der kompressiblen Strömungen, die wichtigsten Eigenschaften dieser Strömungen aufzuzeigen.

1. Vorbereitende Betrachtungen. Die Beurteilung der Flüssigkeitsbewegungen, die auch bei Volumbeständigkeit schon gerade verwickelt genug sind, wird durch das Hinzutreten der Zusammendrückbarkeit noch weiter erschwert. Man ist deshalb in den meisten Fällen, wenn man die Zusammendrückbarkeit berücksichtigen will, zu Vereinfachungen in anderer Richtung gezwungen. So wird man hier im allgemeinen die Zähigkeit vernachlässigen müssen und also eine reibungsfreie zusammendrückbare Flüssigkeit betrachten. Es soll hier noch weiter angenommen werden, daß die Dichte der zusammendrückbaren Flüssigkeit nur vom Druck allein abhängt, also Inhomogenitäten von der Art, wie sie z. B. durch eine von außen durch Leitung zugeführte Wärme oder durch Verbrennungsvorgänge im Inneren entstehen, ausgeschlossen werden. Wir nehmen an, daß der Zusammenhang zwischen dem Druck p und der Dichte ϱ stetig und monoton sein soll.

Für diese reibungsfreie homogene zusammendrückbare Flüssigkeit gilt nun ebenso wie für die reibungsfreie homogene unzusammen-

[1] Vortag auf der von der Königlichen Akademie von Italien veranstalteten „Volta-Tagung" 29. September bis 6. Oktober 1935 in Rom. Diese Volta-Tagung war eine internationale Zusammenkunft von Fachleuten des Fluges mit hohen Geschwindigkeiten. Eine Gruppe der Vorträge befaßte sich mit den Strömungsgesetzen für die hohen Geschwindigkeiten. Der vorliegende Vortrag sollte die Zuhörer in diesen Gegenstand einführen und auf die speziellen Vorträge der Gruppe vorbereiten.

drückbare Flüssigkeit der Satz von LAGRANGE, daß eine Flüssigkeit, die sich drehungsfrei bewegt, dauernd drehungsfrei bleibt. Der Satz gilt allerdings, wie bemerkt werden mag, nur für stetige Bewegungen. Bei Geschwindigkeiten oberhalb der Schallgeschwindigkeit kommen nämlich unstetige Bewegungen vor, die mit einem nichtumkehrbaren Verdichtungsvorgang verbunden sind, der eine Entropievermehrung mit sich bringt. Hierdurch wird im allgemeinen die Homogenität zerstört, und es wird dadurch für diejenigen Teile der Strömung, die stromabwärts von der Unstetigkeit liegen, der LAGRANGEsche Satz im allgemeinen unanwendbar.

Da der Ruhezustand als ein Spezialfall der drehungsfreien Bewegung anzusehen ist, ist also, wenn man von dem eben erwähnten Ausnahmefall absieht, eine aus der Ruhe heraus beginnende Strömung einer zusammendrückbaren Flüssigkeit, sei sie stationär oder nichtstationär, eine drehungsfreie Bewegung. Drehungsfreie Bewegungen können aber immer durch ein Geschwindigkeitspotential dargestellt werden derart, daß die Geschwindigkeit der Gradient dieses Potentials ist

$$\mathfrak{w} = \operatorname{grad} \Phi \tag{1}$$

oder in Komponenten

$$u = \frac{\partial \Phi}{\partial x}, \qquad v = \frac{\partial \Phi}{\partial y}, \qquad w = \frac{\partial \Phi}{\partial z}. \tag{1a}$$

Für derartige „Potentialbewegungen“ der homogenen reibungsfreien Flüssigkeit gilt nun die BERNOULLIsche Gleichung:

$$\frac{\partial \Phi}{\partial t} + \frac{\mathfrak{w}^2}{2} + P - U = f(t). \tag{2}$$

Dabei bedeutet $P = \int \frac{dp}{\varrho}$ die „Druckfunktion“ und U die Kräftefunktion, im Fall der Erdschwere $U = -g z$; $f(t)$ ist eine willkürliche Funktion der Zeit. Als weitere Gleichung hat man die Kontinuitätsgleichung zu beachten, die der Ausdruck für die Konstanz der Masse ist. Man kann entweder ausdrücken, daß ein dauernd von denselben Flüssigkeitsteilchen begrenztes Volumenelement auch dauernd dieselbe Masse besitzt, oder aber die Aussage machen, daß der Masseninhalt eines raumfesten Volumenelementes sich zeitlich ändert um den Betrag, der mehr einströmt als ausströmt. In beiden Fällen gelangt man zu der Gleichung

$$\frac{\partial \varrho}{\partial t} + \operatorname{div}(\varrho\, \mathfrak{w}) = 0. \tag{3}$$

Hierin kann noch $\operatorname{div}(\varrho\, \mathfrak{w}) = \varrho \operatorname{div} \mathfrak{w} + \mathfrak{w} \circ \operatorname{grad} \varrho$ gesetzt werden ($\circ$ ist das Zeichen des skalaren Produktes). Gl. (2) und (3) definieren nun im Zusammenhang mit Gl. (1) unser Problem. Wenn man von meteorologischen Anwendungen absieht, so spielt im allgemeinen die

Schwere bei den zusammendrückbaren Strömungen eine sehr untergeordnete Rolle. Es mag deshalb das Glied mit U hier immer vernachlässigt werden. In dem bei der Akustik vorliegenden Fall kleiner aber rasch veränderlicher Geschwindigkeiten können die quadratischen Glieder [$\mathfrak{w}^2/2$ in Gl. (2) und $\mathfrak{w} \circ \operatorname{grad} \varrho$ in Gl. (3)] vernachlässigt werden. Unter Berücksichtigung von Gl. (1) und wegen $\operatorname{div} \operatorname{grad} \Phi = \Delta \Phi$ wird dann aus Gl. (3)

$$\frac{\partial \varrho}{\partial t} + \varrho \Delta \Phi = 0. \tag{3a}$$

Gl. (2) soll nun nach der Zeit differenziert werden. Dabei kann

$$\frac{\partial P}{\partial t} = \frac{1}{\varrho} \frac{d p}{d \varrho} \cdot \frac{\partial \varrho}{\partial t} = \frac{c^2}{\varrho} \frac{\partial \varrho}{\partial t} \tag{2a}$$

geschrieben werden. $dp/d\varrho$ hat nämlich die Dimension eines Geschwindigkeitsquadrates und sei deshalb $= c^2$ geschrieben, wobei die Geschwindigkeit c noch eine Funktion von ϱ ist. $f(t)$ ist, wenn im Unendlichen Ruhe herrscht, $=$ konst. zu setzen. Von der differenzierten Gl. (2) bleibt also übrig

$$\frac{\partial^2 \Phi}{\partial t^2} + \frac{c^2}{\varrho} \frac{\partial \varrho}{\partial t} = 0. \tag{4}$$

Die Verbindung von Gl. (3a) und (4) liefert nunmehr

$$\frac{\partial^2 \Phi}{\partial t^2} = c^2 \Delta \Phi, \tag{5}$$

die bekannte Differentialgleichung der Akustik. Eine bekannte Lösung dieser Differentialgleichung ist die ebene Schallwelle, die der Gleichung

$$\Phi = F(x - c\,t) \tag{6}$$

entspricht, und die, bei ganz willkürlicher, durch die Funktion F gegebenen Wellenform, mit der Geschwindigkeit c fortschreitet. Eine andere Lösung ist die Kugelwelle, deren Gleichung

$$\Phi = \frac{1}{r} f(r - c\,t) \tag{7}$$

lautet. Hierbei bedeutet r den Abstand von einem Zentrum. Das Potential für die Zylinderwelle ist weniger einfach. Es kann geschrieben werden:

$$\Phi = \int_{\xi_1}^{\xi_2} \frac{f(\xi)\, d\xi}{\sqrt{(c\,t - \xi)^2 - r^2}}. \tag{8}$$

Die Bedeutung der Geschwindigkeit c als Ausbreitungsgeschwindigkeit der Wellen geht aus allen diesen Beispielen deutlich hervor. Man pflegt diese Geschwindigkeit, die nach obigem noch eine Funktion der Dichte ist, die *Schallgeschwindigkeit* zu nennen. Daß sie in den vorstehenden Gleichungen als eine Konstante behandelt wird, zeigt deutlich, daß die Lösungen nur Näherungen für sehr kleine Schallamplituden sind, wo die Dichte nirgends viel von der Ausgangsdichte ϱ_0 abweicht. Für endliche Amplituden muß auf die genauen Gl. (2) und (3) zurückgegriffen werden, und es ergibt sich dabei das zum ersten Male von RIEMANN [*1*][1] erhaltene Resultat, daß die verdichteten Stellen sich schneller fortpflanzen als die verdünnten und deshalb die Vorderfront der Wellen im Fortschreiten immer steiler wird, bis sie schließlich in eine Unstetigkeit ausartet, die man als „Verdichtungsstoß" bezeichnet. Da in den verdichteten Bereichen das Gas vorwärts strömt, in den verdünnten dagegen rückwärts, der Verdichtungsstoß aber mit Geschwindigkeiten fortschreitet, die sich nicht stark von der Schallgeschwindigkeit unterscheidet, ergibt sich, daß die Relativgeschwindigkeit zwischen dem Verdichtungsstoß und dem verdichteten Bereich kleiner und diejenige zwischen dem Stoß und dem Bereich der kleineren Dichte größer ist als die Schallgeschwindigkeit.

2. Stationäre Potentialströmung. Über die nichtstationären Schallbewegungen mit kleinen Strömungswegen mögen diese qualitativen Erörterungen hier genügen. Ich wende mich jetzt dem Hauptthema meines Vortrages, der stationären Potentialströmung zu. Wenn wieder die Schwere vernachlässigt wird, so nehmen die Gl. (2) und (3) die Form an:

$$\frac{\mathfrak{w}^2}{2} + P(\varrho) = \text{konst.} \tag{2b}$$

und

$$\operatorname{div} \mathfrak{w} + \frac{1}{\varrho}\, \mathfrak{w} \circ \operatorname{grad} \varrho = 0\,. \tag{3b}$$

Man kann nun

$$\frac{1}{\varrho} \operatorname{grad} \varrho = \frac{1}{\varrho} \frac{d\varrho}{dp} \operatorname{grad} p = \frac{1}{c^2} \operatorname{grad} P$$

setzen und grad P aus Gl. (2b) entnehmen. Damit ergibt sich

$$\operatorname{div} \mathfrak{w} - \frac{1}{c^2}\, \mathfrak{w} \circ \operatorname{grad} \frac{\mathfrak{w}^2}{2} = 0\,. \tag{9}$$

Dabei kann $\mathfrak{w} \circ \operatorname{grad}(\mathfrak{w}^2/2)$ wie folgt in den rechtwinkligen Geschwindigkeitskomponenten u, v, w geschrieben werden. Es ist

$$\begin{aligned}\mathfrak{w} \circ \operatorname{grad} \frac{\mathfrak{w}^2}{2} = \mathfrak{w} \circ \nabla \mathfrak{w} \circ \mathfrak{w} &= u^2 \frac{\partial u}{\partial x} + v^2 \frac{\partial v}{\partial y} + w^2 \frac{\partial w}{\partial z} \\ &+ u\,v \left(\frac{\partial u}{\partial y} + \frac{\partial v}{\partial x}\right) + v\,w \left(\frac{\partial v}{\partial z} + \frac{\partial w}{\partial y}\right) + w\,u \left(\frac{\partial w}{\partial x} + \frac{\partial u}{\partial z}\right).\end{aligned}$$

Gl. (9) erhält dadurch, in Koordinaten ausgedrückt, die Form

$$\begin{aligned}\frac{\partial u}{\partial x}\left(1 - \frac{u^2}{c^2}\right) + \frac{\partial v}{\partial y}\left(1 - \frac{v^2}{c^2}\right) + \frac{\partial w}{\partial z}\left(1 - \frac{w^2}{c^2}\right) - \\ - \frac{2}{c^2}\left(u\,v \frac{\partial u}{\partial y} + v\,w \frac{\partial v}{\partial z} + w\,u \frac{\partial w}{\partial x}\right) = 0\,.\end{aligned} \tag{9a}$$

---

[1] Die Nummern verweisen auf das Literaturverzeichnis am Schluß des Textes (s. S. 1025/26).

(In dieser Gleichung ist von der durch die Drehungsfreiheit bedingten Beziehung $\partial u/\partial y = \partial v/\partial x$ und den entsprechenden Beziehungen für die anderen Komponenten Gebrauch gemacht.)

Aus dem Bau von Gl. (9) bzw. (9a) ist sofort zu erkennen, daß in allen Fällen, in denen die Geschwindigkeitskomponenten sämtlich klein sind gegenüber der Schallgeschwindigkeit, die Beziehung sich auf

$$\operatorname{div} \mathfrak{w} = 0 \quad \text{oder} \quad \frac{\partial u}{\partial x} + \frac{\partial v}{\partial y} + \frac{\partial w}{\partial z} = 0$$

reduziert. Wenn die resultierende Geschwindigkeit zwar nicht mehr verschwindend klein gegenüber der Schallgeschwindigkeit ist, aber doch kleiner als diese bleibt, so werden zwar die quantitativen Beziehungen geändert, der Charakter der Bewegung bleibt aber jedenfalls demjenigen der inkompressiblen Strömung durchaus ähnlich. Um zu erkennen, was die Gl. (9) für Strömungsgeschwindigkeiten von der Größenordnung der Schallgeschwindigkeit selbst aussagt, kann man das Koordinatensystem so legen, daß die x-Achse im Koordinatenursprung mit der Strömungsrichtung zusammenfällt. Dann ist in der Umgebung des Koordinatenursprungs nur die Geschwindigkeitskomponente u von der Größenordnung von c, die Geschwindigkeitskomponenten v und w sind aber klein gegenüber c. Die Gl. (9a) reduziert sich dabei auf

$$\frac{\partial u}{\partial x}\left(1 - \frac{u^2}{c^2}\right) + \frac{\partial v}{\partial y} + \frac{\partial w}{\partial z} = 0. \tag{10}$$

Es sei nun angenommen, daß u in der Strömungsrichtung anwächst, was einem Druckabfall in dieser Richtung entspricht. Dann ist $\partial u/\partial x$ positiv. Zur Erfüllung von Gl. (10) wird also $\frac{\partial v}{\partial y} + \frac{\partial w}{\partial z}$ negativ, wenn $u^2 < c^2$ ist, es wird dagegen positiv für $u^2 > c^2$, und es wird Null für $u^2 = c^2$. Das heißt aber in Worten, daß die Strömung mit zunehmender Geschwindigkeit konvergent verläuft, wenn die Geschwindigkeit kleiner als die Schallgeschwindigkeit ist, dagegen divergent, wenn die Geschwindigkeit größer als die Schallgeschwindigkeit ist, und daß ferner, wenn die Geschwindigkeit gerade die Schallgeschwindigkeit durchschreitet, der betrachtete Stromfaden seinen Querschnitt nicht ändert. Diese Feststellung stimmt völlig überein mit dem, was durch elementare Betrachtungen für die Strömung in einer Laval-Düse erhalten wird. Auch dort findet man, daß, wenn der Druck im ganzen Verlauf der Düse dauernd sinkt, die Geschwindigkeit in dem konvergenten Teil der Düse kleiner als die Schallgeschwindigkeit und im divergenten Teil größer als die Schallgeschwindigkeit ist. Die Schallgeschwindigkeit wird gerade da überschritten, wo der Querschnitt der Düse sein Minimum hat.

Die Gl. (10) lehrt aber noch mehr. Führt man die Beziehungen der Gl. (1) ein, so ergibt sich

$$\frac{\partial^2 \Phi}{\partial x^2}\left(1-\frac{u^2}{c^2}\right)+\frac{\partial^2 \Phi}{\partial y^2}+\frac{\partial^2 \Phi}{\partial z^2}=0. \tag{10a}$$

Für die Betrachtung der näheren Umgebung eines bestimmten Punktes genügt es, für u seinen Mittelwert in der betrachteten Gegend einzusetzen. Man erhält mit dieser Vereinfachung eine sehr bekannte partielle Differentialgleichung. Diese ist für den Fall, daß der Ausdruck $1-\frac{u^2}{c^2}$ positiv ist, vom elliptischen Typus, also durchaus verwandt der Differentialgleichung der volumbeständigen Strömung. Ist aber $1-\frac{u^2}{c^2}$ negativ, was dann eintritt, wenn die Geschwindigkeit u größer ist als die Schallgeschwindigkeit, so schlägt der Typus in den hyperbolischen Typus um. Man weiß nun aber, daß die Lösungen der partiellen Differentialgleichung vom elliptischen Typus im Inneren des Bereiches immer regulär sind, daß dagegen diejenigen vom hyperbolischen Typus auch im Inneren unstetige Lösungen zulassen, wobei die Unstetigkeiten quer durch das Gebiet entlang den sogenannten Charakteristiken der Differentialgleichung verlaufen. Das Typische dieser beiden Fälle tritt aus der folgenden Betrachtung sehr gut hervor, die an die bekannte Singularität der Quellströmung in der inkompressiblen Flüssigkeit

$$\left(\Phi=\frac{A}{r}=\frac{A}{\sqrt{x^2+y^2+z^2}}\right)$$

anknüpft.

Es sei die Frage gestellt, wie das Potential einer solchen Quellströmung aussieht, wenn der Quellströmung eine konstante Geschwindigkeit von der Größenordnung der Schallgeschwindigkeit überlagert wird. Die Aufgabe sei dadurch vereinfacht, daß die durch die Quelle hervorgerufenen Zusatzgeschwindigkeiten klein sein sollen, wodurch die Gl. (10) bzw. (10a) anwendbar wird. Um die Singularität für diesen Fall zu finden, kann man ein Bezugssystem anwenden, in dem das ungestörte Medium ruht und der Quellpunkt sich mit der konstanten Geschwindigkeit $-u_0$ bewegt. Man kann zunächst von einer sich nach allen Seiten kugelförmig ausbreitenden Knallwelle ausgehen, deren Potential man erhält, wenn man in Gl. (7) eine Funktion f annimmt, die nur innerhalb eines sehr kurzen Intervalls von Null verschieden ist, außerhalb dieses Intervalls aber verschwindet. Es entspricht dies dem Fall, daß ein kleines Volumen sich plötzlich etwas zu vergrößern beginnt und dann die neue Größe beibehält. Man kann nun annehmen, daß eine kontinuierliche Folge von solchen kurzen Expansionsvorgängen in der Weise vor sich geht, daß das Zentrum der Expansion mit der

Geschwindigkeit $-u_0$ im Raum fortschreitet. Da es sich hier um Schallausbreitungsvorgänge handelt, die der Differentialgleichung (5) gehorchen, kann das Potential dieses Vorganges wegen der Linearität dieser Differentialgleichung durch Überlagerung der Potentiale der einzelnen Knallwellen aufgebaut werden. Die Rechnung, die hier übergangen werden möge, führt, wenn der Vorgang schon hinreichend lange andauert und der Expansionsmittelpunkt sich augenblicklich im Koordinatenursprung befindet, zu der Formel

$$\Phi = \frac{A}{\sqrt{x^2 + \left(1 - \frac{u_0^2}{c^2}\right)(y^2 + z^2)}}\,. \tag{11}$$

Wenn u_0 kleiner als die Schallgeschwindigkeit c ist, so ergeben sich als Flächen konstanten Potentials an Stelle der Kugeln, die man bei volumbeständiger Flüssigkeit bekommen würde, abgeplattete Rotationsellipsoide. Je näher die Geschwindigkeit u_0 der Schallgeschwindigkeit kommt, desto stärker abgeplattet werden die Ellipsoide. Überschreitet aber u_0 die Schallgeschwindigkeit, dann ist die Lösung nur innerhalb eines Kegels von einem Öffnungswinkel α von Null verschieden, der sich aus

$$\operatorname{tg}\alpha = \pm \frac{1}{\sqrt{\frac{u_0^2}{c^2} - 1}}$$

oder

$$\sin\alpha = \pm \frac{c}{u_0} \tag{12}$$

bestimmt. Man erhält dieses letztere Ergebnis auch, wenn man den augenblicklichen Ort der einzelnen Knallwellen untersucht (vgl. Abb. 1).

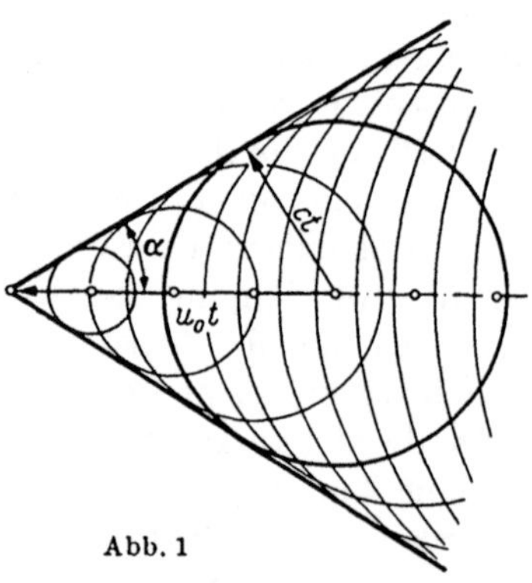

Abb. 1

Der Winkel α wird MACHscher Winkel genannt. (Es mag hierbei bemerkt werden, daß im Falle $u_0 < c$ die Knallwellen den Raum nach allen Richtungen hin erfüllen, während sie im Falle $u_0 > c$ lediglich den Kegel von Abb. 1 erfüllen.) Die Flächen konstanten Potentials sind für $u_0 > c$ zweischalige Hyperboloide, die den erwähnten Kegel zum Asymptotenkegel haben. Nur eine der beiden Schalen hat indes, wie aus der hier geschilderten Entstehung des Quellpotentials aus den Knallwellen ohne weiteres ersichtlich ist, physikalische Realität. In dem Fall, daß durch Überlagerung mehrerer solcher Quellströmungen ein weiteres Potential aufgebaut werden soll, ist zu beachten, daß überall außerhalb des angegebenen Kegels das Potential der einzelnen Quelle gleich

Null zu setzen ist und nur innerhalb des Kegels die in Formel (11) angegebenen Werte annimmt.

3. Strömungen mit „Unterschallgeschwindigkeit". Linearisierte Theorie. Formel (11) läßt eine Beziehung allgemeinerer Art für die Lösungen der Differentialgleichung (10a) erkennen, die nun noch besprochen werden soll. Man kann für den Fall der Unterschallgeschwindigkeit jede Lösung dieser Differentialgleichung mit einer Lösung der Differentialgleichung der volumbeständigen Potentialströmung

$$\frac{\partial^2 \Phi}{\partial \xi^2} + \frac{\partial^2 \Phi}{\partial \eta^2} + \frac{\partial^2 \Phi}{\partial \zeta^2} = 0$$

in Beziehung setzen, wenn man z. B.

$$\xi = x; \qquad \eta = y\sqrt{1 - \frac{u_0^2}{c^2}}; \qquad \zeta = z\sqrt{1 - \frac{u_0^2}{c^2}} \tag{13}$$

setzt und den zugeordneten Punkten der beiden Räume die gleichen Potentialwerte erteilt [2]. Voraussetzung ist natürlich wie bei der Differentialgleichung (10a), daß die aus dem Potential abgeleiteten Zusatzgeschwindigkeiten klein sein müssen gegenüber der Grundgeschwindigkeit u_0. Die Anwendung ist also nicht erlaubt bei Strömungen, in denen ein Staupunkt vorkommt, da hier die Abweichung von u_0 ebenso groß ist wie u_0 selbst. Sie ist aber erlaubt bei der Strömung um sehr schlanke mit einer Spitze oder Schneide beginnenden Formen und kann hier gute Dienste tun. Wenn man eine Potentialströmung Φ_0 für die volumbeständige Flüssigkeit besitzt, so erhebt sich zunächst die Frage, wie die umströmte Kontur aussieht, die dem nach der obigen Regel übertragenen Potential der kompressiblen Flüssigkeit entspricht. Die Neigung $dy/dx = v/u$ kann in hinreichender Annäherung $= \frac{v}{u} = \frac{1}{u_0}\frac{\partial \Phi}{\partial y}$ gesetzt werden. Entsprechend ist

$$\frac{d\eta}{d\xi} = \frac{1}{u_0}\frac{\partial \Phi}{\partial \eta}; \quad \text{mit} \quad \frac{\partial \Phi}{\partial y} = \frac{\partial \Phi}{\partial \eta}\sqrt{1 - \frac{u_0^2}{c^2}}$$

ist also

$$\frac{dy}{dx} = \frac{d\eta}{d\xi}\sqrt{1 - \frac{u_0^2}{c^2}}.$$

Dann ergibt sich, daß die ganze Kontur annähernd[1] im Verhältnis

$$\sqrt{1 - \frac{u_0^2}{c^2}}$$

[1] Es mag darauf hingewiesen werden, daß die Punkte der Kontur nicht der obigen Transformationsregel für das Potential entsprechen, die eine Erhöhung der y-Abstände für den Ort des gleichen Potentials verlangen. Der Schluß ist aber

schlanker gemacht werden muß, als bei den gleichen Potentialwerten der volumbeständigen Strömung und ebenso der Anstellwinkel im gleichen Verhältnis verkleinert werden muß[1].

Es interessiert noch der Druckverlauf an der Oberfläche. Dieser ist nach der BERNOULLIschen Gleichung beherrscht durch das Glied $\varrho\, u \frac{\partial u}{\partial x}$, wofür wir $\varrho\, u_0 \frac{\partial^2 \Phi}{\partial x^2}$ setzen können. Da wir $\xi = x$ gesetzt hatten und Φ an den entsprechenden Punkten den gleichen Wert haben sollte, behält diese Größe ihren Wert bei der Übertragung bei; das gleiche gilt dann auch für die Drücke selbst. Es ist auch zu erwarten, daß eine etwaige Gefahr der Strömungsablösung in beiden Fällen dieselbe ist. Man muß daraus den Schluß ziehen, daß, um Strömungsablösung zu vermeiden, die Konturen von Tragflügeln usw. immer flacher gemacht werden müssen und auch die Anstellwinkel entsprechend verkleinert werden müssen, wenn man sich mit der Grundgeschwindigkeit u_0 der Schallgeschwindigkeit nähert. Die erreichbaren Höchstauftriebe würden dabei nach dieser Näherungstheorie die gleichen sein, die man bei volumbeständiger Strömung zu erwarten hatte. In Wirklichkeit zeigt sich, daß die Verhältnisse bei Annäherung an die Schallgeschwindigkeit merklich ungünstiger liegen, als diese Näherungstheorie aussagt. Als Grund dafür ist hauptsächlich anzuführen, daß in Wirklichkeit die Zusatzgeschwindigkeiten durchaus nicht klein sind gegenüber der Grundgeschwindigkeit u_0 und es infolgedessen auf der Saugseite leicht Stellen geben kann, an denen die Schallgeschwindigkeit erreicht oder überschritten wird, wobei dann erhebliche Abweichungen gegenüber unserer Rechnung zu erwarten sind.

Man wird vielleicht noch fragen, wie es zu erklären ist, daß bei Annäherung an die Schallgeschwindigkeit der gleiche Auftriebsbeiwert mit einem schwächer gewölbten und unter einem geringeren Winkel angestellten Profil erhalten wird. Die Erklärung ist die, daß nach der

---

trotzdem zulässig, da bei der angenommenen Schlankheit der Kontur die Unterschiede der Strömungsrichtung in den in Betracht kommenden, immerhin nahe beieinander gelegenen Punkten nur eine von zweiter Ordnung kleine Abweichung von dem oben erwähnten Resultat ergeben.

[1] Man kann, wenn man will, die Zuordnung auch so treffen, daß die Potentiale Φ im xyz-Raum irgendein konstantes Vielfaches der Potentiale an den entsprechenden Punkten des $\xi\eta\zeta$-Raumes sind. Wählt man das $1\Big/\sqrt{1-\frac{u_0^2}{c^2}}$-fache, so wird

$$\frac{dy}{dx} = \frac{\partial \eta}{\partial \xi},$$

d. h. Profile und Anstellwinkel stimmen jetzt überein. Die Druckunterschiede siehe das Folgende) sind dann im Verhältnis $1\Big/\sqrt{1-\frac{u_0^2}{c^2}}$ erhöht und die Ablösungsgefahr daher verstärkt.

obigen Transformationsregel das Potentialfeld und damit auch das Geschwindigkeitsfeld in den Richtungen senkrecht zur Grundgeschwindigkeit sich im Verhältnis $1\Big/\sqrt{1-\frac{u_0^2}{c}}$ weiter ausdehnt und somit die im Verhältnis von $\sqrt{1-\frac{u_0^2}{c^2}}$ geringeren Vertikalgeschwindigkeiten in diesem vergrößerten Bereich gerade einen Gesamtimpuls von der gleichen Größe ergeben, wie es bei der volumbeständigen Strömung der Fall wäre.

Für Grundgeschwindigkeiten oberhalb der Schallgeschwindigkeit läßt sich die Analogie natürlich nicht anwenden, da die Transformationsformeln (13) hier ein imaginäres Resultat ergeben. Hier müssen andere Methoden Platz greifen (s. die Ausführungen in Nr. 5 und 6).

4. Strömungen mit Unterschallgeschwindigkeit. Höhere Näherungen. Wenn eine größere Übereinstimmung mit der Wirklichkeit angestrebt wird, als es die linearisierte Theorie zu leisten vermag, kann man, entweder ausgehend von der Potentialströmung für volumbeständige Strömung oder aber ausgehend von Lösungen der Differentialgleichung (10a) mit schrittweiser Annäherung Verbesserungen berechnen, die sich aus der Anwendung der genauen Gl. (9a) ergeben. Rechnungen der ersteren Art sind vielfach durchgeführt worden [*3*, *4*], Rechnungen der letzteren Art meines Wissens noch nicht[1]. Die praktische Durchführung zeigt, daß diese Rechnungen ziemlich unbequem sind und nicht übermäßig gut konvergieren. Es ist deshalb sehr bemerkenswert, daß es auch möglich ist, auf Grund einer elektrischen Analogie fortschreitende Näherungen zu finden, durch die die Lösung mit guter Genauigkeit angenähert werden kann, allerdings nur dann, wenn an keiner Stelle die Schallgeschwindigkeit erreicht wird, weil in diesem Fall das Verfahren divergiert. Da dieses Verfahren von Herrn Professor G. J. TAYLOR ausgearbeitet worden ist und er uns bei dieser Tagung wohl selbst Genaueres darüber berichten wird, will ich mich hier mit dieser Andeutung begnügen [*7*].

Durch drei kurze Noten von den Herren RIABUSCHINSKI [*8*] und DEMTSCHENKO [*9*, *10*] in den Comptes Rendus der Pariser Akademie 1932 ist eine alte, in russischer Sprache geschriebene Arbeit von TSCHAPLIGIN [*11*] aus dem Jahr 1904 bekannt geworden, in der gezeigt wird, daß man im Fall der ebenen Strömung das Problem durch Transformation auf neue Koordinaten (rechtwinklige oder Polarkoordinaten) auf eine solche Form bringen kann, daß es eine Potentialströmung zwischen zwei Platten mit im voraus fest gegebenem veränderlichem Abstand bzw. eine elektrische Strömung in einem Elektrolyten mit

[1] Unter Anwendung eines Variationsprinzips von BATEMAN [*5*] hat G. BRAUN [*6*] Lösungen in der Nähe der Schallgeschwindigkeit untersucht.

fest gegebener veränderlicher Tiefe darstellt. Die eine Koordinate χ ist dabei eine Funktion des Verhältnisses der örtlichen Geschwindigkeit zur Maximalgeschwindigkeit (die sich natürlich auch als Funktion des Verhältnisses der Dichte zur maximalen Dichte schreiben läßt), die andere Koordinate Θ ist der Richtungswinkel der Geschwindigkeit der ursprünglichen Strömung; die veränderliche Entfernung der beiden Platten ist dabei eine Funktion der ersteren Koordinate allein. Da es möglich ist, Lösungen für solche Bereiche, deren Grenzen sich aus Linien $\chi =$ konst. und $\Theta =$ konst. zusammensetzen, mathematisch zu berechnen, so hat man damit die Möglichkeit, diejenigen Aufgaben des HELMHOLTZ-KIRCHHOFFschen Problemkreises, bei denen ebene Wände (Richtung $\Theta =$ konst.) und freie Strahlgrenzen (konstante Geschwindigkeit, also $\chi =$ konst.) vorkommen, auf kompressible Strömungen zu übertragen. Für ein besonderes Zustandsgesetz, das allerdings in der Natur nicht vorkommt, immerhin aber als Interpolationsformel für mäßige Dichteunterschiede verwendet werden kann, läßt sich das Problem sogar auf eine Potentialströmung gewöhnlicher Art in den Koordinaten χ und Θ umformen. DEMTSCHENKO [*10*] zeigte u. a., daß bei der KIRCHHOFFschen Strömung gegen eine ebene Platte der Widerstand, wenn die Strömungsgeschwindigkeit gleich der halben Schallgeschwindigkeit ist, um rd. 7% höher ist als der KIRCHHOFFsche Widerstand.

5. Strömungen mit Überschallgeschwindigkeit. Linearisierte Theorie. Strömung um eine Ecke. Ich wende mich nun zu den Strömungen, bei denen die Geschwindigkeit größer ist als die Schallgeschwindigkeit (sogenannte „Überschallgeschwindigkeit"). Wir können hier noch einmal an die Formel (10) bzw. (10a) anknüpfen. Wenn es sich um eine *ebene Strömung* handelt, dann lautet Gl. (10a) jetzt folgendermaßen:

$$\frac{\partial^2 \Phi}{\partial x^2}\left(\frac{u_0^2}{c^2} - 1\right) - \frac{\partial^2 \Phi}{\partial y^2} = 0. \qquad (10\text{b})$$

Man kann sofort die allgemeine Lösung dieser linearisierten Differentialgleichung angeben. Sie lautet:

$$\Phi = F_1(y - x\,\mathrm{tg}\alpha) + F_2(y + x\,\mathrm{tg}\alpha), \qquad (14)$$

wobei wieder

$$\mathrm{tg}\alpha = \frac{1}{\sqrt{\frac{u_0^2}{c^2} - 1}}, \quad \text{also} \quad \sin\alpha = \frac{c}{u_0} \quad \text{ist.} \qquad (15)$$

Nach den Überlegungen, die von der Gl. (9a) zur Gl. (10) geführt haben, ist Gl. (14) die Lösung für die nähere Umgebung eines Punktes, wenn die x-Achse des Koordinatensystems in die Strömungsrichtung gelegt wird. Die Funktionen F_1 und F_2 unterliegen dabei nur der Beschränkung, daß die in der Differentialgleichung (10b) vorkommenden

Größen existieren, können sonst aber ganz willkürlich genommen werden. Wenn man als Funktionen F_1 und F_2 solche nimmt, die einen wellenförmigen Verlauf haben, so stellt Gl. (14) also die Übereinanderlagerung von zwei sich unter den Winkeln $\pm\alpha$ gegenüber der Richtung der mittleren Stromlinien kreuzenden Wellenzügen dar.

Wenn man von hier aus zur allgemeinen Lösung fortschreitet, so wird man eine solche Fortpflanzung derartiger Wellenzüge erwarten müssen, daß an jeder Stelle der Gl. (15) mit u_0 = Betrag der dortigen mittleren Geschwindigkeit entsprochen wird. Da sich solche Wellen auch photographieren lassen, vgl. Abb. 2, gewinnt man durch Ausmessung des Winkels 2α zwischen den beiden sich kreuzenden Wellensystemen eine Aussage über das Verhältnis c/u_0 (es ist allerdings zu beachten, daß c nicht die konstante Schallgeschwindigkeit des ruhenden Gases ist, sondern die mit dem Betrag von u_0 veränderliche Schallgeschwindigkeit des adiabatisch abgekühlten Gases). Die Winkelhalbierende ist dabei die Strömungsrichtung.

Abb. 2

Es mag jetzt folgende spezielle Strömung betrachtet werden: Es sei in Gl. (14) $F_2 = 0$, F_1 sei für positive Werte des Argumentes $y - x\,\mathrm{tg}\alpha$ gleich Null, für negative Werte sei $F_1 = \lambda(y - x\,\mathrm{tg}\alpha)$. In der Umgebung von Null kann man zunächst einen kleinen Übergangsbogen anordnen, man kann aber hinterher auch mit dem Krümmungsradius dieses Übergangsbogens zu dem Grenzwert Null übergehen. Um das ganze Potential zu erhalten, muß noch das Potential der gleichförmigen Strömung, $u_0\,x$, addiert werden. In dem Gebiet $x > y\,\mathrm{ctg}\alpha$ ist dann die x-Komponente der Geschwindigkeit

$$u = \frac{\partial \Phi}{\partial x} = u_0 - \lambda\,\mathrm{tg}\alpha, \qquad \text{die } y\text{-Komponente } v = \frac{\partial \Phi}{\partial y} = \lambda. \tag{16}$$

Die Strömung unseres Beispieles ist also vor der unter dem Winkel α geneigten Grenzlinie $y = x\,\mathrm{tg}\alpha$ geradlinig und hat die Richtung der x-Achse. Hinter der Grenze ist sie ebenfalls geradlinig, aber mit einer Neigung zur x-Achse, deren Winkel β durch

$$\mathrm{tg}\beta = \frac{v}{u} = \frac{\lambda}{u_0 - \lambda\,\mathrm{tg}\alpha} \approx \frac{\lambda}{u_0} \tag{17}$$

gegeben ist, vgl. Abb. 3 und 4. Bezeichnet man die Dichte und den Druck stromaufwärts der Grenze $y = x\,\mathrm{tg}\alpha$ mit ϱ_0 und p_0, den Druck unterhalb der Grenze mit p, dann ist annähernd

$$p - p_0 = -\varrho_0 u_0 \cdot (u - u_0) = \varrho_0 u_0 \lambda \operatorname{tg}\alpha. \tag{18}$$

Unsere Strömung hat also längs der Grenze $y = x \operatorname{tg}\alpha$ einen Drucksprung (der durch Einfügen der oben erwähnten Übergangskurve in die Funktion F_1 auch in einen stetig verlaufenden Druckanstieg verwandelt werden könnte). Die Beschleunigung der Flüssigkeitsteilchen erfolgt in der Richtung des Druckanstieges, also senkrecht zu der

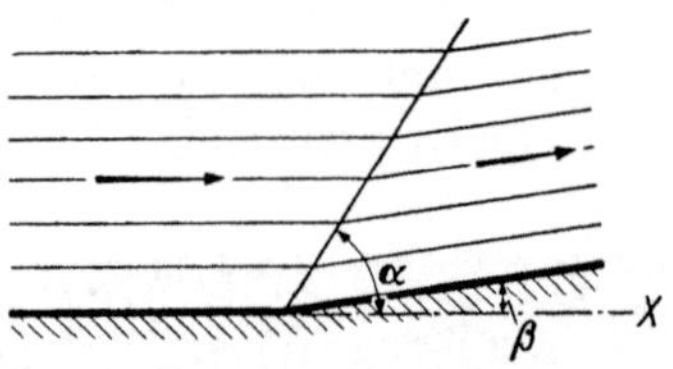

Abb. 3

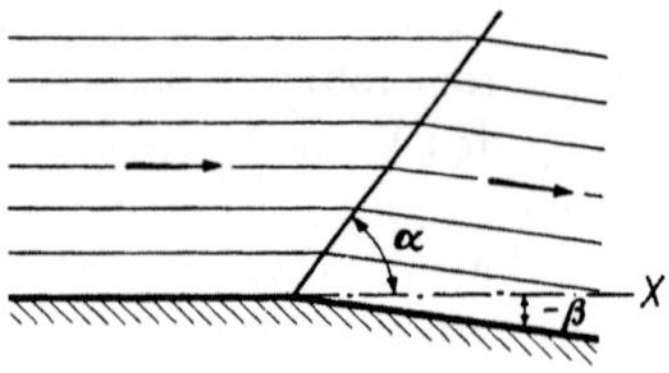

Abb. 4

Grenzlinie $y = x \operatorname{tg}\alpha$. Dieses Resultat läßt sich auch unmittelbar aus der Gl. (16) ablesen, aus der sich die Richtung des Vektors der Geschwindigkeitsänderung wie folgt ergibt:

$$\operatorname{tg}\alpha' = \frac{v}{u - u_0} = -\frac{1}{\operatorname{tg}\alpha}.$$

Positiven Werten von λ und β entspricht eine Verdichtung, negativen Werten eine Verdünnung. Es mag hier aber sogleich hervorgehoben werden, daß die hier vorgeführte Rechnung an die linearisierte Differentialgleichung (10a) anknüpft und deshalb nur für kleine Druckunterschiede und daher kleine Ablenkungen gültig ist.

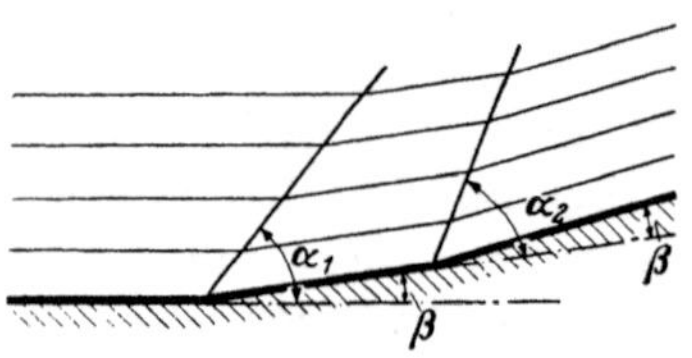

Abb. 5

Was für größere Ablenkungen zu erwarten ist, läßt sich bereits deutlich ersehen, wenn man zwei Drucksprünge des gleichen Vorzeichens in kurzen Abständen hintereinander annimmt und zusieht, was die Gl. (16) bis (18) dafür ergeben. Es zeigt sich, daß im Fall einer Druckerhöhung die beiden Drucksprünge konvergieren, im Fall einer Druckerniedrigung dagegen divergieren. Es ist nämlich (vgl. Abb. 5) nicht nur die Strömung im zweiten Feld gegenüber dem ersten um den Winkel β gedreht, sondern es ist die Geschwindigkeit hinter der ersten Verdichtungswelle kleiner und infolgedessen der Machsche Winkel α_2 größer als α_1. Für eine Verdünnungswelle dagegen ist die Geschwindigkeit hinter der ersten Welle größer und infolgedessen der Machsche Winkel kleiner. Die beiden Wellenfronten konvergieren bzw. divergieren demnach um den Betrag $\beta + \alpha_2 - \alpha_1$.

Der Übergang von dieser Betrachtung zu derjenigen einer stetig gekrümmten Strömung wird nun leicht in der Weise erhalten, daß die Ausgangsstromlinie (gegebene Wand, an der die Strömung entlang läuft) durch ein Polygon mit sehr vielen Seiten ersetzt wird. Von jeder Ecke dieses Polygonzuges geht eine Welle der betrachteten Art aus, wobei im Fall einer konvexen Wand Expansion und ein Divergieren der einzelnen Wellen auftritt, im Fall der konkaven Wand dagegen Kompression und ein konvergentes Wellensystem. In diesem letzteren Fall kann es auch vorkommen, daß die Wellen sich vollends treffen. Die Verdichtung setzt sich dann von diesem Punkt aus als unstetige Verdichtung von endlicher Höhe (sogenannter „Verdichtungsstoß") fort. Dieses Verhalten der von einer gekrümmten Wand ausgehenden Verdichtungs- und Verdünnungswellen ist vollkommen analog mit dem bereits erwähnten Resultat von RIEMANN für die ebenen Luftwellen von endlicher Amplitude.

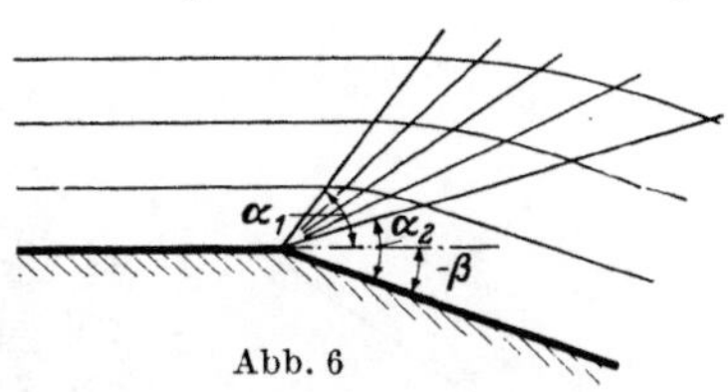

Abb. 6

Wir erkennen im übrigen aus einem Grenzübergang zum Krümmungsradius Null, daß bei einer Wand, die eine konvexe Ecke von dem Winkel $-\beta$ bildet (Abb. 6), die Strömung bis zu einer um den Winkel α_1 gegen die Richtung der Zuströmung geneigten Fläche durch die Kante unverändert bleibt, dann innerhalb eines Winkels $-\beta + \alpha_1 - \alpha_2$ expandiert, wobei auf jedem Strahl der Druck und die Geschwindigkeit konstant sind und dann wieder in der Richtung $-\beta$ in einer Parallelströmung mit konstanter Geschwindigkeit weiterströmt. Die quantitativen Verhältnisse dieser Strömung für ein Gas, das dem Gesetz $p = p_0\left(\frac{\varrho}{\varrho_0}\right)^k$ entspricht, sind in der Göttinger Dissertation von TH. MEYER 1908 [*12*] aufgeklärt worden. In dem Fall einer konkaven Ecke ergibt sich ein Verdichtungsstoß, der zwischen den Winkeln α_1 und $\beta + \alpha_2$ liegt (vgl. auch unter Nr. 7). Die Strömung zeigt vor und hinter dem Verdichtungsstoß je konstante Geschwindigkeit und konstanten Druck.

6. Näherungsverfahren für die allgemeine zweidimensionale Überschallströmung. Ich wende mich nun zu dem Fall, daß die Strömung nicht nur von einer Wand her, sondern auch von der gegenüberliegenden Wand beeinflußt wird. Hier ergibt sich eine Durchdringung der von beiden Seiten kommenden Wellen, die sich auch gegenseitig aus ihrer ursprünglichen Richtung ablenken. Die Verhältnisse werden hier am übersichtlichsten dargestellt, wenn man wie folgt vorgeht.

In derselben Weise, wie man bei gewissen Näherungsrechnungen eine Kurve durch eine Treppenlinie oder ein Polygon ersetzt, kann man sich vornehmen, die stetige Ablenkung der Geschwindigkeitsrichtung in einer Überschallströmung durch eine Folge von plötzlichen Ablenkungen von der im Anschluß an Abb. 3 und 4 betrachteten Art zu ersetzen. Wenn man dabei den Winkel β dieser Ablenkungen in allen Fällen gleich groß wählt, z. B. $= 2°$, dann kommen überhaupt nur Geschwindigkeitsrichtungen vor, die sich von einer festen Richtung um ein ganzes Vielfaches von β unterscheiden, in dem Beispiel also

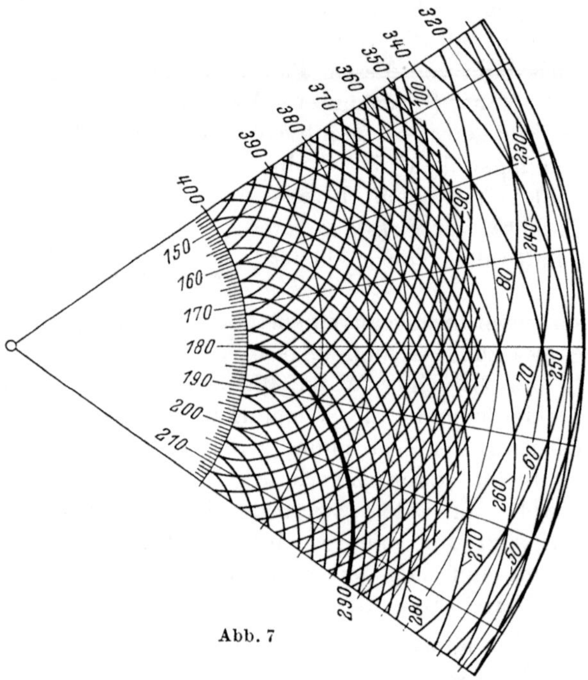

Abb. 7

um ein Vielfaches von 2°. Wenn man von einer bestimmten Überschallgeschwindigkeit ausgeht, so ergeben sich auf Grund der Th. Meyerschen Formeln auch ganz bestimmte diskrete Werte der Geschwindigkeit, die in diesem System auftreten können. Es empfiehlt sich nun, um eine bessere Übersicht über die auftretenden Geschwindigkeiten und Richtungen zu erhalten, alle in diesem System möglichen Geschwindigkeitsvektoren von einem Punkt aus aufzutragen. Wenn man zunächst in dieser Abbildung diejenigen Zustände verfolgt, die dem bisher betrachteten Fall entsprechen, daß nur von der *einen* Wand Wellen ausgehen, so liegen in diesem „Geschwindigkeitsbild" alle zugehörigen Zustandspunkte auf einer einzigen Kurve, die gegebenenfalls auch hin und zurück durchlaufen werden kann (die dick ausgezogene Kurve in Abb. 7). Das ganze System der Geschwindigkeitsvektoren für den Fall, daß von beiden Seiten her Wellen in das betrachtete Gebiet eintreten, ergibt sich dann offenbar, wenn wir durch alle um 4° auseinanderliegenden Punkten auf einem Kreis $w =$ konst.[1] Kurven der gleichen Art sowie auch die gespiegelten Kurven ziehen. Alle so erhaltenen Schnittpunkte stellen dann Endpunkte von in diesem System möglichen Geschwindigkeitsvektoren dar.

Nach einer im vorigen Abschnitt aufgezeigten Beziehung steht die Richtung des vektoriellen Geschwindigkeitsunterschiedes vor und hinter einer Welle senkrecht zur Wellenfront. Diese Beziehung erlaubt nun für irgendeine Strömung, bei der in einem Eintrittsquerschnitt die Geschwindigkeiten nach Größe und Richtung gegeben sind und bei der an den beiden Seitenrändern entweder der Druck oder die Strömungsrichtung vorgegeben ist, das ganze Strömungsbild zeichnerisch zu konstruieren. Für den Fall eines permanenten Gases sind die Kurven der Abb. 7 Epizykloiden, und es ist, wie Herr Busemann zeigen konnte, eine gute Zeichenhilfe für die Konstruktion der Richtung senkrecht zur Kurventangente mit Hilfe einer drehbaren Ellipse vorhanden, so daß man die ganzen Aufgaben in bequemer Weise auf dem Zeichenbrett erledigen kann.

Um etwa für die Strömung an einer geraden Wand die Strömungsrichtung längs der Wand konstant zu halten oder im Fall eines konstanten gegebenen Druckes gemäß dem Bernoullischen Theorem den Betrag der Geschwindigkeit konstant zu halten, muß man alle aus dem Inneren des strömenden Mediums an die Grenze gelangenden Expansions- und Kompressionswellen dort reflektieren lassen. Wie aus Abb. 7 leicht zu erkennen ist, werden an einer geraden Wand Verdichtungen als Verdichtungen und Verdünnungen als Verdünnungen reflektiert, an den freien Strahlgrenzen dagegen Verdichtungen als Verdünnungen und Verdünnungen als Verdichtungen. Bei gekrümmten Wänden wird die Wand auch durch ein Polygon mit dem Knickwinkel β ersetzt, und es gehen dann von jedem Knick neue Wellen aus.

Um bei der Konstruktion eine gute Übersicht zu behalten, ist es zweckmäßig, die einzelnen Epizykloiden zu numerieren, und zwar die eine Schar mit im Uhrzeigersinn zunehmenden Zahlen, die andere mit im Uhrzeigersinn abnehmenden Zahlen. Man erkennt leicht, daß dann die Differenz dieser beiden Zahlen ein Maß für den Winkel der Strömungsrichtung ist, die Summe der beiden Zahlen dagegen auf Radien konstant, mit anderen Worten eine Funktion des Betrages der Geschwindigkeit ist. Es mag hier angemerkt werden, daß ganz ähnlich wie es bei der Tschapliginschen Behandlung der Unterschallgeschwindigkeit der Fall war, wieder der Winkel der Strömungsrichtung und eine Funktion des Betrages der Geschwindigkeit be-

[1] $w = \sqrt{u^2 + v^2}$ Betrag der Geschwindigkeit.

stimmend auftreten. Der gemeinsame Grund ist, wie kurz angedeutet werden möge, der folgende:

Man kann durch eine Berührungstransformation die Differentialgleichung (9a) in eine solche verwandeln, in der u, v und w die unabhängigen Veränderlichen sind, und man kann im Fall der zweidimensionalen Strömung in der Ebene von u und v zu Polarkoordinaten übergehen und so den Radius und den Zentriwinkel dieser Polarkoordinaten als neue unabhängige Veränderliche einführen. Wie schon der Bau der Gl. (9a) erkennen läßt, erreicht man durch die Berührungstransformation den Vorteil, daß die Differentialgleichung, da jetzt die Ausdrücke $1 - \frac{u^2}{c^2}$ usw. Funktionen der Koordinaten sind, in der abhängigen Veränderlichen linear wird. Durch passende Streckung der Radien, also Einführung einer Funktion des Radius an Stelle des Radius selbst, hat man noch eine Möglichkeit der weiteren Vereinfachung der Differentialgleichung, von der TSCHAPLIGIN Gebrauch gemacht hat.

Wenn man die Beziehungen zwischen der Wellenfigur in dem durchströmten Raum und dem zugehörigen Geschwindigkeitsbild etwas näher analysiert, so findet man, daß jedem von zwei Wellen des einen Systems und zwei Wellen des anderen Systems begrenzten Feld des Strömungsraumes im Geschwindigkeitsbild ein Punkt entspricht (da ja nach Voraussetzung in jedem solchen Feld die Geschwindigkeit konstant sein soll). Umgekehrt entspricht auch einem Kreuzungspunkt zweier Wellen im Strömungsraum ein Viereck im Geschwindigkeitsbild, da an dem Kreuzungspunkt im Strömungsraum vier Felder mit je verschiedener Geschwindigkeit zusammenstoßen. Die beiden Figuren sind also in ähnlicher Weise reziprok wie ein Fachwerk und sein reziproker Kräfteplan. Die Verwandtschaft geht sogar noch weiter. Wie man die Verknüpfung des Fachwerkes mit seinem Kräfteplan durch die AIRYsche Spannungsfläche herstellen kann, so gibt es auch hier eine entsprechende Fläche, und zwar ist es das als z-Koordinate aufgetragene Potential $\Phi(x, y)$; der zur AIRYschen Fläche konjugierten Fläche über dem Kräfteplan entspricht die aus Φ durch die Berührungstransformation erhaltene Funktion $u\,x + v\,y - \Phi$ über der u-v-Ebene.

Durch die hier erläuterte zeichnerische Methode, zu der es natürlich auch eine auf der gleichen Grundlage aufgebaute analytische Methode gibt, lassen sich alle ebenen Überschallströmungen sehr bequem diskutieren. Anwendungen auf die Ausströmung aus Düsen, auf die Umströmung von windschnittigen Körpern, Tragflügeln u. dgl. sind durchgeführt worden, vgl. etwa die von Herrn BUSEMANN in der STODOLA-Festschrift [*13*] oder in seinem Artikel im Handbuch der Experimentalphysik [*14*] wiedergegebenen Beispiele. Für die rotationssymmetrischen

Strömungen gibt es keine ebenso einfachen Methoden. Hier ist allerdings das Analogon zu der Strömung um eine Ecke, die Strömung um eine Kegelspitze von endlichem Kegelwinkel, von BUSEMANN [*15*] zeichnerisch und von G. J. TAYLOR und J. W. MACCOLL [*16*] rechnerisch gelöst worden. Lösungen für den allgemeinen Fall des mit Überschallgeschwindigkeit umströmten Rotationskörpers sind, allerdings mit linearisierenden Näherungsmethoden, von TH. V. KÁRMÁN und N. B. MOORE [*17*] gegeben worden, die hauptsächlich für sehr schlanke Körper anwendbar sind.

7. Durchgang durch die Schallgeschwindigkeit. Die in Nr. 3 und 4 dargelegten Methoden für die Strömung mit Unterschallgeschwindigkeit konvergierten nur so weit, als *nirgends* die Schallgeschwindigkeit erreicht wurde. Die in Nr. 5 und 6 behandelten Methoden für die Überschallgeschwindigkeit sind in gleicher Weise nur anwendbar, wenn die Geschwindigkeit *überall* größer ist als die Schallgeschwindigkeit. Keine von den beiden Methoden gibt also Auskunft über die Art, wie die Schallgeschwindigkeit durchschritten wird. Dagegen gibt es seit längerem Lösungen für solche Fälle. Die erste in der Dissertation von TH. MEYER [*12*] gegebene wurde durch eine Potenzentwicklung nach den Koordinaten x und y von einem Punkt aus erhalten, der auf der Kurve $u = c$ lag. Es zeigte sich, daß das Strömungspotential von diesem Punkt aus entwickelt werden konnte, und die experimentelle Nachprüfung zeigte gute Übereinstimmung der Wellenwinkel in dem Überschallteil der Strömung mit der Rechnung. Auf ein anderes Beispiel hat G. J. TAYLOR [*18*] hingewiesen. Es ist die krummlinige Strömung in einem gewöhnlichen Potentialwirbel, bei dem die Geschwindigkeiten, da hier der Flächensatz eingreift, genau so groß sind wie die Geschwindigkeiten in dem Potentialwirbel einer volumbeständigen Flüssigkeit. Diese beiden Beispiele, das eine mit einer geraden Mittelstromlinie und in der Strömungsrichtung wachsenden Geschwindigkeit, das andere mit krummen Stromlinien und konstanter Geschwindigkeit auf jeder Stromlinie, lassen den Schluß als naheliegend zu, daß bei der Überschreitung der Schallgeschwindigkeit eine durchaus stetige Fortsetzung der Strömung von dem Unterschallgebiet in das Überschallgebiet hinein zu erwarten ist. Allerdings ist zu beachten, daß im Überschallgebiet sehr leicht Zustände solcher Art eintreten, daß eine Reihe von infinitesimalen Verdichtungswellen sich zu einem Verdichtungsstoß von endlicher Stärke zusammenfinden. Für den Übergang von großer Geschwindigkeit zu kleiner tritt sogar beinahe regelmäßig ein Verdichtungsstoß auf.

Es mag bei dieser Gelegenheit noch hervorgehoben werden, daß im Gegensatz zu Potentialströmungen mit Unterschallgeschwindigkeit, die bei einem nach vorn und hinten symmetrischen Körper sich ebenfalls nach vorn und hinten symmetrisch ausbilden, eine Potentialströmung, die ein Überschallgebiet enthält, wahrscheinlich niemals vorn und hinten symmetrisch ausfallen wird, weil die von dem festen Körper bzw. von den Wänden ausgehenden Verdichtungs- und Verdünnungswellen immer schräg nach hinten und nie nach vorn verlaufen. Vielleicht gelingt es unter Beachtung dieser Unsymmetrie doch noch, weitere geeignete Strömungen mit Übergang von Unterschall zu Überschall und umgekehrt analytisch zu fassen, besonders wenn das Überschallgebiet nur begrenzt ist, wie das bei der Umströmung von Zylindern u. dgl. mit Anströmgeschwindigkeiten unterhalb der Schallgeschwindigkeit zu erwarten ist.

Vom analytischen Standpunkt entsteht bei stationären reibungsfreien Strömungen aus einer Lösung durch Umkehren aller Geschwindigkeiten wieder eine Lösung. In Anwendung auf einen vorn und hinten symmetrischen Körper oder Kanal mit vorn und hinten unsymmetrischer Strömung erhält man daher durch Spiegelung der umgekehrten Lösung eine zweite, von der ersten verschiedene Lösung mit derselben Strömungsrichtung. Der Übergang von der eindeutigen vorn und hinten symmetrischen Lösung für Unterschall zur zweideutigen Lösung bedeutet eine eigenartige Verzweigungsstelle. Vielleicht ist diese der Grund für das Aufhören der Konvergenz der bisherigen analytischen Methoden. Durch Anwendung von direkten Methoden der Variationsrechnung konnte G. Braun [*6*] Eigenwertlösungen für die Verzweigungsstelle aufzeigen, die allerdings nur für unendlich kleine Abweichungen verwendbar sein dürften.

Über die *Verdichtungsstöße* mag hier noch einiges gesagt werden. Die Zustände vor und nach dem Stoß liegen nicht auf einer Adiabate, vielmehr ergibt sich eine Entropievermehrung durch den nicht umkehrbaren Vorgang. Die Größe, die über den Verdichtungsstoß hinweg konstant bleibt, ist die Gesamtenergie = kinetische Energie + Wärmeinhalt, für die Masseneinheit $= \frac{w^2}{2} + I$, wobei $I = U + p\,V$ den Wärmeinhalt, auch Enthalpie genannt, bedeutet. Im allgemeinen Fall schließt die Strömungsrichtung mit der Normalen auf der Stoßfläche einen Winkel ein. Die Beziehungen werden am einfachsten für den ebenen Verdichtungsstoß. Nimmt man die Normale auf der Stoßebene als X-Achse und legt die Anströmungsrichtung in die X, Y-Ebene, so ergeben sich die folgenden Gleichungen:

$$\varrho_1 u_1 = \varrho_2 u_2 \qquad \text{(Kontinuität)}$$

$$p_1 + \varrho_1 u_1^2 = p_2 + \varrho_2 u_2^2 \qquad \text{(Impuls in der } X\text{-Richtung)}$$

$$v_1 = v_2 \qquad \text{(Impuls in der } Y\text{-Richtung)}$$

$$\frac{1}{2}(u_1^2 + v_1^2) + I_1 = \frac{1}{2}(u_2^2 + v_2^2) + I_2 \qquad \text{(Energie)}$$

(Index 1 für den Zustand vor dem Stoß, Index 2 für den Zustand nach dem Stoß).

Die Durchrechnung dieser Aufgabe unter Zugrundelegung der Zustandsgleichungen für ideale Gase ist von TH. MEYER [*12*] geleistet worden, nachdem vorher HUGONIOT [*19*] und unabhängig davon noch einmal STODOLA [*20*] die Verhältnisse des senkrechten Verdichtungsstoßes aufgeklärt hatten. Sehr übersichtlich werden die Verhältnisse in einem von Herrn BUSEMANN [*21*] angegebenen Diagramm. Er zeichnet im Geschwindigkeitsbild für jede gegebene Anfangsgeschwindigkeit die „Stoßpolare", nämlich den geometrischen Ort aller Geschwindigkeitsvektoren für die Zustände nach dem Stoß und erhält dabei Kurven von der Art von Abb. 8; β ist dabei wie früher der Ablenkungswinkel der Strömung, γ der Winkel des Stoßes mit der Zuströmungsrichtung. Der kleinste Wert von γ wird für Stöße mit geringem Geschwindigkeitsunterschied erhalten und stimmt natürlich mit dem MACHschen Winkel α überein. Der größte Geschwindigkeitsunterschied wird beim senkrechten Stoß erhalten. Die Geschwindigkeit hinter dem senkrechten Stoß ist immer kleiner als die Schallgeschwindigkeit.

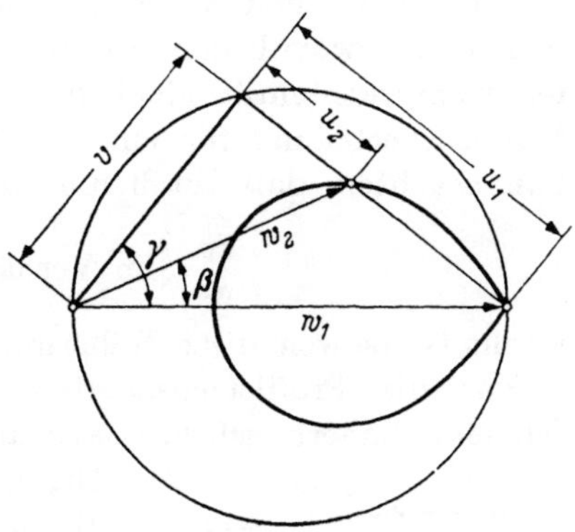

Abb. 8

Die Entropievermehrung bedeutet praktisch eine Verringerung des Druckes gegenüber dem Druck, der für dieselbe Geschwindigkeit aus der BERNOULLIschen Gleichung folgen würde. Im allgemeinen ist dieser Druckunterschied unbedeutend, falls der Unterschied der Geschwindigkeit vor und hinter dem Stoß nicht allzu beträchtlich ist. Immerhin handelt es sich um einen verlustbringenden Vorgang.

8. Anwendungen auf Tragflügel. Um auf die nachfolgenden Vorträge überzuleiten, mögen hier noch einige Bemerkungen über die Anwendung der im vorausgehenden besprochenen Gesetzmäßigkeiten auf Tragflügel gestattet sein. Was zunächst das *Unterschallgebiet* betrifft, so wäre darauf hinzuweisen, daß in der Nähe der Flügelnase erhebliche Übergeschwindigkeiten eintreten, die wohl bei größeren Auftriebswerten das Doppelte der Fluggeschwindigkeit erreichen. Man würde also etwa schon bei Geschwindigkeiten von 170 m/sec erwarten müssen, daß örtlich die Schallgeschwindigkeit erreicht wird. Darauf mag zurückzuführen sein, daß bereits in der Gegend von 200 m/sec eine merkliche Verschlechterung der Profilgleitzahl und damit auch eine Verringerung des Auftriebsbeiwertes gegenüber dem in Abschn. 3 Auseinandergesetzten zu erwarten ist.

Was den induzierten Widerstand betrifft, so ist darauf hinzuweisen, daß man sowohl den Flügelauftrieb wie auch den induzierten Widerstand aus dem hinter dem Flügel zurückbleibenden Wirbelgebilde ermitteln kann. Die Geschwindigkeiten in diesem Wirbelgebilde sind aber wohl in allen Fällen klein gegen die Schallgeschwindigkeit, so daß man unbedenklich für die Ermittlung des Auftriebes und des induzierten Widerstandes aus der Strömung in diesem Wirbelgebilde die gewöhnlichen Strömungsgesetze der volumbeständigen Flüssigkeiten anwenden kann. Daraus folgt, daß man die Formel für den induzierten Widerstand, ausgedrückt im Gesamtauftrieb, unbedenklich nach den gewöhnlichen Formeln rechnen darf, hier also ein Einfluß der Kompressibilität nicht besteht. Wenn man allerdings nach der Auftriebsverteilung für einen Flügel *gegebener Gestalt* fragt, so muß man beachten, daß durch die Kompressibilität der Wert von

$$\frac{d c_a}{d\alpha} \text{ im Verhältnis } 1 : \sqrt{1 - \frac{u^2}{c^2}}$$

erhöht ist (soweit diese Näherungsformel anwendbar bleibt).

Für die Profileigenschaften bei *Überschallgeschwindigkeit* ergibt sich eine Näherungsformel aus der Anwendung der Betrachtung von Nr. 5. Betrachtet man eine ebene Platte, die um den kleinen Winkel β gegen die Anströmungsrichtung geneigt ist, vgl. Abb. 9 (Ackeret [22]), so ergeben sich auf der Druckseite die Verhältnisse von Abb. 3 und hier also eine Drucksteigerung von einem Betrag, der sich leicht aus Formel (17) und (18) ergibt. Auf der Saugseite entsteht ein entsprechender Unterdruck, wie er einem negativen Winkel in den genannten Formeln entspricht. Daraus ergibt sich ein Auftriebsbeiwert

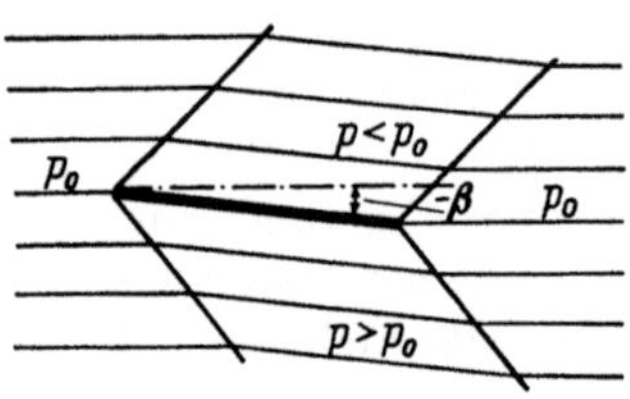

Abb. 9

$$c_a = \frac{4\beta}{\sqrt{\frac{u^2}{c^2} - 1}} \tag{19}$$

Sehr wesentlich ist, daß bei einer derartigen Strömung die Saugkraft, die man für Unterschallgeschwindigkeit an der Vorderkante hat, völlig fehlt und deshalb die resultierende Kraft hier nicht senkrecht zur Strömungsrichtung, sondern senkrecht zur Fläche steht, so daß also schon bei Reibungslosigkeit ein Gleitverhältnis

$$\frac{c_w}{c_a} = \beta = \frac{c_a}{4}\sqrt{\frac{u^2}{c^2} - 1} \tag{20}$$

auftritt. Man erkennt, daß dieses bei gegebenem c_a unmittelbar über der Schallgeschwindigkeit günstig ist, aber mit Erhöhung der Geschwindigkeit erheblich ungünstiger ausfällt (allerdings wird man bei sehr großen Geschwindigkeiten auch zu sehr kleinen c_a-Werten übergehen!). Diese größeren Widerstände oberhalb der Schallgeschwindigkeit hängen mit der Ausbildung der von dem bewegten Objekt ausstrahlenden Wellen zusammen. Herr BUSEMANN [23] konnte zeigen, daß diese Wellenenergie in den vom Flügel ausgehenden Verdichtungsstößen zum Teil nahe am Flügel, zum Teil aber auch weit von ihm entfernt, in Wärme verwandelt wird.

Was nun den induzierten Widerstand betrifft, so folgt dieser oberhalb der Schallgeschwindigkeit anderen Gesetzen als unterhalb der Schallgeschwindigkeit. Bei einem unverwundenen Rechteckflügel ist er ganz in den dreieckigen Gebieten an den Ecken, die von dem MACHschen Winkel begrenzt werden, enthalten (in Abb. 10 schraffiert). Da im übrigen auch der Wellenwiderstand zu c_a^2 proportional ist, hat der induzierte Widerstand hier nicht dieselbe selbständige Bedeutung wie bei Unterschallgeschwindigkeit. Einer Bemerkung von Herrn BUSEMANN zufolge fällt er gänzlich fort, wenn man die beiden in den Störungsgebieten liegenden Dreiecke des Flügels fortläßt.

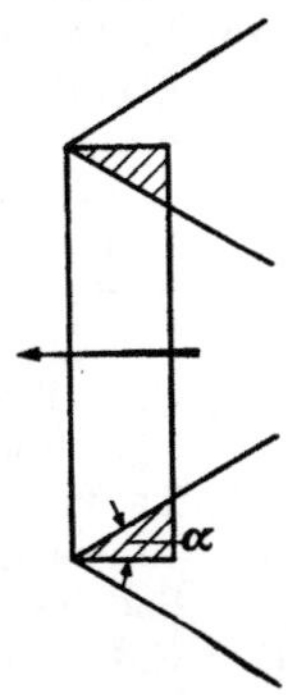

Abb. 10

Literatur

[1] B. RIEMANN, Über die Fortpflanzung ebener Luftwellen von endlicher Schwingungsweite. Abhandl. Ges. Wiss. Göttingen, Math.-phys. Klasse 8 (1860) S. 43 — Gesammelte Werke, S. 144. Leipzig 1876. Siehe auch RIEMANN-WEBER, Die partiellen Differentialgleichungen der mathematischen Physik, 6. Aufl., Bd. 2, S. 503. Braunschweig 1919 (= 5. Aufl. 1912).

[2] L. PRANDTL, Über Strömungen, deren Geschwindigkeiten mit der Schallgeschwindigkeit vergleichbar sind. J. aeronaut. Res. Inst., Tokyo Imp. Univ. Nr. 65 (1930) S. 14. — Vgl. auch H. GLAUERT, The Effect of Compressibility on the Lift of an Aerofoil. Proc. roy. Soc. A Bd. 118 (1928) S. 113.

[3] O. JANZEN, Beitrag zu einer Theorie der stationären Strömung kompressibler Flüssigkeiten. Phys. Z. Bd. 14 (1913) S. 639.

[4] LORD RAYLEIGH, On the Flow of Compressible Fluid past an Obstacle. Phil. Mag. Bd. 32 (1916) S. 1 — Sci. Papers Bd. 6 (1920) S. 402.

[5] H. BATEMAN, Notes on a Differential Equation which occurs in the two-dimensional Motion of a Compressible Fluid and the associated Variational Problem. Proc. roy. Soc. A Bd. 125 (1929) S. 598

[6] G. BRAUN, Die ebene kompressible Potentialströmung als Variations- und Eigenwertproblem. Dissertation Göttingen 1932 — Ann. Phys. (5) Bd. 15 (1932) S. 645.

[7] G. J. TAYLOR und C. F. SHARMAN, A Mechanical Method for solving Problems of Flow in Compressible Fluids. Proc. roy. Soc. A Bd. 121 (1928) S. 194

[8] D. RIABOUCHINSKY, Mouvement d'un fluide compressible autour d'un obstacle. C. R. Bd. 194 (1932) S. 1215.

[9] B. Demtchenko, Sur les mouvements lents des fluides compressibles. C. R. Bd. 194 (1932) S. 1218.
[10] B. Demtchenko, Variation de la résistance aux faibles vitesses sous l'influence de la compressibilité. C. R. Bd. 194 (1932) S. 1720.
[11] A. Tchapligin, Über Gasstrahlen. Wiss. Ann. Univ. Moskau, Phys.-math. Klasse Bd. 21 (1904) S. 1 (russisch).
[12] Th. Meyer, Über zweidimensionale Bewegungsvorgänge in einem Gas, das mit Überschallgeschwindigkeit strömt. Dissertation Göttingen — VDI-Forsch.-Heft Nr. 62. Berlin 1908.
[13] L. Prandtl und A. Busemann, Näherungsverfahren zur zeichnerischen Ermittlung von ebenen Strömungen mit Überschallgeschwindigkeit. Stodola-Festschrift, S. 499. Zürich 1929.
[14] A. Busemann, Gasdynamik. Handbuch d. Exper.-Physik, Bd. IV, 1, S. 421. Leipzig 1931.
[15] A. Busemann, Drücke auf kegelförmige Spitzen bei Bewegung mit Überschallgeschwindigkeit. Z. angew. Math. Mech. Bd. 9 (1929) S. 496.
[16] G. J. Taylor und J. W. Maccoll, The Air Pressure on a Cone Moving at High Speeds. Proc. roy. Soc. A Bd. 139 (1933) S. 278 u. 298.
[17] Th. v. Kármán und N. B. Moore, Resistance of Slender Bodies Moving with Supersonic Velocities with Special Reference to Projectils. Trans. Amer. Soc. mech. Engrs., Juni 1932.
[18] G. J. Taylor, Recent Work on the Flow of Compressible Fluids. J. London Math. Soc. Bd. 5 (1930) S. 224.
Strömung um einen Körper in kompressibler Flüssigkeit. Z. angew. Math. Mech. Bd. 10 (1930) S. 334.
[19] H. Hugoniot, J. éc. polyt., H. 58 (1889) S. 80.
[20] A. Stodola, Die Dampfturbinen und die Aussichten der Wärmekraftmaschinen. Z. VDI Bd. 47 (1903) S. 7 — „Dampf- und Gasturbinen", 5. Aufl., S. 68. Berlin 1922.
[21] A. Busemann, Verdichtungsstöße in ebenen Gasströmungen. Vorträge aus d. Gebiete d. Aerodynamik, Aachen 1929, hrsg. von Gilles, Hopf und v. Kármán, S. 162. Berlin 1930.
[22] J. Ackeret, Luftkräfte auf Flügel, die mit größerer als Schallgeschwindigkeit bewegt werden. Z. Flugtechn. Motorl. Bd. 16 (1925) S. 72.
[23] A. Busemann, „Gasdynamik". Handbuch d. Exper.-Physik, Bd. IV, 1, S. 443. Leipzig 1931.

Luftfahrtforschung Bd. 13 (1936) S. 313—319

Theorie des Flugzeugtragflügels im zusammendrückbaren Medium

Im ersten Abschnitt wird für die Theorie der tragenden Fläche eine neue Formulierung angegeben: im zweiten und dritten werden verschiedene von ruhenden und bewegten zeitlich veränderlichen Quellen erzeugte Strömungspotentiale berechnet. Im vierten Abschnitt erfolgt die Anwendung der in den beiden vorangegangenen Abschnitten erhaltenen Beziehungen auf den unendlich langen Tragflügel mit Überschallgeschwindigkeit.

Gliederung

Wenn die Geschwindigkeit von Körpern, die sich in einem flüssigen Medium bewegen, die Größenordnung der Schallgeschwindigkeit erreicht, so ist die Zusammendrückbarkeit des Mediums von wesentlichem Einfluß. Es soll hier die Aufgabe behandelt werden, das Verhalten eines Tragflügels in einem zusammendrückbaren Medium in ähnlicher Weise zu klären, wie das in der Tragflügeltheorie von 1918 bis 1919[1] für das volumbeständige Medium geschehen ist. Wie dort, soll auch hier angenommen werden, daß alle von dem Tragflügel hervorgerufenen Störungsgeschwindigkeiten klein sind gegen die Geschwindigkeit seiner Vorwärtsbewegung, so daß also die Glieder in den Gleichungen, die Quadrate oder Produkte der Störungsgeschwindigkeiten enthalten, gegenüber denjenigen, die die ersten Potenzen dieser Geschwindigkeiten, multipliziert mit der Fluggeschwindigkeit, enthalten, vernachlässigt werden dürfen. Die Annahme kleiner Störungsgeschwindigkeiten bringt auch mit sich, daß die Druckunterschiede und damit auch die Dichteunterschiede klein werden gegenüber dem mittleren Druck und der mittleren Dichte. Unter diesen Umständen ist es möglich, auch beim zusammendrückbaren Medium aus verschiedenen Lösungen durch Überlagerung neue Lösungen zu erhalten (was bei kompressiblen Strömungen im allgemeinen nicht zutrifft). Die Zähigkeit des Mediums soll hier ebenso wie in der bisherigen Tragflügeltheorie außer acht gelassen werden.

[1] L. Prandtl, Tragflügel-Theorie, 1. u. 2. Mitt. Nachr. von der Kgl. Ges. Wiss. Math.-phys. Klasse 1918, S. 451 u. 1919, S. 107. Wieder abgedruckt in „Vier Abhandlungen zur Hydrodynamik und Aerodynamik". Göttingen 1927.

Im ersten Abschnitt soll eine neue Darstellung der Theorie der tragenden Fläche gegeben werden, die sich zur Gewinnung von geeigneten Formulierungen für unsere Aufgabe als nützlich erwiesen hat, die aber auch für die gewöhnliche Tragflächentheorie wertvoll zu sein scheint.

I. Beitrag zur Theorie der tragenden Fläche

1. In Anknüpfung an einen LANCHESTERschen Gedankengang gehen wir von dem Feld des Beschleunigungsvektors $\mathfrak{b}$ aus (LANCHESTER wies darauf hin, daß es, um an einem Tragflügel Auftrieb zu gewinnen, nötig ist, der an den Tragflügel grenzenden Luftmasse eine geeignete Beschleunigung zu erteilen, die im großen und ganzen abwärts gerichtet sein muß). Die Beschleunigung $\mathfrak{b}$ ist nichts anderes als das, was in den EULERschen Gleichungen der Hydrodynamik geschrieben wird

$$\frac{D\mathfrak{w}}{dt} = \frac{\partial \mathfrak{w}}{\partial t} + \mathfrak{w} \circ \nabla \mathfrak{w}$$

($\mathfrak{w}$ = Geschwindigkeitsvektor, $\circ$ = Zeichen der skalaren Multiplikation).

Die EULERsche Bewegungsgleichung lautet demnach, wenn von der Schwere des Mediums, wie üblich, abgesehen wird,

$$\mathfrak{b} + \frac{1}{\varrho}\,\mathrm{grad}\,p = 0. \tag{1}$$

Wir wollen hier immer annehmen, daß die Dichte ϱ nur vom Druck p abhängen soll, und setzen

$$\int \frac{dp}{\varrho} = \mathsf{P}.$$

Damit ist

$$\frac{1}{\varrho}\,\mathrm{grad}\,p = \mathrm{grad}\,\mathsf{P}.$$

Hieraus kann ohne weiteres geschlossen werden, daß der Beschleunigungsvektor $\mathfrak{b}$ ein Gradient ist, also von einem „Beschleunigungspotential" abgeleitet werden kann:

$$\mathfrak{b} = \mathrm{grad}\,\varphi.$$

Damit läßt sich Gl. (1) integrieren und liefert somit

$$\varphi + \mathsf{P} = \mathrm{konst.} \tag{2}$$

Statt der Konstante würde genauer eine willkürliche Funktion der Zeit gesetzt werden müssen. Da wir aber gleich hinzunehmen wollen, daß im Unendlichen keine Veränderungen vor sich gehen sollen, kann man sofort $f(t) = \mathrm{konst.}$ setzen.

Das Druckfeld eines Tragflügels — wenn er anders diesen Namen verdient — ist derart, daß der Druck auf der unteren Seite, p_u, und derjenige auf der oberen Seite, p_o, verschieden sind. Wenn der Tragflügel für die Theorie durch eine tragende Fläche ersetzt wird, so hat man also einen unstetigen Verlauf des Druckes an der Fläche, einen Drucksprung, dem natürlich auch ein Sprung $\mathsf{P}_u - \mathsf{P}_o$ der Druckfunktion P entspricht. Nach Gl. (2) ergibt sich ein gleich großer Sprung des Beschleunigungspotentials $\varphi_u - \varphi_o$.

Es handelt sich jetzt darum, solche Potentiale aufzufinden. Man kann hier einen Gedanken verwenden, der schon in alten Zeiten in der klassischen Elektrodynamik Verwendung gefunden hat. Das Feld einer elektrischen Ladung ist von derselben geometrischen Struktur wie das einer „Quelle" oder „Senke" in der Hydrodynamik. Man betrachtet nun eine sogenannte Doppelbelegung. Diese besteht darin, daß von zwei eng benachbarten Flächen die eine positive, die andere negative Ladung trägt; in hydrodynamischer Ausdrucksweise sind dies also zwei benachbarte Flächen, von denen die eine mit Quellen, die andere mit Senken besetzt ist. Es sei Q die Intensität der Quellen für die Flächeneinheit und h die Entfernung der beiden belegten Flächen, von denen die eine (in dem Beispiel die untere) die Belegung $+Q$, die andere die Belegung $-Q$ trägt. Wenn die Entfernung h klein ist gegen die sonstigen Abmessungen, dann wird praktisch der ganze Quellstrom von den benachbarten Senken aufgesogen, nur ein kleiner „Streustrom" wird sich Wege außen herum bahnen. Wenn man nun das Potential φ einer solchen Doppelbelegung ermittelt, so ergibt sich zunächst, da die Geschwindigkeit zwischen den Belegungen gleich der Strommenge für die Flächeneinheit, also gleich Q ist, auf dem Weg h ein Potentialunterschied

$$\varphi_o - \varphi_u = Q\,h. \tag{3}$$

Man kann nun, zur Grenze übergehend, den Abstand h der beiden Belegungen unbegrenzt abnehmen und dabei die Quellintensität Q so anwachsen lassen, daß das Produkt $Q\,h$ an jeder Stelle gleich dem verlangten Potentialunterschied $\varphi_o - \varphi_u$ bleibt. Die beiden mit Quellen bzw. Senken belegten Flächen fallen dadurch schließlich in eine Fläche zusammen.

2. Bei der volumbeständigen Strömung ergeben sich Formeln, die mit denen der Elektrodynamik völlig übereinstimmen. Bezeichnet r den Abstand des Punktes, an dem das Potential gesucht wird, von dem Element der Quellbelegung $Q\,dF$, also

$$r = \sqrt{(x-x')^2 + (y-y')^2 + (z-z')^2}, \tag{4}$$

so ist der Beitrag von $Q\,dF$ zum Potential in bekannter Weise

$$d\Phi_Q = -\frac{Q\,dF}{4\pi r}.$$

Das gesamte Potential einer einfachen flächenhaften Quellbelegung wird danach

$$\Phi_Q = -\iint \frac{Q\,dF}{4\pi r}. \tag{5}$$

Um das Potential der Doppelbelegung zu erhalten, wollen wir im Hinblick auf die spätere Verwendung bei der tragenden Fläche gleich jetzt schon annehmen, daß die belegte Fläche mit der x, y-Ebene identisch sei. Dies wird die Rechnung wesentlich vereinfachen. Wir wollen zunächst festsetzen, daß die Quellbelegung in der Ebene

$$z = -\frac{h}{2}$$

und die Senkenbelegung in der Ebene

$$z = +\frac{h}{2}$$

liegen soll. Das aus beiden Belegungen resultierende Potential φ kann man sich nun so entstanden denken, daß man eine Quellbelegung von der Stelle

$$z = +\frac{h}{2}$$

fortnimmt und nach

$$z = -\frac{h}{2}$$

verschiebt (eine fortgenommene Quelle bedeutet eine Senke). Es ist also die Änderung des Potentials nach Gl. (5) zu berechnen, die dieser Verschiebung um h nach unten entspricht. Das Ergebnis ist dasselbe, wie wenn man die Quelle unverschoben läßt und dafür von dem Feldpunkt x, y, z zu dem Punkt $x, y, z + h$ übergeht. Bei der angenommenen Kleinheit von h kann daher

$$\varphi = h\,\frac{\partial \Phi_Q}{\partial z}$$

gesetzt werden.

Da

$$\frac{\partial}{\partial z}\left(\frac{1}{r}\right) = -\frac{z}{r^3}$$

ist, erhält man also unter Berücksichtigung von Gl. (3) und (5)

$$\varphi = \iint \frac{(\varphi_o - \varphi_u)\,z\,dF}{4\pi r^3}. \tag{6}$$

Mit dieser Formel für das Beschleunigungspotential ist, wie sich aus dem Folgenden sofort noch ergeben wird, grundsätzlich alles Wesentliche für die tragende Fläche geleistet, *soweit die Geschwindigkeiten klein genug sind*, um das Medium als volumbeständig betrachten zu können. Wenn trotzdem die Theorie der tragenden Fläche bisher noch so wenig gefördert werden konnte, so liegt dies nur an den Integrationsschwierigkeiten, die zu einem Teil durch den Wurzelausdruck für r [Gl. (4)] verursacht werden und die gerade bei denjenigen Druckverteilungen, die man gern hätte, durch weitere Wurzelausdrücke noch vermehrt werden. Für die großen Geschwindigkeiten, bei denen die Zusammendrückbarkeit des Mediums zu berücksichtigen ist, muß natürlich die Form des Quellpotentials erst neu aufgebaut werden, was in den folgenden Abschnitten geschehen wird.

3. Es bleibt jetzt noch zu erläutern, wie aus dem Beschleunigungspotential — sei es für das volumbeständige oder für das zusammendrückbare Medium — das Geschwindigkeitsfeld berechnet werden kann.

Wir wollen annehmen, daß das Medium im Unendlichen in Ruhe ist und der Tragflügel sich in ihm von rechts nach links mit der Geschwindigkeit V bewegt. Die Geschwindigkeiten und alle übrigen Zustände sind dann Funktionen der Raumkoordinaten x, y und z und der Zeit t von der besonderen Art, daß die Geschwindigkeiten, das Druckfeld usw. mit dem Flügel mitwandern. Es muß also x und t immer zusammen in dem Ausdruck $x + Vt$ auftreten, also z. B. Geschwindigkeitskomponente $u = u(x + Vt, y, z)$. Damit wird

$$\frac{\partial u}{\partial t} = \frac{V \partial u}{\partial x}$$

und ebenso für die übrigen Größen.

Für die x-Komponente der Beschleunigung gilt

$$b_x = \frac{\partial \varphi}{\partial x} = \frac{Du}{dt} = \frac{\partial u}{\partial t} + u\frac{\partial u}{\partial x} + v\frac{\partial u}{\partial y} + w\frac{\partial u}{\partial z}$$
$$= (V + u)\frac{\partial u}{\partial x} + v\frac{\partial u}{\partial y} + w\frac{\partial u}{\partial z}.$$

Wenn man sich auf die kleinen Größen erster Ordnung beschränkt, was auch hier wieder, um weiterrechnen zu können, nötig ist, so erhält man

$$\frac{\partial \varphi}{\partial x} = V\frac{\partial u}{\partial x},$$

was sofort zu

$$\varphi = Vu \tag{7}$$

integriert werden kann. Es mag angemerkt werden, daß diese Gleichung zusammen mit Gl. (2) auf die bekannte Form führt, die die Bernoullische Gleichung bei der Linearisierung annimmt:

$$p_\infty - p = \varrho V u. \tag{8}$$

An Gl. (8) läßt sich sofort der Joukowskysche Satz anschließen, man braucht dazu nur das Linienintegral der Geschwindigkeit zu bilden für zwei waagerechte Linien parallel zur x-Achse, von denen die eine dicht oberhalb, die andere dicht unterhalb der tragenden Fläche verläuft. Vor dem Tragflügel ist das Potential Φ des Geschwindigkeitsfeldes stetig, hinter dem Tragflügel ist jedoch ein Potentialsprung vorhanden von dem Betrag

$$\Gamma = \int_{x_1}^{x_2} (u_o - u_u)\, dx .$$

Da u_o sich von u_u nur am Tragflügel selbst unterscheidet, im übrigen aber der Unterschied verschwindet, braucht das Integral nur über die Flügeltiefe $x_2 - x_1$ erstreckt zu werden. Der Potentialsprung Γ ist demnach für das ganze Gebiet hinter dem Tragflügel von dem angegebenen Wert und daher nur eine Funktion der Koordinate y in Richtung der Spannweite. Gemäß Gl. (8) kann man nun bilden

$$\varrho V \Gamma = \int_{x_1}^{x_2} (p_o - p_u)\, dx , \tag{9}$$

was den Auftrieb für die Längeneinheit in der y-Richtung darstellt. Die Integration nach y liefert den JOUKOWSKYschen Satz, von dem man also hiernach erkennt, daß er auch für ein zusammendrückbares Medium gültig ist.

Die Geschwindigkeitskomponente u ist durch Gl. (7) bereits gegeben. Bezüglich der Geschwindigkeitskomponenten v und w hat man die Beziehungen

$$b_y = \frac{\partial \varphi}{\partial y} = \frac{D v}{dt} \approx V \frac{\partial v}{\partial x}$$

bzw.

$$b_z = \frac{\partial \varphi}{\partial z} = \frac{D w}{dt} \approx V \frac{\partial w}{\partial x} .$$

Hieraus ergibt sich, da bei $x = -\infty$ die Störungsgeschwindigkeiten sämtlich Null sind,

$$\left. \begin{aligned} v &= \frac{1}{V} \int_{-\infty}^{x} \frac{\partial \varphi}{\partial y}\, dx \\ &\text{und} \\ w &= \frac{1}{V} \int_{-\infty}^{x} \frac{\partial \varphi}{\partial z}\, dx . \end{aligned} \right\} \tag{10}$$

Die Geschwindigkeitskomponenten v und w verschwinden im Unendlichen hinter dem Tragflügel nicht, sondern liefern hier das Wirbelsystem, dessen Energie das Äquivalent für den induzierten Widerstand darstellt. Dieses Geschwindigkeitsfeld im Unendlichen ist im übrigen durch den Potentialsprung Γ vollständig bestimmt. Da die Geschwindigkeiten v und w in allen Fällen, für die die Theorie gilt, als klein gegenüber der Schallgeschwindigkeit angesehen werden müssen, ist diese Bewegung, die überall außerhalb des Potentialsprunges drehungsfrei ist, von derselben Art wie bei volumbeständigen Flüssigkeiten. Da im übrigen der in dieser Bewegung enthaltene Impuls genau dem Auftrieb des Tragflügels entspricht, ist ersichtlich, daß auch der induzierte Widerstand, ausgedrückt in der Auftriebsverteilung, hier denselben Wert haben muß wie bei der volumbeständigen Strömung. Dies gilt allerdings nur so lange, als nicht noch andere ins Unendliche reichende Störungen vorhanden sind. Wenn die Geschwindigkeit V des Tragflügels die Schallgeschwindigkeit überschreitet, so gehen von dem Flügel auch Schallwellen aus, und diese sind einerseits Träger von Impuls und andererseits auch von Energie, und es wird dadurch die eben erwähnte einfache Beziehung zerstört. Unterhalb der Schallgeschwindigkeit jedoch gelten die erwähnten Sätze in derselben Allgemeinheit wie bei der volumbeständigen Strömung.

II. Einige Singularitäten der zusammendrückbaren Medien

4. Um die Singularitäten zu gewinnen, die der Quellströmung und der Doppelbelegung in einem zusammendrückbaren Medium entsprechen, soll zunächst die Differentialgleichung dieser Aufgabe gewonnen werden. Sie ist identisch mit der Differentialgleichung der Akustik und wird aus den allgemeinen Gleichungen für eine in Potentialströmung befindliche Flüssigkeit gewonnen, indem man von der Annahme kleiner Geschwindigkeiten ausgeht und deshalb die Ausdrücke, in denen die kleinen Größen quadratisch vorkommen, vernachlässigt. Wir haben zunächst die Bernoullische Gleichung

$$\frac{\partial \Phi}{\partial t} + \frac{\mathfrak{w}^2}{2} + \mathsf{P} = \text{konst.},$$

in der nach dem Gesagten das Glied $\mathfrak{w}^2/2$ zu streichen ist. Dann haben wir weiter die Kontinuitätsgleichung für zusammendrückbare Medien, die

$$\frac{\partial \varrho}{\partial t} + \varrho \operatorname{div} \mathfrak{w} + \mathfrak{w} \circ \operatorname{grad} \varrho = 0$$

lautet. In dieser ist im dritten Glied die kleine Geschwindigkeit $\mathfrak{w}$ mit dem kleinen Dichtigkeitsgradienten multipliziert, so daß auch dieses Glied gestrichen werden kann. Wenn berücksichtigt wird, daß

$$\mathfrak{w} = \operatorname{grad} \Phi$$

ist, so wird

$$\operatorname{div} \mathfrak{w} = \operatorname{div} \operatorname{grad} \Phi = \Delta \Phi .$$

Die Kontinuitätsgleichung lautet nun

$$\frac{\partial \varrho}{\partial t} + \varrho \Delta \Phi = 0 \tag{11}$$

$\left(\text{dabei ist } \Delta = \frac{\partial^2}{\partial x^2} + \frac{\partial^2}{\partial y^2} + \frac{\partial^2}{\partial z^2}\right).$

Wir differenzieren nun die vereinfachte Bernoullische Gleichung nach t und erhalten

$$\frac{\partial^2 \Phi}{\partial t^2} + \frac{\partial \mathsf{P}}{\partial t} = 0 . \tag{12}$$

Dabei kann mit Einführung der Bedeutung von P geschrieben werden

$$\frac{\partial \mathsf{P}}{\partial t} = \frac{1}{\varrho}\frac{dp}{dt} = \frac{1}{\varrho}\frac{dp}{d\varrho}\frac{\partial \varrho}{\partial t},$$

worin man noch den Stoffwert $dp/d\varrho = c^2$ schreiben kann. Entnimmt man hierbei noch $\partial\varrho/\partial t$ aus Gl. (11), so liefert Gl. (12)

$$\frac{\partial^2 \Phi}{\partial t^2} = c^2 \Delta \Phi. \tag{13}$$

Dies ist die gesuchte Differentialgleichung, die u. a. Lösungen von der Form

$$\Phi = f_1(x + c\,t) + f_2(x - c\,t)$$

besitzt. Diese speziellen Lösungen, bei denen f_1 und f_2 willkürliche Funktionen der angegebenen Argumente sind, stellen Ausbreitungsvorgänge in ebenen Wellenfronten dar, die mit der Geschwindigkeit c vor sich gehen.

$$c = \sqrt{\frac{dp}{d\varrho}}$$

bedeutet demnach nichts anderes als die Schallgeschwindigkeit.

5. Es gilt nun, Lösungen zu gewinnen, die die Ausbreitung von einem Punkt aus darstellen. Wenn die Ausbreitung kugelsymmetrisch vor sich geht, das Potential also $\Phi = \Phi(r, t)$ ist, wo r hier $= \sqrt{x^2 + y^2 + z^2}$ ist, so ist hierbei bekanntlich

$$\Delta\Phi = \frac{\partial^2 \Phi}{\partial r^2} + \frac{2}{r}\frac{\partial \Phi}{\partial r}.$$

Man kann sich durch Ausdifferenzieren überzeugen, daß

$$\Phi = -\frac{1}{r} f(c\,t - r)\,^{1} \tag{14}$$

eine Lösung von Gl. (13) für diesen Fall darstellt; f ist dabei wieder eine willkürliche Funktion seines Argumentes $c\,t - r$, für das wir die Abkürzung ξ einführen wollen. Wenn $f(\xi) =$ konst. gesetzt wird, so ergibt sich offensichtlich das gewöhnliche Quellpotential. Setzt man an, daß $f(\xi) = 0$ sein soll für alle negativen Werte von ξ und $f(\xi)$ von Null verschieden für $\xi > 0$, so wird dadurch eine Störung beschrieben, die bei $t = 0$ im Nullpunkt beginnt und in irgendeinem Abstand r zur Zeit $t = r/c$ eintrifft. Es ergibt sich also auch hier wie bei der ebenen Welle eine Ausbreitung mit der Schallgeschwindigkeit c. Die radiale Geschwindigkeit ist

$$w_r = \frac{\partial \Phi}{\partial r} = +\frac{1}{r^2}\left(f(\xi) + r\,f'(\xi)\right). \tag{15}$$

---

[1] Das Minuszeichen ist deshalb gewählt, damit ein positiver Wert von f einen positiven Quellstrom ergibt, vgl. Gl. (16).

Man erkennt hieraus, daß der Geschwindigkeitsverlauf für aufeinanderfolgende Zeiten in irgendeiner fest gewählten Entfernung r je nach der Größe dieser Entfernung verschieden ausfällt im Gegensatz zur ebenen Welle, wo der Geschwindigkeitsablauf für alle Entfernungen derselbe ist und nur mit einer der Entfernung entsprechenden zeitlichen Verspätung eintritt. In der Nähe des Quellpunktes werden die Geschwindigkeiten nach der Formel unendlich, während wir angenommen haben, daß die Geschwindigkeit überall klein sein soll. Das heißt nur so viel, daß wir die Formel nur in *dem* Bereich wirklich anwenden dürfen, wo die Geschwindigkeiten klein sind. Im übrigen wird die Formel hauptsächlich auf Quellverteilungen angewendet werden, wo die einzelne Quellstärke von differentieller Größe ist, so daß die Kleinheitsforderung für die Geschwindigkeit bis in unmittelbare Nachbarschaft des Quellpunktes hin erfüllt ist.

Die augenblickliche Quellergiebigkeit im Radius r ergibt sich zu

$$Q = 4\pi r^2 w_r = 4\pi\big(f(\xi) + r f'(\xi)\big).$$

Daß sie unter verschiedenen Radien verschieden sein kann, ist im Hinblick auf die Zusammendrückbarkeit des Mediums nicht verwunderlich. Wenn man den Fall ins Auge faßt, daß $f(\xi)$ nur in dem Intervall von $\xi = 0$ bis $\xi = \xi_1$ von Null verschieden, vorher und nachher aber Null ist, dann kann man $\int Q\,dt$ im Radius r für das ganze Intervall berechnen. Mit $dt = d\xi/c$ findet man leicht diese Gesamtergiebigkeit zu

$$\int Q\,dt = -\frac{4\pi}{c}\int\limits_0^{\xi_1} f(\xi)\,d\xi. \tag{16}$$

Dieser Betrag ist also vom Radius unabhängig, was auch erwartet werden mußte.

6. Aus der punktförmigen Quelle von zeitlich veränderlicher Ergiebigkeit lassen sich nun durch Superposition verschiedene andere Singularitäten ableiten. Es mögen hier zunächst einige besonders einfache Beispiele behandelt werden, die einerseits gegenständliches Interesse haben, die aber andererseits auch geeignet sind, durch die Nachprüfbarkeit des Ergebnisses das Vertrauen des Lesers für das angewandte Überlagerungsverfahren, das auch die späteren Lösungen liefern wird, zu gewinnen.

Es soll fürs erste angenommen werden, daß die z-Achse in ihrer ganzen Erstreckung gleichmäßig dicht mit zeitlich veränderlichen Quellen nach Gl. (14) besetzt sei. Die Quellen sollen sämtlich im gleichen Augenblick in gleichartiger Weise zu fließen beginnen. Es wird gefragt nach dem Potential der hier auftretenden Strömung. Da diese offenbar von der z-Koordinate unabhängig ist, genügt es, das Potential für einen Punkt x, y der Ebene $z = 0$ zu berechnen. Der Radius in dieser Ebene, vgl. Abb. 1, heiße $r' = \sqrt{x^2 + y^2}$, dann ist das gesuchte Potential offenbar das folgende

$$\Phi = -2\int_0^{z_1} \frac{dz}{r} f(c\,t - r), \tag{17}$$

wobei $r = \sqrt{r'^2 + z^2}$ und z_1 die größte Entfernung z ist, aus der zur Zeit t noch eine Störung im Punkt x, y eintreffen kann. Wenn der Beginn des Fließens der Quelle mit dem Zeitpunkt $t = 0$ zusammenfällt, dann ist offenbar $z_1 = \sqrt{c^2\,t^2 - r'^2}$. Es empfiehlt sich, das Integral von der Integrationsveränderlichen z auf die Veränderliche $\xi = c\,t - r$ umzuformen. Gemäß dem Vorstehenden ist

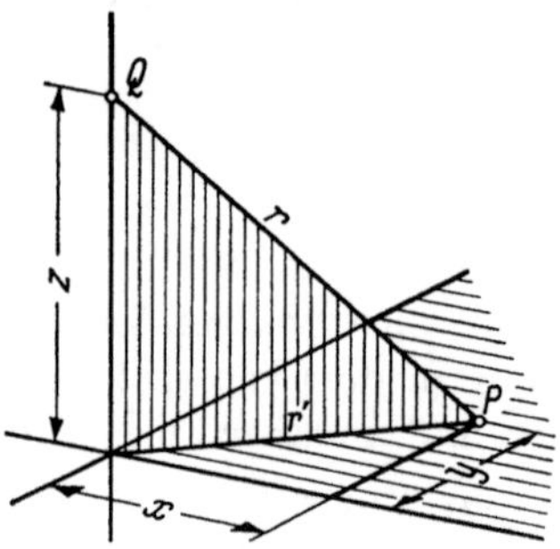

Abb. 1

$$r^2 = r'^2 + z^2 = (c\,t - \xi)^2. \tag{18}$$

Wenn man dieses bei festgehaltenem t und r' differenziert, so ergibt sich

$$2z\,dz = 2(c\,t - \xi)\,d\xi,$$

woraus unter Vergleich mit dem Vorstehenden

$$\frac{dz}{r} = -\frac{d\xi}{z}$$

gefunden wird. Nach Einfügen des Wertes von $z = \sqrt{(c\,t - \xi)^2 - r'^2}$ gemäß Gl. (18) findet man

$$\Phi = -2\int_0^{\xi_1} \frac{f(\xi)\,d\xi}{\sqrt{(c\,t - \xi)^2 - r'^2}}. \tag{19}$$

Die untere Grenze Null entspricht der oberen Grenze z_1 von Gl. (17), die obere Grenze ist entweder das Ende der Quellergiebigkeit oder es ist $\xi_1 = c\,t - r'$ zu setzen, wenn das Ende der Quellergiebigkeit bei den gegebenen Werten von r' und t noch nicht erreicht ist. Da das Potential in Gl. (19) als Funktion von r' und t erscheint, ist diese Aufgabe damit gelöst. Man erkennt gleichzeitig, daß die linienförmige zeitlich veränderliche Quelle durch einen weniger einfachen Ausdruck wiedergegeben ist als die punktförmige. Als Probe auf die Richtigkeit der Formel kann man ansetzen, daß $f(\xi)$ von Null an beginnend gleichbleibend gleich A sein soll. Unter diesen Bedingungen findet man

$$\Phi = -2A\ln\left[\frac{c\,t}{r'} + \sqrt{\left(\frac{c\,t}{r'}\right)^2 - 1}\right],$$

wobei es erlaubt ist, noch an Stelle einer Integrationskonstanten eine passende Funktion der Zeit zu addieren (hierfür ist lediglich in der BERNOULLIschen Gleichung eine leichte Änderung erforderlich). Als diese Funktion der Zeit wählen wir $2A\ln(2ct)$ und finden, daß der so entstehende Ausdruck, wenn man die Zeit t gegen ∞ gehen läßt, gegen $2A\ln r'$ geht, wie es der stationär fließenden unendlich langen Quellinie entspricht.

Die Auswertung des Integrals von Gl. (19) gibt ein besonders einfaches Ergebnis, wenn man annimmt, daß die Quelle nur ganz kurze Zeit fließt und das über diese Zeit erstreckte Integral über $f(\xi) = C$ ist. Man kann in diesem Fall für $c\,t - \xi$ im Nenner einfach $c\,t$ setzen und erhält damit ein Potential

$$\Phi = -\frac{2C}{\sqrt{c^2 t^2 - r^2}}. \tag{20}$$

Ein anderes Beispiel einer Quellenverteilung erhält man, wenn die Quellen, die gleichzeitig zu fließen beginnen sollen, eine unendlich ausgedehnte Ebene erfüllen. Als diese Ebene mag die $x\,y$-Ebene gewählt werden. Der Abstand eines Punktes dieser Ebene vom Koordinatenursprung mag wieder r' genannt werden. Wir rechnen das Potential für irgendeinen Punkt der z-Achse. Der Radius r von Gl. (17) wird damit gleich $\sqrt{r'^2 + z^2}$. Entsprechend dem Früheren schreiben wir

$$\Phi = -2\pi\int \frac{r'\,dr'}{r} f(c\,t - r).$$

Führt man ξ wie vorher ein, so wird

$$r'\,dr' = -(c\,t - \xi)\,d\xi = -r\,d\xi$$

und damit

$$\Phi = 2\pi\int_0^{c\,t-z} f(\xi)\,d\xi = F(c\,t - z). \tag{21}$$

Man erhält also hier eine ebene Welle von der eingangs erwähnten Art, wie das ja auch zu erwarten war. Man hätte diese Quellbelegung auch durch eine die Ebene erfüllende Aneinanderreihung von parallelen Quellinien nach Gl. (19) erhalten können und wäre zum selben Resultat gelangt. Der Faktor 2π hätte sich hier auf dem Wege über einen Arcussinus ergeben.

III. Das mit gleichbleibender Geschwindigkeit bewegte Quellsystem

7. Um die eigentliche Lösung für den bewegten Tragflügel vorzubereiten, soll jetzt ein mit gleichförmiger Geschwindigkeit bewegtes Quellsystem studiert werden. Um auf die Lösung von Gl. (14) aufbauen zu können, soll angenommen werden, daß auf der x-Achse eine dichte Reihe von Quellen angeordnet ist, die nun nicht, wie in einem früheren Beispiel gleichzeitig, sondern nacheinander zu fließen beginnen sollen. Der Fließbeginn soll sich dabei mit der gleichförmigen Geschwindigkeit u_0 von rechts nach links fortpflanzen. Der zeitliche Verlauf des Fließens der einzelnen Quellen von dem jeweiligen Fließbeginn an erfolge überall nach demselben Gesetz. Der Zustand an irgendeinem Punkt x, y, z zur Zeit t wird dann charakterisiert durch ein Potential

$$\Phi = -\int_{-\infty}^{t} \frac{f(c(t-t')-r)\,c\,dt'}{r}, \tag{22}$$

wobei hier

$$r = \sqrt{(x-x')^2 + y^2 + z^2} \tag{23}$$

zu setzen ist. x' bedeutet dabei den Ort einer der Quellen und t' die vor dem Zeitpunkt t liegende Zeit, zu der die am Punkt x' gelegene Quelle zu fließen begonnen hat. Da wir über denjenigen Zeitpunkt, der mit $t = 0$ bezeichnet werden soll, noch verfügen können, bedeutet es keine Beeinträchtigung der Allgemeinheit, wenn wir schreiben $t' = -\frac{x'}{u_0}$. Bei dieser Festsetzung ist also als Nullpunkt der Zeit t derjenige Zeitpunkt gewählt, in dem die Quelle bei $x' = 0$ zu fließen beginnt. Der Faktor c neben dt' in Gl. (22) ist lediglich deshalb zugefügt, um ein Potential zu erhalten, das in seiner Dimension mit demjenigen von Gl. (19) übereinstimmt.

Für die Ausführung der Integration von Gl. (22) empfiehlt es sich wieder, die Größe ξ als Integrationsvariable einzuführen, die hier

$$\xi = c(t-t') - r \tag{24}$$

zu setzen ist. Eliminiert man r aus Gl. (23) und (24), wobei noch für x' sein Wert $-u_0 t'$ eingesetzt wird, so ergibt sich eine quadratische Gleichung für t', nämlich

$$t'^2(c^2-u_0^2) + 2t'\big(c(\xi-ct) - u_0 x\big) + (\xi-ct)^2 - (x^2+y^2+z^2) = 0. \tag{25}$$

Durch Differenzieren von Gl. (25) findet man

$$dt' = \frac{d\xi\,(\xi - c(t-t'))}{c(\xi-ct) - u_0 x + (c^2-u_0^2)\,t'}. \tag{26}$$

In dieser Gleichung kann man zunächst für den Zähler gemäß Gl. (24) schreiben $-r\,d\xi$. Durch Auflösung der quadratischen Gl. (25) nach t' findet man den im Nenner von Gl. (26) vorkommenden Ausdruck $(c^2-u_0^2)\,t'$ gleich

$$u_0 x - c(\xi-ct) \pm \sqrt{\big(u_0 x - c(\xi-ct)\big)^2 - (c^2-u_0^2)\big((\xi-ct)^2-(x^2+y^2+z^2)\big)}.$$

Der Nenner von Gl. (26) reduziert sich damit auf den eben angeschriebenen Wurzelausdruck. Wenn in diesem noch der Faktor c herausgezogen wird und die Glieder etwas umgeordnet werden, so findet man endlich für das Potential von Gl. (22) mit dem unteren Vorzeichen der Wurzel den Ausdruck

$$\Phi = -\int_0^{\xi_1} \frac{f(\xi)\, d\xi}{\sqrt{\left(x + u_0 t - \frac{u_0}{c}\xi\right)^2 + \left(1 - \frac{u_0^2}{c^2}\right)(y^2 + z^2)}}. \tag{27}$$

Will man in dieser Formel noch zu einem mit dem bewegten Quellsystem mitbewegten Bezugssystem übergehen, so ist es nur nötig, für $x + u_0 t$ nun einfach x zu schreiben. Die Spitze des Quellsystems ist dabei in den Koordinatenanfang gelegt. Es mag hier angemerkt werden, daß diese Formel bereits von v. KÁRMÁN und MOORE in einer Arbeit über die Theorie des Widerstandes von Spitzgeschossen verwendet worden ist[1]. Man kann nämlich, wie ohne weiteres zu sehen ist, die für die volumbeständige Flüssigkeit angewandte Quellsenkenmethode, durch die man Strömungen um Rotationskörper bekommt, auch auf die Bewegung mit Geschwindigkeiten, die mit der Schallgeschwindigkeit vergleichbar sind, anwenden und hat in der obigen Gleichung das Rechenhilfsmittel zu einer linearisierten Näherungstheorie für diese Aufgabe.

Über die Integrationsgrenzen des Integrals von Gl. (27) muß noch gesprochen werden. Sie sind verschieden, je nachdem die Geschwindigkeit u_0 kleiner als die Schallgeschwindigkeit oder größer als diese ist. Im ersteren Fall ist der Ausdruck unter der Wurzel für alle Werte von x, y, z und ξ positiv, im letzteren Fall kommen auch negative Werte vor, so daß die Wurzel imaginär wird. Es ist hier die Regel festzuhalten, daß nur über die reellen Werte integriert werden darf, statt der imaginären aber Null eingesetzt werden muß, da das Imaginärwerden die physikalische Bedeutung hat, daß die Ausbreitungswelle bis zur Zeit t an den fraglichen Ort noch nicht hingelangt ist. Wenn man die Ausbreitung einer wandernden punktförmigen Quelle im einzelnen verfolgt, so findet man ferner, daß bei $u_0 < c$ die Welle, im bewegten Bezugssystem betrachtet, nach allen Richtungen hin, wenn auch mit verschiedenen Geschwindigkeiten, vordringt (vgl. Abb. 2), daß aber für $u_0 > c$ bis zur Zeit t nur ein beschränkter Teil des Raumes in Form eines Kegels von den Wellen erreicht wird (Abb. 3). Gleichzeitig sehen wir, daß irgend-

[1] TH. v. KÁRMÁN und N. B. MOORE, Resistance of Slender Bodies Moving with Supersonic Velocities with Special Reference to Projectils. Trans. Amer. Soc. mech. Engrs., Juni 1932.

ein Punkt P innerhalb der Kegels von zwei Stellen A und B aus erreicht wird. Dies hat zur Folge, daß wir, wenn es sich um Überschallgeschwindigkeit handelt, in Formel (27) noch einen Faktor 2 zufügen müssen. Im übrigen bedeutet die obere Grenze ξ_1 in dem Integral bei Unterschallgeschwindigkeit das Ende des durch $f(\xi)$ dargestellten Quellvorganges, bei Überschall gilt dies nur für die Orte, bei denen dieser Wert von ξ einen positiven Wert unter der Wurzel ergibt. Im entgegengesetzten Fall ist statt ξ_1 derjenige Wert einzuführen, der den Ausdruck unter der Wurzel gerade zu Null macht.

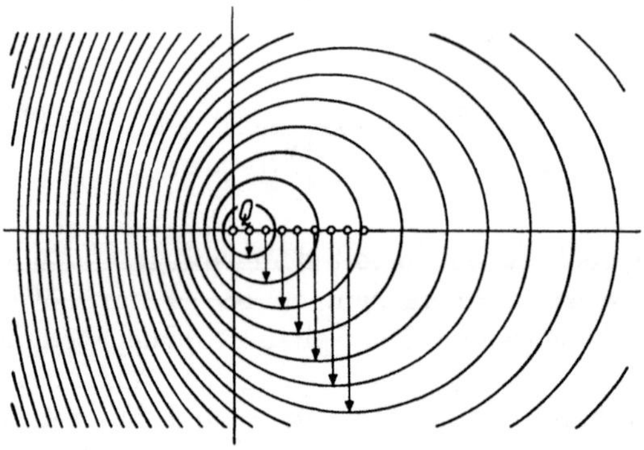

Abb. 2. Mit Unterschallgeschwindigkeit bewegte Quelle

Noch ein weiteres ist zu beachten. Die Wurzel ist nicht nur in dem in Abb. 3 gezeichneten „Nachkegel“ positiv, sondern auch in dessen Verlängerung über die Kegelspitze nach links, den sogenannten Vorkegel; dieser muß aber bei der Integration ebenfalls ausgeschlossen werden, da in ihn keine Wellen des Quellensystems gelangen. Dies wird erreicht, wenn man zur Integration nur die Beiträge zuläßt, die einen positiven Wert von $x + u_0 t - \frac{u_0}{c}\xi$ $\left(\text{bzw. stationär } x - \frac{u_0}{c}\xi\right)$ aufweisen.

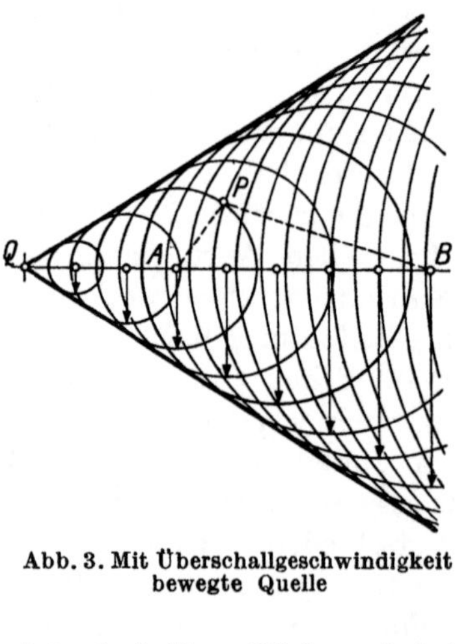

Abb. 3. Mit Überschallgeschwindigkeit bewegte Quelle

Der Ausdruck von Gl. (27) kann besonders vereinfacht werden, wenn wieder angenommen wird, daß die Strecke von Null bis ξ_1 sehr kurz ist und das Integral

$$\int_0^{\xi} f(\xi)\, d\xi = C$$

ist. Auf diese Weise wird für das stationäre Bezugssystem

$$\Phi = -\frac{C}{\sqrt{x^2 + \left(1 - \frac{u_0^2}{c^2}\right)(y^2 + z^2)}} \tag{28}$$

für Unterschallgeschwindigkeit bzw. das Doppelte davon für Überschallgeschwindigkeit. In Formel (28) ist auffällig, daß trotz des unsymmetrischen Ausbreitungsvorganges von Abb. 1 das Potential nach vorn hin und hinten völlig symmetrisch ist. Im übrigen konnte dieses Resultat auch auf Grund einer Betrachtungsweise erwartet werden, die ich schon bei einer früheren Gelegenheit für Unterschallströmung um Tragflügel erhalten habe[1], und die zeigte, daß man aus einer volumbeständigen Strömung einen Näherungsausdruck für die Strömung im zusammendrückbaren Medium erhalten kann, wenn man die Querabmessungen der Strömung im Verhältnis $1\Big/\left(1-\frac{u_0^2}{c^2}\right)$ vergrößert. Formel (28) läßt sich nach dieser Regel einfach aus dem gewöhnlichen Quellpotential $-C/r$ herleiten.

8. Es soll jetzt eine stetige Verteilung von Quellsystemen entsprechend Gl. (27) längs der y-Achse angenommen werden. Das entsprechende Potential wird also durch eine Integration nach y gewonnen werden. Wir können uns diese Aufgabe dadurch vereinfachen, daß wir das Potential der einzelnen wandernden Quelle gemäß Gl. (28) annehmen, denn es bleibt immer noch die Möglichkeit, hinterher im Endresultat eine weitere Integration für eine Staffelung der Quellen nach der Tiefe in der x-Richtung vorzunehmen, die der Integration nach ξ entspricht. Im Fall der Überschallgeschwindigkeit muß bei der Integration natürlich genau darauf geachtet werden, daß nur über solche Teile integriert wird, bei denen der Wert unter der Wurzel positiv ist. Auch der Wert der Koordinaten x von Gl. (28) muß immer positiv gewählt werden, damit Beiträge des Vorkegels ausgeschaltet bleiben. Wenn das Quellsystem nur von $y = -b$ bis $y = +b$ reicht, so wird das gesamte Gebiet, in dem das Potential Φ von Null verschieden wird, aus den beiden Nachkegeln durch die Punkte $y = \pm b$ und dem dazwischenliegenden Keilraum bestehen. Die Integration muß offenbar für das Innere der beiden Kegel mit anderer Festsetzung der Integrationsgrenzen vollzogen werden als für den Keilraum zwischen den beiden Kegeln. Es mag die Bemerkung angefügt werden, daß für das Potential an irgendeinem Punkt nur die in dem Vorkegel dieses Punktes befindlichen Quellen von Einfluß sind. Die Integrationsgrenzen sind also durch den Vorkegel eindeutig bestimmt. Hier soll nur die gleichförmige Verteilung von $y = -\infty$ bis $y = +\infty$ durchgerechnet werden. Soweit es sich um Unterschallgeschwindigkeit handelt, werden wir durch die Integration nichts anderes bekommen, als was sich aus der bereits erwähnten Affinitätsregel ergibt. Man

[1] Vgl. etwa PRANDTL, J. Aeron. Research Inst. Tokyo Imp. Univ. Nr. 65 (1930) S. 19 oder Z. angew. Math. Mech. Nach. Bd. 16 (1936) S. 132/134.

erhält für die linienförmige, mit der Geschwindigkeit u bewegte Quelle ein Potential

$$\Phi = C \ln \sqrt{x^2 + \left(1 - \frac{u_0^2}{c^2}\right) z^2}. \tag{29}$$

[Wenn man die Integration von (Gl. 28) durchführen will, muß man zunächst von $y = +b$ bis $y = -b$ integrieren und eine passende Funktion von b als Integrationskonstante zufügen, worauf zu $b = \infty$ übergegangen werden kann.]

Im Überschallgebiet ist

$$-\int \frac{C\,d\,y}{\sqrt{x^2 - \left(\frac{u_0^2}{c^2} - 1\right)(y^2 + z^2)}}$$

zwischen den Grenzen, in denen der Wert unter der Wurzel Null wird, zu integrieren. Wir schreiben

$$\frac{u_0^2}{c^2} - 1 = k^2$$

und

$$\frac{y\,k}{\sqrt{x^2 - k^2 z^2}} = p$$

und erhalten

$$\Phi = -\frac{C}{k}\int_{-1}^{+1} \frac{d\,p}{\sqrt{1 - p^2}} = -\frac{\pi\,C}{\sqrt{\frac{u_0^2}{c^2} - 1}} \tag{30}$$

für $k^2 z^2 < x^2$. Das Potential springt also an den Grenzen des Keiles $z = \pm x/k$ von Null auf den in Gl. (30) angegebenen gleichbleibenden Wert.

IV. Der unendlich lange Tragflügel bei Überschallgeschwindigkeit

9. Es mag hier gezeigt werden, wie die in Nr. 1 bis 3 dieser Arbeit gegebene Rechenvorschrift auf den einfachen unendlich langen Tragflügel konstanter Tiefe und konstanten Anstellwinkels anzuwenden ist. Es wird erwartet werden müssen, daß man zu denselben Formeln gelangt, die bereits im Jahr 1925 von ACKERET angegeben worden sind[1]. Wir knüpfen an Formel (30) an und stellen daraus zunächst eine Verteilung der Tiefe nach her, indem wir in der Ungleichung bei Formel (30) statt x schreiben $x - x'$ und nun Gl. (30) nach x' von 0 bis t integrieren, wobei t hier in Abweichung von den früheren Abschnitten die Flügeltiefe bedeuten soll. Wir erhalten dabei offenbar für alle Punkte, deren „Vorkeil" die ganze Quellstrecke von $x = 0$

[1] J. ACKERET, Luftkräfte auf Flügel, die mit größerer als Schallgeschwindigkeit bewegt werden. Z. Flugtechn. Motorl. Bd. 16 (1925) S. 72.

bis $x = t$ enthält, den konstanten Wert

$$-\frac{\pi C t}{k} = -K t,$$

in den Gebieten, deren Vorkeil nur einen Teil der Quellstrecke erfaßt, einen entsprechend kleineren Wert. Es ist leicht zu erkennen, daß das Potential in diesem Gebiet (vgl. den Punkt P in Abb. 4) linear von den Koordinaten abhängt. Für $z > 0$ wird $\Phi = -K(x - k z)$, die Grenzen sind bei $x - k z = 0$ und $x - k z = t$. Die Neigung der Grenzen, d. h. den „MACHschen Winkel" α, findet man aus

$$\operatorname{ctg}\alpha = k = \sqrt{\frac{u_0^2}{c^2} - 1},$$

woraus

$$\sin\alpha = \frac{c}{u_0}; \qquad \cos\alpha = \sqrt{1 - \frac{c^2}{u_0^2}}$$

folgt.

Es ist nun das Beschleunigungspotential φ zu bilden, das nach dem Früheren proportional zu $\partial\Phi/\partial z$ ist, wo Φ das Potential der Quellbewegung ist. Der Proportionalitätsfaktor ist an sich gleichgültig. Aus dem Voranstehenden ergibt sich, daß $\partial\Phi/\partial z$ in den beiden Streifen $= \pm k K$ ist, positiv in dem oberen Streifen und negativ in dem unteren.

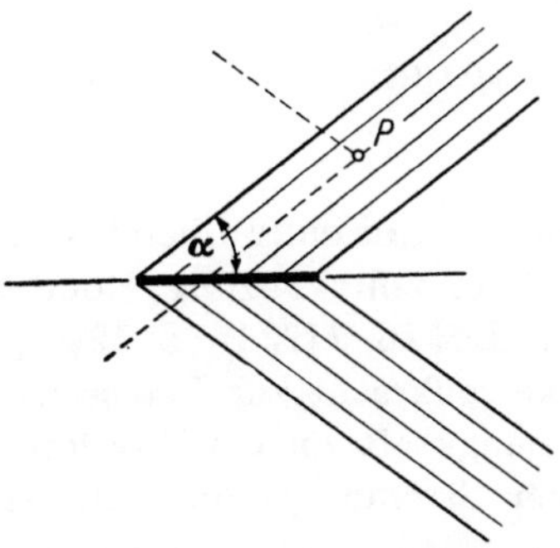

Abb. 4. Quellpotential der Flügelströmung

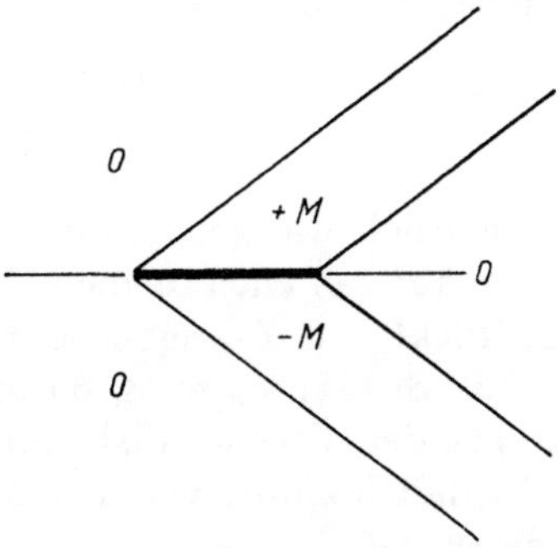

Abb. 5. Beschleunigungspotential (der Anstellwinkel ist als sehr klein in der Zeichnung unterdrückt)

Vor den Streifen und dahinter ist $\partial\Phi/\partial z = 0$. Wir erhalten daher, indem wir für $k K$ nun den an sich beliebigen Wert M einführen, eine Verteilung des Beschleunigungspotentials φ gemäß Abb. 5. Die Störungsgeschwindigkeit parallel zur x-Achse, die wir hier mit u' bezeichnen wollen (u_0 steht hier in der Bedeutung des früheren V), ergibt sich gemäß Gl. (7) von Abschn. 3 zu

$$u' = \frac{\varphi}{u_0} = \pm\frac{M}{u_0}.$$

Hieraus läßt sich sofort nach Gl. (8) der Druck berechnen. Es ist

$$p = p_\infty - \varrho u_0 u' = p_\infty \mp \varrho M .$$

Es ist also in dem oberen Streifen von Abb. 4 gleichbleibender Unterdruck, in dem unteren Streifen gleichbleibender Überdruck. Aus der Druckverteilung ergibt sich in einfacher Weise der Auftrieb für die Längeneinheit in der y-Richtung zu

$$A_1 = (p_u - p_o)\, t = 2\varrho M t .$$

Die vertikale Störungsgeschwindigkeit kann daraus erhalten werden, daß sie mit der horizontalen Störungsgeschwindigkeit zusammen eine Resultierende geben muß, die senkrecht zu der Ebene des Drucksprunges steht. Es ist also

$$v' = \mp u' \operatorname{ctg} \alpha = -\frac{M}{u_0}\sqrt{\left(\frac{u_0^2}{c^2} - 1\right)} .$$

Damit ergibt sich der Winkel

$$\beta = -\frac{v'}{u_0} = \frac{M}{u_0^2}\sqrt{\left(\frac{u_0^2}{c^2} - 1\right)} .$$

Wenn man noch

$$c_a = \frac{2A_1}{\varrho u_0^2 t} = 4\frac{M}{u_0^2}$$

einführt, so findet man

$$c_a = \frac{4\beta}{\sqrt{\frac{u_0^2}{c^2} - 1}} = 4\beta \operatorname{tg}\alpha ,$$

eine Formel, die genau mit derjenigen bei Ackeret übereinstimmt, vgl. im übrigen auch meinen Vortrag auf der Volta-Tagung, Rom 1935, abgedruckt in Z. angew. Math. Mech., Bd. 16 (1936) S. 129 [dort Gl. (19), S. 141]. c_w wird, da alle Drücke senkrecht zur Fläche wirken und bei der Überschallströmung die Saugkraft an der Vorderkante in Wegfall kommt, wie aus der Art der Strömung ohne weiteres zu erkennen ist,

$$c_w = c_a \beta = 4\beta^2 \operatorname{tg}\alpha = \frac{c_a^2}{4}\sqrt{\frac{u_0^2}{c^2} - 1} .$$

Es mag noch darauf hingewiesen werden, daß der Vertikalimpuls, den man in irgendeinem senkrechten Schnitt hinter dem Tragflügel in den beiden Wellen vorfindet, genau den Auftrieb ergibt, wie auch Ackeret schon bemerkt hat. Den Widerstand erhält man auf diese Weise aus der Theorie der ersten Ordnung noch nicht, sondern erst aus der zweiten Ordnung. Durch eine Betrachtung der mit den Wellen fortgetragenen Energie kann man ihn aber bereits aus der Theorie der ersten Ordnung richtig erhalten. (Es sei hierzu nur bemerkt, daß die Energie einer ebenen Schallwelle, wenn u_n die Strömungsgeschwindigkeit normal zur Wellenfront ist, für die Flächeneinheit gleich der Arbeit

$$\int_0^\tau \Delta p\, u_n\, dt$$

ist. Hierin ist der Druckunterschied $\Delta p = \varrho\, c\, u_n$, so daß die Arbeit auf der Flächeneinheit

$$= \frac{1}{\varrho c} \int_0^\tau (\Delta p)^2\, dt,$$

hier also

$$= \frac{1}{\varrho c} (\Delta p)^2\, \tau$$

ist. Nun ist $\tau = t/u_0$, wo t wieder die Flügeltiefe bedeutet, und der sekundlich neu gebildete Abschnitt der Wellenfront genähert $= 2u \cos\alpha$. Ferner ist

$$\pm \Delta p \approx \frac{1}{2} \frac{\varrho u^2}{2} c_a .$$

Damit ergibt sich nach kurzer Rechnung für den Widerstand wieder das oben angegebene Resultat.)

Die Berechnungen für den endlichen Tragflügel hat Herr Dr. SCHLICHTING, Friedrichshafen, freundlicherweise übernommen, als er noch mein Mitarbeiter in Göttingen war. Er wird im folgenden darüber berichten[1].

---

[1] Anmerkung der Schriftleitung: Siehe Luftfahrtforschung 13 (1936), S. 320.

Schriften der Deutschen Akademie der Luftfahrtforschung Nr. 1002/38g. (1937). Auszug in H. 30 und Jahrbuch der Deutschen Akademie der Luftfahrtforschung 1938/39, S. 191—206.

Die Rolle der Zusammendrückbarkeit bei der strömenden Bewegung der Luft

(Der Deutschen Akademie der Luftfahrtforschung vorgetragen am 12. November 1937)

Das Thema über das ich hier sprechen soll, ist von unserem Herrn Kanzler ausgewählt worden. Ich erwähne dies deshalb, weil ich vor zwei Jahren auf der Volta-Tagung in Rom über den gleichen Gegenstand gesprochen habe und seither keine neuen Resultate auf diesem Gebiet mehr aufzuweisen habe, die ich nicht schon dort erwähnt hätte.

Trotzdem stimme ich dem Herrn Kanzler zu, daß die Resultate einem weiteren Kreis noch nicht hinlänglich bekannt geworden sind und sich eine Besprechung des Themas im Kreis der Deutschen Akademie der Luftfahrtforschung also doch lohnen kann. — Ich will also versuchen, von dem Gegenstand meines Themas eine anschauliche Schilderung zu geben, im Gegensatz zu dem römischen Vortrag ohne alle Formeln, und damit zeigen, in welchen Linien sich die Forschung auf diesem Gebiet bewegt hat. Die praktischen Folgerungen wird dann Herr Busemann in seinem anschließenden Vortrag ziehen.

Bei der Begründung der Aerodynamik der mäßigen Geschwindigkeiten pflegt man darauf hinzuweisen, daß die bei den Strömungen auftretenden Druckunterschiede nur klein sind gegenüber dem Atmosphärendruck, und daß man deshalb der Vereinfachung wegen die geringen Volumenänderungen bei theoretischen Untersuchungen gänzlich vernachlässigen darf. Man führt damit die Gesetze der Aerodynamik auf diejenigen der Hydrodynamik, d. h. der Lehre von den Strömungen der unzusammendrückbaren Flüssigkeiten, zurück. Wenn jedoch die Strömungsgeschwindigkeiten wachsen, so wachsen die Druckunterschiede angenähert mit dem Quadrat der Geschwindigkeit. Man erkennt daraus, daß von einer gewissen Grenze an die Volumenänderungen nicht mehr vernachlässigt werden dürfen.

Einer der einfachsten und auch wichtigsten Bewegungsvorgänge der Luft, bei dem die Zusammendrückbarkeit eine ganz ausschlaggebende Rolle spielt, ist die Schallfortpflanzung. Man findet, daß irgendeine Druckänderung sich in einem zusammendrückbaren Medium nicht augenblicklich in dem ganzen Bereich verbreitet, sondern sich mit einer bestimmten Geschwindigkeit „fortpflanzt“. Es gilt dies nicht bloß für die eigentlichen Schallvorgänge, sondern auch für beliebige, z. B. durch Bewegung fester Körper verursachte Druckänderungen. Die Schallfortpflanzung ist seit alten Zeiten sehr sorgfältig untersucht, und es zeigt sich, daß die Ausbreitung unabhängig von der genauen Art der Bewegung (also z. B. beim Schall unabhängig von der Tonhöhe) mit ein und derselben Geschwindigkeit erfolgt, die in ruhender Luft bei Zimmertemperatur etwa 340 m/sec beträgt. Man weiß auch, daß die Schallgeschwindigkeit vom Druck unabhängig ist, dagegen mit steigender Temperatur wächst (sie verändert sich proportional zur Wurzel aus der absoluten Temperatur). Es liegt nun die Frage nahe, ob zwischen der Schallgeschwindigkeit und den erwähnten Grenzgeschwindigkeiten, oberhalb deren man die Zusammendrückbarkeit der Luft berücksichtigen muß, eine Beziehung besteht. Die Frage ist zu bejahen. Es zeigt sich, daß die Zusammendrückbarkeit berücksichtigt werden muß, wenn die Strömungsgeschwindigkeit die Größenordnung der Schallgeschwindigkeit erreicht. Man wird bereits geringe Anfänge eines solchen Einflusses bei Strömungsgeschwindigkeiten von 100 m/sec feststellen können. Bei 200 m/sec sind die Abweichungen von den Aussagen der gewöhnlichen Aerodynamik schon durchaus beträchtlich, und von der Gegend von 300 m/sec an ist alles gänzlich verändert.

Die ältesten Untersuchungen über zusammendrückbare Strömungen knüpfen an den Ausfluß von Preßluft aus einem Behälter und das Einströmen von atmosphärischer Luft in einen luftverdünnten Raum an, und man hat hier auch schon ein verschiedenes Verhalten festgestellt, je nachdem die Strömungsgeschwindigkeit den Betrag der Schallgeschwindigkeit erreicht oder nicht. Es zeigte sich z. B. in dem Fall des Einströmens aus der Atmosphäre in einen luftverdünnten Raum, daß mit steigendem Unterdruck die sekundliche Durchflußmenge zunächst zunimmt, daß diese Zunahme aber gänzlich aufhört, wenn der Unterdruck etwa eine halbe Atmosphäre überschreitet. Es wird also die durch die Öffnung hindurchtretende sekundliche Menge unabhängig von dem Gegendruck, sobald dieser kleiner ist als etwa die Hälfte, genauer 0,53 des Außendruckes. Ein entsprechender Druckunterschied, also gleich dem 0,47fachen des Außendruckes, ist gerade nötig, um die Strömungsgeschwindigkeit in der Öffnung auf den Betrag der dem Zustand entsprechenden[1] Schallgeschwindigkeit zu bringen. Das Verständnis dieses merkwürdigen Verhaltens wird klarer, wenn man die Querschnittsänderung eines Stromfadens näher verfolgt. Bei einer *volumbeständigen* Flüssigkeit nimmt der Querschnitt eines Stromfadens bei sinkendem Druck und also wachsender Geschwindigkeit umgekehrt proportional zur Geschwindigkeit ab, da ja durch alle Querschnitte des Stromfadens dieselbe Flüssigkeitsmenge strömen muß. Bei einem *zusammendrückbaren Medium* kommt hinzu, daß durch den sinkenden

[1] Wegen der adiabatischen Expansion ist die Temperatur stark gesenkt und die örtliche Schallgeschwindigkeit dadurch verkleinert (auf etwa 300 m/sec).

Druck das Volumen zunimmt, was natürlich für sich allein eine *Vergrößerung* des Strömungsquerschnittes bedeutet. Bei steigendem Druckunterschied wächst die Geschwindigkeit zuerst rasch, dann langsamer. Die Volumenzunahme ist erst geringfügig und wächst bei weiter sinkendem Druck immer stärker. Man erkennt hieraus, daß zunächst die Querschnittsabnahme durch wachsende Geschwindigkeit überwiegt, später aber die Querschnittszunahme durch wachsende Volumen. Irgendwo dazwischen wird man weder Abnahme noch Zunahme des Querschnittes haben, und gerade diese Stelle ist die, wo die Strömungsgeschwindigkeit mit der Schallgeschwindigkeit des zugehörigen Zustandes übereinstimmt. Dies läßt sich so einsehen, daß man einen Schallausbreitungsvorgang mit den Augen eines Beobachters betrachtet, der mit der Schallwelle mitfliegt. Diesem Beobachter strömt die Luft mit Schallgeschwindigkeit entgegen, und er stellt von seinem Standpunkt aus stehenbleibende Druckhebungen und -senkungen fest, denen nur Längsgeschwindigkeiten, aber keine Quergeschwindigkeiten entsprechen, mit anderen Worten also Druckunterschiede ohne Querschnittsänderungen. Das ist aber, was oben behauptet war. Wenn wir also den Querschnitt eines Stromfadens verfolgen, in dem die Geschwindigkeit, beginnend von kleineren Werten, durch die Schallgeschwindigkeit hindurch zu noch größeren Werten wächst, so werden wir finden, daß dieser Stromfaden sich zuerst zusammenzieht und dann wieder verdickt, und die engste Stelle ist gerade die, wo Schallgeschwindigkeit herrscht. Man sieht leicht ein, daß beim Durchströmen einer Öffnung die engste Stelle des Stromfadens in die engste Stelle der Öffnung fallen wird. Deshalb kann die Geschwindigkeit an der engsten Stelle nicht größer werden als die Schallgeschwindigkeit des zugehörigen Zustandes, und deshalb kann die strömende Menge nicht mehr steigen, wenn die Luftleere in dem Gefäß weiter gesteigert wird.

Die Strömungslehre der zusammendrückbaren Medien erfuhr eine erhebliche Erweiterung gelegentlich der Entwicklung der Dampfturbinen. Da man besonders in der ersten Zeit große Druckunterschiede in einem einzigen Rad umsetzte, arbeitete man mit erheblicher Überschreitung der Schallgeschwindigkeit, und es galt die hier auftretenden Erscheinungen zu klären. Der sehr bekannte Dampfturbinenpionier DE LAVAL erkannte bereits 1889, daß man die Düsen, in denen sich die Expansion des Dampfes und die Erzeugung der Geschwindigkeit vollziehen sollte, erst verengen und dann wieder erweitern muß und gab auch das für jeden Fall notwendige Maß der Erweiterung der Theorie entsprechend an. Aber erst STODOLA, der bekannte Züricher Gelehrte, klärte die Vorgänge auf, die eintreten, wenn der Gegendruck hinter der Düse dem Erweiterungsverhältnis nicht entspricht. Es würde zu weit führen, die einzelnen Möglichkeiten hier alle durchzusprechen. Es sei nur erwähnt, daß auch hier die Durchflußmenge unabhängig vom Gegendruck ist, sobald in irgendeinem Abschnitt der Düse die Schallgeschwindigkeit überschritten ist. Auch die Druckverteilung ist im Überschallteil gänzlich unabhängig von den Drücken weiter stromabwärts. Es läßt sich dieses auch verstehen, wenn man bedenkt, daß irgendwelche Druckänderungen sich in einem Gas ja nur mit Schallgeschwindigkeit fortpflanzen können. Es können also irgendwelche Einwirkungen von stromabwärts gelegenen Stellen sich nach stromaufwärts hin überhaupt nicht fortpflanzen, wenn die Schallgeschwindigkeit dort überschritten ist.

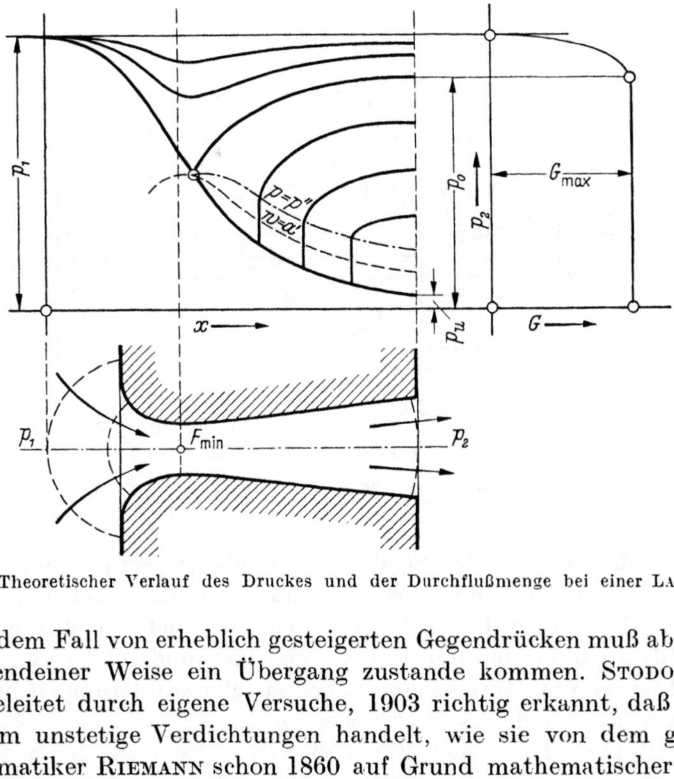

Abb. 1. Theoretischer Verlauf des Druckes und der Durchflußmenge bei einer LAVAL-Düse

In dem Fall von erheblich gesteigerten Gegendrücken muß aber doch in irgendeiner Weise ein Übergang zustande kommen. STODOLA [*1*][1] hat, geleitet durch eigene Versuche, 1903 richtig erkannt, daß es sich hier um unstetige Verdichtungen handelt, wie sie von dem genialen Mathematiker RIEMANN schon 1860 auf Grund mathematischer Untersuchungen über Luftwellen mit endlicher Amplitude vorausgesagt worden waren. In diesen ,,Verdichtungsstößen" erfolgt ein unstetiger Übergang von kleinem zu großem Druck und von Überschallgeschwindigkeit zu Unterschallgeschwindigkeit. Abb. 1 zeigt den durch Rechnung ermittelten Verlauf des Druckes und der Ausflußmenge in einer LAVAL-Düse bei unveränderlichem Kesseldruck p_1 und veränderlichem

[1] Die Nummern verweisen auf das Schriftenverzeichnis am Schluß des Textes (s. S. 1057/58).

Druck p_2 hinter der Düse. Die Verdichtungsstöße sind in Wirklichkeit regelmäßig begleitet von Ablösungserscheinungen, da der Druckanstieg in den langsamer strömenden Schichten an den Wänden eine Strömungsumkehr erzeugt. Infolgedessen lassen sich die Vorgänge hinter dem Verdichtungsstoß nicht mit Sicherheit rechnerisch erfassen. Man findet vielfach in diesem Teil der Strömung ein wellenförmiges Auf und Ab in dem Druckverlauf, das mit wellenförmigen Verbreiterungen und Einengungen der abgelösten Strömung verknüpft ist. Ähnliche wellenförmige Strömungen finden sich auch in den freien Strahlen hinter der Düse. Abb. 2 zeigt das Ergebnis von STODOLAschen Druckmessungen,

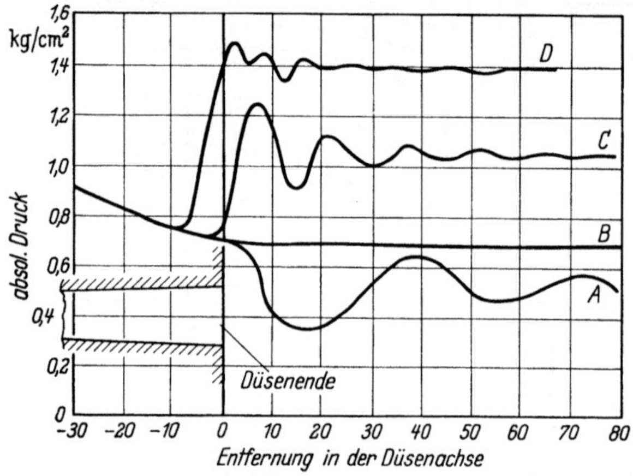

Abb. 2. Druckverlauf in der Mündung einer LAVAL-Düse und in dem anschließenden Strahl bei verschiedenen Gegendrücken nach STODOLA

die mit Hilfe eines in der Strahlachse geführten, seitlich angebohrten Röhrchens gemacht sind. Diese Strömungsvorgänge haben auch das Interesse der reinen Physiker gefunden. Sie sind zuerst von ERNST MACH [2], dem berühmten Wiener Physiker und Philosophen, 1889 beobachtet worden. Ihre genauere theoretische Aufklärung ist aber erst in diesem Jahrhundert geleistet worden.

Die Untersuchung der Eigenschaften solcher Strömungen geht zweckmäßig den Weg über mathematische Formulierung. Von dieser soll aber, wie ich schon erwähnte, bei dem heutigen Anlaß nicht die Rede sein, sondern ich will versuchen, mit anschaulichen Begriffen zu arbeiten. Zunächst ist es leicht zu sehen, daß das qualitative Verhalten einer Strömung sehr verschieden sein muß, je nachdem einem Geschwindigkeitszuwachs eine Querschnittsabnahme oder aber eine Querschnittszunahme des Stromfadens entspricht, also je nachdem die Geschwindigkeit kleiner oder größer als die Schallgeschwindigkeit ist. Das Resultat der mathematischen Betrachtung ist in der Tat von dieser Art. Es zeigt sich, daß die Differentialgleichung der stationären Unterschallströmung — wie man die Strömung mit Geschwindigkeiten kleiner als Schallgeschwindigkeit kurz nennt — von elliptischem Charakter ist (ähnlich wie die Differentialgleichung von elektrischen und magnetischen Kraftfeldern), daß dagegen die Differentialgleichung der Überschallströmungen hyperbolischen Charakter, d. h. einen Charakter wie die Differentialgleichung der Saitenschwingung oder Schallausbreitung, besitzt.

Es gibt eine sehr anschauliche Betrachtung, mit der sich diese beiden verschiedenen Arten des Verhaltens besonders deutlich machen lassen. Man betrachtet die Störungen, die ein kleines bewegtes Objekt in einem zusammendrückbaren Medium hervorbringt, wobei man sein Augenmerk

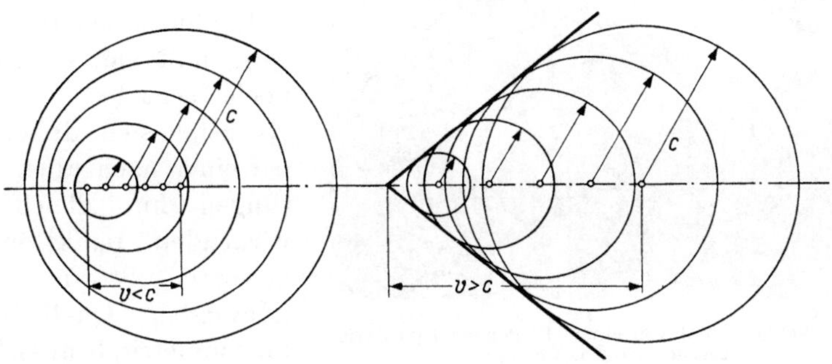

Abb. 3. Wellenausbreitung bei Geschwindigkeiten des störenden Objektes kleiner bzw. größer als die Schallgeschwindigkeit

auf diejenigen Teile des Mediums richtet, die etwas weiter ab von den Teilchen liegen. Wir machen von dem Satz Gebrauch, daß alle Zustandsänderungen sich relativ zu dem Medium nach allen Seiten hin mit Schallgeschwindigkeit verbreiten, und wir zerlegen die Bewegung des kleinen störenden Objektes in einzelne rasch aufeinanderfolgende ruckartige Schritte. Von jedem Ruck geht nun eine kugelförmige Schallwelle aus. Die Gesamtwirkung in einem bestimmten Augenblick werden wir erkennen, wenn wir das augenblickliche Bild des Wellensystems zeichnen. Den zeitlich weiter zurückliegenden Rucken entsprechen dann natürlich größere, den erst kürzlich vor sich gegangenen kleinere Kugeln. Es ergibt sich nun, je nachdem die Geschwindigkeit des störenden Objektes kleiner oder größer als die Schallgeschwindigkeit ist, ein ganz verschiedenes Bild (Abb. 3). Im ersten Fall liegt jede Kugel im Inneren der nächstgrößeren, die Wirkung des störenden Objektes pflanzt sich also nach allen Richtungen hin fort. Im anderen Fall ist die Verschiebung der Mittelpunkte größer als der Unterschied der Radien. Die Kugeln schneiden sich also, und man erkennt, daß bis zu dem betrachteten Augenblick von der Schar der Schallwellen nur ein Teil des

Raumes erreicht ist. Im Fall der geradlinig gleichförmigen Bewegung des störenden Objektes ist dieser Bereich ein Kegel mit einem halben Winkel α an der Kegelspitze, der der Gleichung $\sin\alpha = c/v$ genügt (c = Schallgeschwindigkeit, v = Bewegungsgeschwindigkeit). Ein solcher Kegel ist von ERNST MACH bei seinen Geschoßphotographien beobachtet und auch richtig gedeutet worden. Man nennt den Winkel α ihm zu Ehren den „MACHschen Winkel". Abb. 4 zeigt eine der schönen Aufnahmen, die Herr CRANZ von fliegenden Geschossen gemacht hat.

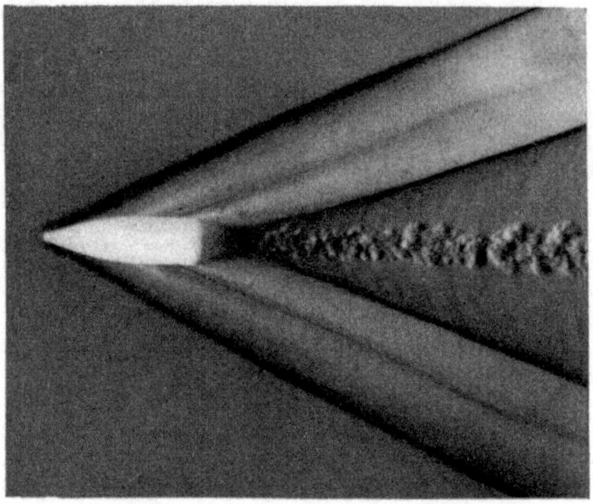

Abb. 4. Schlierenbild von einem fliegenden Infanteriegeschoß nach C. CRANZ

Der hier geschilderte Vorgang läßt sich analytisch noch schärfer verfolgen. Es zeigt sich dabei, daß bei einer nach allen Richtungen hin gleichförmig wirkenden punktförmigen bewegten Störung (einer „bewegten Quelle") das unsymmetrisch aussehende Bild des Unterschallwellensystems trotzdem zu einem nach vorn und hinten symmetrischen Bild für die Summenwirkung führt, bei dem alle Zustände, die bei volumbeständigem Medium auf einer Kugel liegen würden, nun auf einem abgeplatteten Rotationsellipsoid zu liegen kommen (Faktor der Abplattung $= \sqrt{1 - \frac{v^2}{c^2}}$. Bei Überschall tritt natürlich wieder der Kegel auf, und die vergleichbaren Zustände finden sich auf Rotationshyperboloiden, die sich in den Kegel einschmiegen.

Aus dieser Überlegung können wir, besonders bezüglich der Unterschallströmung, in folgender Weise Nutzen ziehen. Wenn ein störendes Objekt sich durch das Medium bewegt, so äußert sich die Kompressibilität in der Weise, daß der Bereich, der von dem störenden Objekt in einer bestimmten Weise beeinflußt wird, senkrecht zur Bewegungsrichtung breiter ist, als wenn keine Zusammendrückbarkeit vorhanden wäre, da die Zustände, die sonst auf einer Kugel gefunden würden, jetzt auf einem abgeplatteten Ellipsoid mit derselben kürzeren Achse gefunden werden. Das bedeutet aber bei derselben Ablenkung der Stromlinien unmittelbar am Objekt das Mit-in-Bewegung-Setzen einer größeren Masse und infolgedessen die Weckung größerer Druckunterschiede am Körper. Dies ist nun aber sehr wesentlich. Den größeren Druckunterschieden entspricht eine größere Ablösungsgefahr für die Strömung da, wo der Druck der Wand entlang im Ansteigen begriffen ist. Wir werden also z. B. einen Stromlinienkörper, wenn die Geschwindigkeit einigermaßen in die Nähe der Schallgeschwindigkeit kommt, schlanker machen müssen, als das bei geringen Geschwindigkeiten nötig ist, wenn wir starke Wirbel vermeiden wollen, und wir werden ebenso einen Tragflügel weniger stark anstellen dürfen, ohne das Abreißen der Strömung befürchten zu müssen. Die Versuche geben dieser Überlegung, die im übrigen natürlich durch eine genauer formulierte Theorie untermauert ist, völlig recht. So unerwünscht es für den Flugtechniker ist, der besonders bei den Propellern schon unmittelbar an die Schallgeschwindigkeit herankommt, es ist nichts dagegen zu machen, daß bei der Annäherung an die Schallgeschwindigkeit alle Stromlinienkörper und alle Flügelprofile sehr schlecht werden, und es besteht daher kaum eine Hoffnung, mit den bisherigen Flugzeugen die Schallgeschwindigkeit zu überschreiten. Die Schallgeschwindigkeit wird allerdings überschritten von den Artillerie- und Infanteriegeschossen, und es ist auch nicht ausgeschlossen, daß Flugraketen es eines Tages tun werden. Infolgedessen hat es natürlich auch Sinn, sich mit dem Überschalltragflügel zu befassen. Ich komme darauf noch zurück.

Was die Überschallströmungen betrifft, so geht aus dem bisher Gesagten hervor, daß jedes störende Objekt sich nur in dem stromabwärts sich ausbreitenden MACHschen Kegel auf die Strömung bemerkbar machen kann. Wenn wir umgekehrt nach der Gesamtsumme aller Einwirkungen auf den Zustand an einem bestimmten Punkt der Strömung fragen, so folgt daraus, daß alle Punkte, die auf die Zustände an dieser Stelle Einfluß haben, im Inneren oder am Rand des stromaufwärts gerichteten „Vorkegels" liegen müssen. Die stärksten Einwirkungen kommen dabei von den Punkten, die am Rand des Kegels liegen. Wenn die Überschallströmung sich entlang der Wand vollzieht, die irgendwelche Unebenheiten trägt, so machen sich diese Unebenheiten nicht nur in Wandnähe, sondern im ganzen Inneren bemerklich, indem von jeder Unebenheit ein MACHscher Kegel ausgeht. Die so erzeugten stationären Schallwellen lassen sich mit verschiedenen optischen Hilfsmitteln, so z. B. mit der Schlierenmethode von TOEPLER, sichtbar machen, und sie liefern, besonders in dem Fall der Strömung zwischen zwei Wänden, wo dann von beiden Seiten solche Wellen abgehen, ein Mittel, durch Beobachtung des Winkels 2α zwischen den sich kreuzenden Wellen das Verhältnis c/w und durch die Winkelhalbierende die Strömungsrichtung zu ermitteln. Wir haben in Göttingen dieses Mittel bereits vor etwa 30 Jahren benützt, um die theoretischen Rechnungen mit Überschallgeschwindigkeit mit den Beobachtungen zu vergleichen, und haben sehr befriedigende Übereinstimmung feststellen können. Die

Abb. 5 und 6 zeigen zwei Aufnahmen dieser Art aus zwei Dissertationen dieser Zeit [*3*, *4*].

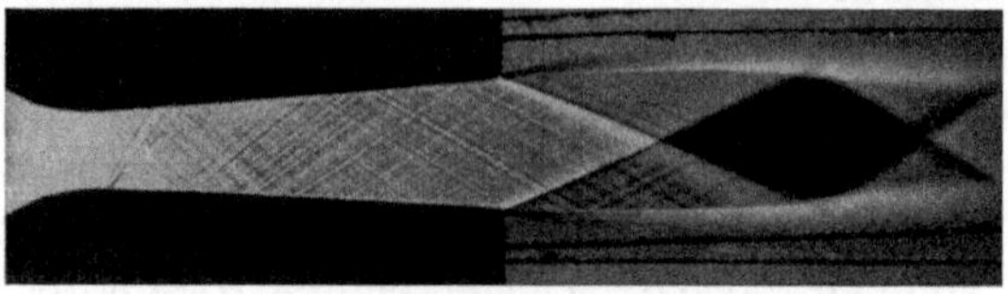

Abb. 5. MACHsche Linien in einer LAVAL-Düse

Im Fall der ebenen Strömung sind die Verhältnisse der Rechnung besonders gut zugänglich. Hier hat man statt des Kegels einen einfachen Keil, und es lassen sich hier auch Verdünnungs- und Verdichtungsvorgänge mit endlicher Amplitude verfolgen. Die einfachste Lösung dieser Art, die Strömung um eine Ecke, fanden wir bereits vor 30 Jahren [*4*]. Die linke Figur in Abb. 7 zeigt die praktische Anwendung dieser Lösung für den Fall, daß eine Strömung, die bereits Überschallgeschwindigkeit besitzt, von einem Druck p_1 auf einen kleineren Druck p_2 expandiert. Die Expansion findet in dem keilförmigen Raum zwischen den beiden „MACHschen Linien" stetig statt. Hinter dem Keil ergibt sich eine neue Parallelströmung. Die rechte Figur in Abb. 7 zeigt den Fall, daß der Druck p_2 größer ist als p_1. In diesem Fall ergibt sich ein Verdichtungsstoß. Diese exakt berechenbaren Lösungen zeigten den Weg zu weiteren verwickelteren Aufgaben der ebenen Überschallströmung. Es war hier auch möglich, aus den theoretischen Rechnungen ein zeichnerisches Verfahren herauszudestillieren, durch das ungefähr alle ebenen reibungslosen Strömungsvorgänge mit Überschallgeschwindigkeit durch Konstruktionen auf dem

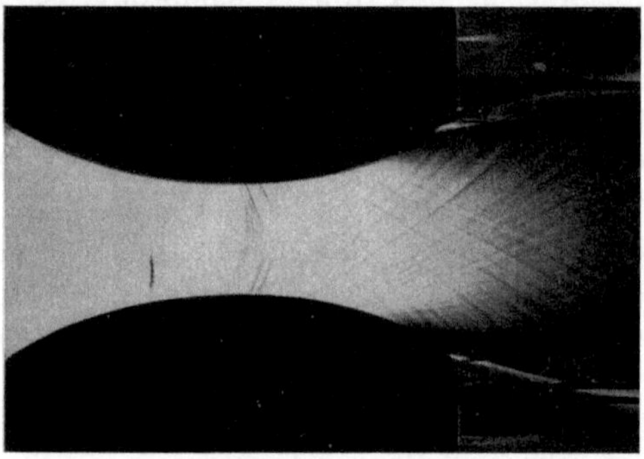

Abb. 6. MACHsche Linien in einer theoretisch vorausberechneten Strömung mit linearer Geschwindigkeitszunahme längs der Achse

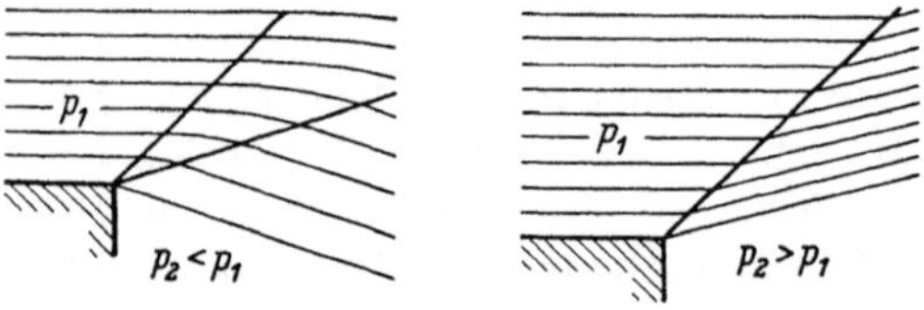

Abb. 7. Austritt einer Überschallströmung in einen Raum von anderem Druck

Zeichenbrett erledigt werden können [5]. Das Verfahren selbst auseinanderzusetzen ist hier aus Zeitgründen nicht möglich. Ich will mich lediglich darauf beschränken, ein paar Bilder von Vorgängen, die den Flugtechniker interessieren, zu zeigen. Einmal die symmetrische Strömung um einen „Stromlinienkörper“. Dieser muß für Überschallströmungen eine scharfe Vorderkante haben, und seine Oberfläche muß überall verhältnismäßig kleine Neigungen zur Anströmungsrichtung haben. (Im Fall eines stumpferen Vorderteiles bildet sich ein Staugebiet aus, in dem die Geschwindigkeiten kleiner sind als die Schallgeschwindigkeit, und auf solche Gebiete kann die zeichnerische Methode aus in der Sache liegenden Gründen nicht ausgedehnt werden.) Abb. 8 zeigt die auf Grund des zeichnerischen Verfahrens ermittelte Strömung

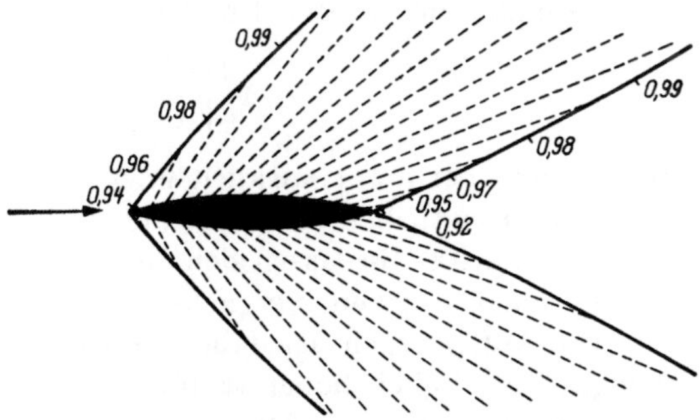

Abb. 8. Rechnerisch für ein Strebenprofil ermittelte MACHsche Linien und Verdichtungsstöße

Abb. 9. Schlierenbild der Strömung um eine zugeschärfte Strebe

um ein für Überschallgeschwindigkeit geeignetes, vorn zugeschärftes Strebenprofil. In Abb. 9 zeige ich nun ein Schlierenbild, das wir von einem derartigen Körper aufgenommen haben. Sie erkennen die Übereinstimmung in allen Einzelheiten. Mit der Strömungsform hat man zugleich auch die Druckverteilung, und man findet, daß an der vorderen Hälfte des Körpers Überdruck, an der hinteren Hälfte Unterdruck herrscht, so daß sich im ganzen ein Widerstand ergibt. Man kann diesen Widerstand natürlich auch in Abhängigkeit von der Anströmgeschwindigkeit und von der Profildicke studieren und findet, daß er um so kleiner ist, je schlanker die Gestalt des Körpers ist, und daß er mit Annäherung an die Schallgeschwindigkeit ungefähr wie

$$1\Big/\sqrt{\left(\frac{v}{c}\right)^2 - 1}$$

wächst, ohne bei $v = c$ wirklich unendlich zu werden.

Man kann natürlich einem solchen Körper auch einen Anstellwinkel geben, und auch dafür lassen sich die Konstruktionen bzw. Rechnungen durchführen. Sie geben hier neben dem Widerstand auch einen Auftrieb. Die Auftriebszahl ist dabei für Geschwindigkeiten nahe über der Schallgeschwindigkeit höher als für ganz große Geschwindigkeiten, und es ist deshalb, wenn man den unvermeidlichen Widerstand durch Oberflächenreibung berücksichtigt, das Verhältnis Auftrieb zu Widerstand für gegebenen Anstellwinkel bei geringer Überschallgeschwindigkeit besser als bei hoher Überschallgeschwindigkeit. Es zeigt sich dabei leider, daß die kleinen Profilgleitzahlen, an die der Flugtechniker für die Geschwindigkeiten unterhalb der Schallgeschwindigkeit gewöhnt ist, hier nirgends erreicht werden, so daß also nicht nur die Überschreitung der Schallgeschwindigkeit, bei der selbst recht große Widerstände zu erwarten sind, sondern auch das Fliegen mit Geschwindigkeiten oberhalb der Schallgeschwindigkeit sehr geringe Aussichten haben wird. Das Fliegen mit Überschallgeschwindigkeit wird also wahrscheinlich ein Traum bleiben. Es ist, wenn man an militärische Verwendung denkt, ein sehr verlockender Traum, denn auch der Flugzeugschall kann sich hier nur im Inneren des Machschen Kegels ausbreiten; es würde also das Flugzeug seine Bomben bereits geworfen haben, ehe man überhaupt etwas von ihm zu hören bekommt.

Die bisher erwähnten, auf die Theorie gegründeten allgemeinen Methoden erlauben nur Strömungen zu untersuchen, bei denen entweder überall die Geschwindigkeit unterhalb der Schallgeschwindigkeit bleibt oder aber überall die Schallgeschwindigkeit überschreitet. Sie leisten aber nichts für die Berechnung einer Strömung, bei der Unterschall- und Überschallgeschwindigkeit gleichzeitig vorkommen. Man hat jedoch spezielle Beispiele von solchen Übergängen ausfindig machen können, die zeigen, daß der Übergang von Unterschall zu Überschall ohne irgendwelche Besonderheiten vor sich geht. Jedoch kommt es vor, daß im Überschallteil dann Unstetigkeiten auftreten. Für den umgekehrten Übergang, d. h. denjenigen von Überschall zu Unterschall, wird man in den meisten Fällen einen Verdichtungsstoß erwarten müssen. Irgendwelche Rechenmethoden für derartige Übergänge liegen, abgesehen von dem Fall des *ebenen* Verdichtungsstoßes mit konstanten Geschwindigkeiten auf beiden Seiten, noch nicht vor.

Noch ein paar Worte über Windkanalversuche mit Geschwindigkeiten von der Größenordnung der Schallgeschwindigkeit. Bei Geschwindigkeiten, die unter der Schallgeschwindigkeit liegen und ihr nicht allzu nahe kommen, können die bisher üblichen Methoden angewandt werden, jedoch reichen mit Annäherung an die Schallgeschwindigkeit, wie erwähnt, die Druckstörungen durch das zu untersuchende Objekt in der Querrichtung um so weiter hinaus, je näher man der Schallgeschwindigkeit kommt, und so werden alle Strahlkorrekturen (oder Kanalkorrekturen), mit denen man die Meßergebnisse auf den unendlich ausgedehnten Luftstrom reduziert, um so größer, je näher man der Schallgeschwindigkeit kommt. Um dies zu vermeiden, muß man hier also die Objekte sehr klein machen. Bei Versuchen mit Überschallgeschwindigkeit muß man für jede Geschwindigkeit eine besondere erweiterte Düse bauen, um einen Parallelstrahl zu bekommen. Die Größe des Objektes muß so eingerichtet werden, daß die von ihm erzeugten Wellen, die an der Strahlgrenze (oder Kanalgrenze) reflektiert werden, den Körper nicht nochmals treffen. Diese Bedingung ist bei hohen Überschallgeschwindigkeiten leicht zu erreichen. Wenn man sich aber von der Überschallgeschwindigkeit her der Schallgeschwindigkeit nähert, ergibt die Forderung nach Vermeidung der reflektierten Wellen auch hier wieder sehr kleine Abmessungen des Objektes. Da der Verkleinerung des Objektes praktisch Grenzen gezogen sind, bleibt ein kleines Intervall von Geschwindigkeiten zu beiden Seiten der Schallgeschwindigkeit auch beim Versuch unerreichbar.

Eine Schwierigkeit ergibt sich für die Versuche mit Überschall auch durch den Wassergehalt der Luft, der infolge der Kälte, die bei der Expansion in der Düse entsteht, zur teilweisen Ausscheidung gelangen kann. Je nach dem Grad der Feuchtigkeit wird man Kondensation haben oder nicht, und für beide Fälle ist nicht nur die Endgeschwindigkeit in einer bestimmten Düse verschieden, sondern es muß auch die Düsengestalt selbst etwas geändert werden, wenn eine gleichmäßige Geschwindigkeitsverteilung erreicht werden soll. Sehr störend sind dabei gewisse Unterkühlungsvorgänge, durch die Unstetigkeiten hervorgerufen werden. Diese Dinge müssen also wohl beobachtet werden, wenn genaue Messungen erreicht werden sollen. Am besten sorgt man durch geeignete Bedingungen in der verwendeten Luft dafür, daß Kondensation vermieden wird.

Schrifttum

[*1*] A. Stodola, Die Dampfturbinen und die Aussichten der Wärmekraftmaschinen. Z. VDI Bd. 47 (1903) S. 1, 47, 127, 164, 202, 268, 334. Wieder abgedruckt in dem Buche „Die Dampfturbinen“, siehe unten.

[2] E. Mach, Wiener Akad. der Wiss., Berichte Bd. 98^2a (1889) S. 1303 und Ann. Phys. (3) Bd. 41 (1890) S. 144.
[3] E. Magin, Optische Untersuchung über den Ausfluß von Luft durch eine Laval-Düse. VDI-Forsch.-Heft 62 (1908).
[4] Th. Meyer, Über zweidimensionale Bewegungsvorgänge in einem Gas, das mit Überschallgeschwindigkeit strömt. VDI-Forsch.-Heft 62 (1908).
[5] L. Prandtl und A. Busemann, Näherungsverfahren zur zeichnerischen Ermittlung von ebenen Strömungen mit Überschallgeschwindigkeit. Stodola-Festschrift, S. 499. Zürich 1929.
[6] L. Prandtl, Neuere Untersuchungen über die strömende Bewegung der Gase und Dämpfe. Phys. Z. Bd. 8 (1907) S. 23.

Zusammenfassende Darstellungen

[7] Enzyklopädie der mathematischen Wissenschaften, Bd. V, 1, Artikel 5b, Strömende Bewegung der Gase und Dämpfe (L. Prandtl), S. 287—319 (Geschichtliche Entwicklung). Leipzig 1905.
[8] A. Stodola, Die Dampf- und Gasturbinen. 6. Aufl. (Strömungslehre S. 29 bis 140). Berlin 1924.
[9] Geiger und Scheel, Handbuch der Physik, Bd. VIII, Artikel „Gasdynamik" (J. Ackeret), S. 289—342. Berlin 1927.
[10] Wien und Harms, Handbuch der Experimentalphysik, Bd. IV, 1, Artikel „Gasdynamik" (A. Busemann), S. 343—460. Leipzig 1931.
[11] L. Prandtl, Abriß der Strömungslehre, 2. Aufl., S. 180—215. Braunschweig 1935.
[12] W. Durand, Aerodynamic Theory, Bd. III, Teil H, The Mechanics of Compressible Fluids (G. I. Taylor und J. W. Maccoll), S. 209—250. Berlin 1935.
[13] Fondazione Alessandro Volta (Reale Accademia d'Italia), Vol. 5 Atti di Convegno di Scienze fisiche, matematiche e naturali. 1935: Le alte velocità in aviazione, S. 169—562. Rom 1936.

Schriften der Deutschen Akademie der Luftfahrtforschung H. 7 (1938), 14 Seiten

Über Schallausbreitung bei rasch bewegten Körpern

(Der Deutschen Akademie der Luftfahrtforschung vorgetragen am 18. Februar 1938)

Unser Herr Kanzler hat mir nahegelegt, daß ich zu einer physikalischen Sitzung auch einen Beitrag liefern soll. Ich gelte ja wenigstens so halb als Physiker, wenn ich auch die modernen Dinge der Physik durchaus nicht beherrsche, sondern nur die mehr altmodischen, die es schon zu der Zeit gab, als ich Student war. Im übrigen werde ich auch keineswegs von irgendwelchen Rekorden zu sprechen haben, sondern es sind verhältnismäßig einfache Dinge, von denen manches auch schon bisher bekannt war, aber vielleicht noch nicht in dieser Zusammenstellung, in der ich es hier bringen werde, veröffentlicht war. Was ich bringen will, unterscheidet sich vielleicht auch darin von den vorangegangenen Vorträgen, daß ich mich, mit einem Teil dessen wenigstens, was ich zu sagen habe, mehr an die Flugtechniker wende. Ich möchte nämlich über die Schallempfindungen sprechen, die schnellbewegte Objekte bei einem auf dem Erdboden befindlichen Beobachter erzeugen. Dabei denke ich sowohl an Flugzeuge wie auch an fliegende Geschosse.

Es schien sich mir zu verlohnen, darüber einige Berechnungen anzustellen. Über die Ergebnisse will ich hier kurz berichten.

Als erste Aufgabe sei die folgende gestellt. Auf einem geradlinig und gleichförmig vorwärts fliegenden Objekt (Flugzeug) soll eine Schallquelle von konstanter Frequenz vorhanden sein. Für einen im Flugzeug befindlichen Beobachter gibt dies einen Schall von konstanter Tonhöhe, nicht aber für einen Beobachter auf dem Erdboden. Bezeichnet man die Zeit, zu der der Schall vom Flugzeug ausgesandt wird, mit t, diejenige, zu der der Schall von dem Beobachter am Boden empfangen wird, mit t', und ist zur Zeit t die Entfernung des Flugzeuges von dem Beobachter $= l$ und ferner die Schallgeschwindigkeit, die in dem betrachteten Raum konstant sein möge, $= c$, so ist offenbar

$$t' - t = \frac{l}{c}.$$

Ist die senkrechte Entfernung der Flugbahn von dem Beobachter $= h$ und das Flugzeug von dem Endpunkt von h um eine Strecke x entfernt, dann ist bekanntlich

$$l = \sqrt{h^2 + x^2}.$$

Da diese Entfernung zuerst abnimmt und dann wieder zunimmt, wird also auch der Zeitunterschied zuerst abnehmen, und deshalb werden die späteren Schallschläge relativ früher ankommen, der Ton wird also höher empfunden werden (DOPPLERsches Prinzip). Später nimmt die Entfernung l wieder zu, die Ankunft des Schalles beim Beobachter verspätet sich immer mehr, so daß der Rhythmus der Schallschläge jetzt langsamer ist als vorher. Der Ton ist also, während sich das Flugzeug entfernt, wesentlich tiefer als während seiner Annäherung[1].

Bewegt sich das Flugzeug mit der Geschwindigkeit v vorwärts, so wird, wenn man der Einfachheit halber den Zeitpunkt $t = 0$ mit dem Durchfliegen des Endpunktes der Strecke h zusammenfallen läßt, $x = v\,t$. Damit wird

$$t' = t + \frac{1}{c}\sqrt{h^2 + v^2 t^2}. \tag{1}$$

Von dieser Formel kommen wir auf folgendem Wege zu einer Formel für die Tonhöhe. Die einzelnen Schallschläge erfolgen, gemessen in der

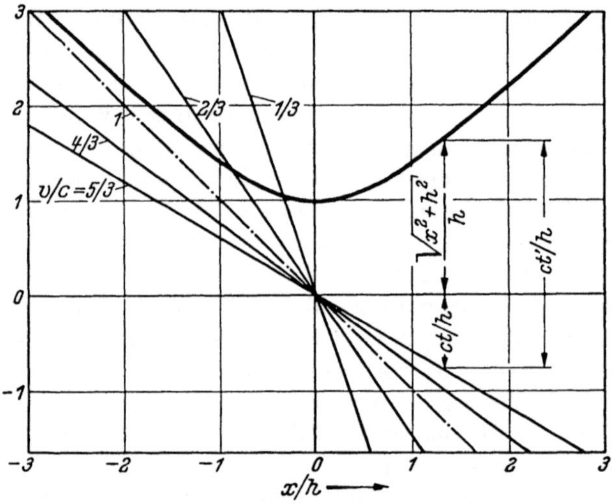

Abb. 1. Darstellung von Gl. (1)

Zeit t, in gleichen Intervallen τ. Es handelt sich also darum, die Intervalle τ' zu kennen, in denen die Schallschläge das Ohr des Beobachters treffen. Eine ausreichende Näherung erhalten wir durch das erste Glied

[1] Nebenher mag bemerkt werden, daß noch eine andere Art der Tonerzeugung auftritt, indem jeder einzelne Schallschlag das Ohr des Beobachters zweimal trifft, einmal auf direktem Wege, das andere Mal nach Reflexion am Erdboden. Auch dadurch wird, besonders bei unregelmäßigen Geräuschen, eine Tonempfindung geweckt. Dieser Ton ist aber allein vom Einfallswinkel abhängig, seine Höhe sinkt bei der Annäherung des Flugzeuges und steigt wieder mit zunehmender Entfernung. Man kann diese Art von Schall sehr leicht von dem anderen hier besprochenen trennen, wenn man durch eine Kniebeuge den Abstand des Ohres vom Boden ändert. Der Reflexionston geht dabei in die Höhe.

der TAYLOR-Reihe $\tau' = \tau \frac{dt'}{dt}$. Es ist aber nach Formel (1)

$$\frac{dt'}{dt} = 1 + \frac{v}{c} \frac{v\,t}{\sqrt{v^2 t^2 + h^2}}. \tag{2}$$

Dies ist also nach dem Gesagten gleich dem Verhältnis der Periodenlänge τ'/τ. Das Reziproke davon ist das Verhältnis der Schallfrequenzen. Das, was man beobachtet, ist nun der Verlauf von τ', abhängig von der Zeit t' des Eintreffens beim Beobachter. Die Verhältnisse werden besonders übersichtlich durch eine Kurvendarstellung. Aus Abb. 1, die die geometrische Situation (l abhängig von x) darstellt, lassen sich für

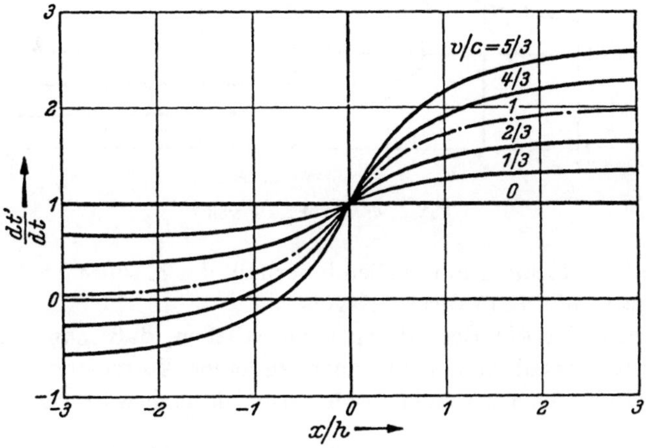

Abb. 2. dt'/dt abhängig von t gemäß Gl. (2)

die verschiedenen Geschwindigkeiten die Zeiten t und t' abgreifen. Abb. 2 stellt den Verlauf von dt'/dt (abhängig von t) für verschiedene Geschwindigkeiten dar. Abb. 3 ist die Umzeichnung auf die Beobachtungszeit t' und gibt uns das fertige Resultat, wobei kleine Ordinaten hohe Töne und große Ordinaten tiefe Töne bedeuten. Die Diagramme sind nicht nur für Geschwindigkeiten unterhalb der Schallgeschwindigkeit, sondern auch für Geschwindigkeiten gleich der Schallgeschwindigkeit und für Überschallgeschwindigkeit gezeichnet. Man findet dabei das bereits bekannte Resultat wieder, daß bei Überschallgeschwindigkeit zuerst überhaupt kein Schall eintrifft, dann aber, beginnend mit einem Knall und unendlich hoher Frequenz, zwei Töne hörbar werden. Die nähere Verfolgung zeigt, daß der Knall schräg von oben kommt, der höhere Ton aber später etwa aus der Richtung des Schützen zu kommen scheint, der tiefere aus der Richtung, nach der das Geschoß sich fortbewegt hat. Das qualitative Verhalten läßt sich sehr gut aus Abb. 4 erkennen. Man sieht in der Figur für Unterschallgeschwindigkeit, daß das Feld der

Schallwellen den ganzen Raum bedeckt und an jeder Stelle nur ein einziger Ton gehört wird, auf der Vorderseite ein hoher, auf der Hinterseite ein tiefer. In der Figur für Überschallgeschwindigkeit zeigt sich eine

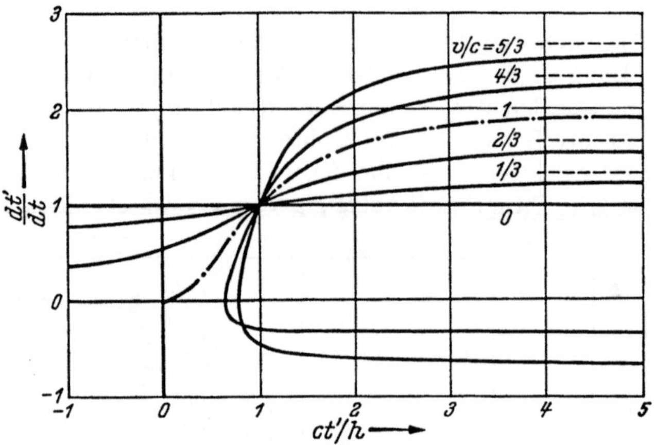

Abb. 3. dt'/dt abhängig von t'

doppelte Überdeckung mit Wellen innerhalb des MACHschen Kegels und kein Schall außerhalb dieses Kegels.

Es wäre hier die Bemerkung anzuschließen, daß man diese wohlaufgeklärten Schallphänomene auch zu einer Vermessung von Fluggeschwindigkeiten verwenden kann. Grundsätzlich würde man aus dem

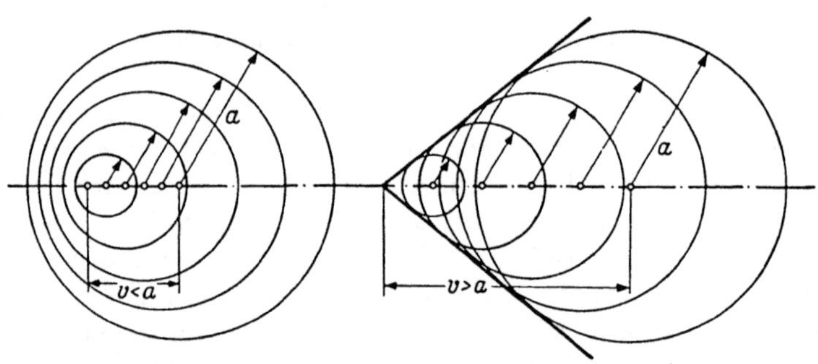

Abb. 4. Schallausbreitung bei einer Bewegungsgeschwindigkeit v des tönenden Körpers kleiner als Schallgeschwindigkeit (links) und größer als Schallgeschwindigkeit (rechts)

Verlauf einer genügenden Anzahl von Tonhöhen, registriert nach dem Zeitverlauf, nicht nur die Geschwindigkeit, sondern auch die Entfernung der Flugbahn vom Beobachter ermitteln können, also wenn man gleichzeitig die kleinste Zenitdistanz mißt, auch die Höhe des Flugzeuges. Der Propellerschall wäre für die Beobachtung allerdings meist nicht sehr gut geeignet, da er nur seitlich vom Flugzeug klar hervortritt, in der Flugrichtung aber meist sehr gegen andere Geräuschquellen zurücktritt. Man könnte aber daran denken, daß ein Boschhorn od. dgl. im Flugzeug mitgeführt wird und damit Töne gesandt werden. Diese Methode, die sich natürlich auch bei Sturzflügen verwenden läßt, würde bei einem musikalisch geschulten Beobachter eine ganz leidliche Genauigkeit liefern und deshalb vielleicht für vorläufige Messungen des Flugzeugwerkes gute Dienste leisten können. Bei einer Ausrüstung der Bodenstation mit Mikrophon und Oszillograph würde sich sogar eine erhebliche Genauigkeit erzielen lassen; Voraussetzung ist allerdings ruhiges Wetter.

Eine andere Aufgabe, die ich hier besprechen will, betrifft die Schallvorgänge bei beschleunigten und verzögerten Bewegungen der Schallquelle. Die Dinge sind natürlich viel verwickelter. Ich möchte mich deshalb nur auf die Knallwelle beschränken, die von einem mit Überschallgeschwindigkeit bewegten Körper ausgeht und die also das Analogon zu dem Machschen Kegel beim gleichförmig bewegten Körper ist. Ich will hier auch keine Formeln anschreiben, sondern mich auf zeichnerische Methoden beschränken und diese gleich an den einzelnen Beispielen erörtern. Was liefert z. B. eine gleichförmig verzögerte geradlinige Bewegung? Man kann in zweierlei Weise vorgehen. Einerseits kann man, wie ich es bei der Figur, die zu dem Machschen Kegel führte, getan habe, die *Kugeln* zeichnen, auf denen sich ein in einem früheren Zeitmoment von dem störenden Objekt erzeugter Schall im Augenblick befindet, und man kann die einhüllende Fläche aller dieser Kugeln aufsuchen. Es gibt aber auch noch eine andere Methode, die von der Optik her sehr geläufig ist, nämlich die Konstruktion der einzelnen Schall*strahlen*. Sieht man nämlich für einen kurzen Augenblick die Bewegung als gleichförmig an, so wird man für diese Bewegung einen Machschen Kegel erhalten. Diese Kegelwellen laufen nun einfach senkrecht zur Wellenfläche mit Schallgeschwindigkeit geradlinig weiter, und man kann für jeden Augenblick den Ort konstruieren, wo ein gewisses Wellenelement sich später befindet. Das Ergebnis beider Konstruktionen ist natürlich dasselbe, nur gibt die zweite Methode dort, wo die erste spitze Schnitte liefert, ein scharfes Resultat, so daß sie sich hierin überlegen zeigt. Sie erfordert aber eine rechnerische Ermittlung des Winkels des Machschen Kegels, während die erste Konstruktion von einer solchen Ermittlung frei ist.

Außer dem Fall der gleichförmig verzögerten geradlinigen Bewegung (Abb. 5) habe ich auch die gleichförmig beschleunigte geradlinige Bewegung untersucht, wie sie bei dem senkrechten Fall einer schweren Fliegerbombe aus sehr großer Höhe auftreten würde. Hier ist sehr charakteristisch die Ausbildung einer Doppelwelle mit Rückkehrkante (Abb. 6). Solche Rückkehrkanten treten in anderer Form auch auf bei einem störenden Objekt, das mit gleichförmiger Geschwindigkeit auf einem

Kreis umläuft (Abb. 7). Die Erzeugung der hier auftretenden Wellenfläche mit Hilfe der Schallstrahlen (s. S.1063) ergibt hier, daß diese Fläche aus einer Schar von Kreisen aufgebaut werden kann (jeder Kreis ver-

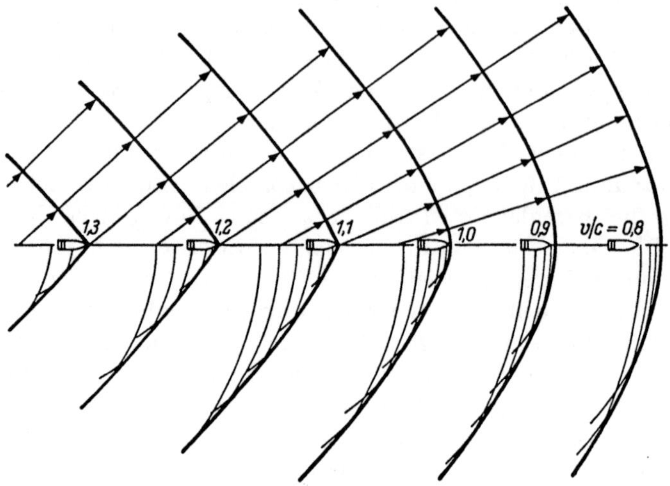

Abb. 5. Konstruktion der Knallwelle für gleichförmig verzögerte geradlinige Bewegung des Objektes

bindet die Endpunkte der in einem bestimmten vorangegangenen Moment erzeugten Schallstrahlen). Ein Ausschnitt aus dieser Figur läßt sich verwenden, um die Knallwelle eines auf gekrümmter Bahn fliegenden

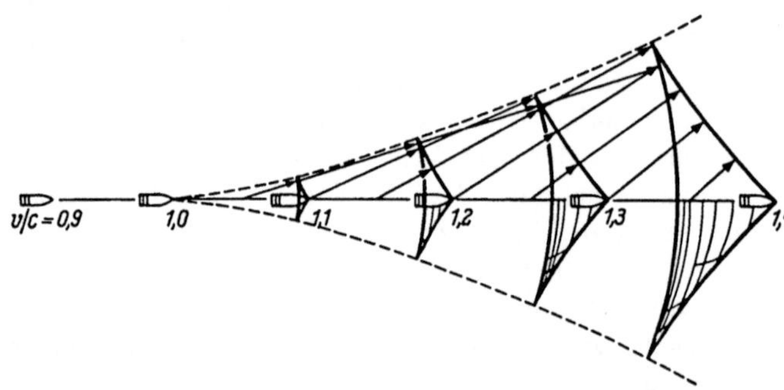

Abb. 6. Konstruktion der Knallwelle für gleichförmig beschleunigte geradlinige Bewegung des Objektes

Geschosses zu veranschaulichen. Es ist dabei zur Vereinfachung die Verzögerung des Geschosses auf seiner Bahn vernachlässigt (Abb. 8). Man erkennt auch hier die Rückkehrkanten.

Der eben besprochene Vorgang ist als Vorstudie für die Entwicklung der Knallwelle eines mit Überschallgeschwindigkeit laufenden Propellers untersucht worden. Diese Welle ist aufzufassen als die Einhüllende von einer Reihe solcher Knallwellen, die von allen Elementen ausgehen,

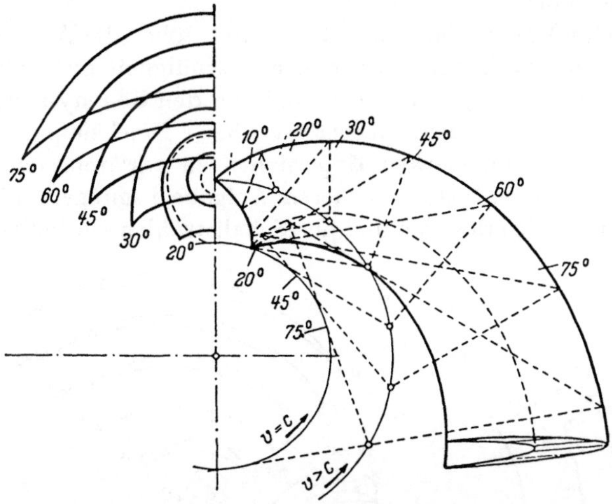

Abb. 7. Knallwelle eines gleichförmig auf einem Kreis umlaufenden Objektes

deren Geschwindigkeit größer als die Schallgeschwindigkeit ist. Vereinfacht man die Flügel des Propellers zu einem einfachen Stab, so ergibt

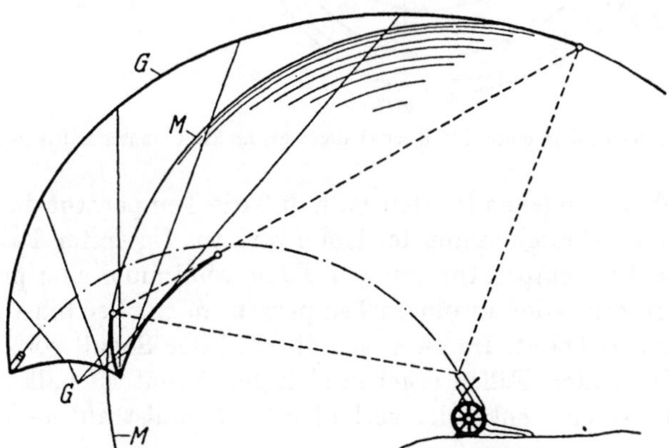

Abb. 8. Geschoßknall G und Mündungsknall M beim Steilfeuerschuß

sich ein Bild wie das in Abb. 9. Man erkennt auch hier wieder die doppelte Welle mit der Rückkehrkante. Aus dem Verlauf der Querschnitte der Welle ist zu erkennen, daß die Wellen nur in einem bestimmten Winkelbereich ausgesandt werden. Dieser Bereich ist um so schmaler, je geringer die Überschreitung der Schallgeschwindigkeit ist. Dem entspricht, daß man nur in dem gekennzeichneten Winkelbereich den posaunenartigen Propellerton hört.

Zum Schluß noch eine kurze Bemerkung über die Ausbreitung des Schalles in dem Fall, daß die Schallgeschwindigkeit nicht überall konstant ist. Untersuchungen hierüber sind von den Geophysikern gemacht worden, besonders um die zunächst rätselhafte Erscheinung der zweiten Hörbarkeitszone von starken Explosionen zu erklären. Ich will mich hier mit einer wesentlich einfacheren Aufgabe begnügen, nämlich für den Verlauf der Schallwellen und der Schallstrahlen eine einfache Nähe-

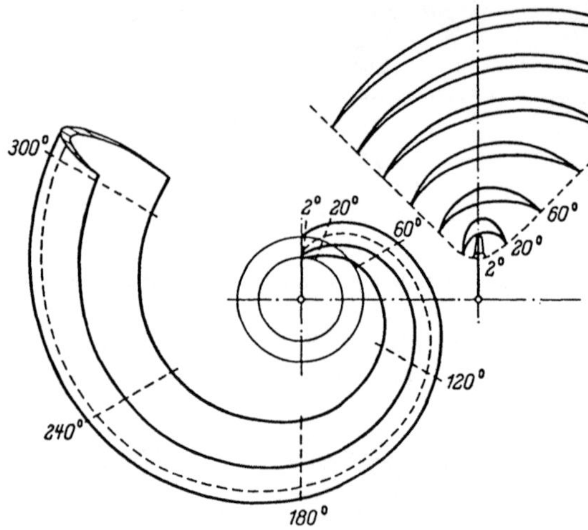

Abb. 9. Knallwelle eines mit Überschallgeschwindigkeit umlaufenden Propellers

rungsbeziehung angeben für den Fall, daß die Temperatur der Luft oder die Windgeschwindigkeit mit der Höhe variiert. Im ersten Fall hat man, wenn etwa die Temperatur mit der Höhe abnimmt, eine proportional mit der Wurzel aus der absoluten Temperatur nach oben hin abnehmende Schallgeschwindigkeit. Im zweiten Fall wird der Schall vom Wind verschleppt. In beiden Fällen ergeben sich gekrümmte Schallstrahlen. Im ersten Fall ist ein senkrecht verlaufender Schallstrahl geradlinig, der horizontale aber mit einem Radius $R_1 = c\frac{dc}{dz}$ gekrümmt. Die Krümmung eines Schallstrahles, der gegen die Waagerechte um den Winkel α geneigt wird, hat einen Radius $R = R_1/\cos\alpha$. Im Fall einer Windversetzung haben sowohl die senkrechten wie die waagerechten Schallstrahlen, sowie auch die in allen Zwischenrichtungen den gleichen Krümmungsradius $R_2 = c\frac{dv}{dz}$. Dabei erfolgt die Krümmung der senkrechten Strahlen durch Windversetzung, die der waagerechten durch

Drehung der Wellenfront, die der schrägen durch eine Zusammenwirkung von beiden Ursachen (Abb. 10). Nimmt man, um ein Zahlenbeispiel zu geben, eine Temperaturabnahme von 1° auf 100 m an, so ergibt sich der Radius R_1 bei einer Bodentemperatur von 17° zu 58 km. Dies scheint viel zu sein, hat aber doch die Wirkung, daß ein in Bodennähe erzeugter Schall durch die Aufwärtskrümmung den Boden sehr bald verläßt und unter ihm ein Schallschatten zurückbleibt. Die Reichweite eines in der Höhe h über dem Boden erzeugten Schalles ergibt sich zu $\sqrt{2 R_1 h}$. Dies gibt für die Mund- und Ohrhöhe eines Menschen (1,6 m) das Doppelte der Reichweite von rd. 430 m. (Eine Änderung der Temperaturschichtung in Bodennähe kann diesen Betrag natürlich erheblich ändern!) 75 m hohe Kirchenglocken haben dagegen eine Reichweite von

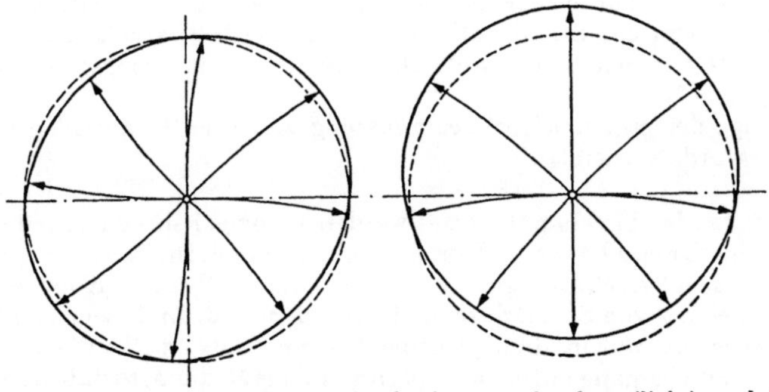

Abb. 10. Schallausbreitung bei Temperaturabnahme nach oben (links) und bei Windgeschwindigkeitszunahme nach oben (rechts)

2950 m. Ein Signal auf der Spitze des viermal so hohen Eiffelturmes ergäbe das Doppelte dieses Betrages, wobei jedesmal für die Ohrhöhe über dem Boden noch 430 m hinzukommen würden, wenn der Beobachter sich auf freiem Gelände befindet. — Dieses bei Windstille! Es genügt ein verhältnismäßig schwacher Wind, um die Schallkrümmung in ihr Gegenteil zu verwandeln und zu bewirken, daß der Schall nicht vom Boden weg, sondern zum Boden hin gekrümmt wird. Wenn man für die beiden Beispiele die Windstärke ausrechnet, die dazu nötig ist, um die Krümmung des Schallstrahles gerade aufzuheben, so erhält man, wenn man eine Zunahme der Windgeschwindigkeit nach oben proportional der siebenten Wurzel aus der Höhe annimmt, in dem ersten Beispiel eine Windgeschwindigkeit von 6,5 cm/sec in Kopfhöhe, im zweiten eine Windgeschwindigkeit von rd. 3 m/sec in Turmhöhe.

Für ein im freien Luftraum fliegendes Flugzeug sind die hier besprochenen Ablenkungen, wenn der Höhenwinkel der Linie vom Beobachter nach dem Flugzeug einigermaßen groß ist, von sehr untergeordneter Bedeutung. Die Dinge kommen aber durchaus in Betracht, wenn das Flugzeug sich nahe am Boden befindet.

Aussprache

Ergebnis der Aussprache: Die Hörbarkeit einer ruhenden Schallquelle auf einem mit Überschallgeschwindigkeit bewegten Körper wird erörtert. Der Schall ist prinzipiell hörbar. Ein Teil der Schallintensität geht jedoch durch die Kopfwelle dieses Körpers verloren; diese wirkt ähnlich wie die Anordnung eines akustisch dichteren und eines akustisch dünneren Mediums hintereinander. Die Abhängigkeit zwischen der Dichte der Kopfwelle des bewegten Körpers und der Schallintensität ließe sich ermitteln.

Die Schallausbreitung beim Schuß von Infanterie und Artillerie wird besprochen und mit Kriegserfahrungen belegt. So wird z. B. bei Langrohrgeschützen mit Geschossen hoher Geschwindigkeit Mündungsknall, Heulen des Geschosses und Granateinschlag von den Beschossenen in umgekehrter Reihenfolge wahrgenommen.

Durch bewegte Luft wird eine Schallwelle stark abgelenkt, so daß selbst ein Riesenlautsprecher nur bei Windstille überall klar zu hören ist. Schon mäßig bewegte Luft zerstreut den Schall und mildert die Hörbarkeit. Zur Versorgung weiter Gebiete mit Schall sind viele kleine Strahler mit geringer Reichweite das einzig mögliche Mittel.

Die Frage der gegenseitigen Beeinflussung von zwei Schallwellen mit kleiner Amplitude wurde verneint.

BUSEMANN: Ich bin einmal gefragt worden, ob umgekehrt eine ruhende Schallquelle auf einem rasch bewegten Körper immer zu hören ist, auch wenn der Körper sich mit Überschallgeschwindigkeit bewegt und dann selber eine Kopfwelle vor sich her treibt, die erst vom Schall durchlaufen werden muß. In diesem Fall kann man die Geräusche, die außen sind, prinzipiell hören. Dabei wirkt die Kopfwelle so ähnlich wie der Übergang auf ein akustisch dichteres Medium, so daß man nur einen Prozentsatz der Intensität durchbekommt. Ausgeschlossen ist es aber bei keiner Geschwindigkeit, daß der Schall überhaupt hindurchgeht. Wenn man die Kopfwelle weniger konzentriert gestaltet, indem man der vorderen Spitze des fliegenden Körpers eine konkave Meridianlinie gibt, dann müßte eigentlich die Schallintensität besser hindurchkommen.

PRANDTL: So viel ist klar, daß, wenn eine am Boden befindliche Schallquelle den ganzen Raum mit Wellen versorgt, natürlich jemand, der durch diesen Raum fährt, von diesen Schallwellen etwas beobachten wird. Es fragt sich nun, ob die Wellen durch die Kopfwelle hindurchkommen oder nicht. Ferner besteht die Frage, ob zwei Schallwellen, von denen die eine eine endliche Amplitude hat, sich gegenseitig durchdringen und sich dabei beeinflussen. Das könnte man nötigenfalls untersuchen.

SCHMIDT: Das könnte aber nur in unmittelbarer Nähe der Geschoßspitze der Fall sein. Dahinter ist die Amplitude so klein geworden, daß das nichts ausmachen kann.

PRANDTL: Es kommt darauf an, wo der Beobachter sitzt.

POHL: Würden Sie als Ergänzung nicht die Frage der Lokalisierung eines Schützen näher ausführen?

PRANDTL: Die Frage ist die: Bei einem Feuergefecht wird in der Straße einer Stadt entlanggeschossen, und die Truppen haben keine Möglichkeit, die Schützen wirklich zu sehen, etwa weil diese durch nähere Hindernisse etwas abgedeckt sind. Wenn nun die Geschosse über die Köpfe hinwegfliegen, dann ist der Schalleindruck so, daß der Mann denkt, es würde aus dem 3. Stock geschossen. Man kann daraus den Schluß ziehen, daß es sehr nützlich wäre, alle Führer und Unterführer experimentell über die Sache zu unterrichten, indem man auf dem Schießplatz zwischen dem Schützen und der Scheibe einen Graben macht, wo sie hineinsteigen und diesen Effekt beobachten können.

THOMÉ †: Darf ich dazu bemerken, daß meines Wissens diese Sache auch den maßgebenden Stellen bekannt ist und beachtet wird. Ich weiß dies aus meiner Schießplatzerfahrung, nicht allerdings aus der Truppenerfahrung. Die führenden Stellen haben das Problem erkannt.

BAEUMKER: Bei Kriegsausbruch 1914 hat die von Herrn PRANDTL angegebene Erscheinung bei der angreifenden Infanterie zu vielen Irrtümern mit tragischem Ausgang Anlaß gegeben. Es wurde in diesen ersten Kriegstagen oft angenommen, daß aus den oberen Stockwerken von Häusern geschossen worden sei, während es sich um die gewöhnlichen Vorgänge eines normalen Feuergefechtes in Straßen und Plätzen der Ortschaften selbst handelte. — Solche Irrtümer wurden in den ersten Kriegstagen erfahrungsgemäß am Abend und in der Nacht besonders häufig. Es kam die dann deutlich zu beobachtende Funkenbildung beim Einschlagen von eigenen Infanteriegeschossen in das Mauerwerk usw. hinzu, die von der noch kampfungewohnten Truppe fälschlicherweise als Mündungsfeuer aus Gewehren feindlicher Schützen angesehen wurde. So brachten die ersten Kriegstage wegen der Unkenntnis dieser beiden Erscheinungen bedauerliche Verluste in den eigenen Reihen sowie auch gelegentlich bei der Zivilbevölkerung. Die Truppe hat diese Erscheinungen bald richtig beurteilen und ihr Verhalten im Gefecht um Ortschaften hierauf einstellen gelernt.

MADELUNG: Es ist bekannt, daß tiefangreifenden Flugzeugen die Überraschung gelingt, weil sie erst spät gesehen werden. Es ist aber nicht genügend bekannt, daß sie aus den von Herrn PRANDTL gezeigten Gründen auch spät gehört werden. Wenn man das Flugzeug hören will, muß man genügend hohe Horchposten schaffen.

ZENNECK: Im Feld hatten wir eine interessante Erfahrung. Die Franzosen beschossen uns aus Langrohrgeschützen mit Geschossen großer Geschwindigkeit. Man hörte dann den Vorgang in umgekehrter Reihenfolge: Zuerst das Krepieren der Granate in der Nähe, dann das Heulen des Geschosses und schließlich den Mündungsknall auf der anderen Seite. Vom Unterstand aus bekam man den Eindruck, daß bei uns geschossen wurde und daß das zuletzt Gehörte das Krepieren der Granate auf der anderen Seite war.

Herr PRANDTL hat seine Aufgabe verständlicherweise unter der vereinfachenden Annahme behandelt, daß die Luft in Ruhe ist. In Wirklichkeit muß der Schall durch die stark bewegte Luft hindurch, die das Flugzeug umgibt; die Schallwelle wird dadurch sicher stark abgelenkt. Es ist ja bekannt, wie stark schon ein ganz geringer Wind, wenn er nur örtlich etwas unregelmäßig ist — das ist er in der Nähe des Erdbodens immer — die Ausbreitung des Schalles stören kann. Ich bin im Sommer und Herbst öfters auf dem Anstand in nicht sehr großer Entfernung von einem Dorf-Kirchturm. Bei Windstille hört man die Dorfuhr ganz regelmäßig schlagen, bei ganz geringem Wind oft gar nicht oder, wenn die Uhr 7 schlägt, nur 3, 4 oder 5 Schläge.

Ganz ähnliche Erfahrungen liegen bei Unterwasser-Schallsignalen vor. Wenn zwischen dem Schallgeber und -empfänger ein Schiff durchfährt und durch seine Schraube Wasserbewegungen verursacht, so kann die Verständigung vollkommen aufhören.

RUNGE: Bei dem Problem, große Gebiete mit Schall zu versorgen, wie es bei den Massenversammlungen die Aufgabe ist, ist man im Anfang der Entwicklung den Weg gegangen, ungeheure Schallstrahler zu bauen, z. B. Riesenlautsprecher usw. Dieses Verfahren mußte aus den von Ihnen erwähnten Gründen vollständig verlassen werden. Die einzige Methode ist die, auf große Reichweite zu verzichten und mit kleinen Reichweiten und vielen Strahlern zu operieren. Ich habe einmal die Frage aufgeworfen: Kann man nicht, wenn man das ganze Tempelhofer Feld mit Schall versorgen soll, oben einen einzigen Fesselballon hinhängen und den Schall von oben sämtlichen Anwesenden zugänglich machen? Ich glaubte, die vertikale Aufhängung müßte eine ausgezeichnete und nicht abgeblendete Schallversorgung geben. Das stimmt auch. Aber es zeigte sich, daß es bei etwas bewegter Luft vollkommen hoffnungslos ist, eine verständliche Sprache über ein paar hundert Meter hinüberzubringen.

SCHMIDT: Diese Unregelmäßigkeiten wirken wie absorbierende Substanzen, weil sie Phasendifferenzen zwischen den verschiedenen Strahlrichtungen verursachen und so Wellenberg und Wellental durcheinanderbringen und auf diese Weise den Schall schwächen.

ZENNECK: Das ist aber erst die sekundäre Wirkung. Die primäre Wirkung ist einfach eine Richtungsänderung. Das reicht völlig aus für vollkommene Zerstreuung des Schalles, ohne daß es nötig wäre, Absorption anzunehmen.

SCHMIDT: Ich wollte ausdrücken, daß die Überlagerung der Phasen wie eine Absorption wirkt.

ZENNECK: Das kann man sich so denken. Die einfachste Erklärung ist aber wohl die einer Zerstreuung.

PRANDTL: Es handelt sich um einen ähnlichen Vorgang wie das Funkeln der Fixsterne. Das Licht geht von einer einheitlichen Quelle aus und schlägt nun in der ungleichmäßig temperierten Luft verschiedene Bahnen ein. Manchmal ist es so, daß irgendeine dazwischenliegende Luftschicht eine Krümmung der Lichtstrahlen nach der einen Seite und später wieder nach der anderen Seite ergibt. Einmal wirkt sie als Sammellinse, dann wieder als Zerstreuungslinse. Ich glaube, daß die Hauptursache darin liegt, daß zufällig zwei oder drei verschiedene Partien des Lichtweges bzw. des Schallweges wieder zusammengeführt und andere auseinandergeführt werden. Das kann Störungen geben, die manchmal bis Null gehen. Ich glaube aber, daß dadurch im wesentlichen nur die Intensität schwankt, die Frequenz aber praktisch unverändert durchkommt. Das von mir vorgeschlagene Meßverfahren knüpft aber nur an die Frequenz an, und ich glaube deshalb, daß es seine Brauchbarkeit durch mäßige Luftbewegung nicht verliert.

ZENNECK: Vorhin ist gefragt worden: Beeinflussen sich zwei Schallwellen oder nicht? Es ist richtig gesagt worden: Sie beeinflussen sich nicht, wenn die Amplitude klein ist. Die Ausbreitung des Schalles wird dann durch lineare Differentialgleichungen beschrieben.

Ein Beispiel für den Fall, daß elektrische Wellen sich beeinflussen, ist der sog. LUXEMBURG-Effekt. Dieser Fall ist in allen Einzelheiten untersucht, an der Tatsache besteht kein Zweifel.

721/29/60 — III/18/203

GPSR Compliance

The European Union's (EU) General Product Safety Regulation (GPSR) is a set of rules that requires consumer products to be safe and our obligations to ensure this.

If you have any concerns about our products, you can contact us on ProductSafety@springernature.com

In case Publisher is established outside the EU, the EU authorized representative is:

Springer Nature Customer Service Center GmbH
Europaplatz 3
69115 Heidelberg, Germany

Batch number: 10620143

Printed by Printforce, the Netherlands